愛知大学国研叢書
第3期▶第2冊

ドイツ自動車工業成立史

大島隆雄・・・・・・・・・・・・・・・・・・・・・・・・・・・・・・・・・著
Takao Oshima

創土社

ドイツ自動車工業成立史

目　次

はしがき ………………………………………………………… 5

第Ⅰ篇　技術史的考察

　はじめに ………………………………………………………… 10

序章　独占資本主義と自動車工業 ……………………………… 13

第1章　内燃機関自動車の前史 ………………………………… 18
　第1節　自動車の定義 …………………………………………… 18
　第2節　自動車の前史 …………………………………………… 20
　第3節　蒸気自動車 ……………………………………………… 22
　第4節　電気自動車 ……………………………………………… 27

第2章　ドイツ自動車工業成立の歴史的背景 ………………… 32
　第1節　第二帝政期の経済・社会構造，経済発展・景気変動 … 32
　第2節　産業上の前提的諸条件 ………………………………… 43
　第3節　N・オットーによるガス・エンジンの開発 ………… 50

第3章　パイオニアたちの開発活動 …………………………… 73
　第1節　内燃機関自動車発明の直接的前提 …………………… 74
　第2節　G・ダイムラーとW・マイバッハ …………………… 77

第3節　カール・ベンツ …………………………………… *131*

　第4節　ダイムラー／マイバッハとベンツ ……………… *159*

　第5節　その他の模倣者的パイオニアたち …………… *174*

第2篇　企業史的・産業史的考察

第4章　自動車工業の萌芽的成立期（1885/86～1901/02年） …………… *204*

　第1節　ダイムラー，ベンツ両先発企業の成立過程 ……… *205*

　第2節　後発諸企業の群生 ………………………………… *267*

　第3節　20世紀初頭の自動車工業全体の状態 …………… *278*

　第4節　萌芽的成立期にみられる諸特徴 ………………… *282*

　第5節　ドイツ自動車工業の早期的成立の要因 ………… *299*

　第6節　ドイツ自動車工業の対外的側面 ………………… *317*

第5章　自動車工業の本格的成立期（1901/02～1913/14年） …………… *362*

　第1節　本格的成立期における自動車企業の全般的動向 ……… *363*

　第2節　本格的成立期における代表的自動車企業 ……… *374*

　第3節　本格的成立期における自動車工業全体の状態 ……… *425*

　第4節　ドイツ自動車工業の対外的側面 ………………… *450*

第6章　ドイツの初期モータリゼーション
――その阻止要因と促進要因―― ………… 516

　第1節　初期モータリゼーションの進展 ………… 516

　第2節　初期モータリゼーションの阻止要因 ………… 523

　第3節　初期モータリゼションの促進要因 ………… 542

終章――むすびに代えて ………… 557

あとがき ………… 574

　参考文献 ………… 576

　　文書館史料 ………… 576

　　統計 ………… 578

　　総記 ………… 579

　　法規 ………… 579

　　引用および参照欧語文献 ………… 580

　　翻訳 ………… 588

　　引用および参照邦語文献 ………… 589

人名索引 ………… 595

主要企業名索引 ………… 604

はしがき

　著者は，1990年頃から，20世紀の先進工業国の経済史をみていくうえで，それらの国でいずれも基幹産業となる自動車工業の考察がぜひとも欠かせないと考えるようになった。その結果，1991年から93年にかけて，専門とするドイツ経済史のなかで，まず両大戦期とナチス期の自動車工業について，幾つかの論稿を公にした。

　しかし，ドイツ自動車工業を全体として見ていくためには，大前提として第一次世界大戦前の成立史を正確に把握しておかなければ，すべての認識が不安定になるように思われ，そのため著者は，1994年以降，その解明に集中するようになった。こうして生み出されたのが，以下の六つの論文である。

(1)「ドイツ自動車工業の成立過程(1)——その前史を中心に——」，愛知大学『経済論集』，第136号（1994年11月）

(2)「ドイツ自動車工業の成立過程(2)——パイオニアたちの開発活動——」，愛知大学『経済論集』，第138号（1995年8月）

(3)「ドイツ自動車工業の成立過程(3)——パイオニアたちの開発活動——」，愛知大学『経済論集』，第139号（1995年12月）

(4)「ドイツ自動車工業の成立過程(4)——萌芽的成立期（1885/86～1901/02年）——」，愛知大学『経済論集』，第141号（1996年7月）

(5)「ドイツ自動車工業の成立過程(5)——萌芽的成立期（1885/86～1901/02年）——」，愛知大学『経済論集』，第142号（1996年12月）

(6)「ドイツ自動車工業の成立過程(6)——本格的成立期（1901/02～1913/14年）——」，愛知大学『経済論集』，第144・145合併号（1997年12月）

その他，この間，以下のような史料紹介も行なっている。

「ドイツ自動車工業のパイオニア　W・マイバッハに関する第1次史料の紹介」，愛知大学『経済論集』，第140号（1996年2月）

　今回，上記の6論文に加筆・訂正を加え，その一部を削除し，さらに第5章の後半部分と第6章ならびに終章を新たに書き下ろし，全体としてまとめたものが本書である。

　本書は，ガソリン自動車の発明国であるドイツの自動車工業成立史を，19世紀末・20世紀初頭の国際的視野にたちつつ，できるだけ具体的なドイツ経済史の発展のなかに位置づけて，解明しようとしたものである。従来わが国では，そのパイオニア，ダイムラーやベンツの発明に関して，百科事典や解説書などにおいて，ごく一般的で簡単な記述は存在していたが，それについての学問的な研究は完全に欠落していた。その意味で本研究のようなものは，なお幾多の不充分さは免れないが，ぜひ必要なものと考えられる。

　著者は，本書を大きく二分し，第1篇（序章，第1，第2，第3章）の技術史的考察と，第2篇（第4，第5，第6章）の企業史的・産業史的考察に分けて，展開している。

　第1篇においては，1882～84年頃，後に自動車の原動力となる小型，軽量・高速回転のガソリン・エンジンが，どのような経済的背景のもとで発明されるか，ついで1885/86年頃にそれを搭載した最初のガソリン自動車がどのように開発されるか，さらにその初期的な自動車が，1901/02年頃には，いかに現代型の自動車に転成していったか，の諸過程を主として技術史的に分析している。このような分析は，内燃機関とガソリン自動車が，後に各方面できわめて重要な役割を演じる画期的な技術的創造物であっただけに，著者には欠かせないと思われた。

第2篇で著者は，ドイツ自動車工業成立史を，その萌芽的成立期（1885/86～1901/02年）と，本格的成立期（1901/02～1913/14年）に段階区分して，企業史的ならびに産業史的に分析している。それぞれの段階の画期となるのは，まず1885/86は，最初のガソリン自動車が発明された時期である。そして1901/02年とは，自動車工業に即して言えば，ダイムラー社によって初めて現代型自動車メルセデス号が創出され，その後の自動車工業の発展に多大な影響をあたえた時期であり，またマクロ経済的に言えば，1900年恐慌の影響を受けてドイツにおいて自動車工業が初期的に成立した時期であり，また1913/14年は，第一次世界大戦によって，その発展が一時中断される時期であった。

　この第2篇において，著者はドイツの先発2企業，ダイムラー社とベンツ社を中心に，後発社のなかから，オーペル社，アドラー社，ホルヒ社，ビュッシング社等々の代表的企業をとりあげ，それらの企業史的発展をたどると同時に，それらを総括する意味で，統計資料に基づいて，産業史的分析を果たそうとしている。

　そして第6章では，最初にガソリン自動車を発明しながら，自動車工業の力量においてドイツが早くも世紀転換期（1901年）頃に，フランス，アメリカ，恐らくイギリスに次いで第4位の地位にすべり落ち，そして第一次世界大戦前（1913年）においても，巨大な発展をたどるアメリカと，フランス，イギリスに次いで，依然として4位にとどまる停滞的な発展を示さねばならない諸要因を，いずれも特殊ドイツ的な性格に貫かれた五つの阻止要因と，それにもかかわらず存在した三つの促進要因によって摘出しようとしている。

第1篇
技術史的考察

ダイムラー/マイバッハの実験作業場（再建）（著者撮影）

はじめに

　本書は，独占資本主義の特殊ドイツ的な形成・展開過程と関連させつつ，そのなかでの自動車工業の成立過程を，さしあたり第一次世界大戦までの時期について考察していくことを目的としている。

　その理由は，自動車工業が世界史的にみて，19世紀末・20世紀初頭の独占資本主義成立期に，主要な工業諸国において，ほぼあい前後して成立し，その後，国によって多少の遅速はあれ，急速に発展し，基幹産業の一つとなり，その国の生産力を象徴する代表的産業の一つとなっていったからである。

　かつて，独占資本主義＝帝国主義の経済構造をやや荒っぽくはあれ剔抉したレーニンは，その『帝国主義論』において，鉄道こそが，「資本主義のもっとも主要な部門である石炭業と製鉄業との総括[1]」であると指摘した。これに対して，中村静治氏は現代自動車工業論の立場から，レーニンのこの指摘は，彼が生きた「時代的制約性」をまぬがれないと批判しつつ，むしろ自動車工業にこそ，「現代資本主義の総括」としての地位を与えねばならないと主張している[2]。この見解は，冒頭にのべた観点によって，著者にも正鵠を射た主張のように思われる。

　さて著者は，このような視点をふまえつつ，さしあたりはドイツ自動車工業の成立過程 (1885/86〜1913/14年) を，一方においては，第二帝政期における独占資本主義の特殊ドイツ的な形成過程と，他方においては，この段階の世界資本主義の展開過程と関連させつつ分析したい。その意図は，このドイツ自動車工業の成立過程について，次のようにほんの少しばかり描写するだけで，すぐにも推察されよう。

　ドイツは，西ヨーロッパの技術的遺産を継承しながら，まずニコラウス・A・オットー (Nikolaus od. Nicolaus August Otto) による，1867年の大気圧ガス・エン

ジン,そして1876年の4サイクル・ガス・エンジンの発明によって,実用的な内燃機関の母国の一つとなった。ついでドイツはそれを不可欠の歴史的前提としつつ,実用的な内燃機関自動車の発明国となった。それは,カール・ベンツ (Carl od. Karl Benz) による1879年の2サイクル小型,高速回転ガソリン・エンジンの開発,1885/86年の4サイクル小型,高速回転ガソリン・エンジン搭載の三輪自動車の発明,ゴットリープ・ダイムラー (Gottlieb Daimler) とその愛弟子ヴィルヘルム・マイバッハ (Wilhelm Maybach) による1883年の4サイクル小型,高速回転ガソリン・エンジンの開発,1885年のその二輪車への,また1886/87年のその四輪車への搭載による,内燃機関自動車の発明,といった過程のなかに示されている。そしてドイツはまた,その技術を特許という形で,フランス,イギリス,オーストリア・ハンガリーなどに供与することによって,ヨーロッパにおける自動車工業の初期的形成に重要な寄与をした。

にもかかわらず,ドイツの自動車工業は,世紀の転換期頃までに,当時,「世界最大の自動車企業の一つ」といわれたベンツ社を擁していたにもかかわらず[3],その総生産台数においては,フランス,アメリカ,イギリスのそれに決定的な遅れをとってしまう。どうしてそのような展開となったのであろうか。これを全面的に明らかにするには,もちろん広く比較史的研究が必要であろうが,ここでは最小限ドイツの社会経済的発展を中心に,それに即して分折することがまずもって不可欠であると考える。

本書は,内燃機関の発明とその小型化による自動車の発明については,第二帝政期ドイツにおける「大不況」に促迫された特殊ドイツ的な産業構造と経済発展,また当時の科学・技術政策と関連させつつ,また自動車の普及,自動車工業発展の遅れに関しては,「ユンカー的・ブルジョワ的」と称せられるドイツの経済・社会構造の特殊的な,または国民の所得水準抑制的な体制と関連させつつ分折を試みたいと思う。

注

1) V・I・レーニン著,「資本主義の最高の段階としての帝国主義」,『レーニン全集』(第6刷), 22巻, 大月書店 1962年, 218ページ。
2) 中村静治著,『現代自動車工業論――現代資本主義分析のひとこま――』,有斐閣 1983年, 4-7ページ。
3) 1900年当時ベンツ社が, 年間約603台の自動車を販売し,「世界最大の自動車工場の一つ」であったことについては, Friedrich Schildberger, Gottlieb Daimler, Wilhelm Maybach and Karl Benz, published by Daimler-Benz Aktiengesellschaft, o. J. S. 85; Werner Oswald, Mercedes-Benz, Personenwagen 1886-1986 (5. Aufl.), Stuttgart 1991, S. 14.

序章　独占資本主義と自動車工業

　具体的な分析を始めるに先だって，まずここで，特定の国の独占資本主義の発展過程を明らかにするために，なぜその国の自動車工業の分析が必要になるかを，自動車工業論の諸研究をも借りて敷衍しておきたい。

　自動車は，通常，1万数千点から，単純部品まで入れれば，3万点以上の部品・付属品からなる精密機械的性格をもった輸送機械である。したがって広義の自動車工業は，内製部品と外製部品を含めて完成車を組み立てる「自動車製造業」（乗用車，トラック，バス，二輪車，の組立・製造）と，その外製される部品を製造する「自動車部品製造業」，それにエンジン，シャシー（車台）を「自動車製造業」から受けとりながら，それにおもに特殊車としてのボディーを組み付ける「自動車車体製造業」の3部門からなっている[1]。そして上記の部品製造業は，その部品の構造によって，さらに何段階もの系列化された企業群に編成されている。このような意味で，自動車工業は直接的な関連部門を幅広くもった機械工業である。

　さらに，この広義の自動車工業が成立するためには，その労働手段となる工作機械，鋳造・鍛造設備，プレス等を供給する工作機械製造業や重機械製造業が存在しなければならない。また素材部門として，その主要素材となる鉄鋼を供給する鉄鋼業はもとより，銅，アルミ等の非鉄金属工業，ガラス，ゴム等の製造業も

なくてはならない。さらに自動車を動かすにあたって必要な潤滑油と，とくに燃料となるガソリン，軽油等を供給する石油精製業，およびその配給組織も不可欠である。まさにこのような意味で，自動車工業は，広汎な間接的な関連部門をもった「総合工業」，「総合産業」なのである[2]。

ところで自動車は，一面では交通事故といった「不安全性」や公害の惹起といった反社会的性格をもちながらも，その反面，軌条に拘束されることなく，「戸口から戸口へ」といつでも自由に道路を迅速に，また快適に，個別的に人や貨物を輸送することのできる，たいへん「利便性」をもった乗物（輸送機械）である[3]。19世紀末・20世紀初頭に産業資本主義が独占資本主義に転化し，20世紀のうちに後者がいっそう高度化する過程で，社会的分業がいちじるしく発展するにつれて，陸上では馬車にかわって鉄道を補完し，後には鉄道そのものをも圧迫するような交通需要が生じてきた。そのような交通需要を充足するための「社会的生産過程の一般的条件である運輸・交通（通信）手段[4]」の一つとして，自動車とくに内燃機関自動車が，まずドイツにおいて発明され，それを製造する工業としての自動車工業が，最初にヨーロッパにおいて成立してきた。

しかし自動車は，「ヨーロッパで生まれ，アメリカの養子になった[5]」といわれるように，20世紀初頭から合衆国で目を見張るばかりに急速に普及していった。その理由は，世界一の延長距離をもった鉄道の普及にもかかわらず，そこでの，なお馬車を広汎に必要とした地理的条件や，自動車の購入を可能にした国民所得の平均的な高さに，しかしなによりも生産技術面で，フォード・システムとよばれる互換性部品をベルト・コンベヤーで組み付ける技術の導入に求められる。ここに自動車は大量生産・大量販売されるようになり，それを製造する自動車工業は，急速に発展していく「成長産業」（Wachstumsindustrie）となった[6]。そしてそれは「総合工業」なるがゆえに，他の関連諸部門を牽引する主導部門の一つとなっていった。このような自動車工業発展の動向は，両大戦間期にヨーロッパの発達した資本主義諸国に反作用し逆導入され，また第二次世界大戦後のわ

が国をも捉えて，今日にいたっている。

ところで，自動車は，どのような性格をもった商品であろうか。それ自体は，使用価値的にはいうまでもなく「運輸・交通手段」である。商品流通を迅速化し，したがって資本の回転速度を速めるトラック，またおもに通勤のために人を運ぶバス等は，それが法人により，または，個人によって所有されるかにかかわりなく，一種の生産財であることは間違いない。その意味でトラック，バス等の商用車を製造する自動車工業部門は，広義の生産財生産部門に属しているといってよい。

問題は乗用車である。それが個人の娯楽やリクリエーションに使用される限り，それは消費財であり，そのため今日それは一般的に好んで「耐久消費財」とよばれている。しかしそれが人を定期的に職場に運ぶ通勤にも用いられた場合，それはたんなる消費財としてすまされるであろうか。確かにそれが資本によってではなく，勤労する個人によって所有されている点では，通常の生産財ではない。しかしそれが通勤用に使用される限り，そしてそのような場合が非常に多いのであるが，一種特別な生産財とみなさねばならず，その意味において乗用車生産部門も，消費財生産部門であると同時に，また生産財生産部門の性格をも兼ねそなえているといえよう[7]。そのことは，貨物と同時に，通勤やリクリエーションのための乗客を輸送する鉄道車輌を製造する部門が，一般に大枠で生産財生産部門に区分されているのと同様である。

こうして自動車，とくに乗用車は，近代社会とともに発展してきた私的所有および個人的所有と結びつき，そのもっている利便性のゆえに，国民の所得水準の向上によって急速に普及していった[8]。いわゆるモータリーゼーションの爆発，「交通革命」である。現代社会は，このモータリーゼーションが必然的に生みだす大規模な道路建設，公害（排気ガス・騒音・振動），交通事故，交通犯罪等の「外部不経済」と，それらを克服すべき「社会的費用」の出費を強制する「車社会」となる[9]。この「交通革命」は，先進資本主義諸国では，運輸・交通体系を変革し，

国によってその進展に相違はあれ，20世紀のうちに鉄道を主，自動車を従とする形態から，その逆のものに転換させていった。

また自動車は，その利便性をもった商品のゆえに，19世紀末から今日にいたるまで，盛んに輸出入される，「国際商品」（＝「世界商品」）の一つとなっている[10]。

自動車工業は，総合工業として，またそれが成長産業であることによって，20世紀のうちに，先進工業諸国では基幹産業となり，そのトップにたつか，すくなくともその一つになり，それを製造する企業もその国の代表的企業になっていった。ここで基幹産業というのは，任意の国の工業諸部門のなかで生産額，付加価値額，雇用数等で，最上位または上位にある産業のことを意味している[11]。そしてそれは，すでに述べた通り，それ自体として複合的であり，直接的な関連部門を広い裾野をもって段階的に編成していると同時に，間接的な関連諸工業部門と連関して，それらを統括するという性格さえももっている[12]。

商品としての自動車は，トラック・バスに関しては生産と流通にたずさわる生産財，乗用車に関しては大衆的消費財であると同時に生産財としての性格をもつがゆえに，それらを製造する自動車工業は，景気変動によって厳しい影響をうける[13]。しかしそれだけでなく，自動車工業それ自身が，その製品の耐久性，その大量性によって，景気変動の基礎となる。

自動車工業を以上のようにみるとき，1970・80年代以降エレクトロニクス関連産業が急速に勃興するまで，私たちは20世紀の主要工業諸国の経済史を，またそれらを中心とした世界経済史さえも，自動車工業を主軸に据えてみてゆくことさえ可能だといえよう。

注

1) 加藤博雄著,『日本自動車産業論』, 法律文化社 1985年, 30-31ページ。
2) 岩越忠恕著,『自動車工業論』, 東京大学出版会 1963年, 1-3ページ。
3) 岩越前掲書, 14-15ページ; 加藤前掲書, 23-25ページ。加藤氏は, 自動車のもつ「利便性」の裏面として, 交通事故等の「不安全性」の存在を正しく指摘している。
4) 中村静治著,『現代自動車工業論――現代資本主義分析のひとこま――』, 有斐閣 1983年, 2ページ。
5) ジョン・B・レイ著, 岩崎玄・奥村雄二郎訳『アメリカの自動車 その歴史的展望』, 小川出版 1969年, 3ページ。
6) 奥村宏, 星川順一, 松井和夫著,『自動車工業』(第8刷), 東洋経済新報社 1968年, 3-27ページ; 宇野弘蔵監修, 鎌田正三・森杲・中村通義,『講座帝国主義の研究 両大戦間期におけるその再編成 3アメリカ資本主義』, 青木書店 1973年, 197-216ページ; 侘美光彦,「V自動車産業」, 玉野井芳郎編著,『大恐慌の研究』(復刊第2刷), 東京大学出版会 1982年, 所収, 215-273ページ; 鈴木圭介編,『アメリカ経済史II 1860年代－1920年代』, 東京大学出版会 1988年, 437-447ページ, 参照; なお自動車工業に「成長産業」の名称を与えているのは, Klaus W. Busch, Strukturwandlung der westdeutschen Automobindustrie, Berlin 1966, S. 15-17。
7) 中村前掲書, 31-32ページ。
8) 同書, 30ページ; 加藤前掲書, 23ページ。
9) 宇沢弘文著,『自動車の社会的費用』(岩波新書, 第18刷) 1991年, 79-80ページ, 参照。宇沢氏は, 自動車交通が生みだす「外部不経済」から, 発生者が負担している部分を差引いた部分を,「自動車の社会的費用」としている。
10) 岩越前掲書, 13-14ページ; 加藤前掲書, 20ページ。
11) アメリカでは, すでに1925年に自動車工業は, 生産額, 原材料消費額, 賃銀支払額のいずれにおいても最大の産業となった(中村前掲書, 48ページ)。ドイツでは, すでにヒトラー時代の1937・38年に, 自動車工業は生産額において, 銑鉄, 粗鋼の両部門を上まわり, 石炭についで第2位の産業となった(R. J. Overy, Cars Roads, and Economic Recovery in Germany, 1932-8, in: The Economic History Review, 28-3, 1975, S. 482.)。日本でも1978年に自動車工業の生産額は, 第1位となり, その後も電気機械器具製造業について第2位を占めている (中村前掲書, 49ページ)。
12) 中村前掲書, 40-43ページ。
13) 岩越前掲書, 27-28ページ。; 加藤前掲書, 16ページ。

第1章　内燃機関自動車の前史

第1節　自動車の定義

　自動車の前史をたどるためにも、また後に成立してくる自動車工業の領域を正しく確定するためにも、まず自動車とはなにかという概念規定をしておく必要があろう。

　19世紀末に自動車が発明され、20世紀初頭に若干の普及をみるまで、ヨーロッパでもアメリカでも、それに好んであたえられた呼び名は、「馬なし馬車」（pferdeloser Wagen, horseless carriage）というものであった。それは、自動車が、その原動機が蒸気機関であれ、また内燃機関であれ、まず馬車または馬車型の車台に組み付けられて始まり、1900年頃までは外見上、車体が馬車とよく似ていただけでなく、速度も馬車ていどであったことからきている。その点でこの呼称は、人びとの願望をふくめて、当時の自動車のいくつかの特徴を巧みに表現しているが、それはあくまでも俗称にすぎなかった。

　ここで問題にしているドイツにおいて、自動車概念をやや正確に規定したのは、1909年の「自動車交通法」であった。その第1条、第2条によると、自動車と

は軌条に拘束されることなく,「機械力」で動かされる車輛または自転車と規定された[1]。この「機械力」という規定にはまだ不明な点があるが,これによって自動車がレール以外の道路や陸上を自走する車輛であり,鉄道車輛との区別が明確となった。

ではトロリーバスのような車輛はどうなるのだろうか。それはレール上を走らない限り,鉄道車輛でないことは明らかだが,では自動車の一種といえるのか。しかしそれは,架線から電力を供給される範囲でしか動けず,自動車がもっている道路上をどこまでも自由に走行できるという性格からはいちじるしく乖離している。そのため次に,自動車概念からトロリーバスを排除する必要が生まれた。

こうしてドイツにおいては,1922年バレンシュタイン (A. Ballenstein) が,自動車を「軌条による特定の運行方向と結びつけられず,その内部で生みだされる機械的またはエンジンの諸力によって動かされるあらゆる種類の車輛[2]」と規定するようになった。その結果,この内容が,著者の知る限り,全世界的にみてほぼ今日の自動車概念となっている。

例えば,わが国の1951 (昭和26年) 制定の「道路運送車両法」,1960 (昭和35年) 制定の「道路交通法」の規定がそうである。その「道路交通法」の第2条第8項では,「車輛 自動車,原動機付自転車,軽車両及びトロリーバス」とあり,第9項では,「自動車 原動機を用い,かつレール又は架線によらないで運転する車であって原動機付自転車以外のものをいう」,と規定されている[3]。ここでもトロリーバスは,原動機付自転車とともに,自動車の範疇からは除外されている。しかし私たちは,ドイツ自動車工業を扱う場合,トロリーバスはいちおう除くとしても,広義のオートバイといえる原動機付自転車や,軽車輛に入る付随車 (被牽引車) などは厳密には除外せず,分析に含めることもあろう。

ところで,以上,紹介した概念規定のどれをとってみても,現在,圧倒的に支配的な地位を占めている内燃機関 (ガソリン・エンジン,ディーゼル・エンジン,ロー

タリー・エンジン）をもったもののみを，自動車としているのではないことに注目すべきである。このことは，今日，環境問題が切実な問題となり，環境にやさしい自動車ということから，電気自動車の再開発・製造が急がれていることからも，当然のことと理解できる。しかし内燃機関自動車以外の，例えば電気自動車は，自動車の歴史を通じて存在していたし，いや時期的には少数ながら内燃機関自動車に先だってさえ存在していた。さらにその時期には，蒸気機関を動力とする蒸気自動車は，もっと広汎に普及していた。

したがって，内燃機関自動車の開発や自動車工業の成立過程をみてゆく場合に，内燃機関自動車のみに限定することは誤りであり，かえって内燃機関自動車の発明や現代自動車工業の形成過程を正確に把握できなくなる。そのことはとくに，20世紀初頭，世界の自動車工業で主導的地位を占めたフランスについていえるし，また20世紀初頭，数多くの蒸気自動車の製造を背景に，やがて内燃機関自動車の王国を形成するアメリカについても妥当している。

第2節　自動車の前史

人類は，新石器時代をぬけでて，金属期（国家形成期）に入って以降，地球上ふるい文明を開花させたところではどこでも，車輪をもった車を発明し，それを牛や馬に牽かせるようになった。そしてそのうち馬車は，古代・中世を通じて次第に改良され，とくに絶対主義時代には貴族階級の乗り物として非常に発達し，産業革命の結果，鉄道が普及するまでは，陸上における最高の運輸・交通手段であった。

この間，家畜とはいえ動物としての限界性をもった牛や馬に代わって，人々が自力で走行する車輌を夢みたのは，当然のなりゆきであった。そのような願望は，すでに中世高期にはっきりと出現している。13世紀，イギリスのスコラ哲学

者でもあり自然科学者でもあったロジャー・ベーコン（Roger Bacon, 1214頃-94）は，ある著作のなかで，「……動物の助けをかりず，信じられないような速度で動く車を製作することは可能である[4]」，と述べている。

またルネサンス期の高名の天才，レオナルド・ダ・ヴィンチ（Leonardo da Vinci, 1452-1519）は，発条(ぜんまい)で動く車——その詳細な装置は明示せず，ただ伝力機構のみを示しているにすぎないが——をスケッチし，自走する車への願望を表わしている[5]。

そしていよいよ動物の力を借りずに地上を走行する車は，帆船による航海術に秀でたオランダの人，ステーヴィン（Simon Stevin, 1548-1620）によって，1600年に大小2台の風力車が製作され，スヘーベニンゲとペッテン間の海岸線で試走された[6]。それがまったく一過性のものでなかったことは，この地方でその存在が1650年，1775年にも確認されていることからもわかる。

このような風力車の構想は，19世紀初頭にはイギリスにも伝わり，1826年にはポウコック（Poccock）が凧によって牽かれる車の特許を取得し，時速30〜32kmで走行することに成功している[7]。しかし，これらのいわば風力車は，内蔵された原動力によって動かされるのではなく，帆船どうよう風力という外部からのエネルギー供給に依存している限り，正確には自動車とはいえなかった。

他方この間，中世における時計の発達と関連して，発条(ぜんまい)仕掛で車を動かすことが試みられていた。ドイツのニュールンベルクで，1649年，時計工ハオチュ（Jean Hautzsch）が，なお足踏と手動クランクで補助されていたとはいえ，時速1.6kmでゆっくり動く車を製作し，実演した[8]。この発明者はしばしば車から降りて発条(ぜんまい)を巻きなおさねばならなかったといわれている。このような，いやもっと強力な発条(ぜんまい)仕掛の車は，もう一度1740年頃フランスでも製作されて，ルイ15世の前で実演されている[9]。これらは，車輌にいわば内蔵された機械力を動力としている限り，自動車の概念に適合するものであったが，その運動には持続性がなく，またきわめて緩慢にしか動かなかったので，実用的なものとはならな

かった。

第3節　蒸気自動車

　たんに実験的にではなく, 実用性をもって一定の普及をみた最初の自動車は, 蒸気機関をエンジンとした蒸気自動車であった。

　それを最初に製作したのは, フランス陸軍の技術将校キュニヨ (Nicolas Joseph Cugnot, 1725-1804) であった。彼はブルボン絶対王制下の陸軍から委嘱されて, 大砲牽引に用いる前1輪, 後2輪の三輪蒸気自動車の製作を1765年に始めた。その第1号車は, 1769年にパリで実演されたが, ハンドル機構が不完全であったため, 壁に衝突してしまった[10]。しかし彼は, 1771年には改良された第2号を製作し, それは時速約4kmとゆっくりとしか動かなかったとはいえ, まさしく自動車であった[11]。それはフランスこそが最初の自動車発明国であることを誇示するかのごとく, 最近まで「工芸学院」(Conservatoire des Arts et Métiers) に展示されていた[12] (図 1-1参照)。しかしキュニヨの蒸気自動車のこれ以上の開発作業は, 国家からの財政的支援がうち切られたため, それ以上には進展しなかった[13]。

　その後, 蒸気自動車の中心は, ヨーロッパでは産業革命の母国であり, 当時, 工業の最先進国であったイギリスに移行する。

　そこではまず, ワットから技術的援助をうけたマードック (William Murdock) が, 1781年に蒸気三輪車を製作し, ついでサイミングトン (William Symington) が, 1786年に蒸気自動車を開発し, またリード (Nathan Leed) が, 1790年に複動式蒸気機関を用いた自動車の特許をえ, そしてトレヴィシック (Richard Trevithick, 1781-1833) が, 1802年に馬車型の蒸気自動車を製作した[14]。とくにトレヴィシックのそれは, 1803年には時速20kmをだし, 150kmを走破した[15]。

図 1-1　キュニョの蒸気自動車

模型：ドイツ博物館にて著者撮影

　その後，蒸気自動車は技術的にも改良がすすみ，デイナ（Chr. Dana）は，ガーニイ（Goldworthy Gurney）によって製作された自動車で，1828年グロースターとチェルトナム間に定期的な乗客輸送路線を開設している[16]。それは，1833年2月21日から同年6月22日までに，14の区間を45～60分で走り，約3000人の乗客を輸送し，合計6400kmを走破した[17]。

　またイギリスで蒸気自動車交通を発展させたもう一人の人物は，ヘンコック（Walter Hancock, 1799-1852）であった。彼は，「ロンドン=パディントン蒸気馬車会社」（London and Paddinton Steam-Carriage Co.）を設立し，1833年4月22日には定期運行を始めている[18]（図1-2参照）。

　このようにイギリスは，1820年代と30年代前半に，鉄道の開始とほぼ同じ頃，道路交通においては大型の蒸気自動車の時代に突入しようとしていた。しかしこの蒸気自動車が，子供を死亡させるという事故を含めて，2件の重大事故を発生させるに及んで，蒸気自動車による利益侵害を恐れていた馬車業者と鉄道会社のキャンペーンが統一され，ここに1836年，蒸気自動車の運行に致命的ともいえる「蒸気車法」（Locomotive Act）が議会を通過した[19]。それによると，すべ

図I-2 ヘンコックの蒸気自動車

出典：Albert Neuburger, Der Kraftwagen, sein Wesen und Werden, 1913, Leipzig (reprint 1988), S.49.

ての蒸気自動車は，時速4マイル以下で走行することしか許されず，乗員は2人，その他1人は車の前を観衆に警告をあたえるために「赤旗」を振って走らねばならないというものであった[20]。いわゆる「赤旗法」(Red-Flag-Act) の始まりであった。

1861年の「蒸気車法」でも，蒸気自動車の最大重量は12イギリス・トン（1万1640kg）に制限され，最高時速はやや緩和されたが，それでも住宅地内で時速5マイル，住宅地外では10マイルに制限された[21]。さらに1878年の「公道・蒸気車修正法」(Highway and Locomotives 〈Amendment〉 Act) で，ようやく赤旗条項は廃止されたが，他の基本的な制限条項は残された[22]。結局，同法は1896年8月15日まで存続したので，1836年から1896年までの60年間にもわたって，イギリスにおける蒸気自動車交通は，一部の私有地内での少数のそれを除いて，全般的に窒息させられ，したがって蒸気自動車製造工業もその発展の芽をつみとられ

てしまった。

　イギリスとほぼ時期的に並行して蒸気自動車を造り始めたのは，実は海を越えたアメリカであった。そこではエヴァンズ（Oliver Evans, 1755-1819）が，1786年に「……本来フィラデルフィア港の浚渫機として使うものであったもの[23)]……」を，車をつけた蒸気船のような形で製作し，1805年に試走させたのに始まっている[24)]。その後アメリカでは，幾多の製造業者がさまざまな蒸気自動車を製作するようになったことは，1900年に57の企業が合計4192台の自動車を製造したが，そのうち蒸気自動車がいちばん多く1681台，電気自動車が1575台であり，当時なおガソリン自動車は436台にとどまっていたことが，それを示している[25)]。

　ヨーロッパでは，蒸気自動車の中心は，イギリスのような法的規制がなにもなかったフランスに移行していった。そこではディーツ（Charles Dietz）が，ベルギーで製作させたものを，1835年8月，一時的にパリ＝ヴェルサイユ間を定期運行させた[26)]。ついでオズモン（Osmont）も，1837年に特許取得した車によって，会社を設立し，1840～50年に定期運行させている[27)]。

　1860・70年代に入ると，フランスではさまざまな大型の蒸気自動車が製作されるようになるが，なかでも1867年のパリ万国博覧会に展示されたロッチェ（Lotzsche）のそれや，1873年にボレ（Amédée Bollée）によって製作された「オベイッサント」（Obéissante）と名づけられたそれが有名であり，後者はパリ＝ルマン間23kmをバスのように定期運行している[28)]。

　1880年代に入ると，フランスの蒸気自動車は，それまでの大型のものとは逆に，蒸気機関を含めて小型化する方向に展開していった。1885年から1888年にかけて，ドゥ・ディオン伯（de Dion）とブートン（Bouton）とが，共同して製作した小型の四輪車や三輪車，1887年にセルポレ（Serpollet）が製作した小型三輪車などが，その傾向を示している[29)]（図1-3参照）。そのためフランスにおけるこのような傾向は，「19世紀後半における蒸気自動車のルネサンス[30)]」と呼ばれ

図 I-3　セルポレの蒸気自動車

出典：Albert Neuburger, Der Kraftwagen, sein Wesen und Werden, 1913, Leipzig (reprint 1988), S.57.

てもよいほどであった。

　このフランスにおける蒸気自動車隆盛の趨勢は，すでにドイツのダイムラー社から小型エンジン製造の特許をうけて，ガソリン自動車の製造が開始されていた1890年代に入っても続いている。そのことは，1894年に催されたパリ＝ルーアン間124kmの自動車競走レースに，38台のガソリン車とともに，5台の電気自動車，5台の圧縮空気自動車の他，いちばん数多く39台もの蒸気自動車が参加し，金賞はガソリン車に譲ったものの，蒸気自動車が一着でゴールインしていることからも，証明される[31]。そしてこの旺盛な蒸気自動車製造こそが，それを継承・発展させる形で，後にみるようにガソリン自動車製造においても，20世紀初頭アメリカに凌駕されるまで，フランスを自動車の最先進国におしあげていく一つの基盤となっていった。

　では，この蒸気自動車に関して，ドイツはどのような状態であったか。トレヴ

ィシックがそれを開発した翌年の 1803 年に，ドイツでも後に重機工場を設立するヘンシェル（Henschel）が，その模型をつくっているが，本格的製作には進まなかった[32]。1880 年になって国家資本を含む 30 万マルクの資本金の「蒸気自動車中央会社」（Dampfwagen-Zentralgesellschaft）が設立され，フランスの前記ボレの特許を取得し，ボレの技師ル・コルディエ（Le Cordier）を雇用して，蒸気自動車の製造に乗りだそうとした[33]。ドイツ側では皇帝ヴィルヘルム 1 世もそれを歓迎したが，フランス側では，これによってモルトケがドイツ砲兵隊を機動化しようとしている，との「報復主義的」非難がまき起こり，そのためこの企画は挫折し，4 年後にこの会社は解散に追い込まれている[34]。さらに 1883 年に，ベルリンの機関車工場ヴェーレルト（Wöhlert）が，フランスのボレがつくった「マンセル」（Mancelle）型蒸気自動車を幾台か製造したが，その後の発展はみられなかった[35]。

　ドイツは，鉄道建設においては，ヨーロッパ大陸においてはもっとも速くそれを進捗させ，また蒸気機関車の製造においても，1850・60 年代にいち早く自給しうるまでになっていたが[36]，反面，蒸気自動車の開発・製造に関する限り，奇妙にもイギリスやとくにフランスに対しいちじるしく後進的であった。というよりも，ドイツにはそれに積極的に挑戦するという態度さえみられなかった。

第 4 節　電気自動車

　電動モーターと蓄電池が発明されていらい，それらを車に搭載して自動車にしようとする試みは，すでに前世紀中葉ごろから始まっていた。1855 年にイギリスのエディンバラで，ディヴィドソン（M. Davidson）が，ガルバニー電池によるそれを開発したが，欠陥が多く，電気自動車の開発はながらく中断した[37]。

　のちに電池の改良が進み，フランス人ラファール（Raffard）が，1881 年に三輪

の電気自動車を開発し，その成績がよかったため，さらに「トラムカー」(Tramcar) とよばれた 50 人以上を収容できる電気バスを製作した[38]。1887 年にはフランスの 2 人の技師サルティア（Sartia）とムゼット（Mousette）が，協力して電気自動車を製作し，時速 30km を達成し，また同年クリエジェ（Kriéger）が，自重 1130kg の車に 5 人を乗せ，途中で充電することなく，80km の距離を時速 22km で走破した[39]。1894 年のパリ＝ルーアン間競走では，参加車中，5 台の電気自動車が含まれていたことは，さきに述べた通りである。

　アメリカでも，19 世紀末には電気自動車が製造されており，例えば 1895 年のシカゴにおける競技会には，4 台のガソリン車とともに 2 台の電気自動車が参加している[40]。またすでに述べた通り，1900 年に製造された自動車のなかには，電気自動車は蒸気自動車と同じくらい多く造られていた。1906 年になっても，ニューヨークのタクシーには，電気自動車が含まれていた[41]。

　ドイツでは，ベルリンの「キュールシュタイン馬車製造会社」(Firma Kühlstein Wagenbau) が，1898 年にはガソリン・トラックとともに電気自動車の製造を開始しているが，その頃，電気自動車を製造する企業は，ベルリンだけでも AEG や「ベルクマン電気工場」（Bergmann Elekritiz. Werke）等，10 社，ケルンでもハインリヒ・シェーレ（Heinrich Scheele）等，4 社にのぼっている[42]。

　だが電気自動車は，鉛または鉛の化合物を電池の素材としていたため，それは非常に重くて「死重」となり，充電には時間を要し，また長距離は走れなかった。そのため電気自動車は，静かに走り，公害をださないという長所にもかかわらず，ガソリン自動車の前にひとまず敗退せざるをえなかった。私たちは今日，深刻な環境問題に当面して，あらためて効率的な電気自動車の再開発に取りくんでいるが，電気自動車の発明は，なにもガソリン車の後に生じたのではなく，その前からなされていたことを忘れるべきではない。

注

1) Kurt Haegele, Die deutsche Automobil-Jndustrie auf dem Weltmarkt（Diss., 未刊行）, 1924, S. 4f.
2) Ebenda. S. 5..
3) 「道路運送車両法」, 法務大臣官房編, 『現行日本法規』63, 陸運2, 277ページ；「道路交通法」, 岩波基本六法（昭和50年度版）, 234ページ.
4) その著作は, 'Epistola Fiat "……Currus etiam possunt fiel ut sine animali moveantur cum impetu inestimabile. ……", in: Albert Neuburger, Der Kraftwagen sein Wesen und Werden, 1913, Leipzig（reprint 1988）, S. 8.
5) Neuburger, a. a. O., S.10 ; Peter Kirchberg／Eberhard Wächtler, Carl Benz Gottlieb Daimler Wilhelm Maybach, Leipzig 1981, S.6; Conrad Matschoß, Große Ingenieure Lebensbeschreibung aus der Geschichte der Technik, München／Berlin 1937, S. 52-62.
6 Neuburger, a. a. O., S. 10. かの天才で, 国際法学の始祖 Hugo Grotius も, 17歳でこの実験車に同乗していた。
7) Ebenda.
8) Theo Wolff, Vom Ochsenwagen zum Automobil Geschichte der Wagenfahrzeuge und Fahrwesens von ältester bis zu neuester Zeit, Leipzig 1909, S. 96-98.
9) Neuburger, a. a. O., S. 11.
10) Ebenda, S.14; Gerhard Horras, Die Entwicklung des deutschen Automobilmarktes bis 1914, München 1982, S. 8. ここで私たちは, ワットがその蒸気ポンプの特許をとったのが, 1769年, 複動式蒸気機関のそれをとったのが1781年であるのに, キュニョの蒸気自動車が, はやくも1769～1771年に製造されたことに疑問をいだく。しかしそれは, フランスの物理学者で技術者であったパパン（Denis Papin, 1647-1712）が, すでに1690年に水蒸気でシリンダーを動かす蒸気機関の原理を発見しており, またイギリスのセーヴァリ（Thomas Savery, 1650-1715）が, 1698年に最初の初歩的な蒸気機関の特許をえており, ついでニューコメン（Thomas Newcomen, 1663-1729）が, 1711年に大気圧機関を発明し, それがその後イギリスの炭坑やヨーロッパ各地に導入され, 蒸気機関の知識とその実用化の試みが, いわば空気のごとくヨーロッパ中に広がっていたことを思えば, 肯けよう。（Kirchberg／Wächtler, a. a. O., S. 9-11.）
11) Neuburger, a. a. O., S. 14.
12) Ebenda.

13) Horras, a.a.O., S. 8.
14) Neuburger, a. a. O., S. 15f.
15) Ebenda, S.15; Horras, a.a.O., S. 8.
16) Wilhelm Dungs, Die Entwicklung der amerikanischen und der führenden europäischen Automobilindustrien und ihre volks-und weltwirtschaftliche Bedeutung (Diss), Köln 1925, S. 50 ; vgl. Zeit der Postkutschen Drei Jahrhundert Reisen 1600-1900(Hrsg. Klaus Beyrer), Karlsruhe 1992, S. 236f.
17) Dungs, a. a. O., S.50.
18) Neuburger, a. a. O., S. 19f.
19) Ebenda, S.2l.
20) Dungs, a. a. O., S.50.
21) Horras, a.a.O., S. 69.
22) Ebenda.
23) Wolf, a. a. O., S. 107f.
24) Vgl. Neubuger, a.a.O., S.39.
25) 加藤博雄著、『日本自動車産業論』、法律文化社1985年、42ページ。日本への自動車の紹介についても、明治36（1903）年、大阪で開催された第5回内国勧業博覧会で、アメリカ製およびイギリス製の蒸気自動車が展示されている（日本自動車工業会編、『日本自動車産業史』1988年、3ページ）。また日本製自動車の第1号は、明治37（1904）年に、山羽虎夫が岡山で製作した蒸気自動車であった。
26) Neuburger, a. a. O., S. 21.
27) Ebenda, S.2l. u. 56.
28) Vgl. ebenda, S.21, 23, 55 u. 56.
29) Vgl. ebenda, S. 23 u. 56-59.
30) Friedrich Schildberger, Entwicklungsrichtungen der Daimler-und Benz-Arbeit bis um die Jahrhundertwende, (Einzeldarstellung aus dem Museum und Archiv der Daimler-Benz AG) o. J., S. 1.
31) Kirchberg / Wächtler, a.a.O., S. 92.
32) Horras, a.a.O., S. 8.
33) Ebenda, S. 9.
34) Ebenda, S. 9f.
35) Schildberger, Entwicklungsrichtungen……a. a. O., S. 1.

36) 北条功,「ドイツ産業革命と鉄道建設」, 高橋幸八郎編, 『産業革命の研究』, 岩波書店 1965年, 所収, とくに 190, 209ページ, 参照。; 拙稿,「ドイツにおける資本主義の勃興」, 越智武臣, 柴田三千雄編, 『岩波講座, 世界歴史』19, 1971年, 所収, 347--351ページ, ベルリン機械工業の項を参照。
37) Neuburger, a. a. O., S. 31f.
38) Ebenda, この電気バスも,「工芸学院」に展示されていた。
39) Ebenda, S. 32.
40) Dungs, a. a. O., S. 11.
41) Vgl. Neuburger, a. a. O., S. 83.
42) H. C. Graf von Seherr-Thoss, Die deutsche Automobilindustrie Eine Dokumentation von 1886 bis heute, Stuttgart 1974, S.15.

第2章　ドイツ自動車工業成立の歴史的背景

第1節　第二帝政期の経済・社会構造，経済発展・景気変動

　本書では，たとえ主にわが国の研究業績に依拠したとしても，第二帝政期の経済・社会構造について詳細に述べる余裕はなく，またそれは本書の主旨でもない。そこでここでは，ただドイツ自動車工業の成立・展開に関して，それを規定したと思われるいくつかの点を指摘するにとどめたい。

経済・社会構造　まず農業に関しては，東エルベに本拠をもち，ドイツ統一の推進主体となったプロイセンにおいては，ナポレオン軍の占領を契機に，1807年の「十月勅令」によって始められた「上から」の農業改革が，1811年の「調整勅令」，1817年の「同布告」，1821年の「償却規制令」をへて，1848年革命に促迫されて，1850年の「償却調整法」，「地代銀行設立法」をもって，立法的にはいちおう完成された[1]。そしてその償却過程は，1870年頃までにほぼ完了し，東エルベにおいては，封建的な「農場領主制」(Gutswirtschaft) は，なお幾多の面で前近代的要素―人身的隷属性，零細農の小地片との結合，現物給，等―をもちながらも，資本主義的ユンカー経営に「上から」徐々に転化して

いった。しかしこのユンカー=半プロ的農民関係も決して固定的なものではなく，それ以外にも存在した農民層の分解を通じて，農業内部に資本=賃労働関係が拡大され，それがまたユンカー経営の資本主義進化をも促す作用を及ぼした[2]。このユンカー階級は，その取得する地代と農業利潤を農業に再投資するだけでなく，その一部を株式・社債の取得を通じて，非農業部門にも投資した。こうしてユンカー階級は，農業以外の資本主義的発展とも結びつき，いわゆる「ユンカーのブルジョワ化」という現象をうみだしている。とはいえ，ユンカー階級は，原則としてその農業経営の不分割を規定した「世襲財産制」(Fideikomiß) にもまもられて，その階級的地位を維持し続け[3]，したがって政治的にも，第一次世界大戦が終わる頃までは，「ユンカー的・プロイセン支配」といわれるように，プロイセンにとどまらず，第二帝政の政治機構を通じて，ドイツにおける第一位の政治的支配階級としてとどまりえた。

　他方，西エルベについては，プロイセンのライン・ヴェストファーレンでは上記の農業改革により，その他の諸領邦では，おもに1830年，1848年の革命を画期とした，高額貨幣償却方式にもとづく農業改革によって，封建的土地所有が解体されていった。その結果，ここでは直営地をもった農場領主制が基本的に欠如しており，「地代荘園制」が支配していたため，小農が支配的な地域となっていくが，その重い償却金負担と，「大不況」と同時進行した「農業恐慌」の打撃によって，小農の経済発展が阻まれ，多数の零細農が滞留すると同時に，それが酪農化したり，兼業化する事態が生じてくる[4]。

　ところで工業においては，1834年の関税同盟設立の頃から1873年恐慌の頃までに，おもに鉄道建設に主導されて産業革命が進行し，産業資本の再生産構造がほぼ成立する[5]。それはライン・ヴェストファーレン，ベルリン，ザクセンの三大工業地帯を中心に進展し，製鉄業や石炭業の部門では，すでに株式会社形態をとった大企業が出現しはじめていた[6]。ドイツにおける株式会社のこの早期的普及は，ドイツの国内市場——たとえば，綿製品や銑鉄——さえもイギリス資本

主義から奪回するためには，早期的に資本蓄積の不足を資本集中によって克服せねばならないという背景があった。そして工業における株式会社の普及を媒介したのは，主として前期的資本の転化形態としての株式銀行資本がもっていた「株式の引受=発行業務」であった[7]。

　産業革命以後も，この株式会社設立の動向は拡大し，機械製造業や繊維工業部門をも捉える。だがこの時期に特徴的な点は，ルール地方の重工業を中心に，「大不況」期とそれに続く高揚期のなかで，資本の集積・集中が進展し，カルテル，シンジケート形態の独占体がさかんに結成され，またそれが再編されていったことである。それらを典型的に示すものこそ，1886年の「ライン・ヴェストファーレン銑鉄連合」と，1893年の「ライン・ヴェストファーレン石炭シンジケート」の結成であった[8]。

　そしてこの間，とくに石炭=鉄鋼業部門の大企業家，独占資本家たちは，好んでユンカー農場を取得し，爵位を授与されて，ユンカー化する傾向もみられた。いわゆる「ブルジョワジーのユンカー化」という現象である[9]。独占資本家の一翼はこのように親ユンカー化しながら，第二帝政の政治構造のなかで，すでに指摘したブルジョワ化しつつあるユンカーと同盟し，「利害共同態」を形成しつつ，第二の支配階級を構成する[10]。それは経済政策のうえでも，ビスマルクによって1879年頃から推進される「穀物と鉄の同盟」といわれる，農業・工業両部門における保護関税の導入や，また穀物関税の引上げによって大艦隊を建造する，1898～1902年の「結集政策」のなかに，集中的に表現されている[11]。

　鉄と石炭部門にくらべればやや遅れて，20世紀に入る頃から，新興産業である電気工業，化学工業の部門においても，独占資本体制が形成される[12]。こうしてドイツでは，ほぼ20世紀初頭には，ベルリン6大銀行と結びついた重化学工業の分野において，ヤイデルス（Otto Jeidels）が剔抉したような，非常に組織的な独占=金融資本主義的な体制が構築されていった[13]。

　とはいえ，これらの諸部門における独占資本主義化によって，その他の諸部

門,たとえば機械製造業や繊維工業,等の中小資本が支配する分野の発展が一方的に阻止され,その状態が固定化されたわけではなかった。これらの分野で広汎に存在した中小ブルジョワジーの分解を通じて,一方の極に資本主義的経営が分岐・上昇し,他方の極に発展を阻まれた小ブルジョワジーの滞溜とさらにその下層の賃労働者化がみられ,ドイツの資本主義体制自体の拡大再生産,その経済構造自体の資本主義的深化が進行した[14]。このような動向のなかから,しばしばミシン製造業,自転車製造,内燃機関製造業,そして自動車工業などの,第二の新興産業が誕生してくるのであり[15],そのことは本書の主旨にそくしているため,予めここで注意を促しておきたい。

また私たちは,ここで,ドイツにおける新興産業の隆盛とかかわって,とくに内燃機関の開発や自動車の発明と深くかかわって,後進資本主義国ドイツが国家政策として推進した科学・技術政策の存在を指摘しておかねばならない。「総合技術専門学校」(Polytechnische Schule)に学ぶ学生は,1871年の4710人から1901年には1万6590人に増加していったが,その前から,各地の工業専門学校が整備され,1821年のベルリン王立実業学院を嚆矢として,各地に工業専門学校が設立されていった[16]。ドイツにおけるこのような科学・技術の高等教育が整備・充実されるなかで,たとえばオットーと協力して内燃機関の開発に間接的に貢献したオイゲーン・ランゲン (Eugen Langen, 1833–1895) は,1850年代初めにカールスルーエ工業専門学校に,またダイムラーは1850年代末にシュトゥットガルト工業専門学校に,さらにベンツは1860年代初頭にカールスルーエ工業専門学校に,そしてルードルフ・ディーゼル (Rudolf Diesel, 1858–1913) は,1870年代後半・80年代初頭にミュンヘン工業専門学校に学んでおり,その学問・技術研究は,後にもやや詳しくみるように,それぞれの発明に重要な寄与をしている。

第二帝政期の経済発展・景気変動

1871年のプロイセン主導による「上から」のドイツ統一,フランスからの約50億金フラン(約42億マルク)の賠償金の獲得,それによる8億5000万マルクに

及ぶ戦時公債の償還，その資金の株式への投資等は，1869年から始まっていた好況をさらに高揚させ，1871～73年には熱狂的な株式会社の「創立期」を現出させた[17]。しかしこの過剰投資・過剰投機は，1873年10月に始まる取引所の大崩壊とともに，前世紀最大の恐慌，1873年恐慌をもたらす結果に終わった。それ以降，ドイツは1894・95年頃まで，その「中期循環」(7～11年) において，好況期は短く，不況期は長い，経済史家たちが「大不況」(the Great Depression, die große Depression) とよぶ時期に入る。そしてドイツは，1895年以降，独占資本主義段階最初の1900年恐慌と，非常に激しい1907年恐慌の2回の恐慌を体験しながらも，第一次世界大戦突入までの時期に，新たな経済的高揚期を体験する[18]。

いま，これらの各期の経済発展の長期的趨勢をおおまかにおさえるため，W・G・ホフマン (Walter G. Hoffmann) が作成した，工業・手工業の生産指数を示しておこう。表2-1がそれである。これによると，第1期1853～73年，第2期1873～93年，第3期1893～1913年の各20年間の経済成長率は，第1期が約165％，第2期が約65％，第3期が約132％となる[19]。たしかにこの数値は，農業を除き，工業・手工業生産に限られたものではあるが，それでも，第二帝政期の経済発展のおおまかな特徴，1873～94年頃の「大不況」期におけるその前後約20年間に比較してのいちじるしい経済的停滞，1894年以降の新たな加速化された経済成長を示しているといえよう。

もちろんこの「大不況」期が，おしなべて一様に不況が持続した期間ではなく，そのなかに幾度かの「中期循環」が介在したものであったことは，これまでもよく知られていた[20]。すなわち「大不況」期には，1869年に始まり1879年に終わる1中期循環の下降局面 (1874～79) と，1880～87年，1888～94年の2回の中期循環，合計2回半の循環が存在している。ただしこの21年間は，高揚の年が6年に過ぎず，それに反して沈滞の年が15年に及ぶという，全体として不況色の強い期間となっている（後出表2-2参照）。

では，この時期の中期循環のこのような動向を規定した要因はなんであった

第2章 ドイツ自動車工業成立の歴史的背景　37

か。かつてR・ヒルファーディングは，鉄鋼業を中心とした大規模産業においては，固定資本が巨大化し，したがってそれが一度投下された場合，資本移動を困難にすることを指摘したことがある[21]。またわが国においても，石炭や鉄鋼など当時の主導部門における巨大な固定資本が，その回転の長期化によって周期的循環形態を変化させたと説明されている[22]。たしかにこの固定資本巨大化の要因は，「大不況」を構成する「中期循環」の形態と性格の変化を規定したことは間違いない。

だがそれだけで，はたしてこの「大不況」を説明するのに充分であろうか。まずこれだけでは，大規模産業で固定資本がますます巨大化していった1895年以降，たとえ独占資本主義への転化，帝国主義政策の推進，等の要因を加えたにせよ，なぜあらたなそうとう長期にわたる上昇波が生じることになるのかの説明がつかない。そこで私たちは，新技術にもとづき投資が活性化し，産業構造が再

表2-1　ドイツ工業・手工業の生産指数（1913＝100）

年	指数	年	指数	年	指数
1851	9.8	1872	24.1	1893	43.1
1852	10.0	1873	26.2	1894	45.4
1853	9.9	1874	27.4	1895	48.9
1854	9.7	1875	27.4	1896	49.9
1855	10.2	1876	27.6	1897	52.5
1856	11.0	1877	27.0	1898	55.8
1857	12.0	1878	27.6	1899	58.0
1858	12.1	1879	27.2	1900	61.4
1859	11.8	1880	26.1	1901	58.7
1860	12.7	1881	27.2	1902	60.2
1861	13.1	1882	27.1	1903	64.8
1862	13.0	1883	29.3	1904	67.5
1863	14.7	1884	30.4	1905	70.0
1864	15.2	1885	30.7	1906	73.0
1865	16.0	1886	30.8	1907	78.7
1866	16.6	1887	33.4	1908	78.0
1867	17.0	1888	35.2	1909	81.4
1868	17.7	1889	38.7	1910	85.5
1869	18.6	1890	39.9	1911	90.7
1870	18.8	1891	40.8	1912	97.2
1871	20.6	1892	41.7	1913	100.0

出典：Walther G., Hoffmann, Das Wachstum der deutschen Wirtschaft seit der Mitte des 19. Jahrhunderts, Berlin/Heidelberg/New York 1965, S.390-393.

編・高度化されていくような長期的な経済波動の考え方をどうしても導入せねばならない。

　資本主義の成立・発展過程のなかに,「長期波動」を, 最初に証明しようとしたのは旧ソ連のネオ・ナロードニキ学派のコンドラチェフ (N. D. Kondratieff, 1892-1938) であったことはよく知られている。彼は, 1926年その論文,「景気変動の長波」において, 物価, 利子, 賃銀等の統計的分析にもとづいて, 1780年代から第一次世界大戦に及ぶ時期に, 各波動の周期が50数年の長期波動が, 2回半, 存在したことを実証ようとしした[23]。すなわち, 第1波：上昇期1780年代末または1790年代末——1810～17年, 下降期1810～17年——1844年～51年, 第2波：上昇期1844～51年——1870～75年, 下降期1870～75年——1890～96年, 第3波：上昇期1890～96年——1914～20年, がそれである[24]。

　たしかに彼は, この長期波動を起こす諸動因については, それが資本主義発展の「内生的な」諸要因であることを強調しつつも, それらについて充分に理論的で体系的な分析にまでは進まなかった[25]。それでも彼は, 上記論文のなかで, 諸動因の一つとして, 控えめながら,「長期の下降期には, とくに多くの生産・交通技術の発見・発明がなされるが, それらの発見・発明は, 新しい長波が開始されてはじめて, 広範に経済的実践に応用されるのがつねである[26]」と, 非常に興味ある示唆をしている。これは後に, シュムペーターらによって, 長期循環の主動因＝技術革新説に発展させられていく根拠となる。

　こうしてこのコンドラチェフ波をも取りいれ, 1939年その『景気変動論』において, 独特の「三循環図式」(three-cycle schema) を構成したのがシュムペーター (Joseph A. Schumpeter, 1883-1950) であった。すなわち彼にあっては, キチン波とよばれる, 在庫投資を基礎とした約40ヵ月の「短期循環」と, ジュグラー波とよばれる, 設備投資を基礎とした7～11年の「中期循環」と, コンドラチェフ波とよばれる約50年の「長期循環」が, 実際には相互に規定しあいながら重畳しあって運動しているとされる[27]。

彼はその長期循環については，コンドラチェフとは若干異なるものの，基本的には同様に次のように時期区分する。第1波：上昇期1789～1813/14年，下降期1813/14～1842/43年，第2波：上昇期1842/43～1869/70年，下降期1869/70～1897/98年，第3波：上昇期1897/98～1924/25年[28]。そしてその際，第2波は「『ブルジョワ的』コンドラチェフ波」(the "bourgeois" Kondratieff) と，また第3波は「新重商主義的コンドラチェフ波」(the Neomercantilist Kondratieff) と命名されている[29]。

そしてシュムペーターは，この長期循環の主動因を，新商品の導入，新生産機能の導入，新形態の組織（新性格の銀行や，企業合併等），新市場の開拓，等の「新結合」(New Combination) または「革新」(Innovation) に求めた[30]。このように彼の「革新」説は，たんなる「技術革新」にとどまらないが，それでもその側面が重視され，そこでは各長期循環において技術革新が工業化された主導部門が設定されている。それは第2循環については，「蒸気と鋼」とくに鉄道であり，第3循環については，「電気，化学，モーター」――モーターに代えて「内燃機関」とされる箇所もある――であった[31]。私たちは，このシュムペーターの長期循環説によって，長期波動がなぜ発生するのか，また前循環の下降期がなぜ上昇転換をとげるのか，をかなり説得的に説明できる。

だが，このシュムペーターの長期循環論を発展させて，循環の下降転換と，下降期における技術革新の相対的集中をより明確に説明したのは，その理論にライフサイクル説を加味したメッシュ (Mesch) であった。すなわち彼によれば，新成長産業もやがてそれに対する需要が「飽和状態」に達したとき，循環の下降転換点がおとずれる[32]。そして，「……企業家は，サイクルの下降局面に直面してはじめて，これまで古い技術体系にもとづく経済活動を維持するより，高い危険をおかしてまでも，入手可能な技術知識のなかから，新規な基本的技術を導入しようとする[33]……」ことが，長期循環の下降期に技術革新が集中する理由とされている。

表2-2 ドイツにおける景気変動

第2次コンドラチェフ波 (1843・94/96)「鉄と鋼の循環」上昇期 (1843-1873年)						
1867年	下降	} 不況2年	1892年	下降	} 不況4年	
1868年	第1次上昇		1893年	下降		
			1894年	第1次上昇		
1869年	最高景気	} 好況5年	(以上21年間, 好況年6, 不況年15)			
1870年	最高景気		第3次コンドラチェフ波 (1895-)「化学, 電気, モーター力の循環」上昇期 (1895-1913年)			
1871年	最高景気					
1872年	最高景気					
1873年	資本不足・恐慌					

1843年		} 好況5年	(以上31年間, 好況年21, 不況年10)		1895年	第2次上昇	} 好況6年
1844年			下降期 (1874-1894年)		1896年	最高景気	
1845年	最高景気		1874年	下降	} 不況6年	1897年	最高景気	
1846年	最高景気		1875年	下降		1898年	最高景気	
1847年	資本不足		1876年	下降		1899年	最高景気	
1848年	下降	} 不況4年	1877年	下降		1900年	資本不足	
1849年	下降		1878年	下降		1901年	下降	} 不況2年
1850年	第1次上昇		1879年	第1次上昇		1902年	第1次上昇	
1851年	第1次上昇							
1852年	第2次上昇	} 好況6年	1880年	第2次上昇	} 好況3年	1903年	最高景気	} 好況5年
1853年	第2次上昇		1881年	第2次上昇		1904年	最高景気	
1854年	最高景気		1882年	資本不足		1905年	最高景気	
1855年	最高景気		1883年	下降	} 不況5年	1906年	最高景気	
1856年	最高景気		1884年	第1次上昇		1907年	資本不足	
1857年	資本不足・恐慌		1885年	第1次上昇		1908年	下降	} 不況2年
1858年	下降	} 不況4年	1886年	第1次上昇		1909年	第1次上昇	
1859年	下降		1887年	第1次上昇				
1860年	下降		1888年	第2次上昇	} 好況3年	1910年	最高景気	} 好況4年
1861年	第1次上昇		1889年	最高景気		1911年	最高景気	
1862年	第2次上昇	} 好況5年	1890年	資本不足		1912年	最高景気	
1863年	最高景気		1891年	下降		1913年	資本不足	
1864年	最高景気		(以上19年間, 好況年15, 不況年4)					
1865年	最高景気							
1866年	資本不足							

出典：Arthur Spiethoff, Die wirtschaftlichen Wechsellagen Aufschwung, Krise, Stockung, Tubingen/Zürich 1955, S.145-147, Hermann Schäfer (Hrsg.), Wirtschaftsgeschichte der deutschsprachigen Länder, vom frühen Mittelalter bis zur Gegenwart, Würzburg 1989, S.87f. より著者作成。

　ここで，ドイツを中心とした長期循環，中期循環の重畳した展開がどのようなものであったかを，より鮮明にさせるために表2-2を掲げておこう。この表は，1843～73年には相対的に好況年が多く，また1874～94年には逆にそれが少ないことを充分知りながら，長期循環の存在は認め，恐慌の史的分析をしたシュピー

トホフ (Arthur Spiethoff, 1873-1957) が作成した表に, シェーファー (Hermann Schäfer) が, コンドラチェフ=シュムペーター的な長期波動の枠組を与えたものである[34]。シェーファーは, この第2波動に対しては, シュムペーターと同様,「ブルジョワ的コンドラチェフ波」または「鉄と鋼の循環」の名称をあたえており, その主導部門としては, 鉄道を中心に, 紡織業, 鉱業, 鉄鉱石採掘業, 電信などをあげている[35]。これらのことは, ドイツにおいて1843～73年の時期には, 鉄道建設を中心に, 上記の諸部門で旺盛な投資が実施され, 経済成長をおしあげ, 産業構造を高度化させていったこと, そして1874～94年の時期には, 産業構造の一定の高度化が達成され, 上記諸部門における投資が過剰投資になるような状態, いわば産業構造の成熟, 需要の「飽和状態」が生じ, 経済成長をおしさげていったことを物語っている。こうして第2波動の下降的展開こそ, その内部における中期循環のなかで, 好況年を極端にすくなく, 不況年を累増させ, いわゆる「大不況」状態を生みだすよう規定していたといえよう。

ところが, この第2次コンドラチェフ波の下降期には, のちに述べるような内燃機関や自動車部門に限らず, 様々な分野で技術革新の努力が集中的になされていた。そのためその工業化の投資が活発にされていった結果, ドイツでは1895年以降1913年まで, 第3次コンドラチェフ波の上昇期に入る。それに対しては, ここでもシュムペーターと同様,「新重商主義的コンドラチェフ波」または「化学・電気・モーター力の循環」という名称が付されており, 主導部門として, 電気部門, 鉄工業, 交通部門 (自動車および航空機), 化学 (人絹・窒素・燃料), 機械製造業があげられている[36]。

このようにドイツにおける長期波動ないしは長期循環が整理されるとき, それがドイツでの内燃機関と自動車の発明とその工業化過程にあまりにもよく対応することに著者は驚かされる。この点は中村静治氏による批判が存在するにもかかわらず, 著者の見解となっている[37]。すなわち1876年のオットーによる4サイクル・ガス・エンジン, 1879年のベンツによる2サイクル・ガス・エンジ

ン, 1883年のダイムラーとマイバッハによる4サイクル・小型, 高速回転ガソリン・エンジン, 1885年同じく両者によるオートバイ, 1885/86年ベンツによる三輪自動車, 1886/87年ダイムラーとマイバッハによる四輪自動車, 等の発明開発は, いずれも第2次コンドラチェフ波の下降期, いわゆる「大不況」期になされた。しかしこれらの技術革新にもとづいて, ベンツやダイムラーの幼弱な自動車企業がほぼ安定的に発展しだすとともに, 他の後発の模倣的な自動車企業が群生し, 全体として自動車工業部門が成立してくるのは, 1.895年以降, 第3次コンドラチェフ波の上昇期においてであった。

　　中村氏は, 独自の技術史的観点にたって, 産業革命が生みだした生産過程における機械体系的技術と, それに照応する交通・運輸手段, および第二次世界大戦後に全面的展開されたオートメーション, この二つが言葉の真の意味での「技術革新」であると捉え, したがって, 19世紀末のいわゆる「第2次産業革命」期の内燃機関や自動車などは, 産業革命期の技術の展開形態にすぎないと主張する。たとえば, 「……内燃機関利用の代表とされる自動車も, その出立は馬車に代わる個別交通手段として, 18世紀末には蒸気自動車として出立している」といったふうにである。しかしこれは, 経済と社会のなかで内燃機関と内燃機関自動車のもった革新性をあまりにも低く評価するものといわざるをえない。なお氏が, オットーのガス機関の発明年を1860年とするのは誤まり。その大気圧ガス・エンジンでも1867年, 画期的な4サイクル・エンジンの場合は, 「大不況」期の1876年である。

　このように述べたからといって, 著者はなにも, コンドラチェフ＝シュムペーター的な長期波動ないしは長期循環が, 20世紀全体を貫徹する景気変動であると自信をもって確言するものではない。しかしそれはすくなくも, 第一次世界大戦までの資本主義の発展において, ほぼ間違いなく存在したと考えている。また著者は, 第2次長期波動の下降期における内燃機関・自動車の開発のみが画期的な基本的技術革新であって, 自動車工業のみが第3次長期波動を起動させたと主張するものでももちろんない。それは電気や化学部門のそれとあいまって,

その一翼を構成したにすぎないことは，言うまでもない。

第2節　産業上の前提的諸条件

　すでに本書の冒頭でのべた通り，自動車工業が「総合工業」である以上，それが成立するためには，ドイツにおいても関連諸産業の一定の発展が前提されねばならない。それらを細かく列挙すれば実に広範囲に及ぶが，ここではさしあたり，自動車工業と自動車交通の成立を可能にする3部門，すなわちその労働手段としての工作機械製造業，素材生産部門としての鉄鋼業，そして自動車の運行に欠かせない燃料となるガソリンを製造する石油精製，およびその配給組織について，必要最少限で触れておきたい。

工作機械製造業　自動車のもっとも重要な機能ユニットである，エンジン，トランスミッション，操縦・走行装置は，さらに分解すれば正確に切削・研磨された複合部品・単純部品からなる[38]。そのためそれを加工する労働手段としては，工作機械が決定的に重要である。

　ドイツにおける工作機械製造業は，産業革命（1834～73年）が進展するなかで，鉄道車輛，繊維機械，蒸気機関等を製造する機械製造業一般のなかから分離し，急速に自立的形成をとげていった。すなわち1850年代は，「イギリスの時代」といわれたように，なおイギリス工作機の模倣が目立ったが，すでに汎用の旋盤，ボール盤，平削盤などが大量に製造されるようになった[39]。そして1860年代には，その弱点を克服して，独自の設計にもとづき，フライス盤の他に，ラジアル・ボール盤等，種々な専用機械の製造も可能となり，幾つかの企業では，同種・同型機の40-70台のシリーズ生産も出現している[40]。こうしてドイツ（ドイツ関税同盟）は，1868年頃には，機械一般の輸入国から輸出国に転換していった[41]。

さて，このような発展を前提にして，いま問題とする第二帝政期，ドイツ工作機械製造業はどのような展開を示しただろうか。その大まかな特徴をいえば，それは，「大不況」期においても1880年以後は生産を拡大し始め，1895～1900年，1904－1913年の2回の飛躍的拡大期をへて，急激に伸長していった。この段階では，ベルリンのレーヴェ社 (Ludwig Loewe & Co. A. G.)，ケムニッツのツィンマーマン社 (Chemnitzer Werkzeugmaschinenfabrik vorm. Joh. Zimmermann)，ライネッカー社 (J. E. Reinecker)，ハルトマン社 (Sächsische Maschinenfabrik vorm. Rich. Hartmann A. G.) のような，工作機械専門の，またはそれを主部門とする大企業が成長していった[42]。これらの工作機械メーカーは，高速度鋼をも素材として採用しながら[43]，互換性部品からなる汎用・専用機械を量産し始めており，当時この部門で世界をリードしていたアメリカにキャッチ・アップしながら，世紀転換期頃には部分的にそれを凌駕するまでになっていた[44]。

このような工作機械技術の進歩のなかで，たとえば万能フライス盤では，レーヴェ社が1878年にアメリカのブラウン＆シャープ社 (Brown & Shape) のそれを模倣しながらも，若干それを上回る性能のものを実現し，改良タレット旋盤では，ベルリンのケルガー社 (G. Kärger) が，1876年に特許を取得し，自動盤では，これまたレーヴェ社が1887年にその第1号機を製作し，研削盤では，ライネッカー社が1880年頃にブラウン＆シャープ社の万能研削盤を購入，数年後からその生産を始めている[45]。とくに自動盤や研削盤は自動車工業にとって決定的に重要な工作機であるが，以上のような工作機械の技術・生産水準が，ドイツにおいて自動車工業が形成されてくる背景にあった。

このようにドイツにおける工作機械製造業は，第一次世界大戦前夜には，その生産高ではイギリスをはるかに凌駕し，アメリカに比肩するまでになって行くのであって[46]，この点からみて，自動車工業成立の条件は充分，いや充分すぎるほど整っていたといえよう。むしろ問題は，ドイツ自動車工業が，広義の機械工業でありながら，同じ歩調をとって発展しなかったことである。

第2章　ドイツ自動車工業成立の歴史的背景　45

鉄鋼業　自動車の素材重量構成で約90％と圧倒的比重を占めるのが，鉄鋼（普通鋼材・薄板，部分的に特殊鋼）であり，20世紀に入り時代が下れば下るほど，自動車工業からの需要が大きな比重を占めだすのも鉄鋼業である[47]。そのためドイツ自動車工業成立の一要件として，同国の鉄鋼業展開の状態をみておくことが必要である。

ドイツ鉄鋼業は，産業革命が終了した1873年頃には，いちおうその近代的技術体系を確立していた。すなわち銑鉄生産においては，旧来の木炭高炉に代わって，コークス高炉がほぼ完全に普及しており，また可鍛鉄生産においても，旧来の木炭精錬炉に代わって錬鉄生産のパドル炉が制覇していたばかりでなく，鉄鋼の大量生産を可能にするベッセマー転炉法が，1856年にイギリスで発明されて以後，まもなくドイツに導入されて，鉄鋼生産を力強く引き上げ始めていた[48]。そしてそれらを推進したのが，すでに述べた通り，株式会社形態をとった大製鉄企業であった。

これらを基礎にして，ドイツ鉄鋼業は第二帝政下においてさらなる急速な発展を遂げていくが，その際その促進的条件になったのは，含燐鉄鉱石（ミネット鉱）の一大産地ロートリンゲンを，普仏戦争の結果フランスから奪取したことと，いま一つは，ビスマルクによる1879年の鉄関税の再導入であった[49]。

まず銑鉄生産では，「大不況」のなかで，一方では旧型高炉の稼動数を落として生産調整しながらも[50]，他方では高炉ガスの利用，送風機の大型化による高炉容積の拡張，生産性の向上がはかられた[51]。その結果，生産量は，表2-3が示すように，「大不況」下にもかかわらず著増してゆき，さらに1895年以降それから抜けでて以後には，飛躍的に伸長していった。

また錬鉄・鉄鋼の可鍛鉄生産において特筆すべきことは，1879年イギリスのトーマス（Sidney Gilchrist Thomas）によって開発されたトーマス法が，その塩基性内張をもった転炉によって，上記ミネット鉱をはじめ，ドイツに広く存在した含燐鉄鉱石から燐分の除去を可能にしたことである。このトーマス法は，早

表2-3 主要工業国の銑鉄生産量　　　単位：1000トン

年	イギリス	フランス1)	ドイツ1)	アメリカ
1871	6,733	860	1,424	1,735
1875	6,467	1,448	1,759	2,057
1880	7,873	1,725	2,468	3,896
1885	7,534	1,631	3,268	4,110
1890	8,031	1,962	4,100	9,350
1895	7,827	2,004	4,770	9,598
1900	9,104	2,714	7,550	14,011
1905	9,762	3,077	9,507	23,361
1910	10,173	4,038	13,111	27,742
1913	10,425	5,207	16,761	31,463

注1) 1871年以降の数値には、アルザス・ロレーヌのそれは、フランスから除かれ、ドイツに含まれている。

出典：英，仏，独に関しては，B・R・ミッチェル編，中村宏監訳，『マクミラン世界歴史統計』，Iヨーロッパ編，1750-1975，原書房1984年，414-415，418ページ，米に関しては，B・R・ミッチェル編，斉藤眞監訳，『マクミラン世界歴史統計』，III 南北アメリカ・大洋州編，原書房1984年，453-454ページ．

くも1881年はヘルデ連合 (Hörder Verein)，ライン製鋼 (Rhein. Stahl-werk) に，1884年にはフェニックス社 (A. G. Phnix) に導入されるに及んで[52]，ドイツ鉄鋼業は急速に発展しはじめた（表2-4参照）。とはいえ，パドル炉による錬鉄生産は，1889年頃まではなお過半を占めており，その他が鉄鋼として，1869年に発明され1880年代に改良されたシーメンス・マルタン平炉法や，すでに触れたベッセマーおよびトーマス転炉法によって生産されていった[53]。なおそれ以外にも，1878年には，シーメンス (William Siemens) によって電気炉が発明されている[54]。さらに19世紀末から，自動車のエンジンやトランスミッションの材料となる強靭な鉄をつくる合金技術が発明され，クローム鋼，ニッケル鋼，ヴォルフラム鋼，ヴァナジウム鋼などが，あいついで開発されていった[55]。

こうしてドイツの鉄鋼業は，銑鉄生産においては，表2-3が示すように1905～10年の間に，厳密には1906年にイギリスを凌駕し，また粗鋼生産においては，表2-4が示すように，早くも1890～95年の間に，厳密に言えば1893年にイギリスを上回り，アメリカについで世界第2位にのし上がっていった。これは素材部門の面で，ドイツにおいて自動車工業を成立させるに充分な条件であった。

ただし，ドイツ鉄鋼業における生産の急速な拡大と，「大不況」下におけるそ

第2章　ドイツ自動車工業成立の歴史的背景　47

表2-4　主要工業国の粗鋼生産量　　　　　　　　単位：1,000トン

年	イギリス	フランス[1)]	ドイツ[1)]	アメリカ
1871	334	80	143	74
1875	719	239	318	396
1880	1,316	389	690	1,267
1885	1,917	554	1,203	1,739
1890	3,636	683	2,135	4,346
1895	3,312	876	3,891	6,213
1900	4,980	1,565	6,461	10,352
1905	5,905	2,255	9,669	20,345
1910	6,476	3,413	13,100	26,514
1913	7,787	4,687	17,609	31,803

注1)　1871年以降の数値には，アルザス・ロレーヌのそれは，フランスから除かれ，ドイツに含まれている。

出：英，仏，独に関しては，B・R・ミッチェル編，中村宏監訳，『マクミラン世界歴史統計』，Ⅰヨーロッパ編，1750-1975，原書房　1984年，414-415，418ページ，米に関しては，B・R・ミッチェル編，斉藤眞監訳，『マクミラン世界歴史統計』，Ⅲ南北アメリカ・大洋州編，原書房　1984年，457ページ。

の市場の緩慢な拡大との矛盾は，この部門におけるシンジケート形態の独占体の形成をもたらす。たとえば，1879年には「ロートリンゲン・ルクセンブルク銑鉄シンジケート」が，また1886年には「ライン・ヴェストファーレン銑鉄連合」が成立している[56)]。さらにこの独占体の拡大・強化は，「大不況」後の高揚期にも及び，1896年には上記銑鉄連合は，「ライン・ヴェストファーレン銑鉄シンジケート」へと発展，さらに翌97年には，それに「ジーガーラント銑鉄販売組合」を加えて，「デュッセルドルフ銑鉄シンジケート」が成立した[57)]。また1899年にはルール地方の約20の大企業からなる「半製品連合」が，さらに1904年には「製鋼連合」が成立した[58)]。このような鉄鋼各関連部門における独占体の成立は，ドイツ鉄鋼資本の蓄積に安定的に作用したが，反面，私たちは，それがもたらす独占価格が，たとえ初期の自動車が金持ちの非常に高価な「玩具」であったにせよ，成立期自動車工業に一定の抑制的作用を及ぼしたことも忘れるべきではない。

石油業　　ここで石油業というのは，石油の調達・精製・販売組織を全体として指している。これは，ガソリンや軽油を燃料とし，潤滑油を必要とする自動車の運行に不可欠であることは言うまでもない。だがこの面では，ドイ

表2-5 ドイツの石油生産量と輸入量　　　　　　単位：トン

年	国内生産量	輸入量	うち) アメリカから	ロシアから
1872	4,000			
1875	1,000			
1880	1,000	286,478	127,900	
1885	6,000	513,801	195,100	11,700
1890	15,000	710,907	549,800	43,600
1895	17,000	901,731	749,300	55,100
1899	27,000	1,071,723	789,400	106,700

出典：国内生産量については，B・R・ミッチェル編，中村宏監訳，『マクミラン世界歴史統計』，Ⅰヨーロッパ編，1750-1975，原書房 1984年，392ページ；輸入量については大野英二著，『ドイツ金融資本成立史論』（初版第4刷），1964年，125ページ。

ツは石油資源がきわめて乏しかったため，工作機械工業や鉄鋼業の場合とは異なり，決定的に不利な条件にあった。

19世紀後半，石油は燈油として，おもにランプの照明用に用いられていたにすぎなかった。とはいえそのための意義が認められ，ドイツでも1874年以降まずハノーファー周辺で，ついで1875年からはエルザスでも石油の試掘が始まり，1880年代には多数の石油採掘会社が群生し，やがてそれらが大銀行主導のもとに集中されていった[59]。しかし表2-5が示すように，その国内生産量は僅少であった。ドイツは圧倒的に大量の石油をアメリカ，ロシアなどから輸入せねばならなかった。

このような石油情勢のなかで，当初，自立していたドイツの大石油輸入商たちは，1879年にはハンブルク港を石油輸入港として整備し，1885年にはリーデマン（W. A. Riedemann）のように外洋タンカーをイギリスで建造させ，またその翌年からは鉄道用タンク貨車を製造させていた[60]。しかしその状態は，1899年スタンダード・オイル系の「ドイツ・アメリカ石油会社」(Deutsch-Amerikanische Petroleumgesellschaft) が創立され，19世紀末までにブレーメン，ハンブルクの大石油輸入商がしだいにその傘下に従属させられるに及んで，一変していった[61]。これを起点に「ドイツ・アメリカ石油会社」は，それ以降，各地に石油タンクを建設して地方石油卸売商を，ついでタンク車を配置して石油小売商をも従属させていき，ドイツ国内市場で圧倒的シェアを占めるにいたった[62]。

このような情勢に当面して、危機感を抱いたドイツの大銀行資本は、20世紀に入って1903年頃から、新興のルーマニア油田に対して、その支配をめざして積極的な資本輸出を開始する。それは、ドイツ資本主導のもとに、ルーマニアをはじめ、ヨーロッパ各国の資本と連携して、ルーマニア油田からアメリカ資本を閉めだす戦略のもとに推進された。

その先頭に立ったのがドイチェ・バンク・グループ（Deutsche Bank-Gruppe）であるが、同行はすでに1896年いらいオーストリア・ハンガリー資本と協力して、ルーマニア最大の石油企業「ステアウーア・ロムーナ」（Steaua Romana）を設立していたが、1903年その改組にあたって、オーストリア・ハンガリー資本から主導権を奪った[63]。またディスコントゲゼルシャフト＝ブラヒレーダー・グループ（Diskontogesellschaft-Bleichröder-Gruppe）は、オランダ企業から買収した「ブステナリ」（Bustenari）を支配しつつ、それをルーマニア第3位の石油企業に育てていった[64]。さらにドレスデン銀行グループ（Dresdener Bank-Gruppe）は、オーストリアの大工業家エコノモ（Hektor D. Economo）と提携しながら石油穿孔会社「カンピーナ・モネリ」（Campina-Moneri AG）を設立し、そのもとに1906年フランス資本とも提携して、ルーマニア第2位の石油企業「レガトゥル・ロムン」（Regatul Roman）を設立している[65]。このように激しいドイツ資本の進出の結果、ルーマニアの石油工業に投下された資本の国籍別分布は、1907年において概算つぎのようになっている。ドイツ資本1億フラン、ルーマニア資本3500万フラン、フランス資本3000万フラン、オランダ資本3000万フラン、イタリア資本1500万フラン、アメリカ資本1250万フラン、イギリス資本600万フラン、ベルギー資本350万フラン、オーストリア・ハンガリー資本250万フラン、その他1550万フラン[66]。こうしたドイツ資本は、その積極的な資本進出によって、ルーマニアの石油工業をほぼ支配し、独自の原油基地の確保にいちおう成功する。

このルーマニアでの原油基地の確保を背景に、ドイツではその国内市場をア

メリカ資本から奪回するために，ドイチェ・バンク主導で石油専売のキャンペーンが展開される。しかしそれは，スタンダード石油の圧倒的支配力に加えて，ドイツの銀行グループ間の利害の分裂によって成功しなかった[67]。その結果，1912年にドイチェ・バンク系の「ドイツ石油」(Deutsche Erdöl A. G.) とスタンダード石油との間で協定された照明用石油の国内販売比率は，スタンダード石油 53%，ドイツ石油 20%，スタンダード石油と秘密協定関係にあった「ピュア石油」(Pure Oil Co.) 18%，ドイツ，フランス，イギリス，オランダ，ロシア，オーストリア各資本共同の「ヨーロッパ石油」(Europäische Petroleum Union Gesellschaft m. b. H. Bremen) 9% というものであった[68]。第一次世界大戦前ドイツの国内石油市場は，このように圧倒的にアメリカのロックフェラー系のスタンダード石油によって支配されていた。

ところで国内市場で最初に重要であったのは，照明用燈油であり，ガソリンはその精製の副産物である揮発油として，薬局などを中心に販売されるにすぎなかった。しかしそれが自動車用燃料としてしだいに多く需要されるに及んで，その国内販売網も整備されていった。その限りにおいて，石油，ガソリン問題はアメリカにおけるように有利な条件はなかったにせよ，ドイツにおいて自動車が初期的に普及する決定的な阻害条件にはならなかった。とはいえ1879年に早くも導入され，1930年まで存続した1kgあたり6マルクの鉱油輸入関税[69]は，ドイツにおけるガソリン価格を高め，その面からモータリゼーションを抑制する一要因となっていたことも，ここで記憶にとどめておきたい。

第3節 N・オットーによるガス・エンジンの開発

内燃機関自動車——この場合ガソリン・エンジンであるが——開発の前提となるのは，その駆動力を生みだす最重要機能ユニットである内燃機関自体の発明

である。この前提は，まずルクセンブルク生まれのフランス人ルノワール（Joseph Étienne Lenoir, 1822-1900）による，1860年の「大気圧ガス・エンジン」の発明を直接的契機として，ドイツ人オットー（Nikolaus August Otto, 1882-1891）が，1867年により改良された大気圧ガス・エンジンを開発し，1876年にはさらにそれを画期的な4サイクル・ガス・エンジンに発展させたことによって，築かれていった。

ルノワールは，1860年にパリで，シリンダー内部に照明用ガスと空気とを別々に注入し，それを電気点火で爆発させてピストンを動かし，そのかえりの運動は大気圧で動かす内燃機関を発明した。たしかにそれは，電気点火という秀れた方式の内燃機関としての画期性をもっていたとはいえ，なおバッテリーの消耗が非常に激しいうえに，また，とくに混合気の予備圧縮を欠いたため爆発力が弱く，毎分40回転でようやく3馬力の出力しかだせず，さらに非常に大型で重いという欠陥をもっていた[70]（図2-1参照）。彼はまたそれを小型化して，1863年には最初の自動車の製造を試みたが，出力が1.5馬力にとどまった反面，車体が重すぎて，車自体が動かず失敗している[71]。しかし彼の大気圧ガス・エンジンは，1864年にはすでにパリで130台（総計225馬力）が設置されており，そのことが示すように，フランス産業革命において，蒸気機関の導入能力をもたない中小企業を中心に，一定の実用性をもった動力として普及しはじめていた[72]。

ドイツにおいて，このルノワール機関のことを，蒸気機関に代わる次世代の画期的な原動機としてセンセーショナルに報じる新聞を読んで，それを改良・発展させようと決意したのがオットーであった[73]。彼はそれまで，砂糖や茶など輸入食品を商う商店の一介の行商店員にすぎなかったが，当時としては「独学者」（Autodidakt）——これはその伝記的著作において，たえず彼にあたえられている名称——ながら，画期的な4サイクル・エンジンを設計し，1861年にはそれをケルンの精密機械手工業者ツォンス（Michel Joseph Zons）に発注し造らせた[74]。しかしそれは，ピストンの衝撃力が強すぎて，数ヵ月で壊れてしまった。とはい

図2-1 ルノワールの大気圧ガス・エンジン（1867）

注1）：同エンジンは，1860年に発明されていた。これは，1867年のパリ万国博でのスケッチ。
出典：Gerhard Arnord, Bilder aus der Geschichte der Kraftmaschinen, München 1968, S.40.

え内燃機関のこの4サイクル原理は，のちに彼のもとでもう一度，世界史的意義をもって蘇るであろう。

　　オットーのそれまでの経歴については以下の通り。彼は，1832年6月14日，タウヌスにある Schwalbach 近郊 Holzhausen 村の農民兼宿駅長の息子として生まれ，Langenschalbach の実科学校を1848年に卒業後，Nastätten の商店で3年の徒弟修業を了えた。その後一時フランクフルト・アム・マインの商店で働いたこともあったが，さらに兄をたよってケルンに赴き，そこで1853年の春から植民地物産を商う2軒の商店に勤め，最後の Carl Mertens 商会では，コーヒー，茶，米，砂糖等をラインラント中心に行商してまわった。

　こうしてオットーは，大気圧機関に戻り，混合気の予備圧縮を行なうという点でルノワール機関より進歩しており，電気点火ではなく「ガス火炎点火」

(Gasflammenzündung) という点でもそれと異なるガス・エンジンを考案し, 1863年, 各方面に特許申請をした[75]。それはなるほど, オーストリア, イギリス, フランス, ベルギーといった諸外国と, プロイセン以外のヘッセン等のドイツ諸邦国では認められた[76]。しかし「王立プロイセン営業技術委員会」だけは, それがルノワール機関と類似しているという理由で, その特許を1867年まで認めなかった[77]。

　ところが, この間のオットーによる個人的な開発作業は, 彼の資金を涸渇させ, そのため彼は資本提供者を求めねばならなかった。そこに援助の手を差しのべたのが, ケルンの有力な企業家家系に属し, カールスルーエ工業専門学校で学んだこともあり, 自らも製糖業を営むオイゲーン・ランゲン (Eugen Langen, 1833-1895) であった[78]。

　　オイゲーンの父 Johann Jakob Langen は, Solingen 近郊の学校の教師であったが, のちにケルンで製糖工場の所有者となり, 製鉄所 Friedrich-Wilhelm-Hütte をも経営するようになった。1848年シャーフハウゼン銀行連合の株式会社化にあたっても, 彼は共同参加している。オイゲーンはこの富裕な初期ブルジョワの子として生まれ, ケルンの実科学校を中退して後, カールスルーエ工業専門学校で学び, Redtenbacher 教授の影響を受けた。家業を継ぐためここも中退するが, まず父の製鉄所で修業し, この時コークスをより効率的に製造する方法について特許を取得している。その後, 父の製糖工場の共同所有者となる。このランゲン家はライン・ヴェストファーレンの有力な初期ブルジョワジーであった。

　ランゲンは, 父や自業の協力者から1万ターラーを借りて出資し, またオットー自身の資産も2001ターラーと評価されて, オットーを無限責任社員, ランゲンを有限責任社員とする「N・A・オットー合資会社」(Firma N. A. Otto & Cie) が, 1864年3月31日に発足した[79]。その結果, この資金によって, 新作業場としてケルンのゼルヴァエガッセの元搾油場が賃借され, さらなる開発が進められ, 1867年初頭には「火炎点火」(Flammenzüdung)——種火を弁によって, シリン

図2-2 オットーの大気圧ガス・エンジン
（1867）

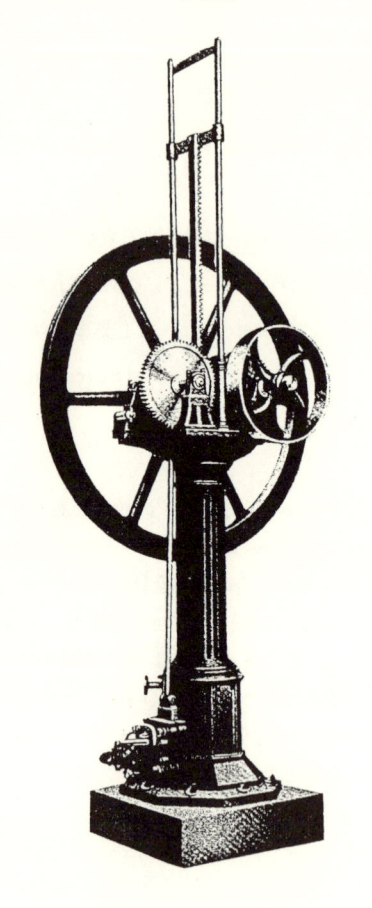

出典：Gustav Goldbeck, Kraft für die Welt, Düsseldorf/Wien 1964.

ダー中の混合気と接触させたり，遮断したりする——で，毎分，回転数80〜90回の，ついに実用的な「大気圧ガス・エンジン」（Atmosphärischer Gasmotor）が完成された[80]（図2-2参照）。

ところで，このオットーの大気圧ガス・エンジンは，同年（1867年）パリで開催された万国博覧会に出品され，しかも同時に展示されていた他の諸機関と燃料消費量が比較審査された。その比率は，ユーゴン（Hugon）機関6，ルノワール機関10，オットー機関4という割合であり，その燃料消費量の少なさによって，オットー機関はグラン・プリに輝いたのである[81]。こうして国内外で脚光をあびたオットーの大気圧ガス・エンジンは，表2-6が示すように，1868年以降，最初は徐々に生産を伸ばし，1872年度の落ち込みはあれ，「大不況」下にもかかわらず，1875/76年度まで基本的には急速に増産されていった。その導入業種を，1875年でみれば，ポンプ500台，書籍印刷440台，小機械工場130台，木材加工125台，醸造90台となっていて，当時の中小企業が中心であったことがわか

る[82]。

しかしこの間、「N・A・オットー合資会社」の経営は、上記のような生産増にもかかわらず、安定していなかった。その理由は、一つは、最初のころ納入したエンジンに故障が多く、それを無料で修理せねばならなかったのと、もう一つは、当時、競争的存在として「熱気機関」(Heißluftmaschine) が出現して[83]、ガス・エンジンの販売が期待通りには伸びなかったためである。

そのため同社は、次のように経営的な再編をくり返さねばならなかった。まず同社は、ランゲンの知人であり、ハンブルク出身でマンチェスターで機械商を

表2-6 「オットー合資会社」及びその後継会社「ドイツ・ガス・エンジン株式会社」生産の発展

年または営業年度	大気圧ガス・エンジン		オットー・エンジン	
	生産台数	馬力数合計	生産台数	馬力数合計
1864	1	½		
1865	1	½		
1866	1	½		
1867	7	3 ½		
1868	46	40 ¾		
1869	87	85		
1870	118	135		
1871	197	216 ¼		
1872	141	150		
1872/ 73	245	258 ¼		
1873/ 74	348	343 ½		
1874/ 75	589	579 ¼		
1875/ 76	634	755 ¼		
1876/ 77	222	252	148	408
1877/ 78	4	1 ¾	546	1,388
1878/ 79	3	1 ½	420	1,137
1879/ 80	1	1	435	1,280
1880/ 81	2	1 ½	520	1,764
1881/ 82	1	1	638	2,254
1882/ 83	1	½	692	2,435
1883/ 84			721	2,730
1884/ 85			717	2,734
1885/ 86			686	3,305
1886/ 87			944	3,745
1887/ 88			898	4,179
1888/ 89			943	5,076
合 計	2,649	2,828	8,308	32,435

出典：Friedrich Sass, Geschichte des deutschen Verbrennungsmotorenbaues von 1860 bis 1918, Berlin/Göttingen/Heidelberg 1962, S. 54.

営むローゼン=ルンゲ (L. A. Roosen= Runge) から2万2500ターラーの出資をあおぎ、1869年3月31日には、「ランゲン・オットー・ローゼン商会」(Langen, Otto & Roosen) として改組された[84]。これによって同社は、同年、ケルン近郊ミュールハイムのドイツ地区 (Deutz) に、1万4000ターラーで3.5モルゲンの工場用地を取得できた[85]。しかしその後まもなく、このローゼン=ルンゲとランゲンとの間で経営上の対立が生じたため、1871年8月中葉には、ローゼン=ルンゲはその出資分ともども退社していった[86]。このようにローゼン=ルンゲはごく一時的な出資者であり経営者にすぎなかったが、それでもその出資のおかげで、同社の社名が後にいろいろ変わるが、そのなかに Deutz の地名が、永続的に書き込まれることになった[87]。こうしてローゼン=ルンゲとその資本が抜けた間隙をうめようとして、ランゲンは努力し、幸いそれを彼の甜菜糖工場の共同経営者パイファー父子 (Emil, Valentin Pfeifer) にみいだすことができた[88]。その結果、同社は、普仏戦争勝利後に生じた「第二の創立熱狂の時代」(1871～73年) のただなか、1872年1月15日に株式会社として再編成された[89]。その社名は、「ドイツ・ガス・エンジン工場株式会社」(Gasmotoren-Fabrik Deutz AG, 略してドイツ社またはGMD) となった。

当時の資本金は、1500株からなる30万ターラーと設定され、オイゲーンの2人の兄、グスタフ (Gustav Langen) とヤーコプ (Jakob Langen) とが20万ターラー、パイファー父子が10万ターラー払い込むことが決定された[90]。また経営陣には、監査役会長にエミール・パイファー、取締役会長にはオイゲーン・ランゲンが就任している[91]。かのオットーは取締役としてとどまり、年俸1800ターラーと工場隣接の住居は保障されたものの、これまでに同社にもたらした債務のために、最初は株主にもなれず、将来、節約して購入資金ができた場合に、額面価格で2万5000ターラーまでの株式取得が認められたにすぎなかった[92]。ここで私たちは、株式会社としての新たな出発に際して、同社が雇い入れた2人の人物を紹介することは、どうしても欠かせない。その人物こそは、やがてドイ

ツで自動車を発明し、ドイツ自動車工業のパイオニアになっていく運命をもった人々であった。すなわちゴットリープ・ダイムラーとヴィルヘルム・マイバッハである。

　Gottlieb Wilhelm Daimler (1834-1900) は、1834年3月17日、ヴュルテンベルクの小都市 Schorndorf で、ワイン酒場をかねるパン屋の息子として誕生した。彼は、そこで小学校に、ついで2年間ラテン語学校に通い、1848年から小銃製造親方ライテル (Hermann Raitel) のもとで徒弟修業をし、精密作業を習得した。さらに彼は、シュトゥットガルトの邦立実業学校 (Landesgewerbeschule) に学ぶが、そこで奨学金をえて、1853年からアルザス Grafenstaden の機械工場 (F. Rollé & Schwilgué) に実習生として赴き、機械製造技術を身につけた。そして1857年彼は再びシュトゥットガルトに戻り、同地の工業専門学校 (Polytechnische Schule) で2年間学ぶ。彼はそこでは、一般技術と特殊技術、機械設計・製造等を学ぶが、とりわけホルツマン (Carl Heinrich Holzmann) 教授のもとで学んだ熱工学は、後に内燃機関の開発に重要な役割を果たすことになる。同専門学校卒業後、再びかつて実習した Grafenstaden の機械工場に就職、蒸気機関の設計に従事する。ちょうど1860年ルノワールが、ガス機関を発明したことを雑誌論文で知り、同工場を辞めて、パリにルノワールを訪ね、そのガス・エンジンそのものには失望したが、内燃機関が蒸気機関に代わりうる可能性を確信している。1861年春、ダイムラーはパリからイギリスに赴き、2年間にわたって、当時、「世界の工場」であったイギリスのリーズ、コヴェントリー、マンチェスターで機械製造業を視察した。とくにコヴェントリーのウィットワース (Joseph Whiteworth) の工場で精密工具の製造・規格化を学んだことが有益であったといわれている。ドイツに帰国後、まず1863年春から、工業専門学校時代の学友の経営する Geislingen の金属工場 (Maschinenfabrik Straub) に指導的技師として入社、1867年以後、邦国産業行政官シュタインバイス (Ferdinand Steinbeis) の推薦によって「兄弟の家」の機械工作所の所長となっていた。

　ダイムラーは、1867年から1869年にかけて、ロイトリンゲンにあった新教系の宗教団体「兄弟の家」(Bruderhaus) ——傷害者、老人、孤児などの収容施設——所属の機械工作所の所長を務めたあと、1869年7月1日以降は、当時、蒸気機関、蒸気機関車、蒸気ハンマー、タービン、工作機械の製造で有名な「カールス

ルーエ機械製造会社」(Maschinenbau Gesellschaft Karlsruhe) の工場長に就任していた[93]。またダイムラーは, この頃からすでにガス・エンジンに関心を示し, その特許についての国際的文献の調査や実験に取り組み始めており, カールスルーエ工業専門学校の熱理論の教授グラスホーフ (Franz Grashof) の講義を聴講していた[94]。

ドイツ社が株式会社として新出発をするにあたり, オットー以外に本格的な技術者出身の技術担当重役を求めるようになったのも当然のことである。そこでオイゲーン・ランゲンを通じて上記グラスホーフ教授にその推薦を依頼した結果, 推されてきたのがダイムラーであった。

こうして1872年3月11日, ダイムラーは10年期限で, 技術担当取締役兼工場長に就任する契約が, ドイツ社の取締役会で確認され, 同年8月1日から就任している[95]。年俸は1500ターラーと, ドイツ社の純利益の5%配分, および工場隣接住居貸与といった条件であった[96]。そして彼にも, 翌1873年に, 資本金40万ターラーへの引上げにともない, 額面で5000ターラーまでの株式取得権が認められている[97]。

ドイツ社が, ダイムラーとともに採用したもう一人の人物は, 彼の愛弟子ヴィルヘルム・マイバッハである。ダイムラーは, その「兄弟の家」の機械工作所所長時代に, ハイルブロンの指物師の子と生まれながら, 孤児になって収容されていたマイバッハを知り, その非凡な技師的または設計者的な才能をみいだしていた[98]。そのためダイムラーが1869年7月に「カールスルーエ機械製造会社」に移籍したときも, 同年冬には彼を同社の設計部によびよせている[99]。そしてダイムラーが, ドイツ社の技術担当取締役に就任するに及んで, 再び彼をドイツ社の設計部主任として推薦したのであった[100]。

　　　Wilhelm Maybach (1846-1929) は, Heilbronの指物師の息子として生まれたが, 7歳のとき母が, そして10歳のとき父が死亡, 新教の啓蒙主義的宗教家ヴェルナー

(Gustav Werner) の経営する Reutlingen の「兄弟の家」にあずけられた。そこで，15歳から5年間，機械工作所の技術部で徒弟期間を送るが，夜は市の成人学校に通い，物理や自在画を学んだ。さらに市立実科学校の上級クラスで数学を学ぶことも許され，独学で工学の基本文献をマスターした。

こうしてドイツ社は，ダイムラーの指導のもとに工場を拡張し，従来の手工業的な作業場は近代的な機械製造工場へと性格を変えていった[101]。また労働者数も，1870年の50人から，1876年には226人へと増加している[102]。そのため1872年以降，すでに表2-6で示したように，大気圧ガス・エンジンの生産量は急テンポで増大していった。しかしその業態も，1874/75営業年度から1875/76年度への変り目ごろから，生産台数に比べて販売台数がへり始め，1876/77営業年度には生産台数も急減していった[103]。

その原因は，一般的には「大不況」のこの時期からの深刻化といえるが，その作用は具体的には競争的存在となるより改良された熱気機関の出現と，それに圧迫される大気圧ガス・エンジンの欠陥を通じて現われている。前者の熱気機関については，1875年頃にシュテルンベルク (Sternberg) によって3馬力の出力をもった優秀なものが出現しており，ベルリン王立実業学院のルロー教授 (Franz Reuleaux, 1829-1905) も，かつてカールスルーエ時代の学友であったオイゲーン・ランゲンに，その脅威を警告している[104]。

しかし1875・76年の時期に，ドイツ社の大気圧ガス・エンジンの販売と生産を後退させた重要な原因は，ルノワール機関に比べれば格段に秀れた性能をもっていたにもかかわらず，当時の経済条件，経済水準に充分適応できなかったその欠陥にあった。その一つは，熱気機関がガスの配管から解放されていたのに，大気圧ガス・エンジンはいぜんとしてその制約を受けていたことである。そして第二には，3馬力の出力しかもたない機関でも，重量が大きく，しかも3〜4mの天井をもった高い建物を必要としていた[105]。そして第三に，中小零細企業向けの原動機として開発・宣伝されながら，なお高価であったことである。因みに，

当時，手工業者親方の年収が平均1300〜1500マルクであった頃，1874年になっても，1馬力もので1860マルク，2馬力もので，2460マルク，3馬力もので，3000マルクもしていた[106]。

このような諸事情に促されて，ドイツ社は，1875年頃からオットーを中心に新エンジンの開発に取り組まざるをえなくなる。当時ダイムラーは，大気圧ガス・エンジンの複動式化に従事していたのと，またすでにこの頃から「独学者」オットーに対する蔑視によって，両者の人間関係が悪化していたため，二人の共同開発は不可能であった[107]。またマイバッハも，燃料としてガスの代わりにガソリンを用いるシステムの開発に携わっていた[108]。このような社内事情のため，オイゲーン・ランゲンは，1875年の夏，オットーが邪魔されずに実験できるような独立した実験部門を設け，同年11月には有能な技術者で設計者でもあったリングス（Franz Rings）をそこに配置し，オットーを援助させた[109]。

この新エンジンの開発にあたって，オットーが依拠したアイディアは，彼が最初1861年に造ろうとして失敗した4サイクル・エンジンであった。幾度もの実験が繰り返されたのち，1876年2月末から3月初頭にかけてようやくリングスの設計になる，気筒口径161mm，ピストン行程300mm，毎分180回転で3馬力の4サイクル・エンジンができあがってきた[110]（図2-3参照）。このエンジンは，その点火操置はなお電気点火ではなく，大気圧ガス・エンジン同様，「火炎点火」ではあったが，それに比べて，格段と小型化・高速化──毎分180回転で3馬力──された点で卓越していた。しかしこのエンジンの画期性は，そこに混合気吸入（Ansaugen）─圧縮（Verdichten）─燃焼（Verbrennen）─排気（Ausschieben）という現代的4サイクル原理を初めて本格的に実現したことであった[111]。

たしかにそれより少し以前，1872/73年頃にミュンヘンの時計工クリスティアン・ライトマン（Christian Reitmann）が，まったく自家製・自家用に1台の4サイクル・エンジンを製作していた[112]。しかしそれは，技術的・工業的には，なんらの継承性をもたなかったがゆえに，オットーの歴史的功績の意義をそれだけ

低めるもので
はなかっ
た[113]。またこ
の新エンジン
の開発にあた
って，マイバ
ッハは，最初
リングスの設
計した試作機
を，さらに洗
練された型に
再設計するう
えで貢献した

図2-3　オットーの4サイクル・エンジン（1876）

出典：Gustav Goldbeck, Kraft für die Welt, Düsseldorf/Wien 1964.

が[114]，ダイムラーはオットーとの人間的対立のために，直接的にはいかなる寄与もしなかった。その点から，内燃機関の技術史を詳細に跡づけたザス（Friedrich Sass）も，「オットーだけが4サイクル・エンジンの発明者であったことに，いかなる見解の相違もありえない[115]」と断定している。

　ところで，この新エンジンの特許取得過程は，次のように進行した。1876年当時は，まだドイツ第二帝政の統一的特許法が存在していなかった。そのためドイツ社は，まず1876年6月5日，エルザス・ロートリンゲンでそれを取得している[116]。ついで1877年5月25日にドイツ帝国特許法が施行されるに及んで，エルザス・ロートリンゲンで認可された特許は，同年8月4日，「ドイツ帝国特許532号」（DRP532）として承認をうけた[117]。これこそ，その他の開発者を刺激すると同時に，その開発や製造を阻止する有名な特許として，1886年1月30日に無効宣言を受けるまで存続した[118]。また同じ内容の特許は外国においても取得され，それはイギリス，フランス，オーストリア，イタリー，ベルギー，デンマーク，

アメリカに及んだ[119]。その特許にもとづく製造に関して，フランスではドイツ社とフランスの実業家サラザン（Edouard Sarazin）との間に，またイギリスでは，「クロースリ兄弟社」（Crossley Bros.）との間に協力関係ができたことは，後の展開にとって重要である[120]。

ところでこの新エンジンは，ドイツ社によって商標的に「オットーの新エンジン」（Ottos neuer Motor）と命名され，一般的にも原動機分野ではワット以来の最大の発明と評価され，1878年のパリ万国博覧会でも大きな注目をあびる結果になった[121]。そのためドイツ社は，「大不況」下にもかかわらず，前掲表2-6が示すように，1878/79，1884/85，1887/88の各営業年度における軽微な後退はあれ，その生産台数を着実に伸ばしていった。その理由の一つは，当初から製造機の種類を0.5，1，2，4，6馬力と5種に差別化し，1881年にはそれに10，12馬力のものを，1883年にはさらに50馬力のものをも追加して，多様な市場のニーズに応えようとしたことにあった[122]。そのため，この新エンジンは，一時，ドイツ社にとって脅威となっていた熱気機関を逆に駆逐していく結果となった[123]。

ところでこの新エンジンが，どのような分野に導入されていったかは，1880年末の分布状態に関する次のような数字によって判明する。それは，書籍印刷1396台，クレーン・リフト・巻上げ機333台，ポンプ・排水307台，機械製造254台，木材加工211台，発電132台といった状態であった[124]。もちろんこれだけから，私たちはそれを導入した経営の規模を正確には判定できないが，書籍印刷，機械製造，木材加工といった業種からみて，やはり中小企業が多かったと思われる。

しかしこの新エンジンは，技術的な画期性，その需要の広さにもかかわらず，なお以下のような弱点を残していた。すなわち，燃料としてのガスの配管に拘束されていたこと，回転数のわりにはなお重量が大きかったこと，そして高価であったことである。重量的には10馬力のものが4.6トン，20馬力のものは6.8トンもした[125]。また価格も，1878年段階で，1馬力のものでも1650マルク，2馬力

第 2 章　ドイツ自動車工業成立の歴史的背景　　63

のもので2250マルク，4馬力のもので3150マルクと高価であった[126]。そのため同エンジンは，ドイツにおいては本来, 中小零細企業用の動力をめざして開発されたものであったが[127], そのうちやはり資本力・経営力に富む上層のものにのみ採用される傾向があり, その意味で中小零細企業の分解を促進する作用をしたとみられる。この点で, 同エンジンのイギリスにおける特許製造会社, クロースリ兄弟社の生産台数が, 母国ドイツにおけるドイツ社のそれをまもなく凌駕していったことは示唆的である[128]。

　ところで, このようなドイツ社の一見, 順調とみえる発展のなかで, 経営陣の内部に深刻な対立が激化していった。「独学者」オットーに対する技術者で「頑固なシュワーベン人」といわれたダイムラーの対立についてはすでに触れた。ダイムラーにとっては, 新エンジンの特許そのものはドイツ社に帰したもの, 製品の商標として, それが「オットーの新エンジン」とだけ命名されたことが不満であった[129]。しかしそれは, ダイムラーに対するオイゲーン・ランゲンの説得によって, ひとまず解決された[130]。しかしこうしたなかで, オットーはやがてランゲンに対して, 自分をとるか, それともダイムラーをとるかと迫るようになっていった[131]。

　この困難な問題を回避しようとして, ランゲンは, ダイムラーに対して, ロシアのペテルブルクに支工場を設け, その責任者になるよう提案した。ダイムラーは, 1881年10月には実際にロシアに赴き, 実地調査までしたが, 明るい経営的見通しはもてなかったようである[132]。帰国後ダイムラーは, ドイツ社の特許のロシアにおける全面的利用権を彼と彼の相続者に譲渡すること, また契約の破棄は彼の側からのみできるという, 一方的な要求を提出した[133]。その結果, 対立は今度はダイムラーとオイゲーン・ランゲンの対立に転化していった。こうしてダイムラーは, 同社との10年契約が切れる直前の1882年6月30日, その4万5000マルクの所有株は保持したまま, 独立を決心し, 同社を退社していった[134]。また愛弟子マイバッハも, 彼に従い, 同年9月には同社を辞した。

ダイムラーとマイバッハのドイツ社からの訣別の理由については，ダイムラー側にたった記述とドイツ社側に立ったそれでは，表現を異にしているようにみえる。すなわち，どちらかといえばダイムラー側に立った記述は，彼が液体燃料による高速回転の自動車用エンジン開発の要求をもっていたのに，ドイツ社側がそれを抑えようとした，としている[135]。しかしドイツ社側の記述は，そのような証拠を示す史料は，これまでになにも発見されておらず，同社がダイムラーに対してしようとした処遇への彼の不満に求めている[136]。

オットーの4サイクル・ガス・エンジンが原理的に秀れていようとも，それは即，自動車のエンジンにはならなかった。いやそれ以前に，定置エンジンとしても，もっと小型で高速回転する安価なものが求められていた。交通のモータリゼーションの開始には，なお，乗り物に適合的なエンジンの系統的な開発が必要であった[137]。その課題は，ドイツ社からまさに独立していったダイムラー，マイバッハと，それとはまったく独立してカール・ベンツによって引き継がれ，解決されていくことになる。

注

1) 藤瀬浩司著,『近代ドイツ農業の形成——いわゆる「プロシャ型」進化の歴史的検証——』, 御茶の水書房 1967年, とくに第二部 第一章, 第三章, 参照。
2) 加藤房雄著,『ドイツ世襲財産と帝国主義』, 勁草書房 1989年, とくに第一篇, 第一章, 第三章, 参照。
3) 同書第三篇, 第四章, 参照。
4) 藤瀬前掲書, 503-507ページ。; 大月誠, 「19世紀末大不況とドイツ農業——西ドイツ; バーデンを中心に——」, 永田啓恭, 谷口明丈, 土屋慶之助, 大月誠著,『「大不況」期における国際比較』, 龍谷大学社会科学研究叢書 1985年, 所収, 参照。
5) Vgl Hans Mottek, Einleitende Bemerkungen-Zum Verlauf und einigen Hauptproblemen der industriellen Revolution in Deutschland, in: Mottek / Blumberg / Wutzmer / Becker, Studien zur Geschichte der industriellen Revolution in Deutschland, Berlin1960.（ハンス・モテック著, 大島隆雄訳,『ドイツ産業革命』, 未来社 1968年, 参照。）
6) Vgl. Hans Mottek, Wirtschaftsgeschichte Deutschlands, Ein Grundriss, Band II, Berlin 1969, S. 218-220.（ハンス・モテック著, 大島隆雄訳,『ドイツ経済史 1789-1871年』, 大月書店 1980年, 157-159ページ, 参照）。
7) 大野英二著,『ドイツ金融資本成立史論』(第4刷), 有斐閣 1966年, とくに, 第一章 産業革命と信用制度, 参照。
8) 同書, 第二章, 参照; 戸原四郎著,『ドイツ金融資本の成立過程』, 東京大学出版会 1960年, 第三章 金融資本段階の成立 (19世紀90年代-20世紀初頭), 参照。
9) 大野英二著,『ドイツ資本主義論』, 未来社 1965年, 382-418ページ, 第三部 第二章 転換期のドイツ経済政策, 参照; 大野英二著,『現代ドイツ社会史研究序説』, 岩波書店 1982年, 217-218ページ。
10) 大野前掲『ドイツ資本主義論』, 385-386ページ; vgl. Friedrich Zunkel Das rheinisch-westfälische Unternehmertum 1834-1879 in: Helmut Böhme (Hrsg.), Probleme der Reichsgründung 1848-1879, Köln /Berlin 1968.
11) 大野前掲『ドイツ金融資本成立史論』, 第二部 ドイツ帝国主義の経済政策, 参照; 大野前掲『ドイツ資本主義論』, 第三部, 第二章 転換期のドイツ経済政策, 参照。
12) Vgl. Hans Mottek /Walter Becher /Alfred Schröter, Wirtschaftsgeschichte Deutschlands Ein Grundriss, Bd.III, Berlin 1975, S.33-39.（H・モテック /W.・ベッカー /A・シュレーター著, 大島隆雄, /加藤房雄, /田村栄子訳,『ドイツ経済史 ビスマルク時代からナチス期まで (1871-1945年)』, 大月書店 1989年, 79-82ページ, 参照）。

13) 大野前掲『ドイツ金融資本成立史論』, 第二章　金融資本の成立過程, 参照 ; O・ヤイデルス著, 長坂聰訳, 『ドイツ大銀行の産業支配』(第1版第2刷), 勁草書房1985年, 参照。
14) 柳沢治著, 『ドイツ中小ブルジョワジーの史的分析』, 岩波書店1989年, II. 第一次大戦前における中小ブルジョワジー, 参照。
15) 幸田亮一著, 『ドイツ工作機械工業成立史』, 多賀出版1994年, 104-106, 118-119ページ。
16) Wilhelm Treue, Die Technik in Wirtschaft und Gesellschaft 1800-1970, in: Hermann Aubin u. Wolfgang Zorn (Hrsg.), Handbuch der Deutschen Wirtschafts-und Sozialgeschichte, Bd.2, Stuttgart 1976, S.98f.
17) 　大野前掲『ドイツ金融資本成立史論』, 44ページ。; 戸原前掲書146-147ページ。; モテック/ベッカー/シュレーター前掲訳書, 128-131ページ。
18) ドイツの1900年, 1907年恐慌については, エー・ヴァルガ総監修, 『世界経済恐慌史』, 慶応書房1937年, 197-204, 287-304ページ参照。; ドイツの1907年恐慌については, さしあたり, エリ・ア・メンデリソン著, 飯田貫一/池田穎昭訳, 『続恐慌の理論と歴史』(第2版), 青木書店1907年, 130-140ページ参照。
19) モテック/ベッカー/シュレーター前掲訳書, 150ページ。著者は, W.・G.・ホフマンの数値を再検討した結果, モテックの結論を再確認した。
20) Arthur Spiethoff, Die Wirtschaftlichen Wechsellagen I, Tübingen/Zürich 1955, S. 123-130. そこには, 1874～79年の沈滞 (Stockung), 1880～82年の高揚 (Aufschwung), 1883～87年の沈滞, 1888～90年の高揚, 1891～94年の沈滞と区分されている。; エリ・ア・メンデリソン著, 飯田貫一訳, 『恐慌の理論と歴史』, 青木書店, 第3分冊1960年, 第4分冊1961年, 参照。そこには, 1873年恐慌, 1882年恐慌, 1890年恐慌が分析されている。
21) R・ヒルファーディング著, 林要訳, 『金融資本論』(2), (国民文庫), 11ページ。
22) 大野前掲『ドイツ資本主義論』, 32ページ。
23) N・D・コンドラチェフ,「景気変動の長波」,(中村丈夫編, 『コンドラチェフ景気波動論』(新装版第1刷), 亜紀書房1987年, 111-157ページ, 参照)。
24) 同論文, 135ページ。
25) 中村丈夫前掲書, 40ページ。
26) コンドラチェフ前掲論文, 136ページ。
27) Vgl. Joseph A. Schumpeter, Business Cycles A Theoretical, Historical, and Statistical

Analysis of Capitalist Process, Vol. I, New York, /London 1939, S. 162-174.
28) 市川泰治郎編,『世界景気の長期波動』, 亜紀書房 1984年, 8ページ。
29) Schumpeter, a, a. O. S., 304f. u. 397-401.
30) Ebenda, S. 87f.
31) Ebenda, S. 170, 304 u. 351-366.
32) 毛馬内勇士,「長期波動と現代経済学」, 市川編前掲書, 所収, 127ページ。
33) 同論文, 128-129ページ。
34) Spiethoff, a. a. O., S. 114, 123f. u. 146f.;（シュピートホフ著, 望月敬之訳,『景気理論』, 三省堂 1936年, 201ページ, 参照）。; Hermann Schäfer, Wirtschaftsgeschichte der deutschsprachigen Länder, Würzburg 1989, S. 87f.
35) Ebenda, S. 87.
36) Ebenda, S. 88.
37) 中村静治,「技術革命とコンドラチェフ波動」, 市川編前掲書, 所収, 193, 245-246ページ。
38) 加藤博雄著,『日本自動車産業論』, 法律文化社 1985年, 23, 32ページ。
39) Alfred Schröter /Walter Becker, Die deutsche Maschinenbauindustrie in der industriellen Revolution, Berlin 1962, S. 182-184.
40) Ebenda, S. 184.
41) Ebenda, S. 271, vgl. Tabelle 4.
42) Ernst Barth, Entwicklungslinien der deutschen Maschinenbauindustrie von 1870 bis 1914, Berlin 1973, S. 47-57.
43) Ebenda, S.54f.
44) Ebenda, S. 50f.; 幸田前掲書, 112ページ。
45) 同書, 107-111, 293ページ。
46) 同書, 138ページ。幸田氏は, 独自の手法で第一次世界大戦前夜の米・独・英の工作機械生産における工場数, 従業員数, 生産高（金属切削型）, その輸出高を算定している。そのうち生産高のみを示すと, 米；約4440万ドル（1912年）, 独；約3200万～7800万ドル（1912年）, 英；約1600万ドル（1913年）。
47) 岩越氏は, 1960年頃のわが国の1500CCクラスのスタンダード型乗用車の素材重量構成について, 鉄鋼材料 1350kg（89.1%）, 非鉄金属 45kg（3%）, 非金属 120kg（7.9%）, 合計 1515kgの数値をあげている；鉄鋼業生産のなかで自動車工業需要が占める割合は, 国により時代によって異なるが, たとえばアメリカの1928年では,

18.0%（鎌田正三・森晃・中村通義著,『講座帝国主義の研究 3 アメリカ資本主義』,青木書店1973年,203ページ）。日本の1989年では,建設26%について,17.5%（三輪芳郎編,『現代日本の産業構造』,青木書店1992年,173ページ）。

48) Mottek, Wirtschaftsgeschichte Deutschlands, Bd.II, a. a. O., S. l77-182,（モテック前掲訳書, 132-135ページ）；ルードヴィヒ・ベック著, 中沢護人訳,『鉄の歴史』IV(3), たたら書房1970年, 231-252ページ, 同V(1), 1970年, 273-291ページ, 参照。

49) Mottek /Becker /Schröter, Wirtschaftsgeschichte Deutschlands Bd. , III a. a. O. , S. 155.（モテック/ベッカー/シュレーター前掲訳書, 128ページ）；ベック前掲訳書V(4), たたら書房1973年, 94ページ。保護関税率は, 100kgあたり, 銑鉄1マルク, 錬鉄と溶鉄2.5マルクであり, これでイギリス製品を国内市場から排除していった。

50) 戸原前掲書, 付表VII全ドイツの製鉄, 参照。たとえば, 1873年, 総高炉数475, 稼動数379, 1883年, 総高炉数318, 稼動数258, 1894年, 総高炉数258, 稼動数208; ベック前掲訳書V(4), 114ページ。1882〜92年に, 高炉数22%減, 労働者数5%増, 生産量47%増。

51) Treue, a.a.O., S. 84. 高炉ガスの利用により, コークス使用量は, 1850年から1900年にかけて50%節約されるようになり, また, 高炉の1基平均日産量は, 1860年頃の20〜30トンから, 1910年頃には600トンになった。

52) 戸原前掲書, 191-195ページ。；Treue, a. a. O., S. 83; ベック前掲訳書, V(4), 108-111ページ, 参照。

53) 戸原前掲書,前掲付表VII。；ベック前掲訳書V(4), 131-137ページ。

54) Treue, a. a, O., S. 84.

55) Ebenda.

56) 大野前掲『ドイツ金融資本成立史論』, 64ページ。；戸原前掲書, 278ページ。

57) 大野前掲『ドイツ金融資本成立史論』, 64ページ。

58) 大野前掲『ドイツ金融資本成立史論』, 65ページ。；戸原前掲書, 280, 302ページ。

59) 大野前掲『ドイツ金融資本成立史論』, 123-124ページ。

60) H. C. Graf von Seherr-Thoss, Die deutsche Automobilindustrie Eine Dokumentation von 1886 bis heute, Stuttgart 1974, S. 23.

61) 大野前掲『ドイツ金融資本成立史論』, 124-125ページ。

62) 同書, 125ページ。

63) 同書, 126-127ページ。; A.Hänig, Die Entwicklung der rumänischen Petroleumindustrie und ihre wirtschaftliche Bedeutung für Deutschland, Jahrbücher für Nationalökonomie

und Statistik, Bd. 92-1, 1909, S. 337f.

64) 大野前掲『ドイツ金融資本成立史論』, 127-128ページ。; Hänig, a. a. O., S. 338f.
65) 大野前掲『ドイツ金融資本成立史論』, 128ページ。; Hänig, a. a. O., S. 340.
66) 大野前掲『ドイツ金融資本成立史論』, 128ページ。; Hänig, a. a. O., S. 342.
67) 大野前掲『ドイツ金融資本成立史論』, 129-131ページ。
68) 同書, 130ページ。
69) Seherr-Thoss, a.a.O., S.23.
70) Gerhard Arnold, Bilder aus der Geschichte der Kraftmaschinen, München 1968, S.40; vgl, Friedrich Sass, Geschichte des deutschen Verbrennungsmotorenbaues von 1860 bis 1918, Berlin/Göttingen/Heidelberg 1962, S. 11-15.
71) Peter Kirchberg/Eberhard Wächtler, Carl Benz Gottlieb Daimler Wilhelm Maybach, Leipzig 1981, S. 15.
72) Ebenda; Arnold Langen, Nicolaus August Otto Der Schöpfer des Verbrennungsmotors, Stuttgart 1949, S. 38. ここでは, 1865年には, パリで200台以上のルノワール機関があり, 小工場・手工業者によって導入されていたと記されている。; またフランス産業革命の時期を1800-1870年とする見解については, (服部春彦著, 『フランス産業革命論』, 未来社1968年, 38-54ページ), 参照。
73) Conrad Matschoss, Geschichte der Gasmotoren=Fabrik Deutz, Berlin 1921, S. 9f.
74) Ebenda, S.9; Langen, a.a.O., S.11-15; Gustav Goldbeck, Kraft für die Welt 1864-1964 Klöckner-Humboldt-Deutz AG, Düsseldorf/Wien 1964, S.24-29
75) Matschoss, Geschichte ……a. a. O., S. 13; Langen, a. a. O., S. 30f.; Goldbeck, a. a. O., S. 38.
76) Ebenda; Gerhard Horras, Die Entwicklung des deutschen Automobilmarktes bis 1914, München 1982, S. 25; Sass, a. a. O., S. 28.
77) Matschoss, Geschichte…… a. a. O., S. 13f.
78) Vgl. Ebenda, S. 5-19; Goldbeck, S. 15 u. 31-34.
79) Matschoss, Geschichte ……a. a. O., S. 20; Goldbeck, a. a. O., S. 34; Horras, a. a. O., S. 26. オットーの出資分としては, フランスの特許を除く, 他の全特許541ターラー3グロッシェン, 3台のガス・エンジン（1台は完成, 2台は製作中）660ターラー, Geresonswall Nr. 61の作業場にあった旋盤, 平削盤等の機械・設備, 等800ターラー, 合計2001ターラー3グロッシェンと評価された (Matschoss, a. a. O., S. 20.)。なお, オットーとランゲンの関係をMatschossは, ワットとボウルトンの関係になぞらえ

ているが (ebenda, S. 14f.), Horras は, 前者が「手工業者的企業家」(Handwerker-Unternehmer) であったのに対して, 後者は「技師的企業家」(Techniker-Unternehmer) であったと特徴づけている (Horras, a. a. O., S. 26.)。ランゲンは, たんなる資本の出資者であったにとどまらず, 技術にもそうとう明るかったことは間違いない。

80) Matschoss, Geschichte……a. a. O., S. 25-29; Goldbeck, , a. a. O., S. 38.
81) Horras, a.a.O., S.27; Sass, a. a. O., S. 35.
82) Matschoss, Geschichte ……a. a. O., S. 41f.
83) Ebenda, S. 31-33.「熱気機関」とは, シリンダー内部の空気を暖めたり, 冷やしたりして, ピストンを動かす原動機。ドイツでは1860年にWerderによる開放型――2馬力 (45回転/分) ――や, 1868年頃にはW. Lehmannによる密閉型などが出現していた (Arnold, , a. a. O., S. 42f.)
84) Langen, a. a. O., S. 45f.; Goldbeck, , a. a. O., S. 41.
85) Matschoss, Geschichte ……a. a. O., S. 36.
86) Langen, a. a. O., S. 49f.その対立は, ローゼン=ルンゲが, 同社の外国特許料を会社の経常収入に繰り入れようとしたのに対して, ランゲンは, それを同社の自分に対する負債の特別償還にあてようとしたことに一因があった。
87) Vgl. Goldbeck, a. a. O., Zeittafel zur Werkgeschichte. 1864年, N. A. Otto und Cie; 1868年, Langen, Otto und Roosen, 1869年, Deutz へ移転; 1872年, Gasmotorenfabrik Deutz AG; 1930年, Deutz-Humboldt Oberursel (モーター企業 Motorenfabrik Oberurse AG と機械製造企業 Deutz-Humboldt との合併);1936年, Humboldt-Deutzmotoren AG(C. D. Magirus AG と合併); 1959年, Klöckner-Humboldt- Deutz AG (鉄道車輛企業 Vereinigte Westdeutsche Waggonfabriken AG Köln-Deutz と合併)。
88) Goldbeck, a. a. O., S. 43; Horras, a. a. O., S. 28; Sass, a. a. O., S. 36.
89) 大野前掲『ドイツ金融資本成立史論』, 35, 37, 45ページ。大野氏は, 1852-56年を第一次「創立熱狂の時代」, 1871-73年を第二次「創立熱狂の時代」としている。; Goldbeck, a. a. O., S. 43f.
90) Matschoss, Geschichte …… a. a. O., S. 36; Goldbeck, a.a.O., S.44f.
91) Ebenda, 監査役会: Emil Pfeifer (会長, 父), Valentin Pfeifer (子), Jakob Langen (Eugenの兄), 取締役会: Eugen Langen (会長), Otto, Gustav Langen (Eugenの兄), 1年後には Albert Langen (Eugenの甥) も加わる。
92) Langen, a. a. O., S. 51.

93) Schildberger, Gottlieb Daimler, Wilhelm Maybach and Carl Benz, published by Daimler-Benz Aktiengesellschaft o. J. S. 19-21; Kirchberg/Wächtler, a. a. O., S. 63f.
94) Ebenda. S. 65.
95) Schildberger, Gottlieb Daimler……a. a. O., S. 21.
96) Ebenda.
97) Langen, a. a. O., S. 56.
98) Kirchberg/Wächtler, a. a. O., S. 65.
99) Schildberger, Gottlieb Daimler…… a. a. O., S. 21.
100) Ebenda, S. 21f.
101) Ebenda.
102) Goldbeck, a. a. O., S. 45f.
103) Langen, a. a. O., S. 63.1875年2月のドイツ社の監査役会では, 「目下, 機関の生産は, 月々, 約80台で, 販売より著しく多い」と, 報告されている。; Horras, a. a. O., S. 30.「不況はここにも現われていた」と分析している。
104) Friedrich Sass, a. a. O., S. 39f.
105) Horras, a. a. O., S. 27.
106) Goldbeck, a. a. O., S. 48f. u. 71.
107) Sass, a. a. O., S. 44.
108) Ebenda, S.41.
109) Ebenda, S. 43.
110) Ebenda, S. 43f.
111) Ebenda, S. 47.; Friedrich Schildberger, Entwicklungsrichtungen der Daimler-und Benz-Arbeit bis um die Jahrhundertwende, (Einzeldarstellung aus dem Museum und Archiv der Daimler-Benz AG), S. 1; Goldbeck, a. a. O., S. 52. 吸入──圧縮──点火・膨張──排気と表現されることもある。
112) Vgl. Horras, a. a. O., S. 35-40.
113) Ebenda, S. 36.
114) Sass, a. a. O., S. 43-45 u. 50.
115) Ebenda, S. 56.
116) Ebenda, S. 51.
117) Ebenda, S. 51f.
118) Ebenda; Horras, a. a. O., 36-38. Horrasはここで DRP532が失効していく特許訴訟の

過程を整理している。まずミュンヘンの時計工ライトマンがドイツ社に対して起こした訴訟では，1883年ライトマンの主張が認められ，ドイツ社は彼に補償金を支払うことになった。ついでハノーファーのKörting兄弟社が，ドイツ社に対し起こした訴訟では，もはやライトマン機関の存在は問題にならず，1861年にフランス人ドゥ・ロシャ（Beau de Rochas）が4サイクル原理について書いた文献が提出され，それによって1886年，DRP532号は，15年の期限をまたず失効宣言をうけた。

119) Sass, a. a. O., S. 54f.; Horras, a. a. O., S. 33.
120) Sass, a. a. O., S. 55; Horras, a. a. O., S. 33.
121) Matschoss, Geschichte ……a. a. O., S. 52.
122) Ebenda, S. 52-54.
123) Arnold, a. a. O., S. 43.
124) Matschoss, Geschichte …… a. a. O., S. 59.
125) Ebenda, S. 48 u. 59; Horras は，中クラスの現代自動車の自重が1-1.2トンであるのに対比して，このガス・エンジンの重さを強調している。
126) Goldbeck, a. a. O., S. 71.
127) Matschoss, Geschichte …… a. a. O., S. 5f. u. 42.
128) Sass, a. a. O., S. 55.
129) Langen, a. a. O., S. 36.
130) Vgl. Horras, a. a. O., S. 32f. 注（27）.
131) Langen, a. a. O., S. 86f.
132) Ebenda, S. 86.
133) Ebenda, S. 88; Goldbeck, a. a. O., S. 72.
134) Langen, a. a. O., S. 88.
135) Kirchberg/Wächtler, a. a. O., S. 69f.; Werner Oswald, Mercedes-Benz, Personenwagen 1886-1986 (5. Aufl.), Stuttgart 1991, S. 68f.
136) Langen, a. a. O., S. 87f.; Goldbeck, a. a. O., S. 72.
137) Schildberger, Entwicklungsrichtungen…… a. a. O., S. 1.

第3章　パイオニアたちの開発活動

　私たちは，第1章において，内燃機関自動車の前史をなす蒸気自動車や電気自動車を中心に概観し，ついで第2章において，内燃機関自動車の本質的構成要素，その最重要機能ユニットとなる内燃機関それ自体の発明・改良過程を，ドイツ第二帝政期の経済発展・長期景気循環の展開過程と関連させつつ，おもにN・オットーによる大気圧ガス・エンジン（1867年）と，とくに彼の画期的な4サイクル・ガス・エンジン（1876年）によってみてきた。

　このような技術的進歩を前提として，さらに内燃機関自動車のパイオニアたちが，オットー・エンジンを小型,軽量化，また高速回転化し，燃料としてガスにかえて，ガソリンの使用を可能にすることによって，当初はおもに小規模工業向けの定置動力機として，しかしそれはほぼ同時に自動車をはじめモーターボート等，さまざまな交通手段のエンジンとして開発していくことになる。

　このような開発過程は，フランス，イギリス，オーストリアを含む全西ヨーロッパにおいて推進されるが，それが最初に成功をみたのは，1880年代のドイツにおいてであった。そしてその担い手こそ，ゴットリープ・ダイムラーと彼に緊密に協力したヴィルヘルム・マイバッハであり，また彼らとはまったく独立して，それをほぼ同じ頃なし遂げたカール・ベンツであった。

したがって本章において，私たちは，彼らが実現した小型,軽量・高速回転のエンジンとそれを搭載した自動車の,開発および改良の過程を,主として技術史的観点から考察しようと思う。そのため彼らが築いた自動車製造経営についての企業史的分析や,それらの総体としての萌芽期ドイツ自動車工業に関する産業史的考察は,次章,第4章でまとめて行ないたい。

第1節　内燃機関自動車発明の直接的前提

　ダイムラーとマイバッハ,そしてベンツによる内燃機関と自動車の発明にたちいるのに先だって,それを可能ないし規定した直接的な前提条件に簡単に触れておきたい。
　著者は,すでに前の諸章で,そうした前提条件として,蒸気自動車と電気自動車,とくに前者におけるイギリスでの大きくて重たい蒸気機関車型のそれとは異なる,フランスでの1880年代に開発され,ある程度,普及をみた小型のそれに言及した。それに加えて,ここであえて直接的前提としてあげるのは,一つは,そこから種々な部品を継承することになる自転車の普及,自転車工業の勃興である。すなわち初期の自動車は,たんに馬車から多くの構成要素を受け取っただけでなく,自転車から鉄製フレーム,鉄製車輪のリムやスポーク,ディファレンシャル,チェーン,ボールベアリング,ソリッドゴム・タイヤ等々を取り入れている。そしてもう一つの直接的前提とは,たとえ成功はしなかったとはいえ,ダイムラー/マイバッハとベンツに先だって行なわれた内燃機関自動車製造の先駆的試みである。このことを述べるのは,当時ヨーロッパにおいて,内燃機関自動車を製作することが,決して偶発的なことではなく,一般的な要請になっていたことを,示すためである。

第3章　パイオニアたちの開発活動　75

自転車の普及・自転車工業　現代型（＝安全型）の自転車の前身は、1861年にフランスにおいてミショウ父子（Pierre u. Ernest Michaux）によって発明された「だるま式」自転車（Hochrad）であった[1]。それは足踏ペダルをもった前輪が異常に大きく、反対に後輪が非常に小さい、不安定なものであった。それでも、Vélocipèdes と名づけられて、それが 1867 年の万国博に出品されてからは、各国に普及するようになった[2]。とはいえ、フランスが普仏戦争に敗北して後、自転車工業の中心はイギリスに移行し、コヴェントリー、バーミンガム、ロンドン等において、多数の自転車製造企業が群生するようになる[3]。

このような動向のなかで、現代型の自転車が生みだされる以前に、老人や婦人も使用できる三輪自転車（Tricycle）や四輪自転車（Quadricycle）が製作され、イギリスやフランスで普及した[4]。その製作が頂点を迎えるのが、ちょうど自動車が発明される 1885 年頃であったといわれている[5]。

ダイムラー／マイバッハの二輪車（オートバイ）が生まれてくる背景には、このような自転車の普及があり、ベンツの三輪車が創出されるには、前輪が小さく後輪の大きな三輪自転車の存在があった。とくにベンツ車の原型は、セントー三輪自転車（Centuar-Tricycle）といわれる自転車にあったと言われている[6]。

内燃機関自動車製作の試み　ダイムラーとマイバッハ、またベンツに先行して、たとえ失敗したとはいえ、内燃機関自動車製作の先駆的な試みがなかったわけではない。著者は、すでに第 2 章第 3 節で、1860 年に大気圧ガス・エンジンを発明したルノワールが、1863 年に 1.5 馬力のエンジンを車に設置したが、エンジン出力のわりには車が重すぎて失敗したことに触れた。

その後もフランスで、ラヴァル（Pierre Ravel）が 1868 年 9 月 2 日に特許をとり、自動車をつくろうとしていた[7]。ところがその時、普仏戦争が勃発し、パリは防衛強化のために防壁を構築することをせまられ、ラヴァルの作業場は自動

車とともに, 埋め込まれてしまったと言われている[8]。

さらにフランスでは, ドラマール・ドゥヴットヴィル (Edouard Delamare-Devoutteville) が, 1883年頃, 内燃機関を発展させるうえで重要な実験を行ない, 1884年にはどうやら1台の自動車を製作し, 後に述べるダイムラー同様, その内燃機関を自動車, 市街鉄道, 船, 発電機の動力にする構想を抱いた[9]。だが彼も, 実用的な自動車の継続的開発には成功していない。

ルノワールのそれよりも, いっそう成熟した内燃機関自動車を製作したのが, オーストリアのマルクス (Siegfried Marcus) であった。彼はもともとは, ドイツのメクレンブルクの出身であったが, 1852年オーストリアのヴィーンに移住し, そこで1868年頃, 大気圧内燃機関自動車を製作した[10]。その1868年に製作された自動車は, 2サイクル・エンジンをもち, そのハズミ車が同時に駆動輪となる構造のものであったため, エンジンを始動させるためには, 一度, 車をジャッキ・アップさせねばならないような代物であり, それでも約200mの走行に成功した[11]。また彼は, 1888年以後にも, 2号車の製作もしている[12]。

そのため彼は, 最初の内燃機関自動車の発明者の一人といわれたりもするが, それを真に使用可能なものにすることはできなかった。彼は, そのエンジンに関して,「水上・陸上におけるあらゆる種類の交通手段を動かすため[13]」と称して, 1882年5月23日にドイツの特許を取得するまでになったが, そのエンジンについても, また自動車についても, それを実用可能なものにまで完成させる忍耐力とそれを保証する資本力に欠けていた[14]。そのため彼の試みも, 結局, 内燃機関自動車にいたる道程における一エピソードに終わっている。

とはいえ, これらの直前史的な実験の諸例は, 技術と工業が発達していた国ならば, どこにおいても内燃機関を原動力とする自動車が発明される可能性が, 広く存在していたことを物語っているといえよう。

第3章 パイオニアたちの開発活動　77

第2節　G・ダイムラーとW・マイバッハ

　通常は，実用的な内燃機関自動車の最初の発明者は，カール・ベンツと考えられる場合が多いように思われる。しかし私たちが，彼に先だってまずダイムラーとマイバッハの開発活動をとりあげるのは，次の二つの理由にもとづいている。

　その一つは，時期的にみて——この点は，ベンツの考察をおえて後，年表を掲げてやや詳細に比較するが——自動車エンジンの主流となる小型，軽量・高速回転の4サイクル・エンジンと，広義の自動車の範疇に入る二輪車（オートバイ）まで含めて考えると，ダイムラー／マイバッハがやや先行しているからである。そしてもう一つの理由は，前章で述べた「ドイツ社」におけるN・オットーによる大型，低速の4サイクル・ガス・エンジンから，ダイムラー／マイバッハによる小型，軽量・高速ガソリン・エンジンへの発展は，彼らが1872～82年に同社に勤務していたことからわかるように，技術的発展においてきわめて明瞭で具体的な継承関係にたっているからである。

　ところで，私たちはここで，ダイムラー／マイバッハとして，彼らをつねにいっしょに考察する理由について触れておかねばならない。それは，すでに前章でも部分的に述べたが，ダイムラーが1867年にReutlingenの「兄弟の家」で，孤児として収容されていたマイバッハの非凡な才能を発見していらい，両者の師弟的で親密な協力関係は，1869～71年の「カールスルーエ機械製造会社」期も，また1872～82年の「ドイツ社」期でも維持されただけでなく，ここで問題にする1882年以降も，1900年にダイムラーが死去するまで，固く守られていたからである。

　この両者の関係は，単に一般的にそうであっただけでなく，二人が「ドイツ

社」をともに辞職する前の1882年4月18日には，1883年1月1日をもって発効する「任用契約書」(Anstellungsvertrag) が交わされている[15]。そしてその第1条は，次のように明文化されていた。すなわち，「マイバッハ氏は，カンシュタットにおけるのダイムラー氏のもとで，ダイムラー氏から委嘱された機械技術的部門での様々な企画と課題の完成および実務的処理のための技術者および設計者の地位につくことを受諾し，ならびに必要あるときはダイムラー氏のため，その他の技術上または営業上の作業をすることを受諾する[16]」と。

この条文から窺えるように，1882/83年以降は，ダイムラーは一部，技術者的役割を果たすが，おもには経営者的役割を演じ，そして彼が提起し委嘱する技術開発的作業はほとんどマイバッハが遂行することになり，その意味での一心同体的関係が展開されることになる。このような両者の分業関係や，技術開発上における寄与度の問題，さらにはマイバッハ側に若干あったとみられる精神的葛藤などについては，本節の最後に若干問題にしたい。

カンシュタット実験作業場 ダイムラーは，すでに前章で述べた事情によって，1882年6月30日——ちょうど10年間の雇用契約期限が切れる約ひと月前——ドイツ社を辞した[17]。彼は同年7月初めヴュルテンベルク邦シュトゥットガルト近郊の温泉保養地バート・カンシュタットのTaubenheimstraßeに邸宅 (Villa) つきの地所を購入し，その広い庭園内にあった温室に納屋を増設し，そこに水道とガスを引いて，実験作業場を設立した[18]。そのとき彼はすでに48歳になっていた。マイバッハは同年9月26日にはカンシュタットに移ったが，当時，彼はダイムラーよりも12歳若く，36歳であった。彼は，最初は Ludwigsburger Str. に，のちに Prager Str. に住居を借り，そこが彼の設計事務所の役割を果たすことになる[19]。

彼らが，実験作業場を設立した目的は，オットーの重量のある低速回転のガス・エンジンに代わって，小型，軽量の高速回転する機関の開発にあり，そしてそれを単に定置用エンジンとしてだけでなく，またそれを搭載する自動車をはじ

め，さまざまな交通手段を創出することにあった。そのことは，その後つぎつぎに実現された諸成果からみても明らかであるが，この目的について，マイバッハは後の1913年になって，次のように明言している。「最初の時期，オットーの重たい定置4サイクル・エンジンを乗り物に適した軽い構造のものにすることが問題であった[20]」，と。

乗り物用エンジンとしては，当然，小型軽量化させねばならないことは誰にも理解できる。それが乗り物を動かすに足る高出力を発揮するためには，高速回転させねばならない。これが小型軽量化と高速回転性能との相互関係であり，この双方の性格を兼ね備えたエンジンの開発は，当時としてはまったくの「新開地」であった[21]。

基礎的諸研究　当時，1877年の「ドイツ帝国特許（DRP）」532号によって保護されていたオットーのガス・エンジンは，4サイクル・システムを実現した点では，なるほど画期的意義をもっていたが，なに分にも鈍重であった。それは10馬力もので4800kg，単位馬力当り480kg/hp──以下簡単にこのように記す──，20馬力もので6800kg，340kg/hp，もし[22]，回転数も毎分120～180回転──以下，単に120～180r.p.m..と記すこともある──にとどまっていた。ダイムラー/マイバッハは，後に述べるベンツとは異なり，点火頻度とシリンダーからの排気速度が2倍に速くなる2サイクルではなく，最初からオットー同様，4サイクル方式での開発をめざした。

エンジンをただ小型，軽量化するだけならば，それは難しい仕事ではなかったと，後（1913年）になってマイバッハは告白している。なぜなら彼は，「ドイツ社」時代にすでに小さな模型エンジンを製作した経験をもっていたからである[23]。

問題の一つは，高速回転を可能にする混合気の点火システムを見いだすことにあった。オットー機関の「火炎点火」（Flammenzüdung）方式は，複雑で，エンジンの高速回転を制約していたからである[24]。それは，シリンダーに内部から

接続した小室群のなかに、カム装置で作動する二つの仕切弁 (Schieber) によって区切られた一小室のなかで、常時燃えている種火に、混合気を接触させて爆発させるシステムであった[25]。これは、最高でも200～250回転/分で充分な大型定置エンジンには適合的な方式であったにしても、それ以上の高速回転には耐えられないものであった[26]。

マイバッハは、電気点火の長所を知っていて、すでに「ドイツ社」時代の1872年に、ルノワール機関のそれを精査したことがあった。しかし彼は、そのバッテリーの消耗度がはなはだしいことも確認していた[27]。そのため彼は、火炎点火でも電気点火でもない、第三の方式を探ることになった。

ダイムラーの指示にもとづき、マイバッハは内外のパテントを徹底的に調査した。彼は、1882年10月から1884年半ばにかけて、数千にわたる特許状を調べあげ、そのうち約400については抜粋を作成している[28]。そのなかから採用できるものとして浮上してきたのが、「熱管点火」(Gührrohrzündung——英語ではホットチューブ・イグニション) という方式であった。それは、シリンダーに接続する小管を外からブンゼン・バーナーで白熱させ、混合気をシリンダー内部からそれに接触させて、爆発させるシステムであった。

その方式で参考にできるものとして、二つのものがあり、その一つは、ドイツ人フンク (Leo Funk) の1879年取得のDRP7408号であり、いま一つは、イギリス人ワトソン (Watson) の1881年の英国特許4608号であった[29]。そのうちフンクのものは、「操作方式」とよばれるように、シリンダーと熱管の接続部分を開閉する方式であり、火炎点火と同様、複雑なメカニズムのために高い回転数がえられない可能性があった[30]。それに反してワトソンのそれは、「非操作方式」とよばれているように、シリンダーと熱管の間は常時開いたままになっていて、混合気の圧縮過程の最終局面で点火・爆発させる仕組みであった[31]。

マイバッハは、当然ワトソン方式を採用し、その方向で研究を進めた結果、プラチナの小熱管、フランジ、パッキングの3部品からなる簡単な装置の開発に成

功した[32]。この熱管点火は,内燃機関史を詳細に研究したF・ザスも確認しているように,ダイムラーではなく,完全にマイバッハの功績であった[33]。

ところで,エンジンを高速回転させるためには,点火装置だけでなく,その回転とピッタリ連動して,混合気を吸入する吸気弁(バルブ)と,爆発後の残留ガスを排出する排気弁(バルブ)を作動させるシステムが必要であった。それは,「変形円盤カム装置」(Kurvennutensteuerung)といわれる連動装置によって解決された。これは,次のような機構からなっていた。すなわち,ピストンの往復運動を回転運動に変えるのは,もちろんクランクシャフトであるが,それと同一軸に変形円状の回転盤を固定して,吸・排気弁を操作するためのプッシュ・ロッド(細い押し棒)を上下に動かす一種のカム装置である[34]。これは,今度はマイバッハではなく,ダイムラーが開発したことを,ザスが認めている[35]。

最初の実験機と基本特許　このような基礎的研究を推進しながら,ダイムラー/マイバッハは,1883年8月半ば頃,前記二つの装置を組み込んで,最初の実験用エンジンの製作にこぎつけた[36]。そのシリンダーは,彼らの実験作業場の限られた設備ではつくれなかったので,シュトゥットガルトの有名な「クルツ吊鐘鋳造・消火器工場」(die Glockengießerei und Feuerspritzenfabrik von Heinrich Kurtz)に製造を依頼している[37]。しかし,その現物は今では存在せず,マイバッハの1884年のノートによれば,青銅製で,気筒口径(ボア)42mm,ピストン往復行程(ストローク)72mmの水平単気筒——シリンダーの方向が横向きで水平——の小型エンジンであった[38]。それは,まだ気化器(キャブレター)ができあがっていなかったため,開発時間の節約のために燃料としてガソリンではなく,ガスで動かされ,冷却装置(ラジエーター)もないものであった[39]。しかし,この水平型式は,まもなく直立型式——シリンダーの方向は縦に垂直——に変更され,実験がくり返された結果,1884年5月5日のマイバッハのノートによれば,600回転/分の高速回転が達成されている[40]。この数値は,オットー機関のそれが,120〜180回転/分であったのと比較すれば,

飛躍的に高いものとなった。

　こうして，高速回転エンジンのシステムが，ほぼその本質的部分において完成したので，ダイムラーは，前記二つの技術について，いずれも自分の名前で特許出願を行なった。その一つは，1883年12月16日に取得されたDRP28022号であり，それは「ガス・エンジン」と題されているが，内容的には熱管点火に関するものであった[41]。いま一つは，12月22日に取得されたDRP28243号であり，「ガス・エンジンの革新」の表題をもっているが，吸・排気弁作動のための特殊なカム装置，「変形円盤カム操作」に関するものであった[42]。この2特許は，ダイムラー／マイバッハによるその後のエンジン開発の前提となった技術を保護したものであり，その意味で彼らの「基本特許」（Grundpatente）と称せられている。

　ただし現実の技術は，かならずしも特許状の内容通りにはいかなかった。たとえば熱管点火については，特許状によれば，それを初動にのみ使用すれば，あとはシリンダー内部の高熱により混合気は繰り返し自動的に点火されるものとされた。だが実際には，エンジンが低速回転する場合や寒冷な気候のときには，これはうまく機能せず，そのため熱管は常時，外から加熱し続けねばならないことが明らかとなった[43]。また吸・排気弁操作の特殊カム装置についても，吸気弁はピストン下降にともない自動的に作動するため，当面は排気弁のみを動かすために用いられることになる[44]。

「箱時計」型エンジン　　ダイムラー／マイバッハは，1883年から翌84年にかけて，最初の水平型を直立型に改造するとともに，そのなかでさらに新たな技術を導入した。それは，ハノーファーのアンゲレ（Konrad Angele）の特許にもとづくものであり，混合気の爆発力を高めるために，それが吸入される以前に，シリンダー内の燃焼ガスを排除するための，もう一つの排気バルブを設置するものであった[45]。

　こうして，1884年中には気筒口径70mm，ピストン行程120mm，600回転／分で出力1馬力の小型の単気筒「箱時計」型エンジン（Standuhr）ができ始めてい

た[46]。それがこう呼ばれたのは，直立のシリンダーの下に，クランクシャフトやハズミ車を埃や油からまもるためにハウジングし，それらが一体となってこぢんまりとまとめられ，その形状の類似性から愛情をこめて，そう名づけられたのである。そこには，最小の寸法と重量で最高の能力をもったものをつくるという，今日にいたるも通用する機械製造の原理が体現されており，そのためF・シルトベルガーは，「マイバッハは傑作をつくりあげた[47]」と評している（図3-1）。

この「箱時計」型エンジンにおいても，当初はまだ気化器が望ましい形で完成されていなかったため，最初は直接ガスを燃料として動かされた[48]。それをガソリンで効果的に動かすためには，キャブレターの改良が必要であった。ガソリンを気化するにあたって，当時知られていた原始的な方法は，排ガスで暖められた空の容器の底にガソリンをたらし，それを蒸発させて混合気をつくるというものであった[49]。

それとは異なりマイバッハは，容器内のガソリンに排ガスで暖められた空気

図3-1 「箱時計」型エンジン（1884）

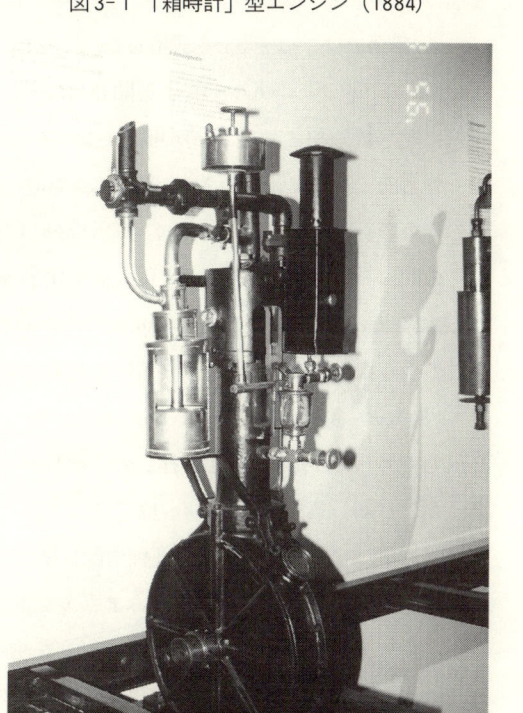

ドイツ博物館にて，著者撮影

を通しながら，そのガソリン表面を一定水準に維持するために「浮子」(Schwimmer——英語ではフロート) を設置した,「フロート付表面気化器」(Schwimmervergaser od. Oberflechenvergaser) を開発した[50]。この装置によって，ガソリンを空気に均等に飽和させることが可能となった。そしてこれについても，ダイムラーの名前で特許出願がなされ，それはやや遅れて1886年3月25日,「石油原動機のための石油気化器具」と題するDRP36811号が交付された[51]。

この間, 1885年中にはフロート付表面気化器を備え，完全にガソリンを燃料とする直立単気筒で，気筒口径70mm, ピストン行程120mm, 排気量0.46ℓ ——以下このような場合, 70×120mm, 0.46ℓ と表示する——，重量90kg, 650回転/分で1.1馬力の「箱時計」型エンジンが完成した[52]。それがいかに軽量のわりには高出力であったかは,「ドイツ社」のオットー・エンジンが, 340〜480kg/hpであったのに対して，わずか83kg/hpであったことからもわかるだろう[53]。この「箱時計」型エンジンこそ，その亜種や改良型がつくられようとも，ダイムラー／マイバッハの自動車を初めとするさまざまな乗り物のエンジンの原型となった。

世界，最初のオートバイ　このエンジンを乗り物用にするために，マイバッハは再び各国の特許状や文献を調査研究した。その結果, Scientific American誌 (1882年11月4日号) に掲載された論文,「ペローの蒸気三輪車」が，彼の目にとまった[54]。それは，サドルの下に小型の蒸気機関を配置した前輪駆動の三輪車であったが，ペローは最初は二輪車で実験したとのことであった。

このアイディアをもとに，マイバッハは，当時「ドライジーネ」(Draisine) とよばれた自転車の製造に明るい，ある業者に車体のみを発注したと思われる[55]。彼はそれを受け取り，その組立図面からみて, 1885年6月3日頃から組み立てを開始した[56]。このマイバッハの二輪車の創出過程をみるとき，やはり当時の二輪・三輪自転車の普及が，それを強く規定していたがわかるだろう。

ところで，そこに組み付けられたエンジンは，基本構造ではほぼ同じであった

図3-2　マイバッハの二輪車（1885）

レプリカ：メルセデス・ベンツ博物館にて，著者撮影

が，前記「箱時計」型をもうひと回り小さくしたものであった。ザスによれば，その原エンジンは，52×100mm，212ccm，600回転/分で0.5馬力であったとみられるが[57]，現物は1903年のカンシュタット Seelberg 工場の大火によって焼失し，後にレプリカ（図3-2）がつくられ，現在はメルセデス・ベンツ博物館に展示されている[58]。

当時，「騎乗車」（Reitwagen）と名づけられたこの二輪車は，まさしく「世界で最初のオートバイ」であった[59]。公開試走にいたるまで，なお幾つかの改良がなされたが，今日，W・オスワルトが明らかにしているその基本構造と性能を示せば，表3-1の通りである。

なお幾つかの点を補足すれば，エンジンは水冷ではなく空冷であって，小さな冷却ファンがつけられていた[60]。またエンジン容量が，ザスの記述より，口径と

表 3-1 マイバッハの二輪車 (1885) の基本構造と性能

エンジン	4 サイクル空冷直立単気筒 58 × 100mm, 264cc　0.5 hp / 700 r.p.m.
イグニション	熱管点火
動力伝達機構	エンジン—(麻ベルト)—中間軸(＋小歯車)×(大歯車＋)後輪
車体	木製
ホイールベース（軸距）	1030mm
車輪	木製ホイール：鉄タイヤ
車輌重量	90kg
最高速度	12km /h
登坂能力	9%

出典：Werner Oswald, Mercedes‒Benz, Personenwagen 1886‒1986 (5. Aufl.), Stuttgart 1991, S. 82.

排気量で大きくなっている。そして動力伝達機構は、まず動力は麻ベルトで中間軸につたえられ、そのベルトのかけ替えが前進 2 段の変速装置となり、その中間軸の小歯車が後輪に固定された大歯車をかみ、後軸を駆動させることになる[61]。ただし変速装置を作動させるクラッチもギアもなかったので、運転者はいちいちエンジンを停止させ、降りて、ベルトを手で他のベルト盤（プーリー）に張りかえねばならなかった[62]。さらに車の安定を維持できるように、両側にそれぞれ小さな補助輪がつけられていた[63]。

現在のオートバイからみれば、やや奇妙な点もあったが、本質的な点では変わらないこの「騎乗車」について、ダイムラーはこれまた自分の名前で特許出願を行ない、1885 年 8 月 29 日、DRP36423 号「ガスないしは石油原動機をもった乗物」を付与されている[64]。そしてその特許状には、エンジンは「雪橇(ゆきぞり)」にも応用可能と記されていた[65]。

このオートバイの公道での試走は、同年 11 月 10 日、当時 39 歳のマイバッハ自身により、シュトゥットガルト＝ウンターテュルクハイム（Untertürkheim）間で

第3章 パイオニアたちの開発活動　87

行なわれ，時速18kmの達成に成功した[66]。その後もダイムラーの長男パオル (Paul) も，カンシュタット＝ウンターテュルクハイム間を盛んに乗り回したといわれている[67]。

　しかし，ダイムラー／マイバッハは，この二輪車のいちおうの成功にもかかわらず，それを1台しか製作せず，継続的開発を打ち切っている。そのためオートバイが本格的に再開発されて普及するには，なお約10年の歳月が必要であった[68]。「騎乗車」が試作車1台に終わった理由を，ザスは，彼らの製作したエンジンが乗り物に適しているかどうかを確かめるだけであったためと推測している[69]。

四輪自動車　ダイムラーは，「箱時計」型エンジンを，定置用として供給するだけでなく，それを四輪車，モーターボート，保線用モーターカー (Draisine)，市街鉄道，鉄道用動力車，消防車，飛行船など，さまざまな交通手段のエンジンとして利用する構想を抱いていた。そのため二輪車の試作が終ってのち，1886年には四輪車とモーターボートの開発が，ほぼ同時並行して進められるが，私たちは本書の主旨に沿って，まず四輪車の製作から考察しよう。

　1886年春，ダイムラーは，その開発を秘すため，妻への誕生日の「贈物」と偽って，4人乗りの「堅牢」な「アメリカ型馬車」を，シュトゥットガルトの宮廷御用馬車業者「ヴィンプフ社」(W. Wimp & Sohn) に発注した[70]。ただしその各部品はハンブルクでつくられ，シュトゥットガルトで組み立てられている[71]。ダイムラーは，それを同年8月28日に受け取るが[72]，それは濃いブルーと赤のラッカーでぬられた「まったく美しいが，ガッチリ造られたしろ物[73]」であったと伝えられている。

　この車体は，馬車型というよりも馬車そのものであった。これにエンジンや動力伝達機構を組み付けることは，カンシュタットの実験作業場の貧弱な設備ではできなかったので，ダイムラーはその重役グロス (Adolf Groß) を修業期のエルザス時代から知っていた，「エスリンゲン機械工場」(Maschinenfabrik

図 3-3 馬車自動車 (1886)

出典：W. Oswald, Mercedes-Benz Personenwagen 1886-1986 (5. Aufl.), Stuttgart 1991, S.82.

Eßlingen) に依頼した[74]。そこで1886年9月には一応できあがった四輪車は，マイバッハの指揮のもとに同工場内の中庭で試走され，ほぼ満足のいくものであったため，同月中に正式に引き渡された[75]。この車は，図3-3のごとく，馬車の車体にエンジンや動力伝達装置を機械的に組み付けたものにすぎなかったため，完全に馬車型であり，そのため「馬車自動車」(Kutschenwagen) と名づけられた。その基本構造と性能は，表3-2の通りである。

なお補足的に説明を加えれば，この馬車自動車に最初に組み付けられたのは，二輪車のエンジンと同じものであったといわれている。しかしそれではあまりにも弱かったので，同表にあるものに取り替えられた[76]。その重量は92kgで，前席・後席の間にむきだしのまま設置された。また冷却方式も最初は空冷であ

表3-2　馬車自動車（1886）の基本構造と性能

エンジン	4サイクル水冷直立単気筒 70 × 120mm, 462ccm　1.1 hp /650 r. p. m.
キャブレター	表面気化器
イグニション	熱管点火
ラジエーター	ひれ付放熱器（車の尾部）
動力伝達機構	エンジン ―（麻ベルト）― 中間軸 ―（チェーン）― 小歯車×（大歯車＋）後輪
ホイールベース（軸距）	1300mm
トレッド（輪距）	1160mm
車輪	木製ホイール；鉄タイヤ
車輌重量	290kg
最高速度	18km /h

出典：W. Oswald, Mercedes-Benz Personenwagen 1886-1986(5. Aufl.), Stuttgart 1991. S. 83.

ったのが、1887年以降、水冷に変更され、そのためのラジエーターとしてブリキ製の「ひれ付放熱器」（Lamellenkühler）が、車の尾部に組み付けられた[77]。そしてトランスミッションは、中間軸のベルト盤に設けられていて、後進はなく、前進2段であった[78]。

　さて、この「馬車自動車」も結局、実験車1台しか製作されなかったが[79]、その公道上での試走は、ようやく1887年3月になって実施されている[80]。そして後に述べるベンツの三輪車が、1886年1月29日に特許を受けたのに対して、ダイムラーはこの四輪車については、特許出願さえ行なわなかった。その確たる理由は現在の研究水準ではなお明確ではない。『ダイムラー・ベンツ社　100年史』は、ダイムラーとマイバッハにとっては、それ（四輪車開発のこと―大島）は、なにか特別のものではありえなかったのである[81]と簡単に流している。しかしキルヒベルクとヴェヒトラーは、次のように推測している。「彼（ダイムラーのこ

と一大島)とマイバッハが,カール・ベンツが同年7月に,その三輪自動車をもって公道上で企てた試走について知っていたかどうかは伝えられていない。だがそれは,この走行がかきたてた名声によって,多分ありえたことのように思われる。ベンツの走行を知ったことが,彼らにヒョットしてダイムラー車の特許出願をおもいとどまらせたのであろう[82]」と。いずれにせよ,ダイムラーが特許出願しなかった理由については,なお研究の余地が残されている。

モーターボート　ダイムラーたちは,道路上を走る車のガソリン・エンジンを恐れる人々の不安を解消する目的もあって,モーターボートを開発し,人々をそのエンジンに慣れさせようとした[83]。そのうえモーターボートの場合には,速度調節のための変速装置はさしあたり不要であり,冷却水の積載も必要でなく,構造的にはより簡単だったからである[84]。

最初の実験は,1886年8月初め,ネッカー川で11人を乗船させて行なわれた[85]。その時でさえも,ダイムラー/マイバッハは,そのエンジンが,ガソリンによってではなく,電動モーターによって動かされると見せかけるために,舷側に電線や絶縁体を配置して,偽装したのであった[86]。

こうしてダイムラーは,モーターボートについては特許出願を行ない,1886年10月9日付で「ガスないしは石油原動機による船のスクリューを動かすための装置」と題してDRP39367号を取得した[87]。

その後も,ネッカー川での試験走行は,エスリンゲン近郊でのそれを含めて何度か行なわれたが[88],残された新聞報道によって今でも明確な形で伝えられているのは,1887年10月13日午後3時から,バーデン・バーデン市近郊の湖Waldseeで,同市の代表者を招いて実施されたそれである[89]。以上の経過からみて,モーターボートのほうは,四輪自動車よりも概してより早く好評をえた。そしてこの技術は,小型船の建造と,その港湾,河川,湖沼での交通といった両面において,「完全な変革[90]」をもたらす衝撃をあたえることになった。

第3章　パイオニアたちの開発活動　91

ゼールベルクへの移転　こうして，定置用エンジン——さしあたりは「箱時計」——や徐々に受注増がみられたモーターボート用エンジンを製造するうえで，カンシュタットの実験作業場は手狭となった。そのためダイムラーは，1887年7月5日，同作業場から徒歩で数分しか離れていない Ludwigstraße 26番地の，ゼールベルク（Seelberg）に新工場を購入した。それは，約 3000m² の敷地をもつ，当時は使用されていなかったニッケル鍍金場であった[91]。と同時に，マイバッハのそれまで私宅にあった設計事務所も，このゼールベルク工場に移転している[92]。

その他の交通手段の開発　ゼールベルク工場——いまや工場と呼ぶにふさわしい——では，定置用およびモーターボート用エンジンの生産が増大していくと同時に，ガソリン・エンジン駆動のさまざまな交通手段の開発が，1887年から88年にかけて推進された。それは，次のようなものからなっていた。(1) 鉄道用動力車（Motor-Triebwagen）——たんなる動力車ではない。日本名ではガソリン動車——，乗客輸送も可能，(2) 鉄道保線用モーターカー（Motor-Draisine），(3) ミニ市街鉄道（Miniatur-Straßenbahn）——遊園地にあるような——(4) 市街鉄道（Straßenbahn），(5) 消防車（Motor-Feuerspritze），(6) 飛行気球（Luftballon）——後に飛行船に発展——，などであった[93]。

1. 鉄道用動力車（ガソリン動車）　ダイムラーが，ヴュルテンベルク鉄道総局に申し入れしていた Eßlingen = Canstatt 間の試運転は，1887年初頭に承認されている[94]。また同年12月13日には，ヴァイマル公が同乗して，Unterboihingen = Kirchheim 間で試験運行が成功裏に実施された[95]。こうして動力車は，1888年6月初頭には，4台が稼動するようになっている[96]。

2. 保線用モーターカー　1887年7月11日，午前10時に，保線用モーターカーの試運転が Eßlingen = Kirchheim 間で実施された[97]。また同年秋にも，その試運転が，鉄道局に対して，Baden-Baden = Oos 間と Eßlingen = Kirchheim 間で実施された[98]。また同年10月13日には，前記 Waldsee でのモーターボートの実演

に招待された賓客たちが，その後そのままバーデン・バーデン駅構内で，保線用モーターカーを見学している[99]。

3. ミニ市街鉄道 これは，1887年のカンシュタット民衆祭 (Volksfest) に際して，同年9月以来，Wilhelmplatz＝Kursaal間に開設されたものであり，子供たちを中心に大いに人気を博した[100]。なお同様のミニ鉄道は，1889年にはブレーメンでも実演され[101]，1890年にはオーストリア・ハンガリーでの農業博に際して，ビーレンツ (Johannes Bierenz) によってヴィーンでも開設された[102]。

4. 市街鉄道 当時すでに運行業務を行なっていた「シュトゥットガルト馬車鉄道会社」(die Stuttgarter Pferde-Eisenbahn-Gesellschaft) は，1888年7月1日に，ヴュルテンベルク内務省にたいして，ダイムラー・エンジン付きの市街鉄道の導入許可を求めていたが，それは同年8月から，一部の路線で定期運行が実施された[103]。

5. 消防車 1888年ダイムラーは，友人であり，第一級の消防器具製作者であるクルツ (Heinrich Kurtz) と協力して，消防車を製作した[104]。しかしそれは，放水のみをエンジンで行ない，移動は従来通り馬が牽引してなされたので，まだ本格的な消防自動車とはいえなかった。それでもこの消防車は，1888年夏にハノーファーで開催された「ドイツ消防の日」に展示・実演され，専門家筋で大きな反響をよんだ[105]。これに関しては，ダイムラーは1888年7月29日に，「エンジン駆動の消火ポンプ」と題して，特許DRP46779号を取得している[106]。

6. 飛行気球 ダイムラーは，1887年夏に一度プロイセン陸軍省にたいして，飛行船の実験を系統的にできるよう，特別大隊の編成を申し入れたことがあったが，それは拒否されている[107]。また1887年のカンシュタットの民衆祭で大きな気球のゴンドラにエンジンを設置して，それを動かす実験を行なっている[108]。しかし本格的な実験は，ライプチヒの書籍商ヴェルフェルト (Dr. Karl Wölfert) が気球の実験をしているのを，ダイムラーがイラスト入りの新聞でみて，彼をカンシュタットに招待したことをもって始まった[109]。大気球のゴンドラに，上昇・

第3章　パイオニアたちの開発活動　93

下降用と前進用の二つのプロペラをもった1台の2馬力エンジンが搭載された[110]。そしてその飛行気球は，1888年8月12日の風のない日曜日に，ゼールベルク工場の中庭から4kmはなれたWestkornheimまでの飛行に成功した[111]。最初は，このようにいかにもプリミティヴなものではあったが，これを出発点としてマイバッハは12年後の1900年7月2日に飛行するツェペリン飛行船のためのエンジンを開発することになる[112]。

2気筒エンジン　ところで，さまざまな交通手段に搭載されてきたこれまでの単気筒エンジンでは，その出力が低すぎて，所期の目的を充分には達成できないことが，次第に明らかになった[113]。もしも単気筒のままで能力を高めようとすれば，排気量を大きくせねばならず，それは必然的にピストンやクランクシャフトを重くし，回転数を制約することになる[114]。

図3-4　V型2気筒フェニックス・エンジン（1889）

そこでダイムラー／マイバッハは，エンジンの重量や大きさが過大になることを避けながら，高出力エンジンを創出する方法に考えをめぐらせた。こうして考案されたのが，「箱時計」型エンジンを二つ前後に組み合わせ，気筒どうしの角度を17°──いわゆるV型──に配置して，同一クランクシャフトを回転させる2気筒エンジンであった[115]。

彼らが最初に製作したものは，60×100mmで，600回転／分で1.5馬力のものであったが，それはやがて72×126mm，620回転／分で2馬力──「箱時計」型の約2倍──のものに改良された[116]。点火方式が熱管点火

ドイツ博物館にて，著者撮影

であり,排気弁を一種のカム装置,「変形円盤カム装置」で行なうことは,箱時計型と同様である。しかしそれよりも改良された点は,ピストンの真ん中に排気弁を設け[117],ピストンが排ガスを排出すると同時に,追加的に空気を吸入することによってシリンダー内部を浄化し,そのことによってあらためて吸入された混合気の爆発力を高めたことである。これは,2サイクル・エンジンの浄化原理を4サイクルのそれに適用したものといえる[118]。

こうしてダイムラーは,このV型エンジンについて特許出願を行ない,それは1889年6月9日付でDRP50839号として登録・特許権付与がなされた[119]。それには,「交互に作業する双子機関において,作業シリンダーをポンプとして利用する装置[120]」という表題が付されていた。

このV型2気筒エンジンは,早速モーターボート用エンジンとして普及しはじめるとともに[121],「馬車自動車」につぐ2番目の自動車に搭載されて,内外の注目をあびることになる。

鉄鋼車輪車 この2気筒V型エンジンを最初に搭載したのは,1889年にマイバッハが考案した「鉄鋼車輪車」(Stahlradwagen)であった。それは図3-5のごとく,一見,自転車の車体を2台並行してくっ付けたような姿態を示し,その間に2席のシートと,その下にエンジンを設置していた。これが鉄鋼車輪車と呼ばれたのは,木製ホイールに鉄タイヤをはめていた「馬車自動車」とは異なり,自転車と同様,鉄鋼フレームの他に,とくにタイヤはソリッドゴムではあったが,鉄製車輪をもっていたためであろう。このように自転車と共通した部品は,「ネッカーズルム編物機工場」(Strickmaschinenfabrik Neckarsulm)の自転車製造部に発注してつくられた[122]。ここにも自転車から自動車というもう一つの発展系列が明瞭に現われている。

この鉄鋼車輪車の基本構造と性能は,表3-3の通りである。

この車のもう一つの特徴は,ダイムラーの反対を押し切って,マイバッハが動力伝達機構にベルトもチェーンもない直接的に歯車のみを採用したことであっ

第3章 パイオニアたちの開発活動　95

図3-5　鉄鋼車輪車（1898）

メルセデス・ベンツ博物館にて，著者撮影

た[123]。しかし，変速装置として歯車を採用したことは，後のそれが一般的にそうであるように，画期的な革新であった。さらにもう一つの特徴は，ハンドルにあり，この場合のレバー・ハンドルは，舵棒のように左右に振ることによって，前両輪が同時に左右に回転する仕組みになっていた。したがってこの鉄鋼車輪車は，最初の「馬車自動車」が馬車の車体とエンジンとを無理やりくっつけたのに反して，構造部品の多くを自転車から継承しながら，各ユニットを有機的に結びつけた自動車としての一体性を備えるにいたっていた。

　この鉄鋼車輪車は，結局，見本用として1〜2台しか製作されなかったが，そのうち1台が1889年のパリ万国博にでは，発電機やモーターボートとともに展示・実演され，とくにそのV型2気筒エンジンが強く注目をあびる結果となった[124]。その結果，1889/1890年には，「パナール・エ・ルヴァッソール社」（Panhard & Lavassor）の関係者の一人サラザン夫人（Louise Sarazin）が，ダイムラーからフ

表 3-3 鉄鋼車輪車 (1889) の基本構造と性能

エンジン	4サイクル水冷Ｖ型2気筒 60 × 100mm, 565ccm 1.5 hp / 700 r. p. m.
キャブレター	フロート付表面気化器
イグニション	熱管点火
ラジエーター	ポンプにより車体フレーム・チューブ内循環
動力伝達機構	エンジン―(歯車)―後輪
トランスミッション	歯車により4段
ホイールベース (軸距)	1400mm
トレッド (輪距)	1150mm
ハンドル	レバー・ハンドル (舵棒式)
車輪	鉄製リムとスポーク (自転車型);タイヤ,ソリッドゴム
車輌重量	300kg
最高速度	18km/h

出典: W. Oswald, Mercedes-Benz Personenwagen 1886-1986 (5. Aufl.), Stuttgart 1991, S.85.

ランス,ベルギーの製造権を獲得し,さらに彼女を介して,自転車企業から発展してきた「プジョー社」(Peugeot) も,その製造権を取得した[125]。このフランス2企業によるダイムラー特許の取得は,やがて数年後にフランスで開催された自動車レースで,ダイムラー・エンジンの名声を一躍国際的に高めることになろう。

　　　Edouard Sarazinは,パリの弁護士として,またCompagnie Française des Moteurs à Gaz et des Constructions méchaniquesの共同所有者として,1870年代から「ドイツ社」時代のダイムラーと知り合っていた。彼は,1886年12月にはダイムラーから「箱時計」型エンジンの,また同年12月には,ダイムラーの「馬車自動車」の,フランスにおける製造権をえていた。しかし彼は1887年12月に病死し,その遺志を夫人が継ぐことになった。夫人は,1889/90年にダイムラーからＶ型2気筒エンジンの製造権を取得,さらに,当時,木材加工機のメーカーであったパナール・エ・ルヴァッソール社の共同経営者Emile Levassorと1890年5月に再婚したことが,ダイムラー・エンジンのフランスでの製造を容易にした。しかしこのエミール自身も不

幸にも, 1896年のパリ＝マルセイユ＝パリ間 (1728km) レースで事故を起こし, その後間もなく死去した。

すなわち, 「ル・プチ・ジュルナール」(Le Petit Journal) 紙主催で, 1894年7月22日に挙行されたパリ＝ルーアン間 (126km) の世界で最初の自動車レース (信頼性走行競技) において, 時間的には「ド・ディオン-ブートン社」(de Dion-Bouton) の蒸気自動車が1着をとったにもかかわらず, それが運転手のほかに機関手も同乗させていたため, 公示条件からはずれているという理由で, 結局, いずれもダイムラー・エンジンを搭載したプジョー車とパナール・エ・ルヴァッソール車がともに金賞を受けた[126]。また同じことは, 翌1895年に開催されたパリ＝ボルドー＝パリ間 (1192km) のレースでも繰り返され, 両社の車がともに優勝を分けあうことになり, 車はフランス製, エンジンはドイツのダイムラー製という評価をえたのである[127]。

なおそれより前, ゼールベルク工場では, V型2気筒につづいて, 1890年にはマイバッハの考案により, 直列4気筒エンジンが開発されていた。それは, 80×120mm, 620回転/分で5馬力を発揮し, 重量153kg, 30kg/hpであった[128]。これは内燃機関発達史の研究者ザスによって, 現代の4気筒エンジンの諸要素をそなえた, その原型と評価されている[129]。この4気筒エンジンは, さしあたり動力車やモーターボートに用いられ, 自動車には搭載されなかったが, やや後の1899年になって, 改良された形でそれに用いられることになろう。

ダイムラー・エンジン株式会社の設立と分裂 この問題については, 次章の企業史的分析のなかでより詳しく立ち入るので, ここでは技術史的考察に必要な範囲で触れておきたい。

ダイムラーの企業は, これまでは彼の個人企業であった。それは, エンジンとしては, 「箱時計」型単気筒, V型2気筒を, また交通手段としては, 二輪車, 2種の四輪車, モーターボート等さまざまな乗り物を開発してきたが, 1889年頃には経営が行きづまり, より多くの資本を必要とするようになっていた。その時, ダ

イムラーたちの開発活動の将来性に着目し,資本投下する用意のある人々が出現してきた。

その中心的人物は,ドイチェ・バンクとも連携していた「ヴュルテンベルク連合銀行」(Württembergische Vereinbank) の頭取シュタイナー (Kilian Steiner, 1833-1903) であった[130]。ただし彼自身は前面にはでず,その配下の人物,「合同ケルン・ロットヴァイラー火薬工場」(die Vereinigten Köln-Rottweiler Pulverfabriken) の経営者ドゥッテンホーファー (Max von Duttenhofer, 1843-1903) と,カールスルーエにあった「ローレンツ・ドイツ金属薬莢工場」(die Deutsche Metallpatronenfabrik Lorenz) の経営者ローレンツ (Wilhelm Lorenz, 1842-?) を使って,ダイムラー企業の株式会社化を実行させた[131]。

こうして,1890年11月28日に設立総会が開催され,ダイムラーが20万マルク,ローレンツが18万マルク,ドゥッテンホーファーが15万マルク,その他の者たちが7万マルクを出資する,当初資本金60万マルクの「ダイムラー・エンジン株式会社」(Daimler Motorengesellschaft AG, 以下,単にダイムラー社とよぶ) が発足した[132]。監査役会会長にはドゥッテンホーファー,同副会長にはダイムラー,その他3人のものが監査役に就任した[133]。そして取締役には,ローレンツ企業の技術者シュレッター (Max Schroedter) が就任し,ダイムラー企業からもマイバッハと会計担当者であったリンク (Karl Linck) も継続的に就任する予定であった[134]。

しかしこの株式会社は,『ダイムラー・ベンツ社 100年史』も,この時期について,「争いと進歩[135]」と表題を付しているように,初発から内紛を宿した不幸な出発をせねばならなかった。その原因のうち重要な一つは,ダイムラーとマイバッハが,「ドイツ社」を辞める前の1882年4月18日に結んだ,あの「任用契約書」の内容に端を発していた。そこには,ダイムラーの企業が経営的に軌道にのった場合には,マイバッハにたいして3万マルクの資本参加を認めるとの一項があった[136]。ダイムラーは,それを認めるようドゥッテンホーファーとローレ

ンツに要求したが拒否された[137]。このことを出発点として、その他、開発計画や生産管理、等をめぐってダイムラー対、他の2人の出資者との対立がエスカレートしていった。

そのためマイバッハは、1891年2月には決然たる辞表を書き、リンクも同年9月それに続いた[138]。しかしダイムラー自身は、一方では自分の名を冠し、自らゼールベルク工場の設備等、現物とはいえ出資している会社をやめるわけにはいかず、また他方ではマイバッハの技術開発能力にほぼ全面的に依存せねばならなかったため、ダイムラーのなかには著しい緊張と葛藤が生ずることになった。その解決策としてとられたのが、ダイムラー自身はダイムラー社にとどまり、マイバッハに別会社をつくらせて、それを精神的のみならず、財政的にも全面支援することであった。

こうして発足したのが、「マイバッハ自動車工場合名会社」（Motorenfahrzeugfabrik Maybach & Comp. Canstatt）であった[139]。同社は同じくカンシュタットにあって、当時は使用されていなかった高級ホテル・ヘルマン（Hermann）の庭園内のコンサート・ホールを1892年夏から賃借し、そこを作業場とし、さまざまな技術開発と実験を行なうことになる[140]。

すなわちダイムラーの企業は、1891/92年から、1895年11月1日に合同する間の期間は、本来の「ダイムラー・エンジン株式会社」と、「マイバッハ自動車工場合名会社」に分裂するという異常で変則的な状態を示す。したがってここでは、それらにおける技術開発過程についても、いちおう別々に考察しておくことが必要であろう。

ダイムラー・エンジン株式会社 同社は、その生産の中心をさしあたり、「工業的・手工業的目的のための定置石油（ガソリンのこと——大島）エンジン[141]」におき、その需要を喚起するために、製品差別化を行なった。すなわち、単気筒または2気筒式の2、3、4馬力エンジン、2気筒型式の8、10馬力エンジンがそれである[142]。

図3-6 シュレッター車（1892-1894）

出典：W. Oswald, Mercedes-Benz Personenwagen 1886-1986 (5. Aufl.), Stuttgart 1991, S.84.

その他，同社はすでにマイバッハが開発していた「鉄鋼車輪車」を基礎にして，新たな自動車の開発と製造を行なおうとした。しかしその場合，ダイムラーは同社の監査役会副会長の地位にあったにもかかわらず，それに携わった形跡はない。それを担当したのは，「ローレンツ・ドイツ金属薬莢工場」の技師で，いまは技術担当取締役となったシュレッターであった。彼は元来は弾丸製造の専門家であって，内燃機関や自動車に関する知識が充分にあったわけではなかったが，相当の才能があり，また努力したことは事実らしい[143]。その結果，いわゆる「シュレッター車」（Schroedter-Wagen）と称せられる，図3-6のごとき「チェーン駆動のダイムラー車」を1892年につくりあげた。その基本構造と性能は，表3-4の通りである。

この車のエンジンは，「鉄鋼車輪車」の1.5馬力と比較すれば，1.8～2.1馬力とより強力になっていたが，自重のほうが，300kgから，550～600kgと重くなっていたため，ザスも「エンジンが弱すぎて…（中略）…失敗であった[144]」と特徴づけている。また前掲『100年史』も，「シュレッターは，自動車の設計者としてはあまり成功しなかったので，1895年中に辞めた[145]」と記している。

それでもこの車は，最初の「馬車自動車」がわずか1台，2番目の「鉄鋼車輪車」も1～2台しかつくられなかったのに対して，1シリーズ12台の製作が試みられた[146]。しかしそれは，約4年間の分裂期間中には達成されない状態であった[147]。その他，ダイムラー社が企画しながら成功しなかったもののなかに，燈油を燃料

表3-4　シュレッター車（1892-1895）の基本構造と性能

エンジン	4サイクル水冷直列2気筒 67×108mm, 760ccm　1.8 hp/750 r. p. m. または75×120mm, 1060ccm　2.1hp/720 r. p. m.
キャブレター	フロート付表面気化器
イグニション	熱管点火
ラジエーター	ポンプにより車体フレーム・チューブ循環
動力伝達機構	エンジン —(チェーン)— 後輪
トランスミッション	歯車による3段
ハンドル	レバー・ハンドル(舵棒式)
ホイールベース（軸距）	1600〜1700mm
トレッド（輪距）	1150mm
車輪	木製ホイール；タイヤ，ソリッドゴム
車輌重量	550〜600kg
最高時速	18km/h

出典：W. Oswald, Mercedes-Benz Personenwagen 1886-1986 (5. Aufl.), Stuttgart 1991, S.85.

とする内燃機関の開発があった。その理由は，火災の危険性の高いガソリンではなく，たとえ回転数は低くとも，燈油等を燃料とした内燃機関を開発する——1897年にR・ディーゼルがそれに成功する——ことは，関連技術者にとって大きな夢だったからである[148]。

　とくに定置機関の開発と生産を重視してきたドゥッテンホーファーとローレンツは，内燃機関の開発には疎いシュレッターには任せず，ライプチヒで活動していたカールとアードルフ・シュピール兄弟（Carl u. Adolf Spiel）と交渉し，1893年6月に彼らを雇い入れている[149]。彼らが開発しようとした機関は，シリンダー内部の温度を一定に保つことによって，吸入気を自動的に点火させるシステムであったが，その点火温度を空気調節によっては達成されえず，また運転

中にエンジン回転数を変えることもできず,失敗している[150]。

このような石油エンジンについては,同じライプチヒの企業「グロープ社」(Grob & Co.) などが,キャピテーヌ (Emil Capitaine) の特許にもとづいて一定の成功を収めていたが[151],ダイムラー社のそれは完全に失敗であった。いずれにせよ,「石油エンジンは,19世紀末ディーゼル・エンジンが発明されることによって,存在権を失うような中間的解決策であった[152]。」

マイバッハ自動車工場合名会社

この間ホテル・ヘルマンでは,マイバッハを中心に自動車の付属部品やエンジン,そして自動車そのものについて,鋭意,技術開発が進められ,そのなかには後のちまで利用されうるそれに成功した。ダイムラーは,共同出資者たちと対立していたとはいえ,ダイムラー社の監査役会副会長の立場上,ホテル・ヘルマンには直接出入せず,陰で連絡をとりあって[153],技術開発上の若干の助言をあたえただけでなく,実質的にはマイバッハの企業を財政的に完全に支援している[154]。

私たちは,まず,このホテル・ヘルマン期の早い時期,いずれも1892年9月13日に,マイバッハの名前で――この時期の特許出願のみはダイムラーの名前ではなされていない――取得された4つの特許について,簡単に紹介しておこう。

その第1と第3は,ベルトによって変速を可能にするものであり,第2は,エンジンのフライホイール(ハズミ車)の内側の空洞を用いて,冷却水を冷やす操作であり,第4は,車輪の振動がエンジンに伝わるのを阻止する為にバネを設けるものである[155]。

これらが,ドイツで取得された特許であるが,それ以外にも,ドイツでは取得できなかったが,外国のイギリスやフランスでは取得された発明があった。それは,またもマイバッハによって考案された「噴霧式気化器」(Spritzdüsenvergaser) とよばれるキャブレターである。彼は,そのアイディアをすでに1891年2月頃からいだいていたが,それを完成させたのは,1893年1月16日から7月29日にかけての半年間であった[156]。

それは,小さなタンクのなかで,「浮子」(フロート,Schwimmer〔独〕)によって一定水準の高さに保たれているガソリンを,大気圧によってノズルを通して空気中に霧状に噴射させ,混合気をつくるシステムである。これは,今日もまったく同じ原理で用いられていることをみれば,マイバッハの画期的な発明の一つに数えられる[157]。

しかし,この発明については,イギリスでは1893年8月17日,フランスでも同年8月25日に特許されたにもかかわらず,ドイツではたしかに1893年8月初めに特許出願がなされたが,なぜかその新規性が認められなかった。それにたいして,マイバッハは激怒したといわれているが,ザスもこの特許庁の処置は理解できないと首をかしげている[158]。

マイバッハはこの画期的な発明と並行して,1892年末から1893年初頭にかけて,優秀なエンジン「フェニックス・エンジン」(der Phönix-Motor)の開発に成功した[159]。このエンジンは,4サイクル2気筒であったが,気筒の配置関係はV型ではなく,直列型式であり,その1892年に製作されたものは,67×108mm,760回転/分で2馬力を発揮した[160]。

このエンジンの特徴は,コンパクトにまとめるために,二つのシリンダーを同一ブロックに鋳造し,それがクランクシャフト函上にねじで固定されていた[161]。このような形態のエンジン開発が可能になったのは,前述した通り,すでに1890年に動力車やモーターボート用に,直列4気筒エンジンが開発されていたからである[162]。またこのフェニックス・エンジンにみられる新たな進歩は,排気バルブを「変形円盤カム装置」によってではなく,本格的な「カムシャフト」(Nockenwelle)によって操作したことであった[163]。

ところで,このホテル・ヘルマン期に,ダイムラー/マイバッハによる第3番目の自動車の開発が推進された。それは図3-7に示した「ベルト自動車」(Riemen-wagen)といわれた車である。それがこう呼ばれた理由は,その動力伝達機構において,「鉄鋼車輪車」の場合,それが歯車であったのに対して,最初の「馬車自

図3-7 ベルト自動車（1887）

メルセデス・ベンツ博物館にて，著者撮影

動車」と同様，それがベルトによってなされたことによっている。ただしこれには，この間に取得された特許にもとづく，手動シフトレバーによる変速装置という，より高度な技術が組み込まれていた[164]。ベルトによる動力伝達には，マイバッハはそれがメカニカルではないと反対していた[165]。しかしベルト方式は，発進時や変速時の衝撃が少ないという理由で，ダイムラーがそれに固執し，マイバッハは妥協せざるをえなかった[166]。

　この「ベルト自動車」の原型は，すでに1890年頃にできていたようであったが，最初に完成をみたのは，ホテル・ヘルマンにおいてであり[167]，その本格的な生産は，1895年11月に，マイバッハ自動車工場がダイムラー社に吸収合併された後にであった[168]。このベルト自動車の最初のモデルの基本構造と性能は，表3-5の通りである。

　このベルト自動車は，ホテル・ヘルマンにおいても12台が製造されたらしい[169]。そのうち1台は，1893年夏にシカゴで開催された万国博に送られ展示されている[170]。その原タイプ（2馬力）のものは，ヴィクトリア（Victoria）と命名されたが，後2席と向いあって前2席の子供席が設けられていたため，ヴィ・ザ・ヴィ（Vis-à-Vis）と副名がつけられており，その価格は3800マルクであった[171]。このような乗用車とならんで，ホテル・ヘルマンでは，初めてトラックの製作も

表3-5 ベルト自動車 (1895) の基本構造と性能

エンジン	4サイクル水冷直列2気筒(フェニックス型) 67 × 108mm, 760ccm 2 hp / 700 r. p. m. 重量92kg
キャブレター	噴霧気化器
イグニション	熱管点火
ラジエーター	水冷ハズミ車冷却
動力伝達機構	エンジン—(麻ベルト)—中間軸—(＋ディファレンシャル)—運動軸(＋小歯車)×(大歯車＋)後輪
トランスミッション	ベルトによる前進4段, 後進1段
ハンドル	手動クランク式(Drehschemel)
ホイールベース (軸距)	1580mm
トレッド (輪距)	1140mm
車輪	木製ホイール；タイヤ, ソリッドゴム
車輌重量	タイプにより715～1050kg
最高速度	4馬力のもので18km /h

出典：W. Oswald, Mercedes-Benz Personenwagen 1886-1986(5. Aufl.),Stuttgart 1991., S. 85.

試みられている。それは，自重27ツェントナー (1.35トン), 積載量70ツェントナー (3.5トン)・トラックであり，全長4m, 全幅1.80mであったが, 実現にはいたらなかった[172]。

両社の合同と新たな技術開発　以上, 述べてきた通り, ダイムラーの企業は, 1891/92年以後は,「ダイムラー・エンジン株式会社」と「マイバッハ自動車工場合名会社」に分裂していた。その間, 前者では「シュレッター車」や燈油エンジン開発, 等に失敗し, 経営状態を悪化させ, 約40万マルクの負債をかかえて破産の危機に陥っていた[173]。他方, 後者はマイバッハの天才的な開発能力によって, 噴霧式気化器, フェニックス・エンジン, ベルト自動車, 等の開発をつぎつぎと成功させていった。 このような両社の対照的な技術的・経営的発展を背景にして, 合同の機運が成熟していった。そのための

外的契機を与えたのが，1889年以来ダイムラーと親交があり，当時ダイムラー特許の独占的販売・管理権をもっていたイギリスの技術者であり，「ダイムラー・モーター・シンジケート」(Daimler Motor Syndicate) の経営者シムズ (Frederick R. Simms) であった[174]。彼は，ダイムラーとマイバッハとの「ダイムラー・エンジン株式会社」への完全復帰を絶対的条件として，イギリス本土とその植民地——カナダを除く——におけるダイムラー特許利用権を約35万マルクで買うことを申し入れた[175]。こうして両社は，1895年11月1日をもって合同するが[176]，この分裂期の経過については，次章においてより詳細に考察するであろう。

再建された「ダイムラー・エンジン株式会社」では，ダイムラーは技術開発と生産に関する最高の地位，「専門的顧問」(Sachständiger Beirat) および会社の「総監」(Generalinspektor) に，またマイバッハは，シュレッターが去ったあと，生産技術担当の主席取締役に就任した[177]。私たちは以下，同社のなかで主としてマイバッハによって推進されたさらなる技術開発を，世紀転換期頃まで，すなわち自動車のそれまでの態様を一新し，その現代型を創出した画期的なメルセデスの誕生までたどることにしよう。

マイバッハは，合同後，残されていたシュレッター車のエンジンの改造や石油エンジンの整理に取り組みながら，同時にフェニックス・エンジンのタイプを，2, 3, 4馬力と多様化していった[178]。とはいえ当時の冷却方式，ハズミ車方式が制約条件となって，4馬力以上の高出力エンジンは製作することができなかった。

その隘路を克服すべく，1897年1月に考案されたのが，「小管ラジエーター」(Röhrenkühler) であった[179]。これは，エンジンの前に設置された縦長の水槽に多数のプラチナ製小管を前後に通し，その前に冷却ファンを設け，走行風をそのファンで加速して小管を通し，エンジンによって熱せられた冷却水を冷やして，水槽の下からポンプで回収する方式であった[180]。この発明についても，もちろんドイツで特許出願がなされたが，噴霧式気化器と同様，外国では特許されたものの，なぜかドイツでは拒絶されている[181]。

第3章 パイオニアたちの開発活動　107

　合同以後, ダイムラー社は, 前掲表3-5に示した「ベルト自動車」のモデルを基本にして, 1895年から1899年にかけて, 用途に応じて多様なタイプの車を製造するようになった。搭載エンジンは, いずれも直列2気筒フェニックス・エンジンでありながら, 以下のように出力がアップされ, 異なるタイプの車が製造されている。(1) 原型のヴィクトリアVis-à-Vis (2馬力), 2席, ・プラス子供用2席, 3800マルクに加えて, (2) ヴィクトリアVis-à-Vis (3馬力), 2席プラス子供用2席, 4250マルク, (3) ヴィ・ザ・ヴィ (4馬力), 4席, 4800マルク, (4) ヴィクトリア (4馬力), 4席, 5200マルク, (5) フェートン (Phaeton) (4馬力), 4席, 5200マルク, (6) フェートン (6馬力), 4席, 6400マルク, (7) カレッシェ (Kalesche) (6馬力), 6席, 7000マルク, (8) ランダウアー (Landauer) (6馬力), 6席, 7000マルク, がそれである[182]。これは, 自動車生産の最初期にみられた多種少量生産であり, 初期的な一種のフルライン生産であったが, 総じて当時の車が非常に高価であったことがわかる。

　そしてこの「ベルト自動車」の発展のなかでみられた革新は, 1897年以降, 一部のものに従来のソリッドゴムにかえて, 空気タイヤが導入されたことである[183]。空気タイヤは元来, イギリスで1888年に自転車用に発明され, 1890年には自動車にも使用され始めるが, ドイツでも1891年以降, 幾つかの業者が自転車用タイヤの生産を開始していた[184]。自動車へのその導入は, 後に述べるベンツのほうが早く, 1896年に小型車ヴェロ (Velo) に選択的に採用されており[185], ダイムラー社は1年遅れてそれを行なっている。いずれにせよ, この空気タイヤの導入は, 自動車の走行性と居住性とをいちじるしく高めることに寄与した。

　この期間にダイムラー社は, 乗用車以外に, 商用車生産に本格的に乗りだしている。まず乗用車からの転換が容易な営業車または配達車 (小型トラック) 生産において, 1897年から1899年にかけて3, 4, 6, 8, 10馬力の4タイプを製造している[186]。

　そして同社は, ホテル・ヘルマン期に試みながら失敗したトラックの製造を,

図3-8 ダイムラー社最初のトラック（1896）

出典：W. Oswald, Mercedes-Benz Lastwagen und Omnibuse 1886-1996 (2. Aufl.) 1987, S.82.

フェニックス・エンジンとベルト式動力伝達装置をもって初めて成功させている。その最初のものは、1896年に造られた排気量1066ccm, 700回転/分で4馬力、自重1.5トン、積載量1.5トン、最高速度12km/hのもので、図3-8のごとく、外観はまったく荷馬車の様相を呈していた[187]。ただしこれはドイツでは用いられず、イギリスに輸出されている[188]。その他、1896年には6馬力、積載量2.5トンの、また1897年には10馬力、積載量5トンのトラックが製造されている[189]。

また同社は、トラックのシャシー（車台）を用いて、バス製造をも開始し、1898年には、(1) 4馬力、6人乗り、(2) 6馬力、8～10人乗り、(3) 8馬力、14～16人乗り、(4) 10馬力、14～16人乗りの、4タイプを製作した[190]。そして同社は、1898年2月28日には、自ら「キュンツェルスアウ=メルゲントハイム自動車運行有限会社」(Motorwagenbetrieb Künzelsau-Mergentheim GmbH) を設立し、同年10月2日以降、同路線に定期運行を開始している[191]。

このようにダイムラー社は、合同以来、乗用車としての様々なタイプの「ベルト自動車」、配達車、トラック、バスを含めて、1895年から99年にかけて、約150台のベルト自動車を製造した。そのうち約110台は4馬力車であった[192]。このことは、最初の「馬車自動車」が1台、「鉄鋼車輪車」が1～2台、「シュレッター車」がせいぜい12台であったことを思えば、ダイムラー社が1895年の合同以降、本格的な自動車企業に成長していったことを示している。

フェニックス車　　ダイムラー社は,以上のごとく1895年から99年にかけて,いずれもフェニックス・エンジンは搭載しているものも,エンジンを後置し,動力伝達機構においてはまだベルトを用い,車型もまだ馬車型のさまざまな自動車を製造してきた。その過程で1897年になって,初めてエンジンを運転席の前に前置(フロントエンジン)し,後輪駆動(リアドライブ)をさせることによって,いわゆる鼻のでた現代型の車体を示す最初の自動車「フェニックス車」(Pöhnix-Wagen) が誕生した。ただしエンジン前置のスタイリングは,ダイムラー社が世界で最初ではなく,当時としては相対的に強力な自動車工業を誇ったフランスのパナール・エ・ルヴァッソール社のそれが先行していた。すなわち同社は,ダイムラー社から「鉄鋼車輪車」を買って,それを1891年にエンジン前置の形に改造したのであり,ダイムラー社は逆にそのスタイリングを模倣したのであった[193]。

このフェニックス車は,その大きく変化した車体形態(図3-9参照)にとどまらず,構造的にも次の二つの点で新技術を体現していた。その一つは,フェニックス・エンジンを冷却するために,開発したばかりの既述の「小管ラジエーター」を設置していたことと,二つには,動力伝達機構のうえで,旧式のベルト方式を放棄し,マイバッハの主張するチェーン方式を採用したことであった。

「フェニックス車」の原モデルの基本構造と性能は,表3-6の通りである。

ダイムラー社は,最初の4馬力フェニックス車を製作してのち,その多様な発展を可能にするような技術的改良を,とくにエンジンとその補器,点火装置において行なった。同社は,1897年から翌98年にかけて,エンジン「出力の増加を2気筒エンジンで行なうことを意識的にあきらめ,4気筒への道を歩んだ[194]」。それは,2気筒ずつ一つのブロックに鋳造され,二つのブロックが同一クランクシャフト函上に固定される構造になっていた[195]。すなわち,「4気筒フェニックス・エンジンは,基本的コンセプトにおいて,2気筒とまったく同様につくられた[196]」のであった。

図3-9 フェニックス車（1897/98）

メルセデス・ベンツ博物館にて，著者撮影

　こうして同社では，次のような6馬力から23馬力までの5種類のより強力なフェニックス・エンジンがつくられるようになった。(1) 75×120mm, 900回転/分, 6馬力, (2) 90×130mm, 800回転/分, 10馬力, (3) 100×140mm, 660回転/分, 12馬力, (4) 120×160mm, 660回転/分, 16馬力, (5) 160×150mm, 620回転/分, 23馬力, がそれである[197]。

　またダイムラー社は，この頃，後にのべる最初から電気点火を採用していたベンツ社とは異なり，1883年の基本特許，DRP28022号以来ながらく維持してきた熱管点火をついに放棄するにいたった。すなわち同社は，ロバート・ボッシュ（Robert Bosch, 1861-1942）が，1897年に開発した「低圧マグネトー点火」（Niederspannungs-Magnetzündung）を導入したのであった[198]。これは一種の電気点火であり，これによって，点火方式の面からエンジン回転を制約していた障害も除去されはじめた。

表3-6 フェニックス車 (1897-1902) の基本構造と性能

エンジン	水冷直列2気筒(フェニックス・エンジン) 75×120mm, 1060ccm 4hp/700 r. p. m.
キャブレター	噴霧式気化器
イグニション	熱管点火, (1898年以降)低圧マグネトー点火方式
ラジエーター	小管ラジエーター
動力伝達機構	前置エンジン―(チェーン)―後輪
トランスミッション	歯車変速器(4段)
ハンドル	手動クランク式ハンドル
ホイールベース(軸距)	1600～1700mm
トレッド(輪距)	1150mm
車輪	木製ホイール；タイヤ，ソリッドゴムまたは空気
車輌重量	1000kg

出典：W. Oswald, Mercedes-Benz Personenwagen 1886-1986 (5. Aufl.), Stuttgart 1991., S. 90.

　　ロバート・ボッシュ(Robert Bosch, 1861-1942) は，Ulm市近郊Albeckで生まれ，Ulmの実科学校と，聴講生としてStuttgart工業専門学校で学んだのち，1884-85年にアメリカを視察，1886年11月15日に，Stuttgartで電気器具製造とその修理の小作業場，Werkstätte für Feinmechanik und Elekroindustrie, Robert Boschを開設した。1886年には，定置用エンジンの，1887年には，自動車用エンジンの点火器，「低圧マグネトー点火器」を開発した。最初それはフランスのde Dion-Bouton社の三輪自動車に，ついでDaimler車に導入されている。Bosch企業の自動車点火器の生産は，1900年には年産1000個を超え，それは，Daimler, Horch, Prestoといったドイツの企業だけでなく，Fiat, Peugeot, Austro-Daimlerなど外国企業にも供給されている。1902年，Boschが同社のGottlob Honoldとともに「高圧マグネトー点火器」を開発して以来，当時の自動車工業の発展と相互作用しながら，同社は世界的な電装品メーカーに成長していった。

　　こうして1899年には，フェニックス車は，その4馬力のプロト・タイプに加え，

図3-10 ランドレット車（1900）

出典：W. Oswald, Mercedes-Benz Personenwagen 1886–1986（5. Aufl.), Stuttgart 1991, S.92.

6馬力のそれもつくられるようになった。そのエンジンは，70 × 120mm，1845ccm であり，車の自重も 1200kg と重くなった[199]。

　そのためフェニックス車モデルにも，ベルト車同様多くのタイプと仕様のものが造られている。4馬力車，6馬力車に共通して，短車体型と長車体型があり，短車体型には，ドッグ・カー（Dog-Car）2席, 9400マルク（4馬力車），1万2800マルク（6馬力車）；ヴィ・ザ・ヴィ4席, 9400マルク（4馬力車），1万2800マルク（6馬力車）；長車体車には，ヴィクトリア，9500マルク（4馬力車），1万2000マルク（6馬力車）；フェートン，9500マルク（4馬力車），1万2000マルク（6馬力車）；クーペ（Coupé），1万マルク（4馬力車），1万2500マルク（6馬力車）；ランダウアー，1万3100マルク（6馬力車）が，それであった[200]。

　そうしたなかで，今日なお写真に残されていて注目すべきは，1900年に製作された「ランドレット」（Landaulet）といわれるタイプである（図3-10）。ここにおいてハンドル形態が現代的なものに変化していることがわかる。すなわち，これまでの手動クランク式ハンドルから，今日のように傾斜して立てられた支柱（ステアリング・コラム）に円ハンドル（ステアリング・ホイール）へと変

えられている[201]。

　このフェニックス車からは，また4気筒ながら28馬力のレーシング・カーがつくられた。それが，やがてメルセデス号誕生の推進者となる，ニース在住のオーストリア・ハンガリー帝国総領事エミール・イェリネック (Emil Jellinek, 1853-1918) によって購入された。そして同車は，彼の愛娘に因んで「メルセデス号」と命名されて，1899年のニースにおける距離競走において見事に優勝し，その性能の優秀さを示した[202]。これこそ，メルセデス号の直接的な先駆車であった。

エミール・イェリネック　1880・90年代のエンジンを後置した馬車型あるいは自転車型で低馬力の自動車は，世紀末になって，フロントエンジン・後輪駆動で高出力のフェニックス車によって，ようやく現代型の自動車に脱皮し始める。しかしそれがさらに「革命されて[203]」，現代的自動車の基本型を確立するのが，1901年に出現した「メルセデス車」(Mercedes) であった。そしてその誕生にあたっては，私たちは，外交官であり，また富豪であり，モーター・スポーツの愛好家であり，さらに今日流にいえば，カー・ディーラーでさえあった一人の人物の話を欠かすことができない。

　　　エミール・イェリネックは，ライプチヒのユダヤ人学者・説教師の息子として生まれ，ヴィーンで育ち，北アフリカで商人として成功，財産家となった。彼は，オーストリア・ハンガリー帝国のニース駐在総領事になり，社交家で，たとえば有名なイギリスのマーチャント・バンカー，ロスチャイルドとも面識があった。彼はまた，スポーツ，とくにモーター・スポーツのたいへんな愛好家で，最初はベンツのヴィクトリア車を購入したが，1897年にダイムラーのベルト車を買っていらい，ダイムラー車の購入者兼販売人となった。しかし彼はかねがねダイムラー車がスピードが遅く，鈍重なことに批判的であった。

　イェリネックは，1900年の国際自動車レース「ニースの週間」にもエントリーした。そこで彼の28馬力のフェニックス車は，距離およびマイル・レースになんなく優勝した[204]。しかしニース＝ラ・トゥルビエ (Nizza = La Tourbie) 間の山

岳レースでは，彼のためにハンドルを握ったダイムラー社の職長バウアー（Wilhelm Bauer）が，あるカーヴを曲がり切れず，転倒して死亡するという不幸な事故が発生した[205]。

ダイムラー社は，ただちにマイバッハとフィッシャー（Vischer）を現地に派遣して，事故調査にあたらせた。その調査結果は，車体の破損状態からみて，その強度には問題はなかったが，車の重心が高すぎて，ハイスピードでは急カーヴを曲がり切れなかったということであった[206]。この報告にもとづき，同社は一度は，今後，自動車レースに参加しないことを決定した[207]。

しかし，その決定に猛反対したのがイェリネックである。彼はほぼ次のように主張する。彼によれば，カンシュタットの職長の突然の死は，「ダイムラー競走車の目的に適っていない製造の仕方[208]」にあり，車台をもっと低くもっと幅広く，もっと長くすれば，彼はその車をまとめて購入する用意があるというものであった。

この要求にダイムラー社側で対応したのは，1899年8月以来，持病の心臓病を患って病床にあったダイムラーではなく，今では自動車の天才的製作者として広く知られるようになっていたマイバッハであった。ダイムラーの病状は一時は快方に向ったが，ある日，試走中の車から降りようとしてそのままくずおれ，その後はベッドについたまま，ついに1900年3月6日，永眠した[209]。享年65歳であった。

ダイムラー死後，イェリネックはダイムラー社と何度か交渉を重ね，1900年4月18日には，35馬力のメルセデス車を同年11月15日までに引き渡すならば，同車を36台一括して55万マルクで買い入れるとの契約を結んだ[210]。その結果，彼は1900年以降，ダイムラー社の監査役会に加わっている[211]。

メルセデス・モデルの誕生　こうしてカンシュタットのゼールベルク工場では，1901年3月25日から29日にかけて開催される「ニースの週間」に間に合わせるべく，夜を日についで35馬力の新モデルの創

第3章 パイオニアたちの開発活動 115

図3-11 メルセデス35馬力車（1901）

出典：W. Oswald, Mercedes-Benz Personenwagen 1886-1986 (5. Aufl.), Stuttgart 1991, S.96.

出が急がれた。

　ただし，それが無事誕生するにはもう一つ重要なエンジン補器，ラジエーターの開発がなされねばならなかった。なるほど1897年に開発された「小管ラジエーター」は，それまでの4馬力の限界を超えて6馬力以上のエンジン出力を可能にしていた。しかしそれでも，1898年の5馬力車には18ℓもの冷却水（3.6ℓ/hp）が必要であった。マイバッハは，丸い小管にかえて，四角の小管を水槽の前後により多くビッシリと走らせ，そのため外見上，蜂の巣のようにみえる「蜂の巣状ラジエーター」（Bienenwabenkühler）の開発に成功した[212]。それによると，1900年の35馬力エンジンでも，冷却水はわずか9ℓ（0.25ℓ/hp）しか必要としなくなった[213]。冷却効果のいちじるしい増大である。この画期的なラジエーターに関しては，1900年9月29日にもDRP122766号の特許が与えられた[214]。

　こうしてメルセデス・モデルの原型，「ダイムラー型メルセデス35馬力車」は，イェリネックへの引き渡し期限を大幅に超えながらも，1900年11月22日に最初の試走が行なわれた[215]。ダイムラーは，もはやそれを見ることはできなかったが，そのスタイリングは，それまでの自動車の姿を一新するほど斬新なものであった。図3-11を見てもわかるように，それはエンジンを前置してボンネットで

表3-7 メルセデス35馬力車（1901）の基本構造と性能

エンジン	4サイクル水冷直列4気筒（重量230kg） 116×140mm, 5913ccm　35 hp／950 r. p. m.
キャブレター	初め噴霧式気化器, 後にピストン式気化器
イグニション	低圧マグネトー摩擦点火方式 (Niederspannungs-Magnet-Abreißzündung)
ラジエーター	蜂の巣状ラジエーター
動力伝達機構	前置エンジン―(チェーン)― 後輪
トランスミッション	歯車式(4段)
車輪	鉄製ホイール, 後輪は前輪より大きい
車輌重量	1200kg
最高速度	70〜75km／h

出典：W. Oswald, Mercedes-Benz Personenwagen 1886-1986 (5. Aufl.), Stuttgart 1991., S. 97.

覆い, それゆえに車体は細長くなり, また全幅も広がり, なによりも車高が低くなり——重心は従来よりも15%低い[216]——流麗なスタイルを示している。またハンドルも, ステアリング・ホイールを支えるステアリング・コラムは傾斜して設けられている。そしてとくに, 最高時速70km／hは, 当時は想像だにできない速さであった。

その基本構造と性能は, 表3-7の通りである。

この車が, メルセデスと名づけられたのは, 既に述べた通り, イェリネックがその長女の名前に因んでつけたからである。彼の妻はスペイン人であり, そのため長女はメルセデス, 次女はマヤというスペイン風の名前をもっていた。それ故にメルセデスという名称は, ラテン系の国民に馴染み深いことはもちろんであったが, 後にアングロサクソン系の国民にも親しまれるようになったと言われている[217]。そのため以後ダイムラー社の, そして1926年にベンツ社と合同して以後のダイムラー=ベンツ社の乗用車の名称は, 今日にいたるまでメルセデ

ス——ドイツ語ではメルツェデス——と称せられ，世界的な商標となっていった。

ところで，このレーシング・カー，メルセデス35馬力車の3月25日から29日にかけての「ニースの週間」での成果は，一大センセーションであった。同車は，距離，時間，山岳の3レースにおいて，いずれも圧勝したからである。それは，ニース＝セナ＝サロン＝ニース（Nizza＝Séna＝Salon＝Nizza）の距離レースでは最初から先頭にたち，2位を26分ひきはなして断然1位を獲得した[218]。またニース＝ラ・トゥルビエ間山岳レースでは，前年のフェニックス車が平均時速31.3km/hであったのに対して，今度はカンシュタットのヴェルナー（Wilhelm Werner）が操縦したメルセデスは，平均時速51.4km/hを達成した[219]。メルセデスがニースで残したこのような圧倒的印象のもとに，フランス自動車クラブの総書記メーヤン（Paul Mayan）は，ついに「われわれは，メルセデスの時代に突入した[220]」と言うまでになった。

メルセデス・モデルの多様化　このメルセデス35馬力車のかちえた国際的名声をはずみとして，ダイムラー社は，1901年から翌02年にかけて，オリジナル・モデルにヴァリエイション・モデルを加え，それに様々なタイプと仕様の車を製造し始める。それには大別して比較的車体の短いオリジナル・モデル「ダイムラー型メルセデス車」（Daimler-Typ Mercedes）と，そのヴァリエーション・モデルでより長身の「メルセデス・ジンプレックス車」（Mercedes-Simplex）とがあり，前者では，8，16，18，28の各馬力車のタイプが，また後者では，18/22，28/32，40/45，60/70の各馬力車のタイプがつくられた[221]。それ以外にも90馬力もの強力エンジンをもったレーシング・カーもつくられている[222]。

因みに，1895年製造のベルト自動車の軸距は1580mm，輪距は1140mmであった[223]。それに対して1902年製作のダイムラー型メルセデス8/11馬力車の軸距2300mm，輪距は1400mmであったことをみれば[224]，メルセデスがいかに幅広く

図3-12 メルセデス・ジンプレックス車 (1902)

メルセデス・ベンツ博物館にて, 著者撮影

なったと同時に, とりわけ細長くなったことがわかるだろう。さらに図3-12に示したメルセデス・ジンプレックス 28/32 馬力車の軸距は 2620mm または 3020mm, 輪距は 1414mm であり[225], 自動車はますます細長く流線型になっていった。

ところでこのような各メルセデス車の最高速度であるが, それは最低でも 60km/h, 一般的には 70km/h, 最高で 75km/h になり[226], なおチェーン駆動という弱点は残しながらも, 現代自動車のスピードに接近し始めている。

とはいえ, 価格のほうは, ダイムラー型メルセデス 35 馬力車のフェートン・タイプで 1 万 6000 マルク, メルセデス・ジンプレックス 28/32 馬力車のフェートン・タイプで 2 万マルクと, 非常に高価であった[227]。メルセデスはその誕生の日から, 基本的に高級車であった。

ダイムラー社は, 1891/92〜95 年の分裂もあって, これまでその技術はともかく, 自動車生産においては, ベンツ社の後塵をあびてきた。しかし 1901 年のメ

ルセデス・モデルの開発とその多様化によって，今度はいっきょにベンツ社を追い抜き，逆にベンツ社を危機に追い込むようになって行く。

それだけでなく，メルセデスは自動車技術のさまざまな点で優位にあったフランスをさえ一時的に圧倒する。それまでは，なるほどエンジンに関しては，パナール・エ・ルヴァッソール社もプジョー社も，ダイムラー特許に依存していた。しかしその秀れたスタイリングの車体を含めて，自動車全体としては，フランス優位というのが国際的評価であった。

ところがそれも，メルセデスの登場によって一変し，ドイツのダイムラー社が，一時的に技術の発展やスタイリングの流行を規定するにいたった。そのことについて，1902年の「オートモートル・ジュルナール」(Automotor Journal) 誌は，次のように書いている。「最近のフランス・モデルの全般的な傾向は，その構造においてメルセデス車のよく知られた線に近く，このブランドに特有な指標が全般的にコピーされている[228]」と。

世紀転換期頃の商用車

19世紀末における「ベルト自動車」に対応する，ベルト駆動の商用車の製造についてはさきに述べたので，ここではエンジン前置，チェーン駆動のフェニックス車やメルセデスに対応する，世紀転換期のそれに簡単に触れておこう。

まずシャシーが乗用車と共用できる営業車においては，1899年から1903年にかけて，次の5モデル・7タイプのものが製造された。(1) 2気筒4馬力，積載量0.8トン，(2) 2気筒6馬力，4気筒6馬力，積載量1.0〜1.2トン，(3) 2気筒8馬力，4気筒8馬力，積載量1.0〜1.5トン，(4) 4気筒10馬力，積載量2.0トン，(5) 4気筒12馬力，積載量2.5トン，がそれである[229]。

ついでトラックについては，ダイムラー社は，エンジンを後尾部ないしは座席下に設置したものから，1898年頃以降，図3-13に示されたように，座席の前に移行させたものをつくり始めている。乗用車同様，トラックにおいても，現代型スタイルがこの頃から生まれ始めたことがわかる。

図3-13 ダイムラー社のトラック（1898）

出典：W. Oswald, Mercedes-Benz Lastwagen und Omnibuse 1886-1996 (2. Aufl.), Stuttgart 1987, S.87.

またダイムラー社は，1899年から1903年にかけて，タイヤはなおすべてソリッドゴムであったが，次の5モデル・9タイプのトラックを製造している。(1) 積載量1.25～1.5トン，2気筒，4馬力，(2) 積載量2.0～2.5トン，2および4気筒，6馬力，(3) 積載量3.5～3.75トン，2および4気筒，8馬力，(4) 積載量5.0トン，2および4気筒，10馬力，(5) 積載量5.0トン，2および4気筒，12馬力，がそれである[230]。

バスについても，同社は1899年から1901年にかけて，次の5モデル・8タイプのバスを製造している。(1) 6人乗り，2気筒4～6馬力，(2) 8～10人乗り，2気筒6～8馬力，4気筒6馬力，(3) 12～14人乗り，2気筒8～10馬力，4気筒8馬力，(4) 14～16人乗り，2気筒10～12馬力，4気筒10馬力，(5) 18～20人乗り，4気筒12馬力，がそれである[231]。

ダイムラーとマイバッハの関係　以上やや詳しく，ゴットリープ・ダイムラーと彼に緊密に協力したヴィルヘルム・マイバッハによる，エンジンと，それを搭載した自動車の技術開発過程を，考察の主軸にすえてたどってきた。これによって私たちは，自動車の発明とその初期の開発のうえで，彼らがそれぞれどのような役割を演じたかについて，ある程度，評価できる段階にきたように思われる。そして同時に，そのなかで両者の関係

がどのようなものであったかの問題も解明できるであろう。

　ところで一般的には，自動車の発明は，技術史的にみても，ベンツと，彼と対等の資格をもってダイムラーによってなされ，マイバッハはダイムラーを献身的に援助した存在であったかのように叙述される場合が多いようにみえる。たとえばそれは，学問的成果を標準的に総括した百科事典の叙述に表われている。

　因みにわが国でも翻訳のでている『ブリタニカ国際百科事典』の「自動車」の項目では次のようになっている。「ベンツとガソリン自動車」という小見出しのあと説明があり，ついで「ダイムラーの時代」という小見出しがきて，そこには，オットーの企業で，「ダイムラーは多くのすぐれた研究者を集めたが，そのなかにマイバッハ Wilhelm Maybach (1846-1929) がいた。しかし，ダイムラーはオットーが内燃機関の将来性を理解していないと判断したので，マイバッハとともにオットーの会社を辞職し，二人でシュツットガルトのバートカンシュタットに工場を建てて空冷単気筒エンジンを作った。このエンジンは最初の高速内燃機関であった。……（中略）……ダイムラーとマイバッハが作った二番目のエンジンは木製の二輪車に取付けられ，1885年11月10日に試走した。翌年ダイムラーは最初の四輪車を作った[232]。……」といった調子である。

　技術開発上，マイバッハがあくまでもダイムラーの助手的立場にあったとする見解は，『日本大百科全書』では，もっと明確に主張されている。その項目「自動車」のなかの「自動車の歴史」には，次のような叙述がみられる。すなわち，「……そのオットーの工場の若い研究員の一人がダイムラーで，彼はのちに独立して研究所を開き，オットー時代からの友ウィルヘルム・マイバッハの助けを借りて新しいエンジンを完成，特許を取得した。ダイムラーは，エンジンを可搬式にするために，当時はクリーニング以外には使い道のなかったガソリンが大気の熱で蒸発してできるガスを集めて使う方法をとった。……（中略）……ダイムラーとマイバッハは，1気筒250cc，0.4馬力のエンジンを木製の二輪車に取り付け，1885年に特許をとった。史上初の実用的なガソリン自動車は実に

オートバイであった。……（中略）……1900年から01年にかけての冬，すでに死の床にあったダイムラーが，マイバッハの助けを借りて生み出した最初のメルセデス車は，……（中略）……近代的な自動車の基本形を確立していた[233]」と。

ところで，このようにダイムラーを主役としてマイバッハを脇役とする叙述は，たんにわが国で流布しているだけでなく，もともとはドイツにおける評価に根ざしている。たとえば，Brockhaus Enzyklopädie, Daimler の項には，「……カール・ベンツとならんで，近代的自動車の創造者。……（中略）……1882年，彼はW・マイバッハとともにカンシュタットに一実験作業場を設立した。その製作上の名人芸によって傑出したこの技術者（マイバッハのこと──大島）とともに，彼は1883年に熱管点火（1883年の特許）をもった高速回転・小型軽量のガソリン・エンジンを製造し，それは，1885年までに本来の乗り物のエンジンになるよう開発された。ダイムラーは，1885年には彼のエンジンのうち一つを，木製の二輪車に組み付けた。1886年にはボートと馬車が，ダイムラー・エンジンによって装備された[234]。……」といった調子である。Meyers Grosses Universal Lexikon でも基本的に同じ内容のことが，もっと簡潔に表現されている[235]。

それに比して，ドイツの百科事典におけるマイバッハに関する記述はどのようになっているであろうか。Brockhaus, その Maybach, (2) Wilhelm の項目には，「……1883年G. ダイムラーとともに作業場を設立し，そこでは彼によって発明された気化器の助けにより，世界で最初の急速回転するガソリン・エンジンが（1883～85年に）製作された。1890年に設立された『ダイムラー・エンジン会社』の技術担当重役（1895～1907年）として，彼は重要な部品（とりわけ変速装置，蜂の巣状ラジエーター，噴霧式気化器）を開発し，それらはとくに『メルセデス車』（1900/01年）に用いられた[236]。……」とある。すなわち，マイバッハは，自動車の最重要機能ユニットであるエンジンや自動車そのものの考案ではなく，なるほど重要ではあるが，エンジンの補器である気化器やラジエーター，それに複合部品である変速器といったものの発明者として位置づけられているのであ

る。このような特徴づけは、また Meyers Grosses Universal Lexikon でも同じである[237]。

すなわちドイツの百科事典のダイムラーとマイバッハに関する叙述をつなぎ合せれば、ダイムラーがあくまでもエンジンと自動車そのものの発明者であり、マイバッハは優秀なエンジン補器や重要部品である変速器を発明することによって、ダイムラーを大いに援助した人物と解釈されるようになっている。このような日本とドイツの百科事典に現われているダイムラーとマイバッハの関係、その役割に関する一般的評価は、はたして正しいであろうか。すくなくとも著者は本書においてそれとは異なる叙述をしてきた。そこで上記の一般的見解と著者のそれとの間隙を埋めるために、ひとまずドイツにおける専門的研究のなかにみられる一般的見解とは異なる主張に注目してみたいと思う。

とはいえ、専門的研究においても、基本的には、上記の一般的見解ないしは評価の枠内にとどまっているもののほうがまだまだ多いのが事実である。

たとえばフォン・ゼーヘア＝トスの場合がそうである。彼は、ドイツ自動車工業史に関する非常に有益な標準的著作、H. C. von Seherr-Thoss, Die deutsche Automobilindustrie Eine Dokumentation von 1886 bis heute, Deutsche Verlags-Anstalt, Stuttgart 1974 を書いてのち、ダイムラー／マイバッハおよびベンツの特許状をほぼ網羅した、研究上、貴重な史料集 H. C. von Seherr-Thoss, Zwei Männer-Ein Stern Gottlieb Daimler und Karl Benz in Bildern, Daten und Dokumenten, VDI-Verlag Düsseldorf 1984 を公にしている。

まず、その表題「二人の男　一つの星」であるが、「二人の男」とは、言うまでもなくダイムラーとベンツのことであり、「一つの星」とは「ダイムラー＝ベンツ社」のシンボル・マークである。そしてその巻頭に掲げられた「ゴットリープ・ダイムラーの業績」という解説においては、次のように書かれている。「その大きな仕事（小型ガソリン・エンジン開発のこと――大島）は、二人のドイツ人技術者ゴットリープ・ダイムラーとカール・ベンツによって初めて成功した。

彼らはほぼ同時期に試練にたえうる解決法を見いだし、その創造性によって世界交通のモータリゼーションを導入したのであった[238]」と。少なくともここには、このダイムラーに緊密に協力した、というよりも実際にはほとんどの発明と製作とを実際行なったマイバッハの名前があげられていない。

そして、その収録された特許状の貴重な価値にもかかわらず、この史料集に付された解説には重要な問題点が存在している。それは、ホテル・ヘルマン時代に、いずれもマイバッハの名前で出願され、1892年9月13日付で認められた4つの特許状に関する説明についてである。それに関する解説において、ゼーヘア゠トスは、「……ダイムラーがダイムラー・エンジン会社と抗争している時に、同じ名前をもった会社に対して彼自身の名前で特許権的に対抗することを避けようとしたためであった[239]」と理由づけ、さらに次のように続けている。「この4つの特許については、それがダイムラーの発明であったことは、1896年10月31日のダイムラー・エンジン会社の総会に関する営業報告において明確に確認される。なぜならそこには、『技術者ヴィルヘルム・マイバッハ氏の名前で登録されたダイムラーのすべての特許に関して』、14万342マルク60プェニッヒの額がゴットリープ・ダイムラーへの支払いとして証明されているからである[240]」と。そのうえゼーヘア゠トスは、この特許料は1895年11月1日合同以後は、会社自体に帰すという内容をもった、ダイムラーの遺産管理人宛の1900年5月23日付でマイバッハ自身も副署した手紙にさえ言及している[241]。たしかにその特許料は、ダイムラーとマイバッハが交わしたあの「任用契約書」により、法律上はそのようになってもやむをえなかったであろう。しかし特許内容をなす発明自体は、徹頭徹尾マイバッハに由来していたことぐらいは、書き加えなければならないはずである。このようにゼーヘア゠トスは、技術開発上マイバッハが果たした決定的役割をあまりにも低く評価しすぎているように思われる。

それに対して、なおダイムラー主役とはいえ、彼とマイバッハは非常に良く協力し合って、技術開発を成し遂げたように叙述しているのがクルークとリング

ナウによって書かれた『ダイムラー・ベンツ社　100年史』, Max Kruk und Gerold Lingnau, 100 Jahre Das Unternehmen Daimler-Benz, v. Hase & Kohler Verlag, Mainz 1986 である。たとえば, 小型, 軽量・高速回転エンジンの開発に関して「その目的を1884年末に, ダイムラーとマイバッハは達成した[242]」とか, V型2気筒エンジンについても, 「ダイムラーとマイバッハのこのアイディアは, すでに1889年には実現された[243]」といった調子である。

とはいえ, 技術開発上における「ダイムラー主導, マイバッハはそれに協力」というこの大枠を残しながらも, 両者の間に雇傭者=被雇傭者の関係があったことを明確に指摘する研究が現われてくる。それは, その編集部から判断して, メルセデス・ベンツ社の博物館付文書館 (Archiv) に所属していたとみられるシルトベルガーの伝記的著作である。

まず彼の場合, 若干, 興味をひくのは, 同一内容の独文と英文とで, タイトルが異なっている点である。原著作と思われる独文タイトルが Friedrich Schildberger, Gottlieb Daimler und Karl Benz, Sonderdruck aus dem Buch, Vom Motor zum Auto, (Hrsg.) Daimler-Benz Aktiengesellschaft, Deutscher Verlag-Anstalt, Stuttgart, o. J. となっているのに対して, 英文のそれは Gottlieb Daimler, Wilhelm Maybach and Karl Benz, published by Daimler-Benz Aktiengesellschaft となっていて, 後者の表題にはダイムラー, ベンツと並んでマイバッハの名前が明確に登場している。これは一体なにを意味するのであろうか。

そしてこの著作の大きな特色は, ダイムラーとマイバッハがカンシュタットで実験作業場を設立するにあたって, その前に両者がまだ「ドイツ社」在職中の1882年4月18日に締結した「任用契約書」の第1条を原文をもって紹介していることである[244]。すなわちその内容は, すでに述べた通り, マイバッハはダイムラーによって委嘱された諸課題を, 技術者および設計者として解決する任務を負うとの一条である。これを前提にしてこの著作をよく読めば, 全体としては, ダイムラーも部分的に技術者的役割をも演じているが, しかし主には経営者

的役割——資本調達や労働者の訓練，国内外での販売，等——を果たしており，技術開発はほとんどマイバッハによってなされた様子が窺われうる。

　ところで，このように雇傭者としてのダイムラー，被雇傭者としてのマイバッハの立場が明らかにされることによって，前者の経営者的立場をますます強調し，後者の純技術者的立場をより強調すると同時に，その秀れ傑出した才能を賞讃する研究が現われている。その一つは，旧東ドイツでキルヒベルクとヴェヒトラーによって書かれた Peter Kirchberg/Eberhard Wächtler, Carl Benz Gottlieb Daimler Wilhelm Maybach (2. Aufl.), BSB B. C. Teubner Verlagsgesellschaft, Leipzig 1981 である。まず同書のタイトルには，マイバッハの名が掲げられている。

　同書も，ダイムラーとマイバッハとの間に1882年4月18日の例の「任用契約書」が存在したことを紹介し，マイバッハが年俸3600マルクで雇われたことを指摘した[245]のち，次のように述べている。「それ（契約のこと——大島）は，両者の互いの関係の外的形式を特徴づけている。疑いもなく，彼らは理想的な仕方で相互に補い合った。ダイムラーは方向を認識し，示唆をあたえた。マイバッハはその諸課題を製作面で完成させた。殆んどの個別的成果は，彼（マイバッハ——大島）の努力，彼の堅忍さ，だがとりわけ製作者としての卓越した能力に負っており，そしてそれらが契約にもとづいてダイムラーの名前で特許されている。マイバッハは協力者 (Mitarbeiter) であったが，ダイムラーは社長 (Chef) だったのだ[246]」と。

　とはいえ，この著作をよく読めば，ダイムラーもまた技術者的性格を失ってはおらず，そのため1890年に「ダイムラー・エンジン株式会社」が創立されて以後は，他の出資者の経営方針に従わない以上は，会社の経営から疎外される存在として描かれている[247]。著者はむしろ，この点は技師的企業家とそうでない企業家との間の経営方針上の対立と考えねばならないと思うが，それについては次章で分析することにしよう。

ともあれこのように二重の支配と圧迫をうけたマイバッハに関して,同書は次のようにきわめて同情的な評価を与えている。すなわち,「彼(マイバッハのこと——大島)は, 19, 20世紀の偉大な技師の一人であった。彼の生涯はブルジョワジーが知識人の創造性をいかに『利用した』(verwertet)かを,まさしく古典的な仕方で記録している。ブルジョワジーにとって関心のあるのは,人間ではなく,利潤に転化されうるその発明であった[248]。……」と。この評価は,いかにも旧東ドイツのマルクス主義的解釈をよく示している。

ところで,それ以上に著者が,技術開発上におけるダイムラーとマイバッハの協力関係,そのなかでの両者の役割,貢献度,等をより具体的に知るうえで注目しているのが,旧西ドイツの元ベルリン工科大学教授ザスの研究 Friedrich Sass, Geschichte des deutschen Verbrennungsmotorenbaues von 1860 bis 1918, Berlin / Göttingen / Heidelberg 1962 である。まずザスは,例の「任用契約書」の存在について詳しく紹介したあと,「……そして彼(ダイムラーのこと——大島)はまた,自分の目的はヴィルヘルム・マイバッハの助力によってのみ達成されることを知っていた[249]」と説明している。

またザスは,その著のなかで「歴史上におけるゴットリープ・ダイムラー」という一節を設け[250],技術開発上の二人の貢献について,次のように総括的に述べている。「ゴットリープ・ダイムラーがなした唯一の発明は,『変形円盤カム装置』だけであった。……(中略)……他のあらゆる製作的な詳細(konstruktive Einzelheiten)は,たとえダイムラーの名前で出願されようとも,マイバッハに由来する[251]……」とまで言い切っている。そして「ダイムラーが,マイバッハのすべての発明を自分のものにしたのは,たんに彼の主人然たる性格にもとづいていただけでなく,当時の慣習からも理解されうる。協力者の発明は,当時もまた数十年後も,企業家のものとなることは自明である[252]」,と説明している。しかし同時にザスは,後になってマイバッハが,ある時,不機嫌になってもらした,「彼(ダイムラーのこと——大島)が,すべての発明者であろうとしたことが判る

今となっては，私のひかえめさが残念に思われてならない[253]」という言葉さえ肯定的に引用し，「……しかしダイムラーは，マイバッハの高貴なひかえめさを，時としてあまりにも利用しすぎた[254]」と，ダイムラーの態度に批判さえ加えている。

それだけでなく，ザスは他の箇所でも，ダイムラーのもっていた否定的側面を率直に指摘する。たとえば，ホテル・ヘルマン期にマイバッハが自動車を製作しようとしたのに対して，ダイムラーがエンジンの開発とその生産だけでよいと言ってみたり，また「ベルト自動車」製造においては，その駆動と変速装置においてベルトの使用を強制したり，技術発展の方向とは逆行する態度をとったことさえ暴露している[255]。

とはいえ，ザスはダイムラーを一方的に否定的にのみ評価しているわけではない。彼が果した肯定的な面も積極的に評価している。彼はまず，ダイムラーの死後，マイバッハがある機会に行なった講演のなかの次のような言葉をそのまま引用する。「あらゆる種類の乗り物のためのエンジンの将来の使用可能性を巖のごとく固く信じて，ダイムラー氏は，1882年から1889年にかけての多くの実験の年々に，かくも大きな犠牲を払うことを誰よりもいとわなかった。……（中略）……とりわけダイムラー氏は，彼の犠牲をいとわない偉大な気持のお陰で，私に煩わしい金銭的な心配のない仕事を可能にしてくれた[256]。……」。そしてその肯定的側面について，ザスは，「ダイムラーは……（中略）……内燃機関が，もしそれが充分に軽くつくられれば，交通のための乗物の駆動手段となりうることを予言した。この目的を示し，そして不屈の忍耐強さで追求したことは，彼が10歳も若いカール・ベンツとともに分かちうるその偉大な歴史的功績である。彼がその天才的な考えの実行のために，『製作者の王様』"roi des constructeurs"マイバッハにたよらざるをえなかったことは，彼の功績をおとしめるものではなく，ヴィルヘルム・マイバッハを彼と同じ水準に高めるものである[257]」，と結論している。

このようにザスは、ダイムラーのもっていた否定・肯定の両側面を鮮明に明らかにし、それを驚くほど率直に指摘している。それはもちろん彼がその大著の「序文」でも述べているように、広汎な史料にもとづき、厳密に史実を極めると同時に、その著作の執筆を委嘱したエンジン製造業者のグループからなんの干渉も受けずに、あくまでも自立的に研究を進め、客観的な「ドイツ内燃機関開発史」を書こうとした、その科学的で学問上良心的な態度にもとづくものであるが、また著者には彼が自動車工業そのものの直接的な研究者ではなく、内燃機関発達史のそれであったことも関係しているように思われる。自動車工業史の研究では、なかなかそこまでは言えないからである。

いずれにせよ、このザスの研究を素直に読めば、ダイムラーがもっていた技術者としての最大の長所は、小型、軽量・高速回転エンジンの将来性に対する洞察力をもっていたこと、そして非凡な製作者マイバッハを見出し、彼を協力者としたこと、さらに実際にはマイバッハによって製作されたそのエンジンを、自動車をはじめ様々な交通手段に搭載することを指示し続けたことであった。ただしそれらの発明や技術開発を具体化する能力は、「変形円盤カム装置」を除いて、ダイムラーにはなく、他のすべてはマイバッハによって成し遂げられたのであった。ただしダイムラーはそのマイバッハの開発作業を可能にする物質的条件をつくりあげる優秀な技師的企業家であったことも間違いない事実である。

このザスの見解は、ドイツでは1960年代に生まれた例外的で特異な見解ではなかった。1980年代に入ってダイムラー社の最初の10年間の「目的をめぐる紛争」について叙述したハンフの著作、Reinhardt Hanf,Im Spannungsfeld zwischen Technik und Markt,Wiesbanden 1980 でも次のように述べられている。「ダイムラーは、伝記的文献が好んで主張しようとしているような傑出した天才的な技師でもなく、またただ一つの発明（変形円盤カム装置のこと―大島）だけは彼自身のものとして挙げてもよいが、その他の点では、すべての技術的着想をマイバッハに負わねばならなかったような技師でもなかった。ジーベルツは、ダイム

ラーに対して，マイバッハの人格と業績を過小評価しており，ザスはほとんどこれを逆にした。しかしザスの判断はむしろ的を射ている…[258]」と。

　この見解は，確かにザスほどダイムラーの技術者としての能力を低くは評価していないが，ナチス期の1940年代にダイムラーの伝記を書いたジーベルツのダイムラー像を否定して，小型エンジンと自動車の発明にあたって，マイバッハにその決定的な功績を認めようとするものである。

　このように，エンジンと自動車の開発において，マイバッハの技術的開発力に決定的重要さを認めようとする歴史認識が強まるなかで，最近では，メルセデス・ベンツ歴史文書館の見解も，ダイムラーには企業家的重要性を，マイバッハには技術者的重要性を積極的に承認する立場へと変化している。それが，マイバッハの生誕150周年を記念して，彼の出身地ハイルブロン市とメルセデス・ベンツ文書館の協力のもとに出版された，Harry Niemann, Wilhelm Maybach König der Konstrukteure (1. Aufl.), Mercedes-Benz Museum Stuttgart 1995である。因みに，著者ニーマン氏は，同博物館及び同文書館の館長である。

　そこでは，まず1882～1890年段階の技術開発については，なおダイムラーとマイバッハの緊密な協力関係が存在したことが述べられている[259]。しかしその後の時期については，「1890年と1900年の間にダイムラーはわずか1年半であったが技術開発に直接協力した。彼の功績は，第一に彼の企業家的行動によって，エンジン生産ないしは自動車生産を可能にするような基本的条件を創出したことである。しかしダイムラーのヴィジョンを実行に移すこと，そのさらなる開発にあたって，私たちはジーベルツの叙述とは違って，一義的にヴィルヘルム・マイバッハに負っており，彼は，…（中略）…，メルセデス車の父でもあった[260]」と述べられている。

第3節 カール・ベンツ

2サイクル・ガソリン・エンジンの開発　ゴットリープ・ダイムラーより10歳若く, マイバッハより2歳年上のカール・ベンツ (Carl od. Karl Friedrich Michael Benz, 1844-1929) が, 1877年頃から内燃機関の開発を始める舞台となったのは, バーデン大公国のマンハイムT6, 1番地において, 彼が1872年8月1日に個人企業として設立した「カール・ベンツ鉄鋳造・機械工作所」(Carl Benz Eisengießerei und mechanische Werkstätte) であった[261]。この企業は, 最初は, 普仏戦争後に現われた好景気, とくにそのなかでの建設ブームに乗って, 建築用金具 (鉄管や留め金, 等) の他, 機械部品をも製造していた。しかし, 1873年の深刻な恐慌にはじまる「大不況」のなかで, そのブームも一転して萎縮し, ベンツの経営は完全に行きづまってしまった。

　C・ベンツは, バーデン国鉄の機関士 Johann Georg Benz を父とし, フランス系移民の Josephine Vaillant を母として, 1844年11月26日, Karlsruhe で出生した。
　父方の先祖は, 18世紀初頭の4代前までさかのぼられ, シュヴァルツヴァルト北方の村 Pfaffenrot で, 代々, 鍛冶屋を営むかたわら, 村長にも選ばれたことのある地方有力者であった。母方の家系は祖父がナポレオン軍の兵士で, 1812年のロシア遠征に従軍したまま帰還せず, 母が生まれたときには, 祖父はもはやこの世にはいなかった。
　父は, バーデンにおいて1840年9月いらい開設された鉄道に強い関心を抱き, 故郷で鍛冶屋を継ぐことをやめ, 1843年1月, バーデン国鉄の最初は火夫, ついで機関士となった。この頃, 父は母と知り合い結婚するが, 彼女にはドイツ国籍がなかったため, その正式手続きは, 1845年11月16日まで遅延している。この間, カールが生まれるが, そのささやかながらも幸せな結婚生活は, 長くは続かなかった。1846年のある日, 同僚が運転する機関車が, Karlsruhe = Heidelberg 間の St. Ilgen 駅

で脱線事故を起こし, その復旧作業を汗をかきながら手伝った父は, 肺炎を起こし, それがもとで1846年7月21日に死亡, ベンツ1歳のときであった.

その後, ベンツは, 父のわずかな年金があったとはいえ, けなげな母の手ひとつで育てられ, Karlsruheで小学校, ギムナージウムで学んだのち, 1860～64年には「カールスルーエ工業専門学校」(Polytechnikum die Fridericiana) で学んだ. 母は父のこともあって, ベンツを官吏にでもしたかったらしいが, 彼はやはり父方の先祖伝来の技術的な才能に導かれていた.

同専門学校の教授レッテンバッハー (Ferdinand Redtenbacher) は, 将来は技術的により秀れた原動機が発明され, 熱効率の悪い蒸気機関は, それによって補完されると教えていたし, また1863年同教授がなくなったあとは, 熱工学の教授グラスホーフ (Franz Grashof) が継いだ. ベンツは, これらの教授から大きな影響を受けている. ベンツは, 学生の頃から, 父同様に乗り物に関心を抱いていたが, 父とは異なり, レールに拘束されないそれを夢みていた. 同校卒業後, ベンツは, 1864年8月～1866年9月の期間, まず「カールスルーエ機械製造会社」(Maschinenbau-Gesellschaft Karlsruhe) で厳しい修業に服すが, この企業は第2章で述べた通り, 3年後の1869～71年の期間, ダイムラーが工場長を勤めるところであり, 2人はすれ違いであって, その後も個人的に互いに知り合うことはなかった.

その後ベンツは, Mannheimに移り, 1866年10月～68年12月の期間, シュネック (Karl Schneck) の, クレーン, 遠心分離機, とくに重・軽量のものを測る秤の製造会社に, 製図工・設計技師として勤めている. この頃, 彼は友人から鉄タイヤ・木製車輪の自転車を借り, それを乗り回していたが, それは重く, 人間の筋力によってではなく, なにかのエンジンによって動かされるべきだとの考えに到達したと, 後に回想している.

ベンツはその後, Pforzheimに移り, 「ベンキーザー製鉄・機械工場兄弟会社」(die Eisenwerke und Maschinenfabrik Gebrüder Benckiser) に就職, 橋梁建設の指導や工場の職長の仕事にたずさわったが, この間, その強い意志を受け継いだ母を失う一方, Pforzheimの有力な建築請負業者リンガー (Friedrich Ringer) の娘ベルタ (Bertha) と知り合い, やがて結婚する.

ベンツは, 家庭を築くに相応しいより良い収入を求め, 普仏戦争後の好景気のなかで自立することを決意し, 機械工 (Mechanicus) リッター (August Ritter) と協力して, MannheimのT6, 11番地に地所を求め, 1871年8月9日, 合名会社「カール・

ベンツ=アウグスト・リッター機械工作所」(Carl Benz und August Ritter, Mechanische Werkstätte) を開設した。しかしその設立直後から, 両出資者間に経営方針をめぐって対立が生じ, ベンツは, ベルタがその結婚の持参金を若干早く受け取ることによって, それでリッターに補償し, 1872年8月以降, 同企業はベンツの個人企業となった。

こうしてベンツは, その経営危機をなにか新製品を開発することによって打開せねばならなくなった。そこで彼は, 少年時代から抱いていた, またとくにカールスルーエ工業専門学校時代に教授たちから鼓吹された内燃機関の開発に一路, 邁進するようになる[262]。彼は, 当時の内燃機関はまだ初期故障が多く, その小児病を克服する必要があると考えていたからである。ここにも, 第2章第1節で指摘した「大不況」による技術革新の促迫という事態が明瞭に看取される。

だがベンツは, 第2章第3節で述べた通り, N・A・オットーが1877年8月4日に, 4サイクル・システムに関してDRP532号を取得していたので, さしあたり2サイクル・システムで, その実現を目指さざるをえなかった。1878年に入って, 彼はひとりで苦闘しながら本格的開発を始めたが, 系統的な実験を積み重ねたあと, 短期間でそれを成し遂げ, 1879年の大晦日には, 実験機での成功にこぎつけた[263]。その日, 夕食をおえたベンツは, 妻に励まされてもう一度, 作業場に赴き, 試動をしたところ, そのエンジンは, タ・タ・タと規則的でリズミカルな音を響かせて動きだしたのであった。

当時, 2サイクル・エンジンに関しては, 1878年にイギリスで最初の特許を取得したグラスゴーのクラーク (Dugald Clerk) のものがあった。だが, それは混合気を一つのポンプで吸入していたため, それが早まってポンプ内で爆発する危険性を孕んでいた。しかしベンツは, それに反してガスと空気とを二つのポンプを用いて別々に吸入したため, 早期爆発の危険性を根本的に除去しただけでなく, 混合気を入れるまえに, シリンダーを空気で一度, 掃気し, シリンダー内での燃焼力を高めることができた。この二つの点において, ベンツは2サイク

ル・エンジンの進歩に画期的な寄与をしたのである[264]。

また, この機関のもう一つの長所は, その点火方式にあった。それは, ダイムラー/マイバッハのそれが, 熱管点火(ホットチューブ・イグニション)であったのに対して, J・ルノワールから学んで, たとえ最初はバッテリーの消耗が激しかったにせよ, 電気点火を採用したことであった[265]。今ではその実験機の現物はおろか, 設計図や見取図さえも残されていないが, ザスによれば, それはもちろん単気筒であり, 200～300回転/分で1馬力程度のものであったろうと推定されている[266]。

ところでベンツは, この2サイクル・エンジンの特許出願に先だって, エンジン機能を円滑にするための副次的な技術, シリンダー内部への注油の問題について, 1880年1月28日付でDRP12383号,「ガス機関のための石油点滴装置」を取得している[267]。これはエンジンの上部から, 潤滑油をエンジン稼動中にたえず点滴させる装置に関するものであった。

こうしてベンツは, 1881年6月11日に, 2サイクル・エンジンそのものについて特許出願をした。しかしそれは拒絶されてしまい, いまではその理由について調べようがなくなっている[268]。だが彼は, 1882年10月25日には,「ガス機関の調節器に関する改良」と題するDRP22256号を取得している。これはエンジン出力に応じて, 混合気の吸入を調節する装置に関するものであった[269]。

ベンツは挫けず, 再度, 1883年10月10日にエンジン本体について特許出願を行なったが, 今回もまた拒絶された。その理由は, オットーのもつDRP532号が4サイクルに関するものであったにもかかわらず, それが拡大解釈されて, それに抵触するというものであった[270]。とはいえ, それとは対照的にベンツは, このエンジンに関して, 1884年3月にはフランスで, また同年6月にはアメリカ合衆国で特許取得しており[271], 彼の発明の画期性が証明されることになった。

またベンツは, 1882年中に点火装置の最初の改良をも行なった。それは, バッテリーの電流を高圧変圧器に導き, 電圧を高めたのち強力な火花で点火させる

と同時に, またバッテリーの発電力を消耗させないために, それと変圧器との間を規則的に切断する方式であった[272]。

この頃ベンツは, 精巧に磨かれた鋼板を供給したことから, 写真家ビューラー (Emil Bühler) と知りあった。彼やその知人で商人のシュムック (Otto Schmuck), それにマンハイムの一銀行が, ベンツのエンジンに関心をよせ, その結果, 1882年10月14日には, 資本金10万マルクの「マンハイム・ガス・エンジン工場株式会社」(Gasmotoren-Fabrik in Mannheim) が設立された[273]。しかし, ベンツ以外の出資者たちは, 市場性のある定置エンジンの製造のみを主張し, ベンツが行なおうとした自動車の開発には反対したので, ベンツはわずか3ヵ月後の翌1883年1月6日には, 彼らと訣別し, あらためて同社の施設の一部を賃借する形で, 独自の企業活動をすすめた[274]。

ライン・ガス・エンジン工場の設立　そこでベンツを救うために出現したのが, 商人ローゼ (Max Kaspar Rose) と, 技師エスリンガー (Friedrich Wilhelm Eßlinger) であり, ベンツは, 彼らとともに1883年10月1日,「ベンツ合名会社　ライン・ガス・エンジン工場, マンハイム」(Benz & Co. Rheinische Gasmotorenfabrik Mannheim) を創立した[275]。同社こそ, ベンツがいよいよ自動車を最初に生みだす舞台となる企業であった。とはいえ, 他の出資者たちが, リスクを避けるため, やはり定置エンジン生産を経営方針の中心においたため, ベンツによる自動車開発は承認されたものの, それはさしあたり彼の個人的な活動領域にとどめられた[276]。

そのことで, ベンツがまず取り組んだのは, 2サイクル・エンジンの改良とその多品種化であった。彼は, ピストンの下部を空気ポンプに利用することによって, 2サイクル・エンジンが通常, 必要とする二つの補助ポンプのうち一つを節約することができた[277]。その技術的長所によって, その1馬力と10馬力のエンジンが, 1885年アントワープで開かれた万国博で受賞している。またその製品も, 1883年秋の販売用リーフレットによれば, 1, 2, 4, 6, 8, 10馬力と, 6種類に多様

化されている²⁷⁸⁾。

　しかし，2 サイクル・エンジンのつねとして，重量は比較的に重く，1 馬力当たり重量において，オットーの 4 サイクル 10 馬力ものが 480kg/hp であったのにほぼ等しく，ベンツの最初の 2 サイクル・エンジンのそれも，450kg/hp もしており，また回転速度も 120〜135 回転/分，程度であった²⁷⁹⁾。

　これらの点について，ベンツ自身も後になって，次のように述懐している。「専門家筋の判断によれば，2 サイクル機関のそれ自体困難な諸問題をもっともうまく解決したものの一つとみなされた。それは，当時の諸事情のなかで盛んに用いられたが，4 サイクルと比べれば著しく複雑であり，それ故に私の考えでは，重量の点で 4 サイクルのようには軽くはつくれなかった²⁸⁰⁾」と。このことが，自動車用に軽量エンジンの開発を目指すベンツをして，やはり 4 サイクルの開拓に向かわせる結果となった²⁸¹⁾。

ベンツの 4 サイクル・エンジン

　ベンツは，オットーの DRP532 号が様々な訴訟によってその失効が見通せながらも，なおそれが有効であった 1884 年秋頃から，特許侵害の危険を感じつつ 4 サイクル・エンジンの開発に着手し，同年中に早くもその最初の実験機を完成させている²⁸²⁾。それは，垂直型の単気筒で，クランクシャフトはその上部におかれ，したがって台座を小さくし，全体として容積を少なくしたものであり，自動車のためと言うよりは，むしろ資本力の弱い小営業の定置エンジンに適したものであったと言われている²⁸³⁾。

　だが，直立型では自動車に搭載しにくいと考えたベンツは，気筒を横にしただけでなく，ハズミ車（フライホイール）の平面をも水平にした型を，ほぼ 1885 年夏頃までに完成している²⁸⁴⁾。ハズミ車の平面を水平にしたのは，それを垂直にすれば，車がカーヴするとき，エンジンがコマの首ふり運動を起こし──それは 1899 年以後，杞憂であることがわかり，改められた──，車の不安定性をますと考えられたからであった²⁸⁵⁾。

このエンジンは，4サイクル水冷単気筒で，気筒口径90mm，ピストン行程150mm——90×150mm——，排気量954ccm，400回転/分で，0.75馬力を発揮した[286]。キャブレター付の燃料タンク，電気点火装置を含めて，重量108kgのものである[287]。ダイムラー/マイバッハの「箱時計」型が，重量90kg，馬力当たり重量83kg/hpであったのと比較すれば，それは重量108kg，馬力当たり重量144kg/hpとやや劣るものの，ほぼそれに準じ，自動車に搭載可能な，小型，軽量・高速回転エンジンが，ダイムラー/マイバッハとはまったく独立してでき上がったのであった。

キャブレターは，最初は「表面気化器」(Oberflächen-Vergaser) とよばれる，気化器の上部に設置されたタンクから，ガソリンを排気ガスで暖められた鉄製函の底面に少しずつたらし，気化させるものであった[288]。だがその1年後には，それは気化器内のガソリンをつねに一定水準に保持できる「フロート付気化器」(Schwimmervergaser) に改良された[289]。

点火装置に関しては，ベンツはリュールコルフ (Rührkorf) の誘動コイルを導入した。すなわち，クロム酸のバッテリーによってえられた第1次電流を，変圧機で高圧にし，その第2次電流を，エンジンの回転に合わせてスパーク・プラグに規則的に導びき，放電させるシステムである[290]。そのためこれは，「高圧ブザー式点火」(Hochspannungs-Summer-Zündung) と名づけられている[291]。それでもなおバッテリーの消耗は激しかったが，マイバッハの「熱管点火」方式に比べれば，火災の危険はまったくなく，高速回転エンジンにより適合的な技術であり，この点でベンツは，あきらかに将来性をもった点火方式に先鞭をつけたといえよう。とはいえ，クローム酸による発電能力がなお不充分であったため，ベンツは，一時期，クランクシャフトによって回転させる小型直流発電機を試みている[292]。

ラジエーターについては，「蒸発冷却式気化器」(Thermosyphon-System, Verdampfungskühlung) と呼ばれるものであった[293]，すなわち，ラジエーターは

シリンダー上部に設置され，その水はシリンダーの2重壁（ウォータージャケット）のなかを通り，熱くなった水は上昇して，一部はラジエーターから蒸発し，蒸発によって冷却された水はまたシリンダー壁に戻り，そのため頻繁に冷却水が補給されねばならないというプリミティブなシステムであった[294]。

三輪自動車の発明　ベンツは，このように自動車用エンジンとそれに不可欠な補機類を完成させながら，さらにベルトとチェーンからなる動力伝達装置を考案していった。そして，それらを組み付けるうえで，ダイムラー/マイバッハのように二輪車または四輪車ではなく，三輪車を選択した。

その一般的理由は，本章第1節の初めに述べたごとく，1885年頃にいたる自転車の製造と使用の普及が進むなかで，二輪自転車だけでなく，三輪または四輪の自転車が出現していたからである。『ドイツ博物館の技術史　自動車』を書いたエッカーマンとベックは，ベンツの三輪車が，イギリスで製作された「セントー三輪自転車」(Centaur-Tricycle) に，形態・構造において類似していることを指摘している[295]。ここにおいても私たちは，ダイムラー/マイバッハの場合，馬車→四輪自動車という発展の前に，二輪自転車→二輪自動車という進化があったように，ベンツにおいては，三輪自転車→三輪自動車という発展系列があったことを確認することができる。

しかしそれにしても，なぜ四輪ではなく三輪自転車を選ばねばならなかったかの疑問が残る。それについて，後に1912年，ベンツ自身が次のように告白している。「自動車の製作に際しての私の最初の考えは，四輪をもった馬車型の車であった。しかし私は，操縦装置 (Steuerung) のことを理論的に完全には仕上げていなかったので，そのため私は自動車を三輪で製作することを決意した[296]」と。すなわちベンツは，当時すでに一部の馬車やフランスの蒸気自動車では採用されていたが，四輪車がカーヴする場合に生ずる内外輪差を処理する，ランケンシュペルガー (Lankensperger)・アッカーマン (Ackermann) の「車軸腕木操作法」(Achsschenkelsteuerung) を知らなかったのであった[297]。

図3-14 ベンツ特許自動車I型

「ドイツ博物館」(ミュンヘン) にて, 著者撮影

ともあれベンツの三輪車は, 1886年春にはその姿態を現わし始め, 同年10月にはマンハイム T6, 11番地の工場の狭い中庭に立った[298]。それは前進はできても, まだ後進できない車であり, 狭い中庭を行っては戻り, 時には壁にぶつかって, 実験しつつ部品の改良が繰り返された[299]。

こうしてベンツは, この自動車に関して特許出願を行ない, 1886年1月29日に,「ガス・エンジン駆動の自動車」と題するDRP37435号を取得した[300]。このことは, ダイムラー/マイバッハがその二輪車オートバイに関しては, 1885年8月29日に特許 (DPR36423号) をとりながら, その四輪車に関しては, 特許出願さえしなかったのとは対照的であり, このことによってベンツがしばしば不正確にも「世界で最初の自動車の発明者」と称せられるようになっている[301]。

現在, この「ベンツ特許自動車I型」(Benz Patent-Motorwagen Modell I) の現物は, ミュンヘンの「ドイツ博物館」にガラス箱に入れて展示されている (図3--14)。それは, ながらく埃にまみれ, 錆ついた部品を集め, 組み立てなおして, 最初の製作から20年後の1906年に, ベンツ個人によって直々に同博物館に寄贈されたものである[302]。

また1986年のダイムラー・ベンツ社100周年を記念して6台つくられたレプリカのうち, 1台は愛知県長久手町のトヨタ博物館に展示されていて, 私たちにも親しく見学することができる[303]。

表3-8 ベンツ特許自動車I型（1885/86）の基本構造と性能

エンジン	4サイクル水冷水平単気筒（ハズミ車面，水平）90×150mm，954ccm, 0.75hp／400 r.p.m.
キャブレター	ベンツ式表面気化器
イグニション	高圧ブザー式電気点火
ラジエーター	蒸発冷却式気化器（Wasser／Thermosyphon）
動力伝達機構	エンジン—（皮ベルト）—中間軸（＋ディファレンシャル）—（2本のチェーン）—各後輪
トランスミッション	前進1段，後進なし
ハンドル	歯車軸付クランク式ハンドル（Zahnstangenlenkung）
ホイールベース（軸距）	1450mm
トレッド（輪距）	後輪1190mm
タイヤ	ソリッドゴム
車輛重量	265kg
最高速度	16km／h

出典：W. Oswald, Mercedes-Benz Personenwagen 1886-1986(5. Aufl.), Stuttgart 1991, S.23.

　ではこの特許自動車I型の構造と性能はどのようなものであったか，W・オスワルトにもとづき表示しておこう（表3-8）。
　ここでいう歯車軸付クランク式ハンドルとは，クランク式のハンドルをグルグル回せば，歯車のついた縦の軸棒が上下し，それにかみ合わされた歯車に前輪が固定されているため，それが左右に回る仕組である。また車のフレームとなる鉄チューブ，中間軸（プーリー）から後輪に伝力するチェーン，車輪やソリッドゴム・タイヤなどには，自転車部品からの継承性がはっきりと認められる。実際ベンツは，その三輪車のフレーム・チューブと車輪とを，後述するフランクフルトの自転車製造業者アドラー社（Adler Werke）から購入していた[304]。
　ところで，このように自動車の開発を進めながら，それを財政的に可能にした

第3章　パイオニアたちの開発活動　141

のは、「ライン・ガス・エンジン工場合名会社」の精力的な定置エンジン製造であった。そのためこれまでのマンハイム T 6, 11番地の小さな作業場は、手狭になってしまった。同社は、1886年にヴァルトホーフシュトラーセ（Waldhof- straße）の休閑地に約4000m^{2}の地所を求め、そこに移転した[305]。

さて、ベンツの特許自動車 I 型の最初の公開試運転は、1886年7月3日、マンハイムのリングシュトラーセ（Ringstraße）で実施された。それに関して、「新バーデン邦新聞」(die Neue Badische Landeszeitung) の7月3日の朝刊は、次のように報じた。

　　　リグロインガス（ガソリンのこと——大島）によって動かされるペロチペート（三輪車のこと——大島）は、ベンツ合名会社のライン・ガス・エンジン工場で製作されたものである。それについてわれわれは、この箇所で6月4日に報じたが、今日、早朝リングシュトラーセで実施された実験は、満足のいくものであった[306]。

また、それから2ヵ月後の1886年9月15日に、マイハイムの新聞「ゲネラールアンツァイガー」(Generalanzeiger) は、ベンツが特許を取得し、また初期故障を克服してきたことを報じたのち、次のように記している。

　　　……ベンツ氏は、今や便利に用いられる荷馬車（トラックやバスのこと——大島）を始めるだろう。……われわれは、この荷馬車が良き未来をもつであろうことを信じている。理由は、これがあまり手間をかけず使用されうるものであり、また商用旅行者にとって、またヒョッとして観光旅行者にとっても、できるだけ速やかな、もっとも安い輸送手段となるだろうからである[307]。

この記事は、今にして思えば、当時まだ海のものとも山のものともつかぬ自動車について、その将来の可能性をそれが誕生した直後に、実に見事に見通していた。

図3-15 ベンツの特許自動車Ⅲ型（1886〜94）

出典：W. Oswald, Mercedes-Benz Personenwagen 1886-1986 (5. Aufl.), Stuttgart 1991, S. 21.

特許自動車Ⅲ型　ベンツは，上記のⅠ型を改良してⅡ型を製作したが，それには満足できなかった[308]。そのため彼は，1886年から88年にかけて，Ⅰ型と比べてややガッチリとしたⅢ型を製作した（図3-15）。その最初の仕様車の構造と性能は，以下の通りであった[309]。エンジンは，110×110mm，排気量1045ccmとⅠ型と比較してやや大きくなり，500回転/分で1.5馬力にパワーアップされた。そのハズミ車の面も水平から垂直に変更されている。後輪のトレッド（輪距）は，Ⅰ型と同じく1190mmであったが，ホイールベース（軸距）は，1450mmから1575mmへと長くなった。車輛重量も265kgから360kgと重くなっている。とはいえエンジン出力が増大したので，最高時速は16km/hから20km/hへと上昇している。

　このⅢ型は，1894年までに排気量1660ccm，2.5馬力，1990ccm，3馬力と改良

され，I型が実験車1台しかつくられなかったのに対して，III型は合計25台も生産された[310]。

このベンツ特許自動車III型については，自動車がもはやたんなる実験機具でも遊び動具でもなく，実用的なものへと進化しつつあった幾つかのセンセーショナルなエピソードが残されている。

その一つは，1888年8月のある晴れた日のこと，気持も若く冒険心に富んだベンツの妻ベルタが，夫にはなにも知らせず，当時15歳の長男オイゲーンと13歳の次男リヒャルトとともに，このIII型で約100kmも隔てた自分の実家のあるプフォルツハイム（Pforzheim）まで遠距離のドライブを敢行したことである[311]。彼らは早朝5時に起床し，息子たちが交代して運転しながら，途中，薬局でガソリンを買い，所々で冷却水を補給し，はたまた坂道では車を後からおしたりしながら，夕刻には無事プフォルツハイム近くにまで到着した。当時，無謀とも思えるこの遠征において，チェーンは伸びきり，坂道での弱点を露呈しながらも，それは自動車が，女，子供にも運転できるものであることを実証した。

いま一つは，それから間もなくの1888年9月，ミュンヘンで開かれた第1回「原動機・作業機展示会」（Kraft- und Arbeitsmaschinen-Ausstellung）でのことであった。その出品を請われたベンツは，III型を1台展示すると同時に，しぶる警察を無理やり説得して，毎日午後2時から4時まで，誇らしげにデモンストレーション運転を行ない，ついに「金賞」に輝いた[312]。

この「事件」については，数多くの新聞記事が残されているが，その一つ，「ミュンヒナー・ターゲブラット」（Münchner Tageblatt）の1888年9月17日号の記事を，煩をいとわず引用しておこう。そこには次のように記されていた。

> Sendlinger街からSendlingertor広場をへて，Wilhelm侯街を通り，厳しい運転をしながら，馬なし轅なし幌がけのいわゆる1頭だて馬車が，三輪——前1輪後2輪——のうえに1人の紳士を乗せて，町の中心部を急ぎ走ったのは，土曜日の午後のことであった。しかしこの光景ほど，われわれの町の通行人を唖然とさせたことは，こ

れまでもおそらく稀であったし,また全然なかったのではなかろうか。目下のところ,すべての通行人にとっては,彼らがみた光景さえも,ほとんど理解できない状態であり,彼らの驚嘆は全般的であり,また大きなものであった[313]。

ベンツのモーターボート　ベンツは,すでに三輪自動車に関して取得していた特許において,そのエンジンが小型ボートにも利用できることを指摘していた[314]。

ベンツの友人で,マンハイムのボート協会に所属していた商人プファーラー(Takob Pfahler)は,ベンツのエンジンでモーターボートを製作し,それを1887年8月にマンハイム近郊のライン川で試運転させた[315]。彼は,さらにベルリンのStraulauにあったボート製作所を購入し,シュプレー川水系,ベルリン北部の湖沼地帯向けのモーターボートの製造を開始している[316]。

このような経緯をふまえて,ベンツは1888年8月9日付で,「石油原動機をもった船の伝力及び速度変換装置」と題するDRP46612号を取得している[317]。モーターボートに関する特許取得においては,このようにベンツは,ダイムラー/マイバッハよりも2年近く遅れている。さまざまな交通手段の開発を手掛けていたダイムラー/マイバッハとは対照的に,なるほどベンツは自動車の開発に集中してはいた。とはいえベンツもまた,定置エンジン以外にも,モーターボート用エンジンの生産にある程度,力点をおいていたのであった。

定置エンジンの生産　しかし私たちは,当時の「ライン・ガス・エンジン工場」にとっては,自動車やモーターボートの開発はあくまでも副次的な地位しかもたず,開発と生産の主力はあくまでも定置エンジンにあったことを忘れるべきではない。まさにこの定置エンジンの生産と販売が順調であったからこそ,ベンツが自動車を開発できる財政基盤が保障されていたと言えよう。

1889年に同社は,2サイクルものの他に4サイクルのそれを加えて,いずれも直立型の定置エンジンを開発し,1馬力,2〜4馬力の,2種類のエンジンを生産し

ている[318]。それらは小営業，中小企業用のものとして供給されたが，そこでは自動車エンジンのように高速回転させる必要がなかった。そのためベンツのエンジンにも，1889年から点火装置として，マイバッハが開発した「熱管点火」が導入された[319]。緩慢な回転には，電気点火よりも熱管点火のほうが，かえって適していたからである。

ベンツ合名会社の再編成 1890年5月1日，「ベンツ合名会社・ライン・ガス・エンジン工場」の出資者が，ベンツを除いて交替することになった[320]。その理由は，他の2人の出資者ローゼとエスリンガーが，1888年頃から定置エンジンの生産のみに集中すべきであると主張し，自動車の開発にはますます反対するようになったからである[321]。彼らには，定置エンジンの販売業績が極めて順調である反面，自動車の開発は大きなリスクのように思われた。

彼らに代わって新たに出資者となったのは，ともに国際的商人として活躍したことがあり，企業心旺盛でとくに営業能力に秀いでたフォン・フィッシャー (Friedrich von Fischer, 1845-1900) と，ガンス (Julius Gans, 1851-1905) であった[322]。彼らの投資によって，ローゼとエスリンガーは，その出資分を返還され，損失を蒙ることなく退社していった。新出資者たちが，自動車の開発と生産に非常に積極的だったことは，ベンツに幸した。

四輪車ヴィクトリア 再編なった「ライン・ガス・エンジン工場」のもとで，ベンツが新たに取り組んだ課題は，三輪車をやめ，四輪自動車を製作することであった。三輪車はカーヴするときや坂道でバランスがくずれやすく，また砂利道では前輪がホップして，不安定であることが，最初の頃から認識されていたためである。ベンツはこの課題の克服に，1892年春頃から着手している[323]。

だがそれを実現するには，前もって解決しておかねばならない決定的な問題，内外輪差の問題を克服するステアリングのそれが横たわっていた。この問題は，

歴史的には、ランケンシュペルガーが1816年にバイエルンで、ついで彼の友人アッカーマンの助力で、1818年にイギリスで特許をとり解決ずみであり、すでに一部の馬車に導入されていた[324]。しかしベンツはそれについては、全然知らなかったようである。彼がのちに1913年に告白したところによれば、彼がアイディアをえたのは、フランスでこのA-ステアリングを蒸気自動車に導入し、1873年に特許をとったボレ（Amédée Bollée）からであった[325]。

とはいえ、ベンツはそれを彼流に仕上げねばならなかった。すなわち前軸を、中心軸と両輪に直接つながる二つの車軸の三つに分解し、中心軸と平行にタイ・ロッド（鉄の組棒）を設け、そのタイ・ロッドからナックル・アームを各輪の車軸に接続させておく。手動クランク方式のハンドルをグルグル回すことによって、タイ・ロッドを左右に振れば、それにつれてナックル・アームが動き、両輪が異なる角度——回転円に対して両車輪をその接線とする角度——で回すことができる。こうした操作は、「車軸腕木操作法」（Achsschenkellenkung）と名づけられた[326]。

ベンツは、このような装置を、不満足であると放置していた特許自動車II型を四輪車に改造して、それに組み付け、1892年中かかって実験を繰り返している[327]。その結果、彼はこの装置に関して特許出願を行ない、1893年2月28日付でDRP 73515号、「両車輪に接線的に位置づけられるべき回転円をもった車の操舵装置」を取得した[328]。

またベンツは、それと並行して電気点火装置をも改良した。これまでは、バッテリーからの第1次電流は継続的に変圧器に接続されていて、第2次電流を短絡装置で放電させる方式であった。これではクローム酸バッテリーの消耗がはなはだしく、そのためベンツは第2次電流がスパーク・プラグで放電すべきときにだけ、第1次電流が流れるシステムを考案した[329]。このことによって、バッテリーが非常に長もちするようになった。

このように各部品、とくにステアリングの問題を理論的にも実践的にも解決

したベンツは、ついに 1893 年、馬車型の四輪自動車「ヴィクトリア」(Viktoria od. Victoria) の製作に成功した（図3-16）。それがこのように名づけられたのは、彼にとって困難であったハンドル操作の問題を苦労の末克服したという感慨が込められていたからである。その基本構造と性能は表3-9の通りである。

図3-16　ベンツのヴィクトリア車（1893〜96）

メルセデス・ベンツ博物館にて，著者撮影

なおこのヴィクトリアは、2席または4席であったが、その4席が互いに向かいあったもう一つのタイプがあり、それはフランス語で「向かい合って」を意味する「ヴィ・ザ・ヴィ」(Vis-à-Vis) と称せられた。価格は、ヴィクトリアが3800マルク、ヴィ・ザ・ヴィは、4000マルクであった[330]。その他にも多くのタイプがあり4席で大型のフェートン (Phaeton)、また6席でそれより長いランダウアー (Landauer)、4席で2人ずつが背中あわせに座るド・ザ・ド (Dos-à-Dos) ——フランス語で｛背中あわせ｝を意味する——などがあった。

さらにこれらのタイプには、その製造年とエンジン出力に応じて、次のような仕様のものが製作されている。1894〜95年製作の130×150mm、排気量1990ccm、500回転/分、4馬力、1895〜98年製作の150×150mm、排気量2650ccm、600回転/分、5馬力、1898〜1900年製作の150×165mm、排気量

表3-9 四輪車ヴィクトリア（1893～96）の基本構造と性能

エンジン	4サイクル水冷水平単気筒（ハズミ車面は垂直）130×130mm, 1730ccm, 3hp/450 r.m.p.
キャブレター	表面気化器, 1894年よりベンツ式フロート付
イグニション	高圧ブザー式電気点火
ラジエーター	蒸発冷却式気化器, 1895年より凝縮器付
動力伝達機構	エンジン—（2本の皮ベルト）—中間軸（+ディファレンシャル）—（2本のチェーン）—各後輪
ステアリング	クランク式ハンドル+A-ステアリング
ホイールベース（軸距）	1650mm
トレッド（輪距）	1300mm
車輪	木製ホイール；タイヤ, 前輪ソリッドゴム, 後輪鉄, 1894年以後はすべてソリッドゴム
車輌重量	650kg
最高速度	18km/h

出典：W. Oswald, Mercedes-Benz, Personenwagen 1886-1986 (5. Aufl.), Stuttgart 1991 S. 25.

2915ccm, 700回転/分, 6馬力, のものなどである[331]。

　こうして, ヴィクトリア・モデルから派生してきたもののなかには, 高馬力で6人乗りのものもあったため, そこからバスが誕生していることが面白い。そのうち8席のランダウアーが, 1894年にはホテルと駅との間で客を送迎するために用いられている[332]。またベンツ社は, 1895年には同型車2台を, Siegen = Netphen = Deutz間を走る定期運行バスとして供給している（図3-17参照）[333]。同路線運行は, 1895/96年の冬には中止されたとはいえ, ドイツで最初に開設されたものであった。

リービッヒの大遠征　ところで1894年には, ヴィクトリアとベンツ社の名を響かす一大事件が起こった。それは, オーストリア・ハ

第3章　パイオニアたちの開発活動 *149*

図3-17　ベンツの最初のバス（1895）

出典：W. Oswald, Mercedes-Benz Lastwagen und Omnibusse 1886-1986 (2. Aufl.), Stuttgart 1987, S. 16.

ンガリー帝国領ベーメンで，紡織・羊毛品業を営むフォン・リービッヒ（Theodor Freiherr von Liebig）が，友人シュトランスキー（Stransky）とともに，ヴィクトリア車を駆って，3ヵ国にまたがる一大長距離ドライブを敢行したことである[334]。

　リービッヒは，すでに1893年秋にはベンツ車のことを知り，同年中にヴィクトリアを1台購入した。そして翌1894年7月16日から，ベーメンのReichenbergを発進，国境をこえてドイツに入り，Dresden, Gotha, Eisenachを通り，チューリンゲンの森を抜け，Hanau, Frankfurt am Main, Offenbach, Darmstadt, Wormsをへて，マンハイムのWaldhofstrasseのベンツ工場を表敬訪問した。さらに彼はそこから，モーゼル河畔のGondorfを経由して，フランスに入り，ランス（Reims）にまで達した。そして帰途も同一ルートを逆にたどり帰国している。この大遠征によって，リービッヒは3ヵ国にまたがる自動車旅行した最初の人物となった。

図3-18 ベンツ・ヴェロ（1894～1900）

メルセデス・ベンツ博物館にて，著者撮影

　残された記録によれば，Reichenbach ＝ Gondorf区間937kmの平均時速は13.5km/h，その間の消費ガソリン量は140kg，使用冷却水量は1500 ℓ であった[335]。この長距離ドライブによって，自動車の実用性がまた一段と確証されるにいたった。

世界で最初の量産車ヴェロ　なおベンツ社は，既述のようにヴィクトリアの改良を推進しながら，もっと簡便で廉価な2席の小型車の開発をしようとした。その構想は，営業担当者ブレヒト（Joseph Brecht）からでている[336]。その開発は1893年中に始められたが，最初の車の引き渡しは，1894年4月1日になされている[337]。その外観は，図3-18をみてもわかるように，ダイムラー/マイバッハによって1889年に製作された「鉄鋼車輪車」よりややガッチリしているが，自転車の車体を二つ並べたようなところはよ

表3-10 ヴェロ (1894～98) の基本構造と性能

エンジン	4サイクル水冷直立単気筒 (ハズミ車面は垂直), 110×110mm, 排気量1045ccm, 1.5hp／450 r.p.m.
キャブレター	最初, 表面気化器, のちにベンツ式フロート付
イグニション	高圧ブザー式電気点火
ラジエーター	蒸発冷却式気化器
動力伝達機構	エンジン―(2本の皮ベルト)―中間軸(+ディファレンシャル)―(2本のチェーン)―各後輪
ステアリング	クランク式ハンドル＋A－ステアリング
ホイールベース (軸距)	1340mm
トレッド (輪距)	前輪1000mm, 後輪1040mm
車輪	鉄製ホイール；タイヤ, ソリッドゴム, 1896年以後, 一部に空気タイヤ
最高速度	20km／h

出典：W. Oswald, Mercedes-Benz Personenwagen 1886-1986 (5. Aufl.), Stuttgart 1991 S. 30.

く似ている。著者は,1995年夏ミュンヘンの「ドイツ博物館」を訪れ,両車が並べて展示されているのを見て,あらためてその姿態上の類似性を実感した。またその名称「ヴェロ」は,もともとは自転車(Velociped)を意味する語の略であり,当時の自転車ブームにあやかろうと,とくにベンツによって命名されたものである。

そのモデルの最初の型の基本構造と性能は表3-10の通りである。

ヴェロは,当時としては非常に優秀な車であったばかりでなく,その価格も自転車の10倍程度の2000マルクと破格に安い小型車であった[338]。その人気上昇とともに,1896年にはヴァリエーション・タイプとして「コンフォタブル」(Comfortable) が製作された。それは,そのシートに背もたれがついて,より安楽なものになっていると同時に,座席下から後部にかけて設けられたエンジン収納函が,普通のヴェロでは四角の箱型であったのに対して,函後上部が丸味を

帯びたものになっている[339]。

このヴェロも、またコンフォタブルも、製造年に応じて、エンジン出力がアップされ、多くのタイプが出現している。いまその概略を示せば次の通り。エンジンはいずれも110×110mm、排気量1045ccmで、1896～1900年の600回転/分、2.75馬力、1900年の700回転/分、3馬力、1901年の（コンフォタブルのみ）800回転/分、3.5馬力であった[340]。それらの値段は、いずれも2000～2800マルクの価格帯にあり、ヴィクトリアの3800マルクと比較しても著しく低価格であった[341]。

このような差別化と、とくにその低価格によって、ヴェロは、それまでベンツ社が製造した車と比べて、飛躍的に多くつくられた。同社が1895年中に製造した自動車は合計135台であったが、そのうちすでに62台をヴェロが占めていた[342]。1901年までに、「……、それは、約1200台つくられ、世界で最初に真に連続生産された自動車となった[343]」と、『ダイムラー・ベンツ企業 100年史』も書いている。同じくオスワルトも、それを「世界で最初に連続生産された自動車[344]」と特徴づけている。

水平対向2気筒エンジンの開発 ヴェロの成功によって、1890年代後半、ベンツ合名会社の自動車生産・販売が発展するとともに、当然のこととして、より高出力のエンジンへの要求が高まってきた。そのため、これまで単気筒で気筒容量を拡大する方向で進んできたベンツも、ついに1896年には多気筒エンジンの開発を開始した。それは一つのクランクシャフトを共同して動かすために、二つの水平シリンダーを若干ずらして対向的に設置したものとなった[345]。その結果それは、ベンツによって「対向エンジン」（Kontra-Motor）と名づけられたが、今日では（Boxer-Motor）と呼ばれているものである。

その最初の型は、気筒口径100 mm、ピストン行程110mm、900回転/分で5馬力であったが、その他に9馬力、14馬力のものも製作された[346]。そして1901年

第3章 パイオニアたちの開発活動 153

図3-19 ベンツ・イデアール (1898～1902)

メルセデス・ベンツ博物館にて，著者撮影

にもなると，気筒口径135 mm, ピストン行程130 mm, 1100回転/分で20馬力のものまでつくられた[347]。この対向エンジンは，ヴェロの後継車としてつくられる「イデアール」(Ideal) モデルの展開系列のなかに，いずれ1902年になって搭載されていくことになろう[348]。

イデアールの開発　　ヴェロの後継車として，1898年に開発されるのが，ヴェロと同じく2席の小型車であるが，それよりもやや大きく重厚なイデアールであった。しかしそれがヴェロと異なる点は，図3-19をみてもわかるように，前部にライトを設け，またエンジンではないが，冷却水タンクを前部に設置して，小さなボンネットをもった点である。この形態上の変化のなかに，これまでの自転車型，あるいは馬車型から，現代自動車の基本型への移行の萌芽がかいまみられる。この車種の基本構造と性能は表3-11の通りであ

表3-11　イデアール（1898）の基本構造と性能

エンジン	4サイクル水冷水平単気筒（ハズミ車面は垂直），110×110mm，1045ccm, 3hp/700r.p.m.
キャブレター	ベンツ式フロート付気化器
イグニション	改良高圧ブザー式電気点火
ラジエーター	水槽（前置），蛇行パイプ（車台下）ポンプ方式
動力伝達機構	エンジン―（皮ベルト1本）―中間軸（+ディファレンシャル）―（2本のチェーン）―各後輪，前進3段，後進1段
ステアリング	クランク式ハンドル（垂直）+A-ステアリング
ホイールベース（軸距）	1560mm
トレッド（輪距）	1120mm
車輪	鉄製ホイール，空気タイヤ
車輛重量	425kg
最高速度	30km/h

出典：W. Oswald, Mercedes-Benz Personenwagen 1886-1986 (5. Aufl.), Stuttgart 1991, S.31.

った。

　なおこのイデアール・モデルにも，1899年以降，エンジンの出力アップに応じて，次のようなタイプがつくられている。1899〜1901年製造，単気筒エンジン115×110mm，1140 ccm，960回転/分，4.5馬力，最高速度35km/hのもの。1902年製造，エンジン，水平対向2気筒，100×110mm，2090ccm，1000回転/分，8馬力，最高時速50 km/hのもの，がそれであった[349]。ここにきて，ベンツ社が初めて開発した前述の水平対向2気筒エンジンが，イデアール車にも搭載されている。

　しかしこの車種イデアールは，最高速度が高まったにもかかわらず，総数で約300台程度しか製造されなかったことが示すように，ヴェロほど売れ行は良くなく，あまり成功したとはいえなかった。その理由の一つは，高価格だったことであり，ヴェロ，コンフォタブルが，2000〜2800マルクであったのに対して，3800〜5000マルクと約2倍近くしたからである[350]。

株式会社への転換，多様な自動車生産

小型車ヴェロの成功によって発展してきたベンツ社は，20世紀への転換期にかけては，1891～95年の分裂の傷も充分にはいえず，まだメルセデスを開発するに至っていなかったダイムラー社よりもずっと先行していた。

このような充実した発展を基礎に，1899年半ば，ベンツ合名会社は株式会社に再組織される。1898年末，有力出資者のひとりフォン・フィッシャーが重病に罹り，株式会社への転換の意志を示したことを契機として，「ライン信用銀行」(Rheinische Creditbank) を後ろ楯に，それは実行された。こうして資本金300万マルクの「ベンツ・ライン・ガス・エンジン工場株式会社」(Benz & Cie. Rheinische Gasmotorenfabrik AG) が設立され，1899年6月8日に登記された[351]。

資本力と製造能力を充実させたベンツ社は，世紀転換期頃には数多くのモデルとタイプの車を製造するようになる。いま乗用車に関して，その代表的車種，製造年，エンジン出力，特徴を表示すれば，表3-12の通りである。

表3-12を参照すれば，私たちは次のようなことがわかるだろう。

(1) まずエンジンに関して，1898年まではすべて単気筒であった。そして同表からもわかるように1900～02年製造のエレガント系列の3車種にはなるほど単気筒車が残っていたが，他のモデルはすべて対向2気筒エンジンを搭載するようになっている。そしてその出力も，1898年までは3～3.5馬力を超えることはなかったが，この時期になれば，すべて5馬力以上となり，最高20馬力のものまで現われている。

(2) またなによりも，スタイリング（車型）において大きな変化がみられた。すなわち，ド・ザ・ドのまったく馬車型から，1898年のイデアールに続いて，1899年のブレイク，1900年のシュパイダー（図3-20），トノーにおいて，エンジンはいまだ後置されながらも，冷却水槽のみが前置されるようになり，ついで1900～02年製造のエレガント系列3車種において，また1902年製造のトノー，フェートンでも，ボンネットに覆われたフロント・エンジンをもち，後輪駆動させ

表3-12　世紀転換期頃のベンツ車

車種（モデル）	製造年	エンジン	特徴
ド・ザ・ド (Dos-à-Dos)	1899-1901	水平対向2気筒 5馬力	馬車型 タイヤ：ソリッドゴムまたは空気
マイロード (Mylord)	1899-1901	水平対向2気筒 8，9，10馬力	馬車型 タイヤ：ソリッドゴムまたは空気
フェートン・アメリケン (Phaeton Americain)	1899-1900	水平対向2気筒 8，9馬力	
ブレイク (Break)	1899-1901	水平対向2気筒 8～10，13～15馬力	冷却水槽前置 タイヤ：ソリッドゴムまたは空気
シュパイダー (Speider) トノー (Tonneau)	1900-1901	水平対向2気筒 10馬力	冷却水槽前置 タイヤ：空気
エレガント・2シーター (Elegant Zweisitzer) エレガント・トノー (Elegant Tonneau) エレガント・フェートン (Elegant Phaeton)	1900-1902	単気筒 5～6馬力	エンジン前置（フロント・エンジン），ベンツ車で最初 ハンドル支柱ななめ タイヤ：空気
トノー (Tonneau) フェートン (Phaeton)	1902	水平対向2気筒 9，12，15，20馬力	エンジン前置（フロント・エンジン），ハンドル支柱ななめ，タイヤ：空気

出典：W. Oswald, Mercedes-Benz Personenwagen 1886-1986 (5. Aufl.), Stuttgart 1991, S.32-35. より著者作成。

るという現代自動車の基本型がうちだされてくる。

　(3) さらにハンドル形態においても，従来の垂直の支柱とクランク式ハンドルから，1902年になってエレガント・フェートンまたはフェートンにおいて，ななめのステアリング・コラムに丸いステアリング・ホイールといった現代型に転換している。

第3章 パイオニアたちの開発活動　157

図3-20　ベンツ・シュパイダー（1900〜1901）

メルセデス・ベンツ博物館にて，著者撮影

　(4) そしてまた，タイヤに関しては，すでに述べた通り，1896年に一部のヴェロに空気タイヤが導入されていたが，前表の通り，マイロードからブレイクまでは，ソリッドゴムと空気のものが並存するようになり，ついで1900年以降製造のシュパイダーからは，すべて空気タイヤとなった。
　以上の通り，おおまかに見て，ベンツ車においても，ダイムラー車と同様——その遅速の詳しい比較は次節でみるが——世紀転換期頃に，自動車の現代型への脱皮が実現されている。

　　　ベンツの商用車　　この分野においては，ダイムラー社の場合と同様，乗用車と共通のシャシーでつくられる配達車が比較的早期に製作されている。1896年に乗用車ヴェロを基礎にして2.75馬力のものがつくられていたが，その後は1902年にかけて，3.5, 4.5, 5, 6馬力の4タイプが製造された[352]。

図3-21 ベンツのトラック（1900/01）

出典：W. Oswald, Mercedes-Benz Lastwagen und Omnibusse 1886-1986 (2. Aufl.), Stuttgart 1987, S. 18.

　バスについては，ヴィクトリアから派生して，早くも1895年に5馬力，8席（運転手を含む）のそれがつくられたことは先に触れた。その後は，1899～1901年に水平対向2気筒エンジンを搭載した乗用車ブレイクから派生したものとして，いずれも運転手席を含む，8～10馬力，8席，13～15馬力，12席のものが製作されている[353]。

　さらにトラックに関しては，ベンツ社は，一度，1895年に試作車をつくったが，その完全な実用化には失敗している[354]。その結果，同社の本格的なトラック生産は，1896年にそれを開始したダイムラー社よりも4年遅れて，1900年になってようやく始められた。そこでは1900～1902年にかけて，(1)単気筒，5～7馬力，積載量1.25トン（図3-21），(2)単気筒，10馬力，積載量2.5トンのもの，また1901～1902年には，(3)水平対向2気筒，14馬力，積載量5.0トンの3車種が製造されている[355]。

第4節 ダイムラー/マイバッハとベンツ

以上,私たちは,およそ1879年頃から1901/02年頃にかけての,一方におけるダイムラーとマイバッハによる,また他方におけるベンツによる自動車の発明および改良の過程を,おもに技術史的な側面からやや詳しくたどってきた。そこでここでは,双方の過程を時期的な点,内容的な点で,若干,比較してみることは,興味あるテーマと思われる。このことは,ひいてはだれが最初の自動車の発明者だったのかという,もっとも面白いテーマに触れることになろう。

技術史的な点といっても,もちろんすべての問題に深くたちいる余裕はない。そのため,自動車のもっとも本質的な機能ユニットである内燃機関エンジンと,全体的なシステムとしての自動車そのものという,2点を中心に分析したい。叙述内容の理解をたすけるために,著者は表3-13のような略年表を作成したので,それを随時,参照していただきたい。

エンジンの比較 自動車の原動機となりうるのは,小型,軽量・高速回転する内燃機関,とくに可搬性をもつガソリン・エンジンであった。たしかにベンツは,すでに1879年末には,2サイクル・システムでのその開発を達成していた。とはいえそれは,なるほど毎分120~180回転しかしないオットー・エンジンに比べれば,200~300回転するものであったが[356],2サイクル故にその構造が複雑であり,そのため相当重く,定置エンジンとしては成功したが,自動車用としてはまだ不向きであった[357]。

したがって自動車用エンジンとしては,まずは4サイクル・システム——それは後のち自動車用の主流となる——の開発がどうしても必要であった。その点では,それを1883年8月頃にいちおう達成していたダイムラー/マイバッハが,1884年にそれをなし遂げたベンツよりも,一歩先んじていたといえる。

表3-13 ドイツにおけるガソリン自動車開発略年表

年	ダイムラー／マイバッハ	
1879		
1882	4月18日, ダイムラーとマイバッハの雇傭契約 6月30日, ダイムラー, ドイツ社を辞す 　　Stuttgart, Bad-Canstatt に実験作業場設立 9月26日, マイバッハ, ドイツ社を辞し, カンシュタットへ	
1883	8月, 4サイクルの最初の小型, 軽量：高速エンジン試作 12月16日,「熱管点火」の特許 (DRP28022号) 取得 12月22日,「変形円盤カム装置」の特許 (DRP28243号) 取得	
1884	「箱時計」型エンジン (1.1馬力)『マイバッハの傑作』 「フロート付表面気化器」の開発	
1885	4月3日,「箱時計」型エンジンの特許 (DRP34926号) 取得 6月, マイバッハによる二輪車用エンジンの設計終了 8月29日, 二輪車の特許 (DRP36423号) 取得 11月10日, 二輪車の公開試走に成功	
1886	春, ダイムラー, 四輪車の車体となる馬車発注 8月28日, 馬車, 受取る 9月, 馬車にエンジン等を組み付ける	
1887	3月, 四輪車 (1.1馬力) の公開試走, 特許はなぜか出願せず 7月5日, Bad-Canstatt の Seelberg 工場へ移転	
1888		
1889	6月9日, V型2気筒エンジンの特許 (DRP50839号) 取得 「鉄鋼車輪車」(1.5馬力) 開発	
1890	11月28日,「ダイムラー・エンジン株式会社」発足	
1891	2月, マイバッハ, ダイムラー社を辞す (ダイムラー社分裂)	
	ダイムラー社	マイバッハ自動車合名会社 (在ホテル・ヘルマン)
1892	「シュレッター車」(1.8〜2.1馬力) 開発	ベルト変速機, ハズミ車ラジエーターなど開発
1893		1〜7月, 画期的な噴霧式気化器開発 直列2気筒フェニックスエンジン開発
1894		「ベルト自動車」(2馬力) 開発
1895	11月1日, ダイムラー社統一 「シュレッター車」を廃止, 多くのタイプの「ベルト自動車」を生産発売	

第3章　パイオニアたちの開発活動　161

ベンツ
年末, 2サイクル小型エンジン（実験機）
0月1日, ベンツ合名会社, ライン・ガス・エンジン工場（Mannheim）設立
サイクル小型, 軽量・高速エンジン（公称0.75, 実勢0.88馬力）の開発
春, 三輪車, 工場内での組み立て開始
0月, 三輪車, 工場内外で実験繰り返す
月29日, 三輪車の特許（DRP37435号）取得
月3日, 三輪車I型の公開試走, 成功
三輪車III型の開発
月, ベンツの妻ベルタ, 2人の子供とIII型でドライブ
月, ミュンヘンの展示会で, III型の展示と公開走行
月1日, ベンツ合名会社の出資者交替
輪車「ヴィクトリア」（3馬力）開発
初の量産車「ヴェロ」（1.5馬力）を開発
ス製造試み失敗

その内容を比較すると次の通りである。マイバッハの「箱時計」型は, 気筒口径70mm, ピストン行程120mm, 排気量460ccm, 650回転/分で1.1馬力, 重量90kgであり[358], ベンツのそれは, 3通りのデータがあるが, そのうちもっとも信頼できるザスの記録を中心に, オスワルトのそれで補う形でそれを示すと, 気筒口径90mm, ピストン行程150mm, 排気量954ccm, 400回転/分で, 公称0.75馬力——後の調査によれば0.88馬力——, 重量は, 点火器付燃料タンク, 電気点火装置を含めて, 108kgであった[359]。

こうしてみると, 排気量が小さいわりには回転数の多いマイバッハ・エンジンのほうが, 排気量が大きいわりには回転数の少ないベンツのそれよりも高出力であったことがわかる。エンジンの総重量はあまり変わらないが, 問題は単位馬力あたりの重量だとすると, マイバッハのそれは約82kg/hpであり, ベンツのそれは公称で144/hp, 実勢で約123/hpであり, やはりマイバッハ・エンジンのほうが効率が高かったといえる。

またエンジンの形態については, マイバッハの「箱時計」型が, クランクシャフト函上に垂直のシリンダーを配置し, ザスが「マイバッハのかわいらしい構造[360]」と特徴づけるように, コンパクトにまとまっていた。それに対してベンツのそれは, シリンダーは水平であったうえ, クランクシャフトと大きなハズミ車がむきだしの形で, シリンダー後部に配置されていた。すなわちまとまりを欠いていたといえよう。ザスはこのベンツ・エンジンについては総じて,「幾分か鈍重に動く水平型の構造[361]」と表現している。

しかしベンツ・エンジンを自動車用にした場合, マイバッハのそれよりも秀れていた点は, そのイグニションにあった。すなわちマイバッハの「熱管点火」は, 熱管が白熱するまでに若干の時間を要し, 運転中, 火災を起こす危険もあり, 将来エンジンの回転数を制約するという弱点をもっていた。その点ベンツのバッテリーによる電気点火のほうが, 最初はその消耗度が激しかったにせよ, 将来性を備えていた。したがってダイムラー/マイバッハは, 1898年秋になって, ボッ

シュ式低圧マグネトー点火を採用し、その弱点を克服することになる。

以上は、最初の自動車エンジンの比較であるが、その後、出力向上が要請されるなかで、多気筒化に関しては、ダイムラー/マイバッハがベンツに先行していた。

まず2気筒化において、マイバッハは1888～89年にV型2気筒を、ついで1892年末～93年初頭にかけて直列2気筒フェニックス・エンジンを開発している。他方ベ

図3-22 ダイムラー/マイバッハとベンツのエンジン出力増加の比較

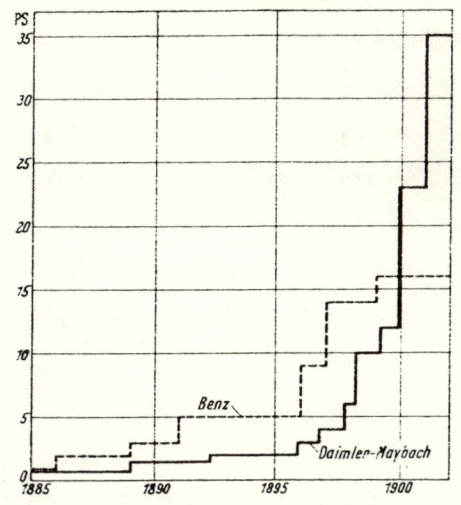

出典：F. Sass, Geschichte des deutschen Verbrennungsmotorenbaues von 1860 bis 1918, Berlin/Göttingen/Heidelberg 1962, S. 277.

ンツは、しばらくは単気筒の排気量拡大でそれを切り抜け、2気筒化はようやく1896年——自動車への搭載は1899年——になって、水平対抗型（Kontra-Motor）を開発している。

同じことは、4気筒化についても言える。ダイムラー/マイバッハは、それを1899年のフェニックス競走車（28馬力）と、ついで1901年のメルセデス35馬力車で実現したが、ベンツ社のほうは、「メルセデス・ショック」を受けて、それへの対応として、1902年のパルジファル車（Parsifal, 16/20馬力）で追いついている[362]。

そこで、両社の対応するエンジンをいちいち比較するのは煩瑣なため、その時々に達成された最高出力を、ザスの作成した図3-22グラフによって示しておこう。

これによると，最初期の 1884～85 年を除いて，1886～1900 年頃までは，マイバッハ・エンジンの多くの点での優秀さにもかかわらず，ベンツのそれの方がより高出力を示している。一体これはどうしてであろうか。

その理由の第 1 は，ベンツが気筒容量の拡大によって，それを実現したからである。例えば，1895 年製作のダイムラー社のベルト自動車は，排気量 760ccm，2 馬力であったのに対して，同年のベンツ・ヴィクトリアは，排気量 2650ccm，5 馬力といった具合であった[363]。

第 2 の理由は，点火方式にあった。マイバッハの熱管点火は，当時としては相応の機能を果たしたといえるが，長期的発展からみればそれはエンジン回転数を明らかに制約していた。それに対してベンツのバッテリーによる高圧電気点火にはそれがなかった[364]。その点で，ダイムラーが相当の抵抗を示しつつも，1898 年秋ついにロバート・ボッシュの低圧マグネトー点火器の導入に踏み切らざるをえなかった[365]。その結果，それはグラフを見ての通り，ダイムラー社のエンジンの出力向上の一要因となった。

そして第 3 の理由は，冷却方法にあった。ベンツの蒸発冷却式（Thermo-syphon-System）は，なるほど冷却水を非常に多く使用し，プリミティヴなものであったが，ダイムラー社のフレーム・チューブやハズミ車循環方式に比べれば冷却効果が高かった[366]。そのためダイムラー社が，1897 年に「小管ラジエーター」を開発・導入するや，グラフからもわかる通り，同社のエンジン最高出力が増大し始め，1900 年に「蜂の巣状ラジエーター」を開発するや，メルセデスの 4 気筒エンジンとともに，それはエンジン出力を一挙に高めることに寄与した[367]。

最初のガソリン自動車の発明者はだれか それではここで，上記のごときガソリン・エンジンを搭載した自動車の発明過程に関して，ダイムラー／マイバッハとベンツとの比較を試みておこう。これは換言すれば，最初のガソリン自動車の発明者はだれであったかというテーマである。

第3章 パイオニアたちの開発活動　165

　ガソリン自動車の発明に関しては，ダイムラー/マイバッハは最初のオートバイの発明者ではあったが，ベンツこそが最初の自動車の発明者であったとするのが通説のようにみえる。例えば，『大日本百科事典』は，ベンツ三輪車の写真に添えて，「ベンツ　三輪車　ドイツ　1885年　最初のガソリン＝エンジン車で少数を生産・販売した[368]」と記している。またドイツにおいても，『ダイムラー・ベンツ企業　100年史』でも，例の写真の解説で，「カール・ベンツの自動車は，1886年1月29日に特許がとられ，今日のメルセデス・ベンツ車にいたる長い一連のなかでの最初の自動車 (das erste Automobil) であった[369]」，などとされている。しかし，これらの見解の背後には，著者のみるところ，今日，四輪車が圧倒的に自動車の主流をなしている状態のもとで，二輪車はあくまでもオートバイであって，自動車の範疇から除外するという判断があるように見える。

　ともあれ，だれが最初のガソリン自動車の発明者であったかを正確に確定するには，次の三つの分析基準が必要である。それを前もって定めておかないと話は混乱する。すなわち，

　第1は，二輪車は自動車ではなかったのか。三輪車で初めて自動車といえるのか。それは四輪車でなければならないのか。総じて自動車とはなにか，という正確な基準である。

　第2は，発明とはそもそもどういう過程を意味するのか。それによってそれを実行した人物が発明者となる。その際，その過程の実行を指示した人物，資金をだした人物，特許権者となった人物や会社も，また発明者といえるのかどうかという問題である。とくにここには，特許取得と発明を同一のものと看做しうるのかという問題が伏在している。

　第3は，発明の完成時点をいつに求めるのかという基準である。それはアイディアが生まれた時なのか。それともそのシステムが製品としていちおう形をととのえたときなのか。それとも工場内外で，それの実験（試運転）が繰り返されていた時点なのか。さらには，それが，なおさらに初期トラブルを発生させるに

せよ、いちおう成功裏に公開実験（公開試運転）が実施された時点なのか。そもそも発明または開発過程の終了をいつに求めるかという基準である。

もし私たちが、上記の3基準について正しく判断するならば、だれが最初のガソリン自動車の発明者であったかを、つきとめることができよう。

まず第1基準、なにをもって自動車とするのかについては、第1章1節「自動車の定義」ですでに規定している。すなわち、1922年にA・バレンシュタインによって確定され概念から、今日、日本の「道路交通法」第2条第9項にいたるまで、自動車とは、原動機を用い、レールや架線にたよらないで陸上を運行する車輛はすべて自動車の範疇に入る。したがって、1886/87年のダイムラー／マイバッハの四輪車をもって最初の自動車とするのは誤りであり、1885年のマイバッハの二輪車も、1885/86年のベンツの三輪車も自動車であった。その点で、『日本大百科全書』が、「史上初の実用的なガソリン自動車は実はオートバイであった[370]」としているのは、私たちはなお発明過程におけるベンツとの比較の検討を残しているとはいえ、いちおう正しく捉えているといえよう。

つぎに第2基準、発明ないし開発過程とは、そもそもどういう過程をいうのか、それを正しく理解すれば、発明者が確定する。その点で私たちは、まず、かのディーゼル・エンジンの発明者R・ディーゼルの次の言葉を重くうけとめなければならない。すなわち、「たいへん広まっている素朴な民衆的見解によれば、アイディアが発明のもっとも重要な原因ということになろう。しかし発明という名誉ある名称をうける権利は、ただただそのアイディアを実行することだけである[371]。……」と。この意味は、発明とは、アイディアや構想は、なるほど発明にとって非常に重要ではあるが、それを抱くだけでは不充分であって、発明とは実際にそれを技術的・工学的な一つの具体的な形、製品に実現する過程だということである。したがって、その過程を実行し実現した人こそを発明者と称することができる。

アイディアや構想をもち、その具体化を指示しただけの人物は、真の意味での

第3章 パイオニアたちの開発活動　167

発明者とはいえない。また発明過程の推進には，なるほど資金や設備も不可欠であり，その重要性を否定するものではないが，それらの提供者も，もちろん発明者の列に加えることはできない。さらに特許出願者や特許権者は，上記の発明者と一致する場合は問題はないが，使用者や企業がそうなる場合が一般的であるように，両者はかならずしも一致せず，発明の決定的な指標とはなりえない。

　このような諸視点からみるとき，ベンツがその三輪車の発明者であったことは，まったく問題ない事実である。彼は，たんにベンツ社の企業家であり，また特許出願者となり，DPR37435号の特許権者となったばかりでなく，なによりも自ら三輪車のアイディア，構想を育み，そしてそれを設計し，製作した。その点で異論をさしはさむ後の研究は，著者の知る限り皆無である。

　問題はダイムラー／マイバッハの場合である。しかしこれに関しては，本章第2節「G・ダイムラーとW・マイバッハ」で，分析をおえている。すなわち著者は，F・ザスの分析にしたがい，ダイムラーが技術的発明のうえで寄与したのは，4サイクル小型，軽量・高速回転エンジンの排気弁を動かす「変形円盤カム装置」のみであること，その「熱管点火装置」も，またエンジンそれ自体も，マイバッハの独創性に由来していること[372]，そしてザスは，なによりも二輪車自身も，「マイバッハがそのオートバイを製作した[373]…」と断定しているように，マイバッハが製作したことを確認している。ダイムラーがこの開発過程で寄与したのは，彼がマイバッハにそれらの製作を指示し，督励し，その実現のために物質的条件（資金や設備，等）を整えたことであった。このように見れば，二輪車の特許DRP36423号はダイムラーの名前で取得されてはいるが，それは1882年4月18日にマイバッハとの間で交わされた「任用契約書[374]」にもとづくものであって，その発明者はダイムラーではなく，マイバッハであったと言わねばならない。

　著者はこのような問題意識をもちつつ，1995年夏，「マイバッハ自動車工業」の後身，フリートリヒスハーフェンにある「エンジン・タービン連合有限会社」(MTU Motoren-und Turbinen-Union Friedrichshafen GmbH) の「マイバッハ文書

館」(Maybach-Archiv) を訪れ, 例の「任用契約書」を初め, 相当数の重要な第1次史料の発掘を行なった。その翻訳と分析は別稿においてなされているが, 当時MTUの公報担当責任者バムラー博士 (Dr. Albrecht Bamler) が, 著者に次のように語った内容は実に印象的であった[375]。すなわちヴィルヘルム・マイバッハは, 高速回転エンジンや自動車の発明に決定的な役割を演じたにもかかわらず, これまで不当に低くしか評価されてこなかった。通常それらの発明者として, ダイムラー, ベンツの2人があげられ, せいぜい良くて, その2人と並べてマイバッハの名前が追加的にあげられるにすぎない, と。

　これで, 二輪車の発明者はマイバッハであるとする著者の見解を述べたので, 次に彼とベンツの発明がどちらが先であったかの問題に移ろう。いま両者の開発過程を, 先に掲げた「略年表」にしたがって整理すれば, 次のようになる。

　(1) マイバッハは, 1885年6月頃には二輪車のエンジンの設計をおえ, その後, 組み立てを開始したとみられる。同年8月29日にその特許を取得し, 同年11月10日に初めて公道での試運転を行なった。

　(2) 他方ベンツは, 1885年春頃から三輪車の組み立てを始め, 同年10月には工場内の中庭で, またその後は道路上での実験を繰り返しつつ, 1886年1月29日にその特許を取得し, 同年7月3日には公開試走を行なった。

　(3) ダイムラー/マイバッハは, 1886年春, 車体となる馬車を発注, 同年8月28日それを受け取り, 同年の9月には「エスリンゲン機械工場」で, エンジン等の機能ユニットをそれに組み付け, 工場内での試走を行ない, しかし特許出願はせず, 1887年3月になってようやく公道上での公開走行を実施した。

　以上の整理からわかるように, (1)と(2), (2)と(3)の過程は, 時間的に重なり合って進行している。いま問題となるのは, 最初の発明者ということであるから, (1)と(2)の過程の比較である。

　マイバッハとベンツが, それぞれいつそのアイディアを着想したかは, 今のところ史料や文献によって確認できない。しかしもし組み立ての開始をもって発

明とするならば,それを1885年春——正確な月日は不明——とされるベンツの
ほうが,1885年6月以降とされるマイバッハよりも,あるいは早かったかもしれ
ない。しかしベンツ自身が,その自伝,『カール・ベンツ,ドイツの一発明家の生
涯——八十歳老人の回想——』でも述べているように,その後,部品の改良,取替
え等が連綿と続くのであり[376],組み立て開始をもって発明の完成とはとても言
えない。やはり,発明の完了は,いちおうさほど問題なく経過した公開の試運転
ということになる。そうすればやはり最初のガソリン自動車の発明者は,1886
年7月3日にその三輪車についてそれを行なったベンツではなく,それよりも早
く1885年11月10日にそれを敢行したマイバッハということになる。

　ところで,上記の3過程は重畳して進行しつつ,マイバッハないしはダイム
ラー/マイバッハとベンツの開発過程は,相互の面識も,なんらの技術上の交流
などもなく,完全にか,または基本的に独立して進行したことが,諸研究によっ
て確認されている[377]。ここで「基本的に」とやや条件づけたのは,例えばベンツ
による1886年1月29日の特許取得や,同年7月3日の公開試走の報は,あるいは
新聞等で,車体となる馬車を発注したダイムラー/マイバッハの耳に達していた
かも知れない,といった程度のものであった[378]。

　ガソリン自動車の発明が,こうも同じ頃,地理的にさほど遠くない南ドイツに
おいて,基本的に独立して行なわれたことは,まさに驚くべきことと言える。し
かしよく考察すれば,両者の発明過程を共通して貫き,両者をともに駆りたてた
歴史的諸条件,すなわち技術史的,経済史的,交通史的なそれが成熟していたの
であった。それらについてはすでに本書で触れてきたが,いま簡潔に繰り返す
と次のようなものがあった。技術史的条件としては,N・A・オットーによる4サ
イクル・ガス・エンジンの開発,自転車や小型蒸気自動車の普及,それに失敗し
たとはいえ,ジークフリード・マルクス等によるガソリン自動車製作の試み,等
である。また経済史的条件としては,第二帝政の特殊ドイツ的経済構造のもと,
「大不況」下で苦しむ中小零細企業による簡易で安価な定置用内燃機関の需要増

を指摘せねばならない。さらに交通史的には，鉄道の普及にともない，それを補完する馬車に代わる代替的交通手段の潜在的需要の増加が次第に強まっていた。

ダイムラー／マイバッハ車とベンツ車の比較 ダイムラー社とベンツ社は，独立して自動車の発明・開発を進めたこともあって，それぞれ著しい特色，比較すれば長所と欠陥をもっていた。エンジン及びその付属部品についてはすでに比較したので，ここではその他のユニットを含めて，おもに車全体を中心にして比較しておこう。

まず，ベンツの最初の三輪車，「特許自動車」と，ダイムラー／マイバッハの最初の四輪車，「馬車自動車」の構造や性能を比較してみよう。すでに指摘したように，前者が三輪である限り，カーブ，凹凸の多い道，坂道等では運転が不安定になり，後者のほうがより安定していた。

また，「特許自動車」の自重は265kg，「馬車自動車」のそれが290kgと，後者のほうがやや重かったが，エンジン出力においては前者が0.75～0.88馬力であったのに対して，後者は1.1馬力とより強力だったため，その最高時速では前者が16km/hにとどまったのに対し，後者は18km/hとやや速くなっている[379]。

しかし構造的には，ダイムラーの馬車自動車が出来合いの馬車の車体をそのまま用い，したがってエンジンも前席の後，後席の前にむきだしに組み付けられたことからもわかるように，自動車の各機能ユニットの有機的な統一性に欠けていた。それに対して，ベンツの特許自動車のほうは，そのエンジンの不格好さにもかかわらず，車体とエンジン，それに動力伝達装置が有機的に統一されていた。この点に関して，オスワルトも両車を比較しながら「その完全に新しい乗り物の天才的な特殊性は，エンジンが車の一つの有機的構成部分をなし，例えば，あとから既存の車台に設置されたものではなかったことである[380]」と，ベンツ車を高く評価している。

その後の両社の自動車開発

ダイムラー社とベンツ社のそれぞれ、その後の自動車の開発過程については、各車の基本構造や性能を示しながら、時系列的に詳しく説明してきたので、ここではその大まかな発展の特徴だけを比較しておこう。

ベンツ社は、1885/86年より1893年頃までその特許自動車において、そのⅠ型からⅢ型までの改良をすすめながらも、なお三輪車にとどまっていた。それに対してダイムラー社は、1889年にV型2気筒エンジンを搭載し、全体として有機的統一性をもった「鉄鋼車輪車」を開発し、最初の「馬車自動車」の欠陥を克服している。

しかし、1891年に始まり1895年まで続くダイムラー社の不幸な分裂は、たとえその間、ホテル・ヘルマンにおいてマイバッハが次の飛躍にそなえる画期的な技術開発、例えば噴霧式気化器や、直列2気筒フェニックス・エンジン等の開発などを行なったとはいえ、全体としては新自動車の開発を遅らせたようにみえる。すなわちダイムラー/マイバッハがこの間、開発したのは、ダイムラーがそれに固執した時代遅れの動力伝達装置をもった「ベルト自動車」にすぎなかったからである。しかし他方ベンツ社は、この間1893年にはステアリング問題を解決して、最初の四輪車ヴィクトリアの開発に成功し、そして翌1894年からは、安価で人気の高い小型車ヴェロを製造するにいたった。したがってベンツ社は、技術的には1893年から1897年頃まで、生産または販売面では1902年頃まで、ダイムラー社を完全にリードしていた[381]。

しかしこの関係はまもなく逆転する。ベンツ社が、1898年のイデアールとブレイク、1899年のド・ザ・ドとマイロードといったなお馬車型の自動車を多種製造している間に、ダイムラー社はやがてそれを追い抜くような諸革新を着々と準備していた。いまその主要点を表示すれば、表3-13のようになる。これによって、まさに世紀転換期頃に、各技術面でダイムラー社がベンツ社を凌駕しつつあったことがわかるだろう。

表3-14　ダイムラー社とベンツ社の自動車現代化過程

	ダイムラー社	ベンツ社
エンジン多気筒化	1889年, V型2気筒（鉄鋼車輪車） 1897年, 直列2気筒（フェニックス） 1899年, 直列4気筒（フェニックス）	1899年, 対向2気筒（ド・ザ・ド, マイロード, フェートン・アメリケン） 1902年, 直列2気筒（パルジファル） 1902年, 直列4気筒（パルジファル）
フロントエンジン, 後輪駆動化	1897年, フェニックス 1901年, メルセデス	1900年, エレガント系列（2シーター, トノー, フェートン） 1902年, パルジファル
ななめ支柱丸ハンドル	1899年, ダイムラー・トノー 1900年, ランドレット 1901年, メルセデス	1902年, フェートン, エレガント・フェートン, パルジファル
ソリッドタイヤから空気タイヤへ	1897年, ベルト自動車から部分的に。 1897年, フェニックスから半々。 1901年, メルセデスから全面的に。	1896年, ヴェロから部分的に 1899年, ド・ザ・ド, マイロード, フェートン・アメリケン, ブレイクでは部分的, 1898年イデアール, 1902年, パルジファルから全面的に

出典：W. Oswald, Mercedes-Benz, Personenwagen 1886-1986 (5 Aufl.), Stuttgart 1991, S. 30-37 u. 84-97 より著者作成。

　それは, ダイムラー社の1897年に開発された直列の2気筒エンジンを前置し, 後輪駆動させる現代型自動車フェニックス車によってまず具体的な形態として顕在化した[382]。それに対してベンツは表3-14からもわかる通り, エンジンの2気筒化においては, 2ないし10年, エンジン前置・後輪駆動化においては3年遅れている。そしてななめのハンドル支柱に丸ハンドルといったハンドルの現代化も, ダイムラー社が3年先行していた。

　このような発展の成果は, ダイムラー社において, 1899年のより強力な直列4気筒エンジンと, それに照応する1900年の「蜂の巣状ラジエーター」の開発によって, 1901年のかのメルセデスに具現化する。メルセデスこそは, これまでのすべての自動車技術を陳腐化させた, 画期的な最初の現代型自動車であった[383]。それはドイツのみならず, 当時, 世界で主導的地位を占めていたフランスの自動

第3章　パイオニアたちの開発活動　173

図3-23　ベンツのパルジファル（1902/1903）

出典：W. Oswald, Mercedes-Benz Personenwagen 1886-1986 (5. Aufl.), Stuttgart 1991,S.36.

車工業を一時圧倒していった。それによってダイムラー社の生産は，1901年頃から飛躍的に増大した反面，それとは対照的にベンツ社のそれは激減していった[384]。

これがいわゆる「メルセデス・ショック」[385] (der Mercedes-Schock) といわれるものである。ガソリン自動車の生みの親，かのカール・ベンツさえもが，早いスピードの危険性を指摘し，そうした車の製作に反対したことによって，1903年ベンツ社の取締役会から一時，退かねばならないという結果をまねいた[386]。ベンツ社は，「メルセデス・ショック」への対応として，自己の従来の技術力に加え，新技術を取り入れ，ようやく1902/03年になってメルセデスに匹敵する現代型自動車，「パルジファル」(Parsifal, 図3-23) を製作・発売するようになる。

第5節 その他の模倣者的パイオニアたち

これまで見てきた通り、ドイツにおいて、ほぼ世紀転換期ごろまでになされた自動車の発明とその改良は、ダイムラー/マイバッハとベンツを中心にすすめられてきた。しかし彼ら以外にも、彼らに比べれば明らかに後発的であり、またG・ホラスによって「模倣者的企業家」(Imitatoren-Unternehmer) と位置づけられた人々による開発活動が、はっきりと姿を現わし始めていた[387]。彼らの活動のうち相当数が、20世紀に入って、ドイツで有力となる自動車企業の基礎を築くことになる以上、私たちはやはりここで彼らの開発活動をも紹介しておかねばならない。

そうした活動に属するものは、J・フォルマー、A・ホルヒ、F・ルッツマンとA・オーペル家の息子たち、F・デュルコップ、シュテーヴァー兄弟、H・ビュッシング、H・クライヤーたちのそれである。

フォルマー　J・フォルマー (Joseph Vollmer, 1871–1955) は、彼らのなかでは比較的早く、すでに1894年に、その外形がベンツのヴィクトリア車に似た最初の自動車を製作した。そのエンジンは、単気筒で排気量1.8ℓ、4馬力のそれが後部に配置され、その点火方式はベンツ式の電気点火ではなく、マイバッハ式の熱管点火を採用しており[388]、こうした点で模倣者の性格を有していた。フォルマーは、この車の製造特許をバーデンのGaggenau市にあった「ベルクマン工業有限会社」(Bergmann-Industrie Werke GmbH) に与え、それは、そこで「オリエント急行」(Orient-Express) と命名されて1895年に販売され、1898年までに350台が製造されている[389]。また同社は、1902年には5〜7馬力の軽自動車「ヴォアテュレッテ」(Voiturette) と、10〜12馬力の2気筒車を、また1903年には16馬力の4気筒車をも製造するようになっていく[390]。

だが,フォルマーのドイツ自動車工業に対するより重要な貢献は,彼がドイツで最初に電気自動車を開発したことであろう。彼は1897年,ベルリンの「キュールシュタイン馬車製造合名会社」(Ernst Kühlstein Wagenbau OHG) において,電気企業 ＡＥＧや「蓄電池工場株式会社」(Accumulation-Fabrik AG) から供給される電池を装備した,前輪駆動の電気自動車をタクシー用に製作している[391]。また彼は,1899年には4人乗り電気自動車を製作し,Berlin＝Zehlendorf 間を郵便馬車のように走らせている[392]。

ルッツマンとオーペル兄弟 第一次世界大戦後,ダイムラー,ベンツ両社を凌駕して,ドイツ最大の自動車企業に成長していったオーペル社の前身の一つは,アンハルトのデッサウ市 (Dessau) にあったルッツマンの小経営であった。そのためここでは,ルッツマンからオーペルへの継承関係に着目しながら,まとめて述べておきたい。

 F・ルッツマン (Friedrich Lutzmann, 1859-1936) は,1886年デッサウのAskanische Str. で,建築用または工芸用金物製作の小作業場を開き,同地の宮廷の仕事をも請負ったため,1894年には「宮廷御用錠前師」(Hofschlossmeister) の称号を受けていた[393]。だが彼は,1893年4月28日にデッサウを訪れた1台の自動車をみて,決定的な衝撃をうけ,それが新時代に相応した交通手段になると認識した[394]。

　　F・ルッツマンは,1859年4月5日,ザーレ河畔のNienburgで生まれ,建築・工芸錠前職人として,ドイツ,イタリア,オーストリアを遍歴後,1886年Dessauで開業した。1901年,オーペル社を辞して後,一時Dessauに帰り,ミネラルウォーター工場を経営したが,1904年にはアルゼンチンを旅行,その後スイスZürichに定住,そこで工芸学校付属工場の主任を勤めたが,2～3年後にまたもDessauに帰郷,そこで「デッサウ・ユンカース工場」(Dessauer Junkers-Werke) に就職,1930年4月23日に亡くなった。その数年後,Dessauには,「ドイツ自動車製造のパイオニア (1859～1930年) に捧げる」という記念碑が建られた。

そこで彼は, 早速, マンハイムのベンツ社に1台のヴィクトリア車を発注, 9月には入手し, それをまねた独自の車を製作しようとした。それは1894年末までにできあがったが, そのエンジンは単気筒で排気量2.54ℓ, 5馬力であり, ベンツ・ヴィクトリアより10%以上強力であった[395]。また動力伝達装置は, ベンツ車同様, 皮ベルト―（中間軸）―チェーンからなり, 車軸にはボールベアリングを配して, その最高時速は25km/hに達した[396]。

その車は,「ルッツマン特許車」とか「矢1b号」(Pfeil 1b) とか名づけられたが, 上記のごとく「決してベンツ・ヴィクトリア号のコピーではない[397]」にしても, おおむねそれを模倣したものであった[398]。それがたんなるコピーでなかった理由は,「回転スツール操作法」(Drehschemellenkung) のハンドルを, 2本の車輪支柱――自転車の前輪支柱の場合のような――によって行なう操作に関して, DRP79039号を取得していたからである[399]。

この「矢1b号」の完成とともに, ルッツマン企業は,「アンハルト自動車工場」(Anhaltische Motorwagenfabrik) と改称し, 1898年までに, 同企業は16席のブレイク型の2台のバスを含む, 約60台の自動車を製造している[400]。

しかし1898年には, 早くもルッツマン車とその製造企業が, 当時, 自動車生産に参入しようとしていたオーペル社の目にとまる機会がきた。同年,「中央ヨーロッパ自動車協会」(Mitteleuropäische-Motorwagen-Verein) が主催したベルリンでの第2回自動車ショウに,「矢1b号」が展示されただけでなく, 引き続き挙行されたベルリン＝ライプチヒ間競走に, ルッツマン自身がハンドルを握って参加したからであった[401]。それを観戦していたのが, 当時, ドイツでミシンと自転車の製造によって名を馳せていた「アダム・オーペル社」の2人の後継者, 次男のヴィルヘルムと4男のフリッツであり, 彼らは「矢1b号」の優美な外観に強い印象を受け, ルッツマン企業の買収へとつき進んでいくことになる[402]。

この買収の主体となった「アダム・オーペル合資会社」(Adam Opel KG Rüsselsheim) は, その名が示す通り, アダム・オーペル (Adam Opel, 1837-1895)

第3章 パイオニアたちの開発活動　177

によって，ヘンセンのリュッセルスハイム市（Rüsselsheim）に，1862年ミシンの製造をもって設立された会社であり，1886年以降は自転車の製造をも行なうようになった大企業であった[403]。創業者アダム自身は1895年に亡くなり，その後を妻ゾフィーと5人の息子たちが継いでいたが，同社は1897年に「自転車恐慌」（die Fahrradkrise）に襲われ，同部門の不振を自動車生産への参入によって打開することを企図していた[404]。そうした目的のため，同社は上記2人の息子たちをベルリンに派遣したのであった。

　　A・オーペルは，錠前師の父Philipp Wilhelmの子として，Rüsselsheimに誕生。小学校卒業後，父の職場で働いたが，1857年，外国での修業に向い，ベルギー（Lüttich, Brüsse1）で働いたのち，1858年夏にパリに到着した。パリは，当時ヨーロッパにおけるミシン製造の中心となっていたため，彼はそれを学ぶために，1859年8月いらいF. Journaux & Leblondミシン工場で，1862年2月からはHuguenin & Reimann工場で働いた。1862年8月，Rüsselsheimに帰郷。しかし父はミシンの製造に疑問をもっていたため，Adamは，母方の伯父の「牛舎」を借りて独立。しかしその堅牢で優秀な製品の売れ行は好調であり，1868年には，今もオーペル社の本工場のあるRüsselsheim駅付近に大工場を建設した。彼は1886年には，当時，非常に隆盛だったイギリス自転車工業の影響をうけて，自転車生産に乗りだした。しかし彼は商用で外国旅行中チフスに罹り，1895年9月8日，死亡。その企業は妻と5人の息子が継いだ。

オーペル社は，ルッツマンと1898年から1899年1月にかけて交渉を行ない，ルッツマン企業の買収と，その設備のリュッセルスハイムへの全面的移転を決定した[405]。1899年1月には，デッサウ工場の設備・資材等いっさいが，鉄道をもって移転された[406]。

　　こうしてリュッセルスハイムでは，早速，自動車の製造が開始され，1899年春には「オーペル特許自動車ルッツマン式」（Opel Patent-Motorwagen System Lutzmann）と呼ばれる，2席ないしは，向い合った子供用のそれを含めて3席の，新モデルの乗用車ができあがった。その水冷単気筒エンジンは，122×132mm,

図 3-24　オーペル・ルッツマン車（1899）

ドイツ博物館にて，著者撮影

排気量1545cc,650回転/分で3.5馬力であり,後部に搭載された[407]。その補器として,ブザー式電気点火器,キャブレターは表面気化器が,装備されている[408]。動力伝達装置は,エンジン―(皮ベルト)―中間軸―(チェーン)―後輪で,2速の変速装置というシステムになっていた[409]。ホイールベース(軸距)は,自転車なみの1350mmで,全長は2150mm,全幅は1440mm[410],ほぼベンツ社の1894/95年に製作されたヴェロに匹敵している[411]。車体はとねりこ材で軽く,タイヤはソリッドゴム,車輌重量は427kg,そのため最高時速は,ヴェロ各車の20～30km/hに対して,20km/hを達成できた[412]。そして同車をきわだたせたのは,図 3-24を見てもわかるように,ラッカーによってぬられた,その車体の「優雅な」スタイリングであった。なお同車は,1899年末にはエンジン出力が4および5馬力にアップされ,変速装置も前進が2段から3段に改良されている[413]。

　ルッツマンと新オーペル従業員の努力の結果,同車は1901年3月31日にハイデルベルク近郊Königstuhlで行なわれた7.5kmの山岳レースにおいて,17台中

トップを占める栄冠をかちえた。その時の平均時速は25.95km/hであった[414]。

とはいえ,同車の性能にはなお不安定な面が残されていた。最初には,シリンダーの切削状態が悪く,そのためピストンリングが折れたり,エンジンから油もれを起こしたりした[415]。またその表面気化器は,エンジンの回転数に応じた混合気を発生させなかったので,低速回転のときは有効であったが,高速回転には耐えられないという欠陥ももっていた[416]。

このような信頼性の不足に加えて,価格も相当高価であった。ベンツ社の小型車ヴェロが,2000～2800マルクであったのに対して,オーペル・ルッツマン車は,最低仕様車でも2650マルク,最高のそれは3800マルクもした[417]。そのためオーペル社は,同車でもって強力な市場参入を果たしえず,結局,1899年中に11台,1901年までに通算65台を製造するにとどまった[418]。

もはや自動車生産から撤退できなくなったオーペル社が,1901年にはルッツマンとの契約を更新せず,当時,自動車工業の最先進国フランスに目を向ける[419]。そのためオーペル家の息子たち,長男カール,次男ヴィルヘルム,4男フリッツの3人は,打開策を求めて,パリで開催された1901年の「オートモビル・サロン」を見学にでかけた。そこで彼らは,パナール・エ・ルヴァッソール,プジョー,ドゥ・ディオン-ブートンなど各社の技術的に秀れていたばかりでなく,外見的にも優美な車に圧倒された。水平2ないし4気筒エンジン,チェーンに代わる「カルダン軸」(Kardanwelle——ドライブシャフト)による動力伝達方式,低いシャシー(車台),あとから組み付けるカロセリー(車体),等々がそれであった[420]。

1901年夏には,オーペル社では自動車生産の経営計画をめぐって,従来通りルッツマン主導型でいくか,いずれかのフランス車のライセンス生産でいくかについて厳しい議論が行なわれ,ついにルッツマンからはなれ,後者でいくことが決定された[421]。最初オーペル社は,当時フランスで急速に勃興してきた「ルノー兄弟商会」(Société Renault Frères)とライセンス生産契約を締結したが,そ

れはうまく発足しなかった[422]。

そのためオーペル社は,今度は,自転車製造企業から発展してきた,パリ・シュレーヌ (Susrenes) に本拠をもつ「ダラック社」(Darracq & Co.) とのライセンス生産に,1901年中にもこぎつけた[423]。ダラック社は,オーペル社に対してドイツのみならず,オーストリア・ハンガリーに関しても独占的代表権を賦与したし,またダラック車そのもののライセンス生産ばかりでなく,ダラック製シャシーにオーペル社が独自にカロッセリーを組み付けることをも承認した。

こうして1902年初頭から,「オーペル・ダラック車」(Opel-Darracq) の生産が開始された。それは水冷単気筒,排気量1.3ℓ, 1400回転/分で9馬力のエンジンを前置し,その補器として噴霧式気化器,バッテリー点火装置をもち,動力伝達装置としてカルダンシャフトを備え,最高時速45〜50km/hに達する車であった[424]。だが価格だけは,5900マルクもした[425]。そして1903年頃からオーペル社は,ダラック車を手本にして,自己設計で,いずれもカルダンシャフトをもった単気筒8馬力車と,2気筒12馬力車を製造しはじめる[426]。

ホルヒ　A・ホルヒ (August Horch, 1868-1951) は, 1896年5月から1899年10月まで,ベンツ社の技術者として働き,急速に自動車技術を習得した[427]。しかしカール・ベンツ自身は,この頃から自動車のハイスピード化に反対するようになったこともあって,ホルヒは友人とともに,1899年11月14日,ケルン・Ehrenfeldに「アウグスト・ホルヒ自動車工場合名会社」(August Horch & Cie Motorenwerke OHG) を設立した[428]。

　　A・ホルヒは,1868年10月12日,モーゼル河畔のWinningenに鍛冶屋の息子として誕生,小学校卒業後,父のもとで仕事を学んだ。彼は1888年秋から,ザクセンMittweidaの工業専門学校で6学期間,機械の製造を学び,その後Rostockの機械工場と造船所で,ついでLeipzigの舶用エンジン工場に勤め,1896年「ベンツ社」に技術者として入社した。

彼は，自社で1900年には極めて振動の少ない4サイクル水冷2気筒5馬力エンジンの製作に成功した[429]。その補器として，キャブレターとしては噴霧式気化器と，イグニションのためにはボッシュ式低圧マグネトー点火器が採用されている[430]。そしてそれらはフロント・エンジンとして組み付けられ，また動力伝達装置としてはドイツでは初めてフランスからカルダンシャフトが導入され，カロセリーは「ウーターメーレ社」(J. W. Utermöhle) から受け取り，最初のホルヒ車ができあがった[431]。同車は，最高時速が32km/hに達し，価格は2200マルクと安く，約10台が製造された[432]。

とはいえ，このホルヒ社は，ケルンの最初の工場では狭すぎ，また資本調達にも不便をきたしたので，1902年にはザクセン・フォークトランドのReichenbach市に移転し，そこで2気筒10/12馬力の新モデルの他，4気筒車をも製作している[433]。さらに同社は，1904年にはザクセンのZwickau市に移転し，第一次世界大戦後には高級車メーカーとして名を馳せたのち，やがて1932年にはDKW，アウディ，ヴァンデラーの3企業と合同して，ドイツの一大自動車メーカー，「アウト・ウニオーン株式会社」(Auto-Union AG) の一部となっていく運命を担っていた[434]。

デュルコップ　1869年にF・デュルコップ (Ferdinand Robert Nikolaus Dürkopp, 1842-1918) によって創立された「ビーレフェルト機械工場株式会社」(Bielefelder Maschinenfabrik AG vorm. Dürkopp & Co.) は，1886年いらいガス・エンジンを製造するようになっていた。そして同社は，ドイツのダイムラー・エンジンを導入しながらもいち早く優秀な自動車を製作していたフランス自動車企業の老舗，「パナール・エ・ルヴァッソール社」と，1894年にライセンス生産契約を締結し，その1, 2, 3気筒車の製造を開始した[435]。

デュルコップは，1899年には，車体を軽くするために，アルミニウム製のカロセリーをもった小スポーツカーを製作，それをベルリンでの国際自動車ショウで展示して，注目をあびた[436]。1900年には，2気筒9馬力エンジンの競走車が製

作されたが，その動力伝達装置には，皮ベルトはなく，チェーンのみが採用されており，それはダイムラー社のメルセデスより若干早く，この傾向がドイツで広がってゆく契機を与えた[437]。同社は，1901年にはトラック生産を開始するが，この分野でやがて有力企業となっていくだろう[438]。

シュテーヴァー　初代B・シュテーヴァー（Bernhard Stoewer）によって，1895年に設立された「ベルンハルト・シュテーヴァー・ミシン自転車工業株式会社」（Nähmaschinen-und-Fahrräder-Fabrik AG）は，1897年には2気筒5馬力車を製作した[439]。彼は自動車生産を，その息子のエミールとベルンハルト2世にまかせ，新会社，「シュテーヴァー兄弟自動車工場」（Gebrüder Stoewer, Fabrik f. Motorfahrzeuge, Stettin）を設立させた[440]。同工場は，1900年にはトラックと電気自動車の，また1902年にはバスの製造を開始した[441]。同社も後に，トラック・バス部門で有力企業になっていく。

ビュッシング　H・ビュッシング（Heinrich Büssing, 1843–1929）は，1869年には自転車の製造を始め，また1870年には鉄道設備の製造をも開始していたブラウンシュヴァイク市の「マックス・ユーデル合資会社」（Firma Max Judel & Co.）の技術担当取締役として，1901年にはトラックの実験車を製作した[442]。そして1903年になって，彼は独立し，ブラウンシュヴァイク市で自己の企業，「トラック・バス・エンジン特殊工場合名会社」（Spez. Fabrik f. Motorlastwagen, Omnibusse u. Motoren OHG）を設立し[443]，同企業ものちにトラック・バス部門で重要企業となっていく。

クライヤー（のちのアドラー社）　H・クライヤー（Heinrich Kleyer, 1853–1932）は，フランクフルト・アム・マイン市（Frankfurt am Main）において1880年いらい機械・自転車販売商店を開いていたが，1886年10月には自転車生産に参入した[444]。彼の企業は，1895年7月5日には株式会社に改組され，「アドラー自転車工場株式会社」（Adler-Fahrrad Werke vorm. Heinrich Kleyer Frankfurt/M.）と称し，1896年にはタイプライター，

1899年には三輪オートバイの生産に乗りだした[445]。その三輪車には，当時有力な小型車メーカー，ドゥ・ディオン-ブートン社製の1.75馬力エンジンが搭載され，その時速は30～45km/hに達していた[446]。これらのことが基礎となって，同社は1900年には四輪車の連続生産を行ない，自動車生産に移行していくことになる。

クーデル M・クーデル（Max Cudell）は，1897年アーヘン市（Aachen）において，「マックス・クーデル・エンジン有限会社」（Max Cudell Motor Comp. GmbH）を設立し，フランスのドゥ・ディオン-ブートン社のエンジンと三輪車のライセンス生産を開始した[447]。同社は1899年には，ドゥ・ディオン-ブートン社の軽四輪車（Voiturette）のライセンス生産を行ない，それをベルリンでの第1回国際自動車展示会に出品した。それは，排気量402ccm，3.5馬力の水冷単気筒エンジン，スチールパイプの車体をもち，ホイールベース（軸距）は1360mm，車輛重量はわずかに270kgで，その売れ行きは非常に良かったといわれている[448]。

　以上，私たちは，世紀転換期頃までに限定して，ダイムラー／マイバッハとベンツ以外の，ドイツにおける模倣者的パイオニアたちの開発活動をみてきた。そこにみられる多くの現象は，やはりドイツ自身の先駆的パイオニア企業か，あるいは当時，自動車製造の最先進国であったフランス企業に対する模倣的活動であった。前者としては，ベンツ車の影響を強く受けているフォルマー，ルッツマンとホルヒがあり，ホルヒは同時に，カルダンシャフトに関してはフランス車の影響を受けている。

　そして後者，フランス自動車工業の影響は，そのライセンス生産という形態をとって，より直接的・具体的に現われている。オーペルによるダラックの，デュルコップによるパナール・エ・ルヴァッソールの，クライヤーとクーデルによるドゥ・ディオン-ブートンの場合がそうであった。

　ただそれらのなかにあっても，かなり自立的な開発を示したものがみられた。

それはシュテーヴァーやビュッシングであったが, それらも後発社であり, その点で内外の先発企業の影響は多かれ少なかれ受けていた。

たしかに内燃機関, とくに自動車用エンジンの分野においては, ダイムラー社やベンツ社によるフランス企業への特許付与にみられるように, ドイツの主導性が存在していた。しかしエンジンを含む自動車全体の製造においては, 当時はフランスが優勢であり, ドイツ自動車工業の萌芽的形成には, その影響をも受けて進行したことを忘れるべきではないであろう。

注

1) Friedrich Sass, Geschichte des deutschen Verbrennungsmotorenbaues von 1860 bis 1918, Berlin/Göttingen/Heidelberg 1962, S. 96. Michaux 車の技術的前提となったのは, 1817年, ドイツ・バーデンの上級営林官 Freiherr von Drais が発明した Draisine と呼ばれる, まだ足踏みペダルもなく, 地面を足でけってすすむ二輪車と, 19世紀中葉, Schweinfurt の Philipp Fischer が発明した足踏みの回転式クランクペダルであった。

2) Ebenda; Erik Eckermann/C. H. Beck, Techinikgeschichte im Deutschen Museum Automobile München1989, S. 11.

3) Ebenda; 山本尚一著,『イギリス産業構造論』, ミネルヴァ書房1974年, 187-190ページ, 参照。

4) Eckermann/Beck, a. a. O., S. 11.

5) Ebenda.

6) Ebenda. この頃のドイツにおける自転車工業の勃興については, 幸田亮一著,『ドイツ工作機械工業成立史』, 多賀出版 1994年, 104-106ページ, 参照。

7) Albert Neuburger, Der Kraftwagen, sein Wesen und Werden 1913, Leipzig (reprint 1988), S. 24.

8) Ebenda, S. 24f.

9) Gerhard Horras, Die Entwicklung des deutschen Automobilmarktes bis 1914 (Diss.), München1982, S. 57;『日本大百科全書』11巻, 小学館 1986年, 33ページ, 参照。

10) Sass, a. a. O., S. 79.

11) Horras, a. a. O., S. 41;『ブリタニカ国際百科事典』8巻, TBSブリタニカ1973年, 773ページ。

12) Vgl. Gustav Goldbeck, Siegfriend Marcus Ein Erfinderleben, Düssenldorf 1961, S. 30-40.
13) Horras, a. a. O., S. 41.
14) Ebenda.
15) Sass, a. a. O. , S. 77.
16) Zwischen Herrn Gottlieb Daimler von Schorndorf in Württemberg einerseits und Herrn Wilhelm Maybach von Löwenstein in Württemberg anderseits wurde heute folgender Vertrag abgeschlossen. (MTV Maybach-Archiv), 拙稿, 「史料紹介, ドイツ自動車工業のパイオニア W・マイバッハに関する第1次史料の紹介」, 愛知大学『経済論集』第140号(1996年2月), 67ページ。
17) Arnold Langen, Nicolaus August Otto Der Schöpfer des Verbrennungsmotors, Stuttgart 1949, S. 88.
18) Sass, a. a. O., S. 79; Horras, a. a. O., S. 45; Max Kruk/Gerold Lingnau, 100 Jahre Daimler-Benz Das Unternehmen, Mainz 1986, S.8f.; Peter Kirchberg/Eberhard Wächtler, Carl Benz Gottleib Daimler Wilhelm Maybach, Leipzig 1981, S. 70f. ダイムラーが, なぜこの地を選択したのかについて諸家の見解は次のようである。(1) 彼は, シュワーベン人であり, ラインラントよりも, 故郷のヴュルテンベルクに親しみをもっていたこと (Kruk/Lingnau, S. 8.)。(2) 彼の妻も, 彼も持病（心臓病）があったため, 保養に適していたこと (ebenda), (3) 開発しようとしていた4サイクル・エンジンは, オットーの特許DRP532号に触れるため, 秘密裏に開発をすすめるためには, 人々, とくに労働者の出入りの多い工業地帯ではなく, 閑静で田園的な雰囲気を残した同地が好都合であったこと (Kirchberg/Wächtler, S. 70.), などである。
19) Sass, a. a. O. , S. 79.
20) Ebenda, S. 80.
21) F. Schildberger, Entwicklungsrichtungen der Daimler-und Benz-Arbeit bis um die Jahrhundertwende, (Einzeldarstellung aus dem Museum und Archiv der Daimler-Benz AG), o. J. S. 1.
22) Sass, a. a. O., S. 79.
23) Ebenda, S. 80.
24) Hans Christoph Graf von Seherr-Thoss (Hrsg.), Zwei Männer-Ein Stern, Teil I, Gottlieb Daimler, Düsseldorf 1984, S. 18. この文献は, Daimler/Maybachと Benz が取得したドイツにおける特許のほぼすべてと, 外国のそれのうち主要なものとを再録した, 印刷されたものとはいえ, 貴重な第1次史料である。それぞれに付された解説も大い

に参考になる。

25) Ebenda. S. 22f.
26) Ebenda. S. 18.
27) Sass, a. a. O., S. 80.
28) Ebenda.
29) Vgl. ebenda, S. 80-82.
30) Seherr-Thoss, Zwei Männer……a. a. O.,Teil I, S. 22f.
31) Sass, a. a. O., S. 81f.
32) Seherr-Thoss, Zwei Männer……a. a. O., Teil I, S. 22f.
33) Sass, a. a. O., S, 82.
34) Vgl. ebenda, S. 86-88; Seherr-Thoss, Zwei Männer……a. a. O., Teil I, S. 27.
35) Sass, a. a. O., S. 87.
36) Ebenda, S. 85.
37) Ebenda.
38) Ebenda; Schildberger, Entwicklungsrichtungen…… a. a. O., S. 2.
39) Sass, a. a. O., S. 85f.
40) Ebenda, S. 86; Schildberger, Entwicklungsrichtungen…… a. a. O., S. 1.
41) Sass, a. a. O., S, 82; vgl. Seherr-Thoss, Zwei Männer…… a. a. O., Teil I, S. 19-23.
42) Sass, a. a. O., S. 86; vgl. Seherr-Thoss, Zwei Männer…… a. a. O., Teil I, S. 24-28. 特許の原表題は、Neuerung an Gasmotoren である。
43) Sass, a. a. O., S. 84 u. 95.
44) Sass, a. a. O., S. 87.
45) Vgl. ebenda, S. 80-90. Angeleの特許DRP8186号は、1878年9月24日に与えられていた。
46) Sass, a. a. O., S. 91-93, insb. S. 93.
47) Friedrich Schildberger, Gottlieb Daimler und Karl Benz, Sonderdruck aus Buch, "Vom Motor zum Auto", Daimler-Benz AG (Hrsg.), Stuttgart o. J. S. 30; この英訳 Gottlieb Daimler, Wilhelm Maybach and Karl Benz, (published by Daimler-Benz AG) o. J. 以下、本稿では原文とみられる独文本を主に参照するが、両者に相違点があるときには英文本をも参照する。
48) Sass, a. a. O., S. 93.
49) Ebenda.

50) Ebenda, 95f.
51) Vgl. Seherr-Thoss, Zwei Männer…… a. a. O., Teil I, S. 35-38, 特許の原表題は, Apparat zum Verdunsten von Petroleum für Petroleum-Kraftmaschine である。
52) Sass, a. a. O., S. 95; Schildberger, Entwicklungsrichtungen…… a. a. O., S. 2.
53) Ebenda, S. 3
54) Sass, a. a. O., S. 96f. 論文の原表題は, Perreaux's Steam Tricycle である。
55) Ebenda, S. 97.
56) Ebenda.
57) Ebenda, S, 99.
58) Werner Oswald, Mercedes-Benz (以下, M.-B. と略す) Personenwagen 1886-1986 (5. Aufl.), Stuttgart 1991, S. 82.
59) Kruk /Lingnau, a. a. O., S, 11.
60) Schildberger, Entwicklungsrichtungen…… a. a. O., S. 2.
61) Vgl. ebenda, Bild 1.
62) Eckermann /Heck,a. a. O., S. 14.
63) Vgl. Sass, a. a. O., S. 97, Bild 43.
64) Ebenda, S. 99; vgl. Seherr-Thoss, Zwei Männer…… a. a. O., Teil I, S. 74-81, 特許の原表題は, Fahrzeug mit Gas-bezw. Petroleum-Kraftmaschine である。
65) Ebenda, S. 76. そこには, Schlittengestelle とある。
66) Sass, a. a. O., S. 97.
67) Oswald, M.-B. Personenwagen…… a, a, O., S, 69.
68) Schildberger, Gottlieb Daimler…… a, a, O., S, 31.
69) Sass, a. a. O., S. 100.
70) Kruk /Lingnau, a. a. O., S. 12f.; Schildberger, Gottlieb Daimler…… a. a. O., S. 31.
71) Sass, a. a, O., S. 100. ザスは, 製造期間がこのように長びいたのは, 発注者が製造業者にさまざまな要求をしていた結果と推測している。
72) Kruk /Lingnau, a. a. O., S. 13.
73) Schildberger, Gottleb Daimler…… a. a. O., S, 31; Kruk /Lingnau, a. a. O., S. 13.
74) Ebenda, S. 12.
75) Schildberger, Gottlieb Daimler…… a. a. O., S. 31; Sass, a. a. O.,S, 102.
76) Ebenda.
77) Ebenda.

78) Oswald, M.-B. Personenwagen······ a. a. O., S. 83.
79) Ebenda,
80) Kruk /Lingnau, a. a. O., S. 13.
81) Ebenda.
82) Kirchberg /Wächtler, a. a. O., S. 76f.
83) Seherr-Thoss, Zwei Männer······ a. a. O., Teil I, S. 94.
84) Horras, a. a. O., S. 47f.
85) Seherr-Thoss, Zwei Männer······a. a. O., Teil I ,S. 93f.
86) Sass, a. a. O., S. 104; Schildberger, Gottlieb Daimler······ a. a. O., S. 78.
87) Kruk /Lingnau, a. a. O., S. 14; vgl. Seherr-Thoss, Zwei Männer······a. a. O., Teil I, S. 89-91. 特許の原表題は, Einrichtung zum Betriebe der Schraubenwelle eines Schiffes mittels Gas-oder Petroleum-Kraftmaschine である。
88) Ebenda, S. 93.
89) Sass, a. a. O., S. 103f.
90) Seherr-Thoss, Zwei Männer······ a. a. O., Teil I, S. 88.
91) Schildberger, Entwicklungsrichtungen······ a. a. O., S. 3; derselbe, Gottlieb Daimler······ a. a. O., S. 32.
92) Sass, a. a. O., S. 104.
93) Vgl. Seherr-Thoss, Zwei Männer······ a. a. O., Teil I, S. 101-117.
94) Ebenda, S. 102.
95) Ebenda.
96) Sass, a. a. O., S. 168.
97) Seherr-Thoss, Zwei Männer······ a. a. O., Teil I, S. 101.
98) Sass, a. a. O., S. 168.
99) Seherr-Thoss, Zwei Männer······ a. a. O., Teil I, S. 101.
100) Ebenda, S. 103.
101) Schildberger, Gottlieb Daimler······ a. a. O., S. 34.
102) Seherr-Thoss, Zwei Männer······ a. a. O., Teil I, S. 234.
103) Ebenda, S. 104.
104) Ebenda, S. 112
105) Ebenda.
106) Ebenda, 113f. 原表題は, Feuerspritze mit Motorbetriebe である。

107) Ebenda, S. 116.
108) Ebenda.
109) Ebenda, S. 116f.
110) Ebenda, S. 117.
111) Ebenda, S. 116; Sass, a. a. O., S. 168. その後もダイムラーの長男 Paul は, Wöfert と連絡をとり合いながら, より改良されたエンジンを供給した。Wölfert はそれによって実験を繰り返したが, 1897年8月14日の飛行で, 機械工 Knabe とともに事故死した (Seherr-Thoss, Zwei Männer…… a. a. O., Teil I, S. 208.)。
112) Vgl. Seherr-Thoss, Zwei Männer…… a. a. O., Teil I, S. 206-209.
113) Schildberger, Entwicklungsrichtungen…… a. a. O., S. 3.
114) Kirchberg/Wächtler, a. a. O., S. 78.
115) Sass, a. a. O., S. 168f.
116) Ebenda, S. 171.
117) Ebenda, S. 170f.
118) Ebenda.
119) Seherr-Thoss, Zwei Männer……a. a. O., Teil I, S. 119-123
120) Ebenda, S. 119. 原表題は, Einrichtung zur Benutzung der Arbeitscylinder als Pumpen bei abwechselnd arbeitenden Zwillingsmaschinen である。
121) Sass, a. a. O.,S. 172.
122) Ebenda, S. 173; Seherr-Thoss, Zwei Männer…… a. a, O., Teil I, S. 133.
123) Sass, a. a. O., S. 175. マイバッハは後になって「最初のベルト車の直後, 私は純粋に歯車駆動を製造した。しかしそれは, 決してダイムラーを喜ばせなかった」, と述べている。
124) W. Oswald, M-B., Personenwagen…… a. a, O., S. 85; Sass, a. a, O., S. 175; Schildberger, Gottlieb Daimler……a. a. O., S. 34.
125) Ebenda, S. 40; Seherr-Thoss, Zwei Männer …… a. a, O., Teil I, S.218f.
126) Seherr-Thoss, Zwei Männer……a. a, O., Teil I, S. 222; Schildberger, Gottlieb Daimler…… … a. a. O. S. 39f.; Musée Automobil de la Sarthe, Circuit des 24 heures du Mans, 1991, S, 27.
127) Seherr-Thoss, Zwei Männer…… a. a. O., S, Teil I, 222.
128) Sass, a. a. O., S. 175f.
129) Vgl. ebenda, S. 176.

130) Kruk /Lingnau, a. a. O., S. 27; Oswald, M.-B. Personenwagen……… a. a. O., S. 71-73.
131) Kruk /Lingnau, a. a. O., S. 27; Oswald, M.-B. Personenwagen……… a, a. O., S. 73.
132) Kruk /Lingnau, a. a. O., S. 27; vgl. Sass, a. a. O., S. 181f.
133) Kruk /Lingnau, a. a. O., S. 27; Sass, a. a. O., S. 182.
134) Kruk /Lingnau, a, a. O., S. 28; Sass, a. a. O., S. 182.
135) Kruk /Lingnau, a, a. O., S, 27. 原表題は、 Streit und Fortschritt である。
136) Sass, a. a. O., S. 77.
137) Ebenda, S. 182.
138) Ebenda; Kruk /Lingnau, a. a. O., S. 28.
139) Sass, a. a. O., S. 183.
140) Ebenda, S. 186f.
141) Ebenda, S. 205.
142) Ebenda.
143) Ebenda, S. 209.
144) Ebenda, S. 210.
145) Kruk /Lingnau, a. a. O., S. 38.
146) Sass, a. a. O., S. 209; Oswald, M.-B., Personenwagen……… a. a. O., S. 85.
147) Sass, a. a. O., S. 230.
148) Vgl. ebenda, S. 212.
149) Vgl. ebenda, S. 211 u. 213.
150) Ebenda, S. 215.
151) Vgl. ebenda, S. 220-224.
152) Ebenda, S. 220.
153) Ebenda, S. 198f.
154) Vgl. ebenda, S. 186 u. 199.
155) Vgl. Seherr-Thoss, Zwei Männer……… a. a. O., Teil I, S. 149-160.
156) Sass, a. a. O., S. 194
157) Ebenda, S. 195.
158) Ebenda, S. 194.
159) Kruk /Lingnau, a. a. O., S. 37. フェニックス・エンジンの名称は，ダイムラー特許の独占的利用権をえていた，フランスのルヴァッソールによって，その性能の優秀さゆえに，そう命名された。

160) Sass, a. a. O., S. 188; Schildberger, Entwicklungsrichtungen...... a. a. O., S. 4. ただしシルトベルガーは，公称2馬力であったが，750回転/分で2.5馬力であったと記している。
161) Ebenda.
162) Ebenda.
163) Ebenda.
164) Schildberger, Gottlieb Daimler...... a. a. O., S. 40; Oswald, M.-B. Personenwagen...... a. a. O., S. 86f.
165) Sass, a. a. O., S. 197.
166) Ebenda.
167) Seherr-Thoss, Zwei Männer...... a. a. O., Teil I, S. 146f.
168) Vgl. Oswald, M.-B. Personenwagen ...... a. a. O., S. 87.
169) Sass, a. a. O., S. 197.
170) Ebenda, S. 198.
171) Vgl. Oswald, M.-B. Personenwagen......a. a. O., S. 87.
172) Sass, a. a. O., S. 197.
173) Ebenda, S. 209f. u. 227.
174) Ebenda, S. 229; Kruk/Lingnau, a. a. O., S. 35-37.
175) Sass, a. a. O., S. 229; Kruk/Lingnau, a. a. O., S. 37.
176) Sass, a. a. O., S. 229; Kruk/Lingnau, a. a. O., S. 37.
177) Sass, a. a. O., S. 231.
178) Ebenda.
179) Vgl. ebenda, S. 233-236.
180) Vgl. ebenda, S. 234f.
181) Ebenda.
182) Vgl. Oswald, M.-B, Personenwagen...... a. a. O., S. 86-89.
183) Ebenda, S. 86.
184) H. C. Graf von Seherr-Thoss, Die deutsche Automobilindustrie Eine Dokumentation von 1886 bis heute, Stuttgart 1974 S. 6. 空気タイヤは，アイルランドの獣医 John Boyd Dunlop が，1888年まず自転車用に，イギリス特許を取得したのに始まる。
185) Werner Oswald, M.-B., Personenwagen...... a. a. O., S. 30.
186) Werner Oswald, Mercedes-Benz Lastwagen und Ommibusse 1886-1986 (2. Aufl.),

Stuttgart 1987, S. 82.
187) Ebenda. S. 82f.
188) Ebenda.
189) Ebenda. S. 83.
190) Ebenda.
191) Seherr-Thoss, Zwei Männer······ a. a. O., Teil I, S., 201.
192) Oswald, M.-B., Personenwagen······ a. a. O., S. 87.
193) Sass, a. a. O., S. 208; Eckermann /Heck, a. a. O., S. 24.
194) Schildberger, Gottlieb Daimler······ a. a. O., S. 43; derselbe, Entwicklungsrichtungen······ a. a. O., S. 6.
195) Sass, a. a. O., S. 238.
196) Schildberger, Entwicklungsrichtungen······ a. a. O., S. 6.
197) Sass, a. a. O., S. 238.
198) Robert Bosch GMBH (Hrsg.), 75 Jahre Bosch 1886-1961 Ein Geschichtlicher Rückblick (Bosch Schriftenreihe Folge 9), Stuttgart 1961, S. 21-25; Oswald, M.-B. Personenwagen ······ a. a. O., S. 91.
199) Oswald, M.-B., Personenwagen······ a. a. O., S. 91.
200) Vgl. ebenda, S. 91-93.
201) Vgl. ebenda, 92.
202) Kruk /Lingnau, a. a. O., S. 43f.
203) Ebenda, S. 43.
204) Horras, a. a. O., S. 174; Seherr-Thoss, Zwei Männer······ a. a. O., Teil I, S. 214. ただし Horras は, それを 24 馬力としている。
205) Horras, a. a. O., S. 174; Kruk /Lingnau, a. a. O., S. 43.
206) Horras, a. a. O., S. 174.
207) Ebenda.
208) Ebenda.
209) Kruk /Lingnau, a. a. O., S. 41f.
210) Ebenda.
211) Ebenda.
212) Sass, a. a. O., S. 342f.; vgl. Seherr-Thoss, Zwei Männer······ a. a. O., Teil I, S. 213.
213) Schildberger, Entwicklungsrichtungen······ a. a. O., S. 7.

214) Sass, a. a. O., S. 344
215) Seherr-Thoss, Zwei Männer…… a. a. O., Teil I, S. 215.
216) Schildberger, Entwicklungsrichtungen…… a. a. O., S. 7.
217) Oswald, M.-B. Personenwagen…… a, a. O., S. 78.
218) Horras, a. a. O., S. 176f.
219) Schildberger, Entwicklungsrichtungen…… a. a. O., S. 7.
220) Ebenda; Horras, a. a. O., S. 177. 原文は, Nous sommes entrés dans l'ère Mercédes. である。
221) Schildberger, Entwicklungsrichtungen…… a. a. O., S. 7.
222) Ebenda.
223) Oswald, M.-B. Personenwagen…… a, a. O., S. 87.
224) Ebenda. S. 95.
225) Ebenda. S. 97.
226) Ebenda.
227) Ebenda.
228) Schildberger, Entwicklungsrichtungen…… a. a. O., S. 11.
229) Oswald, M.-B. Lastwagen…… a, a. O., S. 93.
230) Ebenda. S. 95.
231) Ebenda. S. 97.
232) 『ブリタニカ国際大百科事典』8, TBSブリタニカ1973年, 775ページ。
233) 前掲『日本大百科全書』11, 33ページ。
234) Brockhaus Enzyklopädie 4, Wiesbaden 1968, S. 256f.
235) Meyers Grosses Universal Lexikon 3, Mannheim/Wien/Zürich 1981, S. 403.
236) Brockhaus Enzyklopädie a. a. O., 12, 1971, S. 297.
237) Meyers Grosses Universal Lexikon a. a. O.,9, 1983, S. 213.
238) Seherr-Thoss, Zwei Männer …… a. a. O., Teil I. S, 11.
239) Ebenda. S. 148.
240) Ebenda.
241) Ebenda.
242) Kruk/Lingnau, a. a. O., S. 10.
243) Ebenda. S. 11.
244) Schildberger, Gottlieb Daimler……a. a. O., S. 28.

245) Kruk/Wächtler,a. a. O., S. 71.
246) Ebenda. S. 72.
247) Vgl. ebenda, S. 88-94.
248) Ebenda. S. 103.
249) Sass, a. a. O., S. 77.
250) Ebenda. S. 248f.
251) Ebenda. S. 248.
252) Ebenda.
253) Ebenda.
254) Ebenda.
255) Ebenda, S. 187 u. 197.
256) Ebenda, S. 249.
257) Ebenda, S. 248.
258) Reinhardt Hanf, Im Spannungsfeld zwischen Technik und Markt Zielkonflikte bei der Daimler-Motoren-Gesellschaft im ersten Dezennium ihres Bestehens, Wiesbanden 1980, S.55.
259) Vgl. Harry Niemann, Wilhelm Maybach König der Konstrukture (1. Aufl.), Mercedes-Benz Museum, Stuttgart 1995, S. 39-58.
260) Ebenda, S. 113.
261) Schildberger, Gottlieb Daimler……a. a. O., S. 62; Kirchberg/Wächtler, a. a. O., S. 24.
262) Vgl. ebenda, S. 51-62; vgl. Carl Benz, Lebensfahrt eines deutschen Erfinders Erinnerungen eines Achtzigjährigen, Leipzig 1925, S. 1-29; Friedrich Sass, a. a. O., S. 104-106.
263) Benz, a. a. O., S. 30; Schildberger, Gottlieb Daimler……a. a. O., S. 36; Seherr-Thoss, Zwei Männer……a. a. O., Teil II Karl Benz, S. 20.
264) Schildberger, Gottlieb Daimler……a. a. O., S. 63.
265) Vgl. Benz, a. a, O., S. 47-50; Sass, a. a, O., S. 105f. u. 110f.
266) Ebenda, S. 106.
267) Seherr-Thoss, Zwei Männer……a. a. O., Teil II, S. 26 u.30. 特許の原表題は, Oeltropfvorrichtung für Gaskraftmaschine である。
268) Sass, a, a. O., S. 112f.; Kirchbeg/Wächtler, a. a. O., S, 26.
269) Seherr-Thoss, Zwei Männer……a. a. O., Teil II, S. 26 u 31f. その原表題は, Neuerung an Regulatoren für Gasmaschinen である。

270) Sass, a. a. O., S. 113.
271) Ebenda, S. 112.
272) Ebenda, S. 110f.
273) Ebenda, S. 106f.; Benz, a. a. O., S. 32; Schildberger, Gottlieb Daimler……a. a. O., S. 65.
274) Sass, a. a, O., S. 106; Kirchberg/Wächtler, a. a. O., S, 27; Gerhard Horras a. a. O., S. 52. ベンツが去った後も同企業は，彼がその特許を取得できなかったため，1893年12月28日に解散するまでのほぼ10年間，2サイクルの定置エンジンを造り続けた（Sass, S. 106f.）。
275) Sass, a. a. O., S. 107; Kirchberg/Wächtler, a. a. O., S, 27; Horras, a. a. O., S. 52.
276) Kirchberg/Wächtler, a. a, O., S. 28; Horras, a. a. O., S. 97.
277) Sass, a, a. O., S. 111f.
278) Ebenda. S. 112.
279) Ebenda. S. 79. u. 112.
280) Ebenda, S. 113f.; vgl. Benz a. a. O., S. 46.
281) Sass, a. a. O., S. 113f.
282) Ebenda, S. 114.
283) Ebenda.
284) Ebenda.
285) Ebenda, S. 260f.
286) Ebenda, S. 118; Oswald, M.-B. Personenwagen …… a. a. O., S. 23. ただしザスは，1940年にシュトゥットガルト工科大学が，原エンジンを再調査したところによれば，400回転/分で，0.88馬力を発揮したことを確認している（Sass, a. a. O., S. 118.）
287) Ebenda.
288) Vgl. ebenda, S. 122-124; Seherr-Thoss, Zwei Männer……a. a. O., Teil II, S. 38.
289) Sass, a. a. O., S. 128; Seherr-Thoss, Zwei Männer……a. a. O., Teil II, S. 38.
290) Sass, a. a. O., S. 121f.
291) Ebenda, S. 122; Oswald M.-B. Personenwagen……a. a. O., S. 23.
292) Seherr-Thoss, Zwei Männer……a. a. O., Teil II, S. 40.
293) Ebenda, S. 41 u. 103; Oswald, M.-B. Personenwagen……a. a. O., S. 23.
294) Seher-Thoss, Zwei Männer……a. a. O., Teil II, S. 41.
295) Erich Eckermann/C. H. Beck, a. a. O., S. 11.
296) Seherr-Thoss, Zwei Männer……a. a. O., Teil II, S. 47.

297) Eckermann/Beck, a. a. O., S. 18f. ミュンヘンの宮廷馬車業者 Georg Lankensperger が, 1816年にバイエルンの特許を取り, 彼の知人 Rudolf Ackermann の助力で1818年6月8日, イギリスの特許41212号を取得した。これは今日, Ackermann の名前から, A-steering と呼ばれ, 一般的用語となっている。

298) Seherr-Thoss, Zwei Männer……a. a. O., Teil II, S. 48.

399) Ebenda,

300) Vgl. ebenda, 49-54. その原表題は, Fahrzeug mit Gasmotorenbetrieb である。

301) 『大日本百科事典』8巻, 小学館1969年, 629ページ。Krug/Lingnau, a. a. O., S. 13.

302) Eckermann/Beck, a. a. O., S. 12.

303) TOYOTA AUTOMOBILE MUSEUM Information Vol 1, トヨタ自動車株式会社トヨタ博物館1990年4月, 参照。

304) Eckermann/Beck, a. a. O., S. 12. この Adler 社は, 本文で後述するように1886年より自転車生産に乗りだしていた。

305) Schildberger, Gottlieb Daimler…… a. a. O., S. 67; Kirchberg/Wächtler, a. a, O., S. 28; Kirchberg/Lingnau, a. a. O., S. 14.

306) Benz, a. a, O., S. 74; Schildberger, Gottlieb Daimler…… a. a. O., S. 69.; Seherr-Thoss, Zwei Männer…… a. a. O., Teil II, S. 109.

307) Benz, a. a, O., S. 75; Schildberger, Gottlieb Daimler…… a. a. O., S. 69f.; derselbe, Entwicklungsrichtungen …… a. a. O., S. 9; Seherr-Thoss, Zwei Männer…… a. a. O., Teil II, S. 109.

308) Oswald, M.-B. Personenwagen…… a. a. O., S. 11.

309) Ebenda, S. 11f.

310) Ebenda, S. 23.

311) Vgl. Benz, a. a, O., S. 83-87; Schildberger, Gottlieb Daimler…… a. a. O., S. 71-73.

312) Seherr-Thoss, Zwei Männer…… a. a. O., Teil II, S. 110.

313) Ebenda, S. 111; Schildberger, Gottlieb Daimler…… a. a. O., S. 70f.

314) Seherr-Thoss, Zwei Männer…… a. a. O., Teil II, S. 49 u. 121. その DRP 37435号には, 「以下の構造は, 1～4名の人の輸送に用いられるような, 主に軽荷車 Fuhrwerke と小船舶 kleine Schiffe の駆動を目的とするものである」と記されている。

315) Ebenda, S. 121.

316) Ebenda,

317) Vgl. Ebenda, S. 122f. その特許の原表題は, Eine Kraftübertragungs-und Umsteu-

erungs-Vorrichtung für Schiffe mit Petroleum-Kraftmaschineである。
318) Sass a a O., S. 124f.
319) Ebenda, J. M. Grob社がこの「熱管点火」についてダイムラー社に対して起こした特許無効訴訟において，1894年2月に敗訴したため，その特許は有効となり，ベンツ社もダイムラー社に対して総額約3万7000マルクの特許料を支払うはめになった。
320) Krug/Lingnau, a. a. O., S. 21.
321) Ebenda; Schildberger, Gottlieb Daimler······ a. a. O., S. 73.
322) Krug/Lingnau, a. a. O., S. 21 ; Horras, a. a. O., S. 97f.
323) Schildberger, Gottlieb Daimler······ a. a. O., S. 75 ; Seherr-Thoss, Zwei Männer······ a. a. O., Teil II, S. 124.
324) Eckermann/Beck, a. a. O., S. 18f.; Lankensperegerが宮廷馬車業者であったことについては，Elmar D. Schmid/Luisa Hager, Marstallmuseum Schloß Nymphenburg in München, 1992, S. 18.
325) Seherr-Thoss, Zwei Männer······ a. a. O., Teil II, S. 125.
326) Vgl. Benz, a. a. O., S. 94-98; Eckermann/Beck, a. a. O., S. 18; Oswald, M.-B. Personenwagen······ a. a. O., S. 25.
327) Seherr-Thoss, Zwei Männer······ a. a. O., Teil II, S. 124.
328) Vgl. ebenda, S. 126-128. その原表題は，Wagen-Lenkvorrichtung mit tangential zu den Rädern zu stellenden Lenkkreisenである。
329) Ebenda, S. 126; Schildberger, Gottlieb Daimler······ a. a. O., S. 77.
330) Oswald, M.-B. Personenwagen······ a. a. O., S, 25-27.
331) Ebenda, S. 25.
332) Oswald, M.-B. Lastwagen ······a. a. O., S. 9f.
333) Ebenda, S 10 u. 16f.
334) Vgl Benz, a. a. O., S. 102f; Schildberger, Gottlieb Daimler······ a. a. O., S. 76; Seherr-Thoss, Zwei Männer······ a. a. O., Teil II, S. 134-136.
335) Ebenda, S. 134.
336) Schildberger, Entwicklungsrichtungen······ a. a. O., S. 9.
337) Sass, a. a. O., S. 265; Schildberger, Gottlieb Daimler······ a. a. O., S. 77.
338) Oswald, M.-B. Personenwagen······ a. a. O., S. 30
339) Ebenda, S. 28.
340) Ebenda.

341) Ebenda, S. 25 u. 28.
342) Schildberger, Gottllieb Daimler……a. a, Q, S. 77f.
343) Kruk/Lingnau, a. a. O., S. 23.
344) Oswald, M.-B. Personenwagen…… a. a. O.,S. 28.
345) Seherr Thoss, Zwei Männer…… a. a. O., Teil II, S. 156.
346) Sass, a. a. O., S. 269.
347) Ebenda.
348) Oswald, M.-B. Personenwagen…… a. a. O., S. 31.
349) Ebenda,
350) Ebenda, S. 30f.
351) Krug/Lingnau, a. a. O., S. 26.
352) Oswald, M.-B. Lastwagen…… a. a. O., S. 15.
353) Ebenda, S. 16f.
354) Ebenda, S. 9f.
355) Ebenda, S. 17.
356) Sass, a. a. O., S. 106.
357) Ebenda, S. 113f.
358) Ebenda, S. 93; Oswald, M.-B. Personenwagen…… a. a. O., S. 83.
359) Sass, a. a, O., S.118; Oswald, M.-B. Personenwagen…… a. a. O., S. 23. ザスは排気量をあげておらず、Oswaldは、それを954ccmとしている。エンジン重量を、ザスは108kg, Oswaldは110kgとしている。
360) Sass, a. a. O., S. 276f.
361) Ebenda, 277.
362) Oswald, M.-B. Lastwagen…… a. a. O., S. 37: Schildberger, Entwicklungsrichtungen …… a. a. O., S. 10f.
363) Oswald, M.-B. Personenwagen…… a. a, O., S. 25 u. 87.
364) Sass, a. a. O., S. 277.
365) Oswald, M.-B. Personenwagen …… a. a. O., S. 97; Sass, a. a. O., S. 239-241; Robert Bosch GMBH, a. a. O., S. 25.
366) Sass, a. a. O., S. 277.
367) Ebenda, S. 233-236, 243f. u. 277.
368) 前掲『大日本百科事典』8巻, 629ページ。その他TOYOTA AUTOMOBILE MU-

SEUM、24ページ参照。「ガソリン自動車の第1号は、各国でさまざまな説があるが、いちおうベンツが1886年につくった3輪自動車といわれている。」
369) Kruk/Lingnau, a. a. O., S. 13.
370) 『日本大百科全書』11巻、小学館1956年、33ページ。
371) Sass, a. a. O., S. 502.
372) Ebenda, S. 248f.
373) Ebenda, S. 97.
374) Vgl. ebenda, S. 77.
375) 前掲拙稿、「ドイツ自動車工業のパイオニア　W.マイバッハに関する第1次史料の紹介」、参照。
376) Vgl. Carl Benz, a. a. O., S. 69-73.
377) Sass, a. a. O., S. 276; Kirchberg/Wächler, a. a. O., S. 76f.
378) Kirchberg/Wächler, a. a. O., S. 77.
379) Oswald, M.-B. Personenwagen …… a. a. O., S. 23 u. 83.
380) Ebenda, S. 11; Schildberger, Gottlieb Daimler…… a. a. O., S. 68. シルトベルガーは、この点を次のように表現している。「……ベンツは、彼が自動車の個々に正確に確定した全コンセプトの有機的一部として、モーターを組み付ける道を歩んだ」と。
381) Oswald, M.-B. Personenwagen…… a. a. O., S. 18 u. 17.
382) Oswald, M.-B. Personenwagen…… a. a. O., S. 90-94.
383) Schildberger, Entwickungsrichtungen…… a. a. O., S. 11.
384) Oswald, M.-B. Personenwagen…… a. a. O., S, 16 u. 72.
385) Krug/Lingnau, a. a. O., S. 65.
386) Ebenda, S. 65-67.
387) Vgl. Horras, a. a. O., S, 130-132.　Horrasは、ここでそのようなものとして、オーペル兄弟、デュルコップ、シュテーヴァー、アドラー（クライアー）、ホルヒ等をあげている。
388) Seherr-Thoss, Die deutsche Automobilindustrie…… a, a. O., S. 7.
389) Ebenda, S. 14.　この企業は、17世紀に鉄工所として成立していたものを、1880年にTheodor Bergmannが取得したものである。
390) Ebenda.
391) Ebenda, S. 8.
392) Ebenda, S. 9.

393) Vgl. Hans-Jürgen Schneider, 125 Jahre Opel Autos und Technik, Köln 1986, S. 20-25.
394) Ebenda S. 20.
395) Ebenda S. 21.
396) Ebenda; Seherr-Thoss, Die deutsche Automobilindustrie……a. a. O., S, 13.
397) Hans-Jürgen Schneider, a. a. O., S, 21.
398) VgI. Seherr-Thoss, Die deutsche Automobilindustrie……a. a. O., S, 13.
399) Ebenda; Hans-Jürgen Schneider, a. a. O., S, 21.
400) Ebenda.
401) Ebenda.
402) Ebenda.
403) Vgl. ebenda, S. 9-17; vgl. Adam Opel und Sein Haus Fünfzig Jahre der Entwicklung 1862-1919, o. O. o. J.; Olaf Baron Fersen, übersetzt von Karl Ludwigsen, Opel Räder für die Welt 75 Jahre Automobilbau, o. O. o. J. 8f.
404) Hans-Jürgen Schneider, a. a. O., S. 21; W. Schmarbeck/B. Fischer, Alle Opel Automobile seit 1899, Stuttgart 1994, S. 7-15.
405) Hans-Jürgen Schneider, a. a. O., S. 22.
406) Ebenda.
407) Ebenda; Eckermann/Beck, a, a. O., S. 29. ここでは，その排気量は1542ccmとなっている。また同車の1台は，ミュンヘンの「ドイツ博物館」に展示されている。
408) Hans-Jürgen Schneider, a. a. O., S, 22.
409) Ebenda.
410) Ebenda, S. 23.
411) Ebenda.
412) Oswald, M.-B. Personenwagen……a. a. O., S. 30; Hans-Jürgen Schneider, a, a. O., S. 23.
413) Ebenda, S. 22.
414) Ebenda, S. 25.
415) Ebenda, S. 23.
416) Ebenda, S. 22.
417) Oswald, M.-B. Personenwagen……a. a. O., S. 30; Hans-Jürgen Schneider, a. a. O., S. 23f.
418) Ebenda, S. 23 u. 25; Eckermann/Beck, a. a. O., S. 29.

第3章 パイオニアたちの開発活動　*201*

419) Hans-Jürgen Schneider, a. a. O., S. 25.
420) Ebenda.
421) Ebenda.
422) Ebenda, S. 26; vgl. James M. Laux, In First Gear The French automobile industry to 1914, Livepool 1976, S. 48-51 u. 139-145. ルノー社の生産台数は，1899年71台, 1900年179台, 1901年347台であった (Laux, S. 216.)。なおルノー社の経営史的発展については，原輝史編，『フランス経営史』，有斐閣1980年，78-100ページ参照。
423) Hans-Jürgen Schneider, a. a. O., S. 26; Laux, a. a, O., S. 42-43 u. 103-107. ダラック社の生産台数は，1901年1200台 (Laux, S. 212)。
424) Hans-Jürgen Schneider, a. a. O., S. 26f.
425) Seherr-Thoss, Die deutsche Automobilindustrie……a. a. O., S. 18.
426) Ebenda; vgl. Schmarbeck/Fischer, a. a. O., S. 28-31.
427) Werner Oswald, Alle Horch Automobile 1900-1945, Geschichte und Typologie einer deutschen Luxusmarke vergangener Jahrzehnte (1. Aufl.), Stuttgart 1979, S. 7.
428) Ebenda; Seherr-Thoss, Die deutsche Automobilindustrie……a. a. O., S. 9.
429) Ebenda.
430) Ebenda.
431) Ebenda.
432) Ebenda.
433) Oswald, Alle Horch Automobile……a. a. O., S. 7.
434) ホルヒ社の1920～1945年における高級車を中心とした生産については，vgl. Werner Oswald, Deutsche Autos 1920-1945, Alle deutschen Personenwagen der damaligen Zeit (9. Aufl.), Stuttgart 1990, S. 156-183. ホルヒ社とDKW, アウディ，ヴァンデラー3企業との合同過程については，vgl. Peter Kirchberg, Entwicklungstendenzen der deutschen Kraftfahrzeugindustrie 1929-1939, gezeigt am Beispiel der Auto-Union Ag, Chemnitz (unveröffentliche Diss.), Dresden 1964 S. 24-86.
435) Seherr-Thoss, Die deutsche Automoblindustrie……a. a. O., S. 13. パナール・エ・ルヴァッソール社が自動車生産に乗りだす過程については，vgl. derserbe, Zwei Männer……a. a. O., Teil I, S. 218.
436) Seherr-Thoss, Die deutsche Automoblindustrie……a. a. O., S. 16.
437) Ebenda, S, 9.
438) Ebenda, S. 18.

439) Ebenda, S. 16.
440) Ebenda.
441) Ebenda.
442) Ebenda, S. 18; Automobilwerke H. Büssing (Hrsg.), Heinrich Büssing und sein Werk, Braunschweig 1920, S. 2.
443) Seherr-Thoss, Die deutsche Automobilindustrie……a. a. O., S. 18 u. 606; Automobilwerke H. Büssing, a. a. O., S. 4.
444) Adler-Werke vorm Heinrich Kleyer AG (Hrsg.), 75 Jahre Adler 90 Jahre Tradition, o. O. o. J. S. 46; Seherr-Thoss, Die deutsche Automobilindustrie……a. a, O., S. 15. ただしSeherr-Thossは, 自転車生産の開始を1888年としている。
445) Adler-Werke vorm Heinrich Kleyer AG, a. a. O., S. 6 u. 50; Seherr-Thoss, Die deutsche Automobiliudustrie……a. a. O., S. 15. ただしSeherr-Thossは, 三輪オートバイの生産開始を1895年としている。
446) Ebenda; de Dion-Bouton社については, Laux, a. a. O., S. 19f. u. 212. この企業は, フランスにおいてAlbert de Dion伯と技術者Boutonによって設立された小型車の有力メーカーであり, 1880年代には小型蒸気自動車を製作していたが, 1893年以後は小型ガソリン自動車を製造するようになっている。その生産台数は, 1900年約1200台, 1901年約1800台であった。ただし, 上記『アドラー社史』は, このエンジンがde Dion-Bouton社製であることには触れていない。
447) Seherr-Thoss, Die deutsche Automobilindustrie……a. a. O., S. 14.
448) Ebenda.

第2篇
企業史的・産業史的考察

ダイムラー社のゼールベルク工場。白い服がW・マイバッハ
(Werner Walz, *Daimler-Benz*, Verlag Stadler, Konstanz 1989 より)

第4章　自動車工業の萌芽的成立期
(1885/86〜1901/02年)

　前章までの主として技術史的な考察をふまえて、著者はここでは、まずダイムラーとベンツの第1世代といわれる両先発企業が、「大不況」(1873〜1894年)の過程でまずゆっくりと、その後それを抜けでて急速に成立する過程を、ついで1894年頃から第2世代ともいわれる後発諸企業が群生してくる過程を、これはまとめて主として企業史的な観点から考察したい[1]。著者がこのような方法をとるのは、このドイツ自動車工業の萌芽的成立期の終わり頃にあたる1901年の自動車（乗用車、トラック、バス）の総生産台数が、884台であったなかで、ダイムラー社の生産台数が144台、ベンツ社の販売台数が385台と、全体の生産または販売台数のほぼ60％という圧倒的比重を占めていたからである[2]。

　そのうえで著者は、不充分ながら統計資料を用いて、萌芽期ドイツ自動車工業の全体像を総括し、さらに自動車企業家の社会的系譜や企業形態の発展、また他国と比較して、ドイツ自動車工業が相対的に早期に成立してくる原因等に関して若干の分析を試みたい。

第4章 自動車工業の萌芽的成立期（1885/86～1901/02年） 205

第1節 ダイムラー，ベンツ両先発企業の成立過程

(I) ダイムラー企業の成立・分裂・統一・発展

カンシュタット実験作業場　ダイムラー企業の基となった同作業場の設立に関して，著者は，技術史的な視点から，ダイムラー/マイバッハの開発活動については，すでに若干たち入っている。

すなわち，「ドイツ・ガス・エンジン工場株式会社」（以下，たんにドイツ社という）から，その任用契約の更新を拒否されたダイムラーは，1882年6月30日には同社をはなれ，同年7月第1週には家族とともにヴュルテンベルクのシュトゥットガルト近郊バート・カンシュタットに移った[3]。彼はここで，様々な交通手段の原動機ともなりうる小型，軽量で高速回転するガソリン・エンジンを開発するという念願の目的を達成するため，実験作業場を開設する[4]。その時ダイムラーは，すでに48歳に達していた。

当時のカンシュタットは，すでに大都市シュトゥットガルトと馬車鉄道によって結ばれていたとはいえ，なお牧歌的雰囲気を色こく残した人口約1万7000人ぐらいの小商工業都市であり，そしてなによりも同地を有名にしていたのは，18世紀初頭いらい歴代のヴュルテンベルク王によって保護されてきた，その高級温泉保養所であった[5]。

ダイムラーがこの地を選んだ理由は，(1)自分も妻もシュワーベン人として故郷に近かったこと，(2)心臓病を患う彼と病弱な妻にとってここが恰好の保養地であったことのほか，(3)彼がこれからマイバッハとともに始めようとする開発活動が，ドイツ社のもつ特許——DRP532号4サイクル・ガス・エンジンの特許——を侵害する恐れがあり，また彼がドイツ社との間に結んだ「任用契約書」

(1872年3月10日) にある, 退職後5年間の守秘義務や競業避止義務等に触れる可能性もあり, そのためラインラントからできるだけ離れ, また従業員の出入のすくない閑静な田舎町が適していると考えたためであった[6]。

ダイムラーは, ここでシックハルト (Schickhardt) というある商人の未亡人から, 温泉公園にすぐ近接し, タウベンハイム街 (Taubenheimstraße) にあった, 2階建の邸宅と, 大きな温室とその併設納屋をもつ広大な庭園とを, 7500マルクで購入した[7]。彼は, その納屋を改築してガス, 電気をひき, 「実験作業場」とし, また庭の道は拡幅して固め, 自動車等が走れるようにし, そして庭の一画を掘りさげてガソリン収納庫をつくり, さらに3年後に最初のオートバイが発明された頃には, それを格納するガレージさえも建てている[8]。

ところでこの実験作業場の設備といえば, たいしたものではなかった。鍛冶用の炉 (足踏みふいご付), 旋盤 (足踏み式), 万力付の大きな作業台, 加熱用小溶解炉以外は, 鍛冶用ハンマー, 金敷, スパナー, ハンマー, ペンチ, やすり等の工具にすぎなかった[9]。その点でこれは, エンジンや自動車を本格的に製造する工場ではなく, あくまでも実験作業場でしかなかった。

ダイムラーにとって不可欠な協力者となるマイバッハは, 同じくドイツ社を辞め, ダイムラーに遅れることほぼ3ヵ月ののち, 1882年9月26日にカンシュタットに入った[10]。当時彼は, ダイムラーより12歳若かったが, それでもすでに36歳になっていた。彼が仕事をする設計室は, 作業場内には設けられず, 最初はルードヴィヒスブルガー街 (Ludwigsburger Str.) の, のちにはプラーガー街 (Prager Str.) の私宅内におかれた[11]。

実験作業場の企業形態 さてダイムラーが設立した実験作業場の企業形態はどのようなものであったか。それは彼の個人企業であったのか, それともなんらかの形でマイバッハも参加したパートナーシップ的なものであったか。それは, 両者がドイツ社を辞める前の1882年4月18日に両者の間で結ばれた, 以下に引用するマイバッハの「任用契約書[12]」第4条が,

明らかにしている。

　　第4条　ダイムラー氏は，マイバッハ氏の利益をダイムラー氏の利益に継続的に結びつけるために，上記の課題から生じてくる工場経営にマイバッハ氏を資本参加させるという特別の目的をもって，3万マルク，言葉で言えばドライシッヒタウゼント・マルクを，次の方法で設定する。すなわち，設立さるべき経営の発展に応じてこの金額による資本参加が，部分的または全面的に可能となる時まで，マイバッハ氏はさしあたりその最初の勤務期間中は，3万マルクの上記金額に対する年4％の利子1200マルクを取得する。経営が設立されてのち，マイバッハ氏は上記4％の利子に代えて資本参加額に配分される純利益を取得する。……

　この文言からみる限り，この企業には，いちおうマイバッハの出資額が設けられているので，ダイムラーの純粋な個人企業ではないようにみえる。しかしそれを設定したのは，マイバッハではなく，ダイムラーであって，そのためマイバッハは，「……この金額による資本参加が，部分的または全面的になる時まで……」は，その利子相当分を受取るにすぎなかった。すなわちマイバッハの資本参加は，まだ本格的なものとはいえず，暫定的なものであった。ではこのような過渡的性格をもった企業をどのように規定すればよいか。著者はそれを，将来は合名会社もしくは合資会社へ発展する展望をもった，ただしこの段階では，なお基本的にいってダイムラーの個人企業と規定しておきたい[13]。

　なおこのマイバッハの仮出資金の問題は，この個人企業がやがて1890年に株式会社に転換されたとき，その取扱いをめぐって同社に分裂をもたらす重大な契機となるので，ここで予めそのことを指摘しておきたい。

ダイムラーとマイバッハの関係　ダイムラーのマイバッハに対する家父長的ともいえる師弟的関係については，すでに第3章第2節「G・ダイムラーとW・マイバッハ」の箇所である程度明らかにしている。それは，ダイムラーがマイバッハを1867年にロイトリンゲン（Reutlingen）の孤児院，「兄弟の家」の機械工作所で初めて見いだしていらい，1869～

71年の「カールスルーエ機械製造会社」時代においても,また1872～82年のドイツ社時代においても維持され育まれてきた。とくにドイツ社の時期には,ダイムラーは技術担当取締役兼工場長であり,マイバッハもすでに設計事務所長になっていたが,そうであった[14]。そしてこのような関係は,ここカンシュタット期においても基本的に維持されていくことになる。

かつてダイムラーの詳細な伝記を書いたジーベルツ (Paul Seibertz) は,マイバッハのことをダイムラーの「副官」(Adjurat) 的存在として特徴づけた[15]。またシルトベルガー (Friedrich Schildberger) は,マイバッハを「ダイムラーの忠実な従士」(Daimler's treuer Gefolgsmann) と名づけた[16]。そして旧東ドイツのキルヒベルク (Peter Kirchberg) とヴェヒトラー (Eberhard Wchtler) は,「……マイバッハは協力者 (Mitarbeiter) であったが,ダイムラーはその社長 (Chef) であった[17]」と述べている。

はたして,この両者の関係をどのように性格規定すればよいのか。私たちはもう一度,その手掛かりをマイバッハの上記の「任用契約書」のなかに探ることにしよう[18]。

　　　第1条　マイバッハ氏は,カンシュタットにおけるダイムラー氏のもとで,ダイムラー氏から委嘱された機械技術的部門での様々な企画と課題の完成および実務的処理のための技術者および設計者の地位につくことを受諾し,ならびに必要あるときはダイムラー氏のため,その他の技術上または営業上の作業をすることを受諾する。
　　　第2条　マイバッハ氏は,そのすべての時間と力量をただダイムラー氏の利益のためにのみ捧げる義務を負い,上記の企画に関しては他人に守秘し,万一,退職後にも3年間は守秘する義務を負う。
　　　第3条　マイバッハ氏は,その勤務期間中,年3600マルクの固定俸給を取得し,毎月払いで支払われる。旅行費用は個別に補償される。

これらの条文を,ダイムラー企業の企業形態を分析するにあたって先に示し

た第4条と合わせて考えると,ダイムラーとマイバッハとの関係は,ほぼ次のように規定できるであろう。

まず第一に,一般的にはダイムラーとマイバッハの関係は,雇傭者＝被雇傭者の関係にあったことである。すなわちマイバッハは,たしかにダイムラー企業に対して3万マルクの出資金を形式的にはもっていたが,それはまだ本格的で正式のものではなかった。また第3条にみられるように,マイバッハはドイツ社時代と比べれば,その2倍にあたる3600マルクの年俸を受けるようになっていたとはいえ,第1条にみられるように「技術者および設計者」,すなわち,なお高級技術職員にすぎなかった[19]。

ただし第二に,この雇傭者＝被雇傭者の関係には,被雇傭者に対して恩情的であると同時に拘束的な,いわば家父長的支配という特殊性が付着していた。それは例えば,マイバッハに対する仮出資金設定とその利子分取得の保証の他にも,この契約書の第6条には,ダイムラー側から契約を解消した場合や,マイバッハが死亡した場合には,合計1万5000マルクの一時金が支払われる,との恩情的諸規定がみられた[20]。しかしその反面,第2条にみられるように,マイバッハはそのすべての時間と力量をただダイムラーの利益のためにのみ捧げる義務を負わねばならなかったのである。

なお後に,たとえ実際にはマイバッハが発明したものであっても,ダイムラーが特許出願者となり特許権者となっていくという事態が生じるが,その理由の一つは後に詳述するごとく,当時の特許法にも問題があったが,基本的にはこの個人企業内の家父長的で隷属的な雇用関係に根ざしていたと言えよう。

初期ダイムラー企業の資本 1882年のカンシュタット実験作業場の建設費やその運営費,また1887年に実施された同じカンシュタットのゼールベルク (Seelberg) 工場の取得費等,初期ダイムラー企業の資金は,それが個人企業であった限り,基本的にダイムラーの個人所得からでていた。その正確な内訳は不詳であるが,それはおおまかにいって,(1) 1872～82

年の10年間にダイムラーがドイツ社在勤中にえていた年俸，同社株配当金，および純利益の5％の特別利益配当金（Tantiemen），の3収入源からの蓄積分と，(2)ドイツ社退社後は，なお所持していた同社の株の配当金である。

ドイツ社在職中の年俸は4500マルク，在勤中の所有株は，最初は無所有であったが，漸時，額面での取得が認められて，退職時には額面で4万5000マルクになっており，その他に特別利益配当金があった[21]。その総額について，オットーの伝記を書いたA・ランゲン（Arnold Langen）は，それらの合計を約40万マルクと算定している[22]。もちろんそのうちから生活費等に支出された部分があったから，これがすべて蓄積されていたわけではない。

そしてダイムラーは，1882年6月に退職してのちドイツ社と交渉を行ない，1883年にはその持株数を75株にし，さらに1888年には112株を新たに取得して，合計187株，その最低価格で12万1200マルクを所有するようになった[23]。それからの配当額について，ジーベルツは，1883～87年の5年間で合計約18万6000マルクと，さらにランゲンは，その後の3年間を加えて，その額をおよそ30万マルクと評価している[24]。

これらのことをまとめて，ランゲンは，「……彼（ダイムラー――大島）は，10年間の活動の間に俸給，特別利益配当金，配当金を40万マルク以上入手していたからだ。さらに30万マルクを，彼は彼が辞めてのちの8年間に，その資本参加から手に入れた。それらをもって彼は，軽量エンジンと自動車についての彼の実験をファイナンスした[25]」，と述べている。

結局，ダイムラー企業創立期の創業資本，経営資本は，当時，市場のニーズに合わせて生産拡大を続け，高利潤・高配当を生みだしていたガス・エンジン・メーカー，「ドイツ社」の産業資本的蓄積から転化されたものであった[26]。産業革命期（1834～1873年）には，重工業の株式会社設立に際して，前期的資本やユンカー収入の産業資本への転化もよくみられたが，これはいまや産業革命後10年を経て，機械工業の社会的分業の進展にともない，ある産業資本から他の産業資

本への転化がみられるようになったことを示しているといえよう[27]。

カンシュタット実験作業場での開発活動 ここにおけるダイムラーとマイバッハの開発目的は, (1)オットーの重くて低速回転のガス・エンジンに代わって, 小型, 軽量・高速回転エンジンを開発すること, (2)そのエンジンを可搬性をもったものにするため, ガソリン燃料を可能にすること, (3)それらのことによって, それを中小零細企業用の定置エンジンとして完成させるだけでなく, それを様々な交通手段に搭載して, それらをモータリゼーションすることであった[28]。

これらの技術開発のやや詳しい内容は, すでに第3章第2節で述べているので, ここでは簡略に箇条書き的にまとめるにとどめたい。

(1) 新エンジンの発明上もっとも困難であった点は, その高速回転に適合的な点火装置の開発であったが, マイバッハは, オットー機関の「火炎点火」に代えて,「熱管点火」という形で解決した。しかしその特許DRP28022号は, ダイムラー名儀で, 1883年12月16日に取得された。

(2) 高速回転エンジンの吸・排気に適合的なバルブ開閉装置として, これはダイムラー自身により,「変形円盤カム装置」が開発され, その特許DRP28243号は, 1883年12月22日, もちろんダイムラー名儀で取得されている。

(3) 上記2つの基本特許にもとづき, 1883~84年に, 実体的な4サイクルの小型, 軽量・高速回転エンジン,「箱時計」(Standuhr)——総重量90kg, 排気量70×120mm, 650回転/分で1.1馬力——が, マイバッハにより製作され, のちに「マイバッハの傑作」と称せられた。この頃彼はまた, 同エンジンのためのガソリン気化器,「フロート付表面気化器」を開発しているが, その特許DRP36811号は, やや遅れて1886年3月25日に, 同じくダイムラー名儀で取得されている。

(4) 1885年, マイバッハは上記エンジンをさらに小型にしたもの——排気量58×100mm, 700回転/分, 0.5馬力——を, 木製車体, 鉄タイヤの二輪車に組み付け, 世界で最初のオートバイ——二輪車も自動車範疇に入る限り最初の自動車——を製作した。その特許DRP36423号は, 同年8月29日にダイムラーの名儀で取得されたが, その公開試走は同年11月10日, マイバッハ自身が運転して行なわれた。

(5) 1886年8月, ガソリン・エンジンを搭載した世界で最初のモーターボートが, ネッカー河で実験され, 同年10月9日, その特許DRP39367号が, ダイムラーの名儀で取得されている。この技術開発にあたって, ダイムラーとマイバッハとが, どのように役割分担したのか, 今のところ不詳。

(6) 1886年春, ダイムラーは妻の誕生日の「贈物」と偽って, シュトゥットガルトの宮廷馬車業者に堅牢なアメリカ型馬車を発注し, 同年9月「エスリンゲン機械工場」で, マイバッハ指揮のもと, それに上記「箱時計」型エンジンと動力伝達機構とを組み付けさせた。その後, 実験的な走行は, シュトゥットガルト近郊でしばしば行なわれたが, ガソリンの危険性を憂慮する警察や市民の反対に会い, 公式試走は翌1887年3月にずれ込んでいる[29]。

以上の大まかな経過からもわかる通り, ダイムラーは技師的企業家として, 小型, 軽量・高速エンジンのもつ革命的な意義を理解し, それによって交通手段をモータリゼーションできるという天才的な洞察をもっていたことは事実である。またそのため彼は, 実験に必要な資金や設備をととのえ, マイバッハに様々な開発企画を指示し, その作業を督励し, また実験にも可能な限りたち合ったことも事実である。

しかしだからといって, また発明の特許権者になっていたからといって, 実用的な機械や機構の実際の発明者がダイムラーであったというふうに考える通説には大いに問題がある。この開発過程を残された企業文書やマイバッハの手帳などによって詳細に分析したベルリン工科大学の元技術史教授ザス (Friedrich Sass) は, 「ゴットリープ・ダイムラーがなした唯一の発明は, 『変形円盤カム装置』だけであった。……(中略)……あらゆる製作的な詳細は, たとえダイムラーの名前で出願されようとも, マイバッハに由来している[30]……」と言い切っている。著者もこれまで様々な第二次史料を批判的に検討し, またマイバッハの「任用契約書」等, 若干の第一次史料にまで立ち入って分析してきたが, やはり通説には問題があり, ザスの見解を支持したいと思う。

ここで私たちは,「発明」とは一体なんであるかという哲学的問題にたちいる。その科学的な概念を確立しておく必要があるが,例えばそれについて厳密に規定しているはずの,現行「特許法」でさえ「第二条①この法律で『発明』とは,自然法則を利用した技術的思想の創作のうち高度のものをいう」と,非常に抽象的な規定にとどまっている (岩波大六法,平成5〔1993〕年版,2251ページ参照)。そこで特許法学者のそれについての解説を参考にすると,中山信弘氏は,「また,発明者とは,当該発明の創作行為に現実に荷担した者だけを指し,単なる補助者,助言者,資金の提供者,あるいは単に命令を下した者は,発明者とはならない」と限定している[31]。発明者についての,この概念規定は著者の考え方と照応して,非常に参考になった。

ダイムラーが特許権者となる理由

それでは最初のエンジンにせよ,その殆どの開発活動において,マイバッハが実際の発明者であったにもかかわらず,なぜダイムラーが特許出願者となり,したがって特許権者となっていったのか。それには次のような様々な歴史的理由があった。

その第一は,両者の性格的な問題である。マイバッハは,孤児となり13年間も孤児院で育てられてきたこともあって,意志は非常に強かったが,寡黙でいちじるしく控え目な性格——そしてそれを一生持ち続ける——の持ち主であった反面,ダイムラーは,シュトゥットガルト工業専門学校で工学の高等教育をうけ,フランス,イギリスを見聞した,頑固で,ザスの言葉を借りれば「主人然たる」傲慢な性格の持主であった[32],ことである。

そして第二には,すでに指摘したように,1867年いらい働く場所は4度変われど,両者の間で育まれてきた家父長的な師弟関係のためであった。とくにこの当時は,マイバッハはカンシュタットで「……そのすべての時間と力量をただダイムラー氏の利益のためにのみ捧げる義務を負[33]……」わされた隷属的ともいえる存在であった。

しかし第三に,当時のドイツの特許法のあり方にも重要な問題がひそんでい

た。そのことはマイバッハも自覚していて、後になって時期は特定できないが、たぶん1900年のダイムラーの死後と思われる『ヴュルテンベルク新聞』(Die Württembergische Zeitung) に、次のように寄稿しているからである。「私はそれに対して異議をとなえず、また私の人格に対する要求も主張しなかったので、当時の特許当局の規定にもとづいて、上記の発明にたいする唯一の所有権は、ダイムラー氏とその後継者たるダイムラー・エンジン会社に認められた[34]」と。

当時のドイツの特許法は、1850・60年代に一時、経済的自由主義の影響下に特許制度廃止運動が高揚したのち、1871年ドイツが統一されて、また1873年に始まる「大不況」が経済的自由主義の思潮を冷却させるなか、それまで各邦国バラバラであった特許法を統一する必要から、1877年になってようやく同年5月25日に公布され、同年7月1日より発効した「ドイツ帝国特許法」であった[35]。その性格を規定した重要な要因として次の2点が指摘できる。

その第一は、特許法制定の推進主体となった「ドイツ特許保護協会」(der Deutsche Patentschutzverein) が、「ドイツ技術者協会」に結集した技術者や工学者だけでなく、ジーメンス (Werner Siemens) のような産業資本家をも包含し、しかも彼を議長にいただいていたことである。そのため「特許法」の下地となった「特許保護協会」の草案においても、ヘッゲン (Alfred Heggen) の研究も指摘するように、発明者よりも、出願者となる企業の立場が優先的に考慮されることになった[36]。

また第二に、当時ドイツは、イギリス、フランス、アメリカに対してなお技術的・産業的に後進国の立場にあり、そのため第二帝政のビスマルク政権は、積極的に特許出願を促進させるため、だれが最初の発明者かを決めねばならない「発明者原理」(Enfinderprinzip) よりも、最初の出願者に特許を付与する「出願者原理」(Anmelderprizip) を、立法原理として選択したのであった[37]。

こうして、同法第3条には、「この法律にもとづき最初に発明を出願したものが、特許交付の請求権をもつ[38]。」と規定された。

すでに1877年に同法のコメンタールを書いたガライス (Dr. Carl Gareis) は, この条文について,「出願者の特権付与 この法律は発明者にではなく, その最初の出願者に特許保護を約束するものである[39]。……」と明言している。またその他, ライプチヒ商業会議所書記で帝国議会の議員ゲンゼル (C. Gensel) も, 「誰が特許交付の請求権をもつかの問題については, この法律は一見おそらくあまりにも表面的すぎるが, しかし実際には唯一適切な解答, すなわち誰が最初にそれを出願するかで答えている[40]」と解説を加えている。すなわち彼によれば, この方法によって, アメリカでみられるような最初の発明者を確定する煩瑣さもなく, またかりに最初の出願者が他人の発明権を侵害していた場合には, 侵害訴訟によって取り消されることが可能となるからである[41]。

ともかくも第二帝政期のドイツの特許法は, 発明者の諸権利を保護する性格も内容も欠いていた。それがドイツで貫徹するには相当の時間を必要としている。まず1913年の改正案でようやく発明者原理が現われるが, 第一次大戦がその成立を妨げ, 結局, ナチス期になって, 1936年5月5日公布の特許法までまたねばならなかった[42]。そこにおいてようやく,「第3条 特許請求権は, 発明者もしくはその権利の承継者がこれを有する[43]」と書き込まれたのである。

したがって, マイバッハが盛んに発明を行なった頃の1877年特許法には, 今日の発達した各国の特許法やその関連法にみられるような, 従業者, 等の職務発明や, その際の従業者等の権利規定はおろか, 出願にあたって発明者の氏名を記載せねばならないといった発明者人格権さえも規定されていなかったのである[44]。

ゼールベルク工場の建設　カンシュタットの小さな実験作業場には, もちろんエンジンや自動車を製造する余地もなければ, 設備もなかった。そのためダイムラーは, 最初は自ら製造工場の経営を企図せず, 自分が取得した特許の実施権を販売して, その実施料収入でさらに実験を進め, またその対象を多様化しようとしたふしがみられる。それは, 彼が1884年

11月に，あれほど激しく抗争したうえ辞めさせられたドイツ社に対して，ダイムラーの二つの基本特許を販売しようとしたからである[45]。その時，ダイムラーは直接の抗争者であった，オイゲーン・ランゲンではなく，その兄で取締役であり，話し合いが可能であったグスタフ・ランゲン（Gustav Langen）を交渉相手とした。しかしドイツ社には，ダイムラーに対しては恐ろしく苦々しい思いがあり，監査役会はダイムラーの発明には「なんらの価値を認めず」，彼の申し出を拒否した[46]。

このダイムラーの行為に対して，彼を賛美する伝記作家ジーベルツは，それを過去の恨みを忘れたダイムラーの「高貴な人間性」のあらわれとしている[47]。しかし私たちは，それを，まだ設備も資本力もともなっていなかったダイムラーの，ザスのいうように「冷静な商売上の熟慮[48]」とか，またはリングナウのいうように「プラグマティックな考え方[49]」と呼ぶべきであろう。とはいえ，当時，自動車のほうは確かに，騒音を発し，爆発の危険をともなって人々には不人気ではあったが，「箱時計」型エンジンは，定置用あるいはモーターボート用のそれとして，市場性をもち始めていた。そのためダイムラーはその製造工場の設立を決意し，1887年7月5日，実験作業場からほど遠くない，同じくカンシュタットのゼールベルク（Seelberg）のルードヴィヒ街（Ludwigstraße）67番地に所在した，「ツァイトラー＝ミッセル社」（Zeitler & Missel）の元ニッケル鍍金工場の敷地2903m^{2}と建物とを，3万200マルクで購入した[50]。

その結果，これまでマイバッハの私宅に設けられていた設計事務所もここに移された[51]。またこれまでダイムラーの個人秘書兼会計係であったリンク（Karl Linck）も，正式に商事部門担当者となり，会計と通信とを受けもつようになった[52]。そしてダイムラー自身は，今や全体的な管理と，他企業，官庁などとの渉外業務，ならびに雇い入れた労働者の訓練を担当するようになった[53]。

本格的生産のため様々な機械や工具が購入され，労働者が新規に雇い入れられた。従業員数は，同工場が設立された1887年には，すでに23人を数えたが，2

第4章　自動車工業の萌芽的成立期（1885/86〜1901/02年）　217

年後の1889年には34人に増加している[54]。とはいえそれは，まだまだ小工場でしかなかった。

　この段階の主要製品は，定置用およびモーターボート用エンジンであった。とくに後者については，1888年10月18日に祝われたハンブルク新自由港の開港式典において，皇帝ヴィルヘルム2世も参観するなか，ダイムラーが乗船して行なったモーターボートのデモンストレーションが，その販売促進の契機となった[55]。これによって，北海，バルト海の諸港を初め，各河川，湖沼に，ダイムラー・エンジンを搭載したボートが急速に導入されていったからである[56]。

　このようなエンジンの生産活動と並行して，多様な技術開発が進められた。そのうち特徴的な点のみをまとめてあげれば，次のようなものがあった。

(1)　1887〜88年，ガソリン・エンジンを原動機とする様々な交通手段のモータリゼーションの試み。人と小荷物を運送する「鉄道用ガソリン動車」，「保線用モーターカー」，「ミニ市街鉄道」，馬車鉄道に代わる本格的な「市街鉄道」，牽引はなお馬でなされたが，ポンプはモーターで動かされる「消防車」，後に飛行船へと発展する「動力気球」，「発電・照明車」等がそれである。

(2)　1889年，4サイクル，小型，軽量・高速回転のV型2気筒エンジンの開発。これはマイバッハが，単気筒「箱時計」型を基礎にして，その気筒をV型に二つ組み合わせたものであり，エンジン多気筒化の嚆矢をなす。その特許DRP50389号は，同年6月9日やはりダイムラー名儀で取得された。

(3)　1889年，「鉄鋼車輪車」の開発，これは，上記V型2気筒エンジンを搭載し，動力伝達装置と変速装置については，ベルトの使用を主張するダイムラーの反対を押し切り，マイバッハが歯車のみを用いた四輪自動車。最初の四輪車が，既存の馬車にエンジンを無理やり組み付けたのとは異なり，これは各機能ユニットが有機的統一性をもって組み立てられており，その意味での最初の本格的な四輪自動車といえる。とくに変速装置に歯車を用いたことは，それが今日でもそうであることを思えば，その画期性が窺える[57]。

　この鉄鋼車輪車は，V型2気筒エンジン，モーターボート，発電・照明車ととも

に, 1889年, フランス革命100年を記念して, パリで開催された万国博覧会で展示・実演された[58]。当時の一般観客の関心は, 建設されたばかりのエッフェル塔に向けられていたが, 専門家筋は, ダイムラー・エンジンに注目した。ダイムラーの古くからの友人であったE・サラザン（Edouard Sarazin）の未亡人L・サラザン（Louise Sarazin）が, 夫の遺志をついで, 1889年から1890年にかけてダイムラーと交渉し, フランスとベルギーに関して, その製造権（特許実施権）を獲得する[59]。そしてこれが, 従来, 小型蒸気自動車の製造を追求してきたフランス自動車業界に, 初めてガソリン自動車製造の契機を与えることになる。ただしそのやや詳しい内容は, 後にドイツ自動車工業の対外的側面について分析する際にたち入るであろう。

ダイムラー・エンジン株式会社の設立　ダイムラーの個人企業は, 1887年7月ゼールベルク工場を設立して以降, 1890年11月までの約3年強の間, 定置用・モーターボート用エンジンを生産してきたが, 1888年には7台, 1889年には11台を販売したにすぎず, それは充分に採算のとれるようなものではなかった[60]。ダイムラーは実験作業場を設立した1882年以後の8年間に実験費, 人件費, 業務費, 特許取得費や特許料のためだけでも概算29万マルクをつぎ込んだと言われている[61]。それは, この間ダイムラーがドイツ社からえた株式配当収入, 約30万マルクにゆうに達するものであった。そのためダイムラーは, なお本格的に経営が軌道にのるまでもちこたえられるような資金の提供者を求めるようになった[62]。

　その頃, ダイムラーの開発活動の将来性に着目し, 資本投下する用意のある経済人が出現しつつあった。1886年にはドイツ社の特許DRP532号が無効宣言され, さらにドイツ社がダイムラー特許に対して起こしていた訴訟において, 1888年12月にシュトゥットガルトの邦国裁判所が, ダイムラーに決定的に有利な判決を下したことが, 関心のある経済人を勇気づけていた[63]。

　その中心的人物は, ユダヤ系の有力な銀行家であり,「ヴュルテンベルク連合

銀行」(Württembergische Vereinbank) の頭取であったフォン・シュタイナー (Dr. Kilian von Steiner, 1833-1903) であった。彼は,後にベルリン6大銀行の頂点に立つドイチェ・バンクとも緊密なつながりをもっていた他,様々な銀行に直接・間接関係をもつ地方の大金融業者であり,これまでに多くの企業の株式会社化を推進してきた人物である[64]。

そして彼は,ダイムラー企業の株式会社への改組・転換にあたって,その影響下にあった2人の人物を前面にたてて,それを行なった。その一人は,「合同ケルン・ロットヴァイラー火薬工場」(Vereinigte Köln-Rottweiler Pulverfabriken) の有能な経営者であったドゥッテンホーファー (Max Duttenhofer, 1843-1903) であり[65],もう一人はカールスルーエにあった「ローレンツ・ドイツ金属薬莢工場」(Deutsche Metallpatronenfabrik Lorenz) の所有者兼経営者ローレンツ (Wilhelm Lorenz, 842-?) であった[66]。両者は,ともに有力な軍需企業家として互いに緊密に連携しており,たしかに産業資本家には違いなかったが,権威主義的第二帝政期の軍国主義的発展のもとで成長してきたという特徴をもっていた。

この2人のうち,ダイムラー企業の株式会社化にあたってより主導的な役割を演じたのは,ドゥッテンホーファーの方である。彼は,他の株主による制肘を恐れるダイムラーを,すでに1886年7月8日頃から説得し始めている[67]。そして1890年になって改組がいよいよ日程にのぼった時,同年3月14日,ダイムラー,ドゥッテンホーファー,ローレンツとの間で「仮契約」(Vorvertrag) が締結されるが,その内容は,出資額は3者によってほぼ3等分されるが,ダイムラーは発起人の1人として監査役会に入り,技術開発と経営全体の指導はダイムラーに保証するというものであった[68]。

こうして,以下のような発起人たちが,1株=1000マルクのそれぞれ引受額をもって,「基本資本金」(Grundkapital) 60万マルクの「ダイムラー・エンジン株式会社」(die Daimler-Motoren Gesellschaft AG) が,1890年11月28日に設立された[69]。

	出資額（マルク）	株数
G・ダイムラー	200,000	200
W・ローレンツ	180,000	180
M・ドゥッテンホーファー	150,000	150
K・v・シュタイナー	50,000	50
A・グロス	20,000	20
合計	600,000	600

　ダイムラーの出資内容は，表4-1に示す通り，同社への特許譲渡料以外は，ゼールベルク工場の施設，設備，原・燃料，製品在庫，等の主に現物出資であり，その価格は1889年3月現在の評価額であった。

　ダイムラーは最大の株主ではあったが，なお全体としては少数株しかもちえなかった。その理由の一つは，彼の出資した不動産は，鑑定士によって6万8200マルクと査定されていたが，帳簿価格上は，4万1800マルクと評価されたためで

表4-1　株式会社化にあたってのダイムラーの出資内容と評価額

出資項目	評価額（マルク）
不　動　産	41,800.−
工　作　機　械	12,573.76
工　　　具	5,039.76
その他工場装置	625.−
動　産・用　具	4,086.08
模　　　型	3,500.−
経　営　資　材	8,467.07
燃　　　料	208.50
石　　　油	241.20
建　設　資　材	250.−
商　品・製　品	88,200.−
（小　計）	164,991.37
特　許　譲　渡　料	35,008.63
（合　計）	200,000.−

出典：Max Kruk／Gerold Lingnau, 100 Jahre Daimler-Benz Das Unternehmen, Mainz 1986, S.29.

もあった[70]。そのためダイムラーには,特別に10万マルクの「受益証券」(GenuBschein) が与えられた。とはいえそれは,利益のうちから減価償却,準備金組入を控除し,さらに総資本額の5%の配当支払いをした後,なお残る超過利潤があった場合にのみ配分されるものであり,当座としてはあまり意味をもたない権利証書であった[71]。

　ドゥッテンホーファーとローレンツは,ダイムラーと並ぶ中心的株主であり,その出資は現金でただちに25%が払い込まれた[72]。それに彼のパトロンであるかのシュタイナーが,小株主とはいえ加わっていて,この3者が連携すれば,ほぼ3分の2の議決権を制し,会社を支配できる仕組になっていた。その対錘とまではいえないが,ダイムラー側から彼のグラーフェンシュターデン時代からの旧友で「エスリンゲン機械工場」の経営者グロス (Adolf Groß) が,小株主として参加している[73]。

　同社の役員組織は以下のように構成された[74]。すなわち前記の発起人5名がいずれも監査役になるが,会長にはドゥッテンホーファー,副会長にはダイムラーが就任した。そしてその監査役会によって次の3名の取締役が任命された。ダイムラー側から,技術担当のマイバッハ,商事部門担当のリンク,ローレンツ企業からシュレッター (Max Georg Schroedter) である[75]。

　株式会社設立と同時に,将来の紛争をさける目的をもって,定款とは別に,3人の主要株主の間で「シンジケート契約」(Synikatsvertrag) が結ばれた。その内容は,来る5年間は当事者間の合意なしに第三者への株の譲渡は行なわず,他の2人はダイムラーが監査役に選ばれることを支持すること,また互に競業避止義務を守ること,等からなっていた[76]。

　ところで私たちは,ここでダイムラー社に典型的にあらわれているドイツにおける株式会社の構造的特質について触れておきたい。ドイツの株式会社は,後に述べるベンツ社の場合のように,すべての事例についてかならずしも妥当しないが,歴史的にみて一般的に監査役会が取締役会の上位に位置し,後者を厳

しく監督するという構造をもっていた。

1870年に制定され，1884年に改正されたいわゆる「第二株式会社改正法」（『ドイツ帝国商法典』）第246条によると，「監査役会は，管理のすべての分野において会社の業務執行を監視し，その目的のために会社の業務の進行について知らねばならない。監査役会は随時，これらの業務に関して取締役会から報告を要求することができる[77]……」と，その強い権限を規定している。

かつて大隅健一郎氏は，それをフランスの株式会社法と対比して，ドイツの株式会社法の特徴として指摘している[78]。それを受けて大野英二氏は，「……監査役 Aufsichtrat は，その前身が会社の最高決定機能を有していた管理役 Verwaltungsrat であったことからも明らかなように，広汎な権限＝監督機能を保持していたため，取締役 Vorstand, Direktor は大体においてそのたんなる業務執行役の地位をになったにすぎない[79]」と，適切に特徴づけている。

実はドイツにおける株式会社のこの特殊性を知らなければ，ダイムラー社の構成やその展開過程が理解しにくいので，予めここで注意しておこう。

ダイムラー社の内紛・分裂・不振

しかし新たな出発点となるはずのこの株式会社も，『ダイムラー・ベンツ社100年史』が，この時期について「争いと進歩[80]」と表題しているように，初発から厳しい内紛を宿した不幸な出発をせねばならなかった。

その重大な契機となったのは，既述の1882年の「任用契約書」第4条に書かれていた，ダイムラーの経営が確立した時点で，マイバッハには正式に3万マルクの資本参加を認めるという問題であった。ダイムラーはなぜかこの問題を株式会社化の準備段階で提起せず，設立後それをもちだし，しかもマイバッハに与えるべき株を，ドゥッテンホーファーとローレンツのそれから割譲するよう要求した[81]。彼らは，その件はダイムラーが責任を負うべきもの，と拒否したことはいうまでもない[82]。

この問題に端を発して，対立は取締役の人事問題に発展していった。1891年

2月にドゥッテンホーファーはマイバッハに「任用契約書」を提示したが，そこにはマイバッハに対する3万マルクの株式譲渡が規定されていなかったため，同月11日マイバッハは決然たる辞表を書き，同社を辞していった[83]。しかし彼は衝動的にこのような挙にでたのではなく，予めダイムラーとの打ち合わせがあったと推定される[84]。しかしいずれにせよ，非凡な技術開発能力をもったマイバッハを追い出したことは，ダイムラー社の大きな失敗であったことは，やがて明らかになるであろう[85]。

　もう一人のリンクについては，商事部門担当取締役の職を解かれて，たんなる「支配人[86]」（Prokurist）に格下げされ，彼も1891年9月にダイムラー社を退社していった[87]。その後任には，多くの候補者のなかからG・フィッシャー（Gustav Vischer）が選ばれ就任した[88]。こうしてダイムラー社の取締役会は，若干才能もあり努力家と言われたシュレッターが技術担当になり，フィッシャーが商事部門を担当する，弱体化した体制となった。

　ついで社内の対立は，工場拡張・整備計画，労働者の雇い入れと教育計画，そして開発・生産計画をめぐってダイムラーがドゥッテンホーファー，ローレンツ陣営を烈しく批判する形で激化していった。株式会社化されて以後，新工場が建設され，機械・工具が新規に購入され，生産能力はいっきに8倍化されたという[89]。その機械・工具等の購入費は，1891年3月までに16万7000マルクに達した[90]。また従業員数も，表4-2が示すように，1889年の34人から1891年には150人と5倍近くに急増している[91]。この大量雇用は，エンジン需要の拡大をはるかに超えていただけでなく，ダイムラーの目には非合理的，無計画なものと映った[92]。

　それにもまして両陣営の対立を尖鋭化させたのは，開発・生産計画であった。ダイムラーがエンジンの完成度を高めると同時に，自動車を含む様々な交通手段のモータリゼーションを重視したのに対して，反ダイムラー陣営は，エンジンの改良は認めたものの，自動車製造はリスクが多く，当時年産700台のエンジン

表4-2 ダイムラー企業の発展

年	従業員数	自動車生産台数
1886		1
1887	23	—
1888		—
1889	34	2
1890	123	—
1891	150	—
1892	92	4
1893	121	2
1894	125	1
1895	139	8
1896	206	24
1897	184	26
1898	261	57
1899	327	108
1900	344	96
1901	424	144
1902	503	197
1903[2]	821	232

注1) この期間ダイムラー社で19台、ホテル・ヘルマンで12台が生産されたという史料もある。
注2) 1903年6月10日のSeelberg工場の大火により、それまではおもにCanstattで、それ以降はUntertürkheim工場で生産。
出典: Werner Oswald, Mercedes-Benz Personenwagen 1886-1986 (5. Aufl.), Stuttgart 1991, S.72 u.79. より著者作成。

生産を誇っていたベンツ社にならえと、緩慢回転の定置用あるいはせいぜいモーターボート用エンジンに生産を集中しようとした[93]。

　このような経営内の情勢に当面して、ダイムラーは全資産を投入した、また自分の名前を冠した会社を辞めるわけにいかず、自己のかかえる矛盾を次のように解決しようとした。すなわち自分はダイムラー社に残るが、辞めていったマイバッハを前面にたて、「マイバッハ自動車工場合名会社」(Motorenfabrik Maybach & Com. Canstatt) を設立させ――それは結局、登記さえされなかったが――、今は使用されていなかった元高級ホテル、ヘルマン (Hermann) の庭園ホールと中庭とを賃借させ、エンジンと自動車の開発にあたらせたのである[94]。だ

がその内容については後に述べるので，いまはダイムラー社の状態について続けよう。

ドゥッテンホーファーは，万事にわたってダイムラーの激しい攻撃を受け，彼との関係をいま一度調整せざるをえなくなった。そのため1892年10月26日に，ローレンツを含めて3者の間で，「1890年11月28日のシンジケート契約の補遺」(Nachtrag zum Sydikatsvertrag vom 28. November 1892) が結ばれた。その内容は，ドゥッテンホーファーは監査役会長にとどまるが，ダイムラーは監査役であると同時に，監査役会と取締役会の「専門顧問」(sachverständiger Beirat) として，製品・生産技術に関してはすべてにわたって彼の承認を必要とする，というものであった[95]。

しかし，そのような状態は現実化せず，反動がすぐにも現われた。1893年3月頃から，取締役たちが定期的・規則的に出勤しないダイムラーに対して，協議もできず，執行の承認もとれないと不満を爆発させたのである。そのため監査役会は，1893年4月5日，多数決をもって，以後，会社業務は監査役会——それを代表するのはドゥッテンホーファー——の指示にもとづき，取締役会がこれを行なうと決定した[96]。こうしてダイムラーは，なお監査役ではあったが，たんなる株主にすぎず，必要な時にだけ相談をかけられる存在へと追いやられていった[97]。

この間ダイムラー社は，エンジン生産に関しては，計画を大幅に下まわりながらも，それなりに続行していた。すなわち1891年の予定生産台数400に対して販売台数は102，1892年の販売台数は110といった調子である[98]。

しかし技術開発については，以下のような試みを行なったが，マイバッハのような技術者を欠いて，うまく行かなかった。

(1) 1892年，「シュレッター車」の開発　この間，技術担当取締役シュレッターを中心に，かつてマイバッハが開発した「鉄鋼車輪車」を基礎に，水冷直列2気筒1.8馬力の四輪車を開発した。それは12台製造する予定であったが，エンジン出力の割には重すぎ，また価格も4400マルクと高かったので完売できなかっ

た[99]。

(2) 1893年, 石油エンジン開発の失敗　シュピール兄弟 (Carl u. Adolf Spiel) を雇い入れて, 危険性の高いガソリンではなく, より安全な石油エンジンの開発を試みたが失敗。これは同社の定置エンジン生産を発展させようとする戦略の挫折である。

以上のごとく, 経営陣内部の激闘に加え, 技術開発の失敗によって, 同社の財務内容は急速に悪化していった。すなわち同社は, 1890/91営業年度にはなお, 2万6270マルクの純利益を, また翌1891/92年度にも, なんとか1万5130マルクの純利益を計上できたが, 1892/93営業年度には, 4万5620マルク以上の損失を, そして翌1893/94年度には, その倍以上の9万4530マルクの損失を計上しなければならなかった[100]。

その結果, 1893年11月17日に開かれた監査役会では, シュタイナーの「ヴュルテンベルク連合銀行」からの負債額は, 21万2000マルクに達していることが報告され, それに対してダイムラーを含む3大株主が信用保証することが議題にのぼった[101]。ダイムラーはこの提案を拒否したが, 他の2人は, 設計事務所と, 工場の一部をカールスルーエのローレンツ工場に移転させることを条件にそれを受け入れている[102]。そして1994年1月12日の監査役会でも, ダイムラー欠席のまま上記の方針が再確認され, 同年4月12日の監査役会では, そのためのローレンツとの契約書が批准された[103]。

当時ゼールベルク工場の稼動率は4分の1にまで落ち込んでいたが[104], そのうえダイムラーとマイバッハが育ててきた設計部門は, 半身不随のまま, カールスルーエに移転していった。

1894年10月初めには, ダイムラー社の銀行債務の総額は, 38万5000マルクに達し, シュタイナーはその信用引上げを声明した[105]。反ダイムラー陣営は, ダイムラーが当初の出資額の3分1, 6万6666.66マルクを受け取って退社せねば, 破産手続をとると脅迫した[106]。ダイムラーは, 1894年10月16日, やむなくそれ

第4章　自動車工業の萌芽的成立期（1885／86～1901／02年）　227

を受け取ったため，彼はこの時点でその所有株を一時失う結果となった[107]。

　しかし彼は，ドゥッテンホーファーらのこのやり方に対抗するため，シュトゥットガルトの裁判所に提訴した。その判決内容は，被告は共同の責任において，原告たるダイムラーに対し，20万マルクの残，13万3333.34マルクの支払を命ずるというものであった[108]。

　このように1894年末には，ダイムラー社の内紛は頂点に達してまったく泥沼化しており，このままでは経営の再建は絶望的な状態に陥っていた。しかしその頃から，とくに1895年に入って，突如，国内とりわけ国外から救いの手が差し伸べられることになる。だがそのことに立ちいる前に，私たちはもう一つの企業，形式的にはマイバッハを長とする企業の内容がどうであったのかについて，触れておく必要があろう。

マイバッハ自動車工場合名会社　　ダイムラーと打ち合わせたうえ，1891年2月11日に辞表を書き，ダイムラー社をでていったマイバッハは，ケーニッヒ街（Königstraße）44番地に住居を借り，さしあたりそこを設計事務所として開発活動を続けることになった[109]。ただしダイムラー自身はダイムラー社にとどまる限り，彼の名を冠した別会社の設立は，例の「シンジケート契約の補遺」に規定された競業避止義務に明白にふれるため，新会社は偽装されて，「マイバッハ自動車工場合名会社」の商号をいただくことになった[110]。ダイムラーが，同社を正式に登記させる意図をもっていたことは，彼が1893年7月7日にリンクに与えた手紙から窺えるが，ザスが調査した結果，それまたはそれらしい商号は残されていない[111]。

　ダイムラーとマイバッハにとって，設計事務所だけでは，試作機の製作と実験は不可能であったため，同社は1892年秋から，カンシュタットにおいて当時は利用されなくなっていた高級温泉ホテル，ヘルマンの，「庭園ホール」と中庭とを，年額1800マルクで賃借し，そこに「実験作業場」を設けることになった[112]。

　その「庭園ホール」は，かつてはダンスホールや劇場を設けた2階建の建物で

あったが，それは次のように変更された。1階の左の側翼に「設計事務所」，建物中央部に原動機としてドイツ社製ガス・エンジンをもった「機械作業場」(mechanische Abteilung)，その隣に「鍛造作業場」(Schmiede)，また2階の右の側翼に「部品加工場」(Schlosserei)，中央部の元劇場に「組立ホール」(Montage)，その舞台に「原料・完成部品置場」が配置された[113]。

この似つかわしくない建物に収容された施設は，なるほど基本的には「実験作業場」に違いなかったが，かつて最初にダイムラーの私邸内にあったそれよりは相当規模が大きく，部分的にはエンジンや自動車の製造も可能な小工場的性格を備えていた。ホラスは，ここでの作業開始後，1年間で20台のフェニックス・エンジンが製造されたと指摘している[114]，またマイバッハの残した手帳には，ここで12台の自動車が製作されたともされている[115]。

ともあれダイムラーが，ここに一定程度の設備投資をしたことは事実である。それは，やがてダイムラー社が統一されたのち，1896年10月31日に開催された株主総会において，ダイムラーに対して，その施設については1万7006.95マルク，その在庫品については4万2650.45マルクの補償を決定していることからも，肯けよう[116]。

ここで雇用された従業員も相当数にのぼった。メーヴェス (Moewes) という技術者の他，固有名詞までわかっている人も数人いる[117]。労働者は12人，見習工は15人に達していた[118]。

これらの資本投資は，基本的にダイムラーによってなされていた。たとえ製品が若干売れたとしても，その販売高は費用を償うものではなかったことは，先にみたダイムラーへの補償からもわかる。

それにもかかわらず，ダイムラーはこのホテル・ヘルマンには一切出入しなかったようである。ジーベルツは，1893年4月以降ダイムラーはホテル・ヘルマンに引っ込んだように叙述しているが[119]，ザスは当時の従業員の証言を集めて，ダイムラーは一切姿をみせず，彼とマイバッハとの連絡は，秘かに私宅でなされ

第4章　自動車工業の萌芽的成立期（1885／86〜1901／02年）　229

るか，見習工が運ぶ文書や図面でなされたことを明らかにしている[120]。

　ところでこのホテル・ヘルマンでは，ダイムラー社とは正反対に，マイバッハを中心に以下のような画期的な技術開発が行なわれた。

(1)　1892年末〜1893年初頭，4サイクル・直列2気筒エンジン（2馬力）の開発。これは当時ホテル・ヘルマンでは「新型」(neues Modell) と呼ばれていた[121]。しかしその優秀さ故に，フランスの自動車業者ルヴァッソールによって「フェニックス・エンジン」と名づけられ，その名称が一般化された。
(2)　1893年1〜7月，「噴霧式気化器」の開発。これはイギリスとフランスとでは特許されたが，なぜかドイツでは拒絶された。とはいえこの発明の卓越性は，その後それに幾多の改良が加えられようとも，今なお私たちがそれを用いていることからもわかる。
(3)　1884〜85年，「ベルト自動車」の開発。これは，上記の噴霧式気化器付のフェニックス・エンジンを搭載した自動車であり，その点で進歩していた。しかし動力伝達機構と変速装置には，マイバッハの強い抵抗にもかかわらず，ダイムラーがその使用を強要したベルトが採用されていた。

　ところで，このホテル・ヘルマンでマイバッハが行なった4件の発明だけは，マイバッハの名で出願され特許されている[122]。それについては第3章第2節でやや詳しく述べているので，ここでは説明を省略する。しかしこの特許さえもが，ダイムラー社統一後の1896年10月31日の株主総会で，ダイムラー社に移転され，その特許権料14万342.60マルクは，マイバッハにではなく，ダイムラーに支払われた[123]。

　「マイバッハ自動車工場合名会社」は，経営自体は決して採算がとれていたとは思われないが，マイバッハの技術開発によって次々と成果を示し始めていた。このことが他方，ダイムラー社の技術開発の失敗，業績悪化，清算の危機とあいまって，両者の統一を準備する基本的条件となった。

ダイムラー社の統一 その条件はまず,国内よりも国外において成熟してきた。1894年フランスのパリ=ルーアン間で開催された世界最初の自動車レースにおいて,ダイムラー特許のエンジン(V型2気筒)を搭載したパナール・エ・ルヴァッソール社とプジョー社の車が優勝を分けあい,また翌95年のパリ=ボルドー=パリ間のレースにおいてもまったく同様の結果が示された[124]。これが,ダイムラー・エンジンを一躍,国際的に有名にし,それに対して,1889年いらいダイムラーの知己をえていたと同時に,ダイムラー社の分裂を憂慮していたイギリスの技師シムズ(Frederick R. Simms)が強い関心を払ったのである。

すでに述べたごとく,技術開発的にも経営的にも完全に行きづまっていたダイムラー社の方は,その打開策をなんとか見いだそうとして,最初はダイムラーを排除し,マイバッハのみの復帰を考えた。というのも,ダイムラーとはすさまじいばかりの激しい確執の結果,その関係は完全にこじれてしまっていただけでなく,すでにこの頃ダイムラーは,病気と老齢のため異常な性格を示し始めていたからである[125]。

1895年の夏,まずダイムラー社の取締役フィッシャーがホテル・ヘルマンにマイバッハを訪ね,シュレッターが辞職したことを告げ,マイバッハが技術担当取締役に就任するよう説得した[126]。それに対して,マイバッハはその申し出を考慮する用意はあるが,しかしダイムラーとの紛争が平和的に解決されることが条件であると,話が中断しないよう配慮した返事をした。マイバッハの方も,本格的な生産活動をともなわず,ほとんどダイムラーの私的な資金力にのみ依存する「マイバッハ自動車工場合名会社」の将来に不安を覚えていたからであった[127]。

同年10月20日には,ついにドゥッテンホーファーが直々に乗りだしてきた。彼はカンシュタットのホテル・ヴィクトリアでマイバッハに説得を試みた。それに対してマイバッハは,「私はダイムラーの弟子の一人であり,私たちはあな

第4章　自動車工業の萌芽的成立期（1885/86～1901/02年）　231

たがたが見るほどバラバラではない。だが私は双方がよき諒解に達しうるよう，なおこの機会を逃したくない[128]」と返答している。

　なおこの間，ドイツのなかでも統一の労を外からとろうとする人物が現われた。その人は，ドイラー（Wilhelm Deurer）とよばれる，ハンブルクに在住して，これまでダイムラーのモーターボート用エンジンを精力的に売り捌いてきた商人であった。彼はまずダイムラーの相手方を説得しようとして失敗している[129]。

　そしてもう一人は，すでにあげたイギリス人シムズであった。彼は，1889年のブレーメンでの博覧会を契機にダイムラーと知り合い，すでに1890年にはダイムラー・エンジンの特許実施権を取得していた[130]。そのため1891年6月には，「シムズ・コンサルティング・エンジニア社」（Simms and Company, Consulting Engineers）を，ついで1893年5月26日には，資本金6000ポンドの「ダイムラー・モーター・シンジケート株式会社」（Daimler Motor Syndicate Ltd.）を設立していた[131]。その後，1895年，当時イギリスの大自転車業者，ローソン（Harry J. Lawson）を中心に資本金15万ポンドの「ブリティッシュ・モーター・シンジケート株式会社」（British Motor Syndicate Ltd.）が設立され，同社がシムズからダイムラー特許実施権を高値で買い取る用意があることを示した[132]。

　シムズは，マイバッハが開発した噴霧式気化器やフェニックス・エンジンの国際的名声をよく知っており，そのため双方を説得するため，わざわざシュトゥットガルトにまで乗り込んできた。彼はまずダイムラーからその要求を聴取したが，その内容は，マイバッハを技術担当取締役にし，彼には3万マルクの株を与え，それは自分を含め主要株主3名から平等に1万マルクずつ割譲すること，そして統一後，ダイムラー社の増資を行なう，というものであった[133]。

　そのうえでシムズは，相手方に対してマイバッハの技術開発力がいかに秀れているかを説きつつ，ダイムラーを統一会社の第一の地位につけると同時に，マイバッハを復帰させることを絶対的条件にして，イギリスにおけるダイムラー

特許の実施権を35万マルクで買う用意があることを表明した[134]。この提案に対して、ダイムラー社が破産状態にあっただけに、ドゥッテンホーファー、ローレンツだけでなく黒幕のシュタイナーも同意せざるをえなかった[135]。

　こうして、ついに「再統一契約書」(Wiedervereinigungs-Vertrag) が、1895年11月1日、まずダイムラーとドゥッテンホーファーの間で、ついで同月4日にはローレンツとの間で署名された[136]。5年にもわたる厳しい抗争がようやく終わり、ダイムラー社の再建が始まる。ダイムラーは、「専門顧問」、「総監」という称号のもとに、今やダイムラー社最高の地位につき、またそれに対して、純利益の5％の特別利益配当金 (Tantiemen) ──年、最低でも3000マルク保証──が与えられることになった[137]。

　統一なった新会社は、早速、1895年11月8日には、ドゥッテンホーファーを一方とし、マイバッハを他方とする後者の「勤務任用契約書」(Dienstanstellungsvertrag) が締結された。それは、今日もMTU社の「マイバッハ文書館」に現存しており、著者は別稿でそれを訳出したが[138]、その最重要点をあげれば次の通りである。(1)マイバッハは技術担当取締役に就任し (第1条)、それに対して年俸1万マルクを受け取る (第3条)、そして分裂の契機となった彼の資本参加問題については、彼のもつ特許、実用新案権、模型、図面等の会社への無償譲渡とひきかえに、彼に30株 (額面価格3万マルク) を与える、といった内容であった。そして同年11月末には、カールスルーエのローレンツ工場に移転していた設計事務所はカンシュタットに戻され[139]、またホテル・ヘルマンにあった「実験作業場」も間もなく撤収されていった[140]。

　そしてこの間、ロンドンの「ダイムラー・モーター・シンジケート」が、1895年11月3日に、約束した35万マルクの支払いを履行した[141]。その取得された特許実施権は、その倍以上の3万6250ポンド (約72万5000マルク) の価格でローソンの「ブリティッシュ・モーター・シンジケート」へと転売されていくことになる[142]。

さてダイムラー社では、これを受けて、1895年12月10日の臨時株主総会において、(1)緊急な負債18万4809.44マルクの返済と、特別償却20万7655.04マルクの計上、(2)ドゥッテンホーファーとローレンツがその半分ずつを引き受ける30万マルクの増資——これによって基本資本金は60万から90万マルクとなる——が決定された[143]。その払い込みは、その半額が12月10日までに、残る半額が1896年3月初めまでになされることになる。

また会社とダイムラーとの債権＝債務関係は、1896年10月31日の株主総会への「業務報告」によると、次のように整理された。ダイムラーは、ホテル・ヘルマン期にマイバッハが取得した特許の会社への移転代金として、14万346.60マルク、その「実験作業場」への設備投資費等1万7006.95マルク、そこに残された在庫品費4万2650.45マルク、計20万マルクを受け取るが、それをもって、彼が分裂末期に失った178株（額面価格20万マルク）を買い戻した[144]。

以上の財務整理過程を大雑把にいえば、会社はシムズの支払った35万マルクで緊急返済の必要な債務を返し、特別償却を行ない、30万マルクの増資によってダイムラーへの補償を行なったが、彼はそれで株を買い戻すことによって、その金を会社に還流させたということである。ところで私たちは、ここでその資金の源泉に注目しておく必要があろう。30万マルクの増資にあっては、ドゥッテンホーファー、ローレンツの両軍需企業の蓄積利潤からでている他、シムズの35万マルクは、結局、当時の先進工業国イギリスの産業資本——ローソンの自転車工業——から流入している。すなわちドイツ自動車工業の萌芽的形成にあたっては、ドイツ産業資本からの転化分に加えて、特許実施料収入という形で、イギリスやフランスなどからの資本が一定の役割を演じたといえよう。

統一後のダイムラー社の発展 統一後においてもダイムラー社の内部には、後にも触れるように、ダイムラーに対する特別配当金支払阻止問題や、ダイムラーの相手方たちによるベルリンでの競業設立問題等、それまでの抗争の余燼がくすぶっていた。またダイムラー自身、心臓

病を悪化させ、老化して、ついに1900年になくなり、複雑な遺産相続問題を残すことにもなる。

とはいえ、ダイムラー社自体は、イギリスからの資金流入と内部的な増資とによって財政建て直しに成功し、とくに天才的ともいえる技術開発力をもったマイバッハの復帰によって、1895年から世紀転換期にかけて力強く発展してゆく。時あたかも、ドイツ経済はその頃から「大不況」期を抜けでて、「工業の高景気」とよばれる、独占資本成立期の新たな経済的高揚期にあたっており、その発展はまたダイムラー社の成長を促し、その萌芽的確立をもたらすことになる。

すなわちダイムラー社は、この間、経営的基礎を固めつつ、ついに1901年、現代型自動車の原型メルセデスの開発に成功し、世界の自動車業界をして今やメルセデスの時代に突入したと言わせるほどの画期的な技術開発を達成した。そのことによってダイムラー社は、ドイツ内部では先行していたベンツ社を一時蹴落として、トップの自動車メーカーにおどり出た。私たちはその過程を、いくつかの側面にわけて分折していきたい。

技術開発のさらなる前進 この点についても、著者はすでに第3章第2節においてやや詳しく分析しているので、ここではその主だった内容を簡単に列挙するにとどめる。

(1) 1895～99年、ホテル・ヘルマンで開発された「ベルト自動車」(噴霧式気化器付フェニックス・エンジン搭載)の製造、そのタイプの多様化。
(2) 1896/97年、ダイムラー社最初のトラックの開発、3車種。
(3) 1897年、4馬力以上のエンジン出力を可能にした「小管ラジエーター」の開発。
(4) 1897～98年、4サイクル直列4気筒フェニックス・エンジン(6馬力)の開発。1883/84年の単気筒「箱時計」型、1889年のV型2気筒、1892/93年の直列2気筒フェニックス・エンジンの開発についで、エンジン多気筒化の新たな画期。定置用としては、6馬力の他、10, 16, 12, 23馬力のものまで造られた。
(5) 1897～99年、配達車(小型トラック)の製作、5車種。
(6) 1897～1902年、「フェニックス車」の開発・製造。2気筒フェニックス・エン

第4章　自動車工業の萌芽的成立期（1885/86～1901/02年）　235

ジンを搭載，噴霧式気化器，1898年秋以降はボッシュ式低圧マグネトー点火器を装備。これは従来の馬車型を克服して，フロント・エンジン，リア・ドライヴ型になり，その意味で次のメルセデスの直接的前身。
(7) 1900年，マイバッハ，冷却能力を飛躍的に高めた「蜂の巣状ラジエーター」の開発。同年9月29日，同社，特許DRP122766号取得。
(8) 1900年11月～1901年3月，オーストリア・ハンガリーのニース総領事イェリネック（Emil Jellinek）の強い要請を受けて，ダイムラーの死後，マイバッハは，「メルセデス」（直列4気筒35馬力，蜂の巣状ラジエーター装備）の開発に成功。自動車を現代型にする上で「革命的な」作用を及ぼした。

工場施設の拡張と整備　統一後ダイムラー社は，生産拡大に対処するため，本来2903m^{2}の敷地しかない狭隘なゼールベルク工場を少しでも拡張しようと，隣接空き地を取得して，そこに作業場をたてる一方，1896年に「工芸・電気博覧会」が開かれたシュトゥットガルト市内の2つのホールを購入し，それらをいずれも自動車の組立作業場にした[145]。1895/96営業年度には，このような設備投資にだけでも，約4万マルクが投じられている[146]。このことによってダイムラー社は，いまやフェニックス・エンジンと「ベルト自動車」の連続生産を軌道にのせた。

　自動車生産が拡大していくにつれて，ますます多くの工作機械が導入されていったが，それでも間に合わない場合は，車体の一部や場合によってはエンジン部品の一部までもが外製化されるようになった[147]。ところがそれは，しばしば納期の遅れや欠陥部品の多発を生み，今度は車体までも内製化しようという努力をもたらした。そのため鍛造部門，旋盤作業部門，機械作業部門が集約化され，プレーナー部門，車輪切削部門の効率化がはかられた[148]。

　しかしどうするにせよ，この時期の終わり頃には，これまでの施設では生産の伸張に対応できないことが明白になってきた。そのためダイムラー社は，1901年に，今日もメルセデス・ベンツ社の本社棟があるシュトゥットガルト近郊ウンターテュルクハイム（Untertürkheim）村に，18万5000m^{2}もの工場用地を約35万

マルクを投じて取得した[149]。このウンターテュルクハイムへの移転は，当初1905年に予定されていたが，1903年のゼールベルク工場の大火によって，それは早まる結果となる。しかしそれは，当面の考察期間をこえているので，次章で扱うことにしたい。

　　従業員の増加と問題点　　以上のような工場の拡大に対応して，この間，従業員数も前掲表4-2が示すように著しく増大していった。それは，分裂期の最終年には139人であったが，統一直後の1896年には早くも206人となり，1897年にはいったん184人と若干減少したものの，その後は1898年261人，1899年327人，1900年344人，1901年424人，1902年503人と，1895年と比較して3.6倍にも膨れあがっていった[150]。

　しかし今のところ，この従業員の事務・現業別，熟練別，職種別の構成などは明らかにすることができない。ただし従業員のこの急速な増加のなかで，熟練工の不足が嘆かれていたことだけは事実である[151]。また労働時間は，1895～1900年頃，ドイツ機械工業一般の平均で，1日10.25時間であったが，ダイムラー社では，1日10.5時間であった[152]。というのもダイムラー社は，生産増に対応するため，昼夜2交替制の導入をはかろうとしたが，当時の好景気のもとではそれは熟練工の流出につながったため，その実施に失敗しているからである[153]。このように当時は厳しい労働条件が支配していたが，やはり第二帝政期のこの時期にふさわしく，労働運動や社会保険問題がダイムラー社をもとらえていた。ジーベルツの研究は，当時ヴュルテンベルク工業地帯に浸透しつつあった階級闘争主義的な労働運動の間接的な影響が及んでいたことを指摘しているが[154]，その詳細はわからない。

　また社会保険問題については，ダイムラー社の経営陣は分裂した態度をとった。すなわちドゥッテンホーファーとグロスは，「国民自由党」的立場から，「南ドイツ金属工業家連盟」（Verein Süddeutscher Metallindustrieller）と連帯して，その導入を積極的に推進しようとした[155]。それに対してダイムラーは，社

表4-3 ダイムラー社の生産台数・国内・外別販売台数

年	生産台数	国内販売台数	国外販売台数
1886[1]	1	—	—
1887	—	—	—
1888	—	—	—
1889	2	2	—
1890	—	—	—
1891	—	—	—
1892	4	4	—
1893	2 [2]	—	2
1894	1	1	—
1895	8	4	4
1896	24	4	20
1897	26	14	12
1898	57	44	13
1899	108	52	56
1900	96	42	54
1901	144	62	82
1902	197	42	155
1903[3]	232	44	188

注1) 1885年に製造された1台の二輪車は除外されている。
注2) この期間ダイムラー社で19台, ホテル・ヘルマンで12台が製造されたという史料もある。
注3) 1903年の大火までは, おもにCanstatt工場で, それ以後はUntertürkheim工場で生産された。
出典: W. Oswald, Mercedes-Benz Personenwagen 1886-1986 (5. Aufl.), Stuttgart 1991, S.72. より著者作成。

会保険の導入には消極的であり, 例えば, 遅刻した労働者から徴集した罰金は, 年末にはみんなに配分するといった, 「家父長的」管理をしようとしたらしい[156]。

生産量の伸長 ダイムラー社の生産量は総じて勢いよく伸長していった。その主要品目をなすエンジンの製造については, 通算1000台目の完成が, 統一直後の1895年12月21日, カンシュタットの「保養所ホール」で, 全従業員やその夫人たちを集めて祝われた[157]。残念ながらその年別生産数は確認できないが, 例えばフェニックス・エンジンの売れゆきは絶好調で, 1896年にはその受注量は12ヵ月分を超えていたと言われている[158]。ただし自動車に関

しては，前掲表4-2, または表4-3からもわかるように，その年別生産台数を確認することができる。1886年の1台の「馬車自動車」で始まった自動車生産は，1895年までの10年間には，ホテル・ヘルマンでの推定量を含めても，最大限34台にすぎなかった。しかし統一後の1896年には24台，97年26台，98年には，「1898年10月29日の営業報告書も自動車の販売が増加している[159]」と指摘しているように，前年に比べて倍加して57台，99年108台，1900年96台，そしてメルセデスが開発された1901年には144台，02年197台と飛躍的に伸びていった。こうしてみると，ダイムラー社の自動車生産は，1895年末の統一までは，まだ基本的に実験車の製作段階であり，同年以降になって初めて製品生産として軌道にのり，20世紀初頭にようやく確立したといえよう。ホラスは，この段階に自動車生産が同社の「第3の足」——第1は定置用，第2はモーターボート用エンジン生産のこと——になったと述べている[160]。

　このことをいま，製品のプロダクト・サイクル的考え方をかりて言えば，次のようにもいえよう。ガソリン自動車の製造は，まず当時需要の多かった定置用，モーターボート用エンジンの生産を基盤にして可能となり，そしてその頃ようやく普及し始めた電動モーターによって[161]，定置ガソリン・エンジン生産の発展に限界がみえ始めてきた頃，自動車という新商品が製造部門として定着したということである。しかしこのことは，後にベンツ社について確認したうえ，本章の終わりに，なぜドイツで世界に先駆けてガソリン・エンジンが発明され，またガソリン自動車工業が成立してくるのかを考察する箇所で，あらためてやや詳しく分析したい。

ダイムラー社の自動車市場　さて当時ダイムラー社の車はどのような市場で販売されたであろうか。表4-3は，1886〜1903年の生産台数，国内・外での販売台数を示したものであるが，国内315台（約35％）に対して，国外586台（約65％）と，後者が優位にたっていたことを示している。このことは，ドイツ自動車工業の先発性を示していると同時に，当時自

第4章 自動車工業の萌芽的成立期 (1885/86〜1901/02年)

動車は非常に高価で, 貴族や金持のステイタス・シンボル, モーター・スポーツの手段,「遊び道具」にすぎなかったため, そのような需要があったところでは, 国を越えて輸出されていったことを示している。また前記の比率は, ドイツがモータリゼーションに対して最初期にはしばしば敵対的な, やや後になっても保守的な態度をとっていた反面, フランスなどはそれに開明的であったことも反映している。

ダイムラー社は, 1890年に株式会社化した頃から, 国内・外に修理工場をも併設した販売店網を構築しはじめた。それは統一後には, 国内で29箇所, 国外では10箇所に達していた[162]。そしてそこでの販売価格については, 品質への信頼性を第一にして, 決して値引きはされなかったと言われている[163]。

以下, ダイムラー社の国内・外市場に関するいくつかの特徴的な点をあげておこう。

まず国内市場について, 同社はバスの実用性を立証しようとして, 自らヴュルテンベルクでバス会社を設立した。1898年2月28日に資本金2万5000マルクで創業された「キュンツェルスアウ=メルゲントハイム自動車運行有限会社」(Motorwagenbetrieb Künzelsau=Mergentheim GmbH) がそれである[164]。このバス会社は, 1898年10月2日から定期運行を開始したが, 1898/99年冬期の運行難や危険性を恐れる住民の反対等のため, 結局, 翌99年7月15日にはその運行を停止した[165]。すでにベンツ社が, 1895年に最初の定期バス路線を開設して, 失敗して早くも3年がたっていたが[166], やはりバス運行はこの時期においても, まだ自動車の性能と住民の支持の両面で, 成熟していなかったのである。

次に国内市場に関するもう一つの特徴点は, ダイムラー社がこの時期に早くも軍需市場に足場を築いたことである。ダイムラーが軍隊のモータリゼーションの必要性を訴えて, ドイツ参謀本部に最初の書簡を送ったのは, 1888年春のことであった[167]。それから早くも10年の歳月が流れ, ドイツ陸軍省もようやくそれに関心を示すようになった[168]。

1898年、同省は軍用トラックの性能基準を定め、翌1899年からダイムラー社の協力のもと、ベルリンで運転教習を始めた[169]。同社はフェニックス・エンジン搭載の軍用トラック2台を納入し、1899年の皇帝観閲の演習に参加させ、好評をえた[170]。また同年10月26日には、ポツダムにおいて、ダイムラーの息子、パオル（Paul）とアードルフ（Adolf）が、皇帝の前で同社の各種の車の実演を行なった[171]。その後1900年2月5日には、プロイセン陸軍省から15台のトラックの発注について、その納期はいつになるか等の問い合わせがあり、最終的な数量は不明であるが、15万マルク以上の発注がなされたという[172]。

これは、ドイツが帝国主義へと移行する過程で、軍国主義が強化されるなか、後に次第に緊密になるダイムラー社とドイツ軍部との結びつきを示す最初の象徴的な出来事であった。

ついで国外市場に目を移すとき、私たちはあのメルセデスの推進者となったニース在住のオーストリア・ハンガリー総領事イェリネックのことにもう一度触れねばならない。彼はマイバッハを駆りたてレーシングカー、メルセデス35馬力車を製作させるにあたり、1900年4月2日、最初、一括して10台（10～30馬力）、1台1万2000～1万4000マルクで買い取る契約を結んだが、それをすぐに拡大して、一括して36台を合計55万マルクで買い取ることを約束した[173]。そして彼は、その業務執行を監督できるように、1900/01営業年度にはなんと監査役に就任している[174]。20世紀初頭、このようにイェリネックは、ダイムラー社の代理商として、その車を幅広い交友関係を通じて、外国の富裕な人々に販売するうえで大きな役割を演じた。

ダイムラー社の特許収入　マイバッハの行なった技術開発にもとづく諸特許は、この頃ダイムラー社に多くのライセンス料（特許実施料）収入をもたらしている。

国内ではライプチヒの「グローブ社」（J. M. Grob Leipzig-Eutritzsch）が起こした、ダイムラー社の熱管点火に関する特許の無効訴訟に対して、1897年11月、帝

国裁判所が最終的にそれを退けたため、同社はダイムラー社に対して特許実施料の支払いを余儀なくされた[175]。

またライヴァルのベンツ社も、最初は電気点火方式から出発したが、急速回転を必要としない定置エンジンに限っては、構造的に簡単な熱管点火の方が適していると、1889年からそれを導入した[176]。それに対してダイムラー社は、マンハイムの高等裁判所に訴えたが、その訴訟が長びくなか、帝国裁判所の上記の判決が下ったため、これもダイムラー社に有利に決着がつけられる結果となった[177]。

これらの結果ダイムラー社は、追加的な特許実施料収入を獲得することになる。その額は、1897/98営業年度に9万7557マルク、1898/99営業年度に10万2927マルク、その後1902年3月31日までに合計67万7000マルクに達した[178]。そのうちベンツ社からは、3万7188.58マルクを取得している[179]。

国外からもまた特許実施料収入が入ってきた。ダイムラー社統一の重要な契機となったイギリスからの話はすでに了えているので、ここでは他の国からの話をしておこう。それは、フランスのサラザン=ルヴァッソール夫人からのものである[180]。彼女は、1890年いらいダイムラー特許のフランス、ベルギーにおける専用実施権者となったことはすでに述べた。それ以後、1900年のダイムラーの死にいたるまで、彼女から支払われた額は、約30万フラン（約36万マルク）に達している[181]。ただしその金は、ダイムラー社には入金されず、ダイムラー個人のものとなっていたため、彼の死後、遺産整理にあたって同社との間で複雑な調整がなされることになる。

いずれにせよ、これらの特許にもとづく収入は、以下にのべるように、ダイムラー社のこの時期の財務体質の強化に寄与する結果となった。

業績の発展・財務体質の改善　このような生産および生産外活動の発展の結果、ダイムラー社の業績と財務は抜本的に改善されてゆくことになる。その生産活動にもとづく総売上高は、1897/98営業年

度の81万5668マルクから、1899/1900営業年度には158万4000マルクへ、そして1901/02営業年度の約248万マルクへと、4年間に3倍近くに飛躍している[182]。

したがって、純利益 (Reingewinn) も、1898/99営業年度の4万3145.85マルクから、1901/02営業年度の約30万マルクに増加している[183]。その間、1898/99営業年度までは、利益の多くが財務内容強化のために、特別償却や内部留保にまわされたが、1899/1900営業年度にはじめて5%の配当が支払われるようになった[184]。しかしその後数年間は、配当率は6%以内におさえられている[185]。

経営陣内部の軋轢の持続 1895年ダイムラー主導のもとで会社の統一は達成されたものの、経営陣内部の不和と対立はその後も持続していた。

1897年3月15日、3人の主要株主間でまたも新たな「シンジケート契約」が締結された。その内容で新しい点は、統一時におけるダイムラー特許の過少評価の補正措置として、もし5%以上の配当が可能になった場合、まず彼に5万マルクの補償金を支払うこと、そして、1890年の「シンジケート契約」にあった競業避止義務条項が削除されたことであった[186]。この契約は、1898年4月14日に開かれた臨時総会において全会一致で承認された[187]。

ところが、1898/99営業年度の決算報告において、商事部門担当取締役フィッシャーが、6万7330.36マルクの純利益を計上し、資本金90万マルクの5%は4万5000マルクであるから、ダイムラーへの補償支払いは可能とする報告書を監査役会に提出した[188]。しかしそれに対して、ドゥッテンホーファーらは、なお特別償却を追加して、純利益を4万3145.85マルクにおさえ込む操作を命じ、ダイムラーへの補償金支払いを阻止したのであった[189]。

ベルリンでの競業設立 また前記の競業避止義務条項の削除と関連して、ともに監査役であったドゥッテンホーファーとローレンツは、1897年以降ベルリンでダイムラー社と直接競合する企業の設立にのりだす。これには彼らが、エンジンや自動車の将来性に見通しをもっていたこと

第4章　自動車工業の萌芽的成立期（1885/86～1901/02年）　243

もあったが，もう一つはカンシュタットでのダイムラーの立場を弱体化させようという意図もあったらしい。

1897年夏，彼らは機械製造業者でもあり兵器メーカーでもあったユダヤ系のレーヴェ[190]（Isidor Löwe）と組んで，ベルリンにおいて資本金10万マルクの「一般自動車有限会社」（die Allgemeine Motorwagengesellschaft mbH）を設立した[191]。その発起人でもあり，監査役にもなったのは，前記3名以外に，かの大電気コンツェルンのラーテナウ（Emil Rathenau），エーアハルト（Ehrhardt），ゼムラー（Dr. Semler），ヴュルテンベルク国鉄の高級官吏クローゼ（Klose）に，すでにおなじみのイギリス人シムズらも加わっていた[192]。彼らの出資額はシムズのみが1万2000マルク，他の8名は均等に1万1000マルクずつであった[193]。

ただしこの会社は，まだ過渡的な存在にすぎなかった。とはいえ同社は，これまでベルリン・マリーエンフェルデ（Marienfelde）にあって，エンジン等を製造していたが経営不振に陥っていた「アルトマン自動車工場有限会社」（Fahrzeug-fabrik Altmann & Cie GmbH）を買収して，その後の準備に入った[194]。

翌1898年10月，同社は株式資本金200万マルクの「自動車・エンジン工場株式会社」（Motor-Fahrzeug-und Motoren-Fabrik AG Berlin-Marienfelde略してMMB）に再編成された[195]。その監査役会長にはドゥッテンホーファー，取締役会長にはレーヴェが就任した[196]。その資本規模がいかに大きかったかは，当時のダイムラー社のそれが90万マルクであったのと比較すれば頷けよう。

カンシュタットにおいては，ダイムラーは1896年以降は監査役会長を占めるようになっていたとはいえ，監査役会ではドゥッテンホーファーらの議決権が支配していて，そのためMMB社にダイムラー社特許を実施する権利が，強行的に議決されていった[197]。これに対しては，もちろんダイムラーも，また取締役のマイバッハやフィッシャーも幾度となく厳しく抗議した[198]。

MMB社はかまわず生産したが，その結果，ダイムラー商標をもった安価ではあったが粗悪な製品がでまわり，国内市場だけでなく国外市場をも攪乱した[199]。

結局，MMB社はガソリン自動車，電気自動では成功せず，ガソリン・エンジン移動車（Lokomobile）とアルコール・エンジンの分野で若干の成果を収めたにすぎなかった[200]。そのため同社は，すでに1900年末には損失額が193万マルク，負債総額も約200万マルクに達し，整理されざるをえない状態になっていく[201]。

最終的に同社は，1902年7月29日の総会においてダイムラー社との合併が議決され，後者に吸収合併されていくことになった[202]。その際，MMB社株は，ダイムラー社株と基本的に2対1で交換されることになる[203]。

そのためダイムラー社側も新株発行による増資が必要となった。上記株式交換のため，B系列株（1株額面，1000マルク）が1166株発行され，従来からの株はA系列株という優先株——優先配当権・議決権はB株の5倍——とされ，それも1100株新規発行され，A株も計2000株となった。こうしてダイムラー社の株式資本は，合計3166株，315.6万マルクになり，いっきょにこれまでの90万マルクの3倍以上に引き上げられたのである[204]。

これは，いまだ株式を公開していないダイムラー社にとっては，一時的に相当の負担であったが，当時メルセデス販売の好調な波にのって，銀行信用も受けやすく，可能であった。MMB社の吸収によって，ダイムラー社は生産基盤を拡大し，カンシュタットは乗用車，ベルリン・マリーエンフェルデはトラックの生産基地として再編成された[205]。

ダイムラーの健康悪化と死去 1895年の統一以後，ダイムラーは自分の名を冠した会社の名実ともにトップの座につき，また1896年以降はドゥッテンホーファーに代わって監査役会長となり，本来ならば取締役たちを全面的に指揮・監督できる立場にたてたはずであった。しかし，それ以前からすでにそのような徴候と性癖は随所にあらわれていたが，この頃から持病の心臓病がますます悪化し，彼は異常な行動をとるようになっていく。

愛弟子マイバッハでさえ，1896年12月25日付でアメリカにいた友人キュブ

第4章　自動車工業の萌芽的成立期（1885／86～1901／02年）

ラー（Kübler）にあたえた手紙のなかで，そのことを生々しく語っている。いまその一部を引用しよう。

　……ダイムラー氏は，私にたいしてはもっとも必要なことだけを話し，それから私は彼の結論を引き出さなければならない。彼は業務のためにはいつも時間がなく，めったに出てこないし，彼が来たときは，すでにみんなが疲れてしまった夕方である。このような状態は，新年からは改められねばならない。さもなければ私たち（フィッシャー氏と私）は，もはや良心をもって業務の先頭には立ちえず，また責任をとりえない。ダイムラー氏は，私たちに対して革新（Neuerung 技術革新——大島）を行なったり，そのようなことに着手することを禁じている[206]。……

　このような傾向は，その後もますます嵩じ，ダイムラーは1899年8月には医者から転地静養を命じられた。その後彼はいくぶん元気を回復して帰宅したが，同年の晩秋のある日，新モデル車の試走に同乗して帰る途中，まず車中でくずおれ，ついで道路に転落した[207]。狭心症の発作のためである。その後は病床につき，年が明けて1900年1月16日，1時間ほどドゥッテンホーファーと話をしているが，1890年いらい敵対してきた2人は，そのとき何をどんな気持で話し合ったのであろうか。しかしダイムラーの病状はその後はもはや回復しがたくなり，3月6日，彼はついに永眠した[208]。まだ享年66歳であった。

　彼の死後，2人の息子，長男のパオルと次男のアードルフは，ダイムラー社に勤務し続けたが，ダイムラーの遺産相続と関連して，フランスからの特許収入をめぐって，相続人と会社との間で権利関係が整理されねばならなかった。

　すなわち，本来ならばダイムラー企業が株式会社化した時点で，その特許を完全に会社に移転させておかねばならなかったにもかかわらず，フランスとアメリカに関する特許はダイムラーの個人的管理に委ねられていた[209]。そのためフランスのサラザン=ルヴァッソール夫人からの特許実施料約36万マルクが，ダイムラーの個人収入になっていたのである[210]。ドゥッテンホーファーは，このことをとらえて，もしダイムラーの名誉を傷つけたくなければ，その所有株244株

と特別利益配当権を放棄するよう相続人にせまった[211]。結局それは受け入れられ，1901年7月には相続問題は整理されて，ダイムラーの相続人たちに50株の新株引受権のみがみとめられ，ダイムラー家はその後は同社の小株主に押し下げられていった[212]。

(2) ベンツ企業の成立と発展

カール・ベンツ鉄鋳造・機械工作所 ダイムラーより10歳若いベンツが，1879年末2サイクル・ガス・エンジンを発明する舞台となったのは，彼が1872年8月1日にバーデンのマンハイム (Mannhaim) 市において設立した個人企業で，ベンツ自身が好んでそう呼んだ「カール・ベンツ鉄鋳造・機械工作所」(Carl Benz Eisengießerei und mechanische Werkstätte) であった[213]。しかしこの個人企業には，若干の直接的な前史があった。ベンツは，プフォルツハイム (Pforzheim) 市の「ベンキーザー製鉄・機械工場兄弟会社」(die Eisenwerke u. Maschinenfabrik Gebrüder Beckiser) に勤務中，同地の建築業者リンガー (Karl Friedrich Ringer) の娘ベルタ (Bertha) と知り合い，結婚生活にふさわしい収入をえるため独立することを決意した[214]。彼は起業のための立地を求めたが，それをネッカー川がライン川に合流する，当時人口約4万人で，産業革命によって急激に商工業が勃興していたマンハイムにおくことをきめた[215]。当時マンハイムでは，1869年頃から始まった好景気が，普仏戦争によっても中断することなく持続していた。港の拡張，それに面した大きな中央貨物駅やラインにかかる鉄橋などの建設，工場用地の造成など，とくに建設ブームにわきかえっていたからである[216]。

彼は，ここでまず，機械工 (Mechanicus) リッターと共同出資して，ネッカー川にほど近いT11，6番地に，1871年8月9日，783m^{2}の土地を購入し，合名会社「カール・ベンツ＝アウグスト・リッター機械工作所」(Carl Benz und August Ritter, Mechanische Werkstätte) を開設した[217]。その土地の所有者はトラウマン

(Raphael Traumann) という商人であったが, 売値4600グルデンのうち, 2人は共同で1000グルデンを現金で支払い, 残額はその土地に抵当権が設定されて, 分割払いされることになった[218]。また作業場建設と設備購入のために2000グルデンを要したが, 彼らはそれについては金利生活者（Rentner）パオル（Ban Paul）から信用をうけた[219]。

ところが, この生まれたばかりの合名会社に, リッターが約束した分担金をなかなか払おうとしなかったため, たちまち問題が生じた。そこで, 結婚を間近にひかえたベルタが, 持参金4244グルデン53クロイツァーを父から早めに受け取ることによって, ベンツはそれでリッターに補償し, 購入された土地と設備に上記の個人企業を設立したのである[220]。

こうしてベンツは, 1873年夏には「ライン抵当銀行」(Rheinische Hypothekenbank) から, 1万3000マルク——ドイツ統一によって通貨もマルクに統一——を借り入れ, 新たに機械を導入し, その広告に「ブリキ加工機械の工場」とあるように, おもに建築用ブリキのさまざまな加工機械や, その他, 鉄製建築資材を製造・販売し始めた[221]。

しかし彼が事業を始めるやいなや, 不運にも前世紀最大の1873年恐慌がドイツを襲い, あの目くるめき高揚は一転して長期の「大不況」へと移行し, とくに建設業界は著しく萎縮して, 建設関連ともいえるベンツ企業にも, 厳しい冬の時代が訪れることになった[222]。

ベンツは経営を維持しようとして, その間タバコ巻機や電話機の製造にも手をだしたりしたがうまくいかなかった[223]。そのため彼は, ベンキーザー社時代の友人シェーネマン (Christian Scöhnemann) から2000マルクを借用したが, その返済ができず, 1876年にはシェーネマンの提訴によって裁判所はベンツ資産の競売を命じるまでになった[224]。しかし窮地にたたされたベンツを救ったのは, 今度もライン抵当銀行であった。

ベンツは「大不況」のさなか, 自分の経営を救うためにさらになにか新製品を

開発せねばならなかった。そこで思いついたのが、彼のカールスルーエ工業専門学校時代にレッテンバッハー、グラスホーフといった教授からうけた教育、蒸気機関に代わる次世代の新原動機の必然性であった。すでにそれはフランスのルノワールやドイツのオットーによってガス・エンジンとして発明されていたが、それはまだまだ欠陥も多かったので、それを改良し、また小型化、高速化しようと決意したのである。ベンツは、オットーの4サイクル・ガス・エンジンが、1877年いらい、特許DRP532号で保護されていたため、2サイクルで開発を始め、ついに1879年の大晦日、その小型・高速回転エンジンの試作に成功したことは、第3章第3節で述べた通りである。彼はこれについて、1881年6月11日特許出願をしたが、なぜか拒絶された。とはいえ、それは定置用エンジンとしては非常に優れていたため、その生産を開始する。

その頃ベンツは、彼が他の作業場が決してできなかった精巧に磨かれた鋼板を供給したことから、宮廷写真師ビューラー (Emil Bühler) と知り合った。彼の財政援助を受けながら、ベンツは、発明したエンジンの改良を重ね、6人の労働者を雇用し、ようやくポンプ場のためなどにその製品を販売できるようになった[225]。その時期に初めて正式の商号として、「マンハイム・ガス・エンジン工場」(Gasmotorenfabrik Mannheim) が登記されている[226]。またベンツは、1881年4月15日に、マンハイムの商人シュムック (Otto Schmuck) と契約を結び、彼にベンツ製エンジンの国内外における独占的販売権を与えている[227]。そしてシュムックは、ついには個人的にではあったが、ベンツ経営の通信・会計をも担当するようになった。

とはいえ、製造されたガス・エンジンは、この2人が期待したようには売れず、そのためベンツ企業の負債は、1882年初頭には3万マルクに達した[228]。ビューラーは危険を感じ、それまでベンツに援助してきた金を回収しようとさえした[229]。しかしその頃マンハイムには、ベンツ・エンジンの将来性を見込んで、それに投資してもよいと考える一群の人々が現われつつあった。その中心となっ

たのは,「ショイアー=ヒルシュ=シュロス銀行・手形商」(Bank=Wechselgeschäft Scheuer, Hirsch & Schloß) であった[230]。ショイアーは, ベンツとビューラーを説得し, また取引や血縁関係で結びついていた他の出資者を結集して, ベンツの個人企業の株式会社への転換を推進した。

マンハイム・ガス・エンジン株式会社 こうして 1882年 10月 14日——この頃は,「大不況」下にもかかわらず全ドイツ的にも株式会社の設立が若干高まった年であったが[231], —— 以下の9人の発起人が全員で株式を引き受ける, 資本金10万マルクの「マンハイム・ガス・エンジン工場株式会社」(Gasmotorenfabrik in Mannheim) が設立された[232]。その際1株の額面価格は, 500マルクとされた。

	持株数	額面価格 (マルク)
R・ビューラー (Rudolf Bühler, 商人)	10	5,000
H・ナウエン (Heinrich Nauen, 商人)	20	10,000
L・オーデンハイマー (Leopold Odenheimer, ホップ商人)	20	10,000
E・ビューラー (Emil Bühler, 宮廷写真師)	80	40,000
M・ショイアー (Max Scheuer, 銀行家)	36	18,000
C・ベンツ (Carl Benz, 技術者)	10	5,000
W・ブーケ (Wendelin Bouquet, 機械工)	6	6,000
J・ベッカー (Jakob Becker, 商人)	12	12,000
H・ハルトマン (Heinrich Hartmann, 建築家)	6	3,000
合計	200	100,000

この会社の目的は, その定款にあるごとく,「あらゆる種類の機械, とくにガス・エンジンの製作」(第4条) とされ, またベンツの所有していた資産に関しては,「工場施設と模型の価値は4万5000マルクの評価をもち, 新設の株式会社によって引き受けられる」(第5条) という形で処理された[233]。にもかかわらず, ベンツの所有株価格が5000マルクにすぎなかったのは, 彼が負っていた債務が控除されたためである。

会社の役員としては,監査役にはオーデンハイマーを会長として,ショイアー,E・ビューラー,ハルトマン,ブーケーが就任し,そして同監査役会は,E・ビューラーの兄弟であるK・ビューラー (Karl Christian Bühler) を取締役に任命した[234]。驚くべきことに,画期的な技術開発をなしとげ,これまで企業を維持してきたベンツは,その借財のために小株主にとどまり,すでにダイムラー社のところで述べたように,当時のドイツの株式会社の最高管理機関,監査役会に入れなかっただけでなく,技術担当取締役にさえなれなかったのである。工場は今や,シュヴェツィンガー・ガルテン (Schwetzinger Garten) Z29, 19番地に移転し,ベンツはそこで技術指導を行なうだけの存在となった[235]。

こうした屈辱的な状態に我慢できなくなったベンツは,早くも1883年1月初め同社を飛びだし,いま一度一人で仕事を始めねばならなかった[236]。彼はそのため,すでに鉄鋳造業者カペロ (Sebastian Capello) に賃貸していたT6, 11番地の旧作業場の一角に仕事場をたて,数人の労働者を雇い入れて仕事を開始した[237]。まだ自動車の発明以前のことであったとはいえ,1890年にダイムラー企業が株式会社に転換した際に生じた,技師的企業家とそうでない出資者との対立を,私たちはここでも同様に見い出すのである。

ベンツ・ライン・ガス工場合名会社

しかしその頃,ベンツもよく参加していた自転車競技会で知り合った2人の人物が,ベンツが誠実な技術者であることを知り,彼に財政的援助の手を差しのべた。それは,商人ローゼ (Max Kaspar Rose) と,技術者でもあり商人でもあったエスリンガー (Friedrich Wilhelm Eßlinger) であった[238]。彼らは1875年いらいマンハイムで共同であらゆる工業部門の技術用品を商い,またクルップ社の鉱滓綿の代理商としても活動していたが,とくに数年前からはフランクフルトの機械・自転車商クライヤー (Heinrich Kleyer) と取引して,その代理商にもなっていた[239]。こうして3人は,1883年10月1日,資本金20万マルクの「ベンツ・ライン・ガス・エンジン工場合名会社」(Benz & Cie, Rheinische Gasmotorenfabrik in Mann- heim)を設立した[240]。

その会社の目的は,設立契約書には,「カール・ベンツの設計図にもとづく内燃機関の製作」とされた[241]。この経営こそ,ベンツがそこで1885〜86年最初の自動車（三輪車）を開発する母体となるが,それは同社の基本領域とはならず,反対もされないが,積極的に援助も受けない「ベンツの私的領域[242]」とされた。経営上の業務分担としては,エスリンガーが社長で資本調達を司り,ローゼとベンツが共同で「支配人」（Prokurist）となって,前者が販売,後者が技術指導を担当した[243]。

とはいえ,ある程度,本格的な生産を行なうには,作業場の拡張が必要であった。そのためT6, 11番地の旧作業場に隣接した空地が,指物師のロート（Roth）から賃借され,もう一つの作業場が建てられ,機械・工具が購入された[244]。この時期の経営を母体としたベンツの技術開発については,第3章第3節でやや詳しく立ち入っているので,ここではその要点のみを列挙しておこう。

(1) 1883年末以降,電気点火による2サイクル定置用ガス・エンジンを6機種製造販売するようになった。1, 2, 4, 6, 8, 10馬力のそれである。

(2) 2サイクル・エンジンの特許は,ドイツでは,1881年後,1883年10月10日にも出願されたが,帝国特許庁はこれがオットーの4サイクル・エンジンの特許DRP532号に触れると誤まって解釈し,その交付を拒絶した。しかしそれに関するフランス特許161209号は1884年3月26日に,またアメリカ特許316868号も同年4月28日に交付された。

(3) 1884年,オットーの特許の失効が見通せるにいたり,4サイクル水平単気筒エンジン（排気量954ccm, 400回転/分, 0.75馬力）の開発に成功。

(4) 1885/86年,上記エンジンを搭載した三輪自動車の製作に成功。その特許DRP37435号を1886年1月29日に取得し,その公開試運転は,同年7月3日に行なわれた。

(5) 1887年8月,モーターボートの開発に成功,ライン川で試運転。その特許DRP46612号は,1888年8月9日付で交付された。

さて合名会社となったベンツ社は，1883年末頃からさかんに定置エンジンを製造し販売するようになり，その市場は国内外に及んだ。最初の頃の1台を買ったのは，揚水ポンプ用にそれを求めた近くのホテルの経営者であった[245]。ここで私たちが注目すべきは，ダイムラー/マイバッハの「箱時計」型エンジンの完成が1884年のことであるから，実用的な定置エンジンの製造においては，若干ベンツ社が先んじていたことである。そしてまたその購入者の多くが，先にあげたホテルの例に示されるように，中小企業者であったことである。しかしこの点については著者は，後に統計資料を用いて明らかにしよう。

ところで，今や活況を呈するようになった定置エンジンの生産は，T6, 11番地の狭隘な作業場ではこなすことができなくなってしまった。そのためベンツ合名会社は，より広い工場用地を求めて，市の中心部からはなれたヴァルトホーフ街（Waldhofstraße）に進出する。まず同社は，1886年4月6日，工場主デッティンガー（Joseph Dettinger）が所有していた$3398m^2$の土地を取得した。その代金2万3786マルクのうち，5786マルクは現金でただちに支払われ，その残り1万8000マルクは，4.5％の利子付で，1888年2月25日までに支払われることになる[246]。さらに同社は，1886年7月24日には，上記用地に隣接した野菜畑約$588m^2$を買い足した。その代金5878マルクは，そのうち1000マルクは即金で，残りはこれまた年4.5％の利子付で年5回に分割して支払われることになった[247]。

ベンツ合名会社の再編成　エリスンガーとローゼは，自動車の開発については，当初それをベンツの個人的な活動として消極的ながら認めていたものの，1888年頃からそれには実験作業，国内・外の特許取得とその保持，博覧会の展示，等々に費用がかさむため，しだいに抵抗するようになった[248]。とくに1889年のパリ万国博の成果は，ダイムラー企業の「鉄鋼車輪車」の成功とは対照的に，ベンツの三輪車は不人気で失敗だったという気分を社内に拡げ，ベンツの共同出資者たちは，経営戦略においては定置エンジンの生

第4章 自動車工業の萌芽的成立期(1885/86～1901/02年) 253

産に集中すべきと主張し,自動車の開発には決定的に反対するにいたった[249]。
　そのためベンツは,やむなく彼ら以外に出資者を求め,新出資分と会社の受ける信用とによって旧出資者に補償し,話し合いによって彼らを退社させる道を選んだ。そこでベンツが見い出したのは,ともに経験にも富み,商才に秀れ,非常に活動的な2人の商人,v・フィッシャー (Friedrich von Fischer, 1845-1900) とガンス (Julius Gans, 1851-1905) という2人の人物であった[250]。こうして1890年5月1日以後,ベンツ合名会社の出資者・経営者の交替が行なわれ,同月19日には,旧商号のうちBenz & Co. の部分を若干変更して,(Benz & Cie Rheinische Gasmotorenfabrik in Mannheim) として登記された[251]。この経営では,3人の出資者が平等に署名権を有し,経営陣の任務分担としては,ベンツが技術,フィッシャーが国内販売,ガンスが輸出を担当することになる[252]。

　　Friedrich von Fischerは,日本経済史とも関係のある面白い経歴をもった人物である。彼は,1845年9月6日,Rastattで軍人の家庭に生まれた。若い頃マンハイムで商人教育を受け,リヨンの絹織物会社Hecht Lilienthal & Co.に入社し,1867年,明治維新の前夜,日本に派遣され,最初の4年間はその横浜支店で働き,1871～78年には神戸の,ついで横浜の支店長となり,さらに1878年以後の4年間は,日本で独立商人として活動した。1882年ドイツのマンハイムに帰国し,1883年には同地の名望家の娘と結婚し,ザックスとともに輸出企業 Erste Mannheimer Holztypenfabrik Sachs und v. Fischerを設立するが,1888年11月にそれをザックスに譲り,その資金でベンツ社に出資した。のち1900年6月4日マンハイムで死す。
　　Julius Gansは,1851年5月14日,Pfalzの裕福な商人の息子として誕生,マンハイムのEichbaumbrauereiの代表としてパリに派遣され,パリのドイツ人社会で活動し,洗練さを身につけた。また彼はスポーツ愛好家として自動車に興味をもった活気あふれる商才の持主であった。1905年6月12日,マリーエンバートで療養中に死去。

　ところでその際,新出資者による旧出資者への補償は次のように行なわれた[253]。まずガンスは,1890年5月14日,自分が支払保証して「ライン信用銀行」

(Rheinische Kreditbank) から, 6万7734.45マルクを借り, それをローゼの企業 (Max Rose & Co.) に支払い, ついで6月5日には最初の資本払い込みを行なって, この銀行信用を返済している。またv・フィッシャーは, 1890年6月24日, 自分の土地を抵当に12万マルク——年利4.5％, 年4回返済——を借り, ローゼとエスリンガーに補償を行なった。こうして旧出資者2人は, 経済的損失を蒙ることなく退社していった[254]。

ところでこの新合名会社の出発にあたって重要な点は, 生産計画を中心とした経営方針に大きな転換がみられたことである。すなわち定置エンジンの生産はもちろん重視して続行されるが, 自動車の開発と生産も一分野として推進されることが確認されたのである。それは以下のごとき, 新旧出資者に関する描写のなかに表現されている。

ベンツの長男オイゲーン（Eugen）の証言によれば, ローゼはベンツに次のように言って去っていった。

> ベンツさん, 私たちは今まで素晴しく大金を稼ぎました。だけど自動車からは手を引いて下さい。さもないと, あなたはすべてを失いますよ[255]。

それに対して, 新出資者に関してベンツ自身が, その自伝的著作『カール・ベンツ ドイツの一発明家の生涯 八十歳老人の思い出』のなかで次のように書いている。

> 新出資者として, フリートリヒ・フォン・フィッシャー氏とユリウス・ガンス氏が, 同時に私の企業に入ってきた。そのことによって, 2人が私を助けてくれたことは幸いであった。というのも彼らは——不信に代わって——自動車の将来性に対する楽しくも力強い信仰をもたらしてくれたからである。彼らは, 生産上の私のアイディアにとって火であり炎であって, 自動車の製造のためにはいかなる出資も厭わなかった[256]。

技術開発　こうして，ベンツ企業は，いわば本格的に自動車開発を始めた。そのもっとも特徴的な点は，四輪車のためのハンドル操作技術を解決して，1893年に初めて四輪車「ヴィクトリア」の開発に成功したことである。その後はつぎつぎと新たなモデルを発表して，それを生産軌道に乗せた。その技術開発過程については，すでに第3章でやや詳しくたどっているので，ここではそれを要約的に列挙するにとどめたい。

(1) 1892～93年，「車軸腕木操作法」(Achsschenkellenkung) の開発——これで四輪車の内外輪差を処理するハンドル問題が解決。
(2) 1893年，上記のハンドル装置をもった四輪車ヴィクトリア（単気筒，3馬力）開発に成功。1896年まで生産。派生車からバスが生まれる。
(3) 1894年，四輪の小型車「ヴェロ」（単気筒1.5馬力）開発。価格が2000～2800マルクと安かったこともあり，1901年まで約1200台が製造され，世界で最初の量産車となる。
(4) 1896年，水平対向2気筒エンジン (Kontra-Motor) の開発。最初5馬力，その後，9,14馬力。これまで出力向上を単気筒の排気量拡大で克服してきたが，ここに至って多気筒化にふみだす。
(5) 1898年，四輪車「イデアール」（単気筒，3馬力），1899～1901年，単気筒，4.5馬力，1902年，水平対向2気筒，8馬力。合計で約300台を製造。

経営規模・生産の拡大　表4-4をみてもわかる通り，ベンツ合名会社の再編成が行なわれる前々年，1887年の従業員数は，まだわずか40人にすぎなかった。しかし再編後，自動車生産が一部門として確立してからはすぐに，ベンツ自身が「自動車だけでも50人の人々を働かせた[257]」と述べている。このように従業員総数は，その後急速に増加し，1893年にはいっきょに150人，1895年には250人，1899年には430人となった。

これらの従業員に対して経営者ベンツは，家父長的な立場で管理したといわ

表4-4　20世紀初頭までのベンツ社の発展

年	従業員数	生産台数	販売台数
1887	40		
1890 - 1893	150（1893年）	69	69（1886 - 93年）
1894		67	67
1895	250	135	129
1896		181	181
1897		256	256
1898		434	435
1899	430	572	572
1900	400	603	603
1901			385
1902			226
1903			172

出典：生産台数については, H. C. Graf von Seherr-Thoss, Die deutsche Automobilindustrie Eine Dokumentation von 1886 bis heute, Stuttgart 1974, S. 17. 従業員数と販売台数については, W. Oswald, Mercedes-Benz Personenwagen 1886-1986 (5. Aufl.), Stuttgart 1991,S. 15f.

れている。その心情は, 例えば, 1894年リービッヒがヴィクトリア車を駆って3ヵ国にまたがる大遠征の途中, マンハイムのベンツ工場を表敬訪問した際, ベンツがその賓客と全従業員を前に行なった次のような挨拶のなかに表われている。

　親愛なる友人の皆さん, また協力された従業員の皆さん（Mitarbeiter）！　この勝利の時, あるいはこの車の名において私たちは語るのですが, このベンツ・ヴィクトリアの時, 私は私の協力者であるあなたがたすべてに対して, 今はその試験運転をほんとうに終わったこの車を造るにあたって, 私を助けてくれたことを, 心から感謝しなければなりません。……（中略）……私の成功はあなたがたの成功です。私の喜びは, 私はそれを知っていますが, またあなたがたの喜びでもあります。そして私たちは, ここで仲良く輪をつくって座っていますように, 私たちは明日はまた仲良く輪をつくって機械のそばにいるでしょう[258]。……

第4章 自動車工業の萌芽的成立期 (1885/86〜1901/02年) 257

 このように従業員に対して，まるで父親のように親みを込めて語りかけるベンツは，彼らからは実際に「ベンツおやじ」(Vater Benz)，「ベンツ・パパ」(Papa Benz) と呼ばれて慕われていたのである[259]。

 ところで私たちは，ここでこの頃のベンツ社の生産の発展に目を向けよう。その一つの柱は，やはりエンジン，とくに定置エンジンの生産であった。ベンツ企業の販売量は，1883年から1891年までの9年間は，合計しても約500台であったが，1892年には1年だけでいっきょに約500台に飛躍し，この分野では全国でドイツ社についで2位を占めるまでになった[260]。そしてその後も，それは毎年600台に手がとどくほどの勢いを示し，ついに1896年にはそれを超える[261]。このエンジン生産の堅調な発展が，技術的にも財政的にも，「来る自動車製造拡大の支柱」となったのである[262]。その後，点火装置にダイムラー社の熱管点火を導入したことによる同社との係争のため，ベンツ社のエンジン販売量は，一時，3分の1以下に激減し，それが再び500台に戻るのは，ようやく1900年をまたねばならなかった[263]。とはいえ，このエンジン生産の一時的減少を次に述べる自動車生産の増大が相殺することになる。

 さて，その自動車の生産はどのように発展したであろうか。それは前掲表4-4の通り，1890〜93年の4年間の合計が69台であったのに対して，1894年から急に増加し始め，1900年には実に603台にまで急増していった。この増加に際しては，すでに述べた通り，1894年に開発されて，1901年までに合計約1200台が製造され，「世界で真に最初の量産車」と言われたヴェロが決定的に寄与している[264]。ヴェロは1894年10月以後，12ヵ月間で早くも125台が販売されている[265]。また1898年に開発されたイデアールも，ヴェロほどの成功は収めなかったものの，それでも1902年頃までに約300台が生産された[266]。

 こうしてベンツ社は，1890年代にエンジン生産に加えて，自動車部門を確立し，ダイムラー社に先行しつつ「ドイツ帝国最大の自動車工場[267]」になっていった。因みに，前掲表4-2，表4-4を比較参照すればわかる通り，1895年の従業員

数は,ダイムラー社が139人,ベンツ社が250人,自動車生産台数はダイムラー社が正確なところ8台,ベンツ社が135台,1899年の従業員数は,ダイムラー社が327人,ベンツ社が430人,自動車生産台数はダイムラー社が108台,ベンツ社が572台,といった状態であった。

世界最大の自動車工場？ ベンツ社は,1890年代ドイツで最先進的で最大の自動車工場であっただけでなく,「世界最大の自動車工場[268]」であったという主張もなされている。それははたして正しいであろうか。

20世紀初頭,正確には1904年頃から世界一の自動車生産国となるアメリカについては,自動車は「ヨーロッパで生まれ,アメリカの養子になった[269]」と言われているように,その発明と生産開始に関しては,ドイツと比較してすくなくとも7年程度は遅れている。すなわちその最初期の頃のガソリン自動車は,1892年にデュリア (Charles Duryea),1893年にフォード (Henry Ford),1894年にハインズ (Elwood Haynes) によって別々に発明され,その製造・販売については,1898年にウィントン (Alexander Winton) が,4台を製造して,そのうち1台を売ったのが確実な始まりだといわれている[270]。したがっていまこの時期に関しては,私たちはアメリカの工場と比較する必要はないであろう。

また第一次世界大戦前には,自動車生産においてドイツを抜き去り,アメリカ,フランスについで第3位に浮上するようになるイギリスについても,1890年代の自動車生産の水準は問題にならないほど低かった。すなわち自動車の道路交通を禁止的に規制していた例の「赤旗法」が廃止されたのが,ようやく1896年のことであり,「ダイムラー自動車会社」 (the Daimler Motor Company) が,ダイムラー特許にもとづきコヴェントリー (Coventry) で最初の自動車を製造するのが,翌1897年のことであった[271]。この1897年には,約半ダースの企業が自動車生産を行なっていたという記録があるが,その企業名も生産量も不明で,後に有力企業となる「ランチェスター・エンジン会社」 (the Lanchester Engine Company Limited) が,本格的な自動車生産に乗りだすのは,それが1899年12月に設立されて以降のことであった[272]。さらに,第一次大戦前には大自動車企業となる「オースチン社」を設立したオースチン (Herbert Austin) が,最初の四輪車を製作するのは,ようやく1899/1900年のことであったからである[273]。

そこで私たちは,当時,自動車工業の最先進国といわれたフランス企業との比較を試みてみよう。フランスの自動車工業はなるほど秀れた小型蒸気自動車の開発と生産に関しては,強力ではあったが,ガソリン自動車の製造は,すでに述べた通り,1890年サラザン=ルヴァツソール夫人がダイムラー特許の専用実施権を取得して以後のことである。すなわち1891年の「プジョー社」による,そしてまた同年の「パナール・エ・ルヴァッソール社」による,ガソリン自動車の生産開始である[274]。しかしその後はドイツと比較して,自動車に対する政府の開明的な政策,新規性を好む国民性などによって,同国の自動車工業は急激に勃興し,1894年にはガソリン自動車の母国ドイツの生産量を凌駕するに至った[275]。

いま自動車企業の規模を比較するには,その資本額や従業員数によっても可能であるが,詳細が不明であるので,端的にその生産台数で比較せざるをえない。以下にあげる数値は,成立期フランス自動車工業に関して良著を著わしたロー (James M. Laux) が巻末に掲げる企業別の表から,1900年の生産台数を摘出したものである[276]。

ダラック (Darracq)	1,200台 (1901年)
ドゥ・ディオン-ブートン (de Dion-Bouton)	1,200台
パナール・エ・ルヴァッソール (Panhard et Levassor)	535台
プジョー (Automobiles Peugeot)	500台
ルノー (Renault)	179台
ロレーヌ・ディートリッシュ (Lorraine-Dietrich)	107台

これに対して,1900年のベンツ社の自動車生産台数は603台であった。自動

表4-5　ベンツ社の販売市場

単位：台

	販売総数	ドイツ	フランス	イギリス	ベルギー/オランダ	その他
1885-93	69	15	42	1	1	10
1894	67	34	25	-	-	8
1895	135	41	68	4	6	16
1896	181	42	75	20	11	33
1897	256	67	134	20	3	32
1898	434	135	165	75	29	31
1899	572	207	137	139	34	55
1900	603	262	86	151	42	62
合　計	2,317	803	732	410	126	247

出典：Paul Siebertz, Karl Benz Ein Pionier der Verkehrsmotorisierung, München/Berlin 1943, S. 175.
注　：合計以外の数値は原典のまま。国別合計は，2,318となる。

　車そのものの構造や性能内容も充分検討せずに，生産台数だけで比較すれば，ベンツ社はダラック社やドゥ・ディオン-ブートン社の約半分にすぎないことになる。しかしこのフランス2社の自動車が，おもにオートバイに近い，軽三輪または軽四輪車であったことを考慮すれば，ベンツ社が当時，「世界一の自動車工場」であったとする見解は，完全に正しかったかどうかはわからないが，すくなくともシルトベルガーがいうように「世界の最重要な自動車工場の一つ」であったことは間違いないであろう[277]。

ベンツ社の自動車市場　　ここでベンツ社の市場関係について触れておこう。表4-5をみてもわかるように，ベンツ社は1885～1900年の15年間に合計2317台の自動車を販売するが，ドイツの国内市場では803台（34.7％），国外市場では1515台（65.3％）を売り捌いた。

　このような輸出比率の高さは，ダイムラー社――国内約35％，国外約65％――でもみられたが，ベンツ社の場合にもほぼ同じである。そのことは，世紀転換期頃における同社の販売店網の分布状態からも頷ける。国内のそれは，ベルリン，クレーフェルト，ドレースデンの3ヵ所であったが，国外では，ヴィーン，バーゼル，ニンヴェーゲン，ブリュッセル，ミラノ，パリ，ロンドン，ペテルブルグ，モス

第4章　自動車工業の萌芽的成立期（1885／86〜1901／02年）　*261*

クワ,ブエノスアイレス,シンガポール,メキシコ,ケープタウンの13ヵ所に及んでいた[278]。たしかにベンツ社は,ヴェロのような安価な小型車を製造したとはいえ,ダイムラー車と同様,当時,自動車はまだまだ国内・外の金持の「玩具」にすぎなかったことがわかる。

　国内・外の市場に関して特徴的な点をあげれば,ベンツ社は,ダイムラー社に先立つこと3年前の1895年7月に,世界で最初のバス会社「ネットフェン・バス会社」(die Netphener Omnibus-Gesellschaft) に,8席のランダウアー型2台を供給した[279]。しかしその定期運行は,冬期の道路状態にはたえられず,たちまち中止に追い込まれている[280]。またベンツ社の場合には,この段階では,ダイムラー社にみられたような軍部との緊密な結びつきはみられなかった。

　他方,ベンツ社の主力市場,外国市場では,前掲表4-5が示すように,モータリゼーションに開明的なフランス市場が有力であった。しかしイギリスで1896年,例の「赤旗法」が改正されて道路上での自動車運行が解禁されて以後,輸入車がしだいにふえ,1899, 1900年にはフランスを抜いて,イギリスがベンツ社にとって最有力市場となった。その他は近隣国ベルギーやオランダが無視しえない市場となっている。また1893年のシカゴにおける万国博でベンツ車が展示・実演されたこと,また1895年のシカゴでのレースに参加したことは有名であり,アメリカにおけるガソリン自動車の開発に大きな刺激を与えている[281]。

株式会社への転換　以上のごとき力強い発展を基礎に,1899年ベンツ合名会社は株式会社に組織替えされることになる。その契機を与えたのはフィッシャーの重病であり,彼はいまや個人の所有と責任から独立した企業形態への転換を求め,他の2人もそれに同意したからである[282]。

　そのためまず,ベンツ社のこれまでの資産評価が,表4-6のようになされた。その結果,1株額面1000マルクの株が3000株発行されて,基本資本金を300万マルクにすることが決定された。それを引き受けたというよりも,分配されたのは,以下の6人の発起人たちであった[283]。すなわち発起人が株式の総数を引

き受ける形態をとっている。

	持株数	額面価格 （マルク）
カール・ベンツ （Karl Benz）	999	999,000
フィッシャー （Friedrich von Fischer）	999	999,000
ユリウス・ガンス （Julius Gans）	999	999,000
ハインリヒ・ペロン （Heinrich Perron）	1	1,000
ジャン・ガンス （Jean Gans）	1	1,000
マックス・ローゼ （Max Rose）	1	1,000
合計	3,000	3,000,000

　ペロンは，ベンツの義理の息子で，フランケンタール（Frankental）の銀行に勤めていた人物であり，ジャン・ガンスは，ユリウス・ガンスの兄弟であって，同じくフランケンタールにあった「アルベルト高速輪転印刷工場株式会社」（Schnellpressenfabrik Albert & Cie AG）の取締役であった[284]。そしてマックス・ローゼとは，1890年にベンツの自動車開発に反対して退社していったかつての出資者であり，それにもかかわらずその後もベンツと友好的な関係を維持していたため，ここで小株主となって再登場しただけでなく，以下に述べる通り，監査役会長に就任する。こうして，1899年5月10日には，定款に「エンジン，自動車の製造・販売および関連事業の経営」を目的とする「ベンツ=ライン・ガス・エンジン工場株式会社」（Benz & Cie, Rheinische Gasmotorenfabrik Aktiengesellschaft in Mannheim）が設立されたのである[285]。その監査役会のメンバーは以下の通りである[286]。

　　　マックス・ローゼ（会長）　マンハイムの商人, Rose & Co. の所有者
　　　カール・ライス（Karl Reis）　マンハイムのトルコ総領事
　　　ジーモン・ハルトゲンジス（Simon Hartgensis）　マンハイムのオランダ総領事
　　　リヒャルト・ブロージェン（Dr. Richard Brosien）　ライン信用銀行取締役
　　　イシドール・ハース（Isidor Haas）　マンハイムの銀行取締役
　　　ジャン・ガンス（Jean Gans）　フランケンタールの工場取締役
　　　ハインリヒ・ペロン（Heinrich Perron）　フランケンタールの銀行家

表4-6 ベンツ社の株式会社転換時の資産状態（1899）　　　　　単位：マルク

資産	不動産（土地・工場建物・住宅）	1,325,000.—
	動産（事務所設備類）	7,169.—
	資材（完成品・半製品商品在庫）	923,398.40
	工具・器具類	66,245.75
	工場の機械および施設類	336,219.90
	ガス工場施設	14,000.—
	委託商品	7,620.—
	（小計）	2,679,653.05
	現金	8,600.07
	受取手形（売掛金）	157,778.78
	有価証券	88,658.10
	当座預金残高	310,926.60
	（小計）	565,963.55
負債	不動産抵当信用	252,500.—
	当座貸越	278,987.25
	（小計）	531,487.25
差引，純資産		2,714,130.35

注：本来ならば，20万マルクと評価される模型，図面，特許は，すでに19万9999マルクが償却されたものとされ，1マルクと評価されているので，上記の表からは除外した。
出典：P. Siebertz, Karl Benz Ein Pionier der Verkehrsmotorisierung, München/Berlin 1943, S. 177f.

　　ヘルマン・アンドレアエ（Hermann Andreae）　ハイデルベルクの地主
　そして取締役会を構成したのは，監査役会によって任命されたベンツとユリウス・ガンスの2人であって，双方に平等な署名権者の資格が与えられた[287]。その他，1899年6月7日には，商人のブレヒト（Josef Brecht）とベンツの長男で技術者のオイゲーン（Eugen Benz）とが，「支配人」（Prokurist）に任命されている[288]。
　ベンツ社の場合は，以上のごとく主要株主は，この場合，監査役にはならず，取

締役にとどまり，監査役会は形式的にはともかく，実質的には弱かったようにみえる。これはダイムラー社の場合，主要株主が監査役になっていたのと対照的である。

ところで，3人の主要株主は，株式会社への転換にあたって，1898/99営業年度の純利益14万7000マルクを配当として分配せず，それを次のような準備金に分けて，予算に計上させ，財務の強化をはかっている[289]。すなわち，(1)普通準備金2万9000マルク，(2)特別準備金7万マルク，(3)労働者金庫設立基金2万5000マルク，(4)特別課題準備金2万3000マルク。

株式会社への転換にともない，エンジンと自動車生産を強化するため，ベンツ社は設備投資と工場の再配置を計画した。すなわち同社は，1900年にマンハイム=ルーツェンベルク（Mannheim=Luzenberg）駅に隣接した31万1180m^{2}の敷地を20万2369.51マルクで買収し，1909年以降，そこを自動車専用工場にし，これまでのヴァルトホーフ街の旧工場を，定置用，モーターボート用のエンジン製造工場にしていくであろう[290]。

そして，新工場の装備と旧工場の近代化のために，ベンツ社は1900年中に大規模な設備投資を実施した。それは新機械の購入に27万7088.14マルク，工具・器具・補助装置の購入に6万8260.02マルク，合計34万5348.16マルクを投資するものであった[291]。ところでこれらの設備投資はおもにガンス主導で実施されたものであるが，この頃になると興味深いことにベンツ自身は保守的になり始め，自動車のハイスピード化に反対すると同時に，その製造過程をあまりにも近代化しすぎると，それに消極的になっていったのである[292]。すなわちベンツは，当時の劣悪な道路事情のもとでは，車の高速化は危険であると同時に，車にもエンジンにも著しい負担になると考えていたのである[293]。

ベンツ社の光と影　　1899年，株式会社化したベンツ社は，自動車専用工場を設け，大規模な設備投資を行ない，以下にあげるように様々なタイプの自動車を製作しつつ，翌1900年までは自動車生産をさらに発展

第4章　自動車工業の萌芽的成立期（1885／86～1901／02年）

このようにベンツ社は,金持階級という狭くて底の浅い国内・外市場に,車種の多様化という形で対応しながら,ともかくもその販売台数を,1899年の572台から,1900年の603台へと押しあげていった[294]。

(1) 1899年,「ド・ザ・ド」（水平対向2気筒エンジン,5馬力）の開発。なおスタイルは馬車型,1900年まで製造。
(2) 1898年,「ブレイク」（水平対向2気筒エンジン,8～10,13～15馬力の2車種）開発。冷却水槽を前置した点,スタイル変化の兆し。
(3) 1899～1901年,上記「ブレイク」からの派生したバス2車種（8～10,13～15馬力）を製造。
(4) 1900年,エレガント系列3車種（単気筒,5～6馬力）開発。フロント・エンジン,リア・ドライヴの現代型車型に変化,1902年まで製造。
(5) 1900/01年,トラック3車種（積載量1.25, 2.5, 5.0トン）開発,1902年まで製造。

しかしこのベンツ社の表面上の繁栄の陰では,すでに第3章第4節で分析したように,1895年に統一したダイムラー社による脅威的な技術開発が進行していた。いまそのうち,もっとも重要な点のみをあげると次の2点である。

(1) 最重要機能ユニットであるエンジンについてみると,ベンツ社は1896年に水平対向2気筒のコントラ・モーター（5馬力）を開発し,そして1901年にようやくそれを9, 14, 20馬力にした。それに対してダイムラー社は,すでに1893年に開発した直列2気筒のフェニックス・エンジン（2馬力）を,1898年には直列4気筒に発展させ,しかも6, 10, 12, 16, 23馬力の5種に多様化している。
(2) 自動車そのものについて,その現代型への成熟の視点からみると,ベンツ社が1900年まで「ド・ザ・ド」のような,エンジン後置・後輪駆動の馬車型自動車をつくり続け,1900年になってようやく,エンジン前置・後輪駆動のエレガント系列を発表している。それに対してダイムラー社の方は,早くも1897年の「フェニックス車」において,現代型をうちだしており,それが直接的前身となって,1901年のかの「メルセデス」を誕生させた。

メルセデス・ショックとベンツ社の危機

1901年3月25〜29日に,フランスのニースで開催された距離・マイル・山岳の3レースにおいて,マイバッハが設計・製作したダイムラー社の競走車,「メルセデス35馬力車」がいずれも圧倒的に勝利したことは,自動車の構造と性能において,ドイツのみならず,当時の自動車工業先進国フランスにさえ,大きな衝撃をあたえたことは,すでに第3章第3節で述べた。これがいわゆる「メルセデス・ショック」と言われるものである。

ドイツでは当然,ベンツ社がその影響をまともにかぶることになった。同社の自動車生産は,1900年には603台をもって,断然トップを走っていたのに,その販売量は,1901年385台,1902年226台,1903年172台と奈落の底に落ち込むように激減していった。それとはまさに対照的に,ダイムラー社の自動車生産は,1900年の96台から,1901年144台,1902年197台,そして1903年232台へと急増している。

20世紀の門出にふさわしい現代型自動車の製作に先行したことは,興味深くも,新世紀開始時点において,また1900年恐慌を受けて,両社の発展にかくも厳しく明暗を分ける作用したのである。

これは明らかに,ベンツ社の側にしだいに深刻な経営危機を惹き起こすことになるが,それはまず決算内容の悪化に表われてきた。

1900/01営業年度——1900年5月1日〜1901年4月30日——の決算報告書では,なお純利益は42万5371.84マルクに達し,そのなかから減価償却費19万9795.53マルクと,8%の配当金を控除しても,12万0171.84マルクの繰越利益金を計上できた[295]。ところが1902/03営業年度のそれでは,純利益は7万8002.98マルクに縮小し,それから法定準備金4000マルク,貸倒引当金5万マルクを控除することにより,翌年度への繰越利益金はわずかに2万4002.98マルクとなり,もちろん配当はだせなかった[296]。そしてついに1903/04営業年度には,利益を計上できず,損失額がいっきょに41万7171.37マルクになったのである[297]。

第4章　自動車工業の萌芽的成立期（1885/86〜1901/02年）　*267*

　いまやベンツ社も，ダイムラー社と同様，是が非でも現代型自動車の製作に向って方針転換をはからねばならなかった。そのことをいち早く察知したのは取締役ガンスの方である。彼は，1901年秋にパリで，動力伝達機構にカルダン・シャフトをもった1台のルノー車を買い求め，ベルト駆動に固執し，いまや技術的に保守化してしまった同僚ベンツの頭ごしに，設計事務所長ディール（Georg Diehl）に，10馬力，カルダン・シャフト付，フロント・エンジン，リア・ドライヴの新型車の製作を命じた[298]。それは1902年9月にいちおうでき上ったが，とても満足のいくものではなかった。

　そこでガンスは，1902年10月，今度は大胆にも，パリの自動車会社，「クラモン=バイヤール」（Clément-Bayard）から，バルバルー（Marius Barbarous）を主任とするフランス設計チームを雇い入れた[299]。そのためベンツ社の内部には一時フランスとドイツの二つの設計事務所が併存するという変則状態が発生したのである。ところがこのフランス・チームが設計した6種類の車も市場性に充分たえれるものではなかった[300]。

　ともあれ，技術開発に関して，ベンツに反対して監査役会を味方につけながらガンスが強引に行なったこのやり方に，ベンツは抗議の意味を込めて，1903年4月21日，取締役を辞任するに至るのである[301]。

第2節　後発諸企業の群生

　以上みてきた通り，ダイムラー企業は，1885年に二輪車，1887年に「馬車自動車」とよばれる四輪車，1889年に最初の本格的な四輪車，「鉄鋼車輪車」を開発したのち，1890年代前半の不幸な分裂を克服し，1895年以降急速に自動車生産を発展させた。またベンツ企業は1886年に三輪車を，1893年に四輪車を開発し，すでに1890年代前半から積極的に自動車生産に乗りだし，世紀転換期にはすで

に述べた通り世界最大級の自動車工場となった。この2企業は, ホラスによって「パイオニア企業者」と呼ばれ, いわばドイツ自動車工業の第1世代に属しているとされている[302]。

しかしドイツ自動車工業においては, この先発2企業を追いながら, 1890年代中葉からとくに世紀転換期にかけて, 多数の自動車製造企業が雨後の筍のごとく群生してくる。すなわちホラスによれば, 第2世代に属する「模倣者的企業家」(Imitatoren-Untermehmer) たちである[303]。そのなかには, アダム・オーペル, アドラー, ホルヒのように, 20世紀に入って急激に大自動車経営に成長するものもあるので, やはりここで触れないわけにはいかない。

これらの後発企業をできるだけうまく概観できるようにするため, 著者は, 1894年から1901年までのあいだになんらかの形で初めてガソリン自動車を製作した20企業を年代順に列挙して, その企業史的内容を簡潔に要約しようとした。その際おもに依拠したのは, クロノロジカルにまとめられているゼーヘア=トスの標準的著作, 『ドイツ自動車工業』(H. C. Graf von Seherr-Thoss, Die deutsche Automobilindustrie Eine Dokumentation von 1886 bis heute, Deutsche Verlag-Anstalt Stuttgart 1974.) であり, それを若干他の文献で補っている。なお当時すでに始まっていた電気自動車を製作した企業や部品のみを製造した企業は, 基本的には含まれていない。

ルッツマンの企業 ルッツマン (Friedrich Lutzmann, 1859-1930) は, 中部ドイツ・アンハルトのデッサウ (Dessau) 市, アスカニア街 (Askanische Str.) に, 建築用または芸術用金物製作のために, 1886年いらい小作業場を開いていた錠前師であった[304]。また彼は, 同地の宮廷のため馬車をも製作したため, 1891年には「宮廷御用錠前師」の称号が与えられた[305]。

ところが彼は, 1893年4月に同市を訪れた1台の自動車をみて, それが将来の交通手段になると確信し, 早速1台のベンツ・ヴィクトリアを購入, それを模倣しながら, 1894年末には「ルッツマン特許車」を造りあげた[306]。そして彼は, 今

後は自動車生産に専門化すべく,商号を「アンハルト自動車工場」(Anhaltische Motorwagenfabrik) と改称し,1897年には同じデッサウのヴァッサーシュタット (Wasserstadt) に移転し,約15人が働く小工場を設立した[307]。同企業は1898年までに16人乗りのバス2台を含む,約60台の自動車を製造した[308]。しかし同企業は,1899年には後にのべるアダム・オーペル社の自動車部門として吸収されていく。

デュルコップの企業　　デュルコップ (Ferdinand Robert Nikolaus Dürkopp, 1842-1918) は,1867年,西部ドイツのビーレフェルト (Bielefeld) で機械製造企業を設立した。その企業形態は,最初は有限会社であったが,1894年には株式会社となり,「ビーレフェルト機械工場株式会社」(Bielefelder Maschinenfabrik AG) と商号した[309]。同企業は,1886年よりガス・エンジンの製造をするようになり,また自転車も製作した[310]。そして1894年にフランスのパナール・エ・ルヴァッソール車のライセンス生産を開始し,1897年には自動車部門を設け,1898年には軽スポーツ・カーをも製作している[311]。

ベルクマン工業有限会社　　この企業の前身は,西南ドイツのガッゲナウ (Gaggenau) 市に位置する,古く17世紀にさかのぼる鉄工所であり,それは1873年いらい大経営に発展していたが,1880年にベルクマン (Theodor Bergmann) によって取得された[312]。技術者フォルマー (Joseph Vollmer, 1871-1955) が,1894年ベンツ・ヴィクトリア車に似た車を開発するが,ベルクマン企業はその特許実施権を獲得し,1895年いらいそれを「オリエント急行」と命名して,1898年までに350台を製造している[313]。

しかしここで,同社のその後の展開に触れると,ベルクマンは1905年に同社の自動車部門を取締役のヴィス (Georg Wiß) に売却し,それは「南ドイツ自動車工場有限会社」(die Süddeutsche Automobilfabrik GmbH) と命名され,おもにトラック,バス等の商用車を生産するようになった[314]。そして同社は,1907年前半にベンツ社とまず利益共同体を結成,1910年11月22日にはベンツ社の子会

社となった後, 1912年にはベンツ社に吸収・合併され, そのガッゲナウ工場となった[315]。その意味でベルクマン企業の自動車生産は, 大きくはベンツ社の発展に合流する流れを形成したといえる。

アドラー自転車工場株式会社 同社の創立者は, 1879年にアメリカを視察したのち, 1880年にフランクフルト・アム・マインのアドラー街 (Adlerstr.) 46番地に, 機械・自転車の販売店を開いたクライヤー (Heinrich Kleyer, 1853-1932) である[316]。彼は1886年には自転車販売から製造に参入し, また1896年にはアメリカの特許実施権によりタイプライター生産にも進出し, この両部門ではドイツで有力な企業となった[317]。

この間, 同企業は, 1895年7月5日には個人企業から株式会社化され, 「アドラー自転車工場株式会社」 (Adler-Fahrrad-Werke AG Frankfurt/M. vorm. Heinrich Kleyer) と商号を掲げている[318]。ところで1899年アドラー社は, フランスのドゥ・ディオン-ブートン社のエンジンを導入し, 三輪オートバイを製作するが, それが同社の自動車生産の始まりであったといえる[319]。そして1900年には四輪自動車の連続生産が開始される[320]。同社の自動車部の最初の設計者はシュタルクロフ (Franz Starkloph) という人物であった[321]。

クーデルの企業 クーデル (Max Cudell) は, 1897年西ドイツのアーヘン (Aachen) 市に, ドゥ・ディオン-ブートン社のエンジンと三輪車のライセンス生産を行なうため, 「マックス・クーデル・エンジン有限会社」 (Max Cudell Motor Comp. GmbH) を設立した[322]。そして同社は, 1899年にはやはりドゥ・ディオン社の四輪車のライセンス生産に移行するが, 1908年には消滅している[323]。

エーアハルトの企業 クルップに似た製鉄業者で兵器製造業者であった創立者エーアハルト (Heinrich Ehrhardt) は, 中部ドイツ・ザクセンで1896年12月3日, 「アイゼナッハ自動車工場株式会社」 (Fahrzeugfabrik Eisenach AG) を設立し, 1897年からフランスの 「ドゥコヴィル社」 (Decauville)

の軽自動車の独占的ライセンス生産を開始する[324]。しかしその後1898年には，レープリング（Arthur Rebling）の設計による自社製四輪車「ヴァルトブルク」(Wartburg) を発表している[325]。

ところで，クルップ類似のエーアハルト企業が，この段階で自動車生産に参入したことは，帝政ドイツ下における産業発展を特徴的に示す現象であった。

シュテッティン鉄工所 東部ドイツのシュテッティンにおいて，シュテーヴァー（Bernhard Stoewer）が1896年に創立した「ベルンハルト・シュテーヴァー・ミシン自転車工業株式会社」が，1897年自動車生産を開始したが，彼はその生産を2人の息子エミール（Emil）とベルンハルト2世が組織した「シュテーヴァー兄弟自動車工場」（Geb. Stoewer, Fabrik für Motorfahrzeug）に委せた。同工場は，1900年にはトラックと電気自動車の，また1902年にはバスの製造を開始している[326]。

キュールシュタイン企業 1833年にキュールシュタイン（Eduard Kühlstein）によってベルリンで創立された「キュールシュタイン馬車製造会社」（Firma Kühlstein Wagenbau）は，前記の技術者フォルマーを雇い，1898年から電気自動車の他，ガソリン車，トラックの製造を開始した[327]。

アダム・オーペル合資会社 この「アダム・オーペル合資会社」（Adam Opel KG）は，その名も示す通り，パリで修業してきたアダム・オーペル（Adam Opel, 1837-1895）によって，ヘッセンのリュッセルスハイム（Rüsselsheim）市に，1862年，本来はミシン製造のために設立された企業である[328]。同社は1867年秋には，今もオーペル社の本工場があるリュッセルスハイム駅の近くに，工場用地を144グルデンで取得し，1868年春には40人の労働者を雇用するまでになった[329]。その後は堅牢で優秀なオーペル製ミシンは，国内市場を制覇しただけでなく，インド，ロシア，フランスにとどまらず，シンガーなど強力な競争企業をもったアメリカにさえも輸出されるようになる[330]。1882年には工場はさらに拡張され，1884年には労働者も240人となり，

年産1万5000台,価格にして60万マルクのミシンを製造する大メーカーとなった[331]。

ついで同社は,1886年には自転車の製造に参入したが,その頃には労働者数も300人に達し,1898年には年産1万6000台の自転車を生産している[332]。この間,創業者のアダム自身は1895年に病没し,その後を妻ゾフィー(Sophie)と,5人の息子たち,カール(Carl),ヴィルヘルム(Wilhelm),ハインリヒ(Heinrich),フリードリヒまたはフリッツ(Friedrich od. Fritz),ルードヴィヒ(Ludwig)が受け継ぐことになった[333]。同企業はしかし,1897年に「自転車恐慌」(die Fahrradkrise)と呼ばれる一時的な販売不振に襲われた[334]。すなわちアメリカでの自転車生産が激増し,それが,その関税率わずか1%にすぎないドイツに,大量に輸出されたからである[335]。そのためオーペル社は,この業績不振を自動車生産への参入によって挽回しようと企画した[336]。

そこで同社が目をつけたのが,かのルッツマン企業であり,1898年から1899年1月にかけて交渉し,以下のような条件でその買収と移転を実現させた。すなわち,ルッツマン企業の土地,建物,設備,資材,特許権,実用新案権,顧客名簿,製造権をあわせて11万6687マルクで買い取り,ルッツマン自身もオーペル社自動車部の担当主任として任用し,年俸を初年度8000マルク,次年度6000マルク支給し,従業員もリュッセルスハイムに移転させるという内容であった[337]。

こうして1899年1月には,鉄道によって全面的な移転が実施され,同年春には早くも「オーペル特許自動車ルッツマン式」が製造され始め,同年中に11台,1901年までに通算65台が生産された[338]。しかし,その車の性能にはいま一つ信頼性が不足しただけでなく,例えばベンツ社のヴェロが1台2000〜2800マルクであったのと比較して,2650〜3800マルクとやや高価であったため,オーペル社はこの車で強力な市場参入を果たしえなかった[339]。

そこで同社は,当時,先端をいっていたフランスの自動車企業に目を向け,1901年にはルッツマンとの契約を更新せず[340],パリ・シュレーヌ(Surenes)に

本拠をおく「ダラック社」とのライセンス生産契約を締結した[341]。ダラックはオーペルに対して，ドイツだけでなく，オーストリア・ハンガリーについても独占的代表権をあたえ，またダラック製のシャシーにオーペル独自のカロッセリーを組み付けることを認めた[342]。こうしてオーペルは，1902年から動力伝達機構にカルダン・シャフトをえた「オーペル・ダラック車」(9馬力)の，また翌年からは独自のオーペル車の生産を開始した[343]。その結果，オーペル社の生産台数は，1901年30台，1902年64台，1903年178台と上昇していった[344]。とはいえフランスへの技術依存は1906年には解消され，同社はやがて自社製自動車を製造する能力を急速に身につけることになる。

自動車・エンジン工場株式会社　これについては，ダイムラー社から派生し，そして1902年ダイムラー社に吸収・合併された企業としてすでに説明しているので，ここではごく簡単に要約するにとどめる。ダイムラー社の監査役ドゥッテンホーファー，ローレンツらが，ベルリンにおいて，同地の機械・兵器製造業者レーヴェと組んで，1899年からダイムラー特許にもとづく自動車を製造し始めたがうまくいかず，アルコール・エンジンと，ガソリン・エンジン移動車などの分野で若干の成果をあげたにとどまった。

ファルケの企業　西ドイツのメンヘン゠グラードバッハ (Mönchen-Gladbach) において，ファルケ (Albert Falke) は，1899年，ドゥ・ディオン゠ブートンのエンジンを組み付けた，ドゥコヴィル社製のそれに似た軽自動車 (Vioturette) を製作し，ベルリンでの第1回国際自動車展示会に出品した[345]。1900年には，4馬力の2気筒エンジンとカルダン軸を装備した新タイプが，それに続いている[346]。

一般自動車会社　大電気独占AEGが，ラーテナウ (Emil Rathenau) 指導のもと，1899年，「一般自動車会社」(Allgemeine Automobil-Gesellschaft) を創立し，ベルリン工科大学の教授クリンゲンベルク (Georg Klingenberg) が開発したガソリン自動車をオーバーシェーネヴァイデ

(Oberschöneweide)にあった AEG の電線工場で製作した[347]。AEG は 1901 年 12 月 24 日には,資本金 30 万マルクの「新自動車有限会社」(Neue Automobil-Gesellschaft mbH——略して NAG)に改組転換させ,1902 年には前述の技術者フォルマーの設計した新型車(2 気筒・12 馬力,カルダン・シャフト装備)を製作している[348]。ドイツ自動車工業の成立にあたっては,大資本,大銀行の参加が少ないなかで,同社は大電気独占が参加して成立しためずらしい例だと著者は考える。とはいえ同社はその後もしばらくは生き残るが,世界恐慌期の 1931 年にはそのトラック部門を分離して,のちにあげるビュッシング社と合併させざるをえず,残った自らも 1934 年には自動車生産を停止していった[349]。

シャイプラー機械工場　「フリッツ・シャイプラー機械工場」(Maschinenfabrik Fritz Scheibler)は,西ドイツ・アーヘンにあって,それまでは定置エンジンを製造してきたが,1899 年ヴィリー・ゼック(Willy Seck)の特許にもとづいて,動力伝達機構に摩擦車を使用した 2 気筒車を製作し,1900 年にはフランクフルト・アム・マインの地域的な展示会に出品している[350]。

アウグスト・ホルヒ自動車工場合名会社　同社の創立者ホルヒ(August Horch, 1865-1951)は,モーゼル河畔のヴィンニンゲン(Winningen)で鍛冶屋の息子として誕生し,小学校をおえたのち父のもとで修業し,1888 年秋からザクセンのミットヴァイダ工業専門学校で 6 学期間,機械製造学を学んだ[351]。まず彼は,ロストック(Rostock)の機械工場と造船所で,ついでライプチヒの舶用エンジン工場に勤め,その後はベンツ社に技術者として入社した[352]。彼はそこで,1896 年 5 月から 1899 年 10 月まで勤め,自動車製造技術を急速に習得している[353]。

しかし当時ベンツ自身は,すでに述べたように保守化し,自動車のハイスピード化に反対するようになっていた[354]。そのことに不満をいだいたホルヒは,ベンツ社を辞し,1899 年 11 月 14 日,友人のヘルツ(Herz)とともにケルン=エーレ

ンフェルト (Köln-Ehrenfeld) に, 基本資本金3万マルクの「アウグスト・ホルヒ・自動車工場合名会社」(August Horch & Cie Motorwerke OHG) を起業した[355]。そこで彼は, 翌1900年に極めて振動の少ない優秀なエンジンの開発に成功し, それとカルダン・シャフトをもったシャシーに,「ウーターメーレ社」(J. W. Utermöle) に造らせたカロッセリーを組み付けた[356]。ここでは10台が製造されている。

しかし同工場は, 本格的に自動車生産を行なうには狭すぎ, また同地では資本調達にも困難をきたしたので, 1902年初頭に, 「ゲラ機械工場」(Geraer Maschinenfabrik) の資本参加をえて, まず中部ドイツ, ザクセン・フォークトラントのライヘンバッハ (Reichenbach) 市に, ついで1904年夏にはまたもザクセンのツヴィカウ (Zwichau) 市に工場を移転させた[357]。そして同社は, 1904年には基本資本金35万マルク, 雇用労働者100人をかぞえる株式会社に転化した[358]。

そして同社は, 第一次大戦後, 一時高級車メーカーとして名を馳せたのち[359], 世界恐慌中の1932年,「DKW社」を中心とした,「アウディ社」(Audi Automobilwerke),「ヴァンデラー社」(Wanderer-Werke) とともに大合同の一環となり, 当時の一大自動車企業「アウト・ウニオーン株式会社」(Auto Union AG Chemnitz) 成立の基礎の一つとなっていく[360]。その意味でホルヒ企業は, ドイツ自動車工業史上, 重要な存在意義をもっている。

ベックマンの企業　東部ドイツ, シュレージェンのブレスラウ (Breslau) 市で, 1882年に設立されたベックマン (Otto Beckmann) の企業は, 1900年, フランスのブシェ社 (Buchet) 製のエンジンを搭載した軽自動車 (Voiturette) を製作した[361]。その後, 同企業は,「オットー・ベックマン第一シュレージエン自転車・自動車工場」(Erste Schlesische Velociped-und Automobil-Fabrik Otto Bechmann & Cie. Breslau) と商号し, 1902年にはドゥ・ディオン-ブートン・エンジンを搭載し, フランス車をまねた軽自動車を製作してい

る³⁶²⁾。

プロトス自動車有限会社 創立者シュテルンベルク（Dr. Alfred Sternberg）は，1898年ベルリンのノンネンダム（Nonnendamm）に「プロトス自動車有限会社」（Protos Automobile GmbH）を設立し，1900年，1気筒8.5馬力車を製作していらい，1926年まで自動車生産に参加した³⁶³⁾。

コスヴィッヒ機械工場 中部ドイツ，ザーレ河畔のコスヴィッヒで，ナッケ（Emil Hermann Nacke, 1843-1930）が創立した「コスヴィッヒ機械工場」（Maschinenfabrik, Coswig i. Sa.）は，1890年いらい製紙工場用の計器類，ポンプ，機械を製造してきたが，1900年に「コスヴィガ」名称のトラックを製作し，中部ドイツ，ザクセンにおける最初の自動車メーカーとなった³⁶⁴⁾。

ビュッシングの企業 中部ドイツのブラウンシュヴァイク（Braunschweig）市で1870年いらい鉄道設備を，また1869年いらい自転車を製造してきた「マックス・ユーデル社」（Max Judel & Co.）で技術担当取締役であったビュッシング（Heinrich Büssing, 1843-1929）は，1901年同社でトラックの試作を行なった³⁶⁵⁾。彼は1903年に独立して，「トラック・バス・エンジン特殊工場合名会社」（Spez. Fabrik f. Motorlastwagen, Omnibusse u. Motoren OHG）を設立し，その後はそれらの分野でドイツで有名な自動車メーカーになっていった³⁶⁶⁾。

ケルン自動車工業有限会社 ブルンターラー（Heinrich Brunthaler）によって創立された「ケルン自動車工場有限会社」（Kölner Motorwagenfabrik GmbH）は，1901年，技術者ウーレン（Wilhelm Uren）の設計にもとづく単気筒6馬力の軽自動車を製作した³⁶⁷⁾。ウーレンはその企業を指導するようになり，1903年には社名を「ケルン・ウーレン・コットハウス自動車工場」（Motorfahrzeugfabrik Köln, Uren, Kotthaus & Co. Köln-Sulz）とし，そ

の自動車を「プリアムス」(Priamus) と命名した[368]。

アールグス社 ベルリンのアールグス社 (Firma Argus) は,1901年にフランスのパナール・エ・ルヴァッソール車のライセンス生産を開始した[369]。

以上,後発企業20について,その成立期の状態を概観してきたが,それに関してさしあたり以下の3つの点が指摘できよう。

その一つは,それらの最初に自動車を製作した年代的な波である。いまそれを整理すると,1894年3件,1895年1件,1897年3件,1898年1件,1899年5件,1900年4件,1901年3件となっている。すなわちその時期においては比較的早く1894年に一つの山がみられるが,やはり,1899～1901年の世紀転換期に集中している。

もう一つの特徴は,後発企業の群生によって,ドイツ自動車工業の立地が全国的に分散したことである。すなわち先発2企業は,ダイムラー社がヴュルテンベルクに,ベンツ社がバーデンに,いずれも西南ドイツに位置していた。そしてオーペル社がリュッセルスハイム,アドラー社がフランクフルト・アム・マインといずれもヘッセンにあって,これも大きくは西南ドイツにあり,その意味で西南ドイツは依然としてドイツ自動車工業の有力立地となっていく。

しかしその他に,アーヘン,ケルンといった西部ドイツ,相当の集中がみられるベルリンを中心にザクセンを含めた中部ドイツ,それにシュテッテインのような北部ドイツ,シュレージエンのような東部ドイツにも,自動車企業が散見されるようになっている。

このドイツ自動車工業の地域的分散傾向は,他国のそれと対照させると興味ある状態を示している。すなわちアメリカの場合は,20世紀初頭,それはデトロイトを中心としたミシガン州への極端に一極集中型になっていった。またフランスの場合も,ローによれば,1902年,20の自動車企業のうち14がパリに所在し

て，その市場占有率は，80％に及んでいる[370]。さらにイギリスでは，ロンドンと自転車工業の中心地コヴェントリーとが自動車工業の主要立地を形成した[371]。このことは，それぞれの国の資本主義の形成過程ともかかわる全国市場の構造とも関係しているが，そのことはもう少し後に自動車工業が本格的に確立した後に分析されるべきであろう。

　そしていま一つの特徴は，ドイツがガソリン自動車発明の母国，ガソリン自動車工業の最先進国であったにもかかわらず，これら第2世代の自動車工業企業の萌芽的成立にあたって，ドイツの先発2企業からの直接・間接の影響は意外にすくなく，その成立期がフランス自動車工業の隆盛期と重なったこともあって，その影響が強くみられることであろう。すなわち，ダイムラー特許にもとづく製造企業が1，ベンツ車の模倣ないし改良を行なった企業が3あったのに対して，フランスの老舗パナール・エ・ルヴァッソール社のライセンス生産を行なった企業が2，ドゥ・ディオン-ブートン社のそれが1，ダラック社のそれが1，ドゥコヴィル社のそれが1，ブシェ社のそれが1と，フランス自動車企業のライセンス生産の実施で，その生産を本格的に開始した企業が，6つにも及んでいる。

　ホラスもこのことを知って，それを指摘している[372]。従来，ダイムラー，ベンツの特許によって，フランス，イギリス，オーストリア等の自動車工業の成立にドイツ自動車工業が寄与してきたことのみが強調されてきただけに，著者はドイツ自動車工業成立にあたっての，フランス技術への依存をあらためて指摘しておきたい。

第3節　20世紀初頭の自動車工業全体の状態

　以上，私たちは1880年代に自動車を発明したドイツ自動車工業の第1世代に属する先発2企業，ダイムラーとベンツ企業の苦難にみちた形成過程と，ついで

第4章 自動車工業の萌芽的成立期（1885／86～1901／02年）

1890年代，とくに世紀転換期に群生した，その第2世代といわれる後発諸企業の萌芽的成立過程をみてきた。そこで今やそれらを総括して，できればなんらかの統計数値をもって，20世紀初頭における萌芽的に成立したドイツ自動車工業の全体像を概観したいと思う。

しかし残念ながら，いまだ機械工業一般のなかに埋もれていて，ようやく頭をもたげ始めた自動車工業について，著者はなお詳しい統計を発見できないでいる。例えば，「自動車工業全国連盟」（Reichsverband der Automobilindustrie——略してRDA）が，その詳細な統計資料『自動車工業の事実と数値』を始めて発行するのは，第一次世界大戦後のようやく1927年になってからであり，そのなかに時たま現われる古い時代の数値も，多くは第一次大戦直前のものに限られているからである[373]。

そのため著者は，ハイデルベルク図書館で発掘したドイツ帝国統計局の古い「四季報」（Vierteljahrshefte zur Statistik des deutschen Reichs 23: Jahrgang 1914, III.）を利用した。

それらにもとづき，著者が1901年，1903年に関してまとめたのが表4-7である。この両年をとったのは，1880・90年代の発展の結果がここに反映しているからに他ならない。

まず私たちは，経営数に注目したい。それは1901年には12経営，1903年には18経営となっている。これには，完成品総額とその価格構成を示す記述からみて，部品メーカーは含まれず，完成車メーカーのみを示したものであることがわかる。

しかしそうであったとしても，この数値は，私たちが1901年までに限ってこれまでみてきた先発2企業，後発20企業の合計と一致しない。その理由の一つは，このなかには，1899年にオーペル社に吸収されたルッツマン企業や，1902年にダイムラー社に吸収されたベルリンの「自動車・エンジン工場」のように消滅したものもあったからである。しかしそれでも統計数値のほうが少なすぎ

表 4-7　20世紀初頭のドイツ自動車工業

年			1901	1903
経　　営　　数			12	18
従　業　員　数			1,733	3,684
（1 経営平均従業員数）			(144.4)	(204.7)
上記従業員の賃銀・給与総額	(100万 M.)		2.2	4.8
加工原料，半製・完成部品費総額	(100万 M.)		2.6	6.7
完成品総額（代替部品・修理作業を含む）	(100万 M.)		5.7	14.1
（1 経営平均完成品額）	(100万 M.)		(0.475)	(0.783)
生　産　台　数				
1）乗用車(三輪車,シャシーのみも含む)		(台)	845	1,310
うち） 6馬力以下		(台)	481	217
6-10馬力		(台)	306	258
10-25馬力		(台)	37	406
25馬力以上		(台)	21	89
2）トラック		(台)	39	140
1）+2）三・四輪車合計		(台)	884	1,450
（1 経営平均三・四輪車生産台数）		(台)	(73.7)	(80.6)
3）二輪オートバイ		(台)	41	2,991
1）+2）+3）自動車合計）		(台)	925	4,441
（1 経営平均自動車台数）		(台)	(77.1)	(246.7)

注　:1901 年の馬力別台数の合計は，乗用車と一致するが，1903 年の馬力別台数は，乗用車台数 1310 台と一致しない。これは，後者のなかにシャシーのみのものが含まれ，前者に分類されていなかったためと思われる。
出典: Kaiserliches Statistikamt (Hrsg.), Statistik des deutschen Reiches 1913, Vierteljahrshefte 23, 23. Jahrgang 1914, III, S. 112.

る。その理由として著者は，後発企業の多くが，ようやく世紀転換期頃にはじめて自動車を製作し，しかもそれらが他に主業をもっていた場合などは，いまだ自動車経営としては把握されていなかったと推定する。

　ついでこれらの経営の従業員 (beschäftigt gewesene Personen) ――したがって労働者・職員を含む――をみると，その総数は 1901 年 1733 人，1903 年 3684 人を数えている。ただしこれらの数値は，おそらく，純粋に自動車製造のみに従事していた，いわば自動車部門の従業員ではなく，自動車製造を行なっていた諸経営

の従業員の全体数と思われる。それにしても自動車製造企業の従業員は，20世紀初頭まではこのように少なかった。

　しかしその内部にたち入ると，なお次の2点が指摘できる。その一つは，1経営あたり平均従業員数は，1901年144.4人，1903年204.7人である。これは自動車を製造するほどの経営は，平均的にみて比較的大きかったことを示している。その開発には多大の資金を要し，また複雑で高価な製品を製造するには，それなりに相当の大経営でなければ不可能であったからである。しかしもう一つ，私たちはこれらの経営のなかで，先発2経営が非常に大きかったことを思いださねばならない。1900年には，ダイムラー社だけで334人（前掲表4-2参照），ベンツ社だけで400人（前掲表4-4参照）もの従業員を擁していた。いまその合計数を1901年の自動車経営労働者数1733人から引いても，やはり他の10経営は，従業員数で平均100人程度になり，大企業がなお相当数まじっていたとみなければならない。

　つぎに生産価格とそれを構成する労務費や原材料・部品費の内容やその相互関係についてみてみよう。1901年に関しては，構成要素をなす，総労務費が220万マルクと総原材料費が260万マルクで，合計480万マルクであり，それに対して完成品総額は570万マルクとなっている。もちろんその差90万マルクがただちに利潤を意味せず，そのなかには減価償却費や銀行利子，それに販売費なども含まれていて，純利益がどの程度でていたかは把握できない。しかしこの関係は，2年後の1903年には，それぞれの要素が2〜3倍に急増加しているだけでなく，費用と生産価格の差もいっきょに260万マルクに拡大している。もちろん財務内容は企業によって大きな相違があったであろうが，総じてドイツ自動車工業の諸企業は，平均すれば20世紀初頭には経営的に安定し，定着していく傾向を示していたといえよう。

　さて最後に，これらのドイツ自動車諸企業が，20世紀初頭にあたって産出した製品数量とその内容を分析しておこう。まず1901年の状態についてみると，乗

用車——シャシーのみのものも含む——が一番多くて，845台，トラックは39台，二輪オートバイが41台，合計してもわずか925台にすぎなかった。そして乗用車のなかでは，メルセデス出現以前の技術水準が色こく残り，10馬力以下，とくに6馬力以下の低馬力車が圧倒的に多かった。

　ところが1903年になると，各種の自動車の生産が拡大するが，とくにトラックと二輪自動車の生産が飛躍的にふえ，乗用車とトラックの合計数が1450台にふえ，それに二輪車を加えると，4441台へと急伸している。その際，乗用車の馬力数分布の変化も興味深い。この間に乗用車全体の出力アップが進行し，6馬力以下のものが減り，いまや10－25馬力クラスがもっとも多くなり，25馬力以上のクラスも拡大している。この出力アップにあたっては，1901年に開発されたメルセデス35馬力車やそのさまざまなヴァリエーション・タイプの出現が，あずかって寄与したことは確実である。

第4節　萌芽的成立期にみられる諸特徴

　すでに私たちは，本章第1, 2節において，ドイツ自動車工業のパイオニアたちの第1世代に属するダイムラー/マイバッハと，ベンツの2企業の成立過程と，その第2世代といわれる後発20企業のごく萌芽的な成立過程とをみてきたが，ここではそのなかにみられる幾つかの諸特徴を摘出しておきたい。

(1) 自動車企業家の社会的系譜

　ここで社会的系譜というのは，自動車企業設立者の出身社会層や職業，または前提としてもっていた素養，それに前身企業の業種などを包括的に指している。その際，分析は，第2世代の場合，その多くがすでに確立された他の業種から参入してきたものであったために，第1世代が中心となる。

まず第1世代のダイムラーとマイバッハ,そしてベンツに関しては,先祖からそれを受け継ぐか,または自らもそれを習得したかは別にして,いずれにせよ工作的手工業の素養をもった「技師的企業家」(Techniker-Unternehmer) であった[374]。ここで,著者も,技術者 (Ingenieur) とは言わず,あえて「技師」と言うのは,前者が厳密には工学の高等教育を受けたものを指すのに対して,後者はたとえそれを受けていなくとも,それと同程度の技術を習得したものをも含めうると考えるからである。

ダイムラーの先祖は,ヴュルテンベルクの小都市ショルンドルフで,代々ワイン酒場を兼営するパン屋であった。しかし彼自身は,1848~52年の4年間,小銃製造親方ライテル (Hermann Reitel) のもとで徒弟として働き,その修業作品として今も残されている立派な短銃をつくり,機械的精密作業の素養を身につけて人生を歩みはじめている[375]。その後,彼は1853~57年,当時フランス領アルザスの「グラーフェンシュターデン機械工場」で,労働者(身分的には職人)として働き,1857~59年の2年間,シュトゥットガルト工業専門学校で機械工学を学び,名実ともに技術者となった。

また,このダイムラーにその弟子として協力し,1882年以後は彼に雇われ,1895年からはダイムラー社の株主,経営者の一員ともなったマイバッハの場合は,どうであったか。彼の先祖は祖父までは代々,ハイルブロン市で鍛冶屋であったが,父の兄がそれを継いだため,父自身は指物師になった[376]。マイバッハは,おそらくこのような家系のなかから,金属や材木を加工する工作的手工業の秀でた素養を強く受け継いでいたように思われる。

彼自身はしかし,幼なくして不幸にも孤児となり,ロイトリンゲンの孤児院「兄弟の家」に収容され,その機械工作所で働かなければならなかったため,高等教育を受ける機会には恵まれなかった。それでも彼は,夜間には成人学校や実科学校の上級クラスに通い,その頃には独学で工学の基本文献をマスターしたと言われている[377]。

そして彼の技師としての潜在的能力は、いずれもダイムラーに従い、1869～72年には「カールスルーエ機械製造会社」の、また1872～82年には「ドイツ・ガス・エンジン工場」の設計部で、実際の開発問題と取り組みながら、見事に開花していった。彼がたんなる実務者あがりの技師でなかったことは、すでに詳述した通り、1883/84年の小型、軽量・高速エンジン、1889年のV型2気筒エンジンをはじめ、数々の独創的な発明がそれを証明している。そのため彼は、後になって1916年、シュトゥットガルト工科大学——当時すでに工専から昇格していた——から、工学の名誉博士号を授与されている[378]。

さらにベンツの場合は、その出身層が祖父までは代々、シュヴァルツヴァルトの農村小都市プファッヘンロートの鍛冶屋であったことは、マイバッハと酷似してる。ベンツは、修学中、故郷を訪れ、家系のたどったこの職業を誇りにしていたことを、その自伝的著作において述べている[379]。

鍛冶屋を継いだのは、ベンツの叔父で、父はバーテン国鉄の機関士となったが、父はベンツが生まれて間もなく亡くなっている。この点でもマイバッハの運命と似ているが、ベンツは健気な母に育てられ、ギムナージウムからカールスルーエ工業専門学校に進学し、そこで4年間、機械工学を本格的に学び卒業した[380]。その時、彼は、この点は後にやや詳しく触れるが、レッテンバッハーらの教授たちから、熱効率の悪い蒸気機関に代わる次世代の原動機開発の必要性という、工学上の最新の問題意識を受け取ったのであった。

このように、ドイツ自動車工業の第1世代のパイオニア的企業家たちは、いずれも鍛冶屋、指物師、錠前師等の工作的手工業の素養を受け継ぐか、または自らそれを習得した技術者であった。

そしてこの性格は、第2世代の模倣者的企業家たちにもまた若干みいだされる。たとえばルッツマンがそうである。彼は最初はおもに建築・工芸用金物を製作する錠前師であった[381]。因みに錠前師は、工業化の初期においては、機械工にもっとも近い職種であった。彼は、その仕事上デッサウの宮廷御用手工業

者となった関係から,宮廷御用馬車の製作にも従事し,そのことによって自動車の製作に接近する立場になった[382]。

彼は,このように手工業者あがりで,工学の高等教育は受けていなかったが,それでも技師と呼ばれるふさわしい能力をもっていた。たとえば,彼がベンツのヴィクトリアを模倣しながらも,独自に車を設計し,そのハンドル操作について特許を取得していること,また彼の経営がオーペル社に買収されたのち,1899～1901年の間,同社の自動車部の主任に就任し,新車を開発していること,等がそのことを示している[383]。

また第2世代のなかでは,ホルヒが,ベンツとよく似た経歴をたどっただけでなく,ベンツ社によって育てられた技術者であった。彼はモーゼル河畔のヴィンニンゲンの鍛冶屋の息子として生まれ,小学校卒業後,父のもとでその仕事を学んだ。その後,彼は,ザクセンのミットヴァイダ工業専門学校でも6学期間学んで技術者となった。卒業後,彼は,ロストックの機械工場や造船所,ライプチヒの舶用エンジン工場,そして1896～99年にはベンツ社に技術者として勤務し,とくにベンツ社において,自動車の製造技術を急速に習得した人物である[384]。

ところで,私たちがドイツ自動車工業の社会的系譜をみてゆく場合,もう一つの視点からそれをおさえることができる。すなわち自動車の生産に参入する以前に,その前提となった製造部門はなんであったかという問題である。

20世紀に入り,それを下るにつれて,モータリゼーションは爆発的に進行し,成長産業となりえた自動車工業も,それが誕生した19世紀末は,自動車の価格も非常に高く,「金持の遊び道具」として狭隘な市場しかもちえなかったので,その生産だけでは企業的になりたちにくかった。そこで幼弱な自動車企業の多くは,すくなくともドイツでは,他にそうとうの需要があり,その製造が収益性をもちえる一つまたは複数の製品を並行生産しながら,自動車生産を軌道に乗せていく場合が多かった。そのような部門はなんであったかを整理しておこう。

かつて古くは，1925年にドゥングスが，ドイツ自動車工業の「起源」として，エンジン製造と自転車生産をあげている[385]。また比較的最近では，ホラスも萌芽期自動車企業の複合生産的性格を指摘している[386]。

まず第1世代のダイムラー，ベンツ両企業は，すでに詳細にみた通り，小型，軽量・高速のガスまたはガソリン・エンジンの生産を基礎にして自動車生産を開始し，それを発展させている。それは，おもに定置エンジンであり，部分的にはモーターボート用であった。また第2世代では，アーヘンのクーデル社が，1897年フランスのドゥ・ディオン‐ブートン社からのライセンスにもとづき，そのエンジン生産と同時に三輪車，四輪車生産を行なっている[387]。その他アーヘンの「シャイブラー機械工場」，ダイムラー社の経営陣の一部がベルリンで設立した「自動車・エンジン工場株式会社」も，自動車以外に，エンジンを生産している[388]。

もう一つの源泉は，自転車生産を行なっていた企業である。その代表例は，オーペルとアドラーである。ただしオーペルは，本来的には1862年いらいミシン製造を主業として成長してきた企業であり，自転車生産に参入したのは1886年からであった[389]。またアドラーは，これも1896年いらいタイプライターの製造をも行なっているが，この場合，主力製品は自転車であった[390]。その他，自転車生産を行なっていた企業として，デュルコップ社や「オットー・ベックマン第一シュレージエン自転車・自動車工場」，そして後にみる「ネッカーズルム自転車工場株式会社」などがある[391]。

そして馬車の製造から移行したものとして，ルッツマンとキュールシュタインがあげられよう。

さらに種々の金属加工，機械製造から参入したものが相当数に及んでいる。ベルクマン，シュテーヴァー，コスヴィッヒ，ビュッシングなどがそれに数えられる。そのなかで特異な存在は，すでに指摘した通り，権威主義的第二帝政期，ヴィルヘルム二世時代に，クルップと並ぶ鉄加工業者であり，第二の「大砲王」

第4章　自動車工業の萌芽的成立期（1885／86～1901／02年）　287

であったエーアハルトの「新自動車有限会社」(NAG) である[392]。

　その他は，最初から自動車生産だけを目的に設立されたものもあった。プロトス，アールグス，とくにホルヒの場合がそうであった。

　自動車工業成立のいわば起源に関する，各主要国の比較分析は，それぞれの国の経済発展の特殊性を示すが故に，興味あるテーマである。しかしそれに深入りすることは，主題からあまりにも逸脱してしまうので，ごく簡略にたどるにとどめたい。

フランス　自動車工業の最先進国になったフランスに関して，原輝史氏はロー (James M. Laux) などの著作にもとづき，次のように3つに分類している。ほぼ3分の1がローレヌ・ディートリシュのような製鉄業からと，またほぼ3分の1がプジョーのように自転車工業から転身したものであり，そして最後のほぼ3分の1がルノーのように新規参入した企業であった，と[393]。しかし本書の著者は，原氏の第2にあげる自転車企業の代表例として，ダラックをぜひあげておきたいし[394]，また蒸気自動車，エンジン製造を含む広義の機械製造業がもう一つの源泉として存在していたように思う。たとえば，ドゥ・ディオン-ブートンは蒸気自動車を製造しており，そのことがフランスにおけるガソリン車生産を盛りあげることに寄与した[395]。またパナール・エ・ルヴァッソール社は，工作機・木工機を製造するメーカーであったからこそ，ダイムラー・エンジンのラインセス生産が可能となり，それを通じて自動車生産に参入できた[396]。またベンツ車の組み立てを行なったロジェの企業も，機械工業に属していた。

アメリカ　後に自動車王国を形成するアメリカに関しては，井上昭一氏が，初期の自動車工業への参入者の系譜を次の4つに分類している。(1)なんらかの形で他の出資者の援助を受けた自動車の発明者自身，(2)自転車，ワゴン，馬車メーカー，(3)機械製造業者，(4)自動車会社の共同経営者や従業員[397]。すなわち，あえて言えば前史なしの参入である。(3)について，エプシュテイン (Ralph C. Epstein) の論文によって補足すれば，機械製造といえども，そこには

ミシン, 犂, 機関車などさまざまな製造業が含まれていた[398]。

いまそれらのうちからよく知られている例を若干示せば, (2)については, GMの創立者デュラント (William C. Durant) の基盤となった「デュラント=ドート馬車製造会社」(Durant-Dort Carriage Company) や,「スチュードベーカー兄弟製造会社」(Studebaker Brothers Manufacturing Company)[399]。また(3)については, 蒸気自動車, 電気自動車の製造から出発し, アメリカ最初のガソリン自動車の発明者となったデュリア兄弟 (Charles Duryea, Frank Duryea), また 1891 年, 蒸気自動車を製作, 1896 年「オールズ・モーター・ヴィークル社」(Olds Motor Vehicle Company) を設立し, 翌 97 年ガソリン車を製作, フォードに先立って量産車を生産したオールズ (Ransom E. Olds), 1905 年「キャディラック社」(Cadillac Motor Car Company) 設立の母胎となった機械製造業の「リーランド・アンド・フォルコーナー社」(Leland & Faulconer Manufacturing)。[400] そして 4 としては,「エディソン照明会社」(the Edison Illuminating Company) の電気技師から転じ,「デトロイト・オートモビル社」(Detroit Automobil Company) の主任技師兼総支配人となったフォード (Henry Ford), 前記デュラント=ドート社のジェネラル・マネージャーであり, 転じて GM のジェネラル・マネジャーになり, 1916 年「ナッシュ・モーターズ社」を設立したナッシュ (Charles W. Nash), などがあげられよう[401]。

イギリス　産業革命の母国でありながら, 1896 年まで存続した「赤旗法」のために, 遅れて自動車工業を形成したイギリスについては, ソール (S. B. Saul) が自動車工業の起源について, ほぼ次のようにまとめている[402]。

すなわちその「もっとも顕著な」部分は, (1)自転車製造業または自転車販売業からの参入であったとされ, 前者の例として, スウィフト (Swift), シンガー (Singer), ローヴァー (Rover), ライリ (Riley), ハンバー (Humber), スター (Star), サンビーム (Sunbeam), 等が, また後者の例としては, モリス (Morris) とデニス (Dennis) があげられている。

第4章　自動車工業の萌芽的成立期（1885/86～1901/02年）　289

，その他で比較的多いのが，(2)エンジン製造からの参入で，その例として，クロースリ（Crossley），ラストン（Ruston），ホーンズビー（Hornsby），ボグゾール（Vauxhaul），テームズ製鉄所（Thames Ironwork）がみられた。(3)他に若干，電気技師であったロイス（Royce），ブラッシュ（Brush）。(4)大規模な重工業・兵器工業からの参入例としてヴィカース（Vickers Son and Maxim）によるウルズリー（Wolseley）支配，アームストロング゠ウィットワース（Armstrong-Whiteworth）の参入もあったが，とくに後者の，自動車生産は，少量にとどまったことが指摘されている。そして(5)前史なく自動車生産に入った企業としてアルビオン（Albion），オースチン（Austin），アーガイル（Argyll），ダイムラー（Daimler），ヒルマン（Hillmann），ランチェスター（Lanchester）などがあった。

　以上，各国の自動車企業の系譜または起源といわれるものを瞥見したが，そこには一定の共通性が看取されると同時に，それぞれの国の特徴も表われているようにみえる。共通性とは，どこの国でもエンジン製造を含む機械製造業，自転車工業，馬車製造業と，そして前史なしで直接参入してくるものがあったことである。

　しかしごく限られた分析からではあるが，フランスやアメリカでは，前史なしの参入例が比較的多いようにみえる。これは両国が高度の工業力をもっていると同時に，自動車需要が大きく，また資金調達を容易にする金融市場が発達していたためではなかったろうか。そしてこの両国の機械製造業には，蒸気自動車製造業が含まれていた点でも共通している。著者は，この点は，それに続いて初期ガソリン自動車工業を起動させるうえで重要な前提条件として重視したい。そして両国のなかでもアメリカは，その地理的・歴史的条件から非常に発達した馬車製造業をもっており，そこからの顕著な参入例がみられるという特徴を示していた。

　それに対して，イギリスでは自転車工業からの参入が非常に多かった。山本尚一氏は，イギリスが1880・90年代に同国の生産方式に適合していたが故に，世

界最強の自転車工業を築いたこと，しかしその多くが，1897年の不況以後，自動車工業に参入していったことを指摘している[403]。また最近では，フォアマン=ペック（James Forman-Peck）らが，イギリス自動車工業の主流が自転車工業からの参入であったことを改めて強調している[404]。

これらと比べるとドイツの場合は，工業的な発展にもかかわらず，自動車需要が少なかったせいか，また金融市場が未熟であったためか，前史なしの参入例は多くない。また馬車が特権的階級の乗り物に限定され，大衆的市場をもちえていなかったため，車体メーカーとなる例は比較的多かったものの，完成車メーカーとしてのと参入例は僅かである。そして内燃機関の母国として，エンジン製造業，様々な金属加工・機械製造業からの参入が多かったといえよう。

(2) 企業形態　銀行との関係

私たちはここで，ドイツ自動車工業の萌芽期における企業形態の発展と，それらと銀行との関連について，可能な範囲で分析しておこう。

まず第1世代に属するダイムラー企業は，1882年に，マイバッハの3万マルクの仮出資金を含むとはいえ，ダイムラーの個人企業として設立された[405]。それは1890年には「ヴュルテンベルク連合銀行」の指揮のもと，同銀行と関係が深かった大火薬製造業者ドゥッテンホーファー（Max Wilhelm Duttenhofer, 1843-1903）と，武器製造業者ローレンツとの出資を受けて，資本金60万マルクの株式会社に転換された[406]。

> 興味あるドッテンホーファーの経歴については, vgl. Neue Deutsche Biographie, 4. Bd., S. 206f. ドッテンホーファーはシュトゥットガルト工業専門学校で化学を学び，卒業後，1863年，母の所有する従業員わずか6人の小火薬工場の経営を始め，ドイツ統一のための1864年，1866年，1870/71年の戦役から生じた火薬需要の波にのって経営を急激に拡大，1872年それを「ロットヴァイラー火薬工場株式会社」にした。彼は，その後も，軍需と産業需要（鉄道建設や鉱山）の増大によってその経営を

第4章 自動車工業の萌芽的成立期 (1885/86〜1901/02年)　*291*

発展させ,1882年には,「合同ライン・ヴェストファーレン火薬工場」とカルテルを結成し,ドイツの軍需火薬生産を2企業で独占した。彼の開発した無煙火薬は,黒色火薬を駆逐し,プロイセン軍部は,1887年その購入を決定している。1890年,カルテル化していた上記2大企業は合同,「合同ケルン・ロットヴァイラー火薬工場株式会社」(die Vereinigten Köln-Rottweiler Pulverfabriken AG) となり,ドゥッテンホーファーはその監査役会長となる。政治的にはドイツ党に属し,ビスマルクとも友好的関係にあった。

　しかしそれは,ダイムラーとドゥッテンホーファーらとの間に生じた経営路線上の対立のため,1892年には同社と「マイバッハ自動車工場合名会社」とに分裂した。そのため同社が株式会社として本格的な発展軌道にのるのは,両社が1895年11月に統一して以後のことになる[407]。とはいえ,同社の株式はすぐには公開されず,それは1911年になってようやく,シュトゥットガルトの地方取引所に上場されるまで,待たねばならなかった[408]。したがってそれまで同社は,事実上の合名会社に近い閉鎖的な株式会社であった。

　同社の主要取引銀行は,当面もっぱら「ヴュルテンベルク銀行連合」であった。同行の頭取シュタイナーは,当時からすでに後にベルリン6大銀行のうち最大となるドイチェ・バンクとも関係をもっていた[409]。しかし後にダイムラー社の主要取引銀行となるドイチェ・バンクも,まだ当時は同社に対して支配力を確立していなかった。それはたとえば,1900年にドイチェ・バンクが引き受けた10株 (約1万マルク) でさえ,ドゥッテンホーファーとローレンツに引き取らせていることが,示している[410]。

　同じく先発企業ベンツの場合には,それが永続的な株式会社に到達するまでに,その企業形態は実に目まぐるしく変化している。その経過を整理すると,1871年,手工業者リッターとの合名会社設立,1872年,個人企業への逆戻り,1882年10月,商人シュムックや宮廷御用写真師E・ビューラーとの最初の株式会社設立 (資本金10万マルク),1883年1月,それから早々の離脱,個人企業への

逆戻り, 1883年10月, 技術者兼商人エスリンガー, 商人ローゼとの合名会社設立, 1890年5月, 上記2名の出資者の, 商人v・フィッシャーと商人ガンスによる交代, 合名会社の再編, そして1899年5月, 同社の株式会社 (資本金, 300万マルク) への転換である。

ベンツの主要取引銀行は, 1872～83年の個人企業時代は,「ライン抵当銀行」であり, 1890年の最初の株式会社化にあたっては,「ショイアー・ヒルシュ・シュロス銀行・手形商」であり, そして1890年, 合名会社の再編成以後は,「ライン信用銀行」であった。

ところで第2世代の後発20企業の企業形態やそれらと銀行の関係については, 先発2企業ほど明確には確認できない。その理由の一つは, 社名だけからでは正確な企業形態はわからないし, とくに銀行との関係は一部を除いて明らかにされていないからである。

自動車製造の参入時点で, まず確実に個人企業であったと思われるのは, 宮廷御用錠前師のルッツマンの企業である。

また合名会社であったのは, ビュッシングの「トラック・バス・エンジン特殊工場合名会社」とホルヒの企業であり, 後者はツヴィカウに移転してのち, 1904年に株式会社化している。

さらに自動車生産への参入時点で, すでに堂々たる合資会社であったのは, オーペルである。

さらにまた有限会社であったのは,「ケルン自動車工場有限会社」,「プロトス自動車有限会社」, 1901年設立の「新自動車有限会社」(NAG) である。

そしてすでに株式会社であったのは, 1894年いらい株式会社化したデュルコップの「ビーレフェルト機械工場」, 1895年に株式会社化した「アドラー自転車工場」, 1896年設立のエーアハルトの「アイゼナッハ自動車工場」, ダイムラー社から派生し, 1899年にベルリンに設立された「自動車・エンジン工場」であった。

これらの後発諸企業のうち, 銀行との関係をある程度明らかにできるのは, ア

ドラー社の場合だけである。同社の監査役会には,「商工業銀行」(Bank für Handel und Industrie),「南ドイツ銀行」(Bank für Süddeutschland),「南ドイツ土地信用銀行」(Süddeutsche Bodenkreditbank) の3銀行の監査役をも兼ねるシュミット=ポーレックス (Dr. Carl Schmidt-Polex) がおり,同社と南ドイツの地方諸銀行との間に一定の関係が存在していたことを物語っている[411]。

　以上,私たちは,初期ドイツ自動車企業の企業形態やその発展を概観してきた。先発2企業に関しては,いずれも技師的企業家の個人企業を出発点として,1890年代には株式会社に到達している。1890年代後半・20世紀初頭に群生した後発企業については,やはり株式会社より低次な企業形態,個人企業,合名会社,合資会社,有限会社として発足するものが多かった。しかし相当大きな既存企業から参入したものもあり,また第1世代と比べて自動車生産に対する将来展望がより明るくなってきたせいか,いくつかの企業が最初から株式会社の形態をとって自動車生産に参入していることが指摘できる。

　しかしいずれにせよ,自動車工業は電気工業や化学工業とともに新興産業であったこともあって,ドイツの株式会社発展史のなかでそれを位置づければ,その株式会社化は早くて1890年代以降のことになる。ドイツにおける株式会社設立の波は,1870年前半までは,鉄道,鉱山・製鉄,保険業を,1870年後半——1873年の創業者時代には,銀行,機械・金属加工業をとらえていた[412]。自動車工業の株式会社は,それが後発産業であったが故に,機械製造業の株式会社化の最終局面で,電気や化学分野とともに現われている。

　そしてこれら初期ドイツ自動車工業と銀行の関係は,先発2企業を中心にみると,ダイムラー社と「ヴュルテンベルク連合銀行」,ベンツ社と「ライン信用銀行」との結びつきのように,有力地方銀行とのそれであって,後に独占的銀行になるベルリン6大銀行との直接的な結びつきはまだなかった。その理由は,一つには,自動車工業の将来性がまだ確実ではなかったことにもよるが,いま一つは,ベルリン6大銀行が支店網の拡大,地方銀行の系列化等を完了していなかっ

たためでもあった[413]。

(3) 技師的企業家と他の出資者との抗争

　ドイツの自動車企業が，その萌芽的成立期において，個人企業から合名会社へ，または株式会社へと発展してゆく過程で，ダイムラーやベンツのような技師的企業家と他の出資者との間に，一定の烈しい対立・抗争が共通してみられることは非常に興味深い。また後にみるホルヒの場合もそであった。またこの技師的企業家あるいはその相続人が，その名前を冠した株式会社の，結局は主力資本家または経営者にはなれず，従属的地位に押しやられていくことにも注目すべきである。いったい，これらの問題をどう解釈すべきであろうか。

　すでに本章第1節の(1), (2)で述べたように，ダイムラーにせよ，ベンツにせよ，その最初の小型，軽量・高速ガスまたはガソリン・エンジンの発明は，彼らの小資本による個人企業を舞台に達成されている。だが彼らが，それを定置エンジンとして相当規模で市場向け生産を，同時に自動車の開発を推進しようとしたとき，自己の資本力の限界につきあたり，他に出資者を求めるようになる。他方，彼らの開発活動，とくにその定置エンジンのそれに将来性を認め，投資する用意のある人々が，地方銀行家，商人，他の製造業者のなかから出現してくる。その結果，合名会社や株式会社が組織されるが，そこにかならずといってよいほど，技師的企業家とそうでない出資者との間に対立・抗争が発生する。

　まずダイムラー社についてみると，同社が1890年に個人企業から株式会社に転換されると同時に，ダイムラー対，シュタイナーを背後にもつドゥッテンホーファー，ローレンツの対立が発現し，それは1892年には，「ダイムラー・エンジン株式会社」と「マイバッハ自動車工場合名会社」との分裂にまでつきすすんだ。その分裂の契機となったのは，なるほどマイバッハへの株式配分問題と彼の能力に対する過少評価であったが，その対立の基礎には，一貫して開発と生産戦略におけるある基本的相違が横たわっていた。

第4章　自動車工業の萌芽的成立期（1885/86～1901/02年）　*295*

　その相違は，ドゥッテンホーファーらが定置エンジンの生産のみを重視し，自動車の開発には反対したといった単純なものではない。なぜならそれは，ダイムラー社側でも，マイバッハが1889年に開発していた「鉄鋼車輪車」を基礎に，結局は成功しなかったが，「シュレッター車」を開発・製造しようとしたことからも，窺えるからである。むしろ対立の焦点は，ドゥッテンホーファーらが，企業の収益性を第一に考え，当時のエンジン生産で高収益をあげていた「ドイツ・ガス・エンジン社」を範に，低速でもよいから安全な定置エンジンの開発とその生産を最重視したのに対して，ダイムラー/マイバッハのほうは，定置エンジンにとどまらず自動車エンジンにもなりうる高速ガソリン・エンジンの開発・生産に焦点をおいていた，ことにあった[414]。それは，ダイムラー社側での，これも失敗に帰したとはいえ，シュピール兄弟による石油エンジンの開発活動と，他面マイバッハの側での，成功したフェニックス・エンジンや噴霧式気化器の開発といった形で，具体的に現われている。

　しかしこの経営陣の対立は，1895年11月に両社が統一されたのちも，ダイムラーに対する補償金支払いや，ベルリンでの競業設立問題でくすぶり続け，ついに1900年3月ダイムラーが死去して後，ダイムラーがフランスからの特許実施料を私的に受け取っていたことを口実に，長男パオル等，ダイムラーの相続者たちは，同社の小株主におしさげられていった[415]。

　ダイムラーが技師的企業家として，このように劇的な運命をたどったため，このことは当然のちのち多くの解釈を生むことになる。

　その一つは，ナチス期の1940，1942，1943年に，『ゴットリープ・ダイムラー　技術の革命家』第1, 2, 3版を出版したジーベルツ（P. Siebertz）の見解である[416]。その「ドイツ経済史の一章」は，シュタイナーがユダヤ系銀行家であったことと結びつけて，ダイムラーをドイツ的で誠実な技術者とし，彼をシュタイナーの指示を受けて動くドゥッテンホーファーらの貪欲な資本主義的利益追求の犠牲にされた存在として描いている[417]。

戦後, 1950年に出版されたその第4版では, そのような露骨な叙述はさすがに削除されているが, それでも分裂期のダイムラーの抗議と関連させて, 「彼ら（ドゥッテンホーファーら――大島）の背後には, 強要者 (Antreiber) としての非人格的な資本主義が立っていた。そしてそれは自動車の実験のために金を出そうとはしなかった[418]」, という叙述が残されている。もう一つジーベルツの問題は, この引用文からもわかるように, ダイムラーを高速エンジンと自動車の将来性を見通し, 少々のリスクを冒してもその開発と製造をなにがなんでも推進しようとする技師的企業家とはみず, あくまでも純粋な発明家として扱っている点である。

ついで, 私たちは純粋に戦後の評価で特徴的なものを, 幾つかとりあげておこう。

その一つは, 旧東ドイツのキルヒベルク (P. Kirchberg) とヴェヒトラー (E. Wächtler) の見解である。それは, ダイムラーとその反対陣営の抗争に関して, 次のように述べる。「資本主義が存在する限り, 発明者（ダイムラー――大島）は, 自らをそれに売らねばならない。このことは, たとえ彼自身がブルジョワであったとしても, この鮫たちの家族のなかで最強の者（ドゥッテンホーファーらを指す――大島）とならなければ, そうである[419]」, と。この見解は, ダイムラーがもはやたんなる発明家ではなく, 「ブルジョワ」として捉えている限りでは, ジーベルツより前進している。しかしキルヒベルクたちが, この叙述に続いて, ダイムラーらの対立を, 独占形成期に始まる大資本の小資本に対する圧迫という形で, ごく一般的に説明しており, なぜ同一経営内で経営者間に衝突が生じているのかを, 十分には説明していない。

戦後におけるもう一つの特徴的見解は, 旧西ドイツ時代のホラス (G. Horras) のそれである。彼が「技師的企業家」(Techniker-Unternehmer) という概念を導入し, それをダイムラーに適用した点, そして彼の抗争を相対化している点で, 著者は評価する。ホラスは言う。「出資者 (Kapitalgeber) として部門外のものを

引入れたことを，欠点とみることはかならずしもできない。とくにドゥッテンホーファーとローレンツが火薬・薬莢工業分野では能力ある企業家であることを実証していたからである。この点はむしろ有利な点とみられる。さまざまな株主グループ内部の目的をめぐる紛争も，またそれほど損害をもたらすものではなかった。企業にとって被害をもたらしたのは，まずは指導機関内部での当事者たちの紛争調整能力の欠如であった[420]」，と。

たしかにこのホラスのこの見解によって，ダイムラーのあまりにも非妥協的な態度や，それを表面上は受け入れながら陰に陽に執拗に無力化しようとする反対陣営の態度，それらから生ずるすさまじいばかりの抗争といった性格が捉えやすくなっている。しかしこの見解では，なにをどう「調整」すべきであったのかが曖昧にされ，とくに1890～1895年の分裂の被害が過少評価される結果となっている。

しかし私たちは，このような技師的企業家と出資者との対立問題に関する一般的評価と，ホラスの見解がどこまで妥当するかについては，なおさらにベンツ企業の事例をみたうえで判断するのが適当と思われる。

ベンツは，彼が発明した2サイクル・ガス・エンジンの製造を目的として，商人シュムックや宮廷写真家E・ビューラーらとともに，1882年資本金10万マルク——1株500マルクで200株——の株式会社を設立した。しかしベンツは，そこでは小株主（10株，5000マルク）になれたにすぎず，監査役にも取締役にもなれなかった。他の出資者たちは，彼をたんなる定置エンジンの製造を指導する技術者としてだけ扱おうしたため，彼はそれに我慢できず，わずか3ヵ月でそれを離脱している。

個人企業家に戻ったベンツは，1883年，商人ローゼと技術者兼商人エスリンガーとともに合名会社を設立する。その正確な資本額とベンツの持分の割合は諸研究によっても不明であるが，ベンツの持分は相対的に少なかったに違いない。ここではベンツが目指す自動車開発は，当初，ベンツの私的領域としてごく

消極的に承認されていたが、やがてそれはリスクを負うものとして全面的に否定されてしまった。すなわちここでの対立は、ベンツのパートナーたちが定置エンジンの製造のみを主張したのに対して、ベンツは定置エンジンの製造は重視するが、それとともに自動車の開発をも推進するという経営方針上の衝突であった。

ベンツが、ようやくその目的を貫徹するのは、上記2人の共同出資者を補償して退社させ、自動車開発にも理解をもった、v・フィッシャーとガンスという他の2人の出資者と交代させ、1890年に合名会社を再編成してからである。ここに私たちは、それまでのベンツ社とは異なり、またダイムラー社の場合とも異なる、技師的企業家とその目的を理解する他の資本提供者との幸福な結合をみることができる。そしてその関係は、1899年ベンツ社が株式会社に転換してのちも、しばらくは持続した。

ただし技師的企業家といえども、かならずしもいつまでも先見性をもつ企業家であり続けられたとは限らない。このベンツでさえもが、1901年メルセデス・ショックを受けた頃には、自動車そのものの高速化に反対し、またその生産方法の近代化に抵抗するほど、技術的には保守化してしまっていた。そのため新たな市場動向をいち早く察知したのはガンスの方であり、彼によって経営の主導権を奪われ、1903年ベンツは取締役を辞任してしまう。なるほど彼は、1904年には監査役として復帰するが、もはやそれは技術面でも経営面でも象徴的な存在でしかなかった。

以上、私たちは、ダイムラー、ベンツ両社における技師的企業家とそうではない他の出資者との対立・抗争の過程をみてきた。それにもとづき、私たちはさしあたり次のようにまとめることができよう。 ホラスのいうように、技師的企業家たちは自分の技術的目的を実現することを「ライフワーク」としており、経営はその手段であると考えていた[421]。そのため彼らは、少々リスクを伴う製品の開発や製造も恐れずに推進するという行動様式をもっている。それは、自動車

に関して 1880・90年代には先見性をもった方向であった。ただし技師的企業家といえども, 晩年には, ベンツのように, そしてダイムラーもそうであったが, 古い技術に固執して将来の方向を見失う可能性をももっていた。幸いダイムラーの欠陥は, マイバッハによって克服されえたのであったが。

また技師的企業家の第 2 の性格としては, 合名会社や株式会社において, 現物出資や特許権を含めても, 一人では経営権を完全には掌握しえない, 比較的少額の資本所有者にとどまったことである。他方, 資本提供者にとっては, その目的は利潤動機とその投資資本の安全性にあった。そのため彼らは, しばしば短期的利益を重視し, リスクを伴い将来性の不確実な技術開発に消極的になるか, 反対さえする性格をもっていた。ただしこの場合も, ガンスのように技師的企業家のもつ目的とその将来性を理解できただけでなく, 技術進歩や市場動向から, 技師的企業家が陥る限界性を克服しようとする経営者も存在したことを忘れるべきではない。

そしてこの資本提供者たちは, 資本的には技師的企業家より優位に立っており, それ故に経営方針においてはより規定的な力を発揮しえたのである。

以上, 私たちはダイムラー, ベンツ両企業の成立過程における技師的企業家と他の出資者との間に生じた抗争と, それに起因した目まぐるしい変転をみるとき, 資本的には技師的企業家の劣位, 他の出資者の優位を基礎に, 技師的企業家の二つの性格と, 資本提供者のこれまた二つの性格を組み合わせて考察すれば, 正しく理解できるであろう。

第 5 節 ドイツ自動車工業の早期的成立の要因

私たちは, ドイツにおいて 1885/86 年頃, 世界に先駆けてガソリン自動車が発明され, 1890 年代には, 自動車工業が萌芽的に成立してくる過程を考察してき

た。当時のドイツは,すでに産業革命(1834～73年)を了え,工業的には急速に発展しつつあったが,なおその経済構造にはイギリス,アメリカはもちろん,フランスに対しても後進性が残存していた。にもかかわらず,内燃機関の発明や自動車工業の成立に関して,一定の先進性を示しえたのは,一体なぜであったか。

著者は,その理由として,第2章「ドイツ自動車工業成立の歴史的背景」において,一つは長期的景気変動の一環(下降局面)としての「大不況」(1873～1894)が,第二帝政期の特殊ドイツ的経済構造に与えた影響を指摘し,いま一つは,同じく第2章で,当時ドイツが先進諸国にキャッチ・アップするために推進していた科学技術政策,とくに工学における高等教育の内容にあった,とだけ指摘した[422]。ここではもちろんこの二点に関して,詳しく全面的に解明する余裕はないが,せめてその一端だけでもやや具体的に明らかにしておきたい。

(I) 自動車工業成立の前提,定置エンジン生産

第二帝政期の経済構造の特殊性は,農業においては,東部での半封建的ユンカー経営,西部での小農・零細農経営の存在であり,工業においては,大企業として支配的地位を占める石炭=鉄鋼業のもとでの,機械工業,繊維工業,木材加工業,醸造業,印刷業,等々の諸分野における中小零細企業の広汎な存在である[423]。とくにこの中小零細企業においては,高価で場所をとる蒸気機関はとうてい導入できず,より安くて簡便な原動機に対する要望が高まっていた。しかしまた大企業においても,中央蒸気機関と拡大する機械体系との矛盾が,伝力機構の延長と,それによる力のロスという形で現われ,個別駆動を可能にする原動機の必要性を生みだしていた[424]。

すでに著者は,このような工業全体の,とくに中小零細企業のニーズに応える形で,まずオットーの,大気圧ガス・エンジンが1867年に,ついで4サイクル・ガス・エンジンが1876年に発明され,それらが印刷業,機械工業,木材加工業等を中心に導入されていったことを指摘した[425]。また本章第1節(1),(2)においては,

それが，ダイムラー/マイバッハとベンツとによって小型，軽量・高速化され，また燃料としてガスに代わってガソリンが使用可能になったとしても，それがただちに自動車エンジンとして量産されたわけではなく，一部モーターボート用等はあったにせよ，おもには中小零細企業向け定置エンジンとして生産されたことを指摘してきた。

ただし私たちは，定置エンジンとしてのガスまたは，石油あるいはガソリン・エンジンの歴史的な位置づけには予め注意しておく必要がある。たしかに蒸気機関の問題点，その熱効率の低さ，高価性，設置のために大きな場所が必要なこと，操作の複雑性，煤煙，騒音，設置にあたっての許可制，そして中央蒸気機関と拡大する機械体系との矛盾，等々が，1860～80年代には明確に露呈していた。そのような諸問題を克服するために定置用内燃機関が発明され，導入されていった。しかしこの内燃機関は定置エンジンとしてその後も主流であり続けたわけではない。それは1890年頃から徐々に普及し始め，そして20世紀に入り，「相対的安定期」(1924～29年) と重なる「合理化運動期」の後にその導入を了える電動モーターによって，首座を奪われていくことになる[426]。したがって小型定置エンジンとしての内燃機関は，まさに2つの原動機の主役，蒸気機関と電動モーターの歴史的狭間で発明され，一時的普及をみる経過的な，存在であった。ただしそのことによって内燃機関そのものの歴史的意義がいささかも消滅することはなく，その後は，その大型のものは船舶用，ディーゼル機関車用，さらに定置機関としては電動モーターを動かすための発電用に，また小型のものは自動車，航空機用に開発され，大量に生産され続けるのである。

さてそれでは，19世紀末ドイツで自動車工業を成立させる前提または基礎となった，定置内燃機関の普及があったのかどうか，またそれがどのような業種のどのような規模の企業で求められていたのか，統計資料によって確認してみよう。幸い著者は，1995年の夏に行なった史料・文献調査において，ゲッティンゲン大学社会経済学部の図書館で，ベンツ企業が存在したバーデン大公国の，1895

表4-8 バーデン大公国における各種原動機の利用状態 (1895)

		造園・畜産・漁業	工業（鉱山・建設業を含む）	商業・交通業（旅館・飲食業を含む）	合計
主経営		20	4,663	473	5,156
副経営		—	493	59	552
総馬力		15.25	91,105.35	2,731.25	93,851.85
水力	経営	—	3,299	61	3,360
	馬力	—	37,728.35	443.5	38,171.85
蒸気力	経営	2	1,505	171	1,678
	馬力	14.0	50,746.5	2,051.7	52,812.2
ガス	経営	—	528	49	577
	馬力	—	1,840.5	217.05	2,057.55
石油	経営	—	75	4	79
	馬力	—	252	13	265
ガソリン・アルコール	経営	—	49	3	52
	馬力	—	143.5	6	149.5
熱気	経営	2	8	—	10
	馬力	1.25	12.5	—	13.75
圧搾空気	経営	—	2	—	2
	馬力	—	382	—	382
電力	経営	—	175	6	181

注1) 電動モーターの馬力数は記載されていない
注2) 原動機別馬力数の合計は総馬力数と一致するが，原動機別の経営数の合計は，総経営数（主経営＋副経営）より大きい。これは，一経営で，異種の原動機を複数持つものがあったことを示している。
注3) 「熱気」とは「熱気機関」(Heißluftmaschine) のこと，シリンダー内の空気を暖めたり，冷やしたりして，ピストンを動かす。当時，一般的に用いられた原動機。
出典：Die Gewerbezählung im Großherzogtum Baden vom 14, Juni 1895, Karlsruhe, S. 111.

年の産業統計を発掘することができた。

　表4-8をみよう。これは，当時のバーデンで，純粋な農業経営を除く，その他の諸部門の5156の主経営と，その一部が同時に所有する552の副経営において使用されていた原動機の種類と，その馬力数とを示したものである。この統計

は，同種原動機を複数もつ経営は，経営数としては一つに，また異種の原動機を同時にもつ経営は，経営数としては重複して数えられている可能性があり，また電力については馬力数の記載がないこと，などの欠点はあるが，それでもこれによって，1895年頃のバーデンでどのような原動機が支配的であったか，またどのようなそれが普及し始めていたかを，概略において知ることができる。

(1) 水力使用の経営は，その数ではなお最大の地位を占めてはいたが，その馬力数は，電力を除くすべての原動機の総馬力数の 40.7% に落ち，非水力系原動機のそれが 59.3% と優越していた。これはバーデンが，当時，原動機の面で産業革命の課題を完了していたことを示している。

(2) 非水力系原動機のなかでは，蒸気機関がなお経営数と馬力数において圧倒的比重を占めていた。すなわちそれは，電力を除く総馬力数の 56.3%，電力・水力を除く馬力数の 94.8% にあたる。

(3) しかしこの非水力系原動機の普及のなかにも，すでにガスを先頭に，石油，ガソリン・アルコールを燃料とする内燃機関を設置した経営が相当数，出現している。それは，既述のように，異種の原動機をもった経営の重複計算というこの統計の性格から，厳密な比較はできないが，蒸気機関経営数が 1678 であったのに対して，内燃機関経営数は，ガス 577，石油 79，ガソリン・アルコール 52，合計 708 に及んでいる。

(4) そして，その馬力数こそ不明であるが，電動モーターが内燃機関に踵を接する形で現われ始めており，それを設置した経営も，すでに 181 に達していた。

では，内燃機関原動機は，どのような業種で相対的により多く普及していたであろうか。表4-9をみよう。このなかから，ガス，石油，ガソリン・アルコールを燃料とする内燃機関全体を多用する業種を上位からあげれば，食品・嗜好品工業 129，金属加工業 118，印刷業 118，機械・器具製造業 100，製材・木工業 78 であった。

そのなかでも，とくにガソリン・アルコールを燃料とする原動機を用いる経営

表4-9 バーデン大公国における産業部門別・原動機別経営数分布（1895）

	動力利用総経営数		原動機別経営数							
	主経営	副経営	水力	蒸気力	ガス	石油	ガソリン・アルコール	熱気	圧搾空気	電力
造園・商業的菜園	7	—	—	2	—	—	—	2	—	—
動物（農業用家畜を除く）飼育・漁業	13	—	—	—	—	—	—	—	—	—
鉱山・製鉄・岩塩・泥炭	11	—	2	9	2	—	—	—	—	2
土　石　業	153	9	63	100	8	3	1	—	—	4
金 属 加 工 業	462	2	141	124	108	6	4	1	—	107
機械・器具製造業	369	5	143	164	74	16	10	2	—	20
化　学　工　業	58	4	14	37	4	—	—	—	2	2
森業副産物・照明材・石鹸・脂	114	55	112	38	21	1	2	—	—	2
繊　維　工　業	212	9	155	143	6	3	—	—	—	6
製　紙　業	81	—	48	56	9	—	—	—	—	3
皮　革　工　業	131	4	88	47	6	1	1	1	—	2
製材・木工業	1,018	129	901	236	44	19	15	2	—	8
食品・嗜好品工業	1,739	276	1,606	427	104	15	10	1	—	10
被服・洗濯業	72	—	8	48	10	1	—	—	—	1
建　設　業	83	—	13	38	24	2	2	1	—	2
印　刷　業	155	—	5	35	106	8	4	—	—	6
美　術　工　芸	5	—	—	3	2	—	—	—	—	—
商　　　業	215	56	51	162	43	4	2	—	—	3
交　通　業	239	3	2	4	5	—	—	—	—	2
旅館・娯楽業	19	—	8	5	1	—	1	—	—	1
合　　　計	5,156	552	3,360	1,678	577	79	52	10	2	181

出典: Die Gewerbezählung im Großherzogtum Baden vom 14, Juni 1895, Karlsruhe, S. 111.

は, 全体としてみれば, まだ 52 経営ときわめて少数ではあるが, やはりそれを上位からあげると, 製材・木工業 15, 機械・器具製造業 10, 食品・嗜好品工業 10, 金属加工業 4, 印刷業 4 と, 順位こそ違え, その業種は内燃機関を全体として多用する業種と一致する。そしてこのことは, これらの諸業種では, 中小零細企業が支配的であって, そのような経営から, 積極的に原動機として内燃機関を導入しようというニーズが, 高まっていたことを充分に推定させる。

　幸い私たちは, この統計集の別の箇所から興味深くも経営規模別の原動機分布を把握することができる。その原表はあまりにも厖大なため, 著者はそれを簡略化して, 表 4-10 にまとめた。これをみれば, 従業員 21 人以上の比較的大き

表4-10 バーデン大公国の経営規模別・原動機別分布 (1895)

	従業員数		
	1〜5人	6〜20人	21人以上
水力	2,272	315	281
蒸気力	514	450	665
内燃機関	241	310	150
ガス	177	265	133
石油	42	21	13
ガソリン・アルコール	22	24	4
熱気	4	4	—
圧搾空気	—	—	2
電力	26	46	109
合計	3,160	1,042	954

注：各規模別経営数の合計は、最下段の合計より多い。これは、異種の原動機をもった経営は、それぞれ別に数えられているが、合計のところでは、その重複が除かれていたものと思われる。
出典：Die Gewerbezählung im Großherzogtum Baden vom 14. Juni 1895, Karlsruhe, S. 126f.

な経営——当時、経営の平均的規模は小さかったにしても、これでは大経営とはとても呼べないので、このように呼んでおくが——では、内燃機関経営が相当数みられるにしても、蒸気機関経営の支配と、電動モーター経営の顕著な増大がみられた。それに対して、従業員6〜20人の中小経営では、蒸気機関経営の優位は否めないが、従業員21人以上の経営の2倍以上の内燃機関経営が存在していた。そしてこのことは、経営規模別にみた両群の経営数がほぼ等しいだけに、特筆されるべきである。

さらに従業員1〜5人の零細経営では、原動力として水力の著しい残存と、非水力系原動機のなかでは蒸気機関の優位は否定できないが、それでも内燃機関経営の絶対数は、従業員21人以上の経営数よりも多かった。

以上の分析から、私たちは、「大不況」をようやく抜け出ようとしていた1895年頃のバーデンにおいて、原動機として内燃機関がまず中小企業を先頭に、ついで零細企業に普及していったことを、ほぼ確実に立証できたと思う。

このことはしかし,たんにバーデンにとどまらず,全ドイツ的にも言うことができる。ゴルトベック(G. Goldbeck)は,それについてほぼ次のように述べている[427]。1890年にドイツでは15の内燃機関メーカーが確認される。そしてエンジンの導入は,手工業,工業,農業の各分野で進行していた。1895年にドイツ帝国全体で,農業と個人とを除く分野で,ガス・エンジンを原動力としてもつ経営は1万4760あり,その総馬力数は5万3909馬力に達していた。またガソリン・石油原動機をもった経営も,すでに3337あり,その総馬力数は1万0750馬力となっていた。これからはもちろん自動車のそれは除かれている,と。そして彼は,最後に「ガス・エンジンの製造は,より高馬力を目指しており,ガソリン・エンジンの分野は小経営であった[428]」と結論づけている。

(2) 科学・技術に関する高等教育

本書は,1860年頃から1890年代にドイツでみられた内燃機関の発明や改良が,科学・技術に関する当時の国家政策や高等教育の内容と深くかかわっていたことを,折にふれて示唆してきた。そこでここでは,その内容について一般的に,またダイムラーとベンツについては,知りうる範囲内で具体的に明らかにしておきたい。

ドイツにおける近代的教育体系は,19世紀初頭から20世紀初頭にかけて,その「上から」の近代化と,特殊ドイツ的な工業化の過程で,ほぼ100年間かけて整備・完成される。その中等教育の主流は,それまでは「ラテン語学校」と呼ばれ,古典語を中心とした人文主義的教育を重視するギムナジウムであり,それに接続する高等教育が大学(Universität)であった。ドイツの大学は,18世紀末・19世紀初頭の動乱のなかで,19の旧型の小さな大学が廃止され,新たにベルリン大学(1810年),ミュンヘン大学(1826年)など8大学が創設されるか,再編され,1830/31年には,その数22となった[429]。なるほどその過程で,その教育内容も啓蒙主義的,合理主義的なものに脱皮していったが,研究・教育内容に枠組

を与える学部構成は，いぜんとして神学，法学，医学の3学部と，それに一般教育をも受けもつ哲学部を加えた4学部に限定されていた[430]。そのため自然科学研究は，医学部の他は，19世紀中葉以降，基礎研究に限って，哲学部に所属する教授たちが，必要に応じて研究所を設立して推進した[431]。すでに1818年に大学内部に工学の講座を設け，それを1859～63年に「理学部」(Naturwissenschaftliche Fakultät) にまで発展させたチュービンゲン大学は，例外的存在であった[432]。

したがって，実地に則した工学の研究・教育は，ギムナージウム→大学とは別の系列で，新たに編成・整備されねばならなかった。それが中等教育としての「実科学校」(Realschule) と，高等教育としての「工業専門学校」(Technische Hochschule)——20世紀初頭，博士号を授与する権能を与えられて，「工科大学」(Technische Universtität, TU) に昇格する——であった。

この教育体系の整備にあたっては，「三月前期」から三月革命期にかけて各邦国で登用され，「上から」の「営業育成政策」(Gewerbeförderung) を推進した開明派官僚が大きな役割を演じた。たとえば，プロイセンのボイト (Chr. W. Beuth)，バーデンのネベニウス (K. F. Nebenius)，ヴュルテンベルクのシュタインバイス (F. Steinbeis) といった経済官僚たちが，その代表としてあげられる。

工学に関する中等教育機関としての「実科学校」または「実科ギムナージウム」は，19世紀初頭から，従来の「実業学校」(Gewerbeschule) を母胎に，南ドイツから設立され始め，全ドイツに及んだ[433]。たとえばプロイセンでは，その数，1873年には普通ギムナージウムが247校に対して，実科学校は179校となっている[434]。後者の教育内容は，古典語教育を抜本的に削減し，自然科学教育を中心に編成されるようになった。

これに対応する高等教育機関は，19世紀前半から中葉にかけて，当初その名称はさまざまながら，国立といっても実際には邦立の高等教育機関として，次のように年代を追って設立されていった[435]。

(1) 1821年, ベルリンの「王立実業学院」(Königliches Gewerbeinstitut)
(2) 1825年, カールスルーエの「総合工業専門学校」(Polytechnische Schule)
(3) 1827年, ミュンヘンの「中央総合工業専門学校」(Polytechnische Zentralschule)
(4) 1828年, ドレースデンの「工学教育機関」(Technische Bildungsanstalt)
(5) 1829年, シュトゥットガルトの「高等実業学校」(Höhere Gewerbeschule)
(6) 1831年, ハノーファーの「高等実業学校」(Höhere Gewerbeschule)
(7) 1835年, ブラウンシュヴァイクの「コレーギウム・カロリーヌム」(Collegium Carolinum)
(8) 1836年, ダルムシュタットの「総合工業専門学校」(Politechnische Schule)
(9) 1870年, アーヘンの「実科大学」(Universität der Realanstalten)

　これらの工業専門学校の範となったのは, 工業先進国イギリスのそれではなかった。産業革命を伝統的な技術にもとづいて経験主義的に遂行したイギリスでは, 工学の高等教育機関の整備は, ドイツよりかえって遅れ, 1850年代以降となる。そのためドイツが, その工業専門学校の模範としたのは, フランスが革命期からナポレオン期にかけて, グラン・ゼコールの一環として設立し, 整備した「理工科大学」(École polytechnique) と, それを手本にドイツ連邦のなかではいち早く1815年に設立された「ヴィーン工業研究所」(das Wiener Polytechnische Institut) であった[436]。そこでは, 従来の経験主義的な教育に代えて, 厳密に自然科学に基礎づけられた工学教育が実施され, したがってまず数学・自然科学の基礎教育が徹底して実施され, そのうえに工学の各専門教育が構築されていた。

　上記のドイツの工業専門学校のうち, 幾つかをとりあげて, その特徴点を示しておこう。

　(1)のベルリン王立実業学院は, かのボイト (Peter Christian Beuth, 1781-1853) の直接指導のもとに1821年に設立されたが, その後しだいに拡充され, 1879年には, 1799年いらい存立していた「ベルリン建築学院」(Bauakademie) と統合し, まだ完全に大学資格をもつにはいたらなかったが, 「ベルリン・シャルロッ

第4章　自動車工業の萌芽的成立期（1885/86～1901/02年）　*309*

テンブルク工科大学」(die Technische Hochschule Berlin-Charottenburg) と称するまでになっていった[437]。

　　ボイトは，Kleveで医者の息子として出生。1801年プロイセン官吏，1810年ハルデンベルク首相直属の新憲法委員会のメンバーとなる。1811年より，大蔵省，商務省，内務省の経済関係ポストを歴任,，1819年，「営業・技術委員会」の長，1821年，「王立実業院」の長，同年，「プロイセン産業助成協会」設立。勧業博覧会の開催，外国視察の助成，鉄道・商船隊建設，等，「三月前期」におけるプロイセンの経済政策の指導・推進者。その政策の特徴は，国家による「上から」の資本主義化，いわば殖産興業政策であった。1845年には官を辞し，1853年ベルリンで没す。

　(2)のカールスルーエ工業専門学校は，1825年，既存の「建築学校」(Bauschule)，「技術者学校」(Ingenieurschule) 等を統合して設立され，1832年にはネベニウス (Karl Friedrich Nebenius, 1784-1854) の指導のもとに拡充・整備され，ドイツの他の工専の模範となった[438]。また19世紀60年代後半以降には工科大学昇格運動の中心となっていった[439]。同校は，「ドイツ・ガス・エンジン社」の経営者オイゲーン・ランゲンが卒業はしなかったが，在学したこともあり，ベンツの母校であり，ダイムラーも指導を受けたこともあって，ドイツにおける内燃機関と自動車の発明と改良に重要な影響を与えている。

　　ネベニウスはスウェーデンからの移住者の家系で，バーデン官吏の息子としてLandauに生まれる。チュービンゲン大学で法学，自然科学を学び，その後，一時，弁護士になったが，1807年，官吏，1811年には財政顧問官となった。1819年には，バーデンの関税同盟加入を主張する「覚え書」を起草（1833年印刷）した。バーデン国鉄，Mannheim-Basel線の1838年の開通とカールスルーエ工専の改革は彼の業績。1838/39年，1845/46年，2度，内務大臣を勤めたが，1849年の革命後，官を退き，1857年Karlsruheで没す。

　(3)のミュンヘン工業専門学校はR・ディーゼルの母校であり，彼が1875～79

年に在学中, ここでリンデ教授 (Carl Linde) からカルノー・サイクルについて教えられ, それがディーゼル・エンジン発明の決定的契機となったことは, 本書では触れていないが, 別稿でやや詳しく立ち入っている[440]。

シュタインバイスとダイムラー ダイムラーが, 世界的な技術発展の流れを理解した視野の広い技師的企業家に成長していくうえで, ヴュルテンベルク王国で産業育成政策を推進した当時の経済官僚シュタインバイス (Ferdinand Steinbeis, 1807-1893) の存在は欠かせない[441]。彼は, 1848年に「王立営業・商業中央庁」(kgl. Centralstelle für Gewerbe und Handel) の「技術顧問」(Technischer Rat) に就任し, 1856年から1880年まで同庁長官を勤めた人物であった。

> シュタインバイスは, WürttembergのOelbronnで牧師の子として出生。チュービンゲン大学で数学, 自然科学, 国家経済学を受講, 1827年には哲学博士号を授与された。国家試験合格後, TuttlingenのLudwigsthal製鉄所の書記を務めた後, 1830年から, ThiergartenとImmendingenのfürstl. Fürstenberg製鉄所を, 1842年からは, NeukirchenのStumm製鉄所を管理し, 後者にはコークス高炉を導入した。このように彼は自然科学, 工学の幅広い知識だけでなく, 行政的・組織的手腕を身につけていた。思想的には, フリードリヒ・リストの重商主義的保護主義から出発し, 1870年代, ドイツ自体の経済政策が一時, 自由主義的になっていくにつれて, 自らも自由主義化していった。

彼の営業助成策は, そのおもなものだけあげても, 次のようなものからなっていた。(1)後に「実業学校」(Gewerbeschule) として整備されていくような中等技術教育機関の整備, (2)後に「邦立営業博物館」に発展してゆく, その前身となった「営業見本品倉庫」(Gewerbliches Musterlager) の設立, (3)内外での産業博覧会への助成, (4)工業先進国への留学生の派遣, (5)先進技術研究のための視察団派遣, 等である[442]。

そのうちダイムラーと直接関係するものをあげれば, (4)と(5)である。彼は, シ

ュトゥットガルト実業学校に入学して間もなく,シュタインバイスによって奨学金を与えられ,1853〜57年の4年間,当時,立派な工場研修所をもっていたことで有名な,フランス・アルザスの「グラーフェンシュターデン機械工場」に研修生(身分は職人)として派遣されている[443]。またダイムラーがそこでの修業を了えて,1857年に高等教育を受けるため,シュトゥットガルトに戻り,同地の工業専門学校に2年間の授業料免除の「非正規学生」(außerordentlicher Student),いわば「特待生」として学べるよう手配したのも,シュタインバイスであった[444]。

そして(5)に関しては,同工専卒業後,今度は技術者としてグラーフェンシュターデンに戻ったダイムラーは,発明されたばかりのルノワールの大気圧機関を視察するために,1860年パリに赴いたが,これもまたシュタインバイスによって後援されていた[445]。

シュトゥットガルト工業専門学校とダイムラー さて,ダイムラーが1857年から1859年にかけての2年間,シュトゥットガルト工業専門学校で受けた教育はどのようなものであったか。まず彼に確実に影響を与えたとみられる3人の教授を紹介しておこう。

その1人は,1851年来,同校の物理学・力学の教授になっていたホルツマン(Carl Heinrich Holzmann)である。彼はダイムラーが在学していた頃には,「熱の運動について」とか,「容器からの空気の排出について」といった,後にダイムラーが内燃機関の開発に取り組むにあたって関連してくる研究論文を発表しており,また1861年には『理論力学教科書』を公にしている[446]。彼は教育面では,物理学,物理学演習,一般力学,特殊力学を担当している。

その他,ダイムラーに実際に役立つ教育を与えた人物として,機械工学の教授ミュラー(Christian Müller)がいた。彼は,『機械製造の諸結果ならびに機械部品の構造理論』という著書の他に,蒸気機関の「すべり弁」(Schieber)に関する幾つかの論文を書いている[447]。ダイムラーは,後になってドイツ社時代,オッ

トーのガス・エンジンの「火炎点火」が「すべり弁」方式をとっていたこともあり，その時にはミュラー教授の講義が非常に役立ったことを，感謝をこめて述懐している。

さらに，化学の教授フェーリング (Hermann Fehring) の名前を落すわけにはいかない。彼は，1858年の『リービッヒ年報』に，「木炭タールの炭化水素」の他，炭化水素系燃料に関する幾つかの論文を書いている[448]。これらの研究は，ダイムラーが後に内燃機関を開発するうえで，その燃料についての知識を豊かにするうえで役立ったといわれている。

ではダイムラーは，これらの教授たちのもとで，2年間，4ゼメスターにどのような科目を履修したのか。ジーベルツのダイムラー伝は，幸いにもそれを全面的に明らかにしてくれる[449]。

　　第1ゼメスター：機械製作論，機械設計論，自在画演習，英語
　　第2ゼメスター：上記4科目の他，実践幾何学，一般および特殊力学，歴史学
　　第3ゼメスター：上記の実践幾何学以下の3科目の他，一般および特殊技術者科目，
　　　　　　　　　 機械工学，国民経済学
　　第4ゼメスター：機械製作論，機械設計論，技術者科目，燃焼論，実践幾何学，工学，
　　　　　　　　　 国民経済学，英語

これらをみれば，ダイムラーが，機械製作論，機械設計論，機械工学，燃焼論，技術者科目といった機械工学科の専門科目を系統的に学び，機械の設計・製作の技術者としての能力を身につけていったことがわかる。そしてその他に，歴史学や国民経済学，それに英語――フランス語はすでにアルザス時代に学んでいた――は，彼が後のち国際的な技師的企業家として幅広く活躍するうえでの素養形成に役立ったに違いない。

そして非常に興味深いのは，卒業にあたっての彼の成績である。それは「能力」(Können) は優 (gut)，機械諸科目は，一部，優，一部，秀 (recht gut)，性格は勤勉，努力家，品行方正というものであった[450]。ダイムラーの讃美者ジーベル

ツは,この成績はシュタインバイスの期待に「もっとも好ましいやり方」で応えたものと手放しで高評価している。しかし著者が知人のドイツ人と話し合った限りでは,当時の成績評価基準がわからないため,正確にはいえないが,それがすば抜けて高いものであったとは言えないということであった[451]。すくなくともダイムラーの成績は,たとえばディーゼルが1879年にミュンヘン工業専門学校を卒業する際にえた,「開校いらの優秀な成績」といったものではなかった。このことはあるいは,ダイムラーが後に,小型,軽量・高速エンジンを開発するにあたって,ほぼ全面的にマイバッハの非凡な才能に頼らざるをえなかったことと関係しているかも知れない。

カールスルーエ工業専門学校とベンツ,ダイムラー

幼くして国鉄機関士の父を失ったベンツは,彼を官吏にでもしようとした健気な母の手一つで育てられ,カールスルーエのギムナージウムに進学した。だがベンツに流れる父や,代々,鍛冶屋であった父方の先祖の血がそうさせたのか,彼はラテン語はあまり好きになれず,数学や理科系科目に異常な興味をいだいた。そのため彼は,化学や物理の時間のために教師の私的な助手の役割を演ずるほどであった[452]。また家の彼の部屋には,さまざまな器具が並べられ,それはまるで実験室のような観を呈していた[453]。

そのため彼は大学には行かず,1860年に17歳でカールスルーエ工業専門学校に入学した。彼は数学を重視する同校の教育方針に従い,まず一般数学クラスの一つに所属する。同校の学科編成は,それまでは技術者学科,建築学科,森学科,実業学科,商学科,郵便学科の6学科であったが,ベンツが入学した1860年には,実業学科が廃止され,機械製造学科と化学技術学科が新設されたばかりであり,彼はこの機械製造学科の一期生として入学したのである[454]。

当時の同工専において,ベンツに教育的感化を与えた教授の筆頭にあげられるのは,機械製造学科の主任教授であり,また1857年いらい同校の校長を勤めていたレッテンバッハー(F. Redtenbacher)であった[455]。彼は,基本的には同校

創立いらいの数学等, 基礎科学重視の教授方針を継承しながらも, 工学に関しては もう少し応用科学的, 実践科学的側面を重視した。すなわち彼は, 数学を基礎 科学ではなく補助科学と位置づけ, 機械工学については, 付属作業場での実習を も軽視しなかった。このレッテンバッハーの教育方針を評して, ジーベルツは 次のように述べている。「とくに彼によって, 機械製造の科学が基礎づけられ, 自立化された。これまで永らく支配していた, 技術的諸科学をただ力学の実践 的適用としかみなかったフランス流の考え方から, ドイツの大学が最終的に解 放されたのは, 彼のお蔭であった[456]」と。

レッテンバッハーの研究業績は, 力学, 熱力学, 機械論等, 広汎に及んでいる。 論文としては, 「タービンと通風機」(1844年), 「機械製造の諸結果」(1848年), 「運動のメカニズム」(1857年), 著書としては, 『力学原理』(1852年), そして3 巻のハンドブック『機械製造論』(1862年) がある[457]。そして私たちが, ベンツ の後の発明活動との関連でとくに注目すべきは, レッテンバッハーがこれらの 諸研究を通じて, 熱効率の非常に悪い (6～10%) 蒸気機関に批判的となり, 次世 代の熱機関の必要性を強く認識していたことである。彼は, ベンツが入学する すでに3年前の1856年12月25日に, 次のように書いている。

> ところで私は, あなた方に, 蒸気機関のこの操作の話にも, またその機械全体に さえも, もはや永らく興味を失ってしまったことを告白せねばならない。燃料の 数パーセントが多いの少ないのが重要ではなく, むしろ私たちはそんな類の面倒 なことによっては, 克服できないということである。私は, これからは熱について 頭をくだき, 私たちの現在の蒸気機関をガラクタにすることが得策であるように 思う。そしてそれは, 熱の本質と作用とを徐々に明らかにすることによって, 願わ くはそれほど遠くない時期になされるであろう[458] ……

ベンツがその自伝的著作で, このレッテンバッハーの言葉をわざわざ引用し ていることは, この提言がいかに強く, 彼の心に刻み込まれ, 彼の考えを支配し 続けていたかを物語っている。しかしこのレッテンバッハーは, ベンツが3年次

生になったときの1863年4月14日,突然他界してしまった。

その跡を継いで機械製造学科の主任教授に就任したのは,グラスホーフ（F. Grashof）であった[459]。彼は,1854年来,ベルリンの「王立実業学院」の数学・力学の教師であり,1856年の「ドイツ技術者協会」（Verein Deutscher Ingenieure）の創立を推進し,その初代会長に就任した人物でもあった。彼は,前任者とは異なり,きわめて理論的な学風の持主であり,そのため,「その諸著作によって,彼は技術に数学的・科学的考察法を導入することに大いに寄与した。彼はこの意味で,科学的技術学の創立者の一人とみなされている[460]」,との評価が与えられている。また彼は,1864年のドイツ技術者協会の席上で,工業専門学校を大学と完全に同格の教育機関にするよう提唱した最初の人物でもあった[461]。

内燃機関の改良への寄与という点での彼の業績をあげれば,彼が主宰する「ドイツ技術者協会」の機関誌に,1861年自ら「ルノワール・ガス機関の理論」という論文を発表すると同時に,ジュート（Max Syth）が,シュトゥットガルト・ベルクにある「クーン機械工場」で実施した同機関についての調査について,報告している[462]。それらを通じてグラスホーフは,ルノワールの大気圧ガス・エンジンが喧伝されているほど優秀なものではなく,極めて不充分なものであるとの評価を下している。この彼の評価こそ,その後のドイツにおいて,1867年のオットーによる大気圧ガス・エンジンの発明に始まる,一連の内燃機関の発明とその改良を方向づけるものとなった。

その他,カールスルーエでベンツに影響を与えた人物として,機械工学の教授ハルト（Josef Hart）と,付属作業場の技官フィーツ（Kaspar Vietz）などがいた[463]。とくに後者は,ギムナージウム出身で実習経験の乏しいベンツに,機械製作上の実際的作業の極意を教えてくれたと,感謝されている。

ではベンツの側からみて,彼はこのカールスルーエでどのような科目を履修したのか。同じくベンツの詳しい伝記を書いたジーベルツが,その基本部分を明らかにしているので紹介しておこう[464]。

1年次：基礎科目として数学,化学。専門科目として,レッテンバッハー教授の基礎機械工学。そこでは,機械・エンジンの一般的特性,各種機械の本質的構成部品とエンジンの一般的メルクマール,慣性状態,機械の運動と作用様式,機械効率の計算理論,について順次講じられている。同教授の付属作業場での演習。

2年次：より高度な数学。レッテンバッハー教授の機械製造論と機械設計論。そこでは,同教授の言葉をそのまま引用すれば,「彼ら(学生—大島)が,あらゆる原動機,作業機を,理論的に学んだ諸条件に従って,実際に設計し,それを詳細構造を含めて,図面上に表現できるよう[469]」,指導が行なわれた。

4年次：グラスホーフの非常に理論的な講義,ハルト教授の「機械工学」の講義と同演習。

このような教育課程をみたとき,私たちは,ベンツがやがて15年後の1879年に,マンハイムで苦闘しながら,最初の2サイクル・エンジンを独力で設計・製作できる問題意識と基礎的な知識と技術力を,すでにこの時代に習得していたことを,充分,推察することができよう。

ところで,このカールスルーエ工業専門学校は,1860~64年に在校したベンツに対してだけでなく,やや後になるが,すでにシュトゥットガルト工専を卒業し,1869~71年に「カールスルーエ機械製造会社」に工場長として勤めていたダイムラーにも一定の影響を与えている。

ダイムラーは,当時マイバッハとともにオットーの大気圧ガス・エンジンの改良実験に取り組んでおり,そこで生じた諸問題をグラスホーフに相談していただけでなく,時間が許せば彼の「水力学」や「熱学」の講義を聴講していた[466]。両者にこのような関係があったからこそ,かつてカールスルーエで学び,今は「ドイツ・ガス・エンジン工場」の取締役会長になっていたオイゲーン・ランゲンが,グラスホーフに内燃機関技術にも明るい技術担当取締役兼工場長の推薦を依頼してきたとき,彼はダイムラーを推したのであった[467]。

第6節　ドイツ自動車工業の対外的側面

　私たちは，これまでドイツ自動車工業の萌芽的成立過程をおもに国内的側面において考察してきた。そこでここでは，その対外的側面を，(1)技術移転関係，(2)世紀転換期頃までの主要国の自動車生産の力量の発展，(3)ドイツの自動車貿易，といった3点から分析しよう。

(1) 技術移転関係

　ドイツが本格的なガソリン自動車の発明国であり，また萌芽的ながら最初に自動車工業を成立させた国であった関係から，それがライセンス生産権付与という直接的な形での技術移転や，そこまではいかなくとも，間接的な技術的影響によって，他の国々のガソリン自動車工業の形成にどのような影響を及ぼしたかは，興味あるテーマだと思われる。

　フランス　フランスへはまずドイツからの技術移転があり，ついで間もなくフランスからドイツへの逆のそれが起こっている。フランスは，ガソリン自動車を製造する以前に，すでに蒸気自動車や電気自動車の生産国であったが[468]，それがガソリン自動車の生産へと転換するにあたっては，ドイツからの直接的な技術移転が，決定的な役割を演じた。

　ダイムラーは，フランスの弁護士E・サラザン（Edouard Sarazin）の助けをかりて，1886年10月，最初の高速エンジン，「箱時計」に関するドイツの2つの基本特許に対応するフランス特許を，ついで同年12月には例の二輪車についてのフランス特許を取得した[469]。しかしサラザンは，そのライセンス生産権を，機械メーカー「パナール・エ・ルヴァッソール社」──以下，P&L社と略す──と交渉中，1887年12月14日，急死したため，その遺志を未亡人ルイーズ・サラザ

(Louise Sarazin) が継承した。

　1889年のパリ万博に際して，サラザン未亡人とルヴァッソール（Emil Levassor）が，ダイムラー社の発電・照明車，2隻のモーターボート，ミニ市街鉄道，自動車としては鉄鋼車輪車の展示・実演に全面的に協力したことを契機に，1889年11月1日，ダイムラーとサラザン未亡人との間で，ダイムラー・エンジン——さしあたりはV型2気筒——に関するライセンス契約が締結された[470]。その内容は，(1)同未亡人にフランス，ベルギーでの特許実施権を与える，(2)遅くとも3年以内の製造開始，(3)双方での改良の相互利用，(4)製品にはダイムラー名称を入れる，(5)第三国での競争禁止，といったものであった。ついで翌1890年2月5日には，補足契約が結ばれ，特許実施料（ロイヤリティ）は製品価格の12%，最低でも年5000フラン——台数換算で約35台——と取り決められた[471]。

　しかし，サラザン未亡人自身は，生産施設を所有していなかったため，交渉によりP&L社が製品価格の20%でそれを引き受けることになった。このような業務上の関係から発展して，ルイーズはルヴァッソールと1890年5月17日に再婚する。しかしP&L社は，ダイムラー・エンジンの製造を始めるにしても，予めその販売先を確保しておく必要があった。そのため彼が目をつけたのが，スイス国境に近いモンベリヤール（Montbériard）で，様々な金属製品を手広く製造し，とくに1886年からは大規模に自転車生産に参入していた「プジョー兄弟社」（Société Peugeot Frères）であった[472]。

　アルマン・プジョー（Armand Peugeot）は，すでに1889年にフランス人セルポレ（Léon Serpollet）が開発した瞬間ボイラーを組み付けた蒸気自動車を4台製作していたが，うまくいっていなかった[473]。そこでプジョーは，1890年にP&L社から2基のダイムラー・エンジンを供給され，1891年から本格的にガソリン車製造に転換した[474]。その製造台数は，1892年29台，1893年24台，1894年約58台と，漸増していった[475]。

　他方，P&L社は，当初はエンジン生産に限定するつもりであったが，1890年9

第4章　自動車工業の萌芽的成立期（1885／86～1901／02年）　319

月には第1次試作車，翌91年には世界で最初のフロント・エンジン，リア・ドライヴの第2次試作車をつくり，自動車生産に参入した[476]。その生産台数も，1892年16台，93年37台，94年約60台と増加している[477]。

　フランスでは，ダイムラー以外に，ベンツ社からの直接的な技術移転もみられた。技術者であり，パリの小機械工場主であったロジェ（Emile Roger）は，すでにベンツの2サイクル・エンジンの販売権を取得していた。彼は，1888年マンハイムを訪れ，ベンツから1台の特許自動車III型を購入し，それをP&L社に持ち込み，製造を依頼した[478]。しかし同社は，すでに述べたように，結局ダイムラー・エンジンの製造を選択したため，ロジェはマンハイムからエンジンと動力伝達装置を輸入し，それらを自社製のシャシーに組み付け，「ロジェ車」として販売した[479]。ベンツはそれに対して抗議したが，フランスと外国でのベンツ車の販売権をロジェに与え，その販売を依頼していたため，自己の権利を貫徹できなかった[480]。

　こうしてロジェは，1892年には約12台，1893年にはベンツ・ヴィクトリア車を24台，94年にもほぼ同数，組み立て販売している[481]。ロジェは，ベンツ車の輸入商兼いわばノックダウン・メーカーといった存在であった。

　このように，フランスにおけるガソリン自動車の製造開始にあたっては，ドイツからの直接的な技術移転が決定的な役割を演じたが，反面，急速に勃興していったフランス自動車工業は，1890年代中葉から技術移転における逆の流れを生みだした。その点については，すでに本章第2節「後発諸企業の群生」で触れているが，ここで簡単に整理しておこう。

　(1) フランスでの先発企業P&L社は，「ビーレフェルト機械工場」にライセンス生産権を与え，1894年には生産が開始される[482]。またP&L社は，1901年，ベルリンの「アールグス社」にもライセンス生産権を付与している[483]。

　(2)「ドゥ・ディオン-ブートン社」は，アーヘンの「クーデル社」に，1897年にはエンジンと三輪車の，1899年には四輪車のライセンス生産権を与えてい

る[484]。ここで製造されたエンジンは，さらにドイツの幾つかの自動車メーカーに供給されて，その自動車製造のために利用された。

(3) ドゥコヴィル社の軽自動車のライセンス生産を，1897年から実施したのは，「アイゼナッハ自動車工場」である[485]。

(4) ダラック社のライセンス生産は，1901年から，かのオーペル社によって行なわれた[486]。

しかし，フランスからの技術的影響は，このような後発企業にとどまらなかった。それはなるほどライセンス生産といった直接的な形はとらなかったが，ドイツの先発企業に及んでいる。たとえばダイムラー社は，1897年のフェニックス車で，初めてエンジン前置，後輪駆動の車をつくるが，その構造はかつて自らがそのエンジンについてライセンス生産権を与えたP&L社から導入したものであった[487]。また動力伝達装置として，従来のベルトまたはチェーン方式に代えて，フランスで開発されたカルダン・シャフトも，1900年のホルヒ車に，ついで1902年にはベンツのパルジファル車に採用されている[488]。

アメリカ　ガソリン自動車の発明においてドイツに比べて約7年遅れながらも，1904年頃にはフランスを抜いて，世界一の自動車王国を形成し始めるアメリカに対して，ドイツからの技術的影響があったのか，なかったのか，あったとすればどのような形でか，という問題はまことに面白いテーマといえる。

まず私たちは，アメリカが南北戦争以後，急激に工業を発展させ，またその広大な地理的条件によって最大の馬車生産国になっていたばかりでなく，1860・70年代には多数の蒸気自動車メーカーを，また1880・90年代にはこれまた多数の電気自動車メーカーを輩出していたことを，前提として認識しておく必要があろう[489]。したがってアメリカでは，フランス以上に自動車それ自体はなにか新規なものではなく，それがいつ，どのような形でガソリン自動車に変わるかが問題であった。

第4章 自動車工業の萌芽的成立期（1885／86〜1901／02 年） *321*

　そのためアメリカでは，ガソリン自動車製作の試みや，そのアイディアも早くからみられた。その一つは，アメリカ人ブレイトン（Brayton）による石油エンジンの発明を契機に，1878年それを内蔵したバスが造られたが，成功しなかった[490]。いま一つは，このブレイトン・エンジンの搭載を予定した自動車の特許を，ニューヨークの弁理士セルデン（George Selden）が，1879年に最初に出願し，それを少しずつ修正しながら，ついに1895年に取得したことである[491]。この有名なセルデン特許は，しかしそれによってすぐに具体的な自動車の製造を可能にしたものではなく，いわばアイディア特許とも言うべきものであった。そのためそれは，アメリカにおいてガソリン自動車の発明を刺激する一方，フォードがその無効訴訟で死闘を演じたように，自動車の製造を大いに阻害するものでもあった[492]。

　1880年代末，ドイツにおけるガソリン自動車発明の報は，まずドイツの新聞により，ついで当時，アメリカで権威をもっていた科学技術誌 "Scientific American" を通じて，同国に伝えられた。とくに後者では正確で詳細な内容が報告されていたため，技術者たちが注目していた[493]。

　その頃1888年の夏には，ドイツ移民 H・シュタインウェイ（Heinrich Steinway）がニューヨークに設立した世界的に有名なピアノ製造会社「シュタインウェイと息子会社」とダイムラー社との間で，アメリカとカナダに関してダイムラー製品の販売権・ライセンス生産権に関する契約が締結された[494]。1888年9月21日には，息子ウィリアムによって別会社「シュタインウェイ・ダイムラー・モーター会社」（Daimler-Motor-Company Steinway）が設立され，ピアノ会社から諸権利を引き継いだ[495]。同社の資本金は1万ドルで，そのうち約半分相当の株がダイムラーに渡されることになった[496]。

　　シュタインウェイのドイツ名は Steinweg。Harz の Wolfshagen 出身，貧しい手工業者の子として出生，1835年に Seesen でピアノ製造を行なっていたが，1850年に妻と7人の子供とともにアメリカに移住，1853年にニューヨーク・ロングアイランド

に土地を取得して, 4人の息子とともにピアノの製造を開始, それからまもなく, 名前もアメリカ式に Steinway と名乗る。幼なくして両親を失った Wilhelm Maybach の兄が, 渡米してそこで管理職として働いていたため, Wilhelm がドイツ社時代の 1876 年渡米したのを機に 2 人は再会し, そのことによって Steinway 社と Daimler 社との関係が発展し始めた。

当初, 同社は, ダイムラー製品の販売とライセンス生産権の販売のみを目指しており, そのためアメリカでのダイムラー・エンジンの 1 号機は, シュタインウェイの委託にもとづき, コネチカット州ハートフォード (Hartford) の「ナショナル機械会社」(National Machine Co.) が, それを製造している[497]。

その後ウィリアムは, 1893 年の 5 月から 10 月にかけてシカゴで開催された万国博覧会で, ドイツ・ダイムラー社の発電・照明車, 鉄鋼車輪車, ガソリン・エンジン等の展示・実演に協力し, その宣伝に努めた[498]。しかしこれらは同時に, 後に触れるように, 幾人かのアメリカの技術者の視察・研究の対象にもなっている。因みにこの時にはベンツ社は, 直接出品せず, 代わってフランスのロジェがヴェロを出品している。

ところでウィリアムは, この頃になるとニューヨーク・ロングアイランドに立派な工場を建て, 自らモーターボート用エンジン等の生産を開始する。しかし彼はさらに自動車生産に乗りだそうとした矢先の 1895 年に急死した[499]。このウィリアムの死去とセンデン特許の存在が, 結局アメリカでのドイツ車のライセンス生産の開始を阻止したと言われている。同社は 1897 年には経営危機に陥り, ジェネラル・エレクトリック (GE) を中心とした別の出資者をえて再建されねばならなくなった[500]。しかしそれもうまくいかず, 同社は最終的に 1912 年解散している。その結果ドイツ・ダイムラー社は, 損失を被り, その額を 1897/98 営業年度報告で 1 万 5259 マルクと記している[501]。

他方ベンツ社のほうは, 1888 年 5 月 8 日には気化器に関する 382585 号, 同年 6 月 26 日には, ハズミ車等エンジン改良に関する 385087 号, 同じく 7 月 31 日には,

第4章　自動車工業の萌芽的成立期（1885/86～1901/02年）　*323*

動力伝達装置に関する386798号といった3つのアメリカ特許を取得していたが、その実施権にもとづきエンジンまたは自動車を製造しようとする企業をみつけることはできなかった[502]。

ただしベンツ社は、1894年にはニューヨークのウォール街に同社の販売会社、「ベンツ・モーター株式会社」（Benz-Motor Co. Ltd.）を設立し、メイシー（Macy）に展示場を設け、その車の販売を始めた[503]。また翌95年シカゴで開かれたアメリカで最初の自動車レースで収めたベンツ車の好成績も、同車に対する関心を高める結果となった[504]。このような状態のなかで、アメリカの自動車発明家たちも、ベンツ車を視察・研究する機会をもった。

なるほどフォードは、自負心からか、「すでに1895年私は、1台のベンツ車がニューヨークのメイシーに展示されているのを知った。私はそれをみるためにわざわざ出かけたが、それには私にとって注目すべきことは、なにもなかった[505]」、と言い切っている。しかし他の幾人かの発明家に対して、ベンツ車が一定の影響を与えたことは事実とみられる。その理由はこうである。アメリカの自動車工業史の研究者ケネディ（E. D. Kennedy）は、アメリカでのガソリン自動車の発明者を早い順から、1892年のデュリア（Charles Duryea）、1893年のフォード、1894年のヘインズ（Elwood Haynes）を、そして最初に自動車を製造・販売した業者として、マキシム（Hiram Percy Maxim）またはウィントン（Alexander Winton）の名をあげている[506]。しかしケネディは、アメリカの研究者らしく、これらの人々にたいするドイツからの技術的影響についてはなにも語っていない。

しかしドイツやフランスの研究者は、彼らのなかにドイツ技術の一定の影響を認めようとしている。たとえばシルトベルガー（F. Schildberger）は、チャールズ・デュリアに緊密に協力した弟のフランクが、非常に年老いてから、1948年3月18日に「アメリカ自動車技術者協会」で行なった講演の内容を例証としている。そこでは、彼が兄とともにいかに熱心に特許局でヨーロッパの諸特許を、

また科学技術誌 "Scientic American" を研究したか，また1893年のシカゴ万博でダイムラー・エンジンを視察し，それに惹れながら，それが特許保護下にあったため，結局ベンツを模倣して水平型エンジンを開発し，それに成功したかを話したのであった。またウィントンについては，フランスの研究者ボヌヴィル (Bonnevill) が，それは「ベンツのコピー」であったという評価を下している[507]。

以上，私たちはドイツからの技術的影響という観点から，アメリカにおける自動車の発明と自動車工業の萌芽的成立過程をみてきたが，そこから引きだせる結論は，アメリカがやはりフランス以上に力強い自立性をもっていたということである。そのことは，フランスでみられたライセンス生産といった直接的な技術移転は，「シュタインウェイ・ダイムラー・モーター会社」の挫折によって，ここでは貫徹しなかったということが，象徴的に示している。したがってアメリカでは，ドイツからの技術的影響は，特許状や科学技術誌の研究，博覧会や展示場での視察等を通じて，一部の発明家や製造業者に間接的に影響を与えたにすぎなかった。それはせいぜいエンジンの形態と，車の基本形態，――三輪車，馬車型，エンジン後置・後輪駆動――といった，外見的なものにとどまったといえよう。

イギリス　同国は，工業的には先進国であり，また1836年の「赤旗法」制定までは，相当数の蒸気自動車を製造しながら，1896年まで存続したその悪法によって自動車運行が圧殺されていた[508]。イギリスでは，ガソリン自動車の製造は，フランスやアメリカに較べて遅れていただけでなく，ドイツからの技術移転による影響は，前述のアメリカはもちろん，フランスよりもより決定的であった。

現在もロンドンの「科学博物館」に展示されているベンツの特許自動車III型は，最近のジーヴァース (I. Sievers) の研究によれば，1888～89年頃マンハイムで製作され，フランスの例の代理商ロジェを通じてイギリスに転売されたものらしい[509]。イギリスでは，早くも1889年から1892年にかけて，バトラー (Edward Butler), ナイト (Knight) とサントラー (Santler), それにルーツ (Roots) といった人々が, いずれも三輪車を実験的に製作した事実が確認されているが, ジーヴァースは, それらはこのベンツ車の模倣ではなかったかと推定している[510]。

しかし, イギリスに自動車工業を決定的に根づかせたのは, 1896年コヴェントリーに設立された「ダイムラー・モーター株式会社」(Daimler-Motor Comp. Ltd.) による, ダイムラー特許のライセンス生産であり, その経過を略記すれば以下の通りである。

イギリス人シムズ (Frederick R. Simms) は, 1889年にブレーメンで開催された「北西ドイツ営業・工業博覧会」に, ダイムラー社が展示したミニ市街鉄道や, とくにそのガソリン・エンジンから強い印象を受け, その販売権やライセンス生産権を求めるようになった[511]。そのため彼は, 1890年6月にロンドンに,「シムズ・コンサルティング・エンジニアーズ社」(Simms & Co. Consulting Engineers) を設立し, ダイムラーの自動車やモーターボートの展示・実演を企画したが, 前者は危険であると禁止され, 後者のみがテームズ川で実現された[512]。そして1892年10月12日には, 彼にダイムラー社の代表権を与える契約が締結された[513]。

シムズは, その事業を展開するため, 1893年5月29日には, 基本資本金6000ポンド (約12万マルク) の「ダイムラー・モーター・シンジケート株式会社」(Daimler Motor Syndicate Ldt.) を設立する[514]。同社は, ロンドンのパトニー橋のたもとに, 輸入されたエンジンの格納と, モーターボートの組み立てを目的とした作業場を設けた[515]。

この頃イギリスでは, 自転車に関する特許の集積とその製造とによって大成功を収めたローソン (Henry John Lawson) が, 自動車の将来性をも認め, それに関する特許または特許実施権をできるだけ多く買い集めようとしていた。彼は, シムズの所有するダイムラー社の諸権利を高額で買い取ることを条件に,「ダイ

ムラー・モーター・シンジケート」を,1895年11月,資本金15万ポンドの,「ブリティッシュ・モーター・シンジケート株式会社」(British Motor Syndicate Ldt.) に転換させた[516]。この過程でシムズが,カンシュタットから様々な特許実施権を35万マルクで買い取り,そのことによってダイムラー社の財政危機を救い,その統一をもたらしたことは,本章第1節(1)で詳述した通りである。その特許はたんにイギリス本土だけでなく,カナダを除くイギリス圏全体に適用されるものであった。

そしてシムズ所有のダイムラー特許実施権を,その購入価格の倍以上の3万6250ポンドで買収したのが,ローソンの「ブリティッシュ・モーター・シンジケート」であった。その傘下に,ダイムラー・ライセンスに基づき,エンジンと自動車製造の目的をもった,資本金10万ポンドの「ダイムラー・モーター株式会社」(Daimler Motor Co. Ltd.) が,1896年1月14日,コヴェントリーに設立された[517]。このイギリス・ダイムラー社の場合,ダイムラーは名目的ながら技術顧問に任命され,アメリカの「シュタインウェイ・ダイムラー社」の場合と同様,その所有比率は確定できないが,相当数の株を所有している[518]。

同年11月14日には「赤旗法」が最終的に廃止され,同社の生産も軌道に乗り始める。ただし1897年中に製造された約24台の車には,まだすべてカンシュタット製のエンジンが組み付けられた[519]。その後,同社は,ダイムラー・ライセンスに基づきながらも,エンジン自体もコンヴェントリーで組み立て,まさしくイギリス自動車工業の出発点となった。

その他ローソンは,その傘下に1896年5月19日コヴェントリーにおいて,もう一つの自動車企業を設立した。その名称は直訳すれば,いかにも奇妙な「大馬なし馬車株式会社」(Great Horseless Carriage Co. Ltd.) というものであった。同社は,ドイツ・ダイムラー社からトラックやバスを輸入すると同時に,それを製造する目的をもっていたが,乗用車製造中心のイギリス・ダイムラー社とは異なり,わずか2年しか存続しなかった[520]。

他方,ベンツ社の方も,そのライセンス生産を行なうパートナーを見いだした。茶商人であり,同時にケントに機械工場を所有するヒューストン (Henry Heweston) は,取引仲間のアーノルド (Walter Arnold) とともに,例のパリ=ルーアン間競走を参観したあと,マンハイムに立ち寄り,1台のヴェロを購入した[521]。

これを契機に,両者は1896年春,ベンツ車の販売会社「アーノルド・モーター馬車会社」(Arnold Motor Carriage Company) を設立した。それは間もなく,「ヒューストン自動車会社」(Heweston's Motor Car Company) と改称されるが,同社は1897年中に36台のベンツ車を販売している[522]。アーノルドは,自らベンツ車の輸入販売を続けると同時に,ベンツ・エンジンを組み付けた車を製作するようになった。彼は,1896年から98年にかけて,パドコック・ウッド (Paddcock Wood) の自分の工場で,12台のベンツ車をライセンス生産している[523]。

イギリスは,ガソリン自動車工業の出発が遅れたため,その最初期においては,このようなドイツから直接的な技術移転を行なっただけでなく,フランスからの技術的影響も受けている。たとえば,オースチン (Herbert Austin) が,バーミンガムの「ウルズリー羊毛剪断機会社」(Wolseley Sheep Shearing Machine Co.) のために働いていた時に製作した車は,フランスのアメデ・ボレ (Amédée Bollée) の三輪車のコピーであったと言われている[524]。

しかしイギリスには,ドイツ,フランスからの技術的な影響にたよらず,自立的に自動車工業を成立させていく潜在的な力量が広く備わっていた。一例をあげれば,ランチェスター (Frederick William Lanchester) がそうである。彼は,1896年にまだダイムラー的な2気筒エンジンを搭載した第1号試作車を造ったが,翌97年には自立的な第2号試作車を製作し,1899年には「ランチェスター・エンジン会社」(Lanchester Engine Co.) を設立した[525]。しかしこの点に関しては,次章で少し取りあげることにしよう。

以上,私たちは限られた範囲ではあるが,世界で最初にガソリン自動車を発明

し、もっとも早く自動車工業を萌芽的ながら成立させたドイツの技術が、他の諸国にどのように移転されていったかを、主としてライセンス生産という直接的な形態を中心にみてきた。

そこでみられたことは、すでに内部的に工業化していたというだけではなく、とくに内燃機関や自動車の発明活動において成熟していた国ほど、ドイツからの技術移転は少なく、自立的発展を示したということである。その例は、蒸気自動車製造が広汎に存在していたアメリカである。

そして当初はドイツからの直接的技術移転をうけながら、やがて自立的発展を示したのが、フランスとイギリスであった。その場合フランスは、前提として蒸気自動車製造が一定程度、存在しており、自動車運行に対する法的規制もなく、ドイツからの資本参加をともなわず、先進的発展を示した。それに対して、イギリスでは、1830年代まで蒸気自動車の製造がなされたとはいえ、「赤旗法」が1896年まで存続したこともあって、ドイツからの一定の資本参加をもともないつつ、遅れて発展を開始した。

(2) 世紀転換期頃の自動車工業の国際比較

さてここで私たちは、すでに本章第3節「20世紀初頭の自動車工業全体の状態」において、ドイツ自動車工業の全体的な構造と生産台数に表現される力量をみたので、主要自動車生産国の19世紀末・20世紀初頭の発展をごく簡略にたどりながら、世紀転換期頃の各国自動車工業の国際比較を試み、あらためてそのなかでのドイツの地位を確認しておこう。この課題を果たすには、当時多くの国においていまだ統計的把握が完全に正確にはなされておらず、推計値などもあり、また文献によって大きな相違があって、非常に困難である。にもかかわらずそれを試みようとするのは、たんに第一次世界大戦直前の国際比較をしただけでは、ドイツ自動車工業の発展の特徴、早期にガソリン自動車を発明したが、その自動車工業は最初から発展性を欠如していた、という特徴を明らかにするこ

第4章　自動車工業の萌芽的成立期（1885／86～1901／02年）

表4-11　19・20世紀転換期頃の独・仏自動車主要企業の生産台数　　（単位：台）

		1894	1895	1896	1897	1898	1899	1900	1901	1902	1903
ドイツ	Daimler	1[1)]	8[1)]	24	26	57	108	96	144	197	232
	Benz[2)]	67	129	181	256	435	572	603	385	226	172
フランス	P & L	約60[3)]	—	—	—	336	447	535	723	1,017	1,127
	Peugeot	約58[3)]	—	78	47	157	300	500	—	479	876
	Renault	—	—	—	—	—	71[4)]	179[4)]	347[4)]	509[5)]	948[5)]
	Lorraine-Dietrich	—	—	—	—	72	100	107	164	253	311
	de Dion-Bouton	—	—	—	—	—	—	1,200	1,800	—	—
	Darracq	—	—	—	—	—	—	—	1200	—	—

注1) 分裂期のため,「ダイムラー社」のみのもので,「マイバッハ自動車合名会社」のものは含まれず。
注2) 生産台数ではなく, 販売台数。
注3) Lauxの本文S.19の記述から。
注4) 各年末までの生産台数。
注5) 各年度末（9月30日）までの生産台数。
出典：W.Oswald, Mercedes-Benz Personenwagen 1886-1986 (5. Aufl.), Stuttgart 1991,S.16 u.72.
　　　フランスの数値は James M. Laux, In First Gear, The French automobil industry to 1914, Liverpool 1976, S. 212, 214f. u. 216.

とがかならずしもできないと考えるからである。

フランス　1891年にP＆L社とプジョー社とが, ダイムラー社のライセンス生産にもとづくエンジンを搭載したガソリン車の製造を開始して以後, フランスの自動車工業の発展は非常に急速であった。自動車製造企業は, まさに雨後の筍のごとく群生した。フリダンソン（Patric Fridenson）によれば, フランスの自動車メーカーは, 1900年にはおよそ30企業に達していた[526]。この完成車メーカー数を, 対応するドイツの1903年の数, 18と比較すれば, やはりフランスでの発展が, いかに急激であったかがわかるであろう[527]。いま両国の発展をもう少し具体的に明らかにするため, 19世紀末・20世紀初頭における両国

の主要自動車企業の生産台数を，表4-11によって示しておこう。これ以外にもフランスには，セー・ジェ・ヴェ (CGV)，ドゥラーエ (Delahaye)，オチキス (SA Hotckiss)，モールス (Mors)，リシャール (Richard)，ロシェ=シュネデール (Rochet-Schneider)，ヴィノ・エ・ドゥグァンガン (Vinot et Deguingand) など，相当大きなメーカーが存在していた[528]。

そして同表によってわかるもう一つの事実は，1895～97年のP＆L社の生産台数が不明であるため，少し不確実ではあるが，1894年当時ドイツにはダイムラーとベンツ2社しか存在しなかったことを考慮すると，1894年にはフランスの生産台数が，早くもドイツのそれを凌駕して，フランスが自動車生産において世界のトップに立ったであろうことである[529]。ここに1885／86年から1893年にかけての，8～9年間の自動車のドイツの時代は終わり，フランスの時代が始まったのであった。

こうしたことから，ガソリン自動車の母国はドイツであったが，自動車工業の母国はフランスであったと言われるのも，故なしとしない。

アメリカ　1898年頃からガソリン車の製造と販売を始めたアメリカ自動車工業も，フランスと同様，急速に発展していった。その後の20世紀初頭にいたる自動車企業数の増大は，研究者によって様々に相違している。

またエプシュテインは，1903年の自動車製造会社数を24としている[530]。さらにヴァンダーブルー (H. B. Vanderblue) は，正確な実数はわからないが，乗用車製造会社の参入・撤退数，年末存続数をグラフで示し，後者を1899年には約30，1903年には約110，1904年には約130ぐらいとしている[531]。ヴァンダーブルーの数値は著しく多く，また，エプシュテインのそれは非常に少ない。この差がどこからくるのか判断に苦しむが，おそらくエプシュテインは，株式会社のみを示していたためかも知れない。しかしいずれにせよ，1903年のドイツの照応する18と比較すれば，相当多いか，非常に多かったといえよう。

この間アメリカでは，1899年にはオールズ (Ransom E. Olds)，1902年にはビ

表4-12 19・20世紀転換期頃の独・英自動車工業主要企業の生産台数 （単位：台）

		1898	1900	1901	1902	1903
ドイツ	Daimler	57	96	144	197	232
	Benz[1]	435	603	385	226	172
イギリス	Albion	—	1	21	35	33
	Argyll	—	—	25	60	100
	Austin	—	—	—	—	—
	Daimler	50	150	—	—	250
	Lanchester	—	—	8	50	75
	Swift	—	—	—	24	—
	Vauxhall	—	—	—	—	43
	Wolseley	—	—	—	—	—

注1）Benz社は販売台数。
出典：ドイツに関しては，W. Oswald, Mercedes-Benz Personenwagen 1886-1986 (5. Aufl.), Stuttgart 1991, 16 u. 72.
　　　イギリスに関しては，S. B. Saul, The Motor Industry in Britain to 1914, Business History vol. V, No. 1 u. 2, Liverpool 1966, S. 24.

ュイック（David Dunbar Buick），そして1903年にはかのフォードが起業している[532]。

イギリス　　1896年，「ダイムラー・モーター会社」が設立され，同年11月に「赤旗法」が廃止されて以後のイギリスでは，自動車企業の設立は，フランス，アメリカと同様，急増していった。

山本尚一氏ならびに氏が依拠したソール（S. B. Saul）によると，1900年までに59の自動車企業が設立され，その間6企業が倒産するが，1900年にはなお53企業が存立していた[533]。その後1901～05年の発展は，いっそう急激であり，同期間中に221企業が設立され，59企業が早くも倒産し，1905年には197企業が存続している[534]。

その間，1896年には「ルーツ・アンド・ベネブルズ社」（Roots & Venables），1899年には「ウルズリー社」（Wolseley）や「ランチェスター・エンジン会社」など，有名会社が設立されていった[535]。

図4-13　19世紀末・20世紀初頭の自動車主要生産国の生産台数　　　（単位：台）

	ドイツ	フランス	アメリカ		イギリス
	Statistik	Laux	岡本	Kennedy	Dungs
1896	—	320	—	—	—
1897	—	400	—	—	—
1898	—	1,500	—	—	(689)
1899	—	2,400	—	—	(1,413)
1900	—	4,800	4,192	4,192	(2,481)
1901	884	7,600	7,000	7,000	(4,112)
1902	—	11,000	9,000	9,000	(6,263)
1903	1,450	14,000	11,235	11,235	(9,437)
1904	—	16,900	22,830	22,130	(14,170)
1905	—	20,500	25,000	24,250	(20,848)

出典：ドイツに関する数値は，Vierteljahrshefte zur Statistik des deutschen Reichs 23. Jahrgang, Berlin 1914, III S. 112. イギリスに関する Dungs の数値は，Wilhelm Dungs, Entwicklung der amerikanischen und der führenden europäischen Automobilindustrie und ihre volks-und weltwirtschaftliche Bedeutung (Diss.), Köln 1925, S. 53. フランスに関する Laux の数値は，James M. Laux, In First Gear, The French automobile industry to 1914, Liverpool 1976. S. 210. アメリカに関する岡本の数値（1904年以降は，トラックを含む）は，岡本友孝，『新興産業としてのアメリカ自動車工業』（上），福島大学経済学会『商学論集』，第35巻第2号（1966年），90-91ページ。；Kennedy の数値（カナダを含むとあり，乗用車のみとみられる）は，F. D. Kennedy, The Automobile Industry, Clifton 1972, S. 41.

またソールは，興味深くもイギリスの古い自動車会社の生産台数をわかる限りであげている。いまそれを，ダイムラー，ベンツ両社のそれと比較できるよう合成したのが，表4-12である。これによると，1900年，1903年イギリス・ダイムラー社の生産台数が，すでにドイツ・ダイムラー社のそれよりも多くなっていたことが判明する。これなどは，イギリスの自動車工業が遅れて出発しながらも，その発展速度は，かえってドイツよりも早かったことを象徴的に示していると言えよう。

さて以上を総括して，これまで述べた4ヵ国の世紀転換期頃の自動車生産台数を比較しよう。表4-13が示すように，フランスに関してはローの，またアメリ

第4章 自動車工業の萌芽的成立期（1885／86～1901／02年） 333

カに関しては，岡本友孝氏とケネディの数値——両者はほぼ一致している——に従って論を進めたい。そしてイギリスに関しては，ドゥングスの古い研究（1925年）からとった数値を記載しておくが，それには典拠も示されておらず，その確実性はかならずしも保証できない。

　前表によって，ドイツの比較可能な年代は，1901年と1903年である。しかしいずれにおいても，自動車の生産台数における順位は，フランスが1位，アメリカが2位，イギリスがおそらく3位で，ドイツはおそらく第4位に落ちていた。ただしアメリカの1900年の生産数4192台に関しては，なお蒸気自動車が1681台，電気自動車が1575台もあったのに対して，ガソリン車はわずか436台にとどまっていたため，ガソリン自動車に限っては，1900年までドイツが3位にあったという推定も可能である[536]。

　しかし，アメリカでは，1902年にオールズが約2000台，1903／04営業年度にフォードが1708台を生産した頃には，圧倒的にガソリン車が優勢になっていった[537]。そのためいま，フランスに関するローの数値と，アメリカに関する岡本＝ケネディのそれを比較するとき，アメリカは1904年には自動車の生産台数においてフランスを凌駕する。ここに1894～1903年と10年間続いた自動車のフランス時代は終わり，フォードの登場とともに，自動車のアメリカ時代がいよいよ開幕する。

(3) 20世紀初頭の自動車貿易

　私たちは，1901年，1903年における自動車の生産台数において，いちおうフランス，アメリカ，イギリス，ドイツという順位を確認したが，この生産力上の格差は，最初から国際商品であった自動車の貿易関係をその基礎において規定していた。しかし同時に自動車工業の生産能力とその貿易（輸出・入）関係は，かならずしも完全に照応するものでもない。では20世紀初頭，主要国の自動車貿易はどのような状態を示し，そしてドイツはそのなかでどういった地位を占め，ま

図4-1　20世紀初頭の自動車貿易　（単位：100万フラン）

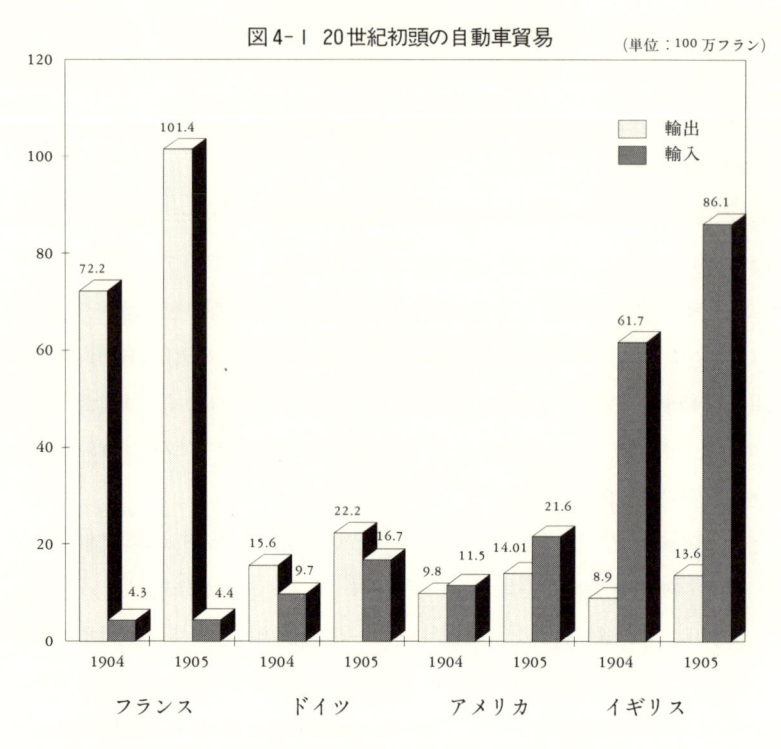

	1904	1905
フランス 輸出	72.2	101.4
フランス 輸入	4.3	4.4
ドイツ 輸出	15.6	22.2
ドイツ 輸入	9.7	16.7
アメリカ 輸出	9.8	14.01
アメリカ 輸入	11.5	21.6
イギリス 輸出	8.9	13.6
イギリス 輸入	61.7	86.1

出典：Gerhard Horras, Die Entwicklung des deutschen Automobilmarktes bis 1914, München 1982, S. 350.

たその貿易はどのような性格をもっていたであろうか。

ただし当時の自動車貿易は，アメリカ，イギリスでは個数と価額で表示されていたものの，フランスとドイツでは，まだ機械と同様，重量と価額で記載されていた。そのため必要に応じて，個数や重量も併記するが，この際共通して使用できる尺度は価額でしかない。そこで私たちは，まず，ホラスがその著の巻末に揚げる図4-1を示し，当時の自動車貿易の概略を把握しておこう。

これによると，1904・05年の自動車の最大の輸出国は，その生産量に相応しくフランスであったことがわかる。それをドゥングスが示している重量で示すと，

フランスの1904年の乗用車の輸出は，7万1302dz.（1ドッペルツェントナー＝100kg），輸入は3835dz.，オートバイの輸出は1480dz.，輸入は41dz.，1905年の乗用車の輸出は，10万0521dz.，輸入は4396dz.，オートバイの輸出は1492dz.，輸入は112dz.，といった状態であった[538]。すなわちフランスは，重化学工業の相対的劣勢にもかかわらず，興味深くも自動車工業は貿易関係上，比較優位産業になっていた。

ついでドイツは，自動車の生産量では第4位でありながらも，その輸出では，フランスには大きく差をつけられながら，なお第2位にとどまっていた。いまドゥングスが明らかにする重量でそれを示すと，ドイツは，1901年に自動車の輸出が493トン，輸入が275トン，1902年には輸出が688トン，輸入が449トンであり[539]，これまた価額・重量両面で自動車の純輸出国であった。

このようにドイツで生じた生産力上の地位と輸出力の地位の乖離は，端的にいってドイツでは自動車の輸出依存度＝輸出比率（輸出量/生産量）が高かったためである。それを価額で算出すれば，1901年では287万7000マルク/570万マルク＝50.5％，1906年では2104万2000マルク/5100万マルク＝41.3％と，その輸出の割合が非常に高かった[540]。

このことは，本章第1節(1), (2)でみたダイムラー，ベンツ両企業の販売市場の構造からも頷ける。すなわちダイムラー企業は，1886～1903年に国内で315台（約35％），国外で586台（約65％），ベンツ企業は1885～1900年に国内で803台（34.7％），国外で1515台（65.3％）販売し，両企業とも世紀転換期頃までは，国外市場のほうが比重が高かったのである。ドイツは，当時，自動車が高価な奢侈品であったため，狭くて浅い国内市場よりも，外国の金持相手にその製品を実現していたといえよう。

アメリカは，20世紀初頭，すでにドイツについで第3位の自動車輸出国になっていた。しかし国内市場が大きかったため，価額では輸入量が輸出量をうわまわり，同国はなお自動車の純輸入国にとどまっていた。ドゥングスが示す数値

によって，その1904年の輸出比率を算定すると，189万7510ドル/2752万4000ドル＝6.9％にすぎず，アメリカの自動車工業は，国内市場を中心とした内部成長型，内需主導型の性格を早くも示し始めていた[541]。イギリスは，1904, 1905年には価額において，アメリカよりやや劣る程度に自動車の輸出を開始していた。だが同国は，それにもましてすさまじく多くの自動車を輸入する，圧倒的な自動車の純輸入国であった。

　最近ジーヴァースが明らかにしたところによると，1904年の輸入量は，5378台，208万371ポンド，輸出量は414台，16万9313ポンド，1905年の輸入量は5622台，243万8002ポンド，輸出量は576台，37万6230ポンドとなっていた[542]。イギリスにおける蓄積された国民の富，高い所得水準と，自動車工業発展の遅れのギャップが，このような状態を惹き起こしていたといえよう。さて20世紀初頭，世界第2位の自動車輸出国ドイツは，それをどこに輸出したのであろうか。その仕向国を示す総括的な統計を，著者は今のところ知らない。

　ただベンツ企業に関する個別統計については，本章第1節(2)で表示している。それによると同企業は，1885～1900年の間に，フランスへ732台（輸出構成比48.3％），イギリスへ410台（27.1％）ベルギー／オランダへ126台（8.3％），その他の諸国へ247台（16.3％），輸出していた[543]。やはりその輸出は，モータリゼーションの最先進国フランスと，生産の割には需要の多いイギリスとが中心になっていた。そしてとくに1899, 1900年には，ベンツの場合，イギリスへの輸出が，フランスへのそれを上まわっている。

　そしてこの英・独間の自動車貿易に関してだけは，ジーヴァースの研究によってやや具体的に明らかになる。1904年，ドイツのイギリスへの輸出は，174台，6万4408ポンド，イギリスからの輸入は，26台，8575ポンド，1905年，ドイツのイギリスへの輸出は，278台，9万8100ポンド，イギリスからの輸入は，28台，1万3125ポンド，といった状態であった[544]。

第4章　自動車工業の萌芽的成立期（1885／86〜1901／02年）　337

注
1) ドイツ自動車企業成立のこのような世代区分の仕方については，vgl. Gerhard Horras, Die Entwicklung des deutschen Automobilmarktes bis 1914 München 1982, S. 85-104 u. 124-133.
2) 1901年の総生産台数については，Kurt Haegele, Die deutsche Automobil-Jndustrie auf dem Weltmarkt (Diss.), Tübingen 1923, S. 15; Wilhelm Dungs, Die Entwicklung der amerikanischen und der führenden europäischen Automobilindustrie und ihre volks-und weltwirtschaftliche Bedeutung (Diss), Köln 1925, S. 101; 1901年の，ダイムラー社の生産台数とベンツ社の販売台数については，Werner Oswald, Mercedes-Benz（以下，M.-B. と略す）Personenwagen 1886-1986 (5. Aufl.), Stuttgart 1991, S. 16 u. 72.
3) Arnold Langen, Nicolaus August Otto Der Schöpfer des Verbrennungsmotors, Stuttgart 1949. S. 88; Paul Siebertz, Gottlieb Daimler Ein Revolutionär der Technik (4. Aufl.), Stuttgart, S. 113.
4) Friedrich Sass, Geschichte des deutschen Verbrennungsmotorenbaues von 1860 bis 1918, Berlin／Göttingen／Heidelberg 1962, S. 76; vgl. Friedrich Schildberger, Gottlieb Daimler, in: Eugen Diesel／Gustav Goldbeck／Friedrich Schildberger, Vom Motor zum Auto (3. Aufl.), Stuttgart 1968, 117-119.
5) Siebertz, Gottlieb Daimler…… a. a. O., S . 113f.
6) Max Kruk／Gerold Lingnau, 100 Jahre Daimler-Benz Das Unternehmen, Mainz 1986, S. 8; Peter Kirchberg／Eberhard Wächtler, Carl Benz Gottlieb Daimler Wilhelm Maybach, Leipzig 1981, S. 70f.; Daimlerの5年間の守秘義務については，vgl. Kurt Rathke, Wilhelm Maybach Anbruch eines neuen Zeitalters, Friedrichshafen 1953, S. 119. 競業避止義務については，vgl. Siebertz, Gottlieb Daimler…… a. a. O., S. 110. Daimlerの競業避止義務問題は6年後の1888年12月7日，シュトゥットガルトの邦国裁判所で，任用契約の解約がドイツ社側からなされたため，ダイムラー側には責任なしと，最終的に判定された。
7) Siebertz, Gottlieb Daimler…… a. a. O., S. 112f.; Kruk／Lingnau, a. a. O., S. 8.
8) Siebertz, Gottlieb Daimler…… a. a. O., S. 113.
9) Rathke, a. a. O., S. 114.
10) Sass, a, a, O., S. 79.
11) Ebenda.
12) Ebenda, S. 77: Zwischen Herrn Gottlieb Daimler von Schorndorf in Württemberg einer-

seits und Herrn Wilhem Maybach von Löwenstein in Württemberg anderseits wurde heute folgender Vertrag abgeschlossen. (原文は, MTU, Motoren-und Turbinen-Union Friedrichshafen GmbH 内 Maybach-Archiv 所蔵), 著者はザスの研究に導かれて, 1995年8月, 実地に調査, その翻訳と解説は拙稿,「ドイツ自動車工業のパイオニア W. マイバッハに関する第1次史料の紹介」, 愛知大学『経済論集』140号 (1996年2月), 参照。

13) 同稿, 69-71ページ。
14) Vgl. Zwischen der Gasmotorenfabrik Deutz und Herrn Wilh. Maybach von Reutlingen ist heute nachstehender Vertrag abgeschlossen. (Maybach-Archiv 所蔵), 前掲拙稿,「ドイツ自動車工業のパイオニア W. マイバッハに関する……」, 60-63ページ, 参照。
15) Siebertz, Gottlieb Daimler……a. a. O., S. 104.
16) Schildberger, Gottlieb Daimler, a. a. O., S. 117.
17) Kirchberg/Wächtler, a. a. O., S. 72.
18) Vgl. Zwischen Herrn Gottlieb Daimler……; 前掲拙稿,「ドイツ自動車工業のパイオニア W. マイバッハに関する……」, 66-71ページ, 参照。
19) マイバッハのドイツ社時代の年俸に関しては, vgl. Zwischen der Gasmotorenfabrik Deutz und Herrn Wilh. Maybach……; 前掲拙稿,「ドイツ自動車工業のパイオニア W. マイバッハに関する……」, 61ページ, 参照。
20) 同稿, 68-71ページ, 参照。
21) Langen, a. a. O., S. 88.
22) Ebenda. アルノルト・ランゲンは, オイゲーン・ランゲンの息子。
23) Siebertz, Gottlieb Daimler……a. a. O., S. 110.
24) Ebenda. S. 131; Langen, a. a. O., S. 88.
25) Ebenda.
26) Sass, a. a. O., S. 54. ドイツ社の4サイクル・ガス・エンジンの生産台数は, 1876/77営業年度148台, 1881/82営業年度638台, 1886/87営業年度944台となっている。(Gustav Goldbeck, Kraft für die Welt 1864-1964 Klöchner-Humboldt-Deutz AG, Düsseldorf/Wien 1964, S. 75)。株式配当率も, 1872/73営業年度の11%から, 1882/83営業年度には, 実に96%にまで上昇している。
27) ドイツ産業革命の時期を 1834～73年 とする説については, vgl. Hans Mottek, Einleitende Bemerkungen-Zum Verlauf und einigen Hauptproblemen der industriellen Revolution in Deutschland, in : H. Mottek/H. Blumberg/H. Wutzmer/W. Becker, Studien zur

Geschichte der industriellen Revolution in Deutschland, Berlin 1960. (ハンス・モテック, 大島隆雄訳,『ドイツ産業革命』(社会科学ゼミナール), 未来社 1968年, 参照。また機械工業の社会的分業の発展については, vgl. Ernst Barth, Entwicklungslinien der deutschen Maschinenbauindustrie von 1870 bis 1914, Berlin 1973, S. 34-37.

28) Vgl. Siebertz, Gottlieb Daimler……a. a. O., S. 115f.
29) Ebenda, S. 141f. 公開の試走については, Kruk/Lingnau, a. a. O., S. 12f.
30) Sass, a. a. O., S. 248.
31) 中山信弘著,『工業所有権法』上, 弘文堂 1994年, 67ページ, 参照。
32) Sass, a. a. O., S. 248.
33) 前掲拙稿,「ドイツ自動車工業 W. マイバッハに関する……」, 67ページ, 参照。
34) Kruk/Lingnau, a. a. O., S. 20.
35) Vgl. Friedrich-Karl Beier, Wettbewerbsfreiheit und Patentschutz, Zur geschichtlichen Entwicklung des deutschen Patentrechts, in: Gewerblicher Rechtsschutz und Urheberrecht, 80. Jahrg. Hft. 3, 1978; Burkhardt/Kraßer, Lehrbuch des Patentrechts (4. Aufl.), 1986, S. 54.
36) Alfred Heggen, Erfindungsschutz und Industrialisierung in Preußen 1793-1877, Göttingen 1975, S. 141f.
37) 中山前掲書, 48-50ページ参照; vgl. Burkhardt/Kraßer, a. a. O., S. 54f.
38) Carl Gareis, Das Deutsche Patentgesetz vom 25. Mai, Berlin 1877, S. 69.
39) Ebenda.
40) Dr. Gensel, Das Patentgesetz vom 25. Mai, 1877, S. 71.
41) Ebenda.
42) 中山前掲書, 49-50ページ, 参照。; vgl. Burkhardt/Kraßer a. a. O., S. 55 f.
43) Vgl. Patentgesetz vom 5. Mai 1936, in: Reichsgesetzbuch. II, S. 117f.
44) 中山前掲書, 35ページ。現行のドイツの特許法には, 従業者発明に関する規定はないが, 関連する「従業者の発明に関する法律」(Gesetz über Arbeitnehmererfindungen 1950) という特別法によって規定されている。わが国現行法については, 従業者発明については, 第35条「職務発明」として, また発明者人格権については, 第36条「特許出願」において, 規定されている (岩波大六法 平成5〔1993〕年版, 2953ページ)。
45) Siebertz, Gottlieb Daimler……a. a. O., S. 133.
46) Ebenda.

47) Ebenda.
48) Sass, a. a. O., S. 88.
49) Kruk／Lingnau, a. a. O., S. 10.
50) Siebertz, Gottlieb Daimler……a. a. O., S. 146; Sass, a. a. O., S. 104.
51) Siebertz, Gottlieb Daimler……a. a. O., S. 148; Kruk／Lingnau, a. a. O., S. 14.
52) Siebertz, Gottlieb Daimler……a. a. O., S. 147; Kruk／Lingnau, a. a. O., S. 14 u. 30.
53) Siebertz, Gottlieb Daimler……a. a. O., S. 148; Kruk／Lingnau, a. a. O., S. 14.
54) Oswald, M.-B. Personenwagen……a. a. O., S. 79.
55) Siebertz, Gottlieb Daimler……a. a. O., S. 160.
56) Ebenda. S. 161-163.
57) Vgl. Rathke, a. a. O., S, 153-160; Sass, a. a. O., S. 172-175.
58) Siebertz, Gottlieb Daimler……a. a. O., S. 125-127.
59) Vgl. Ebenda. S. 127-129; Horras, a. a. O., S. 60f. ; Hans Christoph Graf von Seherr-Thoss, Zwei Männer-Ein Stern, Gottlieb Daimler und Karl Benz in Bildern, Daten und Dokumenten, Teil I, Düsseldorf 1986, S. 218f.
60) Sass, a. a. O., S. 182.
61) Siebertz, Gottlieb Daimler……a. a. O., S. 217; Kruk／Lingnau, a. a. O., S. 27f. Lingnau は，ここで，開発費を約25万マルク，特許取得，特許料等の，その特許維持費を4万マルクと算定している。
62) Horras, a. a. O., S. 85.
63) Ebenda.
64) Kruk／Lingnau, a, a, O., S. 27; Oswald, M.-B. Personenwagen……a. a. O., S. 71.「ヴュルテンベルク連合銀行」は，1865年にいくつかの銀行が合同して設立された銀行。シュタイナーは，その他に die Württembergische Notenbank, die Kgl. Württ. Hofbank をも設立している (Horras, a. a. O., S. 157.)。 シュタイナーは，そのうえ，Deutsche Effecten-und Wechelbank, Rheinische Creditbank, Württembergische Bankanstalt vorm. Pflaum & Co. の監査役を占めていた。シュタイナーがユダヤ系であったため，ナチス期には，ダイムラーを圧迫した否定的人物としてさかんに描写された。「ヴュルテンベルク銀行連合」と「ドイチェ・バンク銀行」の緊密な関係については，vgl. Lothar Gall／Gerhard D. Fermann／Harold James／Carl Ludwig Holtreich／Hans E. Büschgen, Die Deusche Bank 1870-1995, München 1995, S. 21.
65) Siebertz, Gottlieb Daimler……a. a. O., S. 214f.; Kruk／Lingnau, a. a. O., S. 27.「ケルン・

ロットヴァイラー火薬工場」は,「シャーフハウゼン銀行連合」傘下のドイツ最大の火薬工場(大野英二著,『ドイツ金融資本成立史論』第4刷,有斐閣 1964年, 120ページ,参照);ドゥッテンホーファーは,その他,Waffenfabrik Mauser の共同所有者であり,また「ノーベル火薬コンツェルン」の監査役の1人でもあった(Horras, a. a. O., S. 85.)。

66) Kruk/Lingnau, a. a. O., S. 27; Oswald, M.-B. Personenwagen……a. a. O., S. 72; Horras, a. a. O., S. 87f.
67) Siebertz, Gottlieb Daimler……a. a. O., S. 214.
68) Ebenda, S. 215.
69) Ebenda, S. 219 ; Sass, a. a. O., S. 181f. ; Kruk/Lingnau, a. a. O., S. 27.
70) Siebertz, Gottlieb Daimler……a. a. O., S. 217.
71) Ebenda, S. 217u. 222 ; Sass, a. a. O., S. 182.
72) Kruk/Lingnau, a. a. O., S. 27.
73) Siebertz, Gottlieb Daimler……a. a. O., S. 26f. u. 218; Kruk/Lingnau, a. a. O., S. 27.
74) Siebertz, Gottlieb Daimler……a. a. O., S. 218f.; Kruk/Lingnau, a. a. O., S. 28.
75) Siebertz, Gottlieb Daimler……a. a. O., S. 219f. Schroedter は, 1842年2月13日 Düsseldorf で生まれ, 1871~87年, Karlsruhe Maschinenfabrik で主任設計員をつとめていた時, Daimler は彼を知った。その後は, Lorenz 企業の技師になる。
76) Siebertz, Gottlieb Daimler……a. a. O., S. 219-221.
77) Karl Lehmann, Kommentar zum Bürgerlichen Gesetzbuch und seinen Nebengesetzen Das Handelsgesetzbuch für das Deutsche Reich, 2. Band, Berlin 1913, S. 133.
78) 大隅健一郎著,『新版 株式会社法変遷論』(新版第1刷),有斐閣 1987年, 68ページ。
79) 大野前掲『ドイツ金融資本成立史論』, 54ページ。
80) Kruk/Lingnau, a. a. O., S. 27.
81) Sass, a. a. O., S. 183. ダイムラーを過度に賛美する Siebertz は,なぜかこの問題には触れていない。
82) Horras, a. a. O., S. 87.
83) Sass, a. a. O., S. 183.
84) Ebenda, S. 184.
85) Ebenda, S. 183.
86) Vgl. Lehmann, a. a. O., S. 118f.『ドイツ帝国商法典』第238条に規定されている,株

式会社が対内的・対外的に法律的・非法律的係争問題をかかえたときに，一定の権限を与えられて処理する役職。
87) Kruk/Lingnau, a. a. O., S. 28.
88) Siebertz, a. a. O., S. 225. G. フィッシャーは，1846年，7月10日，ヴュルテンベルクのネッカー河畔の小農村都市 Mundelsheim に牧師の子として生まれた。彼はいろいろな紡績会社に勤務したのち，アウクスブルクの Spinnerei und Buntweberei Pferse 社で，商事部門の指導的職員として働いていた。
89) Horras, a. a. O., S. 89.
90) Kruk/Lingnau, a. a. O., S. 30.
91) そのうち労働者数を，ザスは，1890年10月，22人，1891年10月，163人としている (vgl. Sass, a. a. O., S. 203.)。
92) Siebertz, Gottlieb Daimler……a. a. O., S. 226-228.
93) Ebenda, S. 225 ; Kruk/Lingnau, a. a. O., S. 30 ; Horras, a. a. O., S. 89f.
94) Siebertz, Gottlieb Daimler……a. a. O., S. 244f. ; Sass, a. a. O., S. 183f, u. 186f.
95) Siebertz, Gottlieb Daimler……a. a. O., S. 231f.
96) Ebenda, S, 233f.
97) Ebenda, S. 234 ; Kruk/Lingnau, a. a. O., S. 31.
98) Horras, a. a. O., S. 89.
99) Horras, a. a. O., S. 91.
100) Ebenda, S. 91f; Reinhard Hanf, Im Spannungsfeld zwischen Technik und Markt, Wiesbaden 1980, S. 60.
101) Siebertz, Gottlieb Daimler……a. a. O., S. 234.
102) Ebenda.
103) Ebenda, S. 234 u. 238.
104) Kruk/Lingnau, a. a. O., S. 31.
105) Siebertz, Gottlieb Daimler……a. a. O., S. 240 ; Kruk/Lingnau, a. a. O., S. 31.
106) Siebertz, Gottlieb Daimler……a. a. O., S. 240 ; Kruk/Lingnau, a. a. O., S. 31f.
107) Vgl. Horras, a. a. O., S. 93.
108) Siebertz, Gottlieb Daimler……a. a. O., S. 242.
109) Sass, a. a. O., S. 184.
110) Ebenda ; Horras, a. a. O., S. 90.
111) Sass, a. a. O., S. 184.

112) Siebertz, Gottlieb Daimler……a. a, O., S. 244f. ; Sass, a. a. O., S. 187.
113) Sass, a. a. O., S. 187.
114) Horras, a. a. O., S. 90.
115) Sass, a. a. O., S. 197 ; Oswald, M.-B. Personenwagen…… a. a. O., S. 72.
116) Siebertz, Gottlieb Daimler……a. a. O., S. 253.
117) Siebertz, Gottlieb Daimler……a. a. O., S. 244; Sass, a. a. O., S. 198f. 後に技術者にまでなる熟練工の Georg Scheerer, 見習工としては, Moewes の2人の息子 Paul と Adolf, その他, Gustav Bartholomai の名前がわかっている。
118) Horras, a. a, O., S. 90.
119) Siebertz, Gottlieb Daimler……a. a. O., S. 234.
120) Sass, a. a. O., S. 198f.
121) Siebertz, Gottlieb Daimler……a. a. O., S. 246.
122) Vgl. Seherr-Thoss, Zwei Männer ……a. a. O., Teil I. S. 148-160.
123) Siebertz, Gottlieb Daimler……a. a. O., S. 253.
124) Vgl. Horras, a. a. O., S. 114-120.
125) 例によって, ダイムラーの賛美者 Siebertz は, このようなダイムラーの変化にはいっさい触れていない。
126) Rathke, a. a. O., S. 197. シュレッターは, その後 Kalker Maschinenbauanstalt Humboldt 社の管理部に就職した。
127) Ebenda.
128) Sass, a. a. O., S. 228.
129) Siebertz, Gottlieb Daimler……a. a. O., S. 248f. ; Sass, a. a. O., S. 229.
130) Siebertz, Gottlieb Daimler……a. a. O., S. 249; Seherr-Thoss, Zwei Männer……a. a. O., Teil I, S. 223.
131) St. John C. Nixon, Daimler A Record of Fifty Years of The Daimler Company, London, o. J., S. 24-26 ; Seherr-Thoss, Zwei Männer ……a. a. O., Teil I, S. 223.
132) Nixon, a. a. O., S. 31.
133) Siebertz, Gottlieb Daimler……a. a. O., S. 250f.
134) Sass, a. a. O., S. 229 ; Horras, a. a. O., S. 93.
135) Siebertz, Gottlieb Daimler……a. a. O., S. 251f.
136) Ebenda.
137) Ebenda, S. 251 ; Kruk /Lingnau, a. a. O., S. 37.

138) Vgl. Dienstanstellungsvertrag Zwischen Daimlermotoren-Gesellschaft in Canstatt einerseits und dem Ingenieur W. Maybach in Canstatt andererseits ist heute nachfolgender Vertrag abgeschlossen worden. 前掲拙稿,「ドイツ自動車工業のパイオニア W. マイバッハに関する……」, 77-83 ページ, 参照。
139) Siebertz, Gottlieb Daimler……a. a. O., S. 252.
140) Ebenda, S. 254.
141) Kruk/Lingnau, a. a. O., S. 37.
142) Siebertz, Gottlieb Daimler……a. a. O., S. 253f. ; Kruk/Lingnau, a. a. O., S. 37. 当時, 1 ポンドは, 約 20 マルク。
143) Siebertz, Gottlieb Daimler……a. a. O., S. 253.
144) Ebenda, S. 254.
145) Ebenda.
146) Kruk/Lingnau, a. a. O., S.41.
147) Siebertz, Gottlieb Daimler……a. a. O., S. 262.
148) Ebenda.
149) Ebenda, S. 290. Siebertz は, 17万6000m^2 を 34 万マルクで購入したとしている。; Kruk/Lingnau, a. a. O., S. 45.
150) Vgl. Siebertz, Gottlieb Daimler……a. a. O., S. 263. ここでは職員を除く労働者数として, 1898年4月, 191人, 1902年3月末, 333人としている。
151) Ebenda.
152) Jürgen Kuczynski, Die Geschichte der Lage der Arbeiter unter dem Kapitalismus, Bd. 3, Darstellung der Lage der Arbeiter in Deutschland von 1871 bis 1900, Berlin 1962, S. 349; ドイツ機械工業一般については, Walter G. Hoffmann, Das Wachsturn der deutschen Wirtschaft seit der Mitte des 19. Jahrhunderts, Berlin/Heidelberg/New York 1965, S. 214.; ダイムラー社のそれは, Bernard P. Bellon, Menedes in Peace and War, New York 1990, S. 64.
153) Siebertz, Gottlieb Daimler……a. a. O., S. 263.
154) Ebenda, S. 264.
155) Ebenda.
156) Ebenda.
157) Ebenda, S. 254.
158) Horras, a. a. O., S. 94.

159) Siebertz, Gottlieb Daimler……a. a. O., S. 262.
160) Horras, a. a. O., S. 94.
161) Kruk/Lingnau, a. a. O., S. 41.
162) Siebertz, Gottlieb Daimler……a. a. O., S. 278.
163) Ebenda.
164) Ebenda S 270; Werner Oswald Mercedes-Benz（以下，M.-B. と略す）Lastwagen und Omnibusse 1886-1986 (2. Aufl.), Stuttgart 1987, S. 76f. u. 90.
165) Siebertz, Gottlieb Daimler…… a. a. O., S. 271f. ; Klaus Beyrer (Hrsg.), Zeit der Postkutschen, Frankfurt a./M. 1992, S. 250-251 ; Oswald, M.-B, Lastwagen und Omnibusse ……a. a. O., S. 77.
166) Ebenda S. 10 u. 16f.
167) Siebertz, Gottlieb Daimler…… a. a. O., S. 283.
168) Ebenda S. 284.
169) Ebenda.
170) Ebenda; vgl. Oswald, M.-B. Lastwagen und Omnibusse……a. a. O., S, 85 u. 88f.
171) Siebertz, Gottlieb Daimler…… a. a. O., S. 284.
172) Ebenda, S. 285.
173) Horras a. a. O, S 175f.
174) Ebenda S. 176.
175) Siebertz, Gottlieb Daimler…… a. a. O., S. 261.
176) Sass a. a. O, S. 124.
177) Siebertz, Gottlieb Daimler…… a. a. O., S. 261f.
178) Ebenda S. 262.
179) Ebenda; Sass a. a. O, S. 124.
180) Seherr-Thoss, Zwei Männer……a. a. O., Teil I. S. 218 u. 222. Luise Sarazin 夫人は，1887年，夫の Edouard Sarazin を病で失った後，1890年に自分がもつダイムラー特許の販売先のパナール・エ・ルヴァッソール社の共同所有者，Emil Levassor と再婚したので，今やサラザン=ルヴァッソール夫人となった。
181) Kruk/Lingnau a. a. O, S. 42 ; Siebertz, Gottlieb Daimler…… a. a. O., S. 242.
182) Ebenda S. 265 ; Kruk/Lingnau a. a. O., S. 45.
183) Siebertz, Gottlieb Daimler…… a. a. O., S. 318 ; Kruk/Lingnau a. a. O., S. 49.
184) Ebenda S. 47.

185) Ebenda.
186) Ebenda S. 39.
187) Siebertz, Gottlieb Daimler…… a. a. O., S. 254f.
188) Ebenda S. 318.
189) Ebenda.
190) レーヴェ社の発展については,幸田亮一著,『ドイツ工作機械工業成立史』,多賀出版 1994年,245-251ページ参照。
191) Siebertz, Gottlieb Daimler…… a. a. O., S. 315 ; Kruk /Lingnau a. a. O., S. 39.
192) Siebertz, Gottlieb Daimler…… a. a. O., S. 315f.
193) Ebenda S. 316.
194) Ebenda.
195) Ebenda ; Kruk /Lingnau, a. a. O, S. 39f.
196) Siebertz, Gottlieb Daimler…… a. a. O., S. 316.
197) Ebenda, S. 316f.
198) Ebenda, S. 317f.
199) Ebenda.
200) Kruk /Lingnau a. a. O, S. 47.
201) Ebenda.
202) Ebenda.
203) Ebenda.
204) Ebenda.
205) Ebenda.
206) Sass, a. a. O, S. 246.
207) Siebertz, Gottlieb Daimler…… a. a. O., S. 320f.
208) Ebenda. S. 321 ; Kruk /Lingnau a. a. O., S. 42.
209) Siebertz, Gottlieb Daimler…… a. a. O., S. 252. ダイムラー賛美のジーベルトも, さすがにこの点はダイムラーの過ちであったとしている。
210) Horras a. a. O., S. 94; Siebertz, Gottlieb Daimler…… a. a. O., S. 242.
211) Kruk /Lingnau a. a. O, S. 42.
212) Ebenda.
213) Vgl. Carl Benz, Lebensfahrt eines deutschen Erfinders Erinnerungen eines Achtzigjährigen, Leipzig 1925, S. 28-31; Friedrich Schildberger, Karl Benz, in: Eugen

第4章　自動車工業の萌芽的成立期（1885／86～1901／02年）　347

Diesel／Gustav Goldbeck／Friedrich Schildberger, Vom Motor zum Auto (3. Aufl.), Stuttgart 1968, S. 161.
214) Paul Siebertz, Karl Benz Ein Pionier der Verkehrsmotorisierung, München／Berlin 1943, S. 29f.
215) Ebenda, S. 31.
216) Ebenda；当時の建設ブームについては vgl. Hans Mottek／Walter Becker／Alfred Schröter, Wirtschaftsgeschichte Deutschlands Ein Grundriß, Band III (2. Aufl.), Berlin 1975, S. 158. （H・モテック／W・ベッカー／A・シュレーター著, 大島隆雄／加藤房雄／田村英子訳,『ドイツ経済史―ビスマルク時代からナチス期まで（1871-1845年)』, 大月書店 1989年, 131ページ, 参照。)
217) Ebenda, S. 31f.；Schildberger, Karl Benz……a. a. O., S. 160f.
218) Siebertz, Karl Benz……a. a. O., S. 32f.
219) Ebenda, S. 32
220) Ebenda；Schildberger, Karl Benz……a. a. O., S. 161.
221) Siebertz, Karl Benz……a. a. O., S. 36.
222) Ebenda, S. 36f.
223) Ebenda, S. 37.
224) Ebenda, S. 37f.
225) Benz, a. a. O., S. 32；Siebertz, Karl Benz……a. a. O., S. 50.
226) Ebenda.
227) Ebenda.
228) Ebenda.
229) Ebenda.
230) Ebenda, S. 50f.
231) Vgl. Arthur Spiethoff, Die Wirtschaftlichen Wechsellagen II, Lange Statistische Reihen, Tübingen／Zürich 1955, Tafel 2 Gründung Deutscher Aktiengesellschaften 1871-1937；戸原四郎著,『ドイツ金融資本の成立過程』, 東大出版会 1960年, 付表III参照。
232) Siebertz, Karl Benz……a. a. O., S. 50；Schildberger, Karl Benz ……a. a. O., S. 166.
233) Siebertz, Karl Benz……a. a. O., S. 51f.
234) Ebenda, S. 52.
235) Ebenda, S. 53.
236) Ebenda；Sass a. a. O., S. 106.　ベンツがとびだした後も, 同社はベンツ・エンジンに

は特許が交付されていなかったこともあって,約10年間その製造を続け,1893年12月28日に解散している。
237) Siebertz, Karl Benz……a. a. O., S. 54.
238) Ebenda. Max Caspar Roseは,1848年2月16日,PosenのKrojaakeで生まれ,ユダヤ系の商人として活動,1825年2月28日,Heidelbergで死去。Friedrich Wilhelm Eßlingerは,1840年7月16日,PfalzのGermesheimで生まれ,技術者であると同時に商人,1906年4月22日,Mannheimで死去。
239) Ebenda. なおH. Kleyerと彼が設立した「アドラー社」については,本章「第2節 後発諸企業の群生」の項で触れる。
240) Ebenda, S. 54 u. 114; Sass, a. a. O., S. 107 ; Horras, a. a. O., S. 97.
241) Siebertz, Karl Benz……a. a. O., S. 56.
242) Horras, a. a. O., S. 97.
243) Siebertz, Karl Benz……a. a. O., S. 56.
244) Ebenda.
245) Ebenda, S. 58.
246) Ebenda S. 59.
247) Ebenda.
248) Schildberger, Karl Benz……a. a. O., S. 177.
249) Siebertz, Karl Benz……a. a. O., S. 114.
250) Vgl. ebenda, S. 116-119 ; Kruk/Lingnau, a. a. O., S. 21 ; Horras, a. a. O., S. 97f.
251) Siebertz, Karl Benz……a. a. O., S. 115; Schildberger, Karl Benz……a. a. O., S. 167f.
252) Siebertz, Karl Benz……a. a. O., S. 114f.
253) Ebenda, S. 115.
254) Horras, a. a. O., S. 97.
255) Schildberger, Karl Benz……a. a. O., S. 177.
256) Benz, a. a. O., S. 109.
257) Siebertz, Karl Benz……a. a. O., S. 115.
258) Seherr-Thoss, Zwei Männer……a. a. O., Teil II, S. 135f.
259) Siebertz, Karl Benz……a. a. O., S. 184.
260) Horras, a. a. O., S. 98.
261) Ebenda, S. 98f.
262) Ebenda, S, 98.

263) Ebenda, S. 99f.

264) Kruk/Lingnau, a. a. O., S. 23; Oswald, M.-B. Personenwagen……a. a. O., S. 28 u. 30.

265) Horras, a. a. O., S. 99.

266) Oswald, M.-B. Personenwagen……a. a. O., S. 31.

267) Kruk/Lingnau, a. a. O., S. 65.

268) Oswald, M.-B. Personenwagen……a. a. O., S. 14.

269) ジョン・B・レイ著,岩崎玄/奥村雄二郎訳,『アメリカの自動車　その歴史的展望』,小川出版 1969年, 3ページ。

270) E. D. Kennedy, The Automobil Industry, Clifton (1941, rep. 1972), S. 4f.

271) Nixon, a. a. O., S. 44f.

272) James Foreman-Peck/Sue Bowden/Alan Mckinlay, The British Motor Industry, Manchester 1995, S. 12; 山本尚一著,『イギリス産業構造論』,ミネルヴァ書房 1974年, 194-195ページ。

273) 同書, 195-196ページ。; Roy Church, The Rise and Decline of the British Motor Industry, London 1994, S. 1.

274) James M. Laux, In First Gear The French automobile industry to 1914, Livepool 1976, S. 16f.

275) 1894年のフランス自動車生産によるドイツのそれの凌駕については, vgl. ebenda, S. 19: フランスにおける自動車に対する開明的態度については, vgl. Horras, a. a. O., S. 65-69.

276) Laux, a. a. O., S. 212 u. 214-216.

277) Schildberger, Karl Benz……a. a. O., S. 185.

278) Horras, a. a. O., S. 102.

279) Seherr-Thoss, Zwei Männer……a. a. O., Teil II, S. 182f.

280) Ebenda, S. 182.

281) Kennedy, a. a. O., S. 4 u. 6f. ベンツ社がアメリカの自動車の開発を刺激したことについては, Seherr-Thoss, Zwei Männer……a. a. O., Teil II, S. 201-204.

282) Siebertz, Karl Benz……a. a. O., S. 177.

283) Ebenda, S. 178.

284) Ebenda, S. 117.

285) Ebenda, S. 178; Kruk/Lingnau, a. a. O., S. 26 ; Ph. Bauer, Die Aktienunternehmungen in Baden. Ein Beitrag zur Kenntnis der großindustriellen und Verkehrs-Entwicklung des

Landes, Karlsruhe 1903, S. 122.
286) Siebertz, Karl Benz……a. a. O., S. 178.
287) Ebenda, S. 179 ; Kruk /Lingnau, a. a. O., S. 26.
288) Siebertz, Karl Benz……a. a. O., S. 179. Joseph Brechtは, バーデンのGinsheim近郊Eppingenで, 1864年4月3日に出生。ベンツ社に入るまえには, Max Roseのもとで働いていた。1893年10月8日, ベンツ社に入社。1904年2月26日には, 商事部門の取締役になり, 1925年7月26日, ベンツ社がダイムラー社と合併するまで働いた。1932年2月23日, マンハイムで死去。
289) Ebenda, S. 178.
290) Ebenda, S. 180.
291) Ebenda.
292) Ebenda.
293) Schildberger, Karl Benz ……a. a. O., S. 188; Horras, a. a. O., S. 103.
294) Siebertz, Karl Benz…… a. a. O., S. 175.
295) Ebenda, S. 181f. ; Kruk /Lingnau, a. a. O., S. 65.
296) Siebertz, Karl Benz…… a. a. O., S. 185; Kruk /Lingnau, a. a. O., S. 67.
297) Siebertz, Karl Benz…… a. a. O., S. 186.
298) Ebenda, S. 182. Georg Diehlは, フランケンタールで1866年に出生し, ジャン・ガンスの推薦でベンツ社に入っていた。
299) Ebenda, O., S. 182f.; Schildberger, Karl Benz …… a.a.O., S. 189.
300) Siebertz, Karl Benz…… a. a. O., S. 183f.
301) Schildberger, Karl Benz …… a. a. O., S. 189f. ; Kruk /Lingnau a. a. O., S. 67.
302) Vgl. Horras, a. a. O., S. 85-104.
303) Vgl. Ebenda, S. 130-133.
304) Hans-Jürgen Schneider, 125 Jahre Opel Autos und Technik, Köln 1987. S. 20.
305) Ebenda; Horras, a. a. O., S. 125.
306) Ebenda, S. 21 ; H. C, Graf von Seherr-Thoss, Die deutsche Automobilindustrie Eine Dokumentation von 1886 bis heute, Stuttgart 1974, S. 13. ここではその製作年を1893年としているが, 著者はSchneiderの叙述が詳しいので, 彼に従い1894年とした。
307) Hans-Jürgen Schneider, a. a. O., S. 21.
308) Ebenda; W. Schmarbeck /B. Fischer, Alle Opel Automobile seit 1899 (2. Aufl.), Stuttgart 1994, S. 21.

第4章　自動車工業の萌芽的成立期（1885／86〜1901／02年）

309) Seherr-Thoss, Die deutsche Automobilindustrie……a. a. O., S. 13 u. 610.
310) Ebenda, S. 13 ; Horras, a. a. O., S. 125.
311) Seherr-Thoss, Die deutsche Automobilindustrie……a. a. O., S. 13 u. 16.
312) Ebenda, 14.
313) Ebenda.
314) Kruk／Lingnau, a. a. O., S. 70.; Wilhelm Wiß, Mein Vater Georg Wiß, in : Michael Wessel (Hrsg.), Geschichte aus unserem Benzwerk, Ettingen 1991 S.25-27.
315) Ebenda, S. 71f.
316) Adler-Werke vorm. Heinrich Kleyer AG(Hrsg.), 75 Jahre Adler 90 Jahre Tradition, o. O. o. J. S. 46.
317) Ebenda, S. 6 ; Seherr-Thoss, Die deutsche Automobilindustrie……a. a. O., S. 15. ただし Seherr-Thossは, 自転車生産の開始を1888年としている。
318) Adler-Werke, a. a. O., S. 47.
319) Seherr-Thoss, Die deutsche Automobilindustrie……a. a. O., S. 15 ; Werner Oswald, Adler Automobile 1900-1945, Geschichte und Typologie einer großen deutschen Automark vergangener Jahrzehnte, Stuttgart 1981, S. 21.
320) Vgl. Seherr-Thoss, Die deutsche Automobilindustrie ……a. a. O. 写真 Erster Adler-Serienwagen 1900.
321) Ebenda, S. 15.
322) Ebenda, S. 14 u. 607.
323) Ebenda.
324) Ebenda, S. 14.
325) Ebenda, S. 16.
326) Ebenda.
327) Ebenda, S. 15. 当時ドイツで電気自動車を製造していた企業は, Berlinでは, Motorfahrzeug-und Motorenfabrik AG, AEG, Fiedler & Co., Vulkan Automobil GmbH, S & H, SSW, Hentschel & Co., Bergmann Elektriz. Werke, Victor Hahrhorn, BEF；Kölnでは, Heinrich Scheele, Louis Welter, Gottfried Hagen, Ernst Heinrich Geist, など相当多数に及んでいたことを忘れるべきではない。
328) Ebenda, S. 15 ; vgl. Adam Opel und Sein Haus Fünfzig Jahre der Entwicklung 1862-1919, o. O. o. J.; vgl. Olaf Baron Fersen, (übesetzt von Karl Ludwigsen), Opel Räder für die Welt 75 Jahre Automobilbau, o. O. o. J.; Hans-Jürgen Schneider, a. a. O., S. 9.

329) Ebenda, S. 10.
330) Ebenda, S. 11.
331) Ebenda, S. 12.
332) Ebenda, S. 13 u. 15.
333) Ebenda, S. 10. u. 17
334) Ebenda, S. 21.
335) Horras, a. a. O., S. 127. アメリカの自転車生産は, 1894年の12万5000台から, 1897年には100万台に激増していた。
336) Hans-Jürgen Schneider, a. a. O., S. 17.
337) Ebenda, S. 21.
338) Ebenda, S. 22f. u. 25; Erik Eckermann/C. H. Beck, Technikgeschichte im Deutschen Museum. München 1989. S. 29.
339) Hans-Jürgen Schneider, a. a. O., S. 22-24.
340) Ebenda, S. 25.
341) Ebenda, S. 26 ; Horras, a. a. O., S. 129f. 出発時の最初の生産義務は100台。
342) Hans-Jürgen Schneider, a. a. O., S. 26.
343) Ebenda, S. 26f.
344) Seherr-Thoss, Die deutsche Automobilindustrie……a. a. O., S. 18.
345) Ebenda, S. 16.
346) Ebenda.
347) Ebenda.
348) Ebenda, S. 17.
349) Ebenda, S. 184 u. 328.
350) Ebenda, S. 16.
351) Werner Oswald, Alle Horch Automobile 1900-1945, Geschichte und Typologie einer deutschen Luxusmarke vergangener Jahrzehnte (1. Aufl.), Stuttgart 1979, S. 7.
352) Ebenda.
353) Ebenda.
354) Horras, a. a. O., S. 132.
355) Seherr-Thoss, Die deutsche Automobilindustrie……a. a. O., S. 16.
356) Ebenda, S. 9.
357) Ebenda, S. 16 ; Horras, a. a. O., S. 132.

第4章　自動車工業の萌芽的成立期（1885／86〜1901／02年）　353

358) Oswald, Alle Horch Automobile……a. a. O., S. 7. ただし Seherr-Thoss は Zwickau の移転を 1903 年としている。

359) Vgl. Werner Oswald, Eine Typengeschichte Deutsche Autos (9. Aufl.), Stuttgart 1990, 156-183.

360) Vgl. Peter Kirchberg, Entwichlungstendenzen der deutschen Kraftfahrzeugindustrie 1929-1939, gezeigt am Beispiel der Auto-Union Ag, Chemnitz, Dresden 1964 (unveröffentliche Diss.) S. 24-86.

361) Seherr-Thoss, Die deutsche Automobilindustrie……a. a. O., S. 17.

362) Ebenda.

363) Ebenda, S. 17 u. 638.

364) Ebenda, S. 17 u. 633.

365) Ebenda, S. 18; Automobilwerke H. Büssing (Hrsg.), Heinrich Büssing und sein Werk, Braunschweig 1920, S. 2.

366) Seherr-Thoss, Die deutsche Automobilindustrie……a. a. O., S. 18.; Horras, a. a. O., S. 125.

367) Seherr-Thoss, Die deutsche Automobilindustrie……a. a. O., S. 14.

368) Ebenda, S. 14f.

369) Horras, a, a. O., S. 128.

370) Laux, a. a. O., S. 81.

371) S. B. Saul, The Motor Industry in Britain to 1914, in: Business History, Vol. V. No.1 (1962), S. 30.

372) Vgl. Horras, a. a. O., S. 127-129.

373) Vgl. Reichsverband der Automobil-Industrie E. V. (Hrsg.), Tatsachen und Zahlen aus der Kraftfahrzeug-Industrie, Berlin 1927.

374) Horras, a. a. O., S.165. 彼らを Techniker-Unternehmer と特徴づけたのは、ホラスである。

375) Vgl. Siebertz, Gottlieb Daimler……a. a. O., S. 17-23; Friedrich Schildberger, Daimler, in: Neue Deutsche Biographie, 3. Bd., Berlin 1957, S. 486.

376) Rathke, a. a. O., S.11-16.

377) Ebenda, S. 17-21.

378) Hans Christoph Graf von Seherr-Thoss, Maybach, in: Neue Deutsche Biographie, 16. Bd., Berlin 1990, S. 525.

379) Benz, a. a. O., S. 1-2.
380) Vgl. Siebertz, Karl Benz……a. a. O., S. 12-18.
381) Hans-Jürgen Schneider, a. a. O., S. 20.
382) Horras, a. a. O., S. 125.
383) Hans-Jürgen Schneider, a. a. O. S. 20f. u. 23-25.
384) Oswald, Alle Horch Automobile ……a. a. O., S. 7.
385) Dungs, a. a. O., S. 99.
386) Vgl. Horras, a. a. O., S. 124-127.
387) H. C. Graf von Seherr-Thoss, Die deutsche Automobilindustrie……a. a. O., S. 15.
388) Ebenda, S. 16; Kruk/Lingnau, a. a. O.,S. 39f.
389) Hans-Jürgen Schneider, a. a. O., S. 13-16.
390) Adler-Werke vorm. Heinrich Kleyer(Hrsg.), a. a. O., S. 6 u. 46-48; Seherr-Thoss, Die deutsche Automobilindustrie…… a. a. O., S. 15.
391) Ebenda, S. 17; Horras, a. a. O., S. 125 ; Peter Schneider, NSU 1873-1984 Vom Hochard zum Automobile(2. Aufl.), Stuttgart 1988. S. 12.
392) Hans-Heinrich von Fersen, Autos in Deutschland 1885-1920, Eine Typengeschichte (4. Aufl.), Stuttgart, S.161.
393) 原輝史編,『フランス経営史』, 有斐閣 1980年,81ページ。
394) James M. Laux, a. a. O., S. 42.
395) Ebenda, S. 19f.: Friedrich Schildberger, Anfänge der französischen Automobilindustrie und die Impulse von Daimler und Benz, in Automobil-Industrie 2/69, S. 56f.
396) Ebenda, S. 9f.
397) 井上昭一著,『アメリカ自動車工業の生成と発展』, 関西大学経済・政治研究所 1991年, 72ページ。
398) Ralph C. Epstein, The Rise and Fall of Firms in the Automobile Industry, in: Harvard Business Review, Vol. V No. 2 (1927), S. 160.
399) 井上前掲書, 2-6, 72-74ページ。; George S. May(ed.), Encyclopedia of American Business History and Biography, The Automobile Industry, 1896-1920, New York/Oxford/Sydney 1990, S. 435f.
400) 井上前掲書, 14-17, 66-67ページ。; May, a. a. O., S. 70f., 165-167 u. 359-362.
401) 井上前掲書, 47-49ページ。; May, a. a. O., S. 195-197, 347f.
402) S. B. Saul, The Motor Industry in Britain to 1914, in: Business History, Vol. V No. 1

(1962), S. 26.
403) 山本前掲書, 187-205ページ, 参照。
404) James Foreman-Peck/Sue Bowden/Alan Mackinlay, a. a. O., S. 11f.
405) Vgl. Zwischen Herrn Gottlieb Daimler……a. a. O.,（原文は, MTU, Motoren-und Turbinen-Union Friedrichshafen GmbH内Maybach-Archiv所蔵）。その翻訳と解説は, 前掲拙稿,「ドイツ自動車工業のパイオニア W. マイバッハに関する……」, 64-71ページ, 参照。
406) Vgl. Siebertz, Gottlieb Daimler……a. a. O., S. 214-219.
407) Kruk/Lingnau, a. a. O., S. 37f.
408) Horras, a. a. O., S. 160.
409) Ebenda, S. 161; Gail u. a., Die Deutsche Bank a. a. O., S. 24.
410) Horras, a. a. O., S. 95f.
411) Ebenda, S. 157.
412) 戸原前掲書, 付II, IV, 参照。
413) 大野前掲書, 44-57ページ, 参照。; O・ヤイデルス著, 長坂聰訳,『ドイツ大銀行の産業支配』, 勁草書房 1985年,「第二章 大銀行の発展」, 参照。; Horras, a. a. O., S. 156.
414) Siebertz, Gottlieb Daimler…… a. a. O. S. 232; Horras, a. a. O., S. 88.
415) Kruk/Lingnau, a. a. O., S. 42.
416) Paul Siebertz, Gottlieb Daimler, Ein Revolutionär der Technik, (1. Aufl. 1940, 2. Aufl. 1942, 3. Aufl. 1943), S. 195-215.
417) Vgl. ebenda ; Horras, a. a. O., S. 88, Anm. 10) u. S. 161, Anm. 5).
418) Siebertz, Gottlieb Daimler …… a. a. O., (4. Aufl.), S. 227.
419) Kirchberg/Wächtlel, a. a. O., S. 98.
420) Horras, a. a. O., S. 95.
421) Ebenda, S. 165f.
422) 拙稿,「東日評論, ドイツ自動車発明秘話」, 上, 中, 下,『東海日日新聞』1996年5月20日, 6月24日, 7月29日号, 参照。
423) このような第二帝政期の経済構造の捉え方については, 柳澤治著,『ドイツ中小ブルジョワジーの史的分析』, 岩波書店 1989年, がたいへん参考になった。
424) Hans Mottek/Walter Becker/Alfred Schröter, Wirtschaftsgeschichte Deutschlands Ein Grundriß (2. Aufl.), Bd. III, Berlin 1975, 28f. (H・モテック他著, 大島隆雄/加藤房雄

/田村栄子訳, 前掲『ドイツ経済史』, 31ページ)。
425) 拙稿,「ドイツ自動車工業の成立過程(1)―その前史を中心に―」, 愛知大学『経済論集』第126号 (1994年11月), 72, 81ページ。
426) Vgl. Mottek. a., a. a. O., S. 33.-36 (前掲拙訳, 35-37ページ, 参照)。; 前川恭一/山崎敏夫共著,『ドイツ合理化運動の研究』, 森山書店 1995年, 187-188ページ。
427) Gustav Goldbeck, Nikolaus August Otto, der Schöpfer als Verbennungsmotors, in: Eugen Diesel/Gustav Goldbeck/Friedrich Schildberger, Vom Motor zum Auto (3. Aufl.), Stuttgart 1968, S. 87f.
428) Ebenda, S. 88.
429) Karl Lärmer/Peter Beyer(Hrsg.), Produktivkräfte in Deutschland 1800 bis 1870, Berlin 1990, S. 487f., 498 u. 501.
430) Ebenda, S. 499.
431) Ebenda, S. 500.
432) Hermann Aubin/Wolfgang Zorn(Hrsg.), Handbuch der Deutschen Wirtschafts- und Sozialgeschichte, Bd. 2, Stuttgart 1976, S. 75.
433) Lärmer/Beyer, a. a. O., S. 489.
434) Ebenda, S. 491.
435) Ebenda, S. 492 ; vgl. Aubin/Zorn, Handbuch…… a. a. O., S. 61 u. 75.
436) Ebenda, S. 60f.
437) Ulrich Peter Ritter, Die Rolle des Staates in den Frühstadien der Industrialisierung, Berlin 1961, S. 26f.; Ilja Mieck, Preussische Gewerbepolitik in Berlin 1806-1844, Berlin 1965, S. 40; vgl. Biographisches Wörterbuch zur Deutschen Geschichte, 1. Bd., München o. J., S. 272f.
438) Aubin/Zorn, Handbuch …… a. a. O., S. 61 ; Lärmer/Beyer, a. a. O., S. 493 ; vgl. Biographisches Wörterbuch……, 2. Bd., München 1974, S. 2002f.
439) Lärmer/Beyer, a. a. O., S. 495-497.
440) 拙稿,「ドイツ自動車工業の成立過程(3)―パイオニアたちの開発活動―」, 愛知大学『経済論集』第139号 (1995年12月), 95-96ページ。
441) Vgl. Allgemeine Deutsche Biographie 35. Bd., Berlin 1971, S. 789-791.
442) Vgl. Paul Siebertz, Ferdinand von Steinbeis Ein Wegbereiter der Wirtschaft, Stuttgart 1952, S. 123-222
443) Ebenda, S. 191.

第4章　自動車工業の萌芽的成立期（1885／86〜1901／02年）　*357*

444) Siebertz, Gottlieb Daimler……a. a. O., S. 29.
445) Ebenda, S. 37-41.
446) Ebenda, S. 31f.
447) Ebenda, S. 32.
448) Ebenda.
449) Ebenda, S. 30f.
450) Ebenda, S. 32.
451) 因みに, 今日の学生に対する成績評価は, 1. sehr gut, 2. gut. 3. befriedigend, 4. ausreichend (以上が合格) 5. mangelhaft, 6. ungenügend となっている。Daimlerに与えられた (recht gut) は (sehr gut) にあたるだろう。
452) Vgl. Benz, a. a. O., S. 12-17.
453) Ebenda, S. 15-17.
454) Siebertz, Karl Benz……a. a. O., S. 15.
455) Ebenda, S. 16. Ferdinand Redtenbacher (1809-1863) は, 1809年7月25日, Steyrer で出生。1825-29年には, ヴィーン工業専門学校 (研究所) で学び, 1833年まで同校のアルツベルガー (Arzberger) 教授の助手を勤め, その後, チューリヒの「上級工業学校」で, 数学, 幾何学の教師となり, 1841年カールスルーエの力学教授となる。1863年4月14日, 同校在職中に死去。彼の大きな胸像は, その功績をたたえるかのごとく, 今もカールスルーエ大学の庭内に立っている。
456) Ebenda.
457) Ebenda, S. 17.
458) Benz, a. a. O., S. 19.
459) Vgl. Neue Deutsche Biographie, 6. Bd., Berlin 1971, S. 746f. Franz Grashof (1826--1893) は, 1826年7月11日, Düsseldorfで誕生, Hagenの実業学校 (Gewebeschule), Düsseldorfの実科学校 (Realschule) をへて, ベルリンの「王立実業学院」で3年間学び, 一時, 海軍に勤務した。1854年に同学院の数学, 力学の教師となる。
460) Ebenda, S. 746f.
461) Lärmer/Beyer, a. a. O., S. 495f.
462) Siebertz, Karl Benz……a. a. O., S. 21..
463) Ebenda, S. 19 u. 22; Benz, a. a. O., S. 20f.
464) Vgl. Siebertz, Karl Benz……a. a. O., S. 19-22.
465) Ebenda, S. 19.

466) Siebertz, Gottlieb Daimler…… a. a. O., S. 55.
467) Ebenda.
468) Vgl. Albert Neuburger, Der Kraftwagen, sein Wesen und Werden, 1913, Leipzig (reprint 1988), S. 21-23 ; Schildberger, Anfänge der französischen…… a. a. O., S. 56-58. フランスにおける蒸気自動車の製作については，古くは，1769年に1号車，1771年に2号車を製作したCugnotにさかのぼるが，1860～70年代には，Lotz, Albart, Larmangeat, Aveling, Porter, Clayton, Dietzの名前があげられる。しかし相当数の製造を行なったのは，1873年（L'Obéissante）というバスを製造したAmédée Bolléeや，1883年頃から小型の蒸気自動車を製造し始めたGeorges Boutonである。また電気自動車の製作は，1881年のGustave Trouvé，その直後のN. J. Raffardがあり，その後は，Darracq, Dore, Bouquet, Garcin-Schivre, Milde, Pouchin, Kriéger, Chasseloup-Laubat, Camille Jenatzkyの名前があげられる。そうしたなかから，フランスでは，Delamare-Deboutteville が1884年――マイバッハの二輪車よりも1年，ベンツの三輪車よりも2年早く――オットー機関に似たエンジンを搭載した最初のガソリン自動車を製作し，それを走行させている。しかし彼はそれをいっそう発展させず，大型ガス機関の開発に進んでいった。この点をとらえてフランスは，彼こそ最初のガソリン自動車の発明者だと主張している。
469) H. C. Graf von Seherr-Thoss, Zwei Männer…… a. a. O., Teil I, Gottlieb Daimler S. 213.
470) Ebenda, S. 219.
471) Laux a. a. O., S. 14f.
472) Ebenda, S. 12f.
473) Ebenda, S. 14.
474) Ebenda, S. 16f.
475) Ebenda, S. 18f.
476) Ebenda, S. 17.
477) Ebenda, S. 18f.
478) Seherr-Thoss, Zwei Männer…… a. a. O., Teil II, Karl Benz, S. 198.
479) Siebertz, Karl Benz…… a. a. O., S. 111f.
480) Seherr-Thoss, Zwei Manner…… a. a. O., S. Teil II, S. 198 ; Siebertz, Karl Benz…… a. a. O., S. 112f.
481) Laux, a. a. O., S. 18.
482) Seherr-Thoss, Die deutsche Automobilindustrie…… a. a. O., S. 13.

第4章　自動車工業の萌芽的成立期（1885／86～1901／02年）

483) Horras, a. a. O., S. 128.
484) Seherr-Thoss, Die deutsche Automobilindustrie……a. a. O., S. 14.
485) Ebenda.
486) Hans-Jürgen Schneider, a. a. O., S. 26f.
487) Vgl. Werner Oswald, M.-B. Personenwagen……a. a. O., S. 91f.
488) Vgl. ebenda, S. 36f. ; Seherr-Thoss, Die deutsche Automobilindustrie……a. a. O., S. 9.
489) Friedrich Schildberger, Die Entstehung des industriellen Automobilbaues in den Vereinigten Staaten bis zur Jahrhundertwende und der deutsche Einfluß, in: Automobil-Industrie 1/69, S. 55. いま，アメリカにおける，蒸気自動車の製造メーカー（製造開始年）をあげると，Battin (1861), Roper (1863), Dickson (1865), Curtis (1866), Carhart (1871). 電気自動車のそれは，Possons (1886), Riker (1887), Kimball (1888), Stattery (1889), Morrison (1891), Orazio Lugo (1891), Warren (1892).
490) Ebenda, S. 56; vgl. Sass, a. a. O., S. 413f.
491) ジョン・B・レイ前掲訳書，『アメリカの自動車　その歴史的展望』，47-49ページ，参照。
492) 同書，54-55ページ。
493) Schildberger, Die Entsehung des industriellen Automobilbaues in den Vereingten Staaten……a. a. O., S. 56.
494) Seherr-Thoss, Zwei Männer……a. a. O., Teil I, S. 229; Siebertz, Gottlieb Daimler……a. a. O., S. 206.
495) Seherr-Thoss, Zwei Männer…… a. a. O., Teil I, S. 229f.
496) Kruk/Lingnau, a. a. O., S. 341f. その後，90年代に入り，モーターボート用エンジン生産が始まったが，経営が軌道にのらず，そのためダイムラーは，かえって5000ドルをしぶしぶ出資させられている。
497) Seherr-Thoss, Zwei Männer……a. a. O., S. Teil I, S. 229f.
498) Siebertz, Gottlieb Daimler……a. a. O., S. 207f.
499) Ebenda, S. 209.
500) Kruk/Lingnau, a. a. O., S. 35f.
501) Ebenda, S. 35.
502) Benz, a. a. O., S. 124; Seherr-Thoss, Zwei Männer……a. a. O., Teil II, S. 56.
503) Siebertz, Karl Benz……a. a. O., S. 201.
504) Schildberger, Die Entstehung des industriellen Automobilbaues in den Vereingten

Staaten……a. a. O., S. 59f.　1895年11月2日の第1回目の競走には,ベンツ車とデュリア車の2台しか参加せず,デュリア車は途中退場,11月28日の第2回目の競走では6台が参加して,1位をデュリア車,2,3位をベンツ車が占めた。

505) Benz, a. a. O., S. 124.

506) Kennedy, a. a. O., S. 4f.

507) Schildberger, Die Entstehung des industriellen Automobilbaues in den Vereinigten Staaten…… a. a. O., S. 58 ; Seherr-Thoss, Zwei Männer …… a. a. O., Teil II, S. 202.

508) イギリスの蒸気自動車の普及については, vgl. Neuburger, a. a. O., S. 15-20.

509) Immo Sievers, Auto Cars Die Beziehungen zwischen der englischen und der deutschen Automobilindustrie vor dem Ersten Weltkrieg, Frankfurt/M., Berlin 1995, S. 135.

510) Ebenda, S. 138f.

511) Friedrich Schildberger, Die Entstehung der englischen Automobilindustrie bis zur Jahrhundertwende, S. 4. Frederick R. Simmsは,ハンブルクに商館をもつイギリス人の息子として,1863年に同地に生まれた。彼は技術者になるための教育は受けなかったが,発明の才能をもち,鉄道切符のための自動パンチャーを開発したこともあり,1889年のブレーメンでの博覧会では,ケーブルカーの模型を展示していた。

512) Nixon, a. a. O., S. 24 ; Schildberger, Die Entstehung der englischen…… a. a. O., S. 4.

513) Sievers, a. a. O., S. 141.

514) Nixon, a. a. O., S. 26; Sievers, a. a. O., S. 141f.

515) Schildberger, Die Entstehung der englischen…… a. a. O., S. 4.

516) Ebenda, S. 5; Nixon, a. a. O., S. 28f. ; vgl. Sievers, a. a. O., S. 148-150.

517) Nixon, a. a. O., S. 32-37; Sievers, a. a. O., S. 154-158.

518) Sievers, a. a. O., S. 154f. 1903年にEllisが4380株,Lawsonが1850株。1904年にSimmsが2130株をもっていたのに対して,Daimlerは1904年に――当時すでに死亡――500株,息子のAdolfは60株をもっていた。

519) Schildberger, Die Entstehung der englischen…… a. a. O., S. 9; Sievers, a. a. O., S. 162f.

520) Vgl. ebenda, S. 158-160.

521) Ebenda, S. 144f.

522) Ebenda, S. 145.

523) Ebenda.

524) Ebenda, S. 170.

525) Ebenda; 山本前掲書,194-195ページ,参照。; Schildberger, Die Entstehung der

第4章　自動車工業の萌芽的成立期（1885／86〜1901／02年）　*361*

englischen……a. a. O., S. 10f.
526) Patrick Fridenson, Historie des Usines Renault, Paris 1972, 1998, S. 26.
527) 1903年のドイツの完全車メーカー数を18とするのは，Vierteljahrshefte zur Statistik des Deutschen Reichs 23. Jahrg., Berlin 1914, III, S. 112.
528) Vgl. Laux, a. a. O., S. 211-217.
529) Ebenda, S. 19.
530) Epstein, a. a. O., S. 157.
531) Homer B. Vanderblue, Pricing Policies in the Automobile Industry, Havard Business Review, Vol. XIIV, No. 4 (1936), S. 388.
532) オールズに関しては，井上前掲書，67-68ページ，参照。; Schildberger, Die Entstehung des industriellen Automobilbaues in den Vereinigten Staaten…… a. a. O., S. 62; vgl. May, a. a. O., S. 357-366. オールズは，1902年までには約2500台製造している（ebenda, S. 365）。ビュイックに関しては，vgl. ebenda, 65-68; フォードに関しては，vgl. ebenda, S. 223-225.
533) 山本前掲書，190ページ。; Saul, a. a. O., S. 23.
534) 山本前掲書，190ページ。; Saul, a. a. O., S. 23.
535) 山本前掲書，194-195ページ，参照。; Sievers, a. a. O., S. 170.
536) 生産された自動車の原動機別内訳は，加藤博雄著，『日本自動車産業論』，法律文化社，1985年，42ページ，参照。
537) オールズの1902年の生産台数は，Schildberger, Die Entstehung des industriellen Automobilbaues in den Vereinigten Staaten…… a. a. O., S. 62; フォードの1903／04営業年度のそれは，Dungs, a. a. O., S. 21.
538) Dungs, a. a. O., S. 75 u. 78. Dungsが示す価額は，Horrasのそれとほぼ一致している。
539) Ebenda, S. 103.
540) 輸出価額は，Dungs, a. a. O., S. 103, 生産価格は，Haegele, a. a. O., S. 15.
541) Dungs, a. a. O., S. 13 u. 39.
542) Sievers, a. a. O., S. 351.
543) Siebertz, Karl Benz…… a. a. O., S. 175.
544) Sievers, a. a. O., S. 349.

第5章　自動車工業の本格的成立期
(1901/02～1913/14年)

　私たちは，前第4章において，ドイツ自動車工業の萌芽的成立期（1885/86～1901/02年）について分析してきたが，本章ではそれをふまえて，自動車工業がその後，第一次世界大戦までの時期に，どのように本格的に成立していくかを考察したい。

　その際，分析の方向は，ほぼ前章のそれに沿って，自動車工業の国内的側面として，まず第1節において，この期における自動車企業の全般的動向をおさえ，ついで第2節において，そのうちの代表的な自動車企業をいくつか選び，それを企業史的に分析し，さらに第3節においては，それらを総括する形で，自動車工業を全体として産業史的に考察する。ついで自動車工業の対外的側面として，第4節において，国際的比較によってドイツ自動車工業の地位の確定や自動車貿易の分析を行ないたい。

第5章　自動車工業の本格的成立期（1901／02～1913／14年）

第1節　本格的成立期における自動車企業の全般的動向

　この時期における代表的な自動車企業を幾つかとりあげ，それを若干，個別的にみていく前に，それを選びだすためにも，まず私たちは，当該期において，どのような自動車企業が成立したのか，それらがいつ自動車生産に参入し，またそれから撤退したのか，総じて当時の自動車企業の全般的な動向を確認しておこう。

（Ⅰ）第一次世界大戦終了時頃までの全乗用車企業

自動車企業の盛衰　そこでその手掛りをえるために，ドイツにおいて第一次世界大戦終了時頃までに，どのような乗用車企業が成立し，また存在していたかを知るために表5-1を掲げておこう。この原表は，著者が1993年夏，ヴォルフスブルクのフォルクスワーゲン自動車博物館付属の図書室で入手した「ハンデルスブラット」（Handelsblatt）紙，1986年1月22日号の1ページを費やして，全世界で歴史的に存在した乗用車メーカーの一覧表である。同表はきわめて包括的な表であるにもかかわらず，(1)トラック・バス，電気自動車，オートバイ等の専門メーカーは含まれていないこと，(2)また同一企業でも企業を代表するブランド（Marke）が変われば，別の企業のように扱われているという欠点ももっている。

　しかし前者の点については，当時のドイツの自動車企業は，乗用車のほかにトラックも同時に製造していたため，またビュッシングのように有力なトラック・バス企業は別にとりあげることによって，この欠点を補うことができよう。また第2の点については，著者は他の文献によって補整している。そのようなことを考慮すれば，やはり同表は，当時のドイツでどのような自動車企業が存立していたか，またいかに激しく乱立し消滅していったか，そして結局どのような企業

表5-1 第一次世界大戦終了時までのドイツ乗用車企業一覧表

社名略称	生産開始 – 終了	
1. アドラー (Adler)	1900 – 1939	
2. アー・ゲー・アー (AGA)	1909 – 1928	
3. アポロ (Apollo)	1910 – 1926	
4. アールグス (Argus)	1901 – 1910	
5. アッティラ (Attila)	1900 – 1901	
6. アウディ (Audi)	1909 –	
7. ボーフォール (Beaufort)	1901 – 1906	
8. ベックマン (Beckmann)	1900 – 1926	
9. ベンツ (Benz)	1886 – 1926	ダイムラー社と合併
10. ベンツの息子たち (Benz Söhne)	1906 – 1926	
11. ベルガー (Berger)	1901 – 1902	
12. ベルクマン工業 (Bergmann Industrie)	1895 – 1898	
13. ベルクマン金属 (Bergmann-Metallurgique)	1907 – 1922	
14. ベー・エム・エフ (BMF)	1904 – 1907	
15. ベー・エム・ヴェー (BMW)	1916 –	
16. ベース (Boes)	1903 – 1906	
17. ブレナボール (Brennabor)	1908 – 1934	
18. チート (Cito)	1905 – 1909	
19. コルブリ (Collbri)	1908 – 1911	
20. コローナ (Corona)	1904 – 1909	
21. クーデル (Cudell)	1897 – 1908	
22. チュクロン (Cyklon)	1902 – 1928	
23. ダイムラー (Daimler)	1886 – 1926	ベンツ社と合併
24. デア・デッサウアー (Der Dessauer)	1912 – 1913	
25. ドイツ (Deutz)	1907 – 1911	本来エンジン製造、一時、自動車
26. デュルコップ (Dürkopp)	1898 – 1927	
27. エーアハルト (Ehrhardt)	1903 – 1924	アイゼナッハ自動車から分離
28. アイゼナッハ (Eisenach)	1898 – 1928	
29. エンゲルハルト (Engelhardt)	1900 – 1902	
30. エクスプレス (Express)	1901 – 1910	
31. フアフニール (Fafnir)	1908 – 1926	
32. フアルケ (Falke)	1899 – 1908	
33. フェルトマン (Feldmann)	1905 – 1912	
34. フィッシャーI (Fischer I)	1902 – 1905	
35. フルミーナ (Fulmina)	1913 – 1926	
36. ガッゲナウ (Gaggenau)	1904 – 1911	南ドイツ自動車工場のこと。ベンツ社に吸収

第5章　自動車工業の本格的成立期（1901／02～1913／14年）　*365*

社名略称	生産開始--終了	
37. カイザー兄弟 (Gebr. Kayser)	1899 - 1904	
38. ゲーリケ (Göricke)	1907 - 1908	
39. ゴットシャルク (Gottschalk)	1900 - 1901	
40. ハンザ (Hansa)	1906 - 1914	
41. ハンザ=ロイド (Hansa-Lloyd)	1914 - 1931	
42. ハインレ=ヴェーゲリン (Heinle-Wegelin)	1898 - 1900	
43. ヘルメス=ジンプレックス (Hermes-Simplex)	1904 - 1906	
44. ヘクセ (Hexe)	1905 - 1907	
45. ヒレ (Hille)	1898 - 1900	
46. ホルヒ (Horch)	1899 - 1945	
47. コムニック (Kommnick)	1907 - 1927	
48. コンドル (Kondor)	1900 - 1902	
49. キュールシュタイン (Kühlstein)	1898 - 1902	
50. ロイド (Lloyd)	1906 - 1914	ハンザと合併，ハンザ=ロイドに
51. ローレライ (Loreley)	1906 - 1927	
52. ロウツキィ (Loutzky)	1899 - 1900	
53. エル・ウー・ツェー (LUC)	1909 - 1914	ハンザと合併，ハンザ=ロイドに
54. ルッツマン (Lutzmann)	1893 - 1898	
55. ルックス I (Lux I)	1897 - 1902	
56. エム・アー・エフ (MAF)	1908 - 1921	
57. マグネット (Magnet)	1907 - 1925	
58. マルス (Mars)	1906 - 1908	
59. マウラー・ウニオーン (Maurer Union)	1900 - 1910	
60. マイヤー (Mayer)	1899 - 1900	
61. ミーレ (Miele)	1911 - 1913	
62. エム・エム・ベー (MMB)	1898 - 1902	ダイムラー社に吸収
63. エム・エム・ヴェー (MMW)	1901 - 1903	
64. モリーネ (Moline)	1904 - 1919	
65. ナッケ (Nacke)	1901 - 1913	
66. エヌ・アー・ゲー (NAG)	1902 - 1934	
67. ノイス (Neuß)	1898 - 1900	
68. ノリス=バウアー (Noris-Bauer)	1902 - 1904	
69. エヌ・エス・ウー (NSU)	1904 - 1977	フォルクスワーゲンに吸収
70. オムニモビール (Omnimobil)	1904 - 1910	
71. オーペル (Opel)	1898 -	1929年，31年GMの子会社
72. オリックス (Oryx)	1907 - 1922	
73. パンター (Panther)	1902 - 1904	

社名略称	生産開始 – 終了
74. パートリア (Patria)	1899 – 1900
75. フェノメーン (Phänomen)	1907 – 1927
76. ピッコロ (Piccolo)	1904 – 1912
77. ピットラー (Pittler)	1903 – 1907
78. プラネート (Planet)	1907 – 1908
79. ポーデウス II (Podeus II)	1910 – 1914
80. プレミエール II (Premier II)	1913 – 1914
81. プレスト (Presto)	1901 – 1927
82. プリアムス (Priamus)	1901 – 1923
83. プリムス (Primus)	1899 – 1903
84. プロトス (Protos)	1900 – 1926
85. レーゲンシュテルナー (Regenstelner)	1902 – 1904
86. レゲント (Regent)	1904 – 1904
87. レックス゠ジンプレックス (Rex-Simplex)	1901 – 1923
88. ローラント (Roland)	1907 – 1907
89. シャイプラー (Scheibler)	1904 – 1913
90. ジーゲル (Siegel)	1908 – 1910
91. ジムプソン・ズープラ (Simpson Supra)	1911 – 1932
92. シュペルバー (Sperber)	1911 – 1919
93. シュトイデル (Steudel)	1904 – 1909
94. シュテーヴァー (Stoewer)	1899 – 1945
95. 南ドイツ乗物 (Sudd.Fahrz.)	1900 – 1901
96. ズペーリオール (Superior)	1905 – 1906
97. タウヌス (Taunus)	1906 – 1909
98. トゥーリスト (Tourist)	1907 – 1920
99. トゥレスコフ (Treskow)	1906 – 1908
100. ウルトラモービレ (Ultramobile)	1904 – 1908
101. ウーターミューレ (Utermühle)	1903 – 1905
102. ヴィクトリア I (Victoria I)	1900 – 1909
103. ヴァンデラー (Wanderer)	1911 – 1945
104. ヴァイス (Weiß)	1902 – 1905
105. ヴェンケルモービル (Wenkelmobil)	1904 – 1907
106. ヴェストファリア (Westfalia)	1906 – 1914
107. ヴィントホフ (Windhoff)	1908 – 1914

出典：Schwerpunkt: 100 Jahre Automobil-Hersteller, in: Handelsblatt (22. 1. 1986). より著者作成。

表5-2 ドイツ自動車工業成立期の企業の成立と消滅

	萌芽的成立期 1885/86-1901/02年	本格的成立期 1903-1914年	第一次世界大戦期 1915-1918年
創設または自動車生産開始企業	48	58	1
倒産または自動車生産停止企業	16	52	0
当該期末の自動車生産企業	32	38	39

注：表5-1より著者作成

が生き残り，発展を持続していったかを知りうる重要な史料であるので，そのなかから第一次世界大戦終了時頃までドイツで存在した乗用車企業に限りそれを抽出し，あえて煩をいとわず掲げることにした。

　同表は，たしかに存立した企業名に関しては，それを表示しているためわかりやすい。しかし反面，自動車生産の参入や撤退に関する変化についてはわかりにくいので，それを思い切って数字の形で整理したものが表5-2である。この表を作成するにあたって，画期となる年代について，一言のべておく必要があろう。これまで，1901/02年をもって萌芽的成立期の終期とすると同時に，本格的成立期の始期としてきた。その理由は，この時期が1900年恐慌の影響が残り，また「メルセデス・ショック」の時期にあたり，先発二大企業のうちダイムラー社が立ち直りの，ベンツ社が一時期，大きな危機を迎えた年代にあたり，時期区分としては間違っていない。しかしこれでは，自動車企業の盛衰を数量的に確認するうえで不都合であるため，本格的成立期の始期をここではいちおう1903年とした。またその終期もこれまで1913/14年としてきたが，同様の理由により，それもひとまずここでは1914年としている。もっともこの間に，1907/08年の自動車恐慌が介在しており，それもまたこの期間の内部において一小期を画するが，ここではまず大まかな趨勢を把握するため，それにはこだわらないことにした。なお1907/08年の自動車恐慌とは，通常1907年恐慌と称され，独占資本主義段階における，1900年恐慌に続く第2回目の，アメリカに発しヨーロッパをもとらえた，独占体の成立によって激化された恐慌であり，1907/08年には，

また成立途上の自動車工業をもとらえた恐慌であった[1]。

まず，萌芽的成立期，本格的成立期，第一次世界大戦期の各期における，乗用車生産への参入件数——これには創設と既存企業の開始の双方が含まれる——と，撤退件数——これにも倒産によるものと，たんなる生産停止の双方が含まれる——とを調べてみよう。表5-2の通り，萌芽的成立期においては，実に48もの企業が自動車生産に参入したが，すでにこの時期に16もの企業が早々と撤退している。その意味でこの時期は自動車企業の「乱立時代」と呼ぶことができよう。そして撤退していった企業のなかには，その存続がわずか1～2年しかなかった泡沫企業もみられた。

ついで，ここで中心的な問題となっている本格的成立期に関しては，参入と撤退はもっと激しかった。実に58もの企業が参入したが，また実に52のそれが消滅していった。この時期は自動車企業の「設立ブーム」(Gründungsboom) の時期でもあったが，同時にその大幅淘汰の時期でもあった[2]。

それに対して，第一次世界大戦期は，多くの自動車企業が，戦争（戦時）経済体制のもとで，乗用車生産を停止し，軍用トラックや武器の生産に転換していったことをどうみるかによって判断がまったく異なるが，かつての乗用車企業の消長はきわめて少なかった。

以上は著者の独自の計算であるが，これとは別に1900年以降，機械的に5年刻みで計算された，ケラー (V. Köhler)，ホラス (G. Horras) の分析もあり，ここで簡単に紹介しておこう。それによると，1900以前は，新設 (Neugründung) 数37，生産停止 (Produktions-Einstellung) 数6，当該期末存続企業数31，1901～05年は，新設数66，生産停止数35，期末存続企業数62，1906～10年は，新設数49，生産停止数31，期末存続企業数80，1911～15年は，新設数31，生産停止数43，期末存続数68となっている。いまそれを棒グラフに示せば，図5-1のようになる。

これらは，1900年までは新設数が多い反面，生産停止数が少ないこと，1901年以降は，全体として新設数はより多くなるが，5年刻みで新設数に比べて生産停

第5章　自動車工業の本格的成立期（1901／02〜1913／14年）　369

図5-1　ドイツ自動車工業成立期における乗用車企業の消長

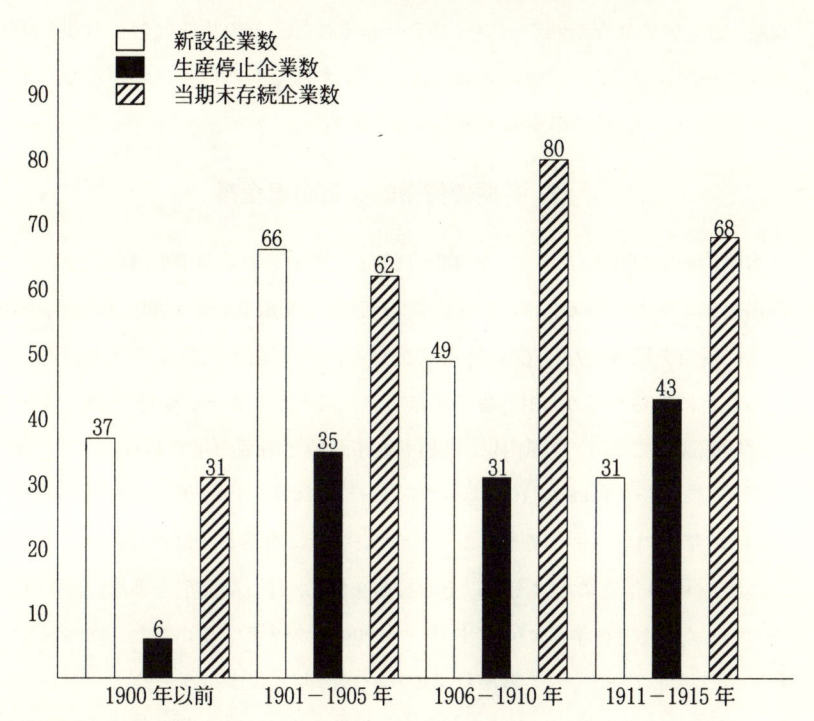

□　新設企業数
■　生産停止企業数
▨　当期末存続企業数

出典：Volkmar Köhler, Deutsche Personenwagen-Fabrikate zwischen 1886 und 1965, 1966. S. 27. in: Gerhard Horras, Die Entwicklung des deutschen Automobilmarkes bis 1914, München 1982, S.146.

止数の割合も多くなり，1911〜15年には，新設数に比べて生産停止数が絶対数において多くなるという第一次整理期の傾向を明らかにしている。しかし，細部では相違はあるが，全体としては著者の最初の分析と一致している。因みに，ここで第一次整理期と呼ぶのは，第一次大戦後の1924〜1928年頃に，アメリカ自動車工業との競争と国内自動車工業の合理化とによって，乗用車企業が86から17に激減する時期があり，それをもって第二次整理期と称することができるからである。

しかし，自動車工業成立期のこの乱立現象は，なにも特殊ドイツ的な現象ではなく，広くアメリカや西ヨーロッパでもみられた。その状態はむしろ他の諸国のほうが凄まじく，ドイツのそれはまだひかえ目であったとさえいえる。そのことについては，後に本章第4節でみるであろう。

(2) 各期の特徴的な自動車企業

本格的成立期に先だって，まず萌芽的成立期のそれに簡単に触れておこう。前掲表5-1をふりかえれば，このドイツ自動車工業成立の最初期において，後々たんに長命を保っただけでなく，この分野で大きな地位を占め，重要な役割を演ずることになる企業が，相当数うまれていたことがわかる。いまそれを列挙すれば次の通りであり，括弧内は，自動車生産開始と消滅の年である。

(1)ダイムラー（1886～1926年），(2)ベンツ（1886～1926年），ただしこの両社は，1926年に対等合併してダイムラー＝ベンツ社になることは周知の通りである。このほか1930年代またはそれ以上も長命を保ち，有力な役割を果たした(3)アダム・オーペル（1898年～），(4)アドラー（1900～1939年），(5)ホルヒ（1899～1945年），(6)エヌ・アー・ゲー（NAG）（1902～1934年），(7)シュテーヴァー（1899～1945年）などがあげられる。そしてさらにその他，1920年代の第二次整理期まで存続した企業として，アールグス，ベックマン，チュクロン，デュルコップ，エーアハルト，アイゼナッハ自動車工業，プレスト，プリアムス，プロトス，レックス＝ジンプレックスなどがあった。

反面，この期間に生まれ，この期間内に消滅する非常に短命に終わった企業も多く，16に及んだ。そのなかには，前第4章であげた，1894年に自動車生産に参入，1899年にオーペルに吸収されたルッツマンの企業，1898年にダイムラー社の競業社としてベルリンに設立されながら，結局1902年に同社に吸収・合併された「自動車・エンジン工場株式会社」（MMB）などもあった。それに同じく第4章で述べた，ベルリンの馬車製造会社キュールシュタインも，1898年に自動

第5章　自動車工業の本格的成立期（1901／02～1913／14年）

車生産に参入しながら，馬車製造だけは1926年まで継続したが，自動車生産は1902年に停止している³⁾。

　ついで本格的成立期に創設されたもののなかで，後々，有力企業となったのはどれであろうか。まず，1932年に他3社と合併して，大自動車コンツェルン「アウト・ウニオーン」の一翼となり，今日もフォルクスワーゲン・グループの一員として現存する(1)アウディ（1909年～）をあげなければならないだろう。その他は，同じく「アウト・ウニオーン」の一翼となった(2)ヴァンデラー（1911～1945年），それに自転車生産から参入して大企業になった(3)エヌ・エス・ウー（NSU）（1904～1977年），などはぜひともあげなければならない。それに1930年代までかろうじて生き残ったものに，ハンザ＝ロイド（1914～1931年）とジンプソン・ズープラ（1911～1932年）とがあった。その他は，1920年代の第二次整理期まで存続したものとして，アー・ゲー・アー（AGA），アポロ，ベンツの息子たち，ベルクマン金属，エーアハルト，ファフニール，フルミーナ，コムニック，ローレライ，エム・アー・エフ（MAF），マグネット，オリックス，フェノメーン，トゥーリストがあった。

　しかしこの反面，この時期に簇生した乗用車企業のうち，短命に終わったものは，前の萌芽的形成期よりもさらに多く，わずか3年以下で消滅したものさえ17件に達している。そこでここでは，まず，前第4章第2節で触れた，萌芽的成立期に成立しながら，この本格的成立期で死滅していった幾つかの企業をとりあげ，その事情を簡単に説明しておかねばならない。

　西ドイツのアーヘン市で，1897年に設立された「マックス・クーデル・エンジン有限会社」（Max Cudell Motor Comp. GmbH）は，同年フランスの「ドゥ・ディオン-ブートン社」とライセンス契約を結び，そのエンジンと三輪自動車の，また1899年からは四輪車のライセンス生産を開始した⁴⁾。ドゥ・ディオン車自体が，本来，優秀な小型車であったため，クーデルの名前も20世紀初頭には，一時アドラー，シュテーヴァーよりよく知られるようになった⁵⁾。しかし1903年頃から

始めた自己技術による車の開発が，いちじるしく財政的負担となり，1905年には倒産した。その後もベルリンの支工場だけが細々と車とエンジンの生産を続けていたが，結局それも1907/1908恐慌のなかで1908年に停止している[6]。

メンヘン=グラードバッハ市の「ファルケ・オートバイ・自動車工場社」(Falke & Co Motorfahrzeuge u. Automobilfabrik) は，1896年にドゥ・ディオン-ブートンのエンジンを組み付けた軽三輪自動車（Voiturette）を，1899年には同様の四輪車を製造し，自動車生産に参入した[7]。その後，3モデルの軽自動車または小型車を製造するが，そのエンジンは自社製ではなく，いずれも，ドイツのファフニール社が，ドゥ・ディオン-ブートン社のエンジンをライセンス生産したものか，あるいはドイツのヘキスト（Höchst）市の「ブロイヤー・エンジン工場」(Motorenfabrik Breuer) 製のものを組み付ける方法をとった[8]。1906年までは軽自動車，それ以後は安価な小型車という需要動向にのって，同社の車は一時，人気をえたが，量産化を指向しなかったため，1908年，恐慌のなかでその生産を停止していった[9]。

同じくアーヘン市の「シャイプラー自動車工業有限会社」(Scheibler-Automobilindustrie GmbH) は，1899年に乗用車で自動車生産を開始した[10]。同社は自己開発の努力を続け，トラック製造において一時ダイムラー，ベンツ，シュテーヴァーに並ぶほど名声を博したが，やはり恐慌が発生した1907年には乗用車生産を停止している[11]。その流れを汲む形で，シャイプラー兄弟（Fritz u. Kurt Scheibler）が，1905年に設立していた「エンジン・トラック株式会社」(Motoren und Lastwagen-AG, Mulag) も，1913年「マンネスマン自動車有限会社」(Mannesmann Auto Co. mbH) と合併し，「マンネスマン・ムーラク株式会社」(Mannesmann-Mulag AG) の一翼となっていった。

ザクセンのコスヴィヒ市で，ナッケ（Emil Hermann Nacke）が，1890年に設立した「コスヴィヒ機械工場」(Maschinenfabrik Coswig) は，1900年に「コスヴィガ」名称のトラックを製作，1901年からその生産を開始した[12]。その後，同社は

第5章　自動車工業の本格的成立期（1901／02～1913／14年）　*373*

乗用車生産にも参入し，1910年から1913年にかけて3モデルの中級車を生産したが，第一次世界大戦直前の1913年にはそれを停止し，本来，得意としていたトラック等の商用車に生産集中しつつ，それを1930年代初頭まで続けている[13]。

　最後に，第一次世界大戦期のことに一言触れておきたい。この時期は，戦争経済に編成され，乗用車生産はほとんど停止され，一部を除いてトラック等の軍用車輛やその他の武器生産に転換されるという意味では，自動車工業にドラスティックな変化がもたらされた時代である。しかし自動車企業の創設や撤退に関しては，前掲表5-2が示すごとく，大きな変化がみられなかった。

　ただしこの時期に関しては，1916年11月，バイエルンで，「グスタフ・オットー航空機工場有限会社」（Flugmaschinenfabrik Gustav Otto GmbH）と，「ラップ・エンジン工場有限会社」（Rapp-Motorenwerke GmbH）とが合併して，今日まで続く有名な「バイエルン・エンジン工場有限会社」（Bayerische Motorenwerke GmbH, BMW）が創立されたことは，特筆に価する[14]。

本格的成立期の主要企業　以上，私たちはこれまで本格的成立期に存在した乗用車企業の名称やその企業としての存続期間，等を中心に考察してきた。ではそのなかから，この時期の代表的企業としてどれを選んで，企業史的な分析を加えればよいであろうか。

　著者は独自の調査にもとづき，本書では後に，生産台数に関してやや異なる数値を示すこともあるが，それを確定する前に，イギリスの研究者ロー（James M. Laux）が作成した，1913年段階のヨーロッパの自動車24大企業の生産台数に関する統計資料のなかから，ドイツ企業に関する数字を拾っておこう。それは，第4位ベンツ4500台，第6位オーペル3200台，第12位ブレナボール2400台，第13位ダイムラー2200台，第21位アドラー1500台，第22位シュテーヴァー1500台となっている[15]。

　以上の6大企業をとりあげることは言うまでもないが，その他に1930年代まで生き残り，その後も大きな役割を果たす運命を担ったものとして，ホルヒ，ア

ウディ,ヴァンデラー,エヌ・アー・ゲー (NAG),エヌ・エス・ウー (NSU) の 5企業と,トラック・バス専門部門が欠けているので,1931年にNAGのトラック部門を買収し,1949年まで生きのびたビュッシングを取りあげよう。以上,12企業である。

第2節　本格的成立期における代表的自動車企業

ダイムラー社

　この期間の同社の発展の特徴を理解する前提として,著者はまず,同社によって1902年に実施された「自動車・エンジン工場株式会社」(MMB) の吸収・合併と,1903年のカンシュタット・ゼールベルク工場の大火の結果としての,本工場のウンターテュルクハイムへの移転を指摘しておきたい。

　前者の問題,ダイムラーやマイバッハの反対を押し切って,ドゥッテンホーファーやローレンツが,1898年10月に行なったベルリン・マリーエンフェルデでの競業,MMB社の設立と,その急速な業績悪化,1902年7月29日のダイムラー社の株主総会におけるその合併決定については,すでに前章で触れた。これによって同社の生産体制は,カンシュタット,ついでウンターテュルクハイムは,乗用車の,ベルリンはトラック・バス,定置エンジン,舶用エンジンの生産基地として分業的に再編された。この体制は,1908年の軍用トラック補助金制度の発足とあいまって,後者の重要性が増大し,全体としてダイムラー社発展の条件となっていった[16]。この軍用トラック補助金制度については,次章でやや詳しく述べることになろう。

　ところで第2の問題,ゼールベルクから,それより2kmはなれたウンターテュルクハイムへの工場移転である。1901年いらのメルセデス系列車への注文の殺

第5章　自動車工業の本格的成立期（1901／02～1913／14年）　375

到により，約3000m^{2}の敷地しかなかったゼールベルク工場はすでに手狭になっていた[17]。そのため同社は，すでに1901年には約35万マルクで，ウンターテュルクハイムに約18万5000m^{2}の工場用地を購入し，1903年にはすでにそこに鍛造工場だけは建設が開始されていたが，全体としての工場移転は当初，1905年に予定されていた[18]。

　ところが，1903年6月9日から10日にかけての夜，ゼールベルクの組立工場から火災が発生し，そのため建物はもちろん，30台の完成車と60台の製造中の車が焼失した[19]。

　しかしダイムラー社は，この火災にもめげず，近くに作業場を借り，2交替制で仕事を続け，同年8月8日には早くも最初の車を出荷している[20]。他方その間，ウンターテュルクハイムでの工場建設が急ピッチで進められ，同年12月にはそれが竣工し，移転と同時に生産が開始された。そのためこの火災の結果，821人いた従業員は1人も解雇されずにすんだのである。

経営陣の変化　　1900年3月6日にダイムラーが死去し，その後は彼とながらく確執していたドゥッテンホーファーが，再び監査役会長に返り咲いた。その他の監査役としては，ローレンツとイェリネックとがいたが，1902年にはダイムラー社の主要取引銀行であった「ヴュルテンベルク連合銀行」筋から，アルフレット・フォン・カウーラ（Alfred von Kaula），ヘルマン・シュタイナー（Hermann Steiner），イシドール・レーヴェ（Isidor Loewe）が加わった[21]。

　これによって，同銀行のダイムラー社支配が完全に強化された。というのも，ドゥッテンホーファー，ローレンツはもともと同銀行のキリアン・シュタイナーの配下にあったし，カウーラは，1888年いらいキリアン・シュタイナーの右腕として活躍してきた人物であり，ヘルマン・シュタイナーは，キリアンの従兄弟であり，弁護士としてダイムラー社のために活躍してきた人物であったからである。そしてレーヴェもまた，ベルリンの工作機械メーカー「ルードヴィヒ・レーヴェ社」（Ludwig Loewe & Co）や「ドイツ武器・弾薬工場株式会社」（Deutsche

Waffen-Munitionsfabrik AG）の支配的経営者として，かつてドゥッテンホーファーらとともに，MMB 社の設立と運営に多大の協力をした人物であった[22]。

このような経営陣の確立によって，結果的には，同社に対してたんに「ヴュルテンベルク連合銀行」の支配が強化されただけでなく，さらにそれと協力関係にあった「ドイチェ・バンク」の支配に道を開くことになった[23]。例えば，1904年には，前行が強力な議決権をもった優先株（A 系列株）を 400 株，後行が，同じく A 系列株を 156 株をもつようになり，両者を合わせれば，いかなる決議をも阻止しえる，株式所有をするに至った[24]。

この間 1903 年 8 月 14 日に，ドゥッテンホーファーが心臓発作で亡くなり，ローレンツが監査役会長に就任しているが，この両銀行支配の体制には変化はなかった。1908 年には，イェリネックも，外国での販売組織の再編と，また後に述べるように，彼がメルセデス 35 馬力車の製作の時から後援してきたマイバッハが辞めたことともからんで，ダイムラー社の監査役を辞している[25]。そして 1910 年にはこのローレンツに代わってカウーラが監査役会長に昇格し，その跡を取締役であったフィッシャーがこれまた昇格してうめることになる[26]。

ところでこの監査役会の監督のもとに，日常業務を執行する取締役会の構成も変化した。取締役は，1895年のダイムラー社の統一いらい，技術担当のマイバッハと商事部門担当のフィッシャーとの 2 人体制であり，マイバッハはダイムラー死後もドゥッテンホーファーとは良好な関係を維持し，創造的な開発活動を続けていた。しかし 1903 年ドゥッテンホーファーが死去し，ローレンツが監査役会長になってから，事態は変化し始めた。

技術者，といっても内燃機関や自動車ではなく，武器・弾丸のそれであったが，ともかくも技術者あがりのローレンツは，マイバッハの才能を妬み，彼を軽視するため，1904 年には新たな技術担当取締役として，ヴュルテンベルク国鉄の技術者であったナリンガー（Friedrich Nallinger）を任命した[27]。また翌 1905 年には，ダイムラーの次男アードルフが取締役副会長に任命され，また長男のパオルと

第5章　自動車工業の本格的成立期（1901／02〜1913／14年）　*377*

ベルゲ（Ernst Berge）が、アウストロ・ダイムラー社から呼び寄せられて、パオルはただちに取締役に就任した[28]。

こうして舞台装置と役者がととのったところで、ローレンツはダイムラーの2人の息子の支持をえて、やおら、マイバッハの追いだしにかかったのである。しかしローレンツは、マイバッハの外部での活動を恐れ、最初は彼に監査役への就任を要請した。しかしマイバッハは、それを断わり、1907年、同社を辞め、以後、息子のカールとともに、飛行船の実験と建造を推進していたツェッペリン伯との協力関係に入って行くことになる[29]。

工場施設　1903年12月にウンターテュルクハイムで生産が再開された時には、さしあたりその施設は、次の5つの建物からなっていた。管理棟、鍛造工場、金属加工・機械工場、試験・管理棟、木工・内装品工場である[30]。それらは、その後も増築・整備されて、1909年には、全体で敷地面積の3分の1を占める、次の10の主要建物によって構成されるようになった。なお括弧内は、建物の長さと幅を示している。(1)労働者宿舎をかねる管理棟（151m×16m）、(2) 2階建ての鋳造工場（132m×30m）、(3)鍛造工場（150m×30m）、(4)鋸の歯のような屋根をつらね、中心的地位を占める金属加工・機械工場（151m×131m）、(5)制動装置・銅鍛冶・ブリキ工場（101m×16m）、(6)コンクリート2階建ての車体・内装品工場（131m×46m）、(7)木工工場（100m×60m）、(8) 2階建ての自動車倉庫（61m×16m）、(9)自動車修理工場（65m×66m）、(10)エネルギー・センター（自家用ガス製造・変電設備等収容）[31]。いまそのうち、自動車の生産工程にほぼ沿って、主要工場の内容を紹介しておこう。

①鋳造工場（Gießerei）　1906年11月に完成したものであるが、その1階では、鉄、アルミ、青銅、真鍮のなお加工を要する自動車の各種部品が鋳造された。2階は、各種の鋳型の置場、更衣室として利用された[32]。

②鍛造工場（Schmiede）　ここには主要な生産設備として、蒸気ハンマー9基、圧搾空気ハンマー、焼入れ用の60基の炉等があり、様々な鉄製部品の他、エンジ

ン・ヘッド,ギア・ボックス,冷却水ポンプなどのためのアルミ製部品も鍛造された。

③金属加工・機械工場　その広さと作業内容からいって,中心的地位を占めていたのがこの工場である。その東側は,(1),(2)の工場からもたらされた鋳造・鍛造部品や,その他の原材料の在庫品置場となり,そして西側が機械加工,各種完成部品（コンポーネント）の組立作業場,シャシー組立作業場からなっていた。そこには,1909年当時,旋盤,フライス盤が計550台以上,タレット旋盤,自動盤が約100台,その他ボール盤,平削盤等,あわせて900台以上の各種工作機が設置され,それらはグループごとに電動モーターによって駆動されていた[33]。そしてこれらの工作機械は,その後も第一次世界大戦開始期にかけて,より新鋭機,新種機によって補充されていった。例えば,旋盤は,1910年9台,1911年41台,1914年89台,ドリル・フライス盤は,1910年29台,1911年49台,1914年94台,タレット旋盤は,1914年26台,平削盤は,1910年4台,1914年5台,研磨盤は,1910年10台,1911年17台,1914年49台が補充される,といった具合にである[34]。当時,この金属加工・機械組立工場内には,すでに一定の分業が行なわれていた。金属加工部門には,「旋盤部門」(Dreherei),「フライス盤部門」(Fräserei) 等があり,それらの中心には作業用の各種特殊工具をつくる「工具製作部門」(Werkzeugschloßerei) があった。さらにそれらに隣接して,「エンジン製作部門」(Motorenschloßerei) と「動力伝達装置製作部門」(Getriebeschloßerei),「車台製作部門」(Wagenschloßerei) と,そして最後に,車台を定置させて,それに次の(4)で試験されたエンジンと,動力伝達装置とを組み付けてシャシーをつくる,「シャシー組立製作部門」(Wagenmontierung) がおかれていた[35]。

④制動装置・銅鍛冶・板金工場 (Bremserei, Kupferschmiede Flaschnerei) この工場の制動装置部門では,金属加工・機械工場のエンジン製作部で組み立られたエンジンが,一度ここに運ばれ,試験されるところである。また銅鍛冶・板金部門には,必要なボール盤,20台以上のブリキ加工機を据えて,ラジエーター関係

第5章　自動車工業の本格的成立期（1901/02～1913/14年）　*379*

の銅管や燃料タンク，水槽なとが製作された[36]。

⑤**車体・内装品工場**　その1階には，「カロセリー（ボディ）部門」（Karosserieabteilung）がおかれ，そこには必要な旋盤，研磨機の他，帯鋸，丸鋸等，約30台の木工機械が配置されていた。すなわち当時のボディはまだ木製であったため，(7)の木工工場で調整された資材を用いて，ここでは多くの車大工，指物工たちが，木枠に板を綿密に張りつける形でカロセリーを製作した。その他ステップなど他の木製部品も製作され，(3)の金属加工・機械工場から送られてきたシャシーにそれらが組み付けられ2階に送られた。2階には「皮革部門」（Sattlerei）と「塗装部門」（Lackiererei）があり，前者でシートが取り付けられ，後者で何度も塗装されて，ようやく自動車が完成するのである[37]。

ところで第一次世界大戦までの，ダイムラー工場のこのような構造は，どのように特徴づけられるであろうか。それはいまだ「定置組立方式」であり，大量生産・大量消費を目指して，アメリカのフォード社のハイランド・パーク工場が，1913/14年から導入した，ベルト・コンベヤーにもとづく「移動組立方式」とは決定的に異なる，それ以前的形態であったことはいうまでもない。ハイランド・パークでは，ただ一つの工程のみを担当する専用機械が多数配置され，ベルト・コンベヤーによって自動的に運ばれてきた労働対象に対して，労働者は加工を施したり，組み付け作業をすればよかった。

しかしダイムラー工場では，その中心的な「金属加工・機械工場」において，一つの完成部品（エンジン，動力伝達装置，車台，等）ができあがるためには，何度も旋盤部門やフライス盤部門を通過せねばならなかった。その場合，工作機械は専用機でなく，汎用機でもよく，全体として工作機を節約できるという利点もあった。しかし工場内の部品置場が大きくなり，なによりも部品加工のために，それを頻繁に移送するのに手間ひまがかかるという欠点があった。総じてダイムラー工場の構造とその生産方式は，当時のドイツで，自動車の総生産量が限られており，しかもそれが多品種・少量生産でなされるという状態に照応する

表5-3 ダイムラー・エンジン社の従業員（労働者・職員数）

年	カンシュタット工場	ウンターテュルクハイム工場	ベルリン・マリーエンフェルデ工場
1900	344		
1901	424		
1902	503		
1903		821	
1904		2,200	1,310
1905		3,260	
1906		3,030	
1907		2,460	
1908		1,650	1,210
1909		1,800	1,010
1910		2,230	1,000
1911		2,600	
1913		3,800	1,250
1914		4,717	1,268

出典：Werner Oswald, Mercedes-Benz Personenwagen 1886-1986 (5. Aufl.), Stuttgart 1991, S.79

ものであった。

　いずれにせよ，当時のドイツにおける自動車の生産方式が，全体としてアメリカのそれのどの段階に対応するものであったかは，ドイツの他企業の状態をみたうえで，本章第3節の産業史的考察のところで確認したい。

従業員の構成　大規模なウンターテュルクハイムの工場建設にともない，またベルリン・マリーエンフェルデ工場の再出発によって，ダイムラー社の従業員数は，表5-3のごとく急増していった。そのうちとくにウンターテュルクハイムをみると，1903年には821人であったが，翌04年には2200人，05年には3260人にまで増大していった。その後1907/08年の「自動車恐慌」の結果，1908年には一時多くの労働者が解雇されて，それまでの約半数に近い1650人にまで減少したが，その後ふたたび増加に転じて，1913年には3800人と1905年水準を突破している[38]。ベルリン・マリーエンフェルデの場合は，従業員

表5-4 ダイムラー社・ウンターテュルクハイム工場の労働者構成（1909）

	人数	平均日給 （マルク）	備　考
メッキ工（Plattierer）	7	5.68	
ヤスリ鍛冶工（Feilschmiede）	23	5.60	
指物工（Schreiner）	52	5.36	うち見習工1人
板金工（Flaschner）	51	5.26	
旋盤工（Dreher）	243	5.22	うち見習工11人
鋳物工（Former）	43	5.21	
車大工工（Wagner），大工工（Zimmerleute）	47	5.20	
皮革工（Sattler）	40	5.—	
部品組立工（Schlosser）	503	4.95	うち見習工15人
銅鍛冶工（Kupferschmiede）	29	4.94	
工具製作工（Werkzeugmacher）	18	4.77	
鍛冶工（Schmiede）	109	4.77	
機械労働者（Maschinenarbeiter）	151	4.56	殆ど半熟練労働者
塗装工（Maler u. Lackierer）	20	4.40	
研磨工（Schleifer）	41	4.02	殆ど不熟練労働者 うち，使い走り少年4人 若年労働者15人
日雇労働者（Tagelöhner）	323	3.77	
合　計	1,700	4.74	

出典：Fritz Schumann, Die Arbeiter der Daimler-Motoren-Gesellschaft, Leibzig 1911, S.44: Bernard P. Bellon, Mercedes in Peace and War, German Automobile Workers, 1933-1945, New York 1990, S.56.

規模はこれほど大きくはないが，それでも1000人以上を擁し，従業員数の増減も，ほぼウンターテュルクハイムと照応している。

では労働者の職種別，熟練度別構成はどのようになっていたか。幸い，社会政策学会の委託をうけて，シューマン（Fritz Schumann）が，1909年のウンターテュルクハイム工場について調査した報告があり，それを示せば，表5-4の通りである。

同表をみてわかることは，職種的にいちばん多いのは，503人を数える部品組立工である。これらは，エンジン，動力伝達装置，車台等の完成機能部品の製作・組み立てに従事している労働者である。ついで多いのは，321人を数える日雇労働者であり，これは各部門に分散して，補助労働に従事していた。その次に多い

のが，243人を数える旋盤工であり，そのなかには11人の見習工 (Lehring) がいたが，その他は殆どが熟練工で金属部品を加工するうえで，中心的で最重要な作業を行なう，工作機械労働者であった。それに続くのが，151人を数える，「機械労働者」とよばれる半熟練労働者であり，彼らのなかには養成途中のフライス盤工，ボール盤工，平削盤工，研磨盤工等がいた。

　このように職種名と熟練度は，かならずしも一致しない。それを熟練度で区分すると，不熟練労働者は，日雇労働者 (323人) を中心とした325人 (19.1%)，半熟練労働者は，機械労働者 (151人) と鋳物工 (43名) を中心とした約200人 (11.8%)，そして他の圧倒的部分は，「専門職」(Professionisten) とよばれる，各職種の熟練労働者1175人 (69.1%) から構成されていた[39]。熟練労働者が，労働力構成の基幹部分を構成していたのである。

　これらの労働者の上に，その総数は確認できないが，配下の労働者が80人を超えない範囲で，職場ごとにマイスター (Meister) と副マイスター (Vizemeister) が配置されていた。マイスターは，熟練工あがりであるが，各職場の規律維持と作業の進行に全般的な責任をもつ監督者の地位にあり，「黒ズボン」をはいて，その権威を示す存在であり，作業の具体的な分業や手順の決定は，彼を補佐する副マイスターによって監督された[40]。マイスターの重要な権限は労働者の賃金の主要な形態であった出高給を決定し，それを記録した「出高給与表」(Akkordbuch) を所持して，それにもとづいて個々の労働者に適用したこと，また工場管理部と協力して，労働者の雇用・解雇等，強い人事権をもっていたことである。そのため，ある労働者は，当時のダイムラー工場を「独立マイスター共和国連邦」のようだと評していた[41]。

　マイスターによる出高給の決定とその恣意的適用は，労働者との対立をよび起こす重要な契機となった。そのため労働運動の激化と，それに対応する経営権の強化の結果，マイスターの権限は制約される傾向にあった。例えば，出高給与表は，1911年以降には，工場管理部によって作成され，保持されるようになっ

た。

さらにその他に，1909年10月初め頃には，あわせて約200人の技術職員（技術者）と商事部門職員とがいた[42]。これで従業員数の合計は約1900人となるが，それは表5-4の1800人と一致しない。その理由は，1909年が自動車恐慌から抜けでて，雇用も急速に拡大していく年にあたっており，調査時点のズレによって，この乖離が生じたものと思われる。

労働条件　そのうちまず労働時間については，1906年3月までは，1日，10時間30分，週6日で63時間にも及んでいた[43]。しかしそれは，後に述べる激しい労働運動の結果，1時間短縮されて，同年4月2日以降は，1日，9時間30分，午前・午後の15分の小休憩を除けば，実質9時間になった[44]。それでも，日曜と年9日の休日，年2回の半ドンの日を除いて，週6日制で，57時間，実質54時間労働で，非常に長時間労働であった[45]。土曜が，終業を午後1時30分までとして半ドンになるのは，ようやく1911年の春を待たねばならなかったが，それも週日の比較的長い昼休み（2時間）を短縮し，午後の15分の小休憩を廃止した形で，週実質54時間制は維持されたままであった[46]。

加えて超過勤務も，不況期を除いては，けっしてめずらしいものではなく，むしろ一般的現象であり，これも後に触れるごとく，労資対立の中心的テーマの一つになっていた。旋盤工や部品製作工のなかには，昼休みにそれを履行するものもいた。

当時，年次有給休暇は，勤続10年以上にならなければ与えられず，勤続10～12年で年3日，13年で4日，14年で5日，15年以上で6日にすぎなかった[47]。

このような長時間労働は，シューマンが実施した疲労感についてのアンケート調査にも反映しており，130例の回答中，「感じない」は43例（33.0%）にすぎず，「感じる」が73例（56.2%）であり，それに「ときどき感じる」14例（10.8%）を加えると，約3分の2の労働者が，仕事になんらかの疲労感を感じていた[48]。

賃銀は，当時の形態として，製品別にさまざまな基準にもとづき，個人別あるいはグループ別に決定された出高給（Akkordlohn）と，時間単位で決められた時間給（Zeitlohn）とがあった。通常，前者は熟練及び半熟練労働者に適用され，後者は日雇労働者を中心とした不熟練労働者に適用され，毎週金曜日に週給の形で支払われた。したがって前掲表5-4に記載されている平均日給の多くは，出高給を日給に換算したものである。

いま同表を用い，年労働日を300日として計算すれば，平均的に一番高い年収をえていたのは，メッキ工の1704マルクであり，一番低い年収のものは，日雇労働者の1131マルクであった。しかしこれはあくまでも平均値であり，シューマンは，ほぼ最高給をえていたものは日給にして7マルク以上をえていたものが各部門に少数おり，その年収は2100マルク以上に達し，また最低給はわずか日給2マルク以下で，年収600マルクに達しないものも相当数いたことを明らかにしている[49]。当時の熟練労働者の一般的な年収は，約1500マルク程度であったと言われているので，それと比較してダイムラー社の労働者の賃銀がそれほど低かったわけではない。しかしシューマンが回収した42例のアンケート調査は，数こそ多くはないが，妻が規則的に働いているものが23例，不規則に働いているものが19例あり，その内容は裁縫，新聞配達，工場労働，掃除等であった[50]。

当時の自動車の価格は，最低でも，「南ドイツ自動車工場」が，1906年頃に発売していた小型車リリパットの2500マルクであり，ダイムラー社自身が製造していた高級車は，安くても，1903年製造のメルセデス・ジンプレックス18/22馬力車で1万1000マルクであった[51]。これらと比べて，当時のダイムラー社の労働者の年収が相対的にいかに低かったかがわかるであろう。というよりも，当時の自動車価格が，庶民には手の届かない高価な奢侈品であったと言うほうが正しいであろう。

さきに述べた生産方式の厳しい労働条件のもとで，やはり新鋭機械の導入と生産量の増大，それに出高給の切りつめが進行し，製品価格に占める賃銀の割合

第5章　自動車工業の本格的成立期（1901／02～1913／14年）　385

は，徐々に低下していった。それについてベロン（Bernard P. Bellon）は，1910年 15.5％，1911年 14.7％，1912年 14.7％，1913年 12.5％，1914年 11.0％と分析している[52]。このことは反面，後に同社の財務について触れる際の配当金や準備金の増加という形での利潤の増大の基礎をなしていた。

労働運動　当時のダイムラー社の本工場，ウンターテュルクハイムでの労働運動は，第二帝政下ドイツにおける，シュトゥットガルトを中心とした西南ドイツ・ヴュルテンベルクにおける高揚した労働運動を典型的に表現している。

1903年にウンターテュルクハイム工場が開設されて以来，同工場には社会民主党系の自由労働組合連合の勢力が急速に拡大していった。1906年初頭には，約2200名の労働者のうち，約1500名が，同組合連合に所属する「ドイツ金属労働組合」（DMV）に，また約400名が，同組合連合に属する「木工組合」に所属していた[53]。それらが，第一次世界大戦までに展開した闘争は，次のようなものであった。

(1) 1906年2・3月の運動　長い超過勤務の拒否，1日10時間半に及ぶ労働時間の短縮，マイスターによる出高給の恣意的適用に対する反対の要求をかかげて，同年2月9日，2200人中1700人の労働者が集会を開きたち上がった。その結果，取締役と，労働組合の委任をうけた「労働者委員会」とが交渉を行ない，超勤は可能な限りへらし，とくに昼休み中のそれは廃止する，労働時間はすでに述べた通り，1日1時間短縮し，週実質60時間を54時間とする，2交代制が実施される場合には，1交代8時間とすることが合意された[54]。この労働時間の短縮は，当時としては画期的な意義をもったが，同時にこの闘争のなかで労働者委員会が，経営と協力して企業内福祉を行なう従来の機関から，労働条件改善を要求するそれに性格転化したことも重要であった[55]。

(2) 1910年12月～1911年2月　全国的に，企業側の「ドイツ金属工業家連盟」と「ドイツ金属労働組合」の対立が激化するなかで，ダイムラー社の経営陣は，

14日の解雇予告期間を取り消そうとした。それに反対する労働者が超勤を拒否して集会に参加したため，経営側はその参加者に1時間半の賃銀相当部分1マルクの罰金を科した。それに対抗して，労働者側が，その不当性をシュトゥットガルトの「営業裁判所」に提訴した結果，常態化した超勤こそ不正常であると判決され，労働者側が勝訴した。そのなかで経営側は，14日の解雇予告期間廃止を取りさげた[56]。

(3) 1911年春　機械製作工の出高給を切り下げようとするマイスターに反対してたち上がった労働者は，出高給を時間給にせよとの，当時，全国的に強まっていた要求のなかで，出高給を時間給に換算した「出来高時間給」(Akkordstundenlohn) のシステムを実現した。同時に，週54時間制は維持されたものの，土曜日の労働時間を1時30分までとする，不完全半ドン制を実施させた[57]。

(4) 1911年7月末　2人のフライス盤工が突然，解雇されたため，それに反対する闘争が全工場に広がる勢いとなった。そのため経営者側は，2600人の全労働者を8日間にわたってロック・アウトした。結局，ヴュルテンベルク金属工業家連盟と労働組合との交渉がもたれ，以後，解雇が不当と思われる場合，労働者委員会にその撤回を会社側と交渉する権限を与えるという形で，決着がつけられた[58]。

(5) 1911〜13年　当時，労働者数が増え，非常に深刻化していた住宅問題を解決するため，1911年12月16日，ダイムラー社の19人の労働者が「建築協同組合」を結成した。その組合員はやがて100人にふえ，自己資金も6万9000マルクに達するが，二つの保険会社，二つの貯蓄組合，それにダイムラー社と，当時シュトゥットガルトにあった，世界的にも有力な電装品メーカー，ボッシュ社とが融資することによって，1913年には土地購入費として，総額51万8000マルクを資金調達することができた。その結果，1913年にはウンターテュルクハイム工場北側の丘の上に，342戸の菜園付労働者住宅が建設された[59]。

第5章 自動車工業の本格的成立期（1901／02～1913／14年） *387*

生産量　1901年のメルセデス35馬力車の大成功, 1902年のMMB社の吸収・合併によるトラック・バスの生産基地としてのベルリン・マリーエンフェルデ工場の再配置, そして1903年末の本工場のウンターテュルクハイム大工場への移転を前提として, ダイムラー社の自動車生産は, 表5-5のごとく発展していった。

ただしそれは, いちおうに順調なものではなく, 1907／08年の恐慌期には一時, 極端にその生産量を落としている[60]。その頃ダイムラー社の輸出比率は非常に高かった——1905／06年には75～80％——ため, 高級車を中心に輸出依存度が高かった同社は, 非常に深刻な打撃をうけた[61]。

しかし1909年以降の生産回復はめざましく, 4年後の1913年には2倍以上に伸長している。その際, 私たちは, 生産台数において乗用車よりはるかに少なかったとはいえ, トラック・バスのそれの伸びのほうが高かったことに, 注目すべきである。それに寄与したのが, ひとつは1908年から発足した軍用トラック補助金制度である[62]。そしてもうひとつは, 新時代の経済構造の発展が, 貨物

表5-5　ダイムラー・エンジン社の自動車生産台数

	乗用車	トラック・バス	合　計
1900			96
1901			144
1902			197
1903			232
1904			698
1905			863
1906			546
1907			149
1908	109	122	231
1909	671	158	829
1910	1,106	199	1,305
1911	1,490	291	1,781
1912	1,866	317	2,183
1913	1,567	358	1,925
1914	1,404	568	1,972

出典：W. Oswald, Mercedes-Benz Personenwagen 1886-1986 (5. Aufl.), Stuttgart 1991, S.72.

輸送のためにトラックを，乗客輸送のためにバスの導入を要請するという運輸体系の創出をもたらしていたことである[63]。すなわち1900年代の中葉頃から，モータリゼーションの性格が，それまでの金持の娯楽・スポーツ的なそれから，いっきょに大衆的なそれに発展するのではなく，まずは営業的なそれに移行する兆しを示していた。

しかしそれにしても，1913年段階のダイムラー社の乗用車の生産台数1567台は，当時，世界一のそれを誇るようになったフォード社の同年の生産台数24万8304台と比べれば，まったく少なかった。この点は，車種・モデルの多様性と関連させて，以下に述べる。

ところでダイムラー社は，1908年にそれを開始していたベンツ社のあとを追って，1911年には飛行機エンジンの生産に乗りだしている。それは，その年にはわずか17台にすぎなかったが，来るべき大戦を予想するかのごとく，1914年までに合計約1000台が製造されていった[64]。

車種・価格　ダイムラー社は，すでに触れたごとく，かのメルセデス35馬力車をもって，1901年のニースでの自動車レースで圧倒的勝利を示し，世界的名声を博した。その結果，同社はすでにその年のうちに，上記競争車のバリエイション・タイプであるメルセデス・ジンプレックス，18/22，28/32，38/40の各馬力車を，またその翌年には同型の60馬力車と，それらより短身のダイムラー型メルセデス 8/11，12/16，18/22の各馬力車を製作するようになった[65]。結局，同社は1903年だけでも7モデルの乗用車を製造している。

この乗用車モデルの多様性はその後も続き，1902〜1913年に同社は，オスワルト（Werner Oswald）によれば34タイプ，ベロンによれば32タイプ，フォン・フェルゼン（Hans-Heinrich von Fersen）によれば20タイプを製作している[66]。

この間，最初の頃は，たとえシャシーは同一でも，カロセリー，内装品，付属品等は顧客の注文に応じて一台一台異なり，多品種少量生産でありながら，実際には注文生産にもとづく多品種一品生産に近い状態を示していた。しかし1907/

第5章 自動車工業の本格的成立期（1901/02～1913/14年）　389

08年恐慌以降は，小型車・中型車を中心に自動車需要が増加し，ダイムラー社でも，シャシー，カロセリーとも標準化された車の生産，多品種中量生産の傾向が出現している。例えば，パオル・ダイムラーが設計し，1909年から1923年までに5350台生産されたメルセデス・ナイト16/45馬力車などがそれである[67]。

　それにしても，ダイムラー社の乗用車はいずれも高級車であって，1000マルク台のものはなく，最低価格のものでも1903年製作のジンプレックス18/22馬力車の1万1000マルクであったし，最高のものは1902年製作のジンプレックス40/45馬力車の6万マルクもしていた[68]。

　なお，乗用車にみられた多品種少量生産の傾向は，営業車やトラック，バスについても同一であった。いずれもベルリン・マリーエンフェルデで生産されたものであるが，1905～09年製造の営業車は5モデル，1805～13年製造のトラックは17モデル，1905～13年製造のバスも10モデルに及んだ[69]。

　ところで，ここでダイムラー社の生産方式が，著しい多品種少量生産であることがわかったので，同社のそれと，極端にその対極をなすフォード社のそれとを対比しておくことは分析のうえからも重要であろう。1913年段階で，ダイムラー社は乗用車に限っても10モデルを1567台しか製造していなかったが，フォード社はすでにT型車1モデルに限定し，それを24万8307台も生産していた[70]。この多品種少量生産方式は，当時の金持階級を中心とした狭い市場構造に規定されたものであり，そのことによって生ずる車の高価格はまた，そのような市場構造を再生産するものであり，したがってこのような生産方式からはなかなか脱出できない性格のものであったと言えよう。

財務内容　この時期のダイムラー社の経営の健全化の指標として，その財務内容のごく一部を示したものが，表5-6である。

　すでに第4章第1節(1)で触れたように，ダイムラー社は，MMB社を吸収合併するために，増資を行なわねばならなかった。そのため，名目株式資本は90万マルクからいっきょに315万マルクに引き上げられた[71]。その後，1903年に16万

表5-6 ダイムラー・エンジン社の財務状態　　　　　　　　　　　単位：マルク

営業年度 [1]	名目株式資本額	売上総利益	当期純利益 [4]	配当率（％）
1900 / 01	900,000	1,090,639	333,867	5
1901 / 02	900,000	1,188,187	378,406	10
1902 / 03	3,150,000	2,195,635	522,235	6
1903 / 04	3,166,000 [3]	4,012,143	348,645	6
1904 / 05	3,166,000	4,772,633	648,235	6
1905 / 06	3,166,000	5,503,801	710,221	6
1906 / 07	3,166,000	8,031,442	905,840	6
1907 / 08	3,166,000	6,363,661	306,300	6
1908 [2]	4,889,000	4,217,802	221,120	6
1909	4,889,000	6,172,890	761,562	8
1910	4,889,000		1,496,224	6
1911	8,000,000		1,979,127	6
1912	8,000,000		2,476,754	8
1913	8,000,000		2,711,220	10
1914	8,000,000		4,157,189	12

注1) 1900／01～1907／08年度は、4月1日～3月31日、1908年度は、4月1日～12月31日、1909年度以降は、1月1日～12月31日。
注2) 1903／04～1907／08年度、A系列株200万マルク、B系列株116万6000マルク。
注3) 当期利益には、前年度繰越剰余金は含まず。
出典：1901～1909年度に関しては、Hans Fründt, Das Automobile und die Automobil-Industrie in Deutschland (Diss.), Neustrelitz 1911, S.94f. 1910～1914年度に関しては、Daimler=Motoren= Gesellschaft Stuttgart Untertürkeim Bericht über das 21. 22. 23. 24. u. 25 Geschäftsjahr.

マルクの小幅な増資が行なわれたが、1908年になって、増資がなされ、資本金は488.9万マルクに、そして1911年には再び800万マルクに引き上げられている。
　利益については、1906/07営業年度までは、売上総利益、当期純利益ともほぼ順調に増加していったが、やはり1907/08年恐慌は、1907/08営業年度における売上総利益、とくに当期純利益の縮小に表現されている。1908年のそれが減少したのは、同年から営業年度が変更され、その年は9ヵ月間で決算がなされたためである。しかし1909年の数値、とくに当期純利益のそれは、恐慌を抜けでて以後の業績が急速に回復し始めていることを物語っている。そして同社の配当

率に注目するとき，その財務的基礎が非常に強固なものであったことがわかる。すなわち，1907/08年の自動車生産台数の激減と当期純利益の著しい減少にもかかわらず，持続的に6%配当を維持しているからである。これは同表に表われていない同社の準備金等の豊富な内部留保金のためであった[72]。1910年以降ダイムラー社は，その当期純利益の急増と配当率の漸次的引き上げが示すように，夢のような経営業績をあげていった。

ベンツ社

1901年まで自動車生産において，ドイツ帝国最大であり，「世界の最重要な自動車工場一つ」であったベンツ社は，同年に起こった「メルセデス・ショック」によって，甚大な被害を受けた。それは，生産台数の激減，財務内容の急速な悪化，とくに1903年ベンツ自身の取締役辞任に象徴的に表現されていた。

このベンツ社が，ようやく回復軌道にのるのは，1902/03年パルジファル車の開発に成功して以後である。例えば，1907年から1912年にかけて，ガッゲナウにあった「南ドイツ自動車工場有限会社」(Süddeutsche Automobilfabrik GmbH, 略してSAF)を，順次，段階的に吸収・合併していったこと，またその間，マンハイムではルーツェンベルクに大自動車工場を建設したことなどがそれを示している。

こうして，今やエンジンだけでなく，自動車も主力製品の一つになったので，ベンツ社は，その正式名称を，1911年8月26日「ベンツ＝ライン・ガス・エンジン工場株式会社」(Benz & Cie, Rheinische Gasmotorenfabrik Aktiengesellschaft) から，「ベンツ＝ライン・自動車・エンジン工場株式会社」(Benz & Cie, Rheinische Automobil-und Motorenfabrik Aktiengesellschaft) と改称した[73]。

ベンツ社は，このドイツ自動車工業の本格的確立期に，後にみるごとく，財務内容ではダイムラー社ほど健全性をもちえなかったが，それでも第一次世界大戦までの10年間大きく発展していったのであり，以下，その経営的発展の幾つ

かの側面について，これまでの研究のゆるす範囲で明らかにしておこう。

経営陣の変化　ダイムラー社ほど強力ではなかったにせよ，その経営の最高機関，監査役会の構成は，1908年にマックス・ローゼが会長を辞任するまで，基本的に変化はなかった[74]。ただ1904年に，その前年に取締役を辞めたベンツが，監査役の一人として迎えられている[75]。しかしそれは，なにか実力をもった監査役としてではなく，ベンツ社がその象徴を大事にしたいという処置のようであった。

1908年，ローゼの後任として，監査役会長には，監査役であり，ライン信用銀行の取締役であったブロージェン（Dr. Richard Brosien）が就任した[76]。これで同銀行のベンツ社支配は，より強固なものとなった。その結果，空席となった監査役の席には，1910年，同じくライン信用銀行からヤール（Dr. Karl Jahr）が任命されている[77]。この人物は，同社が1926年ダイムラー社と合併して以降も，そのなかで中心的人物となっていく存在であった。

取締役会の方は，比較的安定していた監査役会とは異なり，直接的な経営者として，メルセデス・ショックの余波をうけて，相当めまぐるしく変化した。1903年4月24日ベンツ辞任後，彼の同僚ガンス（Julius Gans）が，しばらくは一人で，取締役を担当した[78]。そして1904年1月1日，彼はゾーリンゲン出身の商人ハンメスファール（Fritz Hammesfahr）と，そして1893年以来，ベンツ社の支配人であったブレヒト（Joseph Brecht）とを取締役に任命した[79]。しかしいずれも商事部門担当取締役としてである。ハンメスファールが1910年まで取締役を務めた後，初めて技術担当取締役として，ダイムラー社にいたナリンガーが移籍して就任した。同時にナリンガーの推薦で，商事部門の取締役としてミヒェルマン（Dr. Emil Michelmann）も就任している[80]。

こうしてみると，1903年から1910年までの長きにわたって，ベンツ社にはディール（Georg Diehl），1910年に秀れた小型車を設計したケテラー（Karl Ketterer），ニーベル（Hans Niebel）等の優秀な技術者がいなかったわけではなか

第5章　自動車工業の本格的成立期（1901／02～1913／14年）　393

ったが，技術担当の取締役が不在であった[81]。このあたりに，ベンツ社の弱点があったようにみえる。

生産設備の拡大　マンハイムよりかなり南，カールスルーエとシュトゥットガルトの中間ガッゲナウにあった「ベルクマン工業有限会社」の自動車部を，1905年ヴィス（Georg Wiß）が買い取り，それを「南ドイツ自動車工場有限会社」として経営するようになった。同社はトラックやバスの製造を得意としていたが，やはり1907／08年恐慌のなかで伸びなやんだ。

他方，ベンツ社はこの分野に弱点をもっていたため，1907年前半この南ドイツ自動車，SAF社と「利益共同体」契約を締結した[82]。同年11月22日のベンツ社の臨時株主総会は，SAF社資本額の基本部分を取得するため，35万マルクだけ増資することを議決した。その結果，1910年にはSAF社は，ベンツ社の子会社となり，その名称も「ガッゲナウ・ベンツ工場有限会社」（Benz-Werke Gaggenau GmbH vorm. Süddeutsche Automobilfabrik）と改称された[83]。そして1912年には，この子会社はベンツ社に完全に吸収・合併され，その一支工場になった。

このベンツ社によるSAF社の吸収・合併が，1907／08年恐慌期に端を発していること，またそれがダイムラー社による1902年のMMB社のそれと相似している点で興味深い。すなわちベンツ社も，ダイムラー社同様，乗用車の生産基地を拡充する一方，20世紀に入ってから伸長しつつあったトラック需要に対応する生産基地を別に設ける必要があったからである。

それとは別に，ベンツ社はすでに1900年に，将来の近代的工場の建設を予定して，マンハイム・ルーツェンベルク（Mannheim-Luzenberg）駅に隣接した31万1180m^{2}の敷地を20万2369.51マルクで購入していた。それは，ダイムラー社のウンターテュルクハイム工場の敷地より1.7倍も広かった。ベンツ社は1907／08年恐慌を抜けでる頃，いよいよそこに近代的工場の建設に着手した。同工場の設計を担当していたのは，あの，1942年以降，第二次大戦中の戦争経済を指揮したアルベルト・シュペーアの父，同名のアルベルト・シュペーア（Albert Speer

表5-7 ベンツ社の従業員（労働者・職員）数　　　　　　　　　単位：人

	1900	1905	1910	1911	1912	1914
マンハイム工場	400	700	2,500	2,950	5,380	6,500
ガッゲナウ工場			840	920	1,070	1,230

出典：W. Oswald, Mercedes-Benz Personenwagen 1886-1986 (5. Aufl.), Stuttgart 1991, S. 15.

であった。1908年夏に建設が始まり，1909年の春には建築面積約3万5000m^{2}の近代的工場が完成して，ヴァルトホーフ街工場の大部分の設備の移転が完了した[84]。それはさまざまな点で，一定の合理化的措置を施された近代的工場といわれているが，当時の施設・設備の詳細は，ダイムラー社のウンターテュルクハイム工場のようにはわかっていない。しかしその敷地は，現在でもメルセデス・ベンツ社の商用車製造工場のために役立っている。しかし重要な点は，このルーツェンベルク工場の建設によって，同工場が自動車製造に，そしてこれまでのヴァルトホーフ街の工場が，おもにエンジン製造用に，分業的に編成されたことであった[85]。

従業員　20世紀に入ってから，第一次世界大戦までのベンツ社の成長ぶりは，また表5-7に示したその従業員（労働者・職員）数の増大によっても如実に表われている。マンハイム工場とは，1908年まではヴァルトホーフ街の工場だけであったが，それ以後は既述の通り，ルーツェンベルクの大工場が加わっている。その際，労働者，とくに熟練労働者の雇い入れに関しては，一時困難をきたしたといわれている[86]。しかしルーツェンベルク工場の操業によって，従業員数はいっきょに3倍以上となり，さらにその後も1912年にかけて2倍以上に増加していった。

また1910年に子会社になった旧SAF社の従業員数も，同年にはすでに840人と相当の規模を擁していた。しかしそれがベンツ社に完全に吸収・合併された1912年には，さらに1070人にまで増大していった。

こうしてみれば，第一次世界大戦前には，その従業員総数だけからみれば，ベンツ社——1912年6450名——の方が，ダイムラー社——1913年5050名——より，

第5章　自動車工業の本格的成立期（1901/02〜1913/14年）　*395*

やや規模が大きかったことがわかる。

しかし従業員の労働条件については、ダイムラー社ほどはわかっていない。労働時間がダイムラー社とほぼ同じく1日9時間の長時間労働であったこと、高級車とエンジン生産が繁忙となり、そのため1911

表5-8　ベンツ社の自動車販売台数

年	乗用車	トラック・バス	合　計
1900			603
1901			385
1902			226
1903			172
1908	348	298	646
1909	727	428	1,151
1910	1,340	381	1,721
1911	2,265	441	2,706
1912	3,093	571	3,664
1913	2,673	654	3,327
1914	1,947	1,217	3,164

出典：W. Oswald, Mercedes-Benz Personenwagen 1886-1986(5. Aufl.), Stuttgart 1991, S. 16f.

年春から2交代制が導入されていること、労働者の平均年収は1800マルク弱であったこと程度であった[87]。また工場にはダイムラー社と同様に「労働者委員会」(Arbeiterausschuß)があり、1899年の同社の株式会社化にともない「労働者福祉金庫」(Arbeiter-Unterstützungskasse)が、1906年には「職員福祉金庫」(Beamten-Unterstützungskasse)が設立されていた[88]。

しかし労資関係は、たえず安定していたわけではなく、1905年には会社の業績不振の余波もあって、ストライキが発生したこともあった[89]。

生産量　ではベンツ社の自動車の生産量は、どのように発展していったであろうか。その状態を表5-8によって確認しておこう。まず1901年の「メルセデス・ショック」によって、同社の生産台数は、1903年にかけて極端に激減していった。同社は、1902/03年のパルジファル車──直列2気筒、8/10馬力車6500マルク、10/12馬力車7500マルク──の開発によって、ようやく立直りの契機を把んだが、残念ながらその後1907年までの生産台数はわかっていない。

1907年、利益共同体の結成によって、ガッゲナウのSAF工場を傘下におさめ、

自動車恐慌に比較的強かったトラック・バスの生産が加わり，また1909年にはルーツェンベルクの大工場が稼働し始めて以降，ベンツ社の総生産台数は急速に伸長していった。それはとくに乗用車生産について言えることであり，「メルセデス・ショック」はまるで一時の悪夢でしかなかったかのようであった。とくに1910年以降は，標準化された中ロット生産車である，ベンツ8/18馬力車（7200～8500マルク）も加わり，この傾向は顕著である[90]。

しかしそれにしても，1913年段階のベンツ社の乗用車の生産台数は，いまだ2673台にすぎず，ダイムラー社の1567台よりははるかに多かったが，アメリカのフォード社の24万8307台と比較すれば，2桁も低い生産量であった。

なおこのベンツ社は，ドイツではいち早く，1908年から飛行機エンジンの生産を開始しており，第一次大戦までの時期にドイツ最大の飛行機エンジン・メーカーになっていった[91]。それに対して，定置エンジン生産は，継続されてはいたが，自動車の生産に比べても，二次的な地位しか占めなくなっていた。

車種・価格 1902年から1913年にかけて，ベンツ社もまた，ダイムラー社と同じく，多様なモデルの自動車を製造していた。まずそれを乗用車についてみれば，それをもっとも詳しく調査・分類しているオスワルトによれば，1903年に製造開始されたパルジファル8/10馬力車から数えて，1913年までに製造した型は，35モデルにも及んでいる[92]。例えば，1913年中だけでも11モデルが製造されており，同年の乗用車の全生産台数が2673台であったから，1モデルの機械的平均台数は243台であり，ダイムラー社の157台よりは多かった。

価格は，調べうる限りで，最低は，1903～04年に製造されたパルジファル8馬力車の5200マルクであり，その最高は，ベンツ・ツーリング・スポーツ38/60馬力車の3万5000マルクであった[93]。その一般的な価格帯は，1万5000～3万マルクであって，その点ベンツ社もダイムラー社同様，高級車の生産に重点をおいていた。ただダイムラー車にはない，一部に1台6500～8500マルクのものもあって，その点でベンツ車の価格帯は，中価格帯への広がりを示している。

その他の車種については,配達車では,1907年には1モデル2仕様,1911～13年には2モデル6仕様,トラックでは,1907年に1モデル3仕様,1911～13年には4モデル,バスでは,1907年に2モデル6仕様,1911～14年には4モデルと,ここでも,ダイムラー社ほどではないが,やはり多品種少量生産の傾向がみられた[94]。

財務状態 1901年の「メルセデス・ショック」と,その後しばらく続いた技術開発の不首尾等の結果,ベンツ社の財務内容は,表5-9が示す通り,1900/01営業年度から1903/04営業年度にかけて,急速に悪化していった。1902/03年にようやく市場性をもったパルジファルの開発には成功したが,その製造と販売はダイムラー車に劣っていたため,1903/04年度においても,売上総利益を減らしただけでなく,当期純利益においては,大幅な損失を計上しなければならなかった。そして1904/05営業年度になって財務状況はようやく回復を示すが,それでも当期純利益の水準は低く,そのためこの年度までは2年間続いていた無配をさらに続けねばならなかった。

1905/06年度には,業績は回復し,7%で配当も復活した。1906/07年度には,自動車需要の増大に対応する生産増強のため,100万マルクの増資が実施され,基本資本金が400万マルクとなった[95]。さらに1907/08年度には,「南ドイツ自動車工場有限会社」を子会化するために,さらに35万マルクの増資がはかられた[96]。同時に,ルーツェンベルク大工場をたちあげるため,1908/09営業年度には,500万マルクの社債が発行され,当期純利益も損失が計上され,再び無配となった。

ベンツ社の財務内容が,抜本的に改善されたのは,前掲表5-9のとおり,その次の営業年度からである。当期純利益は,1911/12年度には約430万マルク,1912/13年度には約630万マルクにも達し,その間,配当率も10%から12%に引き上げられた[97]。そして1908/09年度にルーツェンベルク工場建設のために発行された社債や,その他,生産拡大のため膨らんだ流動負債を償還するため,

表5-9 ベンツ・ライン・ガスエンジン工場株式会社の財務内容　　単位：マルク

営業年度[1]	名目株式資本	売上総利益	当期純利益[2]	配当率(%)
1899/1900	3,000,000	1,125,269	667,551	10
1900/1901	3,000,000	951,312	332,371	8
1901/1902	3,000,000	678,176	67,480	4
1902/1903	3,000,000	827,096	70,351	
1903/1904	3,000,000	411,380	△561,174	
1904/1905	3,000,000	1,035,186	116,206	
1905/1906	3,000,000	2,073,837	856,314	7
1906/1907	4,000,000	2,462,362	56,327	15
1907/1908	4,350,000	2,174,673	524,492	8
1908/1909	4,350,000	1,892,629	△143,139	
1909/1910	8,000,000	4,734,451	1,234,017	8
1910/1911	12,000,000	6,029,488	1,830,000	8
1911/1912	12,000,000	11,998,133	4,261,891	10

注1）営業年度は5月1日～4月30日
注2）繰越利益金は除く
注3）△はマイナス
出典：1899/1900～1908/1909年度に関しては, Hans Fründt, Das Automobile und die Automobil-Industrie in Deutschland (Diss.) Neustrelitz 1911, S.98f. 1909/1910, 1910/11, 1911, 1912年度に関しては, Geschäfts-Bericht von Benz Cie 1910, 1911, 1912.（メルセデス・ベンツ文書館）。

1909年から新株発行による増資につぐ増資が実施された。すなわち同年10月の200万マルク, 1910年8月の400万マルク, 1912年8月の400万マルク, そして1913年9月の600万マルクの増資がそれである[98]。その結果, ベンツ社の1913年の名目株式資本金は, ダイムラー社の800万マルクをはるかに超えて, 実に2200万マルクに達したのである[99]。

アダム・オーペル社

ヘッセンのフランクフルト市に近い, リュッセルスハイム市において, 同社が

1862年以来ミシンを，また1886年以来，自転車の製造を開始して，両部門ではヨーロッパ的規模で有力企業に成長していったこと，しかし世紀末の1897年の自転車恐慌に直面して，自動車生産への参入を決意し，まずはルッツマン企業の買収によって，1899年「オーペル特許自動車ルッツマン式」の製造に失敗した後，1901年からフランスのダラック社からエンジン，シャシーを供給されて「オーペル・ダラック車」のライセンス生産を開始し，ようやく自動車生産を軌道に乗せたことは，第3章第5節，第4章第2節で触れたことろである。

同社はその後，ややゆっくりと，しかし着実にフランス技術から自立し，1906年にはダラック社との契約を解消，中型車・小型車を中心に自動車生産を拡大していった。しかし同社は，1911年8月19日から20日にかけての夜に大火にみまわれ，ミシン部門と自転車部門に壊滅的な打撃をうけるが，幸い自動車部門は中庭をへだていたため，甚大な被害をまぬがれた[100]。同社は，急いで工場をコンクリート建ての近代的工場に再建し，思い切ってその礎となった伝統的なミシン部門を放棄し，一定の合理化を行ないながら，自転車と自動車の両部門に力を注ぐようになった。

その結果，同社は，第一次世界大戦前には，少なくとも自動車の生産台数においては，ダイムラー社を凌駕して，ベンツ社につぐ，ドイツ第2位の自動車企業に急成長していった。なおその自転車部門は，1920年代にヨーロッパ最大の工場になったが，1929年と1931年の2段階で同社がGMの完全に子会社としてその支配下に入った後，1937年にドイツのこれまた自転車・自動車メーカーであったエヌ・エス・ウー（NSU）社に買却されていった[101]。

いま同社の経営発展の諸側面を，現研究水準の許す範囲でまとめておこう。

経営陣 オーペル社は，1929年までは，「アダム・オーペル合資会社」（Adam Opel KG Rüsselsheim）と呼ばれているように，企業形態としては合資会社であった[102]。そのため，1895年に創立者アダムが死去して後は，その遺言によって，持分の大部分は妻のゾフィー（Sophie）と，ごく一部は5人兄弟のう

ち上の2人, 長男のカール (Carl, 1869-1927) と, 2男のヴィルヘルム (Wilhelm, 1871-1932) に相続されることになった[103]。この他に3男のハインリヒ (Heinrich, 1873-1928), 4男のフリッツ (Fritz, 1875-1935), 5男のルードヴィヒ (Ludwig, 1880-1916) もいたが, 彼らは会社の持分は受け継がなかったが, それぞれ会社経営のために働くことになる[104]。

父の死後, 同社経営の中心となったのは, 長男のカールであった。彼はすでにそれまでに学校を卒業後, 銀行に勤め, 比較的長期間, 外国で修業をつみ, 1891年には父の企業の経営者の一人となっていたからである[105]。また2男のヴィルヘルムも学校を卒業後, まず父の工場で働き, ついでダルムシュタット工業専門学校に通って, 兄とは異なり技術者になった。1893年のアメリカ・シカゴでの万国博で, 同社の製品の展示・宣伝を成功裏に行ない, その後は父の企業に戻っていたので, 彼も父の死後は同企業の直接的な経営者となった[106]。

3男のハインリヒは, 学校を了えて, 父の企業の商事部門で訓練を受けた後, 同企業の取引先の一人と協力して, 1893年オーストリア・ハンガリー帝国向けの支店,「オーペル・バイシュラーク商会」(Firma Opel & Beyschlag) を, ヴィーンに設立した[107]。4男のフリッツは, 父の工場で修業した後, ミットヴァイダ工業専門学校を卒業, ついでアメリカに行き先進的技術を修得して, 父の死後1899年に戻ってきた[108]。5男のルードヴィヒは, ギーセンついでフライブルクで法学を学び, 一時, 官吏になったが, やはりリュッセルスハイムで短期間働いた後, ベルリン支店の所長として赴任した。彼は法学博士にもなっていたが, 学者にはならず, 当時, 深刻化しつつあったオーペル社の労働問題に関心をよせ, 社会政策的な問題に取り組んでいた。しかし第一次大戦に出征し, 1916年若くして死去した[109]。

アダムの妻, ゾフィーは圧倒的な持分所有者であったが, たんなる出資者にとどまらなかった。彼女はなるほど経営や技術的な実務の問題は息子たちにまかせたが, 否定的にも肯定的な意味でも経営者の一人であった。それについては

第5章　自動車工業の本格的成立期（1901/02〜1913/14年）

次のようなエピソードがある。夫の死後1898年頃，息子たちが自動車生産に参入しようとした時，彼女は一時，馬車とは異なり，騒音を発する奇妙な乗物の製造には反対したことがあった[110]。しかし彼女は，時々，工場を視察して労働者を激励しており，彼女は死の直前，第一次大戦前夜，重い飛行機用エンジンをかついで運ぶ労働者の労をねぎらい，そのポケットに幾ばくかの金を押し込んだりしている[111]。

生産施設　1899年ルッツマン企業の全設備を買収し，リュッセルスハイムに移送することによって自動車部門を開設したオーペル社の同施設は，その後1905年，1912年を画期に充実した発展を遂げていった。

1905年以降，自動車の増大する製造を克服するために，新鋭機械と器具が大量に導入され，それまでのたたき大工的生産方式が少なくなり，機械的生産方式がより強化された。とはいえそこには機械作業部門はあっても，まだ後にみられるようなエンジン部門，動力伝達装置部門といった明確な区別もない，分業の未発展状態を示していた[112]。

オーペルの自動車工場の第2の発展は，1911年の大火の後，拡大・整備された施設の建設とともにやってきた。その状態について，クーグラー（Anita Kugler）が，ある程度詳しく明らかにしているので，その内容を中心に紹介しておこう。まず自動車工場は，大きく(1)通称シャシー工場と呼ばれる「車台・エンジン工場」と，(2)カロセリー工場に分かれていた。

そのうち(1)のシャシー工場は，旋盤部門，フライス盤部門，ボール盤部門，研磨盤部門と，機械製作部門から編成されていたとされている。そしてそこでは，機械製作部門で組み立てられる各機能部品（コンポーネント）には，それぞれ独自の工作機があるのではなく，それらは上記の各工作機部門を何度も往復して仕上げられていった[113]。この点では，当時のオーペル工場もまたダイムラー社のウンターテュルクハイム工場と基本的に同じ性格をもっていた。しかし古い文献 "Adam Opel und Sein Haus Fünfzig Jahre der Entwicklung 1862-1912" に掲げ

られた諸作業場の写真を参照すると，機械製作部門は単一の部門ではなく，エンジン部門，動力伝達装置部門以外に，気化器・冷却水ポンプ・ハンドル部門，ガソリン・タンク部門，車台組立部門，ラジエーター組立部門に細分化されていたことがわかる[114]。そしてこのシャシー工場において，車台にエンジン，動力伝達装置，ハンドル等が組み付けられ，完成シャシーとして，次のカロセリー工場に送られていった[115]。

ついでカロセリー工場は，大きく分けて，木製カロセリーを組み立てる木工部門，フェインダーやステップ等ブリキ部品を加工する板金部門，塗装する塗装部門と，そしてシャシーにそれらを組み付けて完成車にする最終組立部門からなっていた[116]。しかし前記の文献"Adam Opel und Sein Haus"によれば，オープン車用のカロセリー製作部門，幌製作部門，木工機械作業部門，車輪製作部門，シート製作部門が存在していた[117]。これらもまた，ダイムラー社のウンターテュルクハイム工場と基本的に同一であり，車は定置組立方式によって，まるで家を建てるように時間をかけて，一台一台製作されていったのであった。

従業員の状態　オーペル社の従業員（労働者・職員）数は，1929年までは正確にはわからず，ただクーグラーによる推計値があるだけである。それによると，1901年約1000人，1904年約1500人，1910年約3000人，1912年約3300人，1914年約4500人とされている[118]。もちろんこれらの数値が，すべて自動車部門に限られたものではなく，1911年まではミシン，自転車部門を，それ以降も自転車部門を含むものであろう。それにしてもこの推計値がほぼ正しければ，オーペル社の従業員数が1901年から1912年にかけて，優に3倍以上に増加しており，自動車部門を基軸とした同社の急速な発展を窺うことができる。

その熟練度別，職種別の正確な数も確認できないが，クーグラーはそれを次の3グループに区分している。(1)「専門職」(Professionisten)とよばれる工具製作工 (Werkzeugmacher)，皮革工 (Sattler)，部品組立工 (Schlosser)等と，(2)機械労働者と総称される，フライス盤工，ボール盤工，平削盤工等と，(3)最下層に「日雇

労働者」と称せられる不熟練工である[119]。そしてこのヒエラルキーの頂点には各部門を統括する12人のマイスターがいた。彼らは,商事部門の2人の代表と協力して,労働者の雇用・解雇権を掌握しており,また1911年に「徒弟研修工場」ができるまでは,労働者の技術訓練を直接担当していた[120]。

労働時間は,1910年の就業規則によれば,1日9時間半で週6日労働であり,9時間半が,ダイムラー社の場合のように午前・午後の小休憩があって,実質9時間であったかどうかは確認できない。賃銀形態は出高給と時間給からなっていたが,その詳しい内容もわかっていない。しかしここでも,出高給の基準やその適用をめぐって,1907年から1914年にかけて,組合加盟の機械労働者と経営側との間で紛争が発生している[121]。

オーペル社は,労働者から選出される「労働者委員会」を比較的早く認めた企業であったといわれている。同委員会は,賃銀カットや不当解雇に際しては,取締役と交渉する権限をもっていたが,それに対する拒否権はなく,ただ「営業裁判所」に提訴する権限をもっていた[122]。

生産量 表5-10は,オーペル社の車種・モデルの差異を区別せず,その自動車の総生産台数を示している。しかし車種については,殆どは乗用車であり,トラックの製造は,1907年に開始されたが,それが本格化するのは,ようやく1912年になってからであった[123]。

同表をみれば,オーペル社は,1902年以降ダラック車のライセンス生産に加えて,自社開発車の生産を行ない,1906年ダラック社との契約が切れるまで,順調に生産量を伸ばしていったこ

表5-10 オーペル社の自動車生産台数　単位:台

年	生産台数	年	生産台数
1899	11	1907	478
1900	24	1908	500
1901	30	1909	845
1902	64	1910	1,615
1903	178	1911	2,251
1904	252	1912	3,202
1905	358	1913	3,081
1906	518	1914	3,519

出典: Anita Kuglar, Arbeitsorganisation und Produktionstechnologie der Adam Opel Werke (von 1900 bis 1929), Berlin 1985, S.106.

とがわかる。そして1907/08年の自動車恐慌期には, ダイムラー社とは対照的に, 生産数量の軽微な下落がみられたにすぎなかった。その理由は, 後に述べるごとく, オーペル社の乗用車生産が, 比較的に低価格車を中心にしていたためである。また1911年8月の大火にもかかわらず, 同年の自動車生産が伸長しているのは, それが同年の8月に起こったことと, 自動車工場が被害をまぬがれたためであった。そして1912年に新工場が設立されて以後は, その整備された工場において, 自動車生産量も一段と増大していった。こうして同社の自動車生産台数は, 1913年にはダイムラー社のそれを上回り, ベンツ社についでドイツ第2位を占めるまでになった。

なおオーペル社もまた, 1912年から飛行機用エンジンの生産も開始しているが, その生産台数等はわからない。

車種・価格 1901年にオーペル社がダラック社と締結した契約の内容は, 次の3点からなっていた。(1)ダラック完成車の輸入販売, (2)ダラックのシャシーにオーペル特自のカロセリーを組み付けることの許可, (3)ダラック・プランにもとづき独自車の開発製造の許可[124]。

(2)のダラック製シャシーにオーペルのカロセリーを組み付けた「オーペル・ダラック車」の製造は, 1902年から始まった。それは単気筒車ではあったが, 8/9馬力を発揮し, カルダン軸をもって, 堅牢, 安価――トノー仕様で5000マルク――であったため, よく売れた[125]。

しかしオーペル家の2男ヴィルヘルムと4男フリッツは, 工専卒の技術者であったため, ラダック車のライセンス生産には満足せず, それを徹底的に分解・調査したうえ, 独自に2気筒エンジンの開発に成功, 1903年にはオーペル型10/12馬力車を製作した。それは, シャシーの基本構造, ハンドルや懸架など多くの点で, まだダラック車をベースにしたものであったが, 吸・排気弁, 自動オイル・ポンプ, 蜂の巣状ラジエーター等の点で独自性をもち, 価格も6000マルクと比較的安く, ここに技術的自立が展望できるようになった[126]。

しかしその後も，1906年にダラック社との契約を解消するまで，同社は4モデルのダラック・ライセンス車と，同じく4モデルの独自開発車の製造を続けている[127]。

そしてさらにその後は，第一次世界大戦開始期にいたるまで，11の基本モデルを製造しており，1913/14年段階の乗用車の製造モデル数は，やはり多く11にも及び，ダイムラー，ベンツ社のそれとほぼ等しかった[128]。

しかしその価格は，比較的安価であった。そのうち判明する限りで，もっとも高いものは，1907～10年に製造された33/36馬力車の2万～3万マルクであり，安いものとしては，1910～11年製造の5/10馬力車の4000～4200マルク，最低価格のものは，1912～14年に製造された5/14馬力車（小さな人形，Puppchen）の3600マルクであった[129]。

このように低価格帯の小型車をも，中ロット生産しようとしたところに，オペル社が後発メーカーで，最初はフランス技術に依存しながらも，1907/08年恐慌からあまり打撃をうけず，急成長していった理由がある。

アドラー社

1895年7月1日，株式会社化した「アドラー自転車工場株式会社」（Adler-Fahrradwerke AG Frankfurt/M. vorm. Heinrich Kleyer）も，世紀末の自転車恐慌を克服するために，やはり自動車生産に参入することになった。1899年に最初に実験的に製作した軽自動車（leichte Voiturette）と，1900年以降，本格的に製造する四輪車には，フランスのドゥ・ディオン-ブートン製のエンジンが搭載された[130]。アドラー社の場合，この2点，すなわち自転車製造からの参入，フランス自動車企業への技術的依存の点で，オペルのそれと共通性を有している。

しかしアドラー社は，技術的にはオペルより若干早く，1904年にはフランス技術から脱却し，やはり他社同様，多様なモデルを製作しながらも，そのなかでやや低価格の小型車の製造に努めたため，急速に発展していった。同社は，第一

次世界大戦前には，その生産台数において，最も有力なメーカーの一つとなっていった。

経営陣・技術陣 創立者のクライヤー（Heinrich Kleyer, 1853-1932）は，株式会社化して以来，取締役会長に就任している。彼とともに技術担当取締役になったのは，1906年に最初の小型車を製作したゲッカーリッツ（Otto Göckeritz）であった[131]。また彼らのもとで，商事部門の経営陣として活躍するのが，支配人マイヤー＝レオンハルト（Fritz Mayer-Leonhard）とブレヒト（Adam Brecht）であった[132]。

取締役会の上に立つ監査役会の構成については，今のところ詳細にはわかっていない。しかしそのなかに，「商工業銀行」，「南ドイツ銀行」，「南ドイツ土地信用銀行」の監査役でもあったシュミット＝ポーレックス（Dr. Carl Schmidt-Polex）がいた[133]。ところでアドラー社にも，その独自技術の開発にあたったスタッフがそろっていた。自動車生産の最初期から1904年頃までそれを指導したのが，シュタルクロフ（Franz Starkloph）であり，そのあとを継いだのが，ルンプラー（Edmund Rumpler）であった[134]。若きルンプラーは，1903年に入社し，早々，設計事務所長になるが，新型の2気筒，4気筒および同社独特のブロック・エンジンを開発し，同社の発展に大いに貢献した人物である[135]。

生産施設・労働者 アドラー社は，自動車生産の拡大とともに，いやその前提として，フランクフルト市のアドラー街にあったその工場の敷地の内部で，1901年，1903年，1905年と3度にわたって，自動車工場を拡張していった[136]。そして1905年には，モーター試験場や修理工場も併設している。さらに1911年には，同敷地では間に合わなくなり，隣地を購入して工場を外延的に拡大せねばならなかった[137]。その傾向はさらに続き，1913年には，旧電気会社フェルテン・ウント・ギョーム工場の敷地で，当時は大電気コンツェルン，アー・エー・ゲー（AEG）のものになっていた地所の半分を購入し，大自動車工場をつくりあげた[138]。

第5章　自動車工業の本格的成立期（1901／02～1913／14年）

ただしアドラー社は，ダイムラー社やオーペル社とは異なり，カロセリーは自社ではつくらず，すべて外注していた[139]。そのためカロセリー工場はない代わりに，ハイルブロンのドラウツ（Gustav Drauz），ベルリンのシェーベラ（Carosserie Schebera GmbH）など，多くの納入業者と関係をもっていた[140]。

従業員数の詳しい発展過程は不明である。ただフリュントの古い研究は，1909年の労働者数を約3500人としている[141]。もしこの数値が正確であれば，1910年のベンツの2工場の合計3340人，同年のオーペルの約3000人，1909年のダイムラーの2工場の合計2810人のどれよりも多く，たとえ自転車部門を含んでいたにせよ，従業員ないしは労働者数において，最大の自動車企業であった。

フリュントの研究は，労働時間や賃銀にはなにも触れていないが，労働者福祉金庫や年金基金が存在したこと，また同社が資本参加する住宅会社から，従業員に対して住宅が供給されていたことを指摘している[142]。それにもかかわらず，ここでも1907／08年にはストライキが発生している[143]。

生産台数　アドラー社の年次別生産台数は確認できない。既述のローのあげる数値によれば，1913年の生産台数は，シュテーヴァーとならんで約1500台であり，ベンツ，オーペル，ブレナボール，ダイムラーについで，ドイツで第5位を占めている。

しかし，これとはやや異なる観点から計算された数値もある。『アドラー社75年史』によれば，1909／10営業年度から1913／14営業年度の5年間に，同社は合計1万1950台の自動車を販売したと言う。それについて同社史は，「その結果，1914年にドイツ帝国で存在した5万5000台の乗用車のうち，ほぼ5台に1台はアドラー製のものになったと言われている[144]」と，誇らしげに述べている。もしこの数値が，ローのそれより正しく，そしてほぼ対応する5年間，1909～13年の各社の生産台数を合計すれば，ベンツ社1万2569台，オーペル社1万994台，ダイムラー社8023台となり，少なくとも製造台数のみに関しては，アドラー社が第2位にくる可能性がある。

いずれにせよ，アドラー社は第一次世界大戦前夜には，ドイツにおける最も有力な自動車企業の一つであったことは間違いない。

車種・価格 アドラー社の中心的車種は，乗用車であった。その生産に参入した頃の初期モデルは，いずれもドゥ・ディオン-ブートン製エンジンを組み付けたものであり，1900～03年製造のヴィ・ザ・ヴィ（単気筒3.5馬力)，価格3850マルクと，1901～03年製造のアドラー・フェートン（単気筒8馬力)，価格5250～7250マルクが，それであった[145]。

それ以後，上記の技術者ルンプラーの努力の結果，急速にエンジンの独自開発に成功し，第一次大戦開始頃まで，13の基本モデルを製造・販売している。そのうち最も高価なものは，1905～12年製造，40/50馬力車のドッペル・フェートン仕様の2万5300マルクであり，比較的安いものは，1906～07年製造，4/8馬力，小型車の4000マルク，1907～09年製造，5/9馬力，小型車の5000マルク，1911～20年製造，5/13馬力，K型車の4000マルクなどであった[146]。

アドラー社の乗用車のモデル数は，既述の3社より明らかに少なかった。同社は，多モデル・プログラムが生産量を制約すること，またそれだけ価格を高くすることをよく認識しており，型の削減に努力していた[147]。そのため多くのモデルの価格が1000マルク台であり，そのうち3モデルは，5000マルク以下におさえられている。これらのことが，1907/08年の恐慌から以後の小型車化の波にのって，アドラー社を成長させた大きな要因であった。

財務内容 このようなアドラー社の発展は，その財務内容にどのように反映していたであろうか。表5-11は，少なくとも1908/09営業年度にいたるまでのその一端を示したものである。自転車恐慌の1898/99営業年度から，自動車生産が軌道にのる1901/02営業年度頃までは，売上総利益，当期純利益，配当率等の指標は，総じて悪化を示していた。

しかしその後，各指標は，急速な回復基調を表わしており，とくに自動車恐慌の年，1907/08営業年度においても，売上総利益も当期純利益も，ともにへらす

表5-11 アドラー社の財務内容　　　　　　　　　単位:マルク

営業年度[1]	名目株式資本金	売上総利益	当期純利益(繰越金を除く)	配当率%
1898/1899	3,000,000	1,971,821[2]	648,465	16
1899/1900	3,000,000	1,542,552[2]	381,176	10
1900/1901	3,000,000	1,509,184[2]	381,726	10
1901/1902	3,000,000	1,085,105[3]	419,207	10
1902/1903	3,000,000	1,361,251[3]	549,321	15
1903/1904	3,000,000	1,656,661[3]	700,289	16
1904/1905	4,000,000	2,290,246[3]	1,178,497	20
1905/1906	5,000,000	2,916,676[3]	1,563,110	25
1906/1907	5,000,000	3,102,626[3]	1,632,062	25
1907/1908	5,000,000	3,211,859[3]	1,677,621	25
1908/1909	5,000,000	3,823,885[3]	2,117,107	25

注1) 営業年度は11月1日〜10月31日
注2) Unk工場を含む
注3) Unk工場を除く
出典:H. Fründt, Das Automobil und die Automobil-Industrie in Deutschland, (Diss.) Neustrelitz 1911, S.98f.

ことなく，むしろわずかではあるが伸ばしさえしている。これはダイムラー社やベンツ社と異なるアドラー社の大きな特徴であった。その原因は，同社が自転車生産を行なっていたことにもよると思われるが，やはり同社が自動車市場における小型車化の傾向によく適応して，自動車生産戦略の照準をそれに合わせていたためである。また株式配当率においても，最低でも10%を維持し，最高25%をだしていたことは，アドラー社の財務内容の健全性を如実に物語っている。

1908/1909年度以降の財務内容の時系列的変化は，残念ながら正確にはたどれない。しかし，1910/1911年度には資本金は800万マルク，準備金はその5割に近い390万マルク，当期純利益はなんと350万マルクに達していたことはだけは判明している[148]。

ブレナボール社

ハーフェル河畔のブランデンブルク市に位置する自動車企業，ブレナボール社（Brennabor Werke）は，1902年に初めてオートバイを，1908年になってよう

やく自動車製造を開始した自動車メーカーとしては，相当遅く出発した後発企業であり，そのため当然，萌芽的成立期にはその名は登場してこなかった[149]。しかしそれは，ひとたび自動車生産に参入すると，急速に伸長し，前述のローによる1913年の生産台数順位によると，ベンツ，オーペルについで約2400台を生産し，ドイツ第3位の自動車企業に躍進しており，また比較的長命を保って1934年まで存続していった。その内容を示す研究は少ないが，ここではできうる限りで紹介しておこう。

同企業は，面白いことに籠製作職人であったライヒシュタイン兄弟（Carl u. Adolf Reichstein）が，1871年に小さな仕事場を賃借して，15人の人員で籠製の乳母車を製作したことに始まる[150]。しかし3年後には従業員は早くも300人に増加し，工場とよばれるにふさわしい経営となり，1875年には1日約100台の乳母車を製造した[151]。それから約10年後の1885年には自転車生産に，ついで1902年には「アーヘン鉄鋼所」（Aachener Stahlwerke）からファフニール（Fafnir）名称のエンジンを購入して，オートバイ生産に参入していった[152]。

その後，1906年よりカールの息子，カール・ライヒシュタイン2世が自動車製作を企画・指導するようになり，まず1906年に上記ファフニール2気筒V型エンジンを搭載した三輪車を実験車として製作した[153]。ついで1908年になって，この「ブレナボレット」（Brennaborette）と名付けられた3馬力の三輪車の製造を開始するとともに，同じくファフニール・エンジン（6/8馬力）を搭載した小型の四輪車をも製造しはじめた[154]。

その三輪車はなんと1911年まで，またこの四輪車も1910年まで生産し続けられている。同社は，1911年になってようやく自社製エンジンをもった自動車製造を可能にするが，それほどエンジン供給を依存したアーヘン鉄鋼所とはどのような企業であったか。それはこの時期のドイツ自動車工業の発展を顕著に特徴づける企業といえるので，ここで若干，紹介しておこう。

アーヘン鉄鋼所は，1880年代にシュヴァネマイヤー（Carl Schwanemeyer）に

よって創立された[155]。同社は，最初は自転車部品を製造し，その分野でドイツ最大のメーカーの一つとなった。しかし原付自転車やオートバイの抬頭とともに，それに組み付けるエンジンの製造を始め，フランス式のそれの開発に成功した。その後，1902年にはファフニールと称するそのようなエンジンの製造を開始し，例えば1906/07年には，3.5馬力から24馬力の7種類の，また1908/09年には，6馬力から24馬力の5種類の，当時の技術水準からみて優秀なエンジンを製造・販売していった[156]。そしてとくに興味深いのは，同社がこれらのエンジン以外にも，1904年から，動力伝達装置等，自動車の組み立てに必要な機能部品一式を，「自動車のすべての装置」(Ominimobil-Aggregate) として発売し始めたことである[157]。すなわち同社は自動車の製作に関心を持つ他の企業や，また個人でさえものが，これらのコンポーネントを全部または一部購入すれば，それで可能になるような部品供給業者であった。

しかし同社は，それにとどまらず，1909年から1914年にかけて，自ら5モデルの小型または中型の乗用車も製造・販売するようになった[158]。

このように，アーヘン鉄鋼所は，ちょうどフランスにおけるドゥ・ディオン-ブートン，ビュシェ，アステ (Aster) の各社がそうであったように，またドイツでは，ドゥ・ディオン-ブートン・エンジンのライセンス生産者であった，同じくアーヘンのクーデル社がそうであたったように，自ら自動車の完成車メーカーになっていったばかりでなく，エンジンやその他のコンポーネントの量産メーカーとして，ドイツの自動車工業の本格的形成に，とくに，自転車・オートバイ企業が自動車企業に転成するうえで大いに寄与したのである。事実，ファフニール・エンジンを購入して，自動車を組み立てたドイツ企業としては，いま問題としているブレナボールの他に，レックス=ジンプレックス，ファルケ，ホルスト・シュトイデル，チート，コローナ，アイゼナッハ市のヘルマン，ズールのシリングなど，多数を数えた[159]。

ここで話を再びブレナボール社に戻そう。同社は，1911年まではファフニー

ル・エンジンを装備した自動車を生産した後,同年になってようやく自社製エンジンの自動車の製造を開始した。それは1911年から1914年にかけて,次の5つの基本モデルの比較的安価な小型車からなっていた。なお括弧内はシャシーのみの価格である。(1) B1型5/12馬力車(3500マルク), (2) L4型6/18馬力車(4800マルク), (3) G4型8/22馬力車, (4) F8型10/28馬力車(7800マルク), (5) 3型5/15馬力車[160]。

その年次別の生産台数は残念ながら確認できないが,年々ふえ,そのために1912年には工場が拡張され,1913年には最初に触れたように,2400台を数え,ドイツ第3位にまでのしあがっていった[161]。その市場の中心は,小型車需要が強まった国内市場であったが,輸出も活発に行なわれ,その仕向国は,イギリス,フランス,デンマーク,オーストリア・ハンガリー,スウェーデン,ノールウェイから,遠く南アメリカ,オーストラリア,中国にまで及んでいた[162]。

シュテーヴァー兄弟社

北ドイツのシュテッティンで,ベルンハルト・シュテーヴァー(Bernhard Stoewer)が,「シュテッティン鉄工所」(Stettiner Eisenwerke)を創立したのは,1858年の頃であった。それは1895年に「ベルンハルト・シュテーヴァー・ミシン・自転車工場株式会社」(Nähmaschinen-und Fahrräder-Fabrik Bernhard Stoewer AG)と称するようになったことが示すごとく,ミシンや,ペダル,チェーン等の自転車部品を製作しており,その他,工作機械をも製造していた[163]。1897年になって,彼の2人の息子エミールとベルンハルト2世は,父の工場の一角において,実験的に自動車の製造を開始した。彼らは,1897/98年に,まずドゥ・ディオン-ブートン社製か,またはそれをライセンス生産していたクーデル社製の単気筒エンジンを搭載した三輪車を,ついで1899年にはドゥ・ディオン-ブートン製の単気筒エンジンをもった四輪車を製作した。しかし彼らは,同年末にはすでに独自の2気筒エンジンの開発に成功した[164]。

こうして父は息子にまかせる形で, 1899年, 別会社, 「シュテーヴァー兄弟自動車工場」(Gebr. Stoewer, Fabrik f. Motorfahrzeuge) が設立された。新世紀の到来とともに, 同社は自動車生産を強力に推進し始める。その車種は後に述べるように多様な乗用車にとどまらず, トラック, バス, 電気自動車, 消防車に及んだ[165]。

恐慌期の1907年, 同社はベルリンの「ドイツ自動車工場有限会社」(Deutsche Motorfahrzeug-Fabrik GmbH) と利益共同体を結成し, それが製造していた車の生産を引き受け, 同社をシュテーヴァー車の販売組織にした。しかし結局, 翌1908年には, ドイツ自動車工場有限会社が破産し, シュテーヴァー社は生き残り, 大きくなっていった[166]。

また同社は, 1908年にはシュテッティン市と換地を行ない, 工場をファルケンヴァルダー公道街からシュヴァルツオウ街に移転させた際に, 60万マルクの補償金をえている[167]。

同社が株式会社化するには, 第1次世界大戦中の1916年をまたねばならなかった。それによって, 資本金400万マルクの「シュテーヴァー工場株式会社」(Stoewer-Werke AG vorm. Gebr. Stoewer) に再編成されることになる[168]。

ところで, このシュテーヴァー社が, 自動車生産を始めてから, 第一次世界大戦開始頃までの, 年次別の生産台数は残念ながらわからない。すでに何度もあげた, ローによる1913年の数値は, アドラー社と並んでドイツ第5位の, 1500台であった。また自動車生産開始から第一次大戦終了頃までに, 乗用車, トラック等, 合わせて約1万台であったという数値もある[169]。いずれにせよ, シュテーヴァー社は, 後発社ながら, 第一次世界大戦前には, フリュントがいうように「誇張なしにドイツ最大の工場に比肩しうる[170]」ものであったことは間違いないであろう。

同社が, 1902年頃から, 1914年頃までに製作した乗用車の基本モデルは, 12に及んでいるが, 他社と比較すればかなり少ないほうであった[171]。そのうち, 19

05〜10年の間,製造し続けられた,P4型11/22馬力車や,「ドイツ自動車工場有限会社」からその製造を引き受け,1907年から製作された「アウト・グロム」(Auto-Grom)号の改良型などは,非常に成功した[172]。後者は,10/12馬力の小型車で,価格も約4000マルクと安く,そのため年々約1000台が生産された[173]。

トラック,バスの製造も,乗用車とほぼ同時に開始されたが,1903年にはロシアに輸出されており,また1908年にはシュテーヴァー社は軍用トラック補助金制度指定のメーカーにされている[174]。

さらに同社は,ダイムラー社のベルリン・マリーエンフェルデ工場から技術者ロウツキー(Boris Loutzky)を招聘して,飛行機エンジンの製作にあたらせ,1911年にはそのF4型33/100馬力エンジンを開発した[175]。

エヌ・アー・ゲー(NAG)

大電気コンツェルン,アー・エー・ゲー(AEG)が,ラーテナウ(Emil Rathenau)の企図を受けて,自動車生産に参入するため,1899年AEGの子会社として,「一般自動車会社」(Allgemeine Automobil-Gesellschaft)を創立させ,ベルリン工科大学教授クリンゲンベルク(Georg Klingenberg)に委託して自動車を設計させ,AEGのベルリン・オーバーシェーネヴァイデの電線工場でその製作を始めたことは,第4章第2節で触れた通りである。その後,同社は,1902年に当時,才能ある自動車設計家フォルマー(Joseph Vollmer)を招聘し,1907年までいくつかのモデルの乗用車を設計させている[176]。

その間,AEGは,1901年12月24日,いずれこの自動車製造会社を引き取るという条件のもとで,さしあたりはそれが製造した自動車の販売会社として,資本金30万マルクの「新自動車有限会社」(Neue Automobil-Gesellschaft mbH)を設立させた[177]。

その後,一般自動車会社の経営は拡大して,その労働者数も1905/06年度には950人,1906/07年度には約1000人に増大し,その自動車生産台数も,1902年30

第5章　自動車工業の本格的成立期（1901/02～1913/14年）

台, 1903年120台, 1904年200台, 1905年350台, 1906年500台, 1907年600台と, 堂々たる自動車メーカーになっていった[178]。そしてその生産台数の25～30%は, ベルギー, オーストリア・ハンガリー, アメリカ等に輸出されている[179]。1908年になって, AEGは, 管理費などの節約のため,「一般自動車会社」が行なっていた自動車生産を, 全面的にNAGによって引き受けさせた。これが自動車製造メーカーNAGの誕生であり, 生産基地は同じくオーバーシェーネヴァイデであった。

1912年7月1日には, NAGは有限会社から資本金700万マルクの株式会社に再編された。監査役はAEGから派遣され, 取締役には, 技術担当としてヴォルフ（Ernst Wolff）, 商事担当としてゴッシー（Carl Gossi）, 支配人には技術担当としてクレツェヴァー（Siegmund Kleczewer）, 商事担当としてウルテル（Rudolf Urtel）が就任した[180]。その株式配当率も, 1914年6%をだして以後, 1915年10%, 1916年12%, 1917年15%, 1918年10%となっており, 第一次世界大戦にかけて, 経営的安定を示していった[181]。その間, その略称NAGを維持したまま, 1915年にはその正式社名を戦時らしく「国民自動車会社」（Nationale Automobil-Gesellschaft）と改称している[182]。

いま,「一般自動車会社」とその後継社NAGが, 第一次大戦頃までに製作した乗用車のモデルとその製造年等を示すと, 次の9種であった。(1) B型, 20/24馬力車（1904年）, ドッペルフェートン仕様, 1万5000マルク, (2) B2型, 29/55馬力車（1905～08年）, ランドレット仕様, 2万5000マルク, (3) AC4型, 10/18馬力車（1907～09年）, (4) N2型, 6/12馬力車（プック Puck）（1908～11年）, ドッペルフェートン仕様, 4800マルク, (5) K2型, 6/18馬力車（ダーリング Darling）,（1911～14年）, (6) K3型, 8/22馬力車,（1912～14年）, (7) K5型, 13/35馬力車（1912～14年）, (8) K8型, 33/75馬力車（1912～14年）, (9) K4型, 10/30馬力車（1914年）[183]。これをみてもわかるように, ここでも, 民衆的な「プック」「ダーリング」といった小型車から, K8型のような大型車まで多様なモデルが製作されていた。

その他, タクシー, バス, 重トラックも製造されていて, 同社はベルリンのタクシーの最大の供給者になっていた[184]。また同社は, 1907年アメリカの「ライト飛行機エンジン」のライセンス生産をもって, その分野にも参入している[185]。

このようにNAGは, ドイツの大電気コンツェルンAEG主導のもとで成立した自動車企業であった点で, その特異性を示している。それは第一次大戦後も存続し, 1925年には従業員約5000人を擁し, 1926年末には「プロトス社」(Protos) を, また1927年には「プレスト社」(Presto) を吸収・合併して, 一大自動車企業にのしあがっていった。しかしその後は急速に経営が行きづまり, 1931年には, その商用車部門を後にのべるビュッシング社に譲りわたし, また1934年には乗用車生産を停止している[186]。このようにNAGは, ドイツの電気工業によって設立されて, 一時, 大企業にまでなりながら, 結局, 自動車企業としては消滅していった興味ある企業である。

エヌ・エス・ウー(NSU)

この企業も, 1873年いらい存在していたが, オートバイ生産を開始したのが1901年, 自動車生産に参入したのが, ようやく1906年のことであったため, 第4章第2節の萌芽的成立期では扱ってこなかった。

同企業のそもそもの発端は, 1873年クリスティアン・シュミット (Christian Schmidt) とハインリヒ・シュトル (Heinrich Stoll) の2人が, ドナウ河畔のリートリンゲン市の水車小屋を借りて, 編物機製作の小企業を起こしたのに始まる[187]。その後シュミットは, ネッカーズルム市に移り, そこで1880年4月, 1万8000マルクで工場を求め, それを改築して, 編物機の製造を拡大していった。彼らは, 1884年初め, それを資本金5万マルクの株式会社, 「ネッカーズルム編物機工場株式会社」(Neckarsulmer Stickmaschinen-Fabrik AG) に転換させた[188]。

その直後, 彼はわずか39歳で亡くなり, その経営は義理の兄弟バルツホーフ (Gottlob Barzhof) に委ねられた。クリスティアンの弟カール・シュミット (Carl

第5章　自動車工業の本格的成立期（1901/02〜1913/14年）　417

Schmidt) が，技術担当取締役として参画したのは，兄の死後3年たってからである[189]。

しかし，1885年に編物機に対するオーストリアの輸入関税が引き上げられ，輸出不振にみまわれたことを契機に，同社は1886年から自転車生産に参入，その業績を急速に伸ばしたため，1892年以降は自転車生産に集中するようになった[190]。その間，同社が1889/90年に，ダイムラー社から，マイバッハが設計・製作した「鉄鋼車輪車」用に，鉄パイプ製車台を20台分供給したこと，またその後同様のものをプジョー社にも供給したことは，後に自動車生産に参入するうえで，象徴的な意味をもっていた[191]。ともあれ，自転車生産に専念するようになった同社は，1892年には「ネッカーズルム自転車工場株式会社」(Neckarsulmer Fahrradwerke AG) と改称し，資本金を100万マルクに増資した[192]。その頃，同社の工場は，すでに294台の工作機をもつ堂々たるものになっていた。

ところが世紀末になって，同社も，これまでしばしば述べてきた自転車恐慌にみまわれ，1901年にはオートバイ生産に参入した。自転車生産で培った設備・熟練工・技術をもった同社は成功裏にそれをなしとげた。その後，1905年には新工場が建設され，工作機数も525台，従業員も786人に増えた[193]。さらに1913/14年には，その工作機数も965台，従業員数も約2000人にまで増大していった。その前後，年生産量は，1902年から1907年にかけて，自転車生産では，5348台から1万3858台へ，オートバイ生産でも，474台から2228台へと伸長している[194]。当時この業績をあげるにあたっては，技術担当者として創業者の息子カール・シュミット (Karl Schmidt) と，商事部門においては支配人シュヴァルツ (Carl Schwarz) が大きく貢献した[195]。

そして1904年，同社はついに自動車生産に参入することを決意する。それはまず，ベルギーの「ピープ自動車会社」(Pipe-Werke) の小型車のライセンス生産から始められた[196]。しかし同社は，上記カール・シュミットのもとで独自の6/10馬力の小型車の開発に成功し，1906年からその製造を開始した。

その後の詳しい年次別生産台数は不明であるが，1906年には20台，1913/14営業年度には，すでに432台に達していたことだけはわかっている[197]。

同社が，第一次世界大戦勃発頃までに製作した乗用車の基本モデル数は，次の9つであった。括弧内はその製造年代。(1) 6/10馬力車（1906～07年），5800マルク，(2) 10/20馬力車（1907～10年），(3) 4/11馬力車（1909～11年），(4) 5/12馬力車（1909～13年），(5) 10/30馬力車（1911～12年），シャシーのみ8000マルク，(6) 13/35馬力車（1911～14年），(7) 8/24馬力車（1912～13年），シャシーのみ6200マルク，(8) 6/18馬力車（1908～14年），シャシーのみ5000マルク，(9) 5/15馬力車（1914～19年），ドッペル・フェートン仕様で4200マルク[198]。これらを一瞥すれば，価格のほうは完全にはわからないが，同社が小型車で比較的廉価な車を，生産の基軸にすえていたことがわかる。これが同社を急伸させた理由の一つであったろう。

また同社も，第一次世界大戦前夜には，トラック生産を開始している[199]。その財務内容については，1908/09営業年度に，賃銀・材料費の上昇のために，一時相当の損失を計上せねばならなかったが，その他の年度においては順調であったように思われる[200]。

このように，同社は第一次世界大戦前夜には，自転車，オートバイ，各種自動車といったふうに，乗物全般を広く生産するようになっていた。そのため社名も，1913年にはそれに相応しく「ネッカーズルム乗物株式会社」（Neckarsulmer Fahrzeugwerke AG）と改称され，資本金もいっきょに360万マルクに増資された[201]。

ホルヒ社

創造的な技術者であったホルヒ（August Horch）が，フランスの進歩した自動車技術についていけなくなったベンツにあきたらず，1899年ベンツ社を辞し，友人とともにケルン=エーレンフェルトにおいて「アウグスト・ホルヒ自動車工場

合名会社」を起業し,振動の少ないエンジンの開発に成功,優秀な自動車を10台製作したこと,ついで1902年,より広い工場と資本調達の便をもとめて,ザクセン・フォークトラントのライヘンバッハ市に工場を移したこと,さらに1904年春には,同企業を基本資本金35万マルクの株式会社,「ホルヒ自動車株式会社」(Horch & Cie Motorwagen AG) に再編成して,同年7月14日にはその工場をもう一度ザクセンのツヴィカウ市に移転させたこと,等は,第4章第2節で触れた。

同地でホルヒは,1904年より,4気筒18/22馬力車——シャシーのみの価格9400マルク——の製造を開始した[202]。また1906年には工場を拡大し,資本金も同年には52.5万マルク,翌1907年には70万マルクに引上げていった[203]。そして1907年には,新モデル35/40馬力車——シャシーのみの価格1万5000マルク——や,31/60馬力車を開発した[204]。

しかし本質的に技術開発に執念をもつ技術者であったホルヒは,各種の競技会を自社の技術的成果をためす機会ととらえ,研究・実験・参加に惜しまず資金を投入したため,それが経営を圧迫していった。とくに1907, 08, 09年の競技会ではホルヒ車の成績が不振であったため,それを口実に商事部門担当取締役と衝突し,彼は監査役会を味方につけられず,1909年6月19日,結局,彼は自分が設立した会社から追い出されるはめになった[205]。彼はやむなく,自分に忠実な技術者やマイスターら12人とともに同社を去り,次に述べるアウディ社を設立するが,この劇的な企業史のなかに,かつてダイムラー社とベンツ社でも起こった技師的企業家とそうでない出資者とのあの同じ抗争が見事に再現されている。

しかしホルヒが抜けた後も同社は,彼の技術的遺産を継承しながら,パウルマン (Georg Paulmann) を技術担当取締役とし,ホルヒの永年の協力者であったザイデル (Seidel) を設計者として,乗用車と,1910年からは少数の救急車,1913年からはトラックを製造していった[206]。

いま同社の生産台数を数字で示せば,以下の通りである。乗用車：1906年75台,1907年94台,1908年102台,1909年175台以上,1910年266台以上,1912年

493台, 1913年515台, 1914年476台。救急車：1910年1台, 1911年1台, 1914年1台。トラック：1913年9台, 1914年119台。[207]

　ではこのホルヒ社は, どのようなモデルの車を製造していたのであろうか。乗用車に関しては, 第一次世界大戦頃までに次の10の基本モデルがつくられている。(1) 18/22馬力車 (1904〜09年), シャシーのみ9400マルク, (2) 35/40馬力車 (1905〜11年), ドッペルフェートン仕様1万5000マルク, (3) 6気筒31/60馬力車 (1907〜10年), シャシーのみ1万8400マルク, (4) 25/55馬力車 (1910〜12年), (5) 6/18馬力車 (1911〜20年), シャシーのみ5000マルク, (6) 8/24馬力車 (1911〜20年), シャシーのみ6000マルク, (7) 10/30馬力車 (1910〜14年), (8) 13/35馬力車 (1912〜14年), シャシーのみ1万300マルク, (9) 18/50馬力車 (1914〜20年), (10) 25/60馬力車 (1914〜20年), シャシーのみ, 1万4500マルク[208]。そのモデル数, 馬力数, 価格からみて, 同社はそのモデル数こそさして多くはなかったが, 小型車, 中型車, 大型車と広い範囲で乗用車を製造していたことがわかる。

　このホルヒ社の経営的展開は, その幾つかの財務指標に反映されている[209]。資本金は, 1904年35万マルク, 1906年52.5万マルク, 1907年70万マルク, そして1909年には100万マルクに引き上げられている。純利益は, ツヴィカウ市に移転した1904年に損失を計上したのち, 1907年まで顕著に増大していった。そして, その後は, ホルヒの技術開発費と競技会参加等がそれを圧迫したため, やはり1909年までに半減している。この間の株式配当率は, 1905年4%, 1906年25%, 1907年25%, 1908年19%, 1909年12%であった。

　ここで後発企業ながらホルヒ社をとりあげるのは, これを基礎に次にのべるアウディ社が成立してくること, そしてそれらが第一次大戦とヴァイマル共和政期を生きのび, やがて1932年に「ツショパウ・エンジン工場株式会社」(Zschopauer Motorenwerke AG, 別名DKW) を中心に, 後に述べる「アウディ社」, 「ヴァンデラー社」(Wanderer Werke) と4社で, ドイツの一大自動車コンツェルン,

「アウト・ウニオーン株式会社」(Auto Union AG Chemnitz) を形成し,その重要な一翼になっていくからである[210]。

アウディ社

前述のように,自分が設立した企業から1909年6月19日に逆にほうりだされるという劇的な形で辞めさせられたホルヒは,その後わずか1ヵ月もたたない同年7月16日には,新たな企業「アウグスト・ホルヒ自動車工場」(August Horch Automobilwerke) を設立した[211]。それは木工工場の跡で,挑戦的にももとのホルヒ社のそれから数百メートルしかはなれていなかった[212]。

その新会社の資本金20万マルクの出資者は,ホルヒ以外は,彼の親しかったフィンケンチャー兄弟 (Paul u. Franz Finkentscher) や鋳鉄所所有者ヘルテル (Wilibad Hertel) であり,また社長にはホルヒが,支配人には技術者のランゲ (August Hermann Lange) が就任した[213]。そして労働力としては,すでに述べた通り,彼に忠実なマイスターなどをつれてきたことが,新発足にあたって幸いした。

しかしこの新会社が,その社名に再びアウグスト・ホルヒの名を冠したことについて,もとのホルヒ社から訴えられ,ライプチヒの帝国裁判所で敗訴し,やむなく「ホルヒ」(Horch)——ドイツ語で「聴け」の意味——のラテン語訳「アウディ」(audi) をとって,「アウディ自動車工場有限会社」(Audi Automobilwerke G. m. b. H.) と改称せねばならなかった[214]。なおそれが株式会社化するのは,第一次世界大戦中の1915年のことである。

しかし技師的企業家として,彼の自動車製作にかける情熱はすさまじく,1910年には早くもA型10/22馬力車の製作を開始した[215]。その第一次世界大戦に至るまでの年次別生産台数はわからないが,モデル別の,しかもやや長期にわたるそれは明らかにすることができる。A型10/22馬力車 (1910〜12年), 140台, B型10/28馬力車 (1911〜17年), 360台, C型14/35馬力車 (1911〜28年), 1450台,

D型 18/45馬力車（1911〜20年），50台，E型 22/55馬力車（1911〜24年）350台，G型 8/22馬力車（1914〜26年），1122台。[216)] この数字からみれば，アウディ社はすでに早くも第一次大戦前には，年産，数百台を生産する自動車企業になっていたと推定される。

それが製作したモデル数は，上記のごとく6タイプであった。それらはその馬力数からみて，中型車が多かったが，一部にG型のような小型の量産車がある一方，E型のような大型車を含んでいた。また中型車でもC型は量産車であった。その価格は，シャシーのみについては，B型8500マルク，C型1万500マルク，D型1万2500マルク，E型1万4500マルクであり，多くは，やはり中級車的価格帯にあった[217)]。

アウディの乗用車にはスポーツタイプが多く，堅牢で登坂力に強かった。1910年から1914年まで毎年，開催されていたオーストリア・アルプス競技会で，同社は1911年から参加したにもかかわらず，他社の車を圧倒して多くの車が完走し，その信頼性の名声を高めていた[218)]。

また同社は，その強力なエンジンを利用して積載量2トンの小型トラックを製作し，1912年の補助金付軍用トラックの試走会に参加している[219)]。そのことをふまえ，ドイツが，第一次世界大戦に突入して以後は，乗用車生産は基本的に停止され，全面的にトラック生産に転換していく。

同社も，第一次大戦，ヴァイマル共和政期を生きのび，前記ホルヒ社同様，1932年に成立する大自動車コンツェルン「アウト・ウニオーン社」の一翼となっていっただけでなく，第二次大戦後も存続し，今もフォルクスワーゲン・グループの構成社となって存続し続けている。

ヴァンデラー社

同社は，機械工ヴィンクルホーファー（Johann Baptist Winklhofer）とイェニケ（Richard Rolf Jaenicke）が，1885年に「ケムニッツ自転車車庫」（Chemnitzer

Velociped-Depot)とよばれる,小さな手工業的自転車製作所を設立したのに始まる[220]。それはやがて工場となり,自転車の他に,工作機械,事務機械をも製作するようになった。世紀末の自転車恐慌が,同社に対してどのように作用したか不明であるが,この企業もまた1902年にはオートバイ生産に参入した。それは堅牢で優秀なものであったといわれている[221]。

ついで同企業は,多くの機械と熟練労働者を擁していたため,自動車の製造を企図し,1905年から実験車の製作にとりかかった。その結果,1905年には空冷2気筒,2席の「ヴァンデラー・モービル」を,1907年には,4気筒の第2の実験車をつくったが,いずれも小型車であった[222]。

1907年には,同企業はケムニッツ市近郊シェーナウ(Schönau)に本拠をおく,「ヴァンデラー工場株式会社」(Wanderer-Werke vorm. Winkelhofer & Jaenicke AG)に転換された[223]。その後,1911年には,ドレスデン銀行の引き受けで,150万マルクに及ぶ増資が行なわれ,1912年には製品の近代的な運搬施設をもった新工場が建設され,従業員数も2000人以上の大企業になっていった[224]。

この間,同社は6年近い注意深い研究と実験をへて,1911年,小型乗用車W1型5/12馬力車を,価格3800マルクで,翌1912年から1914年まで製造している[225]。ついで1913年にはW2型5/15馬力車,1914年にはW3型5/20馬力車の生産を開始しているが,それはいずれも小型車であった。

その年次別,モデル別の生産台数は不明である。ただこのほぼ同系列の小型車,W1,W2,W3,W4,W8(人形ちゃん,Puppchen)が,1912年から1926年にかけて,約9000台つくられたことがわかっているだけである[226]。この数値からみて,同社は最後発社ながらも,第一次世界大戦前には,すでに相当の中堅企業にのし上がっていたことは間違いない。

第一次世界大戦前に製作が開始された乗用車は,W1型5/12馬力車(1912～13年),3800～4000マルク,W2型5/15馬力車(1913～14年),W3型5/15馬力車(1914～19年)の,3基本モデルである[227]。いずれも小型車で,価格も当時とし

ては非常に安かったので，それが同社の販売を伸ばしたものと思われる。

　同社もまた，第一次大戦，ヴァイマル共和政期を生きのび，1932年，他の3社とともに「アウト・ウニオーン社」の一翼となっていく。

ビュッシング社

　1870年いらい鉄道資材を製造していた「マックス・ユーデル社」(Max Judell & Co.) の技術担当取締役ビュッシング (Heinrich Büssing) は，1901/02年，同社においてトラックの実験車を製作してのち，1903年初に独立して「ブラウンシュヴァイク・トラック・バス・エンジン特殊工場合名会社」(Spez. Fabrik f. Motorlastwagen, Omnibusse u. Motoren OHG. Braunschweig) を設立した[228]。

　同社は，乗用車中心の他企業とは異なり，その社名も示す通り，乗用車生産には目もくれず，一途にトラック・バスのそれに専念するトラック・メーカーであった。その意味で，私たちは，自動車工業の本格的成立期に生まれたこの企業に注目する必要がある。

　同社は，まず1904年には，自社で製作したバスをもって，ブラウンシュヴァイク＝ヴェンデブルク間を含む合計4路線で，定期バス運行を実施し，自社製品の信頼性を実証した[229]。この頃はいわば試験期間で，経営的にもいちばん苦しかったが，1904年末になって，ロンドン市のバス用にと，イギリスの「ストレイカー・スクワイヤー社」(Straker & Sqwire Ltd. London) から，まず10台の，ついでまた20台，50台とまとまった数のシャシーを受注し，結局，合計約400台を輸出した[230]。また国内市場では，ベルリン市がビュッシング製バスを採用したことが，同社にとって有利に作用した[231]。

　その工場施設は，1903年の小工場から出発して，1908，1910，1911，1913年と新築工場を追加して，しだいに大工場になっていった[232]。その過程で，同社は，1906年，ハノーファーのタイヤ・メーカー，コンチネンタル社と協力して，重車輌用空気タイヤを開発し，また1908年には消防車などの特殊車の製造をも手掛

けるようになった[233]。

とくに同社が，1908年プロイセン陸軍省によって軍用トラック補助金制度の指定業者にされてからは，その発展が促進された。このことと関連して，同社製トラックは，1909年にはバイエルンやオーストリア・ハンガリーの軍部からも指定車にされたため，同トラックのライセンス生産権を，それぞれの地域の特定自動車企業に販売するまでになった[234]。こうして，「すでに1910年には，ビュッシング工場は，その大きさと生産能力において，たとえ全世界とは言わないまでも，ドイツとヨーロッパにおける最先端のトラック工場になっていった[235]」と言われている。1912年には同社は，職員60人，従業員400人を雇用し，年産約200台のトラックとバスを生産していた[236]。

同年にはまた，生産計画が拡充され，全輪駆動のトラック，通常の，また無限軌道のトラクター，ウインチ車も製造されるようになる。軍部との協力関係もいっそう緊密になって，同社はやがて始まる第一次世界大戦中には，月産約80台の軍用トラックを製造する，その分野ではドイツ最大の納入業者となる運命を担っていた[237]。

またこの間，同社の輸出も著しく伸長し，その仕向国は，上記イギリス以外に，オランダ，イタリア，デンマーク，スウェーデン，ノールウェイ，ロシア，アメリカに及んだ[238]。とくに同社のイギリス・ロンドンへのバス用シャシーの輸出は著しく，1912年6月30日現在，ロンドンのバス2527台中328台がビュッシング製という状態になっていた[239]。

第3節　本格的成立期における自動車工業全体の状態

私たちはこれまで，ドイツ自動車工業の本格的成立期（1901/02〜1913/14年）における，自動車製造企業の全体的にみて，激しい生産への参入・撤退，当該期を

代表する12企業の発展を企業史的に考察してきた。そこでここでは，それらを総括したなんらかの統計的数値を利用しながら，この本格的成立期におけるドイツ自動車工業の全体像に迫ってみたいと思う。

三つの基本統計　その際，私たちが利用できる基本的統計として，以下に掲げる三つのものがある。その一つは，(1)帝国統計局編集の「ドイツ帝国統計　四季報」，(Statistik des Deutschen Reichs 1913, Vierteljahrshefte 23, 23. Jahrgang 1914) に収録されているものであり，**表5-12**がそれである。いま一つは，(2)Gerhard Horras が，その著 "Die Entwicklung des deutschen Automobilmarktes bis 1914" の巻末にげている付表と，さらにもう一つは，(3)「自動車工業全国連盟」が，1927年に初めて刊行した『自動車工業に関する事実と数値』"Tatsachen und Zahlen aus Kraftfahrzeug-Industrie, 1927." に掲載されているものであり，それらを合成したものが**表5-13**である。

この3つの統計に共通する点は，ともに取りあげられている1907年から1912年までの，二輪オートバイ，乗用車，トラックの生産総台数に関しては，完全に一致していることである。

しかし幾つかの相違点がある。まず第1は，統計(1)には，1901年，1903年，1906年の数値がでているのに対して，1913年の数値はなく，統計(3)には，1909年以降しかあげられていないが，1913年の数値がでていることである。そのためドイツ自動車工業の本格的成立期 (1901/02～1913/14年) を全体としてみるためには，統計(1)が便利であり，その期の後半をより詳細にみようとするなら，統計(2), (3)のほうがよいということになる。

第2の相違点は，三つの統計が合致する1909～12年に関して，乗用車の生産台数は一致するにもかかわらず，その馬力数区分による台数が，相当異なっていることである。

しかし，もっと大きな相違点は，統計(1)と(2)の間で，1907～12年に関して，その経営数が，したがって従業員数，人件費（賃銀・給与総額），材料費（加工原料・

第5章　自動車工業の本格的成立期（1901/02～1913/14年）

表5-12　本格的成立期におけるドイツ自動車工業の発展（1901～1912）

			1901	1903	1906	1907	1908	1909	1910	1911	1912
営業数 [1]			12	18	34	52	53	58	56	58	60
従業員数（労働者・職員）			1,773	3,684	11,439	12,688	12,430	18,046	20,311	26,572	33,635
人件費（百万マルク）（賃金・給与総額）			2.2	4.8	15.9	18.9	18.2	23.1	31.4	42.0	53.2
材料費（百万マルク）（原料・半製品・完成部品）			2.6	6.7	26.2	28.2	22.1	36.0	53.9	74.7	97.6
売上高（百万マルク）（代替・予備部品・修理代を含む）			5.7	14.1	51.0	57.5	52.9	73.0	109.5	153.1	207.4
生産台数（台）	二輪オートバイ		41	2,991	3,923	3,776	3,164	3,703	3,822	3,901	4,984
	三輪オートバイ及びシャーシー		884	1,450	5,218	5,151	5,547	9,444	14,049	18,048	24,313
		三輪オートバイ							936	1,079	1,540
		シャーシー							13,113	16,969	22,773
	乗用車		845	1,310	4,866	4,647	5,054	8,723	11,992	15,027	20,113
		6馬力以下	481	217	1,356	1,304	1,974	4,269	4,343	5,005	5,210
		6-10馬力	306	598	873	744	1,048	2,422	4,973	6,812	10,265
		10-25馬力	37	406	1,460	1,908	1,746	1,568	2,355	2,735	4,067
		25馬力以上	21	89	1,177	691	286	464	321	475	571
	トラック（1911年までは特殊車輌を含む）		39	140	352	504	493	721	1,121	1,912	2,660

注1）原注では、専らモーターボート、飛行船、飛行機を製作するか、それらの、および自動車用のエンジンのみを生産する経営を除く、とある。
出典：Kaiserliches Statistikamt (Hrsg.), Statistik des Deutschen Reiches 1913, Vierteljharshefte 23, 23, Jaharg. 1914, III. S. 112. より著者作成。

半製品・完成部品代金総額），売上高等も異なっていることである。例えば、経営数は、1907年については、前者では52であるが、後者では69であり、また1912年については、前者では60であるのに対して、後者では124にもなっている。この違いの理由を理解するためには、前者の注に「専らモーターボート、飛行船、飛行機を製作するか、それらの、および自動車用エンジンのみを製造する経営を

表5-13 ドイツ自動車工業の発展（1907～1913）

			1907	1908	1909	1910	1911	1912	1913
経営数			69	71	121	114	131	124	109
従業員数（労働者・職員）			13,423	13,136	19,221	21,813	28,694	35,877	33,462
人件費（賃銀・給与総額）（千マルク）			19,900	19,100	24,704	33,578	45,057	56,551	54,976
	可処分所得						29,332	39,814	36,170
材料費（千マルク）（原料・半製品・完成部品）			30,400	24,500	39,753	58,288	79,550	104,787	96,609
売上代金（千マルク）（代替・予備部品・修理代を含む）			60,900	56,400	80,325	118,363	163,012	221,602	214,308
加工するため外部から購入された完成シャシー	台数						158	93	644
	金額（千マルク）						1,592	1,002	3,706
エンジン	台数				946	1,394	1,799	1,607	1,504
	金額（千マルク）						3,246	4,483	4,953
生産台数（台）	二輪オートバイ		3,776	3,164	3,703	3,822	3,901	4,984	3,571
	三輪オートバイ					936	1,079	1,540	1,533
	自動車（乗用車・トラック・バス）		3,887	4,557	7,318	9,368	11,692	16,078	14,639
	乗用車		3,491	4,142	6,682	8,578	10,319	14,296	12,400
		6馬力以下	1,268	1,912	3,865	3,976	4,504	4,473	
		6～10馬力	597	809	1,623	3,134	4,269	7,334	
		10～25馬力	1,307	1,314	970	1,228	1,333	2,175	
		25馬力以上	319	107	224	240	213	314	
	トラック（バス・特殊車輌を含む）		396	415	636	790	1,373	1,782	2,239
	積載量	1t以下	112	112	162	68	301	297	
		1t以上	284	303	474	722	1,075	1,485	
	シャシー（乗用車・トラック・バス・特殊車）		1,264	990	2,126	3,745	5,247	6,695	5,749
	エンジン（オートバイ・自動車・モーターボート・その他）		1,980	1,865	1,996	2,977	3,694	3,192	2,835
	完成モーターボート		101	118	286	283	290	271	216
	飛行船				3	5	7		
	飛行機				1	4	73		

出典：Gerhard Horras, Die Entwicklung des deutschen Automobilmarktes bis 1914, München 1982, S. 342 a; 1913年に関してはReichsverband der Automobilindustrie (Hrsg.), Tatsachen und Zahlen aus der Kraftfahrzeug-Industrie, Berlin 1927, S. 12. より著者作成。

第5章　自動車工業の本格的成立期（1901/02～1913/14年）　*429*

除く」とあること，そして後者にはそのような注がなく，エンジンやモーターボートや飛行船・飛行機の生産台数が掲げられていることに注目したい。すなわち前者は自動車の完成車メーカーに限定されている反面，後者には自動車エンジン専門メーカーの他に，部分的にモーターボート，飛行船，飛行機を製作する企業も含まれているものと理解できる。というのも表5-13には完成モーターボートや，飛行船，飛行機の台数も登場するからである。

　ただし後者との経営数の差が相当大きいので，読者には，そこにカロセリー（ボディ）やラジエーター等，他の自動車部品のメーカーも含まれているのではないかと疑われる人もいるかもしれない。それらは含まれていないと思われる。その理由は，不完全ながら後に示す別の統計（後出，表5-15）によって，もしそれらを含めれば，経営数は厖大な数にのぼることが明らかだからである。

　それでは，この基本統計を分析して，そこからわかる幾つかの諸点を明らかにしよう。

　経営数　まず経営数の発展状態に注目しよう。表5-12が示す完成車製造経営数は，1901年の12を出発点として，1903年の18, 1906年には大幅にふえて34, 恐慌勃発の1907年の52にまで急速に増加している。しかしその後は，完成車経営数は，基本的には増加傾向にあるが，それは停滞的であり，1910年などはむしろ若干減少さえしている。すなわちこの段階には，新設または参入と対比して，消滅または撤退がほぼ匹敵するようになったこと，または，後にもふれる通り，資本の集中が進展したことを示唆している。

　次に，表5-13によって，それに自動車専用エンジン・メーカー等を加えた経営数を，その年次の限定から1907～1913年についてみてみよう。それによると1907年から1909年にかけての増加が著しく，その後は，1910年に対して，1911年，1912年における若干の増加はみられるものの，基本的にやや減少傾向にある。すなわち，1910年以降は，エンジン・メーカー等を含めての自動車経営は，新設・参入よりも，消滅・撤退数のほうが多くなるという基本的傾向に貫かれて

いる。

　もし，経営数における表5-12と表5-13の差が，ほぼ自動車エンジン専門メーカーのそれと仮定するならば，1907年17，1908年18，1909年63，1910年58，1911年73，1912年64，となり，1907年から1909年にかけて，エンジン専門メーカーが急速に増えたが，その後その数は，減少，増加，減少を繰り返す，停滞的なものとなっていった。

　ここでこの両基本統計から若干それて，自動車企業数の減少に作用する，企業合同の事例をゼーヘア゠トスが確認している限りにおいて紹介しておこう[240]。

　1901/02年までの自動車工業の萌芽的成立期における企業合同は，次の3件にすぎなかった。

　(1) 1899年の，「アダム・オーペル社」による，ルッツマンの「アンハルト自動車工業」(Anhaltische Motorwagenfabrik Friedrich Lutzmann, Dessau) の吸収・合併。

　(2) 1902年の，「ダイムラー・エンジン株式会社」(Daimler-Motoren-Gesellschaft AG) による，「自動車・エンジン工場株式会社」(Motorfahrzeug-Motorenfabrik AG, MMB, Berlin-Marienfelde) の吸収・合併。

　(3) 1902年の「新自動車有限会社」(Neue Automobil-Gesellschaft GmbH, NAG, Berlin Oberschöneweide) による，「キュールシュタイン馬車製造会社」(Kühlstein Wagenbau Berlin-Charottenberg) の自動車部門の吸収・合併。

　ところが，ここで問題にしている自動車工業の本格的成立期において，自動車企業の企業合同は，次の10例に及んだ。

　(1) 1904年の，「デュルコップ工場株式会社」(Dürkopp-Werke AG, Bielefeld) による，「ヴィーマン・カロセリー工場」(Karosseriefabrik Wiemann & Co., Magdeburg) の吸収・合併。

　(2)「ブルーノ・ヴァイトマン自動車工場」(Automobilfabrik Bruno Weidmann & Co. Zürich) による，「ヒュッティス゠ハルデベック自動車工場」(Automobilfabrik Huttis & Hardebeck, Aachen) の吸収・合併。

(3) 1908/09年の, 「シャイブラー自動車工業有限会社」(Scheibler Automobilindustrie GmbH, Aachen) と, 「アルテンエッセン機械製造所株式会社」(Maschinenbau-Anstalt Altenessen AG) の合同による, 「エンジン・トラック株式会社」(Motoren-und Lastwagen AG, Mulag, Aachen) の成立。

(4) 1909年の, 前記「デュルコップ工場株式会社」主導による, 「ベルリン自動車工場有限会社」(Berliner Motorwagenfabrik GmbH/Oryx) と「エンジン工場株式会社」(Motorenwerke AG, Berlin-Tempelhof bzw. Reinickendorf) の合併による, 「オリックス・エンジン工場」(Oryx-Motoren-Werke, Berlin-Reinickendorf) の成立, およびそれの「デュルコップ工場株式会社」の支工場化。

(5) 1909年の, 「北ドイツ自動車・エンジン株式会社」(Norddeutsche Automobil-und Motoren-AG, Bremen-Hastedt) による, 「北ドイツ機械・計器工場有限会社」(Norddeutsche Maschinen-und Armaturenfabrik GmbH, Bremen) の「電気技術部門」の吸収・合併。

(6) 1910年の, 「ルードヴィヒ・マウラー・ニュールンベルク自動車工場」(Nürnberger Automobilfabrik Ludwig Maurer) と, 「消火器・機械工場株式会社」(Feuerlöschgerate-und Maschinenfabrik vorm. Justus Christian Braun AG, Nürnberg) の合併。

(7) 1910年の, 「ベンツ社」の資本参加による, 「南ドイツ自動車工場有限会社」(Süddeutsche Automobilfabrik GmbH, SAF, Gaggenau) の子会社化。

(8) 1910年の, 「ドイツ金属有限会社」(Deutsche Metallurgique GmbH, Köln) と, 「ベルクマン電気工場株式会社」(Bergmann Electrizitäts-Werke AG, Reinickendorf-Rosenthal bei Berlin) の「自動車部門」の合同による, 「ベルクマン金属, 自動車販売有限会社」(Bergamm-Metallurgique, Automobil-Verkauf-GmbH, Berlin-Halensee) の成立。

(9) 1913年の, 上記「エンジン・トラック株式会社」ムーラクと, 「マンネスマ

ン兄弟株式会社」(Gebr. Mannesmann AG, Remscheid) の合併による,「マンネスマン=ムーラク株式会社」(Mannesmann-Mulag AG, Remscheid.) の成立。

(10) 1914年に始まり,最終的には1921年に終了する,「ハンザ自動車工場株式会社」(Hansa-Automobilwerke AG, Varel i.O.) と,「ロイド・北ドイツ自動車工場株式会社」(Norddeutsche Automobilwerke Lloyd AG, Namag, Bremen-Hastedt) との合同による,「ハンザ=ロイド自動車工場株式会社」(Hansa-Lloyd Automobil AG, Bremen) の成立。

以上の事実から,私たちは,自動車企業の合同が,1907/08年恐慌の影響を受けて,1909年の3件と,この頃,多かったことを確認できる。たとえば前掲の表5-12に示された経営数の増減は,参入や撤退をも含み,企業合同のみではないが,それでも1909年の58から1910年の56への減少には,この企業合同による減少も含まれているはずである。

従業員数 再び前掲両統計に戻って,今度は従業員数の発展状態をみよう。両統計とも残念ながら,従業員数のうち,労働者数と職員数の区別はなされていない。念のため個別事例をあげれば,1909年ダイムラー社,ウンターテュルクハイム工場の場合,労働者数1700人 (約90％),職員数約200人 (約10％) といった構成がわかっているにすぎず,まずはそれを念頭においてほしい[241]。

本格的成立期を通じて従業員数の発展をみるためには,表5-12に依拠しなければならない。その増加テンポは,1901年の1773人から1907年の1万2688人へ,約7倍とこの時期がいちばん激しい。そして1907年から1908年にかけての恐慌期に,若干,従業員数は減少している。そしてその後1908年の1万2430人から1912年の3万3635人へと,約2.7倍のテンポで増加している。ただし増加テンポは鈍くなったが,絶対数の伸びはより大きい。

表5-13によって,1907～13年にかけての,エンジン専門メーカー等を加えた従業員数の発展をたどることができる。まず純粋完成車メーカーの従業員数と,

第5章　自動車工業の本格的成立期（1901／02～1913／14年）　*433*

それにエンジン専門メーカー等を加えた従業員数を比べれば，もちろん後者のほうが多いが，その差はさほど大きくはない。1907年735人，1908年706人，1909年1175人，1910年1502人，1911年2122人，1912年2242人といったところである。エンジン専門メーカー等を加えた従業員数の増加は，1907年を起点にすれば，やはり約2.7倍である。

　さて，経営数と従業員数がわかったので，表5-12によって，自動車経営の平均的従業員数が計算できる。その平均規模は，1901年の約148人を起点に，1906年には約336人まで急速に増大する。その後1907, 08年にかけて，経営数が増加した割には，従業員数の増加は少なかったため，例えば1908年には，平均規模は一時約235人にまで縮小する。しかしそれ以後，急速に大きくなり，1912年には平均規模は，約561人にまで達している。これは，完成車メーカーに関する限り，最初から大企業が支配的であったことを示している。

生産台数　では，この自動車工業の本格的成立期において，各車種の自動車生産量は，どのように発展していったであろうか。図5-2は，その台数が完全に一致している表5-12, 表5-13にもとづいて描いたものである。

　自動車生産の中心は，欧米各国の自動車工業成立期の場合と同様——日本の場合はトラックであったが[242]——，ドイツでも乗用車であった。その生産台数——ここではシャシー（車台・エンジン・ハンドル・動力伝達装置等）を含むが——は，1901年を起点に，まず1906年まで急速に増加するが，恐慌のなかで，1907年には若干，減少し，1908年は停滞する。しかしその後は，1912年にかけて急角度で増大していった。ただし第一次世界大戦前夜の1913年は，相当落ち込んでいる。

　ところで，このように生産された乗用車のなかで，馬力数別分布に注目すれば，興味ある変化が看取される。1901年，1903年段階では，6馬力以下の軽自動車と6～10馬力の小型車が中心をなしていた。しかしその後1906～1909年には，小型車の生産割合が減り，軽自動車および10～25馬力の中型車の生産割合

434　第2篇　企業史的・産業史的考察

図5-2　ドイツ自動車工業成立期の各種自動車生産台数

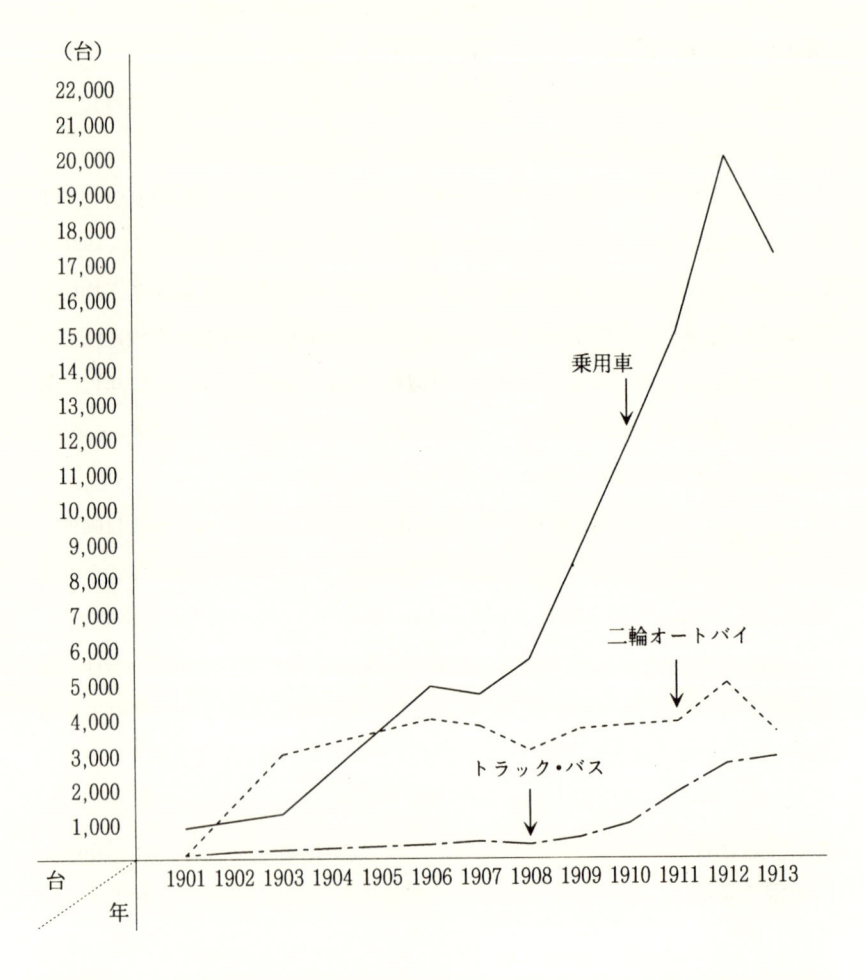

(グラフ：縦軸 台数、横軸 1901年～1913年。乗用車、二輪オートバイ、トラック・バスの3本の線)

が増えるという，一種の両極分解が生まれている。これはエンジン開発の進歩を基礎に，一方では中型車以上の上級車選好が強まったことと，やはり安価な軽自動車指向が根強く存続していたことを示している。そして1910年以降になると，再度，小・中型車の生産が中心となる。これは，それまでの軽自動車にあきた

らない層が，といってもまだ大衆的モータリゼーションの枠内ではなく，営業的または専門職的モータリゼーションの枠内ではあったが，一段高いランクの小・中型車需要にシフトしていったことを物語っている。そしてこの急成長する小・中型車需要が，その製造に取り組んでいた自動車企業と，ひいては本格的成立期における自動車生産全体を急激に押し上げる要因となった。

　次にトラック・バスに関しては，その生産台数は乗用車に比べれば少ないが，その変化の動向は乗用車のそれに類似している。すなわち1901年から1907年にかけて徐々に増加してゆき，恐慌期の1907年にも乗用車の場合のような落ち込みは見られず，1908年にわずかなそれが現われているにすぎない。そしてその後は，着実に増加して行くが，その際，1908年に制定された軍用トラック補助金制度が，その上昇を加速したとみられる。そして乗用車とは異なり，トラック・バスの生産台数は，1913年においても，その伸びは落ちたとはいえ，減少することはなかった。

　オートバイに関しては，三輪オートバイも存在したが，それは比較的少数であったため，二輪車の生産動向を中心にたどることにする。本格的成立期の最初期において，それは軽自動車や小型自動車の代替物として，急速に伸長したようにみえる。しかし1906年以後は，乗用車の生産台数を下回っただけでなく，その増加はますます停滞的になっていった。1907/08年の恐慌期には，相当の落ち込みを体験し，1909～11年に軽徴な，また1911年から1912年にかけてやや急激な上昇をみたあと，1913年にはやや激しく落ち込んでいる。

　以上，ドイツ自動車工業の本格的成立期の生産動向を全体的にみるならば，1901～06年の着実な発展，1907/08年の恐慌期における軽徴な後退，そして1909年以降の急速な発展と特徴づけることができよう。しかし，ドイツにおける二輪・三輪オートバイを除く，シャシーを含む自動車の生産台数は，第一次世界大戦前の最高年次，1912年においても，2万2773台にすぎなかった。それがアメリカ，イギリス，フランスのそれと比較して，ガソリン自動車の発明国にもか

かわらず，いかに少なかったかは，後に国際比較をする際に明らかになるであろう。

ここで自動車の生産量が確認されたし，また先に従業員数が判明しているため，従業員1人当たりの自動車生産量という形での生産性が計算できる。いま表5-12にもとづいて，自動車生産量を三輪オートバイ，乗用車，トラックの合計台数とし，その各年次の生産台数を従業員数で割れば，1901年約0.5倍，1903年約0.4倍，1906年約0.5倍，1907年約0.45倍，1908年約0.4倍，1909年約0.6倍，1910年約0.7倍，1911年約0.8倍，1912年約0.8倍となる。当時の自動車工業の生産性は，全体としてこのように低かったが，それでもそのなかに若干の変化が認められる。1907/08年の恐慌期をそれ以前の年と比較してみると，生産性の落ち込みがみられた。しかし1909年以降になると，かなりの生産性向上が確認できる。

財務体質の充実 ところで表5-12にも表5-13にも，そこには自動車工業全体の，人件費——労働者の賃銀と職員の給与——，材料費——加工原料・半製品・完成部品費の総額——ならびに売上高がでてくる。これによって，売上高－（人件費＋材料費）が計算でき，自動車工業全体のある種の財務内容の変化を読みとることができる。この指標は，人件費のなかに，すでに職員の給与が含まれている限り，売上総利益ではないが，それに近似的ないし類似的なものといえる。

いまそれを，完成車メーカーに限って，自動車工業の本格的成立期を通じてみるために，表5-12によって算出してみよう。括弧内は1経営平均値である。そうすると，1901年，約90万（約7.5万）マルク，1903年，約260万（約14.4万）マルク，1906年，約890万（約26.2万）マルク，1907年，約1040万（約20万）マルク，1908年，1260万（約23.8万）マルク，1909年，約1390万（約24.0万）マルク，1910年，約2420万（約43.2万）マルク，1911年，約3640万（約62.8万）マルク，1912年，約5660万（約94.3万）マルクとなる。

この総額を示す数値が，年次とともに，経営数の基本的増加にともなって増大

第5章 自動車工業の本格的成立期（1901／02～1913／14年）

するのは当然であるが，それにしても1909年以後，経営数が停滞しているにもかかわらず，急激に上昇していることに注目すべきである。そして1経営当たりの数値をみれば，恐慌期の1907/1908年のそれが，前年の1906年と比べて落ち込んでいること，しかし1909年以降には，急激に増大していることが判明する。

　もちろん，これらの数値は自動車工業全体の，また経営に関しては平均的な数値であり，個別経営的にはさまざまな状態が見られたであろう。なかには財務内容をいちじるしく悪化させていたものもあったに違いない。しかし，これらの数値は，ドイツ自動車工業がその本格的成立期において，基本的傾向としては，財務的安定，経営的強化の方向をたどっていたことを示したものであると，言えるであろう。

部品工業　広義の自動車工業には，当然，自動車部品工業も含まれる。これはドイツにおいても，自動車工業の成立とともに早くから多様な形で成立しはじめていた。しかし残念ながら，これを正確に把握した統計資料はない。ただフリュントの古い研究が，「補助工業」（Hilfsindustrie）として，「ゴム，カロセリー，個別エンジン，ランプ，速度計，ホーン（警笛），自動車運転手服，動力用燃料」といった，ごく概括的な部分的な数字をあげているにすぎない。表5-14がそれである。

　しかし私たちは，そのように極めて不完全な資料にもかかわらず，それを利用する以外にないので，それを完成車メーカーに関する前掲表5-12と対比して，若干，分析を試みてみよう。すなわち，表5-12にはエンジン専門メーカーは含まれていない反面，この表には「個別エンジン」製造経営が含まれていて，両統計には，重複する部分がないからである。それに，1901，1903，1906の各年の対応する年次において，補助工業の生産高と完成車経営の材料費を比較すると，前者のほうが相当多いが，両統計には矛盾しない範囲で対応関係があり，いちおう取りあげるに値する資料と思われる。

　まず労働者数についてみると，完成車メーカーと部品メーカー——補助工業

表5-14 ドイツ自動車工業の補助工業[1]

	1901年	1903年	1906年
経営数	66	91	154
資本額 （マルク）	8,260,709	17,245,705	50,068,489
労働者数 （人）	1,303	2,768	10,751
賃銀額 （マルク）	1,365,560	2,934,230	12,473,051
その他の職員（人）	173	406	1,468
給与 （人）	349,245	828,219	3,366,517
生産高 （マルク）	6,171,870	17,562,396	82,052,023

注 ：1) ゴム，カロセリー，個別エンジン，ランプ，速度計，ホーン（警笛），自動車運転者服，動力用燃料
出典：H. Fründt, Das Automobil und die Automobil-Industrie in Deutschland (Diss.), Neustrelitz 1911, S.98f.

をそう呼ぶ——は，大体同じくらいである。しかし経営数については，部品経営のほうが完成車経営に比べて4.5〜5.5倍も多い。このことは，当然とはいえ，部品工業では，中小企業が支配的であったことを物語っている。

つぎにここで，幾つかの部品に限って，当時代表的であったと思われる企業を，若干，具体的に紹介しておこう。その際，ゼーヘア＝トスのクロノロジカルに書かれた『ドイツ自動車工業』をおもに参照する[243)]。

まずタイヤ・メーカーとして，いずれも外資系である2企業，ハノーファー市の「コンチネンタル社」（Continental Caoutchouc-u. Guttapercka Companie, Gummiwerke AG）と，ハーナウ市の「ダンロップ・ゴムタイヤ社」（Dunlop, Pneumatic Tyre Comp. GmbH）をあげておこう[244)]。例えば，コンチネンタル社は，それまで刻みのないソリッド・ゴムまたは空気タイヤを製作していたが，1904年には刻みのあるそれらを製造するようになった[245)]。

カロセリー（ボディ）部門には，実に多くの企業が存在した。その理由は，すでに述べた通り，当時の完成車メーカーで，エンジン以外にカロセリーの全部または一部を内製する企業は，ダイムラー，オーペル，ブレナボール，シュテーヴァー，DKW，等比較的少なく，他の諸企業，アドラー，アウディ等々，非常に多くの企業が，カロセリーの全部を外注に依存していたからである。そしてこの分

野にこそ，従来の馬車製造業者が進出する余地があった。

具体例をあげると，1906年，ハイルブロン市で，ドラウツ（Gustav Drauz）の企業が設立され，NSU に，その後はベンツやアドラーに供給している[246]。同じく 1906年頃，ボーフム市のリューク（Friedrich Lueg）の企業は，アドラー社やヘクセ社に，ダイムラー社にさえメルセデスのカロセリーを供給していたが，1907年には新工場を増築して，この分野最大の企業となった。そして1909年に同企業は，協定を結んでベンツにも供給している[247]。1902年にベルリンで設立されたテンニェス（Carl Tönjes）所有の「デルメンホルスター馬車工場」（Delmenhorster Wagenfabrik）は，1909年に株式会社となり，カロセリーの量産を開始している[248]。1911年にベルリンで，資本金15万5000マルクの「シェーベラ・カロセリー有限会社」（Carosserie Schebera GmbH）が設立され，ベンツ，ダイムラー，オーペル，アドラー，NAG，プロトスに供給している[249]。

計器類については，フランクフルト・アム・マイン市の「オー・エス・アウトメーター工場」（OS Autometer-Werke）は，特許にもとづいて，距離数表示の速度計を市場にだし始め，1914年までに約7万箇を製造しており，またベルリンの「ドイツ・タコメーター工場有限会社」（Deutsche Tachometerwerke GmbH）は，1907年のベルリン自動車展示会で，最初の速度計を展示し，その後，同社は1911年には，「ドイタ工場」（Deuta-Werke）と改名されるが，10種類のタコメーター（回転速度計）以外に，あらゆる計測器を製作している[250]。

ラジエーター（放熱器）もまた，部品工業で製造される対象品目となっている。1902年ウルム市で設立された「新工業工場有限会社」（Neue Industrie-Werke GmbH）は，1907年頃からラジエーターを制作するようになるが，1914年までドイツ最大のラジエーター・メーカーであった[251]。またシュトゥットガルト市の「レンゲラー＝ライヒ・ラジエーター工場」（Kühlerfabrik Längerer & Reich）も，1913年頃からラジエーターの量産をはじめている[252]。

しかし，ドイツ自動車部品工業のなかで，もっとも有力であったのは，電装品

部門である。そのうちシュトゥットガルト市のロバート・ボッシュ（Robert Bosch）の企業については，すでに第3章第2節で若干，触れている。彼は，1887年，自動車用の低圧マグネトー点火器を，ついで1902年，高圧マグネトー点火器を開発して，世界的にも有名な電装品メーカーにのし上がっていった[253]。同企業は，その点火器を，1906年には10万箇目，1908年には25万箇目，1910年には50万箇目，1912年には100万箇目，1914年には200万箇目を製造している[254]。そしてそれをドイツのみならず，イギリス，フランス，アメリカにおいても販売し，アメリカではマサチューセッツのスプリグフィールド市に製造工場を設立した。すなわち一言でいって，世界の自動車工業は，点火器の点では，ドイツのボッシュに依存せねばならないほどであった[255]。

その他もう一例あげれば，ハーゲン市の「蓄電池工場株式会社」（Accumulatoren-Fabrik AG）は，1904年から自動車の照明用・点火用のバッテリーの製造を始めている[256]。

経営規模別分布 以上，ドイツ自動車工業の本格的成立期における完成車メーカーと部品メーカーの状態をみたので，ここでそれらを総括する形で，自動車工業全体の経営規模別分布をみておこう。表5-15は，その本格的成立期のちょうど中葉，1907年の状態を示している。

いまかりに，従業員数を基礎にして経営の性格を区分し，従業員0～5人を零細経営，6～20人を小経営，21～200人を中経営，200人以上を大経営としよう。当時の営業統計では，全体として工業経営規模が小さい段階で，従業員数50人以上を「大経営」としているが，著者は，1907年の完成車メーカーの平均的経営規模が244人であることを考慮して，このような基準を設定した[257]。

まず大経営は，経営数で15，経営数比率でわずか5.8％しか占めていないにもかかわらず，従業員数で1万4549人のうち9994人，68.7％も占めている。すでにこの段階で，ドイツ自動車工業の大経営の圧倒的な支配的地位が明らかである。

表5-15 ドイツ自動車工業の経営規模別分析 (1907)

従業員規模（人）	経営数		(%)	従業員数		(%)
0（個人企業）	23			23		
1	8			8		
2	22	111	(43.2)	44	308	(2.1)
3	17			51		
4 - 5	41			182		
6 - 10	49	78	(30.4)	362	778	(5.3)
11 - 20	29			416		
21 - 50	28			956		
51 - 100	13	53	(20.6)	964	3,469	(23.8)
101 - 200	12			1,549		
201 - 500	10			3,163		
501 - 1,000	3	15	(5.8)	2,560	9,944	(68.7)
1,000以上	2			4,271		
合　計	257			14,549		

出典：H. Fründt, Das Automobil und die Automobil-Industrie in Deutschland (Diss.), Neustrelitz 1911, S.80. より著者作成。

ついで中経営は，経営数で53，その比率で20.6%を占めていたが，従業員数では3469人，従業員比率では23.8%であった。すなわち，経営数比率と従業員比率とが，ほぼ釣り合っている。

　さらに小経営は，経営数では78，経営数比で30.4%も占めていたにもかかわらず，従業員数で778人，従業員数比率では，わずかに5.3%を占めるにすぎない。

　そして最後に，零細経営は，経営数で111，経営数比で実に43.2%を占めていたにもかかわらず，従業員数では308人，その比率において微々たる2.1%占めるにすぎなかった。

　これによって，私たちは，当時の自動車工業において，完成車メーカーからなる大経営の強力な支配的地位，また殆ど完成車メーカーからなる中経営の堅実な存在，その下にさまざまな部品生産部門として存在した，幅広い裾野のように広がった小・零細経営の存在を，ほぼ確認できたと言えよう。ただし著者は，幾つかの文献を注意深く検討してみたが，完成車メーカーと部品メーカーとの間には，前者による後者に対する資本参加の事例はいくつか見出されるにせよ[258]，

特定部品メーカーが特定完成車メーカーにのみ，納品するといういわゆる「系列」的性格は見いだせなかった。むしろすでに触れたカロセリー・メーカーのように，複数の完成車メーカーに納品しているのが一般的であった。

生産方式　それでは，ドイツ自動車工業の本格的成立期における生産方式をどのように特徴づければよいであろうか。私たちは，それを先にダイムラー企業とオーペル企業の個別的分析を行なった際に瞥見してきたが，とくに自動車工業の歴史的発展のなかで継起的に出現してくる生産方式と対比して，またアメリカで早期に実現された生産方式と比較して，この時期のそれを特徴づけておこう。

それに先だって，自動車の生産方式を外部から決定的に規定していた市場的条件に触れておかねばならない。その一つは，当時，自動車が高価な奢侈品であり，金持階級という狭くて浅い市場に依存していたこと，それに加えて，多数の完成車メーカー——例えば1912年には60経営——が乱立しており，そのため1企業あたりの市場は，ますます狭隘で浅いものであったことである。そのためこの市場的条件は，自動車企業にいきおい多品種少量生産を強制することになっていた。

ダイムラー社は，1911年には，14モデルの乗用車と5モデルのトラック，合計19の基本モデルで，合計1781台を生産していた[259]。それを機械的に平均すれば，1モデルわずかに約94台にすぎなかった。同社は，1913年には，すでに触れたように，10モデルの乗用車を，合計1567台生産していたが，それでもその平均は約157台にとどまる。またオーペル社は，1912年に35ものモデルで，3202台を生産しており，その約4分の1が単品的な競争車であったと言われ，それを除外しても，1モデルの機械的平均台数は，約120台にすぎなかった。

当時，このような極端な多品種少量生産のまさに対極に立っていたのが，アメリカ自動車工業であった。もちろんそこにおいても，最初はドイツと同じような現象がみられたのだが，急速に少品種大量生産に移行していった。1901年に

第5章　自動車工業の本格的成立期（1901／02〜1913／14年）　443

　アメリカで最初に，650ドルの量産車バギーを製造したオールズ・モーター社は，1902年末までにおよそ2500台のそれを製造したといわれている[260]。ついで世界でもっとも典型的な大量生産の先鞭をつけたのが，いうまでもなくフォード社である。同社は，1903年に設立されて以来，同年にA型を1708台，1904年にB型，C型，1905年にK型，1906年にはN型と順次発売し，1907年まではなおそれら5モデルを並行生産していた[261]。それでも，その製造モデル数は，ドイツ企業と比較して抜本的に少なかった。しかし1908年に，部品の完全互換性をもった，かの有名なT型が開発されてからは，売れ行き好調なN型車を含め，これまでのすべてのタイプの生産を中止して，T型車一本に集中したのである[262]。そして，1913／14年，同社では，ミシガン州のハイランド・パークに，ベルト・コンベヤーにもとづく「移動組立方式」を実施する大工場を設立することによって，1913年にはすでに1モデル24万8307台の生産を実施したのである[263]。

　第一次世界大戦前夜におけるドイツとアメリカにおける，自動車の生産方式におけるこの隔絶した相違，またはアメリカにおける生産方式の急激な発展・変化，私たちはまずこのことに注目しておきたい。

　さて，このドイツ自動車工業の本格的成立期における生産方式——現代的用語を用いるならば生産システム——は，どのように特徴づけられるであろうか。これに関して興味ある論文を書いているブラウン (Hans-Joachim Braun) は，ドイツ自動車工業の生産方式を歴史的・段階的に整理して，(1) 19世紀から第一次世界大戦までは「作業場生産」(Werkstattfertigung)，(2) 第一次大戦後は，「グループ生産」(Gruppenfertigung)，(3) もっとも早いオーペル社の場合は，1924年以降における「流れ生産」(Fließfertigung)，に段階区分している[264]。

　その「作業場生産」では，すでに工場全体は，金属加工（鍛造・鋳造）部門，機械（旋盤・フライス盤・ボール盤等）部門，木材・素材加工部門，組立部門，修理部門に分かれているとはいえ，その中核的な存在である機械部門には重要な汎用工作機械が集中されている。そのため専用機械が未発達の段階で，汎用機械

そのものも数量的に節約することができるが、部品加工はその加工工程に従って、繰り返しこの機械部門を通過せねばならず、そのため工場内に広い未加工部品置場と機械部門内部に限らず、各部門にまたがる頻繁な部品運搬をおこなわねばならない生産方式と特徴づけられている[265]。そしてその際、マイスターは各生産工程に強い監督権をもっていて、労働者の雇用・解雇、出高給や労働条件の決定権をもっていたとされる。このような生産方式は、当時の自動車の市場構造からくる多品種少量（小ロット）生産に適合的な、あるいは量産が不可能なシステムであったとされている。

次の「グループ生産」とは、自動車の完成部品（コンポーネント）、例えばエンジン、車台に限らず、それまで機械部門で製作されていた動力伝達装置、ラジエーター、気化器等もすべて独立したグループに分けられて製造されるため、そう呼ばれる。したがってここでは工作機は一箇所に集中せず、各グループに必要な限りで分散されて配置され、そのためその数もより多くなり、また汎用機よりも専用機が増大する[266]。しかし反面、部品移動の時間と労力が節約され、作業場生産方式に比べて、より量産、中ロット生産が可能になる。ここでは、マイスターのそれまでもっていた権限の幾つかが、中央監督事務部に集中され、彼らの権限が弱められる。この「グループ生産」への移行は、第一次世界大戦中の兵器、自動車、飛行機、とくにそのエンジン生産における材料の統一化、部品の規格化、製品の標準化の経験が契機になされといわれている。

そして、その後にくるのが、「流れ生産」である。それはアメリカでフォード社によって先駆的形態で実現されたものであり、ベルト・コンベヤーで運ばれてくる規格化された部品を専用機械で加工しながら仕上げたり、組み立てたりしていく生産方式である。それはドイツでは、オーペル社において、1924年に、「作業場生産」から、「グループ生産」を飛びこえて、いっきになされたが、一般的には、ダイムラー社にみられるように、1930年代前半にようやく実現されたという[267]。

第5章　自動車工業の本格的成立期（1901／02〜1913／14年）

このようにみるブラウンは，ドイツ自動車工業の生産方式は，第一次世界大戦以前においては，もっとも進んでいたダイムラーであれ，またオーペルであれ，基本的にみて，なお第一段階の「作業場生産」の段階にあったと位置づけている。

著者も，以下に述べる若干の補足を別にして，ドイツ自動車工業における生産方式の段階区分に関するブラウンの見解に基本的に同意したい。その補足の第1点は，すでにダイムラー社のウンターテュルクハイム工場とオーペル工場の個別的分析の際にみたように，その機械部門＝シャシー工場の内部では，それぞれが完全に独立してはいなかったにせよ，エンジン製作部門以外に，動力伝達装置やハンドル等の諸部門が細分化されて存在しており，その下位部門のそれぞれに最小限の工作機が配置されて存在していたことである。すなわち，ドイツ自動車工業の本格的成立期の最も進歩した工場においては，やがて次の「グループ生産」に転化していく内部的契機が充分に成熟していた。そしてこの生産様式の成熟が，小型車を中心に少量生産から中ロット生産への移行を，また先に基本的統計資料の生産量の分析の際に明らかにした生産性の約2倍の——従業員1人当たりの年生産台数で，1908年の約0.4台から1912年の約0.8台への——向上をもたらす要因であった。

そして補足の第2点は，ブラウンの段階区分は，生産方式の構造を現象的にはいちおう的確にとらえているにもかかわらず，分業の発展と労働過程のあり方からする概念構成が不充分であるため，曖昧な点が残されていることである。著者ならば，ブラウンの概念構成に加えて，例えば，第1段階の「作業場生産」には，部品生産における分業未発展，労働手段における汎用工作機械と未発展な労働対象移動手段——例えば手押し車等——，熟練労働力の圧倒的存在，の組み合わせ，第2段階の「グループ生産」には，部品生産における分業の発展，労働手段における専用工作機の導入と，なお未発展な労働対象移動手段，多数の熟練労働力と相当数の不熟練労働力，の組み合わせ，そして第3段階の「流れ生産」には，規格化した部品生産における分業のいっそうの発展，圧倒的多数の専用工作機

と，労働対象のベルト・コンベヤーによる発展した移動手段，少数の熟練労働力と多数の不熟練労働力，の組み合わせを，指摘したい。

生産方式発展のアメリカとの比較 ブラウンが設定したドイツ自動車工業における生産方式の段階区分は，もともとアメリカにおけるそれをドイツに適用しようとしたものである。ではアメリカでははたしてどうであったか，またそれと比較してドイツはどの程度遅れてしまったのかについて，触れておく必要がある。実はこの問題は，アメリカ自動車工業自体について充分研究したうえでしか的確にはいえないことであるが，いまは著者にわかる範囲内であえて述べておこう。その際フォード社が，生産方式発展の主軸となる。

1903年設立されたフォード社は，デトロイトの石炭業者の馬車工場を賃借したマック・アヴィニュー工場で，A型車の組み立てを開始した。しかし同社はその主要部品のほとんどを外注し，そこではそれらの最終組み立てを行なうだけであった。すなわち，エンジン，トランスミッション，フレーム等は，ダッジ・ブラザーズ社から，キャブレターはジョーン・ホーリー社から，ボディ（木製）はウイルソン・カレッジ社から，タイヤはハートフード社から，購入されていた[268]。かつてオーペル社の生産過程を分析したクーグラーは，この段階のフォード社の生産様式が，第一次大戦前のオーペル社のそれと対応しているかのように言うが，著者には大きな相違があるようにみえる[269]。すなわち，車の最終組立が定置方式で行なわれていた点では，もちろん両社に共通性があった。しかしオーペル社では，エンジンや車台等々，重要な機能部品が，自工場の集中的な機械部門で内製されていた点で，両社の生産方式は決定的に異なっていたからである。その意味で，この段階のフォード社の生産方式をもって「作業場生産」を代表するものとはいえず，それはむしろアメリカの他の自動車工場を広く研究して抽象すべき概念であろう。フォード社は，この点では典型的な例ではなかった。

しかしフォード社が，1905年に前記マック・アヴィニュー工場の10倍もするピケット・アヴィニュー工場を建設してからは，それが第2段階の「グループ生産」方式の工場であったことがほぼ確認される。すなわちその3階建ての主工場の1階では，シリンダー・ブロック，クランクシャフト等，18の大物部品が機械加工され，2階ではその他の小物部品が製作され，そして3階でまとめて最終組立がなされ，量産方式の基本型がつくられたと言われている[270]。この工場の生産台数は，初年度 (1904営業年度) には1599台であったが，3年後には8759台となり，後者は，ダイムラー社のウンターテュルクハイムおよびベルリン・マリーエンフェルデ工場のその頃 (1906年) の生産台数の16.0倍，1913年の生産台数の4.6倍，またオーペル社の1907年の生産台数の18.3倍，1913年の生産台数の2.8倍にも達していた[271]。加えて，ピケット・アヴィニュー工場では，フォード社のソレンセンによって，1908年7月には，後にハイランド・パーク工場で実現する最終組立工程における「移動組立方式」が考案され，その実験が実施され始めていた[272]。すなわちこのことは，種々の機能部品をそれぞれの移動組み立てラインで製造し，それらを同時性をもって，最終組立ラインに結びつけるためには，まず前提として各部品を独立して仕上げる「グループ生産」の成立・存在がなければならなかったことを示している。

なおこの「グループ生産」について，クーグラーは，アメリカではフォード社に先だって，オールズ・モーター社で，すでに1902年から成立していたように述べているが，同社もすべてのコンポーネントを外注していたから，この点もなお検討を要する[273]。

ところでフォード社は，1913年に，約1万2000人を擁するハイランド・パーク工場を建設し，そこでかのフォード式「流れ生産」を実現する。それは生産方式において，まさに革命的変化をもたらすものであった。エンジン1台の組み立ては，それまでの9時間54分から5時間56分に，シャシー1台のそれは，12時間28分から1時間33分にまで短縮できたのであった[274]。

表5-16 ドイツ自動車工業の本格的成立期の市場構造

				1909	1910	1911	1912	1913
乗用車	台数	国内	台	5,769[1]	6,228	7,659	8,800	7,578
			(%)	(86.4)	(75.5)	(73.5)	(64.1)	(64.5)
		外国	台	910[1]	2,025	2,763	4,919	4,169
			(%)	(13.6)	(24.5)	(26.5)	(35.9)	(35.5)
	価額	国内	1,000 M.	33,544	39,945	49,355	58,100	52,460
			(%)	(82.8)	(71.5)	(69.5)	(61.5)	(63.8)
		外国	1,000 M.	6,970	15,939	21,630	36,339	29,717
			(%)	(17.2)	(28.5)	(30.5)	(38.5)	(36.2)
トラック・バス	台数	国内	台	458[2][3]	657[3]	1,071[3]	1,350	1,761
			(%)	(83.6)	(76.5)	(79.9)	(68.1)	(73.4)
		外国	台	90[2][3]	201[3]	269[3]	631	637
			(%)	(16.4)	(23.5)	(20.1)	(31.9)	(26.6)
	価額	国内	1,000 M.	6,274	9,564	15,473	15,666	20,753
			(%)	(85.6)	(77.5)	(78.6)	(66.8)	(71.1)
		外国	1,000 M.	1,053	2,782	4,212	7,780	8,416
			(%)	(14.4)	(22.5)	(21.4)	(33.2)	(28.9)
二輪オートバイ	台数	国内	台	1,751	1,927	1,717	2,059	1,851
			(%)	(46.9)	(50.4)	(44.1)	(42.5)	(55.1)
		外国	台	1,982	1,899	2,178	2,790	1,511
			(%)	(53.1)	(49.6)	(55.9)	(57.5)	(44.9)
	価額	国内	1,000 M.	1,067	1,247	1,094	1,332	1,235
			(%)	(47.2)	(49.1)	(44.1)	(42.0)	(55.1)
		外国	1,000 M.	1,198	1,295	1,386	1,842	1,056
			(%)	(52.8)	(50.9)	(55.9)	(58.0)	(44.9)

注1) バスを含む。
注2) バスを除く。バスは1909年には乗用車に含まれる。
注3) 特殊車を含む。
出典：Reichsverband der Automobilindustrie (Hrsrg.), Tatsachen und Zahlen aus Kraftfahreug-Industrie 1927, S.13. より著者作成。

もしこのようにみるならば，ドイツでの「グループ生産」への移行を第一次世界大戦後とすれば，それはアメリカでのフォード社の場合から数えて13～14年後のことであり，またドイツにおける「流れ生産」への移行の始まりを，オーペル社の1923/24年とすれば，それはフォード社の場合から数えて，約10年後のことであったと言えよう。

第5章 自動車工業の本格的成立期(1901/02～1913/14年) 449

自動車市場 ドイツ自動車工業は,その本格的成立期において,その製品をどこで実現していたであろうか。すなわちその市場問題である。表5-16からもわかる通り,その前半については統計数値が欠けているが,それでも1909～13年の総括的数値は,私たちにその有力な手掛かりを与えてくれる。

まず乗用車に関しては,台数的にみても価額的にみても,国内市場が中心であるが,この間,最後の1913年を除いて,急速に輸出依存度が高まっており,それが30%を超えた頃から,自動車工業は完全に輸出工業としての地位をもつようになっていた。なおこの間,一貫して価額での輸出比率のほうが個数のそれより若干高いが,それは輸出では高級車が中心となっていたことを物語っている。

トラック・バスに関しては,台数的にみて乗用車に比べて少ない。そして国内・外国市場の割合は,乗用車の場合とさほど変わらないが,1909年を除いて,やや国内市場の割合が高い。このことは,1908年以降,実施された軍用トラック補助金制度が関係していたものと思われる。それにもかかわらず,この分野でも輸出依存度は,1912年には30%を超えている。

二輪オートバイに関しては,個数的にみて国内市場が44.1～55.1%,価額的にみてもほぼ同様であって,約半分が国内市場で,残り半分が外国市場で実現されている。すなわちこの部門は,他の車種と比較して,いちじるしく輸出依存度が高く,輸出工業的性格を濃厚にもっていたことがわかる。

以上,私たちは総じてドイツ自動車工業が,その本格的成立期の後半において,その製品を基本的には国内市場で実現していたこと,それにもかかわらず1909年以降,次第に輸出依存度を高め,二輪オートバイ部門を先頭に,乗用車そしてトラック・バス部門の順で,輸出工業的性格を強めていたことを確認できる。

なおこの頃のドイツの自動車貿易については,後述するドイツ自動車工業の対外的側面のなかでやや詳述したい。

第4節　ドイツ自動車工業の対外的側面

(1) 本格的成立期における自動車工業の国際比較

私たちはここで，本章第3節でみた，ドイツにおける「本格的成立期における

表5-17　自動車工業の本格的成立期における生産台数　　　　　　　単位：台

| 年次 | ドイツ | フランス | アメリカ | | | イギリス |
			乗用車	トラック・バス	計	
1900		4,800	4,192		4,192	
1901	884	7,600	7,000		7,000	
1902		11,000	9,000		9,000	
1903	1,450	14,100	11,235		11,235	
1904		16,900	22,130	700	22,830	
1905		20,500	24,250	750	25,000	4,000
1906	5,218	24,400	33,200	800	34,000	
1907	5,151	25,200	43,000	1,000	44,000	11,700
1908	5,547	25,000	63,500	1,500	65,000	10,500
1909	9,444	34,000	123,990	3,297	127,287	11,000
1910	14,049	38,000	181,000	6,000	187,000	14,000
1911	18,018	40,000	199,319	10,681	210,000	19,000
1912	24,313	41,000	356,000	22,000	378,000	23,200
1913	21,921	45,000	411,500	23,500	485,000	34,000

出典：ドイツに関して，1912年までの数値は，Kaiserliches Statistikamt (Hrsg.), Statistik des deutschen Reichs 1913, Vierteljahrshefte 23, 23. Jarhgang 1914, III, S. 112. 1913年の数値は，Reichsverband der Automobilindustrie (Hrsg.), Tatsachen und Zahlen aus Kraftfahrzeug-Industrie, Berlin 1927, S. 12. フランスの数値は，James M. Laux, In First Gear The French automobile industry to 1914, Liverpool 1976, S. 210. アメリカの数値は，岡本友孝，「新興産業としてのアメリカ自動車工業」上，福島大学経済学会『商業論集』第35巻・第2号，(1966年9月)，91ページ。イギリスに関して，1905年の数値は奥村宏／星川順一／松井和夫著，『自動車工業』(第8刷)，東洋経済新報社 1968年，28ページ，1907-13年の数値は，James Forman-Peck／Sue Bowdon／Alan McKinlay, The British Motor Industry, Manchester／New York S. 27.

第5章　自動車工業の本格的成立期（1901/02～1913/14年）　*451*

自動車工業全体の状態」の内容を踏まえて，この時期の他の諸国，フランス，アメリカ，イギリスの自動車工業の成長過程を管見しながら，ドイツ自動車工業の国際的地位と，さらにはその特徴を明らかにしよう。その際まず手掛かりになるのは，各国の自動車生産台数である。

表5-17はそれを示したものであり，図5-3は，それをグラフ化したものであ

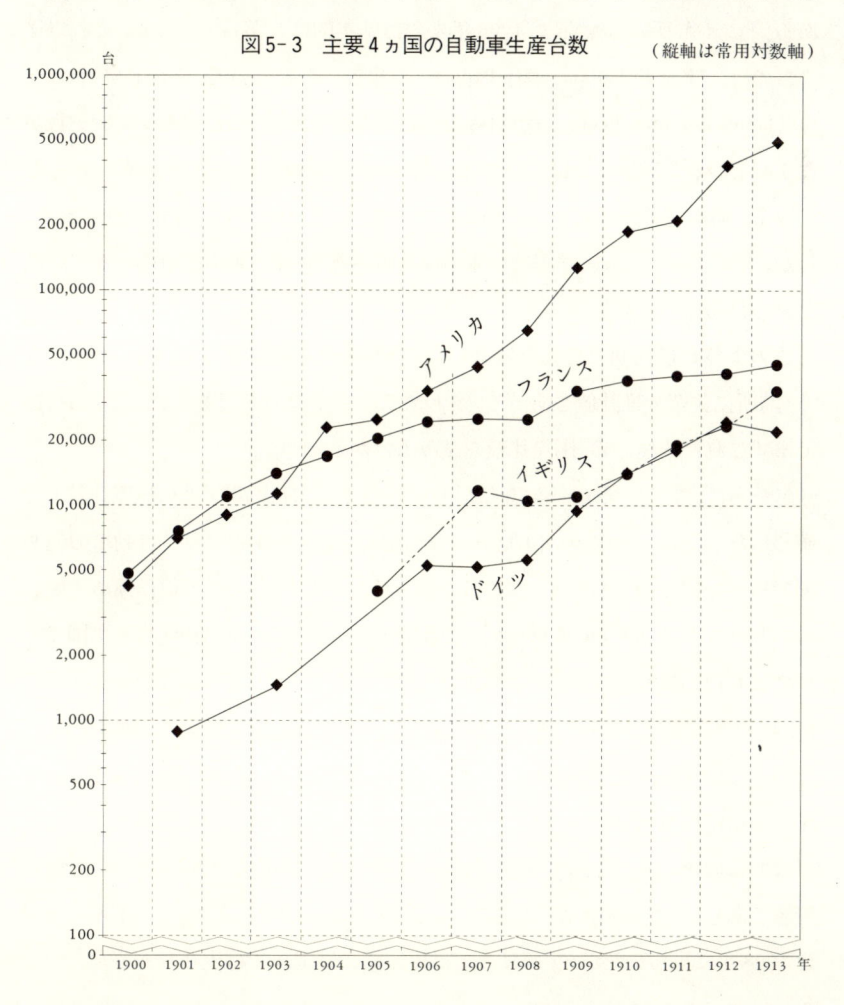

図5-3　主要4ヵ国の自動車生産台数　（縦軸は常用対数軸）

る。ドイツの数値は，途中間隔があるが，基本的に「帝国統計局」が把握したほぼ正確な数値である。ただしこれは四輪の乗用車，トラック，バスの完成車の他に，それらの完成シャシー（エンジン・トランスミッション・ハンドル付）や三輪オートバイも含まれており，二輪オートバイだけが除外されている。フランスの場合は，ロー（James M. Laux）が様々な史料にもとづいて推計したものである[275]。イギリスの数値は，1906年までは基本的に欠落しているが，それ以後のものは，"British Paliamentary Papers" の報告にもとづいて，フォアマン=ペック（James Foreman-Peck）らが明らかにしたものであり，これにもシャシー数が含まれている。アメリカについては，"Historical Statistics of U. S. 1961" にもとづいて，岡本友孝氏が紹介しているものであり，その点では，公式統計である。しかしそこには，一方で詳細で具体的な数値がある反面，他方では明らかに概数とみられるものもある。

　このように最初期の自動車統計には，今日のそれとは異なり，統一基準もなく，随所に欠落や推計値もあって，きわめて不完全なものであるが，私たちはひとまずこれに依拠して，国際比較を試みるほかはない。

　私たちは，すでに第4章第6節(2)「世紀転換期頃の自動車工業の国際比較」で確認したように，1901, 03年頃，ドイツの地位は，それがガソリン自動車の発明国であったにもかかわらず，すでにフランス，アメリカ，そして仮に極めて疑わしいドゥングス（Wilhelm Dungs）の数値を信用するならば，後発自動車国イギリスにも追い抜かれて，早くも第4位に落ちていた[276]。この順位が変化するのは，1904年であり，そこでアメリカはフランスを凌駕して，トップに躍りでる[277]。そしてこの4国の統計が出揃う1907年にも，アメリカ，フランス，イギリス，ドイツの順位に変化はない。

　なおこの頃，ヨーロッパ3国に共通してみられる特徴は，1907/08年の恐慌の影響であり，生産台数の落ち込みは，ドイツでは1907年，フランス，イギリスでは1908年に見られたが，アメリカでは生産量の減退までは生じなかった。

第5章　自動車工業の本格的成立期（1901／02～1913／14年）　*453*

　その後は、アメリカが飛躍的なテンポで生産台数を伸長させ、1913／14年頃にはすでに他の3国を圧して、その「自動車王国」となる片鱗を鮮明に示していた。他方、ヨーロッパ諸国ではイギリスとドイツの発展テンポが急速であり、とくにドイツは1910年、1912年には生産台数において、僅かながらイギリスを上回ったが、結局1913年には、イギリスに次いで第4位にとどまった。1903年まで世界の自動車工業を誇ったフランスも、この頃になると生産発展のテンポを落していったが、それでも第一次世界大戦前夜において、世界第2位、ヨーロッパではトップの自動車工業国の地位を保持していた。こうして1913年には、ドイツの生産台数と比較して、アメリカが約22倍、フランスが約2倍、イギリスが約1.6倍の力量を保有していたのであり、ドイツは相当強力な自動車工業をもちながらも、これらの国の後塵を拝する結果となっていた。

　それでは以下、ドイツ以外の3国のこの頃の自動車工業の展開を簡略にたどっておこう。

フランス

　同国の自動車工業は、既述のごとく、すでに1904年には、強力に発展してきたアメリカ自動車工業によって凌駕されていったとはいえ、なお第一次世界大戦勃発までは、ヨーロッパ最強の地位を維持していた。その自動車製造企業数は、1900年に30を超え、1910年には57、1914年には155を数えていた[278]。いまそのうち幾つかの代表的な、企業の発展史をたどり、それを総括することによって、フランス自動車工業の生産システム上の特徴を指摘したい。

パナール・エ・ルヴァッソール社　　パリにおいて1890／91年、ドイツ・ダイムラー社のライセンス生産に基づき、フランスにおけるガソリン自動車のパイオニア企業の一つとなったパナール・エ・ルヴァッソール社（Panhard et Levassor——以下P&L社と略す）は、その後も1897年には合名会社から株式会社に転換し、エンジンの他に自動車をも生産しなが

ら, 1899年には約950人の従業員を雇用し, 447台の自動車を生産するようになっていた[279]。

その生産台数が, 1900年535台から1902年1017台へと倍加したことが示すように, 同社は世紀転換期に決定的な飛躍をとげ, 1906年には1332台を製造し, フランスではなお首位の座を保っている[280]。しかし1907/08年の恐慌期には, 1908年の生産台数が788台に落ち込むほど打撃を受け, その頃から自動車工業における首位の地位を, 後述するルノーに譲らねばならなかった[281]。

それでもＰ＆Ｌ社は, 1910年には恐慌の打撃から回復し, 1913年には約2300人の労働者を雇用し, 様々な価格帯の約2100台の自動車を生産する, フランス第5ないし第6位の自動車企業にとどまった[282]。同社がこの段階で遅れをとった理由は, 小型車重視主義をとらなかったこと, また生産技術の革新にあまり取り組まなかったに求められている[283]。

プジョー社 　Ｐ＆Ｌ社とともにパイオニア企業となったプジョー社は, パリで発展していった前社とは異なり, 最初はスイス国境に近いモンベリアール (Montbéliard) を中心に成立してくる[284]。叔父とその息子とが実権をもち, 工具や様々な鉄製品を製造していた「プジョー兄弟の息子たち社」(Les Files de Peugeot Frères) のなかで, アルマン・プジョー (Armand Peugeot) は, まず1885年に自動車の製造を開始, 1889年にはセルポレ (Léon Serpollet) の小型機関を用いて蒸気自動車の製作を試みたのち, 1891年にはダイムラー特許にもとづきＰ＆Ｌ社が製造したエンジンを使用してガソリン自動車を製作した[285]。

しかし叔父と従弟とは, まだ将来性の不確実な自動車製造には反対であったため, アルマンは独立し, 1896年「プジョー自動車株式会社」(S A des Automobiles Peugeot) を設立, 最初はボーリュー (Beaulieu) で, ついで1897年からは近隣のオダンクール (Audincourt) とフランス西北部のリール (Lille) でも自動車生産を開始した[286]。こうして同社は, 世紀転換期頃の1900年には, 約500台の自動車を製造し, Ｐ＆Ｌ社や後述のドゥ・ディオン-ブートン社に次いで, 第3位

の地位を占めるにいたった[287]。

同社は, 20世紀初頭の1901/02年頃に, 一時ドイツのベンツ社がその頃体験したと同様の技術的遅れによる停滞にみまわれたが, その後それを克服, 1907/08年の恐慌においてもさしたる被害を蒙らず, 第一次世界大戦勃発頃まで急速に発展していき, ルノーと並んでフランス2大自動車企業の地位を占めるにいたった[288]。因みにその生産量は, 1905年 1261台, 1909年約 1500台, 1911年約 3100台, 1913年約 5000台と増大していった[289]。

地方企業にもかかわらず同社が成長した秘訣は, (1)かつて自動車生産をためらった「プジョー兄弟の息子たち社」をもその後は自動車生産に引き入れ, 1910年にその自動車・自転車部を吸収合併して,「プジョー自動車・自転車株式会社」(S A Automobile et Cycles Peugeot) とし, 生産能力を拡大したこと, (2) 1905年にベベ (Bébé), 1912年には新ベベといった優秀な小型車の量産に努めたこと, (3) 1913年にはモンベリアール近郊のソショー (Sochaux) に, 年産500台予定のトラック専用工場を建設したこと, 等である[290]。

ドゥ・ディオン-ブートン社　前記2社に次いで, パリにおいて1893年以来, 比較的早い時期に小型ガソリン・エンジンの開発に乗り出し, それをドイツを含む国内外の他社に供給することによって, それらの国々の自動車工業の成立をも助けたという意味で, 同社は準パイオニアの性格をもっている[291]。

同社の発端は, 貴族出身のドゥ・ディオン (de Dion) が, 1881年に玩具工ブートン (George Bouton) に命じて, 蒸気自動車を製作させたことに始まる[292]。彼らが小型蒸気自動車で一定の成功を収めたことは, 1894年の世界で最初の自動車レース, パリ゠ルーアン間のそれで, 参加条件に違反 (機関士同乗) し, 1位はともにダイムラー・エンジンを搭載したプジョー車とP&L車に譲ったとはいえ, スピードでは首位をしめたことが, それを物語っている[293]。

世紀転換以降, 同社は生産の重心を蒸気自動車からガソリン自動車に移行さ

せ，1901年には約1300人の労働者を雇用し，単気筒の軽自動車（ヴォアテュレット）を約1800台生産し，1903年からは2気筒乗用車の他，トラックやバスの製造にも進出した[294]。

その後，同社は1907/08年2月には合名会社から株式会社に再編されて発展を持続し，1912年には約3500人の労働者を雇用し，1913年には約2800台の自動車を製造する大メーカーに成長していった[295]。

ダラック社　ダラック（Alexandre Darracq）は，1897年パリで「ダラック合資会社」（A Darracq et Cie）を創立，自動車部品の他，オートバイ生産を開始した[296]。同社は，1898年にはボレ（Léon Bollée）の軽自動車（ヴォアテュレット）の製造権を購入し，約500台を製造した後，1900年から約300人の労働者を雇用しながら，単気筒6.5馬力車の生産に乗りだし，1901年度（9月30日終了）には，それを約1200台製造し，フランス自動車工業内部において大きな地歩を築いた[297]。

同社は，世紀転換後も発展し続け，1906年には約2200台を製造したが，恐慌を契機に1908年以後は経営困難に陥っていく。それでもダラック社は，1913年にはなお約3500台の生産をしている。

ルノー社　ルイ・ルノー（Louis Renault）が，兄のフェルナン（Fernand），マンセル（Mancel）とともに「ルノー自動車兄弟社」（Société d'Automobile Renault Frères）をパリに設立し，ドゥ・ディオン-ブートン社製の1.75馬力エンジンを組み付けて最初の自動車を製作したのは，1898年のことであった[298]。この車は，トランスミッションに新たな技術的進歩を加え，適度な価格であったため，同社の発展をおおいに促した。

世紀転換期の1902年に，同社はすでに，後発企業でありながら，パリ近郊ビランクール（Billancourt）工場に約500人の労働者を雇用し，509台の自動車を生産するフランス第8位のメーカーに成長していた[299]。1903年に同社は，これまでのドゥ・ディオン-ブートン社からのエンジン供給から独立して，エンジンを自社

製造するようになった。同社はその後急速に発展し、1906 年には大量のタクシー生産に乗りだしたこともあって、1907/08 年恐慌の影響もほとんど受けなかった[300]。こうして同社は、1907 年には約 2000 人の労働者を雇用し、3066 台の自動車を生産するフランス最大の自動車メーカーに転成した[301]。

ルノー社は、その後、増加する労働者に対応すべく、1911 年以来、新労務管理方式としてテイラー・システムの導入を試み、そのため 1913 年には大規模なストライキにみまわれたりもするが、その抵抗を排除して成長を続ける。結局、同社は、1913 年時点でも、3936 人の労働者を擁し、4481 台の自動車を生産する、プジョー社と並ぶフランス 2 大メーカーの地位を確立することになった[302]。

第一次世界大戦勃発後、マルヌ戦線に兵員を輸送するために急遽パリのタクシーが動員されるが、その多くがルノー製であったことは有名な逸話になっている。

ベルリエ社　リヨンで衣料品のアクセサリーを製作していた小工場主を父にもつベルリエ (Marius Berliet) が、部品を買い集めて最初に自動車を製作したのは 1894 年のことであった。しかし彼は、父の反対にあったため、止むなく独立し、1897、98 年頃には一台一台注文生産の形で製造しだした。こうしてベルリエは、1901 年には、4 気筒 22 馬力車を約 100 台製造するまでになった[303]。

そのような基礎の上に、同社はその後も成長を続け、1907 年には約 800 人の労働者を雇用し、1000 台以上を生産するフランス第 7 位のメーカーになった[304]。その際注目すべきは、その生産方式の高度性であった。それは後にまとめてやや詳述するが、第一次世界大戦前ドイツではついに到達できなかった「グループ生産」に達していたことである[305]。

こうしてベルリエ社は、1913 年には約 2000 人の労働者を雇用し、5 モデルの乗用車と 2 モデルのトラックを含む、合計約 3000 台を生産するフランスの有力自動車企業に成長していった[306]。その生産能力は、第一次世界大戦中に標準型の

CBAトラックの製造においていかんなく発揮され，ルノーが「マルヌのタクシー」を，ベルリエが「ヴェルダンのトラック」を造ったといわれるようになる[307]。

パリ地域の他の企業 代表的な上記諸企業の他に，パリ地域にはなお幾多の自動車企業が生成し，またその一部は消滅していった。それらのうち1913年まで存続していたものは，その生産台数を表5-18に示している。いまそれらを，簡潔に紹介しておこう。1898年頃に電気器具の製造から自動車生産に参入した「モールス社[308]」(Mors)，1888年いらい自転車を製造し，1893年いらい三輪自動車を，1900年いらい普通自動車を製造するようになった「シェナール・エ・ヴァルケー社[309]」(Chenard et Walcker)，リシャール (George Richard) によって1904年に設立された「ユニック社[310]」(Unic)，1898年にヴィノ (Lucien Vinot) とドゥグァンガン (Emile Deguingand) によって創立され，当初は自転車を製造，1900年いらい自動車生産に進出した「ヴィノ・エ・ドゥグァンガン社[311]」，アメリカ系兵器メーカーであったが，1901/02年頃，自動車生産に参入，高級車メーカーとして有名になった「オチキス社[312]」(Hotchiss)，プジョー社の実験研究部長であったドゥラージュ (Lois Delage) が，1905年に独立し，小型車生産を開始した「ドゥラージュ社[313]」，P&L社の重役であったクラモン (Adolphe Clément) が，1897/98年頃に設立し，後にその車名が「クラモン=バイヤール」として知られるようになった「クラモン社[314]」等である。

このように生成・発展していく企業があった反面，最初にドイツ・ベンツ社の車の輸入と模倣生産を行なったロジェ (Emile Roger) の企業は，早くも1896年にはイギリスの「アングロ・フレンチ自動車株式会社」(Anglo-French Motor Carriage Co.) に吸収・合併されてのち，1900年には解体している[315]。また，従来，鉄道車輛メーカーであった「ドゥコヴィル社」が，1898年にその子会社「ドゥコヴィル・エネ自動車会社」(Société des Voiture Automobiles Établissement des Decauville Ainé) を設立し，その間，ドイツ・ザクセンのエーアルト社に特許生産させるまでになり，子会社は，1903年には財政的に行きづまり，親会社が生産を

表 5-18 フランス自動車企業の生産台数（1913年）　　　単位：台

企業名	生産台数
アリエス (Arièes)	350
ベルリエ (Berliet)	3,000
ブラジエ (Basier)	800
シャロン (Charron)	750
シェナール・エ・ヴァルケー (Chenar et Walcker)	1,500
クラモン゠バイヤール (Clément-Bayard)	1,500
ダラック (Darracq)	3,500
ドゥラージュ (Delage)	1,300
ドゥラーエ (Delawaye)	1,500
ドゥロネイ゠ベルヴィル (Delanay-Belleville)	1,500
ド・ディオン-ブートン (De Dion-Bouton)	2,800
デ・エフ・ペー (DFP)	600
グレゴワール (Grégoire)	500
イスパノー゠スウィザ (Hispano-Suiza)	150
オチキス (Hotchkiss)	200
ウルテュ (Hurtu)	600
ロレーヌ゠ディートリシュ (Lorraine-Dietrich)	800
モールス (Mors)	800
モトブロック (Motobloc)	400
パナール・エ・ルヴァッソール (Panhard et Levassor)	2,100
プジョー (Peugeot)	5,000
ピラン (Pilain)	400
ルノー (Renault)	4,481
ロシェ゠シュネデール (Rochet-Schneider)	600
ロラン゠ピラン (Rollond-Pilain)	150
T・シュネデール (T. Schneider)	250
ジゼール・エ・ノダン (Sizaire et Noudin)	500
ユニック (Unic)	1,657
ヴィノ・エ・ドゥグァンガン (Venot et Deguingand)	650
ゼーブル (Zebre)	800
ゼデル (Zedel)	350

出典：James M. Laux, In First Gear The French automobile industry to 1914, Liverpool 1976, S. 198. ただしルノーの数値のみは、Patrick Friedenson, Histoire des Usine Renault, Paris 1972, 1998, S. 63.

継承したが,結局 1909 年にはその自動車生産を停止している[316]。

地方の他の企業　地方に目を転ずれば,そこにはこの間,多くの自動車企業が簇生したが,既述のプジョー社以外に,ここでは次の 2 企業をあげておこう。北方のリュネイヴィル (Luneville) において,鉄道資材などを製造していた「ロレーヌ=ディートリシュ社」(Lorraine-Dietrich) は,1897 年にボレ (Amédée Bollée) 車を 20 台ライセンス生産することによって自動車生産に参入した[317]。その後同社は,1905 年に 430 台を販売したが,1906 年にはパリの北西アルジャントゥイユ (Argenteuil) に工場を建設し,1906 年には約 600 台,1913 年には約 800 台を製造するにいたった[318]。もう一つは,1894 年にリヨンでロシェ (Edouard Rochet) とシュネデール (Theodore Schneider) によって創立された「ロシェ=シュネデール社」である。同社は最初は自転車を製造していたが,1896 年には株式会社になり,1897 年から自動車生産に参入した[319]。それは 1903 年に 157 台,1906 年には 275 台,1913 年には約 600 台を製造している[320]。

　以上,第一次世界大戦までの初期フランス自動車工業の企業の企業史的管見を了えるにあたって,主に J・M・ローによってまとめられた 1913 年時点のフランス自動車企業の生産台数を表 5-18 に示しておこう。これによって私たちは,当時年産 1000 台を超える企業が,フランスには 12 社にも及んだことがわかる。年産で 5000 台のプジョーと 4481 台のルノー,そして 3500 台のダラックは,すでに本書で明らかにしてきた,ドイツで同年に 3327 台を販売したベンツや,3081 台を生産したオーペルよりも,より強力な自動車企業であったと言わねばならない。
　このように強力な自動車メーカーを擁したフランス自動車工業は,確かに 1904 年にアメリカのそれによって凌駕されたとはいえ,また 1908 年以降その成長率を相対的に低下させていったとはいえ,第一次世界大戦まではヨーロッパ

では最強を誇った。その秘密は一体どこにあったのか。いま私たちが，J・M・ローの著作を注意深く読むとき，その一つの要因がドイツよりも進歩した生産システムにあったことを見いだす。

例えば，1908年頃のベルリエの工場に関して「ベルリエは，その工場を，シャシーの異なる部品に専門化したさまざまな工場に分けた。……（中略）……シャシーの最終的な組み立ては，定置式で行なわれたが，そこに異なる部品がもたらされ，そこでは最終的な接合のために溶鉄炉と仕事台が利用された[321]」（傍点─大島）と叙述されている。

またロレーヌ・ディートリュのアルジャントゥイユ工場に関しては，「新工場では，さまざまな機械・機具が，同タイプのそれらをすべていっしょに置く（例えば旋盤はすべて一つの工場に置く──それをドイツ人はPlatzarbeitと呼んでいるが──）といった伝統的なやり方で配置されているのではなく，部品に対してなされる作業のタイプによって配置されていた。従ってそれは，無駄な動きをすることはなく，一つの機械から違った型の機械へと流れることができた。組立ライン──それはなお移動式ではなかったが──は，……（中略）……異なるタイプの部品の四つの別々の貯蔵庫から供給された。」[322]（傍点─大島）と特徴づけられている。

これらの叙述は，フランス自動車工業の先進的な工場が，第一次世界大戦前ドイツが，たとえ「成熟した」という形容詞をつけたとはいえ，なお基本的に「作業場生産」にとどまっていたのに対して，部品を別々の工場で製作した上で，定置式であれ，それらを持ち寄って製造する「グループ生産」の段階に到達していたことを物語っている。少なくともこの進歩した生産方式が，ドイツ自動車工業に対するフランス自動車工業の生産力的優位性を規定する重要な要因として存在していたといえよう。

部分的にせよ出現したこのような生産方式上の優位性にもかかわらず，フランス車の価格は，低価格車においては，かならずしもドイツ車より安くはなかっ

た。シェナール・エ・ヴァルケー社が, 1907年に発売した単気筒のボアテュレットでも3975フランもしたし, プジョー社が1912年から販売した新ベベでも4250フランしていた。それらを, 当時の国際金本位制のもとでの為替レート, 1フラン＝約1.2マルクで換算すると, 前者は約4770マルク, 後者は約5100マルクであった。これらは, その頃のドイツの廉価車, オーペル社が1912～14年に製造した「プップヒェン」の3600マルク, またヴァンデラー社がほぼ同時期に製造したWI型の3800マルクより高かった。

この相違を徹底的に明らかにするためには, 両国における販売価格の基礎にある生産費構成, 設備費以外にも原料費や労賃にまで立ち入らねばならないが, 本研究ではそこまで果たすことができなかった。

アメリカ

生産台数において, 1904年にフランスを追い越し, 20世紀初頭, 急速に「自動車王国」への道を驀進しつつあったアメリカの自動車工業は, どのような発展をたどったであろうか。

19世紀末, 蒸気自動車や電気自動車の開発生産においては先進性を示しながらも, ガソリン自動車の発明において, ドイツに較べて約7年の遅れをとり, またその製造と販売をようやく1898年頃に開始したアメリカは, 20世紀に入ると, ガソリン自動車工業を急激に発展させ始めた[323]。

その頃の自動車企業数の盛衰については, 様々な評価があり, 例えばヴァンダーブルー (H. B. Vanderblue) は, 1899年に約30, 1903年約110, 1904年には約130もの数字をあげている[324]。しかしこれらには, 部品メーカーやたんに一時的に数台の自動車を製作しただけのものも含まれていて, 明らかに多すぎ, 今日の諸研究では, 一定期間, 相当数の完成自動車を製造した企業の成立と消滅に関する統計は, 表5-19のようになっている。

これによって分かることは, 1903年から1909年まで, 1907年を除いて, 自動

車生産に参入する企業が毎年相当数ある反面,消滅数はごく僅かであり,他国と同様,自動車工業の最初期にみられる「乱立期」の様相を呈している。だがこの時期の終わり頃の1908年には,1903年創立のフォード社が,あの有名なT型車の生産を開始し,また巨大な自動車コンツェルン,「ジェネラル・モーターズ」(General Motors Co.——以下GMと略す)が,設立されるなど,画期的な出来事が起こっている[325]。

しかし1907/08年恐慌を経て,1910年以降になると,自動車企業の動向は,1909年以前とは逆に,参入よりも消滅の方が多くなっていく。従ってこの時期は,アメリカ自動車

表5-19 アメリカ自動車企業の参入・消滅

	参入数	消滅数	存続数
1902	—	—	12
1903	13	1	24
1904	12	1	35
1905	5	2	38
1906	6	1	43
1907	1	0	44
1908	11	2	52
1909	18	1	69
1910	1	18	52
1911	3	2	53
1912	12	8	57
1913	20	7	70
1914	8	7	71

出典:宇野博二,「アメリカにおける自動車工業の発達——会社金融を中心としてみた——」,学習院大学政治経済学部研究年報5. 1957年,83ページ。井上昭一著『アメリカ自動車工業の生成と発展』,関西大学経済・政治研究所1991年,131ページ。

工業における1920年代の「第二の整理期」に先だつ,その「第一の整理期」と特徴づけられている[326]。すなわち,1908年からアメリカ自動車工業において,企業合同(=「資本の集中」)が強力に進行し始めていた。

ほぼこのような事実を踏まえて,岡本友孝氏は,アメリカ自動車工業史を時期区分して,1895~1908年を「創生期」,1908~19年を「成立期」とし,さらにその後者のうち,1908~14年を「形成期」,1914~19年を「確立期」に小区分している[327]。従って私たちが本書で分析対象とするのは,岡本氏の時期区分に従えば,「創生期」と,「成立期」のうちの「形成期」ということになる。岡本氏によるこのアメリカ自動車工業の時期区分は,私たちがこれまで,ドイツ自動車工業を

中心に，1885/86〜1901/02年を「萌芽的成立期」，1901/02〜1913/14年を「本格的成立期」としてきたのとは，たとえ「創生期」を「萌芽的成立期」と読みかえたとしても，若干の乖離が生じる。すなわちアメリカの場合には少しあとにずれ込んでいる。その理由は，アメリカのガソリン自動車工業が，いったん発展の軌道にのれば，途方もない規模になったという特殊性にもかかわらず，ヨーロッパ諸国と比較して，後発的であったことに由来している。

ではここで，後の1920年代に「ビッグ・スリー」へと収斂していくような代表的企業を中心に，それらが1914年頃までに，どのように成立・展開していったかを簡単にたどっておこう。

フォード社関係

フォード社 創立者フォード (Henry Ford) が，1892年のデュリアに次いで，1893年にその試作第1号車を開発していたことは，すでに本書第4章第6節(1)で触れた通りである。彼は次に1896年7月にはより進歩した試作第2号車を製作した[328]。しかし彼が，自動車の製造を目的にデトロイトで，資本家グレイ (John S. Gray) や石炭商マルカムソン (Alexander Y. Malcomson) の出資をえて，「フォード・モーター社」(Ford Motor Co.) を設立したのは，ようやく1903年6月16日のことであった[329]。

このフォード社は，最初はマック・アヴィニュー街 (Mack Avenue) の製材工場の一部を賃借し，エンジン，トランスミッション等重要部品の殆どすべてを，「ダッジ・ブラザース社」(Dodge Brothers Co.) 等の部品製造業者から納入させながら，そこで1台800〜900ドルの2気筒A型車の組み立てのみを行なった[330]。そして同社は，1904〜06には部品の一部を自己生産するために，「フォード・マニファクチアリング社」(Ford Mfg. Co.) をも設立し，B型，C型，F型そして2800ドルもする6気筒K型車を製造するようになっていった[331]。

しかしこのマック・アヴィニュー工場はたちまち手狭になったため，同社は

1905年には同工場よりも10倍も大きい3階建ての工場をピケット・アヴィニュー (Piquett Avenue) に建設した。そこでは、1・2階で部品の相当部分が別々に製作され、3階でそれらが車に組み立てられるという「グループ生産」が実現されつつあったことは、これまた本第5章第3節で触れたとこである[332]。この工場では、1906年春から、価格800ドルの4気筒N型車が製造され始め、その生産台数は1907営業年度には、8759台へと飛躍していった。このN型は大変人気を博し、次に来るあの有名なT型の先駆形態となった。そしてピケット・アヴィニュー工場において、工場長ソレンセン (Charles Sorensen) の指導のもと、移動組立方式の実験が、このN型に関して開始されていたことは特筆すべきである[333]。

この頃フォード社は、1907/08年恐慌による自動車市場の変化に対応するため、4気筒20馬力のT型車——それは後にティン・リジー (「ブリキ娘」) として爆発的な売れ行きを示すことになるが——の開発をすすめていた。それが最初に姿をあらわしたのは、1908年10月であった。そして同社は、その生産を今やこの1モデルに限定して、それをベルト・コンベヤーにもとづいて大量生産することを決定する。

こうしてフォード社は、その実現を目指して1908年から、デトロイト北部にハイランド・パーク工場 (Highland Park) の建設を開始、1910年末には部品生産においてその一部の創業を開始するが、それが全面的に完成するのは、1913年11月のことであった。この間、同社は、デトロイトで部品を製造しながら、各地にそれを配送して、そこで組立工場を次々と建設していった。1910年にカンザス、1911年にロングアイランド、1913年にはシカゴ、サンフランシスコ、ロスアンジェルス、デンバー、メンフィスといった具合にである[334]。

フォード社の生産台数は、創立した最初の1903会計年度には、1708台にすぎなかったが、その販売台数は、ピケット・アヴィニュー工場時代の1908会計年度には1万2292台、1910会計年度には4万402台と一桁飛躍し、そしてハイラン

ド・パーク工場が完成した後の1914会計年度には，さらにもう一桁飛躍して，26万720台に達した[335]。この飛躍的な数字の増大のなかに，「グループ生産」から「流れ生産」へと質的に高度化した生産システム，フォード・システムへの発展があった。

このような大量生産によるスケール・メリットを享受しつつ，同社はT型車ツーリング・クラスの価格を，1909年の950ドル（約3390マルク）から，1910年780ドル，1911年690ドル，1912年600ドル，1913年550ドル，1914年490ドル，1915年440ドル，1916年360ドル（＝約1512マルク）と引き下げていった[336]。そしてそのことがまた，本来，広くて深かったアメリカの自動車市場をさらに拡大する作用を果たした。

このように製品を単純化かつ標準化し，その部品を正確に規準化して完全な互換性を与え，それらの製造のみならず，最終組立をもベルト・コンベヤーによる「移動組立方式」で実施するというフォード的生産方式こそ，自動車の大量消費市場の存在を前提したアメリカにおいて，はやくも第一次世界大戦前に出現する[337]。そしてこれこそが，当時のヨーロッパにおける自動車工業がとうてい到達しえない生産システムであった。

GM関係

オールズ・モーター社　　技術者オールズ（Ransom E. Olds）は，1891年以来，ミシガン州ランシング（Lansing）で蒸気自動車を製作していたが，内燃機関の優位性を認識し，1897年には最初のガソリン自動車の開発を了えていた[338]。

1899年，彼はデトロイトの製銅業者スミス（Samuel Smith）の財政的援助を受けて，株式会社「オールズ・モーター社」（Olds Motor Co.）を創立，デトロイトにも工場を設け，1901年に低廉な650ドルの量産車となる単気筒の「カーヴド・ダッシュ車」を製造し始めた。同社は，それを1901年425台，1902年約2500台，

1903 年約 3000 台, 1904 年約 5000 台と量産し, 1902～04 年には業界のトップ・メーカーとなった[339]。

その生産方式は, ほとんどの完成部品を納入業者から調達し, 車を手動スタンドの上にのせ, それを移動させながら部品を組み付けていくやり方である。そこには, まだ自動的なベルト・コンベヤーは存在していなかったが, フォード社に先立って, 原初的な形ではあれ, 移動組立方式が導入されていた。

しかしオールズは, より高級車の製作をも指向するスミスと衝突し, 1904 年には同社を去る。その後は 1907 年まではカーヴド・ダッシュの生産も続けられたが, 4 気筒車, 6 気筒車の製造も行なわれるようになった。そのため同社の生産台数は, 1907/08 年恐慌の影響もあって, 1905 年の 2381 台から, 1906 年 1372 台, 1908 年 1146 台へと急落していった[340]。その結果, オールズ社は, ビュイック社に次いで 2 番目に, 1908 年 11 月 12 日, GM 傘下に入っていった。

キャディラック社　「キャディラック・モーター会社」(Cadillac Motor Co.) の前身の一つは, 1901 年 11 月にデトロイトで創立された「キャディラック自動車会社」(Cadillac Automobile Co.) である。同社は 1902 年に 750 ドルの単気筒車を製作し, 1903 年約 1700 台, 1904 年約 2500 台を製造した[341]。そのもう一つの前身は, 同社にエンジンやトランスミッション等の完成部品を供給していた, 同じくデトロイトの「リーランド・アンド・フォルコーナー社」(Leland & Faulcouner) であった。同社の経営者リーランド (Henry M. Leland) が, 1904 年末キャディラック自動車会社の社長に就任し, 翌 1905 年に両社は合同して, 「キャディラック・モーター会社」となった。

その後, 同社は上記の単気筒車の生産を放棄することなく, 同時に 1 台 2000 ドル以上もする 4 気筒車の製造にも乗りだした。それは, リーランド社が最重視していた精密加工技術により, 部品の完全互換性をもった高級車ブランドとして名声を享受するようになった[342]。こうして同社の生産量は, 1904 年 3920 台, 1906 年 4045 台と増加していったが, 1907/08 年恐慌のなかで, 奢侈品としての

高級車の販売が減り,その生産量は,1907年2367台,1908年2380台と低下していった[343]。その結果,同社もまた,1909年7月1日GM傘下に入ることになる。

ビュイック社 ビュイック (David Dunbar Buick) が,1882年以来,デトロイトで鉛管工事用部品製造を営んでいたが,1899年にそれを売却,エンジンの実験に取り組んだ。彼は,1901年には船舶用・定置用エンジンの製作を,翌02年には「ビュイック製造会社」(Buick Mfg. Co.) を設立して,自動車エンジンの製造を開始した[344]。

同社は,1903年,デトロイトの有力な部品製造業者ブリスコー (Brisco) 兄弟の財政的援助を受け,フリント (Flint) 市で,資本金10万ドルの「ビュイック・モーター株式会社」(Buick Motor Co.) に再編され,翌1904年には完成車の生産をも開始した。だがその後,「フリント・ワゴン・ワークス社」(Flint Wagon Works) による株式取得にもかかわらず,それは結局,軌道に乗らず,数銀行から多大の負債をかかえる身となった。

そこで同社の経営を引き受けたのが,「デュラント・ドート馬車会社」(Durant-Dort Carriage Co.) の共同経営者であり,後にGMの創立者となるデュラント (William C. Durant) であった。彼は当時,繁栄する馬車業者として,最初は自動車生産に懐疑的であったが,1904年11月1日ビュイック社に資本参加し,その資本金をいっきょに30万ドルに引き上げた。その結果,同社の自動車生産量は,1904年の僅か37台から,1905年750台,1906年1400台,1908年には実に8820台へと急増し,その頃アメリカで最大のメーカーとなった[345]。

このようにビュイック社の経営において成功をみたデュラントは,今や自動車の将来性に確信を抱き,1908年9月16日,ニュージャージー州法にもとづき「ジェネラル・モーターズ」社を設立,その株とビュイック社の株を交換する形で,同年10月1日,後者をその傘下に収め,それを中核的企業として,かの一大統合の火蓋を切ったのである。

第5章　自動車工業の本格的成立期（1901/02～1913/14年）

ジェネラル・モーターズ社

ではこのGMの創立者デュラントとは，どのような人物であったか。彼は南ミシガンのフリントで，金物商ドート（Josiah Dallas Dort）と，1885年パートナーシップを組み，「フリント・ロード・カート会社」（Flint Road Cart Co.）を設立，馬車製造を始めた[346]。翌年，同社は「デュラント・ドート馬車会社」と改名，世紀転換期頃までには年間約5万台を製造する，北米有数の馬車製造業者となった。

その後デュラントは，既述の通り，1904～06年にはビュイック社の再建をはたし，1908年9月16日GM New Jerseyを設立し，それを持株会社として自動車企業の大統合に乗りだした。同社の資本金は最初わずかに2000ドルであったが，2週間後にはいっきょに6000万ドルに引き上げられた。彼は，それに基づいて発行されたGMの優先株や普通株との引き換えを主たる手段として，以後2年間に11にも及ぶ自動車会社と，14もの部品・付属品会社とを次々にGMの傘下に収めていったのである。

11の完成自動車メーカー（水平的統合）のうち中心的な存在となったのは，前記のビュイック，オールズ，キャディラックの他は，「オークランド自動車会社」（Oakland Motor Car Co.）であった[347]。また部品・付属品業者としては，「スチュアート車体会社」（W. T.Stewart Co.）や「ヒーニー・ランプ社」（Heany Lamp Co.）などがあった[348]。

しかし，この無謀ともいえる激烈な企業集中は，やがてGMを深刻な経営難に陥らせる。買収した会社のうち，収益性を維持できたのは，1910年に3万595台を製造し，なお業界のトップに立っていたビュイック社と，キャディラック社程度にすぎなかったからである[349]。そのためGMは，1910年以降，それまで同社を金融的に支援してきた「リー・ヒギンソン商会」（Lee Higginson），「セリグマン商会」（J. & W. Seligman & Co.），「セントラル・トラスト信託会社」（Central Trust Co.）の銀行シンジケートの管理下に入り，デュラントは一時GMの支配権を失うことになった。

しかしデュラントは，これでGMの再支配を諦めるような男ではなかった。彼は早くも1911年11月3日には，ビュイック社の有名なテスト・ドライバーであったシボレー（Louis Chevrolet）を用いて，「シボレー自動車会社」（Chevrolet Motor Car Co.）を設立，4気筒の人気車「リトル・フォア」（Little Four）を製作，1912年には2999台を生産した[350]。このようなシボレー社の業績の急発展を基礎に，また火薬製造を基礎にしてのし上ってきた化学工業の独占資本「デュポン社」（Dupont）の財政的支援を受けて，デュラントは，1915年にはGM株のほぼ半数を取得し，デュポンをGMの会長に押し上げた。さらにデュラントは，シボレー株5に対してGM株1の交換を推進して，1916年6月1日の株主総会において，再びGM社長に返り咲いたのである[351]。これが俗に「尾っぽが犬を振りまわす」と言われた，小シボレーの大GM乗っ取り劇であった。ただしこのGMが，持株会社から事業会社に転換され，傘下の会社がGM事業部になるのは，1917年8月をまたねばならない。

このようにGMの成立と，その企業集中政策によって，前述のフォードの単一車種の大量生産方式とは異なる，アメリカ自動車工業のもう一つの生産・販売原理，経済車から高級車までそろえ，ユーザーの幅広いニーズに応えようとする「フルライン政策」の基礎が形成されていった[352]。しかし私たちが，ここで特に注目すべきは，このGMの成立と展開が示すように，アメリカでは自動車工業が極めて早期に独占化し始めたことである。これは第一次世界大戦前のアメリカに特徴的に見られ，フランスやイギリス，そして特にドイツではまだ出現していない傾向であった。

クライスラー社関係

「クライスラー社」（Chrysler Corporation）自体は，1925年に成立するものであり，まだこの時期には存在していない。しかしその母体となった「マックスウェル゠ブリスコー・モーター会社」と1928年にクライスラー社に合併された「ダッ

第5章　自動車工業の本格的成立期（1901/02～1913/14年）　471

ジ・ブラザーズ社」は，すでにこの頃に成立し，成長していた[353]。

マックスウェル社　マックスウェル（Jonathan Dixon Maxwell）は，すでに 1894年にヘインズ（Elweed Haynes）とアパーソン兄弟 (Edgar, Elmer Apperson) の自動車開発に加わり，また1900年には「オールズ社」のあのカーヴド・ダッシュの製作に協力した古くからの自動車技師であった[354]。その後，彼はデトロイトの部品メーカ，ブリスコー（Benjamin Briscoe）と協同で，1907年7月には，マックスウェル車のプロトタイプを仕上げている。

この協力関係を基礎にして，1904年初頭，「マックスウェル=ブリスコー・モーター会社」（Maxwell-Briscoe Motor Co.）が設立された[355]。同社は1904年には僅か10台しか製造しなかったが，1906年にはすでに2000台以上も生産している。

しかし1910年初頭に，モルガン財閥を推進者として，このマックスウェル社を中心に，約130社にも及ぶ自動車及び部品会社を大統合する一大集中運動が展開された。その結果生まれたのが「ユナイテッド・ステイツ・モーター会社」(U.S. Motor Co.) であり，同社は1910年には約1万台を生産した。しかしそれは，1912年には破産する。もし同社が瓦解しなければ，アメリカではGMとならぶもう一つの自動車独占資本がこの時期に成立するところであった。

だがマックスウェルは，首尾よくこの混乱から脱出し，社名も「マックスウェル自動車会社」（Maxwell Motor Car Co.）と改名，存続・発展し続けた。1914年に同社は，価格750ドルの4気筒マックスウェル25型も生産に加え，他モデルを合わせて，1万7000台以上を売り上げた。

ダッジ・ブラザーズ社　ダッジ兄弟（John Francis, Horace Elgin Dodge）が，デトロイトで機械部品を製作する小企業，「ダッジ・ブラザーズ社」（Dodge Brothers Co.）を設立したのは1900年のことであった[356]。同社は，1901年には自動車部品の製造をも開始し，まずはオールズ社と2000台のエンジンを，また翌年には3000組のトランスミッションを供給する契約を結んだ。その生産を遂行するにために，150人を雇用する3階建ての新工場

が建設された。

しかし，1903年にフォード社が設立されることになると，ダッジ社はオールズ社との関係を解消し，同年2月23日，フォードとの間に650台の完成シャシー（エンジン・トランスミッション・車軸付）を供給する契約を結んだ。そのためダッジ兄弟は，フォード社設立にあたって，その株式の10％を引き受けただけでなく，兄のジョンは，1906年にはフォードの副社長に就任している。このようなフォード社との緊密な結合のなかで，ダッジ社は1903～13年の期間に，フォード社に対して，ボディー，車輪，タイヤを除く，コンポーネントの基本的部分を供給したと言われている[357]。

この間，1908年におけるフォード社でのT型車の生産開始に合わせて，ダッジ社自身も1910年デトロイト北部ハムトラムク（Hamtramck）に4階建ての大工場を建設した。だがフォードがハイランド・パーク工場を建ち上げて，部品の内製化を実現するに及んで，ダッジ社は自ら完成車の製造に乗りださざるをえなくなる。

最初のダッジ車，4気筒35馬力の「オールド・ベッツィ」（Old Betzy）が，販売価格785ドルで製作されたのは，1914年11月4日のことである。同年中に製造されたのは，249台にすぎなかったが，翌1915年には早くも7000台以上が生産された。同社は，永らくフォード社の部品メーカーであったこともあって，その生産方式を知悉しており，フォード社同様に単一車種の大量生産方式を採用した。そのためその生産量は，1916年には約7万台，1917年には約12万4000台にまで急増して行き，ダッジ・ブラザーズ社は，1910年代末には，フォード，シボレー，ビュイックに次ぐ，第4位のメーカーに上昇していった。

独立系

ここで独立系と称するのは，1925年にクライスラーが設立されて以後，いわゆる「ビッグ・スリー」が確立してくるが，それ以降も独立を維持したスチュード

ベーカー，パッカード，ハドソン，ナッシュ等の各社を指している[358]。そのうちハドソン社 (Hudson Motor Car Co.) は，1909年，比較的遅く設立されたし，またナッシュ社は，1916年になって設立されたので，ここでは前2社についてだけ簡単に触れておこう。

スチュードベーカー社　　1868年創立の「スチュードベーカー兄弟製造会社」(Studebaker Brothers Mfg. Co.) は，1890年代には従業員約2000人を雇用する「世界最大の馬車製造業者」といわれた[359]。しかし同社は，自動車の将来性を洞察し，まずは副業としてそれを製造することを決め，1897年にはニューヨーク市のタクシー用電気自動車のボディ100台分を製造し，1901年から「ウェスティングハウス社」(Westinghouse) 製のバッテリーを搭載した電気自動車を製作するようになった。

ついで同社は，1904年，ガソリン車を製造していた「ガーフォート製造会社」(Garfort Mfg. Co.) のために，200台分のシャシーをつくり，社名も「スチュードベーカー・オートモービル社」と変更し，1908年にはガーフォート社と合併して，ガソリン自動車製造業者に転成した。さらにスチュードベーカーは，まずは当時ガソリン車を生産していた「エヴァリット・メッジャー・フランダース社」(Everitt Metjger-Flanders) の自動車「販売」を引き受け，1910年にはこれを合併している。

このように2度にわたる資本集中を経て，急速に成長したスチュードベーカー社は，1912年には約2万8000台の自動車を生産し，フォード，キャディラック，ビュイックと並ぶ，大自動車メーカーになっていった。

パッカード社　　1890年創立の「パッカード電気会社」(Packard Electric Co.) は，オハイオ州ウォーレン (Warren) で電気器具の製造をしていたが，1890年代中葉にガソリン自動車に関心を示すようになった。同社は，1900年にワイス (Georg Weiss) とパートナーシップを結び，「オハイオ自動車会社」(Ohio Automobile Co.) を設立，同年6気筒車を5台製作したが，それが

レースで好成績をあげたため，翌1901年には160台を製造するようになった[360]。

同社は，1902年には「パッカード自動車会社」(Packard Motor Car Co.) と改名，デトロイトに生産拠点を移して，次のように生産を発展させていった。1903/04営業年度192台，1904/05営業年度481台，1906/07営業年度1188台，1909年（暦年）3106台，1910～15年間には年平均2500～3000台。その従業員数は，1903/04営業年度には約250人にすぎなかったが，1911年8月には7575人に増加している。

以上，私たちはこれまで，ほぼ第一次世界大戦に至る頃までのアメリカの代表的な自動車企業を瞥見してきたが，この段階においてそこに見られる特徴は，それらがまさに嵐のごとく急激に発展し，しかも桁違いに大規模なものとなっていったことである。

1913年のドイツに関して，最大のベンツでさえも，その自動車販売量は3327台，第2位のオーペルの生産量は3081台，ダイムラーの生産量は1925台であった。それに対してフランス自動車企業はそれよりひとまわり大きく，1913年の生産量は，プジョー約5000台，ルノー4481台，ダラック約3500台であった。

ところがアメリカ自動車企業の場合は，GM傘下のビュイックの生産量が，1910年で3万525台，ハドソンの生産量が，1910年で4500台，シボレーのそれが，1915年で約1万3000台，マックスウェルのそれが1914年約1万7000台，独立系のスチュードベーカーの1912年のそれは約2万8000台，そしてかのフォードの1913営業年度のそれが，実に18万2800台に達していた。

これらの自動車企業の業績を総括する形でアメリカ自動車工業の総体としての生産台数も，すでに見たとおり爆発的に増大していった。その1900年の生産台数4192台は，まだフランスの約4800台を下回り，しかもその内容は，蒸気自動車が1681台，電気自動車が1575台，ガソリン自動車は僅かに436台にとどま

第5章　自動車工業の本格的成立期（1901/02～1913/14年）　475

っていたのに, 1901年にはオールズ社の, ついで1903年にはフォード社の開業が加わり, 1904年には早くもフランスの生産量を凌駕した。

しかしそれでも1907年のアメリカの生産台数約4万4000台は, ドイツの5151台の8.5倍にはなっていたものの, まだフランス, イギリスと比較して隔絶した差はなかった。ところが1913年になると, アメリカの生産量, 48万5000台は, ヨーロッパのフランス, イギリス, ドイツ3国の合計約10万台の約5倍近くにもなり, フランスの約11倍, イギリスの約14倍, ドイツの約22倍にも躍進していったのである。

このような急速な自動車生産の発展の基礎には, 一つはすでに指摘したごとく, 生産方式の早熟的な発展が存在していた。1901年以来, オールズ社ではその最終組立作業において, なおベルト・コンベヤーやレール抜きではあったが, 手動スタンドを使用した, 原初的な移動組立方式が導入されていた。またフォード社のピケット・アヴィニュー工場では, 1905年以来, なお部品の製造と供給においてダッジ・ブラザーズ社に大きく依存していたとはいえ, そこには部品と最終組立において「グループ生産」がみられ, さらに「移動組立方式」の実験的導入さえなされていた。

そして1913年から翌14年にかけて, フォード社はその新設のハイランド・パーク工場において, 全面的な「移動組立方式」, ベルト・コンベヤーにもとづく「流れ生産」を実現したのである。

しかし私たちは, この頃のアメリカ自動車工業の飛躍をもたらしたもう一つの要因として, 非常に幅広く強力に存在した部品製造の機械工業の存在を指摘できよう。それらのうち有力なものは, 最初は部品メーカーでありながら, 自ら自動車製造企業へと上昇転化していった。例えば, オールズ社やフォード社の部品供給業者であったダッジ・ブラザース社, キャディラック社の一つの母体となったリーランド・アンド・フォルコーナー社, そしてマックスウェル＝ブリスコー社の母体となったブリスコー社, がそれである。このような強力な部品工

業の展開は、ヨーロッパ、とくにドイツには見られなかった現象であった。

こうした「流れ生産」と強力な部品製造業を生産力的基礎として、アメリカ自動車工業は、フォードのT型車にみられる低価格車——1912年の価格は600ドル、当時のレートで換算して約2520マルク——という大衆車を創造できたのである。それは、すでにフランス車との比較の際にあげた、同時期のドイツのプップヒェンの3600マルク、ヴァンデラー社のWI型の3800マルクより、なおなんと1000マルク以上も安価だったのである。

イギリス

自動車工業の成立において、ドイツ、フランスと比較すれば、アメリカと並んで後発国であったイギリスは、その本格的成立期においてどのような展開を示したのであろうか。

まずその自動車企業の初期の乱立・消滅の過程をソール（S. B. Soul）が示す表5-20によって確認しておこう。これから分かることは、イギリスの自動車企業の設立数は、1896～1914年までに394件、いま問題にしている本格的成立期に対応する1901～14年をとっても、334件に及び、非常に多いことである。この件数の多さは、フランスの対応数値が不明なため、正確な国際比較はできないが、ドイツは言うに及ばず、前掲表5-19で確認したアメリカ自動車企業の1902～14年の設立件数134件よりも2.5倍も多い。その理由は、このイギリスの数値には、アメリカでは除外されていた、一時的に少数の車を製作した企業も含まれているからである。別の統計によると、1897年の自動車企業数9、1898～1902年の新規参入数46、消滅数5、1902年の自動車企業数50、1903～13年の新規参入数35、消滅数37、1913年の自動車企業数48という数値があり、安定した完成車メーカーの数は、ほぼこの程度であったであろう[361]。

このようにソールの表は、自動車企業の基準が広くとられているにもかかわらず、それが細かく時期分布されているが故に、私たちはそこで各国に共通する

第5章　自動車工業の本格的成立期（1901/02～1913/14年）　477

表5-20　イギリス自動車企業の参入・消滅

	I 1900年 まで	II 1901- 05年	III 1906- 10年	IV 1911- 14年	合計
設立数	59	221	49	64	394
1900年以前に倒産	6	―	―	―	6
1901-05年に倒産	18	59	―	―	77
1906-10年に倒産	12	112	13	―	137
1911-14年に倒産	2	28	12	18	60
その期末に存在する企業総数	53	197	109	113	―
1914年に存在する企業	21	22	24	46	113

出典：山本尚一著，『イギリス産業構造論』，ミネルヴァ書房1974年190ページ。; S. B. Saul, The Motor Industry in Britain to 1914, in: Business History Vol. V No. 1 (1962), S. 23.

ある傾向を指摘することができる。すなわち1901～05年の時期には著しく多数の自動車企業が乱立する反面，倒産する企業は相対的に少ないこと，また1906～10年の時期には，設立企業より倒産企業数が2.8倍近く多いこと，そして1911～14年の時期には設立数と倒産数とがほぼ拮抗していることである。1906～10年における倒産数の激増は，明らかに1907/08年恐慌が促進した自動車工業の構造変化に起因していた。

　それではこのソールが区分した各期にどのような企業が出現しているか。その代表例のみを示しておこう。なお，どのような企業が出現または消滅しているか，括弧のなかは，設立年と消滅年を示している[362]。

　第I期（1896-1900）には，イギリス・ダイムラー（1896-），アロール・ジョンストン（Arrol-Johnston, 1897-1931），ベルサイズ（Belsize, 1897-1925），ハンバー（Humber, 1898-1975），ライリ（Riley, 1898-1969），スター（Star, 1898-1937），アーガイル（Argyll, 1899-1932），デニス（Dennis, 1899-1915），サンビーム（Sunbeam, 1899-1937），ウルズリー（Wolsely, 1899-1976），アルビオン（Albion, 1900-1913），ネーピア（Napier, 1900-1924），スウィフト（Swift, 1900-1931），等

が設立された。これらのなかには,第二次世界大戦後まで存続し,イギリスの有力自動車企業になったものがすでに4社も出現している。

　第II期 (1901-05) に設立されたものとしては,モーズリー (Maudsley, 1902-1923),スタンダード (Standard, 1903-1963),ボクゾール (Vauxhall, 1903-),クローズリー (Crossley, 1904-1937),ロールズ (Rolls, 1904-),ローヴァー (Rover, 1904-),オースチン (Austin, 1905-),シンガー (Singer, 1905-1970) などがあげられる。このなかでは,1906年にロイス (Royce) と合併して成立するロールズ＝ロイス,ローヴァー,オースチンは非常に有名であり,またボグゾールは1925年にアメリカのGMに買収されている[363]。

　第III期 (1906-10) に設立されたもののうち,有名なもののみをあげれば,ジャウィット (Jowett, 1906-1954),ヒルマン (1907-), などがあった。

　第IV期 (1911-14) に関して特筆すべきは,アメリカ・フォード社によるノック・ダウン工場,イギリス・フォード (1911-) とモリス (Morris, 1910-) との設立である。

　これらの自動車企業のうち,当時も有力であったと同時に,後にも大きな意義をもつ有力企業の幾つかを,簡潔に紹介しておこう。

イギリス・ダイムラー社　ドイツ・ダイムラー社のパテントを利用する契約のもと,イギリス最初の自動車企業として,1896年コヴェントリーで誕生したイギリス・ダイムラー社 (Daimler Motor Co.) は,1898年約50台,1900年約150台を製造した。しかし同社は,発起人ローソン (H. J. Lawson) が行なった株式の水増し発行の過剰資本化圧力によって1901年には一時,事実上,倒産し,1904になってようやく再建された。その後,同社は1910年に「バーミンガム銃器会社」(Birmingham Small Arms Co.) と合併して,存続をはかり,1913年には約5000人を雇用し,高級車を中心に約1000台を生産している[364]。

ランチェスター社　「フォワード・ガス・エンジン会社」(Forward Gas Engine Co.) の技術者で副社長であったランチェスター (F. W. Lancester) が，最初の自動車を試作しだしたのは 1896～97 年の頃であった。その後，彼は独立し，1899 年 12 月に「ランチェスター・エンジン会社」(Lancester Engine Co. Ltd.) を設立，エンジン，シャシー，ボディーなどの互換性をもった自動車の製作を開始，1901 年 8 台，1902 年 50 台，1903 年 75 台，1904 年 100 台を生産した。しかし同社は，1904 年に一度，破産し，「ランチェスター自動車会社」(Lancester Motor Co.) として再建され，1913 年には 200 台を生産している[365]。

オースチン社　「ウルズリー羊毛剪断会社」(Wolseley Sheep Shearing) の部品供給業者であったオースチン (Herbert Austin) が，バーミンガムで「オースチン自動車会社」(Austin Motor Co.) を設立したのは，1905 年のことであった。同社は，電気部品以外はすべて内製する努力をはらいながら，1906 年には 123 台を製造し，1913 年には約 1900 人を雇用して約 1500 台も生産している[366]。同社は後発社ながら，後にイギリス自動車工業のなかで有力企業となっていく。

イギリス・フォード社　アメリカのフォード社は，すでに 1908 年からロンドンにおいてその輸出のために販売代理店を設けていた。しかし同社は，その世界戦略の一環として，1904 年のカナダに次いで，イギリスにおいてノック・ダウン工場を設立する[367]。1911 年同販売店の責任者，イギリス人のペリー (P. L. Perry) を社長として，資本金 100% 所有の子会社「イギリス・フォード社」が設立され，マンチェスターのトラフォード・パーク (Traford Park) に大規模な工場が開設された[368]。初年には，エンジンやシャシーはデトロイトから輸入され，ボディーは在地の馬車業者「スコット兄弟社」(Scott Brothers) から調達されたが，翌 1912 年からは専門工場を設け，ボディも内製されるようになった。

同社の生産台数は，1911 年にすでに 1485 台を記録したが，1912 年には 3081 台

と急伸し，1913年にはついに7310台と，2位のウルズリー社の2倍以上に達した。その価格も低く，他社の廉価車，例えばオースチン車の325ポンド，スター車の265ポンドと比べても，はるかに低い135〜200ポンドであり，それが販売を急増させる要因となっていた。

　モリス社　後にイギリス最大の自動車企業になる「モリス社」（W. R. M. Motors Ltd.）は，もともとは自転車を生産していたモリス（William Richard Morris）によって，1912年8月に発起された。同社は後発社であったが，ロングウォール（Longwall）に広大な工場を設立，主要部品も含めてできるだけ外注に依存し，「国民の手にとどく」低価格車を製造しようとした。こうして構想されたのが，価格165ポンドの「モリス・オックスフォード」（8.9馬力）であり，それは1913年4月から本格的に生産され始めた[369]。

　以上，私たちは，イギリス自動車工業の本格的成立期における諸企業の成立過程を垣間みてきたが，それらの1906年，1913年時の生産台数を示した表5-21を挙げておこう。まずこれから分かることは，この時点での生産台数が判明しない他の企業があるにもかかわらず，すでにここで29もの多くの企業が存在していたことである。そしてその中で私たちを瞠目させるのは，ひときわ生産規模の大きいイギリス・フォード社の存在である。しかしこれは，なるほどボディ等，部品のすべてを輸入したわけではないが，エンジン，シャシーといった車の基本部分をアメリカ本社から輸入したノック・ダウン工場であり，100％アメリカ資本の会社であった。まさにこの点にこそ，後発自動車国としての弱点をもったイギリスと，当時，世界一の自動車国の地位を固めつつあったアメリカとの，国際的な力関係とその絡み合いが表現されている。

　そしてそれ以外の企業に関しては，ウルズリーの1913年の生産量約3000台が，やや少なめながらドイツのベンツやオーペルに匹敵し，その他のものはそれより小規模ならが，年産1000台を超す企業が9企業に及んでいた。すなわちイ

第5章 自動車工業の本格的成立期（1901／02～1913／14年） *481*

表5-21 成立期イギリス自動車企業の生産台数

単位：台

企　業　名	1906年	1913年
アルビオン（Albion）	221	554
アーガイル（Argyll）	800	622
アームストロング・ウィットワース（Armstrong-Whitewortｈ）	—	80
アロール・ジョンストン（Arrol-Johnston）	—	1,150
オースチン（Austin）	123	1,500
ベルサイズ（Belsize）	—	1,000
クラモン＝タルボ（Clement-Talbot）	—	500
クロースリ（Crossley）	—	650
イギリス・ダイムラー（Daimler）	—	1,000
デニス（Dennis）	—	500
イギリス・フォード（Ford）ノック・ダウン工場	—	7,310
ヒルマン（Hillman）	—	63
ハンバー（Humber）	1,000	2,500
アイアリス（Iris）	—	50
ジャウィット（Jowett）	—	12
ランチェスター（Lanchester）	—	200
モーズリー（Maudsley）	—	50
モリス（Morris）	—	303
ネーピア（Napier）	299	743
ライリ（Riley）	—	15
ロールズ（Rolls）	—	650
ローヴァー（Rover）	690	1,600
シンガー（Singer）	—	1,350
スタンダード（Standard）	—	750
スター（Star）	—	1,000
サンビーム（Sunbeam）	151	1,700
スウィフト（Swift）	—	850
ボグゾール（Vauxhall）	15	388
ウルズリー（Wolseley）	450	3,000

出典：James Foremann-Peck/Sue Bowden/Alan McKinlay, The British Motor Industry, Manchester/New York 1995, S. 14.

ギリス自動車工業の場合は，民族資本として巨大なものは少なかったが，中堅的な企業が幅広く存在していたようにみえる。

　このような広汎な自動車企業に支えられて，イギリス自動車工業の全体としての生産量は，確実な統計数値が現われてくる1907年には，すでにドイツのそれを2倍近くも上回っていた。その後は，前掲の表5-17や図5-3が示すように，1908/09年には1907/08年恐慌の影響もあって，生産量は若干下回るが，1910年以降のそれは，その頃急速に生産量を伸長させてきたドイツと烈しく競り合いながら，最終的に，1913年の生産量は，ドイツの約1.6倍を達成している。こうしてイギリスは，その自動車生産において，第一次世界大戦前夜に，アメリカには遠く，またフランスにも及ばなかったものの，ドイツを蹴落として，ついに世界第3位の地位を獲得した。

　さて，イギリス自動車工業のこのような生産発展の基礎には，はたしてどのような生産方式が存在していたのか。これまでのイギリス自動車工業史に関する諸研究は，例えば最近のフォアマン=ペックらの研究も「1914年以前のいかなるイギリスの製造業者も，流れ生産（flow production）の方向に進んでいなかった[370]……」と述べるごとく，アメリカの生産方式と対比して，その遅れを指摘し，強調するものが多かった。それはもちろん正しいにしても，イギリスの生産方式が，例えばフランスの「グループ生産」や，ドイツの成熟した「作業場生産」と較べて，どの水準にあったかを確かめようとする視角は全然なかったのである。そこでここでは敢えてそれを試みるために，従来の研究のなかで，それを示唆する幾つかの箇所を拾い出してみよう。

　フォアマン=ペックらは，興味深くもまず次のように書いている。「同時期のオースチン工場は，それぞれが完成部品（compoments）を製造したり，まったく別々にシャシー部門とボディー部門で組み立てたりする小作業場群からなっている。部品（parts）は，シャシー製造作業場で組み立てられ，臨時的なボディーをつけてテストされる。そして他の場所で最終的なボディーが組み付けられ，

再びテストされる。シャシーは、1人の責任者のもとに20人かそれ以上の作業班 (gangs) が存在したダイムラー社の場合と同じように、グループで製作されていた[371]。……」と。この文章だけでは、別の小工場でつくられる「完成部品」と、「シャシー部門」でつくられる「部品」の関係が不明確であり、また「ダイムラー社」とはドイツのそれか、それともイギリスのそれかも明らかでないが、少なくともオースチン工場における生産方式が、ドイツにおけるダイムラー社のウンターテュルクハイム工場やオーペル社のそれにみられた、成熟した「作業場生産」の域をあまり超えていなかったように思われる。

だがフォアマン=ペックらは、もう一つのさらに興味ある例をあげている。「1914年以前の最も先進的な製造業者サンビームにおいては、組立作業場は、多くの小さな作業班からなり、各班は一つの仕事にのみ責任を負っていた。フレームが一方の端におかれ、最初の仕事がなされるやいなや、それは屋根の梁から吊るされた移動レール装置 (girder tramway) で吊り上げられ、次の段階へと移される[372]」……と。これは確かに自動的に動くベルト・コンベヤーではないが、当時シャシーやボディの組み立てが一般的には定置式でなされていたのとは異なり、加工対象そのものが移動させられる、原初的な移動組立方式であったと言える。

このように、第一次世界大戦前夜のイギリス自動車工業の生産力水準が、ドイツのそれを幾分上回る背後には、そこにドイツ同様の成熟した「作業場生産」の一般的存在以外に、先進的な工場で、極めて原初的ながら「移動組立方式」、すなわち「流れ生産」の萌芽的出現を指摘できるのではなかろうか。

ところで、このイギリス自動車工業が生み出した自動車の価格であるが、廉価車に関して、それらをマルク換算した額——当時、1ポンド＝20マルク——を併記して示すと次のようになる。1912～3年頃で、オースチン車325ポンド（約6500マルク）、スター車265ポンド（約5300マルク）、大衆を目指してつくられたモリス・オックスフォード車165ポンド（約3300マルク）、そしてイギリス・フ

ォード車135～200ポンド（約2700～4000マルク）であった[373]。これらの車価は，何度も述べたドイツの廉価車と較べて，その主要部品をアメリカから輸入し組み立てられたイギリス・フォード車の最低価格車はいうに及ばず，純英国産のモリス車において，すでに下回っていたのである。ここにイギリス自動車工業がドイツに対してもっていた潜在的力量が感じられる。

(2) 1904～13年の主要国の自動車貿易

　私たちは，前の第4章第6節(2)おいて，20世紀初頭（1901年～03年）の主要国の自動車工業の力量を，その生産台数にもとづいて，1位フランス，2位アメリカ，3位おそらくイギリス，4位おそらくドイツと，いちおう確認した。

　そのうえで私たちは，同じく第4章第6節(3)で，これらの国の1904, 05年時点の自動車貿易をフラン・ベースの価額からみて，その輸出力順位を，1位フランス，2位ドイツ——生産台数的にはおそらく4位，にもかかわらずその輸出依存度の高さの故に——，3位アメリカ——生産数量的には1位であったにもかかわらず，国内市場の大きさのために輸出比率は低い——，そして4位イギリス——国内市場が深いため，輸出は少ない—，であったことを確かめた。

　そして本第5章第4節(1)において，私たちは，自動車工業の本格的成立期(1901/02～1913/14年) の主要各国の自動車工業の力量の発展過程をその生産台数によって明らかにした。そこには20世紀初頭に較べて，明白な力関係の変化が看取された。その最大の点は，1904年にアメリカがそれまで1位であったフランスを追い抜き，その後は「自動車王国」への巨歩の歩みを始めたことである。従って1913年時点の力関係は，他の3ヵ国を合せたよりも5倍近くも強力な1位アメリカ，そして2位フランス，3位イギリス，4位ドイツといった順位である。

　では，このような主要各国の自動車工業の発展は，第一次世界大戦にいたるその本格的成立期に，世界の自動車貿易の構造をどのように変化させたのであろ

第5章　自動車工業の本格的成立期（1901/02〜1913/14年）　485

表5-22　第1次世界大戦前の主要国の自動車貿易　　　　　　　　　単位：100万フラン

	1904		1905		1907		1913[1]	
	輸出	輸入	輸出	輸入	輸出	輸入	輸出	輸入
フランス	72.2	4.3	101.4	4.4	144.4	8.7	227.4	19.9
アメリカ合衆国	9.8	11.5	14.0	21.6	28.5	25.0	170.0	10.5
イギリス	8.9	61.7	13.6	86.1	33.2	104.0	109.1	164.0
ドイツ	15.6	9.7	22.2	16.7	17.8	22.2	107.1	17.8
イタリア	1.1	4.1	3.6	6.5	20.2	8.3	38.7	11.5
ベルギー	5.7	2.0	7.8	2.9	10.0	4.4	31.7	10.1

注1）1913年の輸入額は、再輸出を含まない純輸入額、イタリア、ベルギーについては1912年の数値。
出典：1904, 1905年に関しては、Gerhard Horras, Die Entwicklung des deutschen Automobilmarktes bis 1914, München 1985, S. 348 Anhang 15; 1907, 1913年に関しては、James M. Laux, In First Gear The French automobile industry to 1914, Liverpool 1976, S. 209.

うか。この場合もまた、各国の統計上の未整備のため、なお輸出入台数で完全には把握できない。そのため止むをえず、フラン表示の価額で示すことになるが、表5-22がそれであり、また一見して分かりやすくするために図示したものが図5-4である。

フランス　既述の通り、フランスは自動車生産において、すでに1904年時点で、アメリカにその首位の座を譲りわたしてはいたが、それでもその輸出では、1913年まで第1位の地位を執拗に保持し続けている。その輸出額は、1904年と較べて1913年には3倍以上に増大し、その時点においても2位のアメリカのそれをなお30％以上も上回っていた。この際の輸出先は、圧倒的にイギリス、次いでベルギーであった[374]。

またこの間フランスの自動車輸入も漸増しており、その輸入額は1913年時点ではドイツやアメリカのそれを上回ってさえいる。しかし輸出額と較べて輸入額はきわめて少なく、その意味でフランスは圧倒的な自動車純輸出国であった。自動車輸入がこのように低位に抑えられた理由の一つとして、フランスの自動車輸入関税の相対的な高さが指摘される。因みに当時の自動車関税は、保護主

図5-4 第一次大戦前の自動車貿易

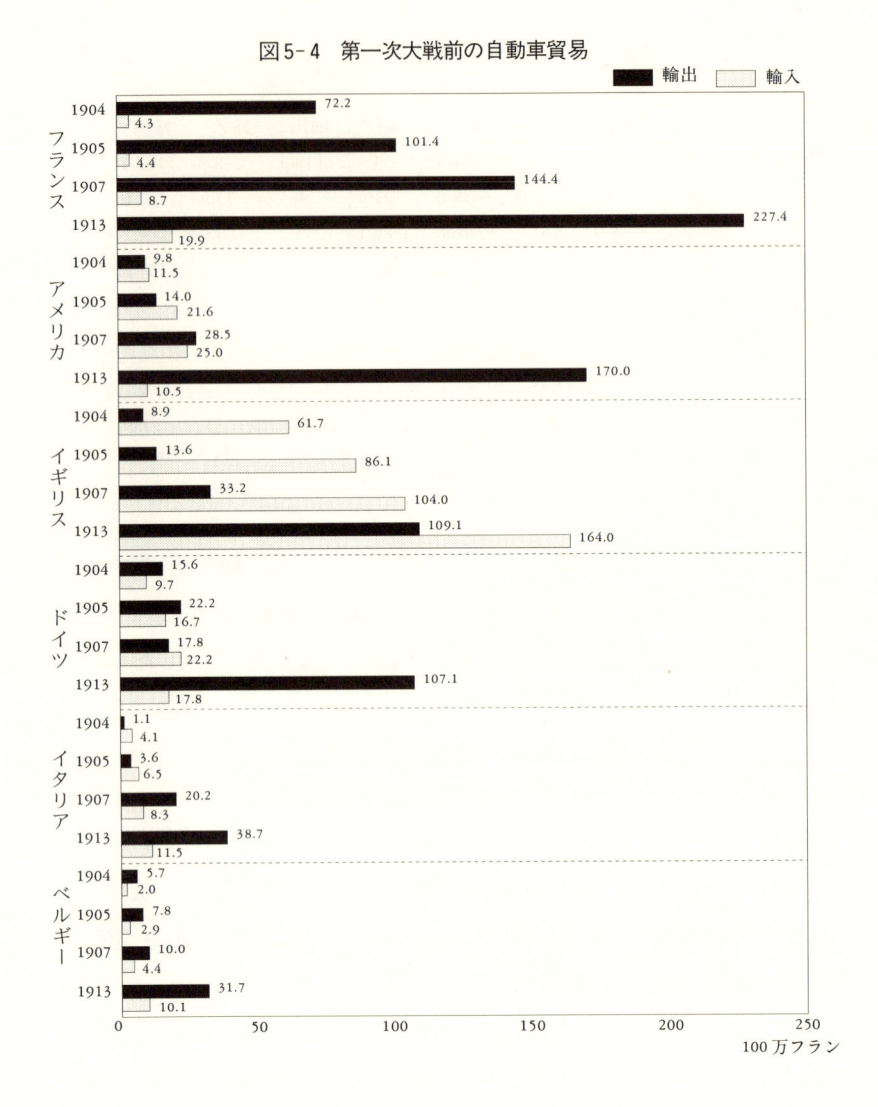

■ 輸出　□ 輸入

フランス
- 1904: 72.2 / 4.3
- 1905: 101.4 / 4.4
- 1907: 144.4 / 8.7
- 1913: 227.4 / 19.9

アメリカ
- 1904: 9.8 / 11.5
- 1905: 14.0 / 21.6
- 1907: 28.5 / 25.0
- 1913: 170.0 / 10.5

イギリス
- 1904: 8.9 / 61.7
- 1905: 13.6 / 86.1
- 1907: 33.2 / 104.0
- 1913: 109.1 / 164.0

ドイツ
- 1904: 15.6 / 9.7
- 1905: 22.2 / 16.7
- 1907: 17.8 / 22.2
- 1913: 107.1 / 17.8

イタリア
- 1904: 1.1 / 4.1
- 1905: 3.6 / 6.5
- 1907: 20.2 / 8.3
- 1913: 38.7 / 11.5

ベルギー
- 1904: 5.7 / 2.0
- 1905: 7.8 / 2.9
- 1907: 10.0 / 4.4
- 1913: 31.7 / 10.1

100万フラン

義であったアメリカ——1912年まで従価で45%，それ以後も30～33%——を除き，イギリスは自由貿易主義のため無関税，ドイツは従価で2～3%，イタリアは従価で4～6%，ベルギーは従価で12%であったのに対して，フランスは従価で8

～12％であった[375]。

アメリカ 1904年以降, 驚異的なスピードで自動車生産を伸長させつつあったアメリカは, 1905年までは自動車の純輸入国であったが, 1906年に初めてその輸出額（2751万フラン）が輸入額（2020万フラン）を上回り, 自動車の純輸出国に転化した[376]。その後アメリカは, 1907年から1913年にかけて, 図5-4のように輸出を勢いよく伸ばし, 1913年にはフランスのそれに接近していった。それを象徴的に示すのが, フォード社による1908年のT型の生産とそのイギリスへの輸出開始, そして1911年マンチェスターにおけるノック・ダウン工場――その場合, 主要部品は輸入にあたる――の建設である。

他方, 自動車輸入はあまり伸びなかったどころか, 1907年から1913年にかけては減少さえしている。その原因は, 基本的にはアメリカ自動車工業のもつにいたった強大な生産能力と強力な国際競争力にあったが, 加えて当時支配していた保護貿易主義があった。本来, 産業保護関税として生まれたものが, この段階では独占的高関税に転化しており, 自動車に対する輸入関税は, 従価に換算して, 1912年までは実に45％, それ以後でも30～33％に及んだのであった[377]。

イギリス イギリスは図5-4が示すように, 1904年以後も自動車輸入をすさまじく増大させ, 1913年においても自動車の純輸入国にとどまっていた。その理由は, 発展しつつあったとはいえ, イギリス自動車工業の供給能力にはまだ限界があった反面, 古くからの工業国として, また発展した帝国主義国として, 需要が広く深く存在していたからである, 同時に, 当時の国際金本位制の中心的担い手としての伝統的な自由貿易主義にもとづく工業製品に対する無関税が, それを促進していた[378]。同国の自動車の輸入先は, 1910年頃までは, 主にフランス, 次いでドイツであったが, 1911年以降, 中心はアメリカに移行していった。

とはいえこのイギリスもこの頃から, 自動車工業を急速に発展させ, 1907年以降は輸出額を急速に増大させ, 1913年にはその輸入額に接近するまでになった。

イギリス自動車の輸出先の重点は，大英帝国内の植民地におかれていた。

ドイツの自動車貿易

自動車貿易統計の性格

20世紀初頭から第一次世界大戦までのドイツの自動車貿易において一貫して表示されているのは，重量と価額である。重量表示は，当時まだ自動車の生産量や貿易量が限られていたため，機械や金属製品の一部として取扱われていたことからくるものであろう。ただし1906年以降になって，輸出に関してのみ個数（＝台数）が分かるようになるが，輸入に関しては個別研究よって判明する若干の例を除いて，殆ど分からない。

またドイツの自動車貿易統計には，新関税法の制定と関連して，1905年5月1日以降，それまで外国扱いにされていたハンブルクの自動車貿易が組み込まれるという，領域変更の問題がある。また同法施行のため，1906年の数値は，3～12月の9ヵ月に限られているため，量と額とで低く表示される傾向がある。

とはいえ，このような問題点はあるにせよ，当時のドイツの自動車貿易のおおまかな趨勢を把握することは可能であると考え，著者は次の3文献に基づき，乗用車，トラック，オートバイの3車種の輸出入を確認しようとした。

その一つは，ハンス・フリュント（Hans Fründt）の古い研究であり，そこには，1901～1909年の3車種の輸出入量が重量と価額とで表示されている。いま一つは，インモ・ジーヴァース（Immo Sievers）の最近の著作であり，そこには1906～1913年の3車種の輸出については，重量，価額の他に台数が，輸入については，重量と価額のみが記載されている。そしてこの両研究が重複して示す1906～1909年に関して，両者の数値が完全に一致するので，これを合成したものが，以下の3表である。その他に，「全国自動車工業連盟」が，初めて1927年に発行した統計集，"Tatsachen und Zahlen"がある。だがそこでは，自動車に関しては，完成乗用車，完成トラック，完成特殊車の他に，シャシーに細分化され，またオー

表5-23 ドイツの乗用車貿易

	輸出			輸入	
	個数（台）	重量（dz）	価額（1000M）	重量（dz）	価額（1000M）
1901		3,877	2,326	2,384	1,430
1902		5,268	4,741	3,949	3,554
1903		5,876	5,288	5,641	5,028
1904		13,086	10,469	8,459	6,938
1905		17,301	14,273	15,379	13,160
1906	919	12,153	11,919	14,063	14,073
1907	958	12,108	9,689	16,938	17,421
1908	1,151	14,462	10,485	12,318	10,116
1909	1,838	22,100	17,083	11,838	9,056
1910	3,399	37,675	29,120	12,221	9,512
1911	5,154	56,518	42,432	12,667	9,843
1912	7,953	92,249	65,056	16,718	11,643
1913	7,862	97,315	71,093	19,127	12,190

出典：1901～05年に関しては, Hans Fründt, Das Automobil und die Automobilindustrie in Deutschland (Diss.), Neustrelits 1911, S. 130f.; 1906～13年に関しては, Immo Sievers, Auto Cars Die Beziehungen zwischen der englischen und der deutschen Automobilindustrie vor dem Ersten Weltkrieg, Frankfurt am Main 1995, S. 352; vgl. Reichsverband der Automobilindustrie (Hrsg.), Tatsachen und Zahlen aus Kraftfahrzeug-Industrie 1927, Berlin, S. 13.

トバイに関しても二輪，三輪区分されて，詳細ではあるが，かえって分かりにくくなっているので，ここでは参照するにとどめた。

乗用車貿易　自動車貿易の中心は，なんといっても乗用車貿易である。その輸出額は，自動車の総輸出額の1901年で約81％，1913年で約82％を占めていたからである。いまその発展の跡を表5-23に基づいて価額でたどれば，1901年から1905年にかけて，輸出で6.1倍，輸入で9.2倍に増加している。そしてこの間に乗用車貿易は，大幅ではないがすでに，黒字を示していた。

その様相が変化するのは，1906年，1907年である。1906年は既述の通り，9ヵ月分の数値しか計上されていないためか，輸入額では前年を上回っているもの

490　第2篇　企業史的・産業史的考察

表5-24　ドイツのトラック貿易

	輸出			輸入	
	個数（台）	重量（dz）	価額（1000M）	重量（dz）	価額（1000M）
1901		892	357	319	128
1902		1,520	608	371	148
1903		2,110	739	491	172
1904		3,978	1,392	594	208
1905		6,795	2,378	894	313
1906	265	6,891	2,756	338	135
1907	249	6,873	3,437	1,035	414
1908	151	4,110	1,850	1,083	433
1909	156	4,568	1,617	1,382	597
1910	225	6,456	2,639	1,697	811
1911	346	10,589	4,118	2,851	1,639
1912	695	18,901	7,773	3,916	2,549
1913	1,000	29,941	13,177	3,650	1,953

出典：1901〜05年に関しては，Fründt, a.a.O., S. 136f.; 1906〜13年に関しては，Sievers, a.a.O., S. 352; vgl. Reichsverband der Automobilindustrie (Hrsg.), a.a.O., S. 13.

の，輸出額では下回っている。それだけでなくこの年は，輸入超過となっている。また1907年は，恐慌の影響もあって，輸出が大幅に落ち込む一方，輸入が大きく増え，大幅な輸入超過を示した。

　しかしドイツ自動車工業は，1908年から翌09年にかけて，恐慌から脱出し，国内市場を関税等によって輸入車から防衛する一方，輸出を飛躍的に発展させていった。表5-23が示すように，1908年から1913年にかけて，輸入が価額でほぼ横這いを示しているのに反して，輸出は価額で約6.8倍，台数でみても，1151台から7862台へと，同じく6.8倍の伸長を示している。そのためこの時期にドイツは，乗用車貿易という自動車貿易の最大の分野で，大幅な輸出超過国となった。

トラック貿易　ここでトラックと称されるものには，そのシャシーの共通性からバスも含まれている。この広義のトラック貿易に関して

第5章 自動車工業の本格的成立期(1901/02～1913/14年) 491

表5-25 ドイツのオートバイ貿易

	輸出			輸入	
	個数(台)	重量(dz)	価額(1000M)	重量(dz)	価額(1000M)
1901		162	194	42	50
1902		87	96	166	166
1903		585	585	492	443
1904		1,221	1,221	709	638
1905		1,560	1,404	645	581
1906	1,867	1,505	1,129	180	117
1907	2,185	1,784	1,338	244	146
1908	1,627	1,353	1,015	240	144
1909	1,992	1,758	1,283	178	173
1910	1,857	1,633	1,209	187	157
1911	2,496	2,083	1,668	338	250
1912	3,087	3,179	2,492	303	229
1913	3,214	3,143	2,664	478	391

出典:1901～05年に関しては, Fründt, a.a.O., S. 136f.; 1906～13年に関しては, Sievers, a.a.O., S. 353; vgl. Reichsverband der Automobilindustrie (Hrsg.), a.a.O., S. 13.

は, 表5-24を参照してほしい。その輸出額は, 自動車総輸出額の, 1901年で約12%, 1913年で約15%を占めていた。まず1901年から1905年にかけて, 価額でみて輸出は約6.7倍, 輸入は約2.4倍に増大し, 大幅な輸出超過を示している。この時期ドイツは乗用車貿易でも輸出超過であったが, トラック貿易ではさらにそれが顕著であり, トラックに強いというドイツらしい性格を顕し始めていた。

統計基準が改訂された1906年においても, 前年に較べて輸入は減りこそすれ, 輸出はかえって増えている。また1907/08年恐慌の輸出に対する影響は, 乗用車に較べて1～2年遅れ, 1908, 09年に現われている。この2年間は, 1907年と比較して, 輸入は若干増えたが, 輸出はかなり減退した。それでも価額・重量でみる限り, ドイツはこの時期においても, トラック貿易では輸出超過を示した。

そして1908年から1913年にかけて, 乗用車と同様この分野でも, 輸出では急

表5-26　ドイツの自動車貿易　　　　　　　　　　　　　　　　　単位：100万マルク

	1901	1902	1903	1904	1905	1906	1907	1908	1909	1910	1911	1912	1913
輸出	2.9	5.4	6.6	13.1	18.1	21.0	14.5	13.4	20.0	33.0	48.2	75.6	87.2
輸入	1.6	3.9	5.6	7.8	14.1	19.8	18.0	10.7	9.8	10.5	11.7	14.4	14.5
収支	+1.3	+1.5	+1.0	+5.3	+4.0	+1.2	-3.5	+2.7	+10.2	+22.5	+36.5	+61.2	+76.7

出典：Otto Meibes, Die deutche Automobilindustrie, Berlin-Friedenau, S. 12;vgl., Gerhard Horras, Die Entwicklung des deutschen Automobilmarktes bis 1914, München 1985, S. 347. Anhang 14.　ただしここでは1912年の輸出額は71.5（百万マルク），輸入額は，12.4（百万マルク）となっている。

速な発展が，輸入では緩慢な増加がみられた。輸出は価額で約7.1倍，台数で151台から1000台へと6.6倍，輸入は価額で約4.5倍の増大であり，もちろんこの分野においてドイツは大きな純輸出国であった。

オートバイ貿易　オートバイ貿易は，自動車輸出総額のなかでは，1901年の輸出で約7％，1913年の輸出で約3％しか占めず，その比重は低かった。その発展の推移を，表5-25によってみると，1901年から1905年にかけて，輸出入とも価額で急速に増加しているが，ドイツは1902年を除いて輸出超過を示している。

貿易基準変更の1906年には，輸出超過のまま，輸出入とも縮小している。そして1907/08年恐慌の影響は，1908～1910年の輸出の低迷，輸入の停滞となって現われている。

1908年以降，1913年の間に輸出は台数で，1627台から3214台へとほぼ倍増し，価額でも約2.6倍となった。輸入でも価額で約2.7倍になるが，それが全体として低く抑えられていたため，オートバイ部門でも輸出超過が達成されている。

以上，1901～1913年の期間におけるドイツの自動車貿易を，乗用車，トラック，オートバイの3分野に区分してみてきた。いまそれを価額で総括すると，表5-26のようになる。ただしこの数値は，統計基準が修正された1906年以外の年については，前掲3表の合計とほぼ一致するが，1906年については9ヵ月ではなく12ヵ月に補正されているためか，前掲3表の合計よりもかなり多くなっている。

この表によってみる限り,ドイツの自動車貿易は,1901年から1913年にかけて,輸出で約30倍,輸入で約9倍に増大していること,また輸出入額は,恐慌年の1907,08年の2年にわたって減少していること,そして1907年のみが輸入超過を示すが,他の年次にはすべて輸出超過を達成していることが確認される。そしてこの輸出超過は,とりわけ1909年以降,大幅に拡大しており,ドイツは先にみたように,自動車輸出国としては,第一次世界大戦前に,フランス,アメリカ,イギリスに次いで,第4位ながら,なお堂々たる自動車輸出国であったことは間違いない。

ドイツ自動車貿易の仕向国・仕出国

ドイツは,その自動車工業の本格的成立期に,自動車をどこへ輸出し,またどこから輸入したであろうか。残念ながら私たちは,その全期間を通じて,それを明らかにする統計を見出しえない。ただ1911,12,13年の3年に限って,ヘーゲレ (Kurt Haegele) の博士論文が,また1913年に関しては,「全国自動車工業連盟」の,"Tatsachen und Zahlen, 1927" が明らかにしているにすぎない。そして1913年の数値は両者で一致しているので,ヘーゲレのそれを信頼できるものとし,3車種に区分して,次の3表を掲げておこう。

乗用車 まず自動車貿易の太宗,乗用車に関して,表5-27をみてほしい。ここで著者は,念のために輸出については上位10ヵ国,輸入については上位5ヵ国に順位番号を付している。こうしてみると,ドイツの乗用車の仕向国(輸出先)は,圧倒的にヨーロッパにあり,その中心はロシア,イギリス,オーストリア・ハンガリー,オランダ等に集中し,海外ではブラジル,アルゼンチンなどのラテン・アメリカ諸国であった。

ロシアが第一の輸出先となったのは,その広大な領土のなかに富裕な地主階級が存在していた反面,同地の自動車工業はまだまだ萌芽的な形成段階にあったためである[379]。次いでイギリスがくるが,それは,同国がこの頃,急速に自動

表5-27　ドイツの乗用車貿易　その仕向国と仕出国　　　単位：台

	ドイツからの輸出			ドイツへの輸入		
	1911	1912	1913	1911	1912	1913
ベルギー	⑨ 162	⑦ 467	⑧ 334	② 249	② 408	③ 318
イタリア	93	196	⑨ 333	50	54	48
オーストリア・ハンガリー	③ 613	③ 913	② 798	③ 110	⑤ 84	⑤ 92
ルーマニア	87	⑧ 290	98			
ロシア	① 824	① 1,120	① 1,629	10	14	6
フィンランド	125	121	129			
スイス	80	121	188	④ 80	63	25
デンマーク	⑥ 247	⑦ 298	⑥ 422			
スウェーデン	99	⑩ 201	⑩ 252			
ノールウェイ	38	59	104			
フランス	⑧ 228	⑨ 286	⑨ 333	① 578	① 581	② 560
イギリス	② 802	② 1,071	③ 685	④ 80	④ 86	④ 121
オランダ	④ 324	⑥ 511	⑤ 433	12	8	5
スペイン	40	84	153			
英領南アフリカ	48	33	101			
日本	21	36	27			
中国	14	15	32			
英領インド	38	48	50			
アルゼンチン	⑦ 237	⑤ 602	④ 544			
ブラジル	⑤ 274	④ 763	⑦ 373			
アメリカ合衆国	⑩ 153	56	64	⑤ 71	③ 376	① 626
オーストラリア	95	117	104			
その他の諸国	472	545	676	—	15	29
	5,154	7,953	7,862		1,689	1,830

注1）乗用車とは，完成車およびシャシー（モーター付車台）
出典：Kurt Haegele, Die deutsche Automobil-Jndustrie auf dem Weltmarkt (unveröffentliche Diss.) Tübingen, o.J.S. 18f. u. 22. 1913年に関しては，vgl, Tatsachen und Zahlen aus Kraftfahrzeug-Industrie 1927, S. 46f. u. 52f.

第 5 章　自動車工業の本格的成立期 (1901/02～1913/14 年)

車工業を発展させたにもかかわらず、それがまだこの発達した工業国の需要を充足させることができず、加えて自由貿易主義の母国として自動車を無関税で輸入させていたためである。さらにオーストリア・ハンガリーは、ドイツ自動車工業の技術的・資本的影響のもとに、徐々に自動車工業を形成しつつあったが、その供給力はなお需要を充たすことができなかった[380]。

その他ヨーロッパの近隣諸国、オランダ、デンマーク、ベルギー、フランスが、ドイツにとって重要な輸出先となっていた。しかしその中では、ヨーロッパ第一の自動車工業をもったフランスと、また相当強力なそれをもったベルギーも、1911年に限っては、ドイツに対しては輸出超過国であった。

海外においては、南米のアルゼンチンとブラジルが重要な地位を占めており、これらの諸国では、なお経済の未発展にもかかわらず、少数の富裕層が存在していたためである[381]。アメリカ合衆国は、1911年まではドイツの輸出市場として一定の意味をもっていたが、その後は強力に発展していくアメリカ自動車工業の前に、その意義を失っていき、逆にドイツの輸入先になっていった。

輸入に関しては、ドイツの最大の仕出国(輸入先)は、1912年まではフランスであり、1913年にはアメリカがそれにとって代わった。とはいえフランスに対しては、1913年まで一貫して輸入超過であり、アメリカに対しても1912年以降、輸入超過となる。このことは両国の自動車工業の力量とその発展に起因している。

その他ドイツは、ベルギー、イギリス、オーストリア・ハンガリー、スイス、イタリア等からも乗用車を輸入している。その際注目すべきは、ベルギー、イギリスそしてイタリアである。ベルギーは、1895年頃からその自転車工業や兵器工業を基礎に自動車工業を形成し始め、1906年には16の自動車企業をもち、第一次世界大戦前は相当強力な自動車生産国であった[382]。またイギリスは、ドイツに対しては自動車の純輸入国ではあったが、その急速な自動車工業の発展を基礎に、ドイツへの輸出を漸増させていた[383]。イタリアは自動車工業に関しては

表5-28 ドイツのトラック貿易 その仕向国と仕出国 単位：台

	ドイツからの輸出			ドイツへの輸入		
	1911	1912	1913	1911	1912	1913
ベルギー	11	11	2	1	④ 6	④ 10
イタリア	⑤ 31	④ 67	⑤ 30			
オーストリア・ハンガリー	③ 42	③ 68	③ 90	④ 3	⑤ 4	⑤ 7
ロシア	① 66	② 143	① 222			
スイス				① 95	① 122	① 97
フランス				② 20	② 20	③ 13
イギリス	④ 41	⑤ 24	④ 45	③ 10	② 20	④ 10
オランダ	14	11	24			
スペイン	3	2	2			
アルゼンチン	7	22	20			
ブラジル	② 48	① 144	② 135			
アメリカ合衆国	8	11	17	⑤ 2	③ 18	② 16
蘭領インド	1	2	10			
その他の諸国	74	190	403			
合計	346	695	1,000	—	201	159

注1）トラックとは，完成車およびシャシー（モーター付車台）
出典：Kurt Haegele, Die deutsche Automobil-Jndustrie auf dem Weltmarkt (unveröffentliche Diss.) Tübingen, o. J. S. 19 u. 23. 1913年に関しては，vgl, Tatsachen und Zahlen aus der Kraftfahrzeug-Industrie 1927, S. 48f. u. 52f.

後発国ながら1899年設立の「フィアット社」（Fiat），「ビアンチ社」（Bianci），「イゾッタ・フラスキーニ社」（Isotta Fraschini）などを中心に1906年には80工場，1912年には34工場を有するヨーロッパでは有力な自動車工業国になりつつあった[384]。

トラック　　トラックの輸出先として最重要な地位を占めたのは，広大な領土に希薄な鉄道網しかもたなかったロシアであった。ロシアは民間だけでなくて政府もドイツ製トラックを輸入した。そのため来る第一次世界大戦では，鉄道以外に馬車が主要な輸送手段であったとはいえ，双方ともドイツ製

第5章 自動車工業の本格的成立期（1901／02～1913／14年） *497*

表5-29 ドイツのオートバイ貿易　その仕向国と仕出国　　　　　　　単位：台

	ドイツからの輸出			ドイツへの輸入		
	1911	1912	1913	1911	1912	1913
ベルギー	72	132	100	① 206	① 223	① 248
イタリア	⑤ 152	⑤ 186	114			
オーストリア・ハンガリー	② 286	③ 278	③ 252	④ 38	12	⑤ 32
ロシア	① 468	① 577	① 731			
スイス	133	104	81	② 55	③ 32	④ 46
フランス				⑤ 32	④ 27	27
デンマーク	③ 279	② 503	② 537			
イギリス	④ 267	④ 214	④ 203	27	⑤ 16	② 71
オランダ		70	134	⑤ 160			
アルゼンチン	97	41	28			
ブラジル	32	97	97			
アメリカ合衆国	81	13	2	③ 51	② 52	③ 68
その他の諸国	559	805	909	―	―	―
合計	2,996	3,084	3,214	―	1,689	1,830

出典：Kurt Haegele, Die deutsche Automobil-Jndustrie auf dem Weltmarkt (unveröffentliche Diss.) Tübingen, o.J.S. 20 u. 23. 1913年に関しては, vgl, Tatsachen und Zahlen aus der Kraftfahrzeug-Industrie 1927, S. 50f.

トラックを補助輸送手段として戦い合うことになる（表5-28参照）。

　次いで重要なのは，ブラジルであった。そこでは農産物を輸送するため，稠密でない鉄道網を補完するための運輸手段として必要であった。さらにオーストリア・ハンガリー，イギリス，イタリア等がドイツ製トラックの買い手として登場してくる。イギリスは多くのバス用シャシーを，ダイムラー社のベルリン・マリーエンフェルデ工場やビュッシング社から購入している[385]。またイタリアは，フィアット社を始め，優秀な乗用車メーカーをもってはいたが，トラック部門は脆弱であったからである。

　ドイツのトラック仕出国（輸入先）として，自動車工業の先進国スイスが，ド

イツに対しては圧倒的な純輸出国として，第1位の地位を占めていたことに注目すべきである。次いでフランスも，重要な地位を占めた。そしてトラック部門でも，イギリスとアメリカの地位が強まっている。

オートバイ 仕向国で中心的な地位を占めたのは，ロシア，デンマーク，オーストリア・ハンガリー，イギリス，イタリア，オランダ等のヨーロッパ諸国であった（表5-29参照）。デンマークが多くのドイツ製オートバイを輸入したのは，そこでは散在する農家が，まだ自動車を買うほどの収入がなかった場合，オートバイを購入したためとされている[386]。

仕出国としては，これまたベルギーが第1位を占め，ドイツに対しては純輸出国となり，アメリカとイギリスが有力になりつつあった。

注
1) 1907年恐慌理論に関しては，以下を参照。シュピートホフ著，望月敬之訳，『景気理論』，三省堂1936年，191-196ページ（Arthur Spiethoff, Die Wirtschaftlichen Wechsellagen Aufschuwung, Krise, Stockungen I, Tübingen/Zürich 1955, S. 134-137.）エー・ヴァルガ総監修，永住道雄訳，『世界恐慌史 1848-1935年』，慶応書房1937年，269-354ページ。エリ・ア・メンデリソン著，飯田貫一／池田穎昭訳，『続恐慌の理論と歴史』（第2版）第3巻上，青木書店1970年，74-148ページ。石見徹著，『ドイツ恐慌史論 第二帝政期の成長と循環』，有斐閣1985年，291-335ページ。
2) Gerhard Horras, Die Entwicklung des deutschen Automobillmarktes bis 1914, München 1982, S. 145. ホラスは，20世紀10年代を，「本格的創立ブームの時期」としている。
3) Vgl. H. C. Graf von Seherr-Thoss, Die deutsche Automobilindustrie, Eine Dokumentation von 1886 bis heute, Stuttgart 1974, S. 626.
4) Ebenda, S. 14 u. 607.
5) Hans-Heinrich von Fersen, Autos in Deutschland 1885-1920, Eine Typen-Geschichte (4. Aufl.), Stuttgart 1982, S. 115.
6) Ebenda, S. 116f.
7) Ebenda, S. 192f.; Seherr-Thoss, Die deutsche Automobilindustrie …… a.a.O., S. 16 u. 612.
8) von Fersen, a.a.O., S. 192 u. 194-196.

第 5 章 自動車工業の本格的成立期（1901／02～1913／14年） *499*

9) Ebenda, S. 196.
10) Seherr-Thoss, Die deutsche Automobilindustrie …… a.a.O., S. 61 u. 664.
11) von Fersen, a.a.O., S. 361 u. 364.
12) Seherr-Thoss, Die deutsche Automobilindustrie …… a.a.O., S. 17.
13) von Fersen, a.a.O., S. 262-264.
14) Seherr-Thoss, Die deutsche Automobilindustrie …… a.a.O., S. 61; vgl. Halwart Schrader BMW Autmobile (5. erweiterte Aufl.), Bd. 1, Gerlingen 1994, S. 20-25.
15) James M. Laux, In First Gear The French automobile industry to 1914, Livepool 1976., S. 199. ここであげている1913年の各社の生産台数は，さまざまの史料にもとづきLauxが調査したものであるが，著者は独自の調査にもとづき，本文では若干異なる数値を示している。
16) Max Kruk／Gerold Lingnau, 100 Jahre Daimler-Benz Das Unternehmen, Mainz 1986, S. 47; Horras, a.a.O., S. 313. 1908年施行の軍用トラック補助金制度では，軍による規準をみたしたトラックを民間が購入する際，初年度に購入費補助として4000マルク，次年度から第5年度にかけて維持費補助として毎年1000マルクが支給された。ドイツ全体では，1908年80万マルク，1909年100万マルクの予算が帝国議会で承認された。
17) Paul Siebertz, Gottlieb Daimler Ein Revolutionär der Technik(4. Aufl.), Stuttgart 1950, S. 147; Friedrich Sass, Geschichte des deutschen Verbrennungsmotorenbaues von 1860 bis 1918, Berlin／Göttingen／Heidelberg 1962, S. 104.
18) Siebertz, Gottlieb Daimler …… a. a. O., S. 290 ; Kruk／Lingnau, a. a. O., S. 45.
19) Ebenda, S. 49. そのなかには，マイバッハが設計し，ゴードン・ベネット競技会への出場を予定していた最新鋭車も含まれていた。
20) Ebenda.
21) Ebenda, S. 50.
22) Ebenda, S. 52. レーヴェについては，幸田亮一著，『ドイツ工作機械工業成立史』，多賀出版1994年，245-251ページ，参照。
23) Bernard P. Bellon, Mercedes in Peace and War, German Automobile Workers, 1903-1945, New York 1990, S. 20f.
24) Kruk／Lingnau, a.a.O., S. 50.
25) Ebenda, S. 50-52; Kurt Rathke, Wilhelm Maybach Anbruch eines neuen Zeitalters, Friedrichshafen 1953, S. 346-360.

26) Kruk /Lingnau, a.a.O., S. 50.
27) Ebenda.
28) Ebenda. ベルゲは2年後の1907年には取締役となり，商事部門において大いに貢献した。
29) Vgl. Rathke, a.a.O., S. 337-361; vgl. Neue Deutsche Biographie 16. Band, Berlin 1990, S. 523-525; vgl. Wilhelm Treue /Stefan Zima, Hochleistungsmotoren Karl Maybach und sein Werk, Düsseldorf 1992, S. 10-23.
30) Bellon, a.a.O., 18.
31) Fritz Schumann, Die Arbeiter der Daimler-Motoren-Gesellschaft, Leipzig 1911, S. 18-21. シューマンのこの著作は，当時の「社会政策学会」の委託を受けて実施された，唯一の科学的調査である。
32) Ebenda, S. 18f., Bellon, a.a.O., S. 31f.
33) Schumann, a.a.O., S. 20.
34) Bellon, a.a.O., S. 28.
35) Ebenda, S. 33-35; Schumann, a.a.O., S. 20f.
36) Schumann, a.a.O., S. 21.
37) Ebenda, S. 22.
38) この解雇については，vgl. BelIon, a.a.O., S. 68.
39) Schumann, a.a.O., S. 34.
40) Ebenda, S. 35f.; Bellon, S. 38.
41) Ebenda.
42) Schumann, a.a.O., S. 34.
43) Bellon, a.a.O., S. 65f.
44) Ebenda, S. 66f.
45) Ebenda, S. 42f.
46) Ebenda, S. 73.
47) Schumann, a.a.O, , S. 92.
48) Ebenda, S. 87f.
49) Vgl. ebenda, S. 48-53.
50) Ebenda, S. 99f.
51) von Fersen, a.a.O., S. 130 u. 357.
52) Bellon, a.a.O., S. 31.

53) Ebenda, S. 64.
54) Vgl. ebenda, S. 64-66.
55) Ebenda, S. 67.
56) Vgl. ebenda, S. 68-72.
57) Ebenda, S. 73.
58) Ebenda, S. 87f.
59) Vgl. ebenda, S. 76-78.
60) Kruk/Lingnau, a.a.O., S. 53.
61) Bellon, a.a.O., S. 30.
62) Edmund Klapper, Die Entwicklung der deutschen Automobil-Industrie Eine wirtschaftliche Monographie unter Berücksichtigung des Einflusses der Technik (Diss.), Berlin 1910, 76f.
63) トラックについては, vgl. Peter Borscheid, LKW contra Bahn Die Modernisierung des Transports durch Lastkraftwagen in Deutschland bis 1939, S. 9-14. バスについては, vgl. Hans Pohl, Die Entwicklung des Omnibusverkehrs in Deutschand bis zum Ersten Weltkrieg, S. 39-57, in: Harry Niemann u. Armin Hermann (Hrsg.), Die Entwicklung der Motorisierung im Deutschen Reich und Nachfolgestaaten, Stuttgart 1995.
64) Kruk/Lingnau, a.a.O., S. 58.
65) Werner Oswald, Mercedes-Benz (以下, M.-B. と略す) Personenwagen 1886-1986 (5. Aufl.), Stuttgart 1991, S. 95, 97 u. 101.
66) Vgl. ebenda, S. 97-123; Bellon, a.a.O., S. 16f.; von Fersen, a.a.O., S. 126-143.
67) Oswald, M.-B. Personenwagen …… a.a.O., S. 122f.; von Fersen, a.a.O., S. 138.
68) Ebenda, S. 127 u. 130.
69) Werner Oswald, Mercedes-Benz (以下, M.-B. と略す) Lastwagen und Omnibusse 1886-1986 (2. Aufl.), Stuttgart 1987, S. 103, 105 u. 107.
70) Bellon, a.a.O., S. 14.
71) Kruk/Lingnau, a. a. O. S. 47.
72) Hans Fründt, Das Automobil und die Automobil-Industrie in Deutschland (Diss.), Neustrelitz 1911, S. 94f. ダイムラー社の準備金は, 1908営業年度 (1908年3月31日〜12月1日) には140万マルク, 1909営業年度 (1908年12月2日〜1909年12月1日) には, 名目資本金の約半分, 203万2125マルクに達していた。
73) Paul Siebertz, Karl Benz, Ein Pionier der Verkehrsmotorisierung, München/Berlin 1943,

S. 239; Kruk/Lingnau, a.a.O., S. 76.
74) Siebertz, Karl Benz …… a.a.O., S. 236.
75) Kruk/Lingnau, a.a.O., S. 67.
76) Ebenda, S. 76.
77) Ebenda.
78) Siebertz, Karl Benz …… a.a.O., S. 185.
79) Ebenda.
80) Ebenda, S. 238.
81) Ebenda, S. 237.
82) Kruk/Lingnau, a.a.O., S. 71.
83) Ebenda, S. 72f. アルベルト・シュペーア2世の経歴や生涯については、vgl. Jost Dülfer, Arbert Speer-Management für Kultur und Wirtschaft, in; R. Smeler/R. Zitelmann (Hrsg.), Die braue Elite (2. Aufl.), Darmstadt 1990, S. 258-270.
84) Kruk/Lingnau, a.a.O., S. 72f.; Siebertz, Karl Benz …… a.a.O., S. 235f.
85) Kruk/Lingnau, a.a.O., S. 73.
86) Fründt, a.a.O., S. 100.
87) Kruk/Lingnau, a.a.O., S. 74.
88) Ebenda.
89) Fründt, a.a.O., S. 97.
90) Siebertz, Karl Benz …… a.a.O., S. 237f.; Oswald, M.-B. Personenwagen …… a.a.O., S. 48f.
91) Kruk/Lingnau, a.a.O., S. 75.
92) Vgl. Oswald, M.-B. Personenwagen …… a.a.O., S. 37-57.
93) Ebenda, S. 37 u. 74.
94) Vgl. Oswald, M.-B. Lastwagen…… a.a.O., S. 23, 39 u. 41.
95) Fründt, a.a.O., S. 99f.
96) Ebenda, S. 100.
97) Vgl. Geschäfts-Bericht von Benz & Cie, 1912; Kruk/Lingnau, a.a.O., S. 75.
98) Ebenda, S. 76; Siebertz, Karl Benz…… a.a.O., S. 76.
99) Ebenda, S. 239; Kruk/Lingnau, a.a.O., S. 76; Die Entwicklung des Aktienkapitals der Benz & Cie. AG.（メルセデス・ベンツ文書館所蔵）
100) Seherr-Thoss, Die deutsche Automobilindustrie …… a.a.O., S. 55.

101) Karl Ludvigsen, Opel Räder für die Welt 75 Jahre Automobilbau (übersetzt aus dem Englischen von Olaf Baron Fersen), S. 13.

102) 拙稿，「両大戦間期のドイツ自動車工業(2)——とくにナチス期のモータリゼーションについて——」，愛知大学『経済論集』，第127号（1991年），104ページ。; W. Schmarbeck /B. Fischer, Alle Opel Automobile seit 1899 (2. Aufl.), Stuttgart 1994, S. 82f.

103) Ludwigsen, a.a.O, , S. 13.

104) Ebenda, S. 12; Seherr-Thoss, Die deutsche Automobilindustrie ...... a.a.O., S. 635.

105) Karl August Kroth, Das Werk Opel, Köln 1928, S. 36; Ludwigsen, a.a.O., S. 12.

106) Kroth, a.a.O., S. 36; Ludwigsen, a.a.O., S. 12.

107) Kroth, a.a.O., S. 36f.; Ludwigsen, a.a.O., S. 12.

108) Kroth, a.a.O., S. 37.; Ludwigsen, a.a.O., S. 12.

109) Kroth, a.a.O., S. 37f.; Ludwigsen, a.a.O., S. 12.

110) Hans-Jürgen Schneider, 125 Jahre Opel Autos und Technik, Köln 1987, S. 21.

111) Heinrich Hauser, Opel Ein deutsches Tor zur Welt, Frankfurt am Main 1937, S. 144. 彼女は，同社製のエンジンを搭載した飛行機が飛ぶのを一度みたいといい，その希望がかなえられて後，1913年10月30日に大往生したと言われている。

112) Anita Kugler, Arbeitsorganisation und Produktionstechnologie der Adam Opel Werke (von 1900 bis 1929), Berlin 1985, S. 10.

113) Ebenda, S. 11. .

114) Adam Opel und Sein Haus Fünfzig Jahre der Entwicklung 1862-1912, S. 71 u. 81.

115) Kugler, a.a. O., S. 11.

116) Vgl. ebenda, S. 13-19.

117) Adam Opel und Sein Haus ...... a.a.O., S. 75, 85 u. 99.

118) Kugler, a.a.O., S. 108.

119) Ebenda, S. 21.

120) Ebenda.

121) Ebenda, S. 20.

122) Ebenda.

123) Kroth, a.a.O., S. 48.

124) Ludwigsen, a.a.O., S. 20.

125) von Fersen, a.a. O., S. 290f.

126) Ebenda, S. 291; Hans-Jürgen Schneider, a.a.O., S. 26f.

127) von Fersen, a.a.O., S. 293.
128) Vgl. ebenda, S. 297-308.
129) Ebenda, S. 298, 300 u. 305.
130) Ebenda, S. 11f.
131) Werner Oswald, Deutsche Autos 1920-1945 Alle deutschen Personenwagen der damaligen Zeit (9. Aufl.), Stuttgart 1990, S. 8f.
132) Seherr-Thoss,Die deutsche Automobilindustrie ……a.a.O., S. 15.
133) Horras, a.a.O., S. 157.
134) Seherr-Thoss,Die deutsche Automobilindustrie …… a.a.O., S. 15.
135) von Fersen, a.a.O., S. 15.
136) Fründt, a.a.O., S. 103.
137) Seherr-Thoss,Die deutsche Automobilindustrie …… a.a.O., S. 56.
138) Ebenda, S. 59.
139) Kugler, a. a. O., S. 12. 他にカロセリーを外注していた完成車メーカーとしては、AudiやHanomagがあり、カロセリーを主に内製していたのは、Daimler, Opel, Brennabor, Stoewer, DKWであった。しかしそれらさえも一部は外注している。
140) Seherr-Thoss, Die deutsche Automobilindustrie ……a.a.O., S. 44 u. 45.
141) Fründt, a.a.O., S. 105.
142) Ebenda.
143) Ebenda, S. 104f.
144) Adler-Werke vorm. Heinrich Kleyer AG (Hrsg.), 75 Jahre Adler 90 Jahre Tradition, o.O.o. J. S. 52.
145) Vgl. von Fersen, a.a.O., S. 12-14.
146) Vgl. ebenda, S. 17f. 19 u. 22.
147) Ebenda, S. 23.
148) Die deutschen Automobilfabriken auf Aktien, in: Heinrich Emden & Co. (Hrsg.), Bankgeschäft. Berlin 1916, S. 4.
149) von Fersen, a. a. O., S, 96. Brennaborとは、古くこの地に住んでいたヴェント族が、Brandenburgのことをそう呼んでいたことに由来する。
150) Oswald, Deutsche Autos …… a.a.O., S. 68.
151) Ebenda.
152) Ebenda; von Fersen, a.a.O., S. 96.

153) Ebenda, S. 96f.; Seherr-Thoss, Die deutsche Automobilindustrie ...... a.a.O., S. 44.
154) von Fersen, a.a.O., S. 97; Seherr-Thoss, Die deutsche Automobilindustrie ...... a.a.O., S. 51.
155) von Fersen, a.a.O., S. 185.
156) Ebenda, S. 187.
157) Ebenda, S. 185.
158) Ebenda, S. 188-190.
159) Ebenda, S. 185; Seherr-Thoss, Die deutsche Automobilindustrie ...... a.a.O., S. 15.
160) von Fersen, a.a.O., S. 98-100.
161) Ebenda, S. 98.
162) Seherr-Thoss, Die deutsche Automobilindustrie ...... a.a.O., S. 58.
163) Fründt, a.a.O., S. 112.
164) von Fersen, a.a.O., S. 365.
165) Ebenda, S. 356f.; Seherr-Thoss, Die deutsche Automobilindustrie ...... a.a.O., S. 19.
166) Ebenda, S. 48.
167) Ebenda, S. 50.
168) Ebenda, S. 61.
169) Oswald, Deutsche Autos ......a.a.O., S. 362.
170) Fründt, a.a.O., S. 112.
171) Vgl. von Fersen, a.a.O., S. 368-377.
172) Ebenda, S. 369; Seherr-Thoss, Die deutsche Automobilindustrie ...... a.a.O., S. 49.
173) Ebenda, S. 49.
174) Fründt, a.a.O., S. 112.
175) von Fersen, a.a.O., S. 377.
176) von Fersen, a. a. O., S. 266-268. Vollmerは、かつてガッゲナウ市の「ベルクマン工業工場」で、1894年に「オリエント・エクスプレス」なる小型乗用車を設計し、その後ベルリン市の「キュールシュタイン社」で、AEG製の蓄電池を搭載した電気自動車などを設計している（vgI. Seherr-Thoss, a.a.O., S. 7f.）。
177) von Fersen, a.a.O., S. 265.
178) Fründt, a.a.O., S. 113.
179) Ebenda.
180) Seherr-Thoss,Die deutsche Automobilindustrie ...... a.a.O., S. 58.

181) Ebenda.
182) Ebenda, S. 59.
183) Vgl. von Fersen, a.a.O., S. 267-275.
184) Ebenda, S. 270.
185) Ebenda.
186) Oswald, Deutsche Autos …… a.a.O., S. 271.
187) Peter Schneider, NSU 1873-1984 Vom Hochrad zum Automobil (2. Aufl.), Stuttgart 1988, S. 8.
188) Vgl. Ebenda, S. 10-12.
189) Ebenda, S. 12.
190) Ebenda, S. 13.
191) Ebenda, S. 16f.
192) Ebenda, S. 19.
193) Ebenda, S. 31.
194) Vgl. ebenda, S. 21-26.
195) Ebenda, S. 28.
196) von Fersen, a.a.O., S. 280f. 「ピープ社」には，マイバッハの弟子でダイムラー社にいた Pfänder が，技術者として良い自動車を設計していた。
197) Oswald, Deutsche Autos …… a.a.O., S. 282.
198) von Fersen, a.a.O., S. 281-287.
199) Oswald, Deutsche Autos …… a.a.O., S. 282.
200) Fründt, a.a.O., S. 117.
201) Peter Schneider, a.a.O., S. 41.
202) von Fersen, a.a.O., S. 222.
203) Fründt, a.a.O., S. 115 u. 118f.
204) von Fersen, a.a.O., S. 222.
205) Ebenda, S. 39; Arno Buschmann (Hrsg.), Das Auto-mein Leben Von August Horch bis heute, Seewald Verlag, S. 147-149.
206) Vgl. ebenda, S. 225-228.
207) Werner Oswald, Alle Horch Automobile 1900-1945, Stuttgart 1979, S. 130f.
208) von Fersen, a.a.O., S. 222-228.
209) von Fersen, a.a.O., S. 118f.

210) Vgl. Peter Kirchberg, Entwicklungstendenzen der deutschen Kraftfahrzeugindustrie 1929-1939, gezeigt am Beispiel der Auto Union Ag, Chemnitz (unveröffent. Diss.), Dresden 1964, S. 24-86.
211) von Fersen, a.a.O., S. 39.
212) Seherr-Thoss,Die deutsche Automobilindustrie …… a.a.O., S. 51.
213) Ebenda; Buschmann, a.a.O., S. 148-149.
214) von Fersen, a.a.O., S. 40.
215) Ebenda; Seherr-Thoss,Die deutsche Automobilindustrie …… a.a.O., S. 51.
216) Werner Oswald, Alle Audi Automobile 1910-1980 Typologie der Marke Audi einst und heute, Stuttgart 1980, S. 55.
217) von Fersen, a.a.O., S. 42-43.
218) Ebenda, S. 41; vgl. Seherr-Thoss, Die deutsche Automobilindustrie……a.a.O., S. 745.
219) Ebenda, S. 74.
220) Oswald, Deutsche Autos …… a.a.O., S. 384.
221) von Fersen, a.a.O., S. 383.
222) Ebenda.
223) Oswald, Deutsche Autos …… a.a.O., S. 384.
224) Seherr-Thoss,Die deutsche Automobilindustrie ……a.a.O., S. 57.
225) von Fersen, a.a.O., S. 385.
226) Oswald, Deutsche Autos …… a.a.O., S. 384.
227) Ebenda, S. 387.
228) Automobilwerke H. Büssing A.-G. (Hrsg.), Heinrich Büssing und sein Werk, Braunschweig 1927, S. 3f.; Seherr-Thoss,Die deutsche Automobilindustrie …… a.a.O., S. 18 u. 606.
229) Automobilwerke H. Büssing A.-G., a.a.O., S. 6-8.
230) Ebenda, S. 9; Immo Sievers, Auto Cars Die Beziehungen zwischen der englischen und der deutschen Automobiliudustrie vor dem Ersten Weltkrieg, Frankfurt/M., Berlin 1955. S. 177.
231) Seherr-Thoss,Die deutsche Automobilindustrie…… a. a. O., S. 46. ベルリンの Aboag 社に2階建てのバスを供給している。
232) Vgl. Automobilwerke H. Büssing A.-G., a.a.O., S. 2-7.
233) Seherr-Thoss,Die deutsche Automobilindustrie …… a.a.O., S. 36 u. 51.
234) Automobilwerke H. Büssing A.-G., a.a.O., S. 11f. 1909年バイエルン軍部がビュッ

シング・トラックの採用を決定後，ミュンヘン市近郊 Mosach の Waggonfabrik Joseph Rathgeber A.-G. が，さらにオーストリア軍部がその採用を決定して後，ヴィーン市の A. Fross 社が，ライセンス生産権をえている。

235) Ebenda, S. 12.
236) Seherr-Thoss, Die deutsche Automobilindustrie……a.a.O., S. 57.
237) Automobilwerke H. Büssing A.-G., a.a.O., S. 16; Seherr-Thoss, Die deutsche Automobilindustrie……a.a.O., S. 57.
238) Ebenda, S. 52.
239) Sievers, a.a.O., S. 177.
240) Seherr-Thoss, Die deutsche Automobilindustrie……a. a. O., S. 564.
241) Schumann, a.a.O., S. 34.
242) 日本自動車工業会編,『日本自動車産業史』, 日本自動車工業会 1988 年, 41 ページ。戦前, 日本でもっとも多く国産乗用車が製造された 1937 (昭和 12) 年の数値をみると, 乗用車 1819 台, トラック・バス 7643 台, 小型四輪車 (乗用車・トラック) 8593 台, 合計 1 万 8055 台となっている。
243) H. C. Graf von Seherr-Thoss, Die deutsche Automobilindustrie Eine Dokumentation von 1866 bis heute, Stuttgart 1974.
244) Seherr-Thoss, Die deutsche Automobilindustrie……a.a.O., S. 20f., 607, u. 610.
245) Ebenda, S. 20.
246) Ebenda, S. 44.
247) Ebenda, S. 45.
248) Ebenda, S. 51.
249) Ebenda, S. 55.
250) Ebenda, S. 46 u. 56.
251) Ebenda, S. 48.
252) Ebenda, S. 58.
253) Robert Bosch GmbH (Hrsg.), 75 Jahre Bosch 1886-1961 Ein Geschichtlicher Rückblick, Stuttgart 1961, S. 21f. u. 28f.
254) Seherr-Thoss, Die deutsche Automobilindustrie……a.a.O., S. 44.
255) Vgl. Robert Bosch GmbH, a.a.O., S. 30-42.
256) Seherr-Thoss, Die deutsche Automobilindustrie……a.a.O., S. 20.
257) Vgl. Fründt, a. a. O., S. 80. 当時の営業統計が一般にそうであるように, Fründt も

第5章　自動車工業の本格的成立期（1901／02〜1913／14年）　509

　　　50人以上の経営を「大経営」(Grossbetriebe) としている。
258) Seherr-Thoss, Die deutsche Automobilindustrie……a. a. O., S. 51. 1902年創立され、1909年に株式会社化されたベルリンのカロセリー業者、「デルメンホルスター馬車工場」の取締役の一人として、ブレナボール社のJohannes Pundtが加わっている。
259) Hans-Joachim Braun, Automobilfertigung in Deutschland von den Anfängen bis zu den vierziger Jahren, in: Harry Nieman/Armin Hermann (Hrsg.), a. a. O., S. 61.
260) 中村静治著、『現代自動車工業論――現代資本主義分析のひとこま』、有斐閣1983年、61ページ。；George S. May (ed.), Encyclopedia of American Business History and Biography The Automobile Industry, 1896-1920, New York/Oxford./Sydney 1990, S. 365.
261) Halwart Schrader, Grosse Automobile Marken・Geschichte・Technik, Augsburg 1991, S. 142-146.
262) ジョン・B・レイ著、岩崎玄、奥村雄二訳、『アメリカの自動車　その歴史的展望』、小川出版1969年、84ページ。井上昭一著、『アメリカ自動車工業の生成と発展』、関西大学経済・政治研究所1917年、38ページ。
263) Bellon, a. a. O., S. 14.
264) Vgl. Braun, a.a.O., S. 53-64.
265) Ebenda, S. 59.
266) Ebenda, S. 62f.
267) Ebenda, S. 63f.
268) 中村前掲書、62ページ。
269) Vgl. Kugler, a.a.O., S. 17.
270) 中村前掲書、62ページ。
271) フォード社の生産台数については、同書、62ページ。
272) 井上前掲訳書、39ページ。；vgl. Schrader, a.a.O., S. 146. シュラーダーは、1909年のこととして、当時のフォード工場における、上からカロセリーが降りてきて、下で移動するシャシーに組み付ける実験の場面の写真を収録している。
273) Kugler, a.a.O., S. 11.
274) レイ前掲訳書、85-86ページ。鎌田正、森晃、中村通義著、『講座　帝国主義の研究3アメリカ資本主義』、；青木書店1973年、206-207ページ。
275) フランスのこの時期の自動車生産統計としては、三つの統計数値から合成されたもう一つの数値がある。vgl. Patrik Fridenson, Historie des Usines Renault 1. Naissance

de la grande entreprise 1898-1939, Paris 1972, 1998, S. 26. それによると，1900年4100台，1901年6300台，1902年7800台，1903年1万1500台，1904年1万3400台，1905年2万500台，1906年2万4000台，1907年2万5200台，1908年2万5000台，1909年3万6000台，1910年3万8000台，1911年4万台，1912年4万1000台，1913年4万5000台。これでは，1900～1904年の数値はLauxよりやや少なくなっているが，他はほぼ同じか，まったく同一であり，統一性を重視して，ここではLauxの統計を用いた。

276) Vgl. Wilhelm Dungs, Entwicklung der amerikanischen und der führenden europäischen Automobilindustrie und ihre volks-und weltwirtschaftliche Bedeutung (Diss.), Köln 1925, S. 53. ここでは，イギリスの生産台数として1901年4112台，1903年1万1235台といいう，やや大きな数値が原史料の典拠なしであげられている。

277) Vgl. Roy Church, The Rise and Decline of the British Motor Industry, London 1994, S. 1. ここでは，生産台数においてアメリカがフランスを凌駕した年を，統計的比較数値をあげずに，1903年としている。これまでの諸研究は総じて1900年代にアメリカがトップに立つことを指摘するが，その年を正確に確定しようとはしていない。

278) 原輝史編，『フランス経営史』，有斐閣 1980年，80ページ。; Fridenson, a.a.O., S. 26.

279) Vgl. M. Laux, a. a. O., S. 15-17 u. 215.

280) Ebenda, S. 215.

281) Ebenda, S. 117 u. 217.

282) Ebenda, S. 117.

283) Ebenda.

284) Ebenda, S. 13f.; 村上悦子編，『ワールド・カー・ガイド10 プジョー』，ネコ・パブリッシング 1993年，43-44ページ，参照。

285) Vgl. Laux, a.a.O., S. 14-16.

286) Vgl. ebenda, S. 52-54.

287) Ebenda, S. 54.

288) Ebenda, S. 117f.

289) Ebenda, S. 215f.

290) Ebenda, S. 119f.

291) Ebenda, S. 20. 例えば，ドイツのアドラー社は，1900年に本格的に四輪車を製造開始した時，このドゥ・ディオン-ブートン社製のエンジンを用いた (vgl. von Fersen, a.a.O., S. 11f.)。

第 5 章　自動車工業の本格的成立期（1901／02〜1913／14 年）

292) Laux, a.a.O., S. 4.
293) Friedrich Schildberger, Gottlieb Daimler und Karl Benz, Pioniere der Automoblindustrie, Göttingen／Zürich／Frankfurt／M. 1976, S. 41f.
294) Laux, a.a.O., S. 122.
295) Ebenda, S. 125 u, 212.
296) Ebenda, S. 42.
297) Ebenda, S. 43 u. 214.
298) Ebenda, S. 49f.
299) Ebenda, S. 50 u. 216; Fridenson, a.a.O., S. 63.
300) Laux, a.a.O., S. 139; Fridenson, a.a.O., S. 62.
301) Laux, a.a.O., S. 141 u. 216.
302) Fridenson, a.a.O., S. 63. ただし、Laux は、1913 年の労働者数を 3900 人、生産数を 4704 台としている (Laux, a.a.O., S. 144u. 216.)。
303) Laux, a.a.O., S. 65.
304) Ebenda, S. 170.
305) Ebenda.
306) Ebenda, S. 171.
307) Ebenda.
308) Ebenda, S. 39f. u. 214.
309) Ebenda, S. 46, 137-139 u. 211.
310) Ebenda, S. 146f. u. 217.
311) Ebenda, S. 149 u. 219.
312) Vgl. ebenda, S. 150-153.
313) Ebenda, S. 157f. u. 213.
314) Ebenda, S. 43-45.
315) Ebenda, S. 39.
316) Ebenda, S. 48 u. 139. ドイツの Ehrhardt 企業へのライセンス生産権供与に関しては、vgl. Seherr-Thoss, Die deutsche Automobilindustrie …… a. a. O., S. 14.
317) Laux, a.a.O., S. 56f.
318) Ebenda, S. 164 u.216.
319) Ebenda, S. 67.
320) Ebenda, S. 63 u. 217. なお Rochet-Schneider に関しては、vgl. J. M. Laux, Rochet-

Schneider and the French Motor Industry to 1914, in; Business History, Vol. VIII, Nr. 1/2 (1966).

321) Laux, In First Gear…… a.a.O., S. 170.

322) Ebenda, S. 164.

323) E. D. Kennedy, The Automobile Industry The Coming of Age of Capitalism's Favorite Child (1. ed., 1941, Repr. 1972), Clifton, S. 4f.

324) Homer B. Vanderblue, Pricing Policies in the Automobile Industry, Havard Business Review, Vol. XIIV, No. 4(1936), S. 388.

325) A・P・スローンJr.著、田中融二/狩野貞子/石川博友訳、『GMとともに』(28版)、ダイヤモンド社1990年、5ページ。

326) 岡本友孝、「新興産業としてのアメリカ自動車工業」(上)、福島大学『商業論集』第35巻・第2号（1966年）、92ページ。

327) 同論文, 92, 100-120ページ, 参照。

328) May, a.a.O.,S. 196.

329) Ebenda, S. 223.

330) Ebenda.

331) Ebenda.

332) 〕中村前掲書、62-63ページ。

333) Schrader, a. a. O., S. 146.

334) 岡本前掲論文、106ページ。

335) 同所。フォード社の会計年度は、1908年から1912年までは10月1日から翌年の9月30日まで、1913会計年度からは8月1日から翌年の7月31日まで。

336) 侘美光彦、「V 自動車産業」、玉野井芳郎編著、『大恐慌の研究』（復刊第2刷）、所収、東大出版会1982年、221ページ。

337) 中村前掲書, 65-70ページ, 参照。

338) May, a.a.O., S. 371；井上昭一著、『GMの研究――アメリカ自動車経営史――』（第1刷）、ミネルヴァ書房1982年、52-56ページ、参照。；井上前掲『アメリカ自動車工業の……』、67ページ。

339) 井上同書、69ページ。アメリカにおける当時の最低価格車でも1200ドルはしていた。

340) Vgl. May, a.a.O., S. 372f.；井上前掲『アメリカ自動車工業の……』、71ページ。

341) May, a.a.O., S. 70. キャディラック社については、井上前掲『GMの研究』、49-52

第5章　自動車工業の本格的成立期（1901／02〜1913／14年）　513

　　　　ページ，参照。
- 342) May, a.a.O., S. 71.
- 343) 井上前掲『アメリカ自動車工業の……』，18ページ。
- 344) ビュイックに関しては，vgl. May, a.a.O., S. 62-68; vgl. Kennedy, a.a.O., S. 25-29；井上前掲『GMの研究』，37-43ページ，参照。
- 345) May, a.a.O., S. 67.
- 346) デュラントまたはGMに関しては，vgl. May, a.a.O., S. 145-164；井上前掲『GMの研究』，37-105ページ，参照，『アメリカ自動車工業の……』，2-14ページ，参照。
- 347) オークランドに関しては，vgl. May, a.a.O., S. 354-357. オークランド社は，1907年8月，マーフィー（Edward M. Murphy）によって設立されたが，1909年GM傘下に入る。1908年にはわずか278台を生産する小会社であったが，後にGMのなかでポンティアック（Pontiac）として成長する。
- 348) 宇野博二，「アメリカにおける自動車工業の発達——会社金融を中心としてみた——」，学習院大学・政経学部『研究年報』5,（1957年），88-92ページ，参照。；井上前掲『GMの研究』，50ページ。
- 349) May, a.a.O., S. 68.
- 350) Ebenda, S. 96f.；井上前掲『GMの研究』，74-76ページ，参照。
- 351) スローン前掲訳書，14-15ページ。；井上前掲『アメリカ自動車工業の……』，6-10ページ，参照．
- 352) 井上前掲『GMの研究』，59-64ページ，参照。；加藤博雄著，『日本自動車産業論』，法律文化社1985年，50-55ページ。
- 353) 下川浩一著，『第三メーカーの成立と経営政策　クライスラー』，東洋経済新報社1974年，19-22, 33-41ページ参照。
- 354) May, a.a.O., S. 329.
- 355) マックスウェル社に関しては，vgl. ebenda, S. 329-333.
- 356) ダッジ・ブラザーズ社に関しては，vgl. ebenda, S. 138-145.
- 357) Ebenda, S. 139.
- 358) 中村前掲書，67ページ，参照。ハドソン社に関しては，vgl. May, a.a.O., S261-264. 同社は，1910年約4500台，1915年には約1万3000台を生産している。
- 359) スチュードベーカー社については，vgl. May, a.a.O., S. 434-438; Kennedy, a.a.O., S. 69-72；井上前掲『アメリカ自動車工業の……』，72-77ページ，参照。
- 360) パッカード社に関しては，vgl. May, a.a.O., S. 375-381; vgl. Kennedy, a.a.O., S. 36-39.

361) 奥村宏／星川順一／松井和夫著,『自動車工業』(第8刷),東洋経済新報社1968年,4--5ページ。

362) Vgl. S. B. Saul, The Motor Industry in Britain to 1914, in: Business History, Vol. V No. 1, Liverpool University Press 1962, S. 23. なお成立・消滅年に関しては, vgl. Schwerpunkt: 100 Jahre Automobil-Herrsteller, in: Handelsblatt (22. 1. 1986)。従って消滅年代の下限は1986年であり,その後,合併等により消滅したものもある。

363) スローン前掲訳書, 412ページ。

364) イギリス・ダイムラー社に関しては, Saul, a.a.O., S. 24f.；山本尚一著,『イギリス産業構造論』,ミネルヴァ書房1974年, 193-198ページ, 参照。

365) ランチェスター社に関しては, Saul, a.a.O., S. 24f.; 山本前掲書, 194-195ページ, 参照。

366) オースチン社に関しては, Friedrich Schieldberger, Die Entstehung der englischen Automobilindustrie bis zur Jahrhundertwende, S, 11; Saul, a.a.O., S. 24f.; 山本前掲書, 195-197ページ, 参照。

367) マイラ・ウィルキンス／フランク・E・ヒル共著, 岩崎玄訳,『フォードの海外戦略』上, 小川出版1969年, 60-66ページ, 参照。

368) イギリス・フォード社に関しては, 山本前掲書, 198-199ページ, 参照。

369) モリス社に関しては, vgl. Saul, a.a.O., S. 25; 山本前掲書, 199-201ページ, 参照。

370) James Foreman-Peck／Sue Bowden, Alan／McKinlay, The British Motor Industry, Manchester／New York 1995, S. 20.

371) Ebenda.

372) Ebenda.

373) イギリス車価については, Saul, a.a.O., S. 24; 山本前掲書, 200ページ。

374) Laux, In First Great …… a.a.O., S. 99 u. 101.

375) Ebenda, S. 99；Horras, a.a.O., S. 310.

376) Fründt, a.a.O., S. 141.

377) 楊井克己編,『世界経済論』(第11刷),東大出版会1981年, 5ページ, 参照。1980年の高率マッキンレー関税に次いで, 1897年には, ディングレー関税によって高度保護体制が確立していた。；石崎昭彦著,『アメリカ金融資本の成立』(第2版),東大出版会, 1965年, 122-131ページ, 参照。

378) 宇野弘蔵監修, 『講座帝国主義の研究4』,イギリス資本主義 (森恒夫執筆), 青木書店1975年, 23-31ページ, 参照。

第5章　自動車工業の本格的成立期（1901／02〜1913／14年）　515

379) 帝政ロシアに関しては, Klapper, a. a. O., S. 45f.; Friedlich Schildberger, Die Entstehung der Automobilindustrie in internationaler Sicht, S. 65.

380) オーストリア・ハンガリーに関しては, Klapper, a.a.O., S. 42f; Schildberger, Die Entstehung …… a.a.O., S. 67-70.

381) アルゼンチン, ブラジルに関しては, Klapper, a.a.O., S. 50f.

382) ベルギーに関しては, Klapper, a.a.O., S. 40; Schildberger, Die Entstehung …… a. a. O., S. 62-64; Kreuzkam, Die internationale Automobilindustrie, in: Jahrbuch für Nationalökonomie und Statistik, III Folge, 39. Bd. Jena 1910, S. 800.

383) Sievers, a.a.O., S. 349. イギリスのドイツに対する輸出（シャシーを除く）, 1910年 15台, 1911年20台, 1912年43台, 1913年109台。

384) イタリアに関しては Kreuzkam, a.a.O., S. 800; Dungs, a.a.O., S. 57 u. 60f.; Schildberger, Die Entstehung …… a.a.O., S. 57-59.

385) Automobilwerke H. Büssing A.-G., a.a.O., S. 9.

386) Klapper, a.a.O., S. 46.

第6章　ドイツの初期モータリゼーション
──その阻止要因と促進要因──

第1節　初期モータリゼーションの進展

　ドイツ自動車工業の本格的成立による自動車の国内供給，またそれにともなう自動車貿易とくにその自動車輸入の増加によって，ドイツにおけるモータリゼーション（自動車の普及）は，どのように開始され，また進展したであろうか。
　まず私たちは，自動車保有台数の増大からみてみよう。それに関する統計としては，1902～06年に関しては，クロイッカム（Kreuzkam）のものが，また1907～14年に関しては，「帝国統計局」のものがあり，両者をまとめたものが表6-1である。
　まずドイツでは，乗用車，トラック（バスを含む），オートバイを合わせた広義の自動車数が，1902年にはわずか4738台にすぎなかったが，1907年には2万7026台と5.7倍に増加した。そしてこの1907年を起点に，1913年には7万7789台と2.9倍に増大している[1]。自動車の普及度は，初期的発展の常としてテンポが高く，その後は緩慢になる。しかし車輛の増加の絶対数は，当然のことながら，

第6章　ドイツの初期モータリゼーション——その阻止要因と促進要因　　517

表6-1　ドイツの自動車保有台数（1902-14年）

	自動車			オートバイ	総計	対前年増加数
	乗用車	トラック	小計			
1902					4,738	
1903					6,904	2,166
1904					11,370	4,466
1905					15,683	4,313
1906					21,003	5,320
1907	10,115	957	11,072	15,954	27,026	6,023
1908	14,671	1,543	16,214	19,808	36,022	8,996
1909	18,547	2,004	20,551	21,176	41,727	5,705
1910	24,639	2,823	27,462	22,479	49,941	8,214
1911	31,696	4,082	35,778	20,656	56,434	6,493
1912	39,943	5,392	45,335	20,115	65,450	9,016
1913	49,760	7,581	57,341	20,448	77,789	12,339
1914	60,876	9,639	70,515	22,557	93,072	15,283

出典：1902-06年に関しては，Dr. Kreuzkam, Die internationale Automobilindustrie, in: Jahrbuch für Nationalökonomie und Statistik III Folge, 39. Bd., Jena 1910, S. 800; 1907-14年に関しては，Kaiserliches Statistisches Amt (Hrsg.), Vierteljahrshefte zur Statistik des Deutschen Reichs, 23 Jahrgang 1914, 1. Heft, S, I. 257. より著者作成。

1907年以後の方が多い。このように1907年を一応の区切りとする理由は，1907/08年恐慌の影響のもとで，自動車工業の発展の仕方——例えば企業淘汰（＝資本集中）——やモータリゼーションの様相——例えば小型・中型車化——が変化するからである。

ところで1907年以後は，車種別の保有台数が判明している。それによると，1907年を起点に1913年には自動車の中心，乗用車は約5倍，トラックは約8倍になっている。絶対数の増加は，もちろん乗用車の方が多いが，発展速度はトラックの方が速くなっていて，これはこの頃から自動車による貨物輸送が本格化することを表現している。他方オートバイは，1907, 08, 09の3年間には，むしろ乗用車はもとより，自動車全体よりも台数が多かった。これは，後述するごとく

ドイツのように国民の所得水準の低い国では，モータリゼーションの最初期には，安価で比較的に入手しやすいオートバイがより多く求められたためである。これについては第5章第2節で述べたごとく，ブレナボール社やエヌ・エス・ウー（NSU）社が，自動車生産に参入する以前に，まずオートバイ製造を行なっていたことを想起してほしい[2]。しかしオートバイの普及は，その後は遅く，1907～13年間に僅か1.3倍にとどまっている。

　したがって，1907年から1913年にかけての時期に，広義の自動車保有台数のなかで，乗用車，トラック，オートバイの構成比がかなり急激に変化している。1907年には，乗用車37.4％，トラック3.5％，オートバイ59.0％であったのが，1913年には，乗用車64.0％，トラック9.7％，オートバイ26.3％となる。モータリゼーションの重点は，オートバイから乗用車とトラックに移行している。

　さらに乗用車を仔細にみれば，エンジン出力別の構成も変化している。1907年から1913年にかけて，40馬力以上の大型車は，僅か1378台しか増えていないのに，8馬力以下の車は9631台，8～16馬力の車は1万1809台，16～40馬力の車は，1万6827台増加している[3]。明らかに小型車，中型車の増加が目立っている。

　以上のようにモータリゼーションが初期的に進展するなかで，それでは道路交通の具体的な様相において，当時，自動車は馬車にどの程度代位し始めていたであろうか。それに関して輸送人員や積載荷物についての全国的統計は存在しない。ただザクセン王国中央部の一定の道路における通行車輛数についての調査があるだけである。表6-2がそれである。これによると，人員輸送に関してだけは，この地域において，1909年以降のある時点で，乗用車数が馬車数を上回ったことが窺える。しかし貨物輸送に関しては，トラックの積載量が馬車のそれを数倍上回っていたとしても，第一次世界大戦以前には，道路運輸においては，馬車がまだまだ圧倒的な地位を占めていたように見える。

モータリゼーションの性格　　当時，自動車はどのような目的のために用いられたか。当時の統計はそれについてかなりの程

表6-2 ザクセンにおける人員・貨物輸送における交通手段調査　　単位：%

		1899	1904	1909	1914
人員輸送	馬車	25.6	24.3	20.1	15.7
	乗用車		0.7	5.0	19.0
	合計	25.6	25.0	25.1	34.7
貨物輸送	積載荷馬車	41.5	42.2	41.7	34.9
	空の荷馬車	32.9	32.8	33.0	28.2
	トラック			0.2	0.2
	合計	74.4	75.0	74.9	65.3

出典：Peter Kirchberg, Die Motorisierung des Straßenverkehrs in Deutschland von den Anfängen bis zum Zweiten Weltkrieg, in: Harry Niemann und Armin Hermann (Hrsg.), Die Entwicklung der Motorisierung im Deutschen Reich und den Nachfolgestaaten, Stuttgart 1995, S. 12.

度明らかにしている。まずトラックが主に貨物輸送のために用いられたことは言うまでもない。ただし後にみるように，次第に多くのものが軍用として使用されるようになる。

　オートバイについては，1907年には人員輸送用に1万5700台，貨物輸送用に254台，1913年には人員輸送用に2万325台，貨物輸送用に123台となっている[4]。出力のすくないオートバイが，圧倒的に人員輸送用であったことも，これまた当然のことであった。

　問題は，表6-3に掲げた，乗用車を中心にバスを含む，主に人員輸送のための自動車の「主要使用目的」である。ここで「主要使用目的」とあるのは，例えば通常は「専門職業用」として用いられている車でも，時には「レジャー・スポーツ用」として用いられることを排除できず，このことは今も昔も同様だったからである。

　まずこの統計において，比率が高いが故に重要な地位を占めていたのは，「商業経営・その他の営業用」と「レジャー・スポーツ用」である。そのうちこの統計の初年，1907年にはすでに前者の比率が若干高くなっている。その傾向は1911，12の両年に一時，逆転するが，結局，1913，14年にはもとへ戻る基本的傾

表6-3 ドイツにおける人員輸送車の主要使用目的別内訳 　　　　　　　　単位：台

	主に人員輸送のための自動車総数	官庁用 (%)	公共交通機関用 (%)	商業経営・その他の営業用 (%)	農林業用 (%)	専門職業用（医師・測量士等） (%)	レジャー・スポーツ用 (%)
1907	25,815	219 (0.9)	1,197 (4.6)	10,699 (41.4)	270 (1.0)	3,143 (12.2)	10,287 (39.9)
1908	34,244	302 (0.9)	1,734 (5.1)	14,046 (41.0)	363 (1.0)	4,028 (11.8)	13,771 (40.2)
1909	39,475	395 (1.0)	2,340 (5.9)	16,110 (40.8)	427 (1.1)	4,641 (11.8)	15,562 (39.4)
1910	46,922	459 (1.0)	3,285 (7.0)	19,149 (40.8)	468 (1.0)	5,430 (11.6)	18,131 (38.6)
1911	52,231	589 (1.1)	4,210 (8.1)	19,391 (37.1)	461 (0.9)	6,115 (11.7)	21,469 (41.1)
1912	59,901	701 (1.2)	5,262 (8.8)	22,942 (38.3)	562 (0.9)	7,084 (11.8)	23,350 (39.0)
1913	70,085	1,034 (1.5)	7,031 (10.0)	26,678 (38.0)	685 (1.0)	8,249 (11.8)	26,408 (37.7)
1914	83,333	1,508 (1.8)	タクシー 7,451 (8.9) バス 927 (1.1)	32,436 (38.9)	973 (1.2)	9,639 (11.6)	30,399 (36.5)

出典：Kaiserliches Statistisches Amt (Hrsg), Vierteljahrshefte zur Statistik des Deutschen Reichs, 22. Jahrgang 1914, 2. Heft, S. I. 33.

向としておさえることができる。というのは、19世紀末・20世紀初頭、自動車普及の最初期においては、それが非常に高価であり、「金持の遊び道具」であり、すなわち「レジャー・スポーツ用」の車が支配的であったのが、それが次第に後背に退けられていくのが、この時期の特徴であった。

　次いで比率の高いのは、「医師, 測量士, 等」などの「専門職業」(Beruf) の車であった。その比率はこの時期に若干低まるが、その絶対数は年々相当な程度で増加している。

　その次にくるのが、比率的にも台数的にも顕著に増加している「公共交通機関用」の車である。それは主にタクシーとバスからなるが、その内訳は1914年までは分からない。

　さらに最後に、台数的にも比率的にも増加しているが、全体の中で比重の低い「官庁用」の公用車と、台数的には伸びているが比率的にはほとんど変わない

「農林業用」があった。

かつて著者は，1920・30年代のアメリカを中心として，西ヨーロッパに及ぶモータリゼーションの発展を時期区分して，「事業所的・営業的段階」から「個人的・大衆的段階」へと発展することを指摘した[5]。もしこの図式を補完するならば，「事業所的・営業的段階」の前に「レジャー・スポーツ的段階」があった。もしいま前掲表6-3の，「商業経営・その他の営業用」と「公共交通機関用」を合わせて，「事業所的・営業的」モータリゼーションを示すものとし，また「レジャー・スポーツ用」をもって「レジャー・スポーツ的段階」を示すものとすれば，前者比に対する後者比は，1907年には46.0％対39.9％，1913年には48.0％対37.7％となる。これによって私たちは，第一次世界大戦前の1907～13年頃のドイツのモータリゼーションを，「レジャー・スポーツ的段階」が終わり，それから「事業所的・営業的段階」に移行しつつあった時期と規定することができよう[6]。

モータリゼーションの国際比較 ここで主要国におけるモータリゼーション（自動車の普及）の進展度の国際比較を行なうことによって，その中でのドイツの位置を確定しておこう。モータリゼーションの進展度を測定する場合，その指標となるのは，(1)自動車の総保有台数，普及率を示す(2) 1台当たりの人口，またはそれの同じことを逆から示す(3)人口1000人当たりの台数などがある。ここでは，(1)と(2)に関して，フランス，アメリカ，イギリス，ドイツ4ヵ国の状態を判明する限りにおいて，表6-4に示している。

まず保有量の絶対数に関して比較すると，1902年については，1位フランス，2位アメリカ，3位すでにイギリス，4位ドイツとなっていた。それが1906年になると，アメリカが早くもフランスを凌駕して，1位アメリカ，2位フランス，3位イギリス，4位ドイツとなる。さらに1914年には，フランスが生産台数ではなお2位を維持しているものの，保有台数においては，1906～1911年のいずれかの時点でイギリスに追い越され，1位のアメリカ，2位イギリス，3位フランス，4位ド

表6-4 主要国のモータリゼーション, 保有台数と普及率 単位:台, (人/1台当たり)

年次	フランス		アメリカ		イギリス アイルランドを除く		ドイツ	
	保有台数	普及率	保有台数	普及率	保有台数	普及率	保有台数	普及率
1900			8,000	(9,512)				
1901			14,800	(5,242)				
1902	23,711	(1,647)	23,000	(3,442)	6,253	(5,985)	4,783	(12,078)
1903	30,204	(1,295)	32,920	(2,449)	9,437	(4,009)	6,904	(8,492)
1904	37,322	(1,050)	55,290	(1,486)	14,170	(2,696)	11,370	(5,231)
1905	47,302	(829)	78,800	(1,064)	20,048	(1,925)	15,683	(3,846)
1906	55,000	(714)	108,100	(790)	28,000	(1,392)	21,003	(2,912)
1907			143,200	(608)			27,026	(2,295)
1908			198,400	(447)			36,022	(1,745)
1909			312,000	(290)			41,727	(1,527)
1910			468,500	(197)			49,941	(1,293)
1911			639,500	(147)			56,434	(1,158)
1912	88,271	(449)	944,000	(101)	175,247	(234)	65,450	(1,011)
1913	125,000	(318)	1,258,060	(77)	250,000	(165)	77,789	(861)
1914	171,000	(244)	1,763,018	(56)	426,000	(198)	93,072	(729)

出典:〔フランス〕保有台数;1902-06年は, Kreuzkam, Die internationale Automobilindustrie, in: Jahrbuch für Nationalökonomie und Statistik, III Folge, 39. Bd. Jena 1910, S. 800. 1912, 14年は, Otto Meibes, Die deutsche Automobilindustrie, Berlin-Friedenau 1928, S. 15. 1913年は, J. M. Laux, In First Gear The French automobile industry to 1914, Liverpool 1976, S. 196; 普及率の基礎となる人口数については, P・フローラ編, 竹岡敬温監訳, 『ヨーロッパ歴史統計 国家・経済・社会 1815-1975』(第2刷), 原書房 1988年, 54ページ。
〔アメリカ〕保有台数(=登録台数);岡本友孝, 「新興産業としてのアメリカ自動車工業」(上), 福島大学『商学論集』, 第35巻第2号, 1966年, 91-92ページ。普及率の基礎となる人口数については, 合衆国商務省編, 斉藤眞/鳥居泰彦監訳, 『アメリカ歴史統計』(第2刷), 原書房 1987年, 8ページ。
〔イギリス〕保有台数;1902-06年は, Kreuzkam, a.a.O., S. 800. 1912, 14年は, Meibes, a.a.O., S. 15. 1913年は, Laux, a. a. O., S. 196. 普及率の基礎となる人口数については, 前掲『ヨーロッパの歴史統計』, 80, 84ページ。
〔ドイツ〕保有台数;1902-06年は, Kreuzkam, a.a.O., S. 800. 1907-14年は, Vierteljahrshefte zur Statistik des Deutschen Reichs, 23 Jharg. 1. Heft, S. I. 257. 普及率の基礎となる人口数については, Statistisches Jahrbuch für das Deutsche Reichs 1914, S. 2.

イツとなっている。

　このように，自動車の保有台数に関しては，この時期を通じて，ドイツがつねに最下位にとどまっていたばかりでなく，反面アメリカの驚異的増大，フランスの緩やかな増加，イギリスの1906～11年における急速な増大が確認される。このことは，モータリゼーションの進展速度において，ドイツが他の3ヵ国に対してますます遅滞していったことを物語っている。

　次にモータリゼーションのより厳密な指標，普及率，すなわち自動車1台当たりの人口数をみてみよう。これは当然，数値が低ければ低いほど，自動車の人口に対する普及密度は高いことになる。普及率は，20世紀初頭，1902年にはフランス，アメリカ，イギリス，ドイツの順であった。1906年においてもその順位に変化はなかった。しかしその後まもなくアメリカが，そしてそれより遅れてイギリスがフランスを凌駕したと推定される。1912年以降の順位は，決定的に1位アメリカ，2位イギリス，3位フランス，4位ドイツとなった。1914年の自動車の普及率について，キルヒベルク（P. Kirchberg）は，逆に人口1000人当たりの自動車台数をあげて示している。この場合は当然数値が高ければ高いほど，モータリゼーションの進展度は高くなるが，それによると，1位イギリス11.5台，2位アメリカ11.4台，3位フランス4.6台，4位ドイツはわずかに1.5台となっている[7]。

　以上，2つの指標からみて，自動車工業の本格的成立期において，ドイツはその自動車工業の成立と一定の発展にもかかわらず，そのモータリゼーションの進展は緩慢であり，アメリカはもとより，イギリス，フランスに対しても非常に遅れをとっていたことが明らかになった。

第2節　初期モータリゼーションの阻止要因

　以上，私たちはこれまで，第一次世界大戦に至るまでの時期にドイツにおい

て, 他の諸国と比較して, モータリゼーションが緩慢にしか進展しなかった状態をみてきた。従ってそこには, かならずしも強力とは言えなかった自動車工業それ自体以外に, モータリゼーションを抑制する幾つかの要因が存在したはずである。それらに数えられるものには, (1)抑制的な自動車行政, (2)国民の所得水準の低さ, (3)重たい自動車関連税, (4)自動車損害賠償責任法の導入, (5)発達した鉄道網の存在, 等があり, 以下に, それらについて順次, 説明を加えておこう。

(1) 抑制的な自動車行政

ガソリン自動車が最初に登場し, 最初期的にそれが普及し始めた1880年代後半と1890年代には, ドイツの各邦国の行政府は, この騒音と悪臭を発し, 爆発の危険をともなう乗り物の交通に対して, 非常に抑制的な態度で臨んだ。

1886年カール・ベンツが, あの三輪自動車を発明し, バーデン大公国のマンハイム市内の路上で実験的走行を試みようとした時, 彼は警察に出頭を命ぜられ, そこで「いったい貴方は, 自然力 (elementare Kräfte) による走行は, 領邦議会の決議によって禁じられているのを承知しているのか」と尋ねられたという。「自然力」とは, その頃, 「機械力」を表わす言葉であった。そのため彼は文書で請願し, 一応の許可を受けたのは, 1888年になってからであり, その際も試走はマンハイム市域に限定された[8]。そしてようやく1893年11月30日になって, バーデン内務省から大公国内の公道での走行が許可されたが, その場合も最高時速は, 市街で6km, 郊外で12kmに限定された。彼は, その速度制限の緩和について, 1895年2月9日, 申し入れを行ない, 同年末になってようやく許された。

この間1888年9月, ミュンヘンで開催された「原動機・作業機展」を機会に, ベンツはその三輪自動車III型を路上で公開運転しようと, 同地の警察に許可を求めた。この時は最後までついに正式の許可はおりず, もし事故が起こっても, 警察は一切関知しないという「非公式の許可」, いわば黙認を受けたにすぎなかった[9]。

このように非常に抑制的な自動車行政は，その他の地域でもみられた。1899年になっても，ヴェルダウ市（Werdau）では，道路幅11.3mより狭い道路での自動車の運行は禁じられたし，クリミッチャウ市（Crimmitschau）では，公道または公の広場に自動車を放置した場合には，罰金が課せられた[10]。

この頃1899年には，先駆的モータリゼーションを推進していたフランスでは，早くも全国的に統一的な交通条例が公布されている[11]。

他方ドイツでは，20世紀に入り，まずは地域的な自動車交通条例がようやく成立してくる。1901年に大都市で警察令の形で自動車交通規則がだされ始めるが，1901年から1903年にかけてプロイセンの各州において，各州長官による自動車交通条例が発布される。その際の要点は，登録番号票（ナンバー・プレート）と運転免許制の導入であった[12]。これと並行して，他の領邦でも，例えばゴータやザクセン・マイニンゲンではやや自由主義的な，またバイエルン，バーデン，ヴュルテンベルクでは抑制的な自動車交通条例が施行された。

これらを基礎にして，やがて全国的規模での自動車交通法が成立する。その第1段階は，1906年5月3日成立の「自動車交通に関する連邦参議院の基本方針」であり，最終的にはそれを継承した1909年の「自動車交通法」（Gesetz über den Kraftwagenverkehr）であった。その基本的内容は，(1)自動車登録制原理と(2)自動車運転者の許可制原理，すなわち運転免許制であった[13]。そして同法で規定された最高時速も，「皇帝自動車クラブ」が時速25kmを要求したにも拘らず，さしあたり20kmに制限され，それが25kmになるのは，翌1910年をまたねばならなかった[14]。このようにドイツでの全国統一的な交通法規は，フランスより10年遅れて成立したのであった。

ところで，当時の自動車運転免許制は，今日のそれと比較すると，より厳しい面をもっていた。免許取得希望者は，国家監督下の自動車学校に，通常5〜6週間通学して，教習を受けねばならなかった[15]。試験そのものは，構造と法規に関する口答試験と，公道での最低1時間以上の実技試験からなっていた。しかし身

体検査は,視力以外にも厳しくなされ,身体障害者,飲酒癖のある者,粗暴行為を犯す危険性のある者には,免許は与えられなかった。そして免許がいったん交付された後でも,行政府が必要と認めた場合には,無期限にそれを取り消す権限をもっていた。この点は,イギリスの「自動車法」(motor car act) が,免許取り消しは裁判所によって決定され,期限付でなされたのとは異なって,きわめて官僚的であった[16]。

こうして,ドイツでは1910年以降,5年間に運転免許を取得した者は,次のようにそう多くはなかった。1910年3万6077人,1911年3万9636人,1912年2万6993人,1913年3万1329人,1914年2万9219人,合計16万6181人であった[17]。

(2) 国民の所得水準の低位

「乗用車の普及と所得水準とは極めて密接な関係がある[18]」とは,『現代自動車工業論』の中村静治氏の言葉である。この規定が,たんに戦間期や戦後期に大衆的モータリゼーションが進展する段階に妥当するだけでなく,第一次世界大戦前にも基本的にあてはまることは,その時期のアメリカとヨーロッパとを対比した,次のような叙述によっても肯ける。アメリカは,「……,ヨーロッパ諸国よりはるかに高い1人当たり国民所得と,所得のより広い範囲への分布のおかげで広範な諸階層を自動車市場にひきいれることが可能だったのである[19]」。従って著者も,ドイツにおける自動車工業の本格的成立期において,モータリゼーションの発展を抑止した幾つかの諸要因のうち,この国民の所得水準の低さを,も・っ・と・も・基・本・的・な・要因と考え,以下その諸側面を分析しよう。

まず単刀直入に,19世紀・20世紀初頭におけるアメリカ,イギリス,ドイツ3国に関する国内総生産 (GDP) ——ただしアメリカに関しては国民総生産 (GNP) ——とその1人当たりの額を,表6-5によって表示しよう。フランスに関しては,残念ながら利用できるに足る統計資料を見だしえなかった。同表によって分かることは,全体的にみて,各国の1人当たりのGNPまたはGDP額の

表6-5 国民または国内総生産と1人当たりの額の比較

		1890	1900	1910	1913
アメリカ	国民総生産（100万ドル）	13,100	18,700	35,300	39,600
	国民総生産（100万マルク）	55,020	78,540	148,260	166,320
	1人当たりGNP（ドル）	208	246	382	407
	1人当たりGNP（マルク）	874	1,033	1,604	1,709
イギリス	国内総生産（100万ポンド）	1,425	1,879	2,135	2,407
	国内総生産（100万マルク）	28,500	37,580	42,700	48,140
	1人当たりGDP（ポンド）	38	46	48	53
	1人当たりGDP（マルク）	760	920	960	1,060
ドイツ	国内総生産（100万マル）	25,935	36,089	51,371	57,764
	1人当たりGDP（マルク）	526	643	795	862

注：当時の交換レートは、国際金本位制のもとで、年次によって殆ど変化なく、様々な文献から、1ドル＝4.2マルク、1ポンド＝20マルクとして、換算した。
出典：アメリカに関しては、U. S. Bureau of the Census (Hrsg.), The Statistical History of The United States From Colonial Times to the Present, New York 1976, S. 222（合衆国商務省編、斉藤眞／鳥居泰彦監訳、『アメリカ歴史統計　植民地時代～1970年』（第2刷）、原書房1987年、224ページ）。イギリス・ドイツに関しては、ペーター・フローラ編、竹岡敬温監訳、『ヨーロッパ歴史統計　国家・経済・社会 1815-1975』（第2刷）、原書房1988年、350-351, 367ページ。

高位性は、その国のモータリゼーションの進展度、自動車普及率の高さと見事に照応していることである。

そのうちドイツでは、1880年頃からの急速な重化学工業化の結果、国民純生産において、1890/94年には工業・手工業比率（34.0％）が、農林水産業比率（32.2％）を凌駕し、それは1910/13年には、前者比を40.9％に、後者比を28.4％にまで急速に変化させた[20]。ここに示される工業の高度化にともない、ドイツのGDPは、1890年から1913年にかけて2.2倍に、そして1人当たりのそれは1.6倍に増大している。

とはいえ、この1人当たりの国内総生産額は、あくまでも平均的数値にすぎず、ここでは、国内総生産が国民所得として分配される際の、特殊ドイツ的構造が問題であった。権威主義的第二帝政を支える経済・社会構造は、「黄金のヴィルヘ

ム時代」には,次のようになっていた。人口中,0.3～0.5%の貴族,トップ・ブルジョワジーの0.5%,経済市民3～4%,教養市民0.75～1%からなる5%強の「上層階級」,その下に8～10%の「小市民階級」,そしてその下に20世紀初頭には約75%,1914年でも70%を占める「下層階級」が存在していた[21]。しかも「下層階級」のなかには,全人口の66%に達する,所得税課税対象外の低所得者が含まれていた。この階級構造を称して,H.-U.ヴェーラーは,「巨大なプロレタリア的台座」の上に「首細の」中間階級が乗っかり,その上に「針のように細い」上層階級が座す,「洋梨型」(eine birnenförmige Gestalt) と,特徴づけている[22]。しかもその構造に基づいて,上層の5%が全所得3分の1を,上層の10%がその5分の2を取得する「分配の歪み」(Verteilungsschiefe) が存在し,しかもそれが固定化されていったと主張している[23]。

ところで国民の所得水準といっても,もちろんそれは車の購入価格や維持費の高低と相対的な関係にあり,さしあたりここでは車の価格自体について考えてみよう。まずは多モデルの製造を行なっていた代表的会社の,最低価格車と最高価格車をあげてみよう。

高級車メーカーとして知られたダイムラー社の場合は,最低価格車でも1903年製作のメルセデス・ジンプレックス18/22馬力車の1万1000マルクであり,最高価格車は,1902年製作のメルセデス・ジンプレス44馬力車の6万6000マルクもした[24]。ベンツ社の場合,最低価格車は,1903～04年製造のパルジファル8馬力車の5200マルクであり,最高価格車は,ツーリング・スポーツ38/60馬力車の3万5000マルクであった[25]。オーペル社の場合は,最低価格車は1912～14年製造の「プップヒェン」5/14馬力車の3600マルクであり,最高価格車は1907年～10年生産の33/60馬力車の仕様によって異なる2万～3万マルクであった[26]。アドラー社の場合は,最低価格車は,1906～07年製造の4/8馬力車,および1911～20年製造の5/13馬力K型車の4000マルク,最高価格車は,1905～12年製造の40/50馬力車の2万5300マルクであった[27]。

第6章　ドイツの初期モータリゼーション——その阻止要因と促進要因

そのほかのメーカーの代表的な低価格車をあげると，シュテーヴァー兄弟社の1907年から製造された「アウト・グロム」10/12馬力車の4000マルク[28]，ヴァンデラー社の1912～14年製造のW1型5/12馬力車の3800マルク，などがあった[29]。

以上にみたごとく，当時のドイツの四輪乗用車は，低価格車でも3600～4000マルク，最高価格車は6万6000マルクもし，その間に中級車クラスでも1～2万マルク台，高級車は3万マルク以上もしていたのである。

ところでこのような車は，当時どのような所得水準の人々によって入手可能であったであろうか。当時における車価と所得水準の相関関係についての具体的な研究は，今までのところ見出せない。そこで手掛かりになるのは，やや後の1934年「国民車」(Volkswagen) 構想が浮上してきたとき，「自動車工業全国連盟」(RDA) が主張していた次のような見解である。それによると，従来は自動車の購入費と維持費を負担できるのは，年収8000ライヒスマルク (RM) 以上の所得層であるが，「国民車」が創造されるならば，年収5000RM以上の層でもそれが可能になる，というものであった[30]。1924年，「ドーズ案」受け入れとともに導入された再建金本位制は，基本的に第一次世界大戦前での水準における復帰であったから，いまこの主張を認めて，自動車購入層を年収8000マルク，少し下げて6500マルク以上のものと仮定して議論を進めてみよう。

いまホフマン (Walter G. Hoffmann) 編集の統計的研究によって，まず当時の労働者階級の平均年収をみると，相対的に高賃銀を受けていた金属製造部門のそれでも，1901年1142マルク，1906年1309マルク，1912年1450マルクにすぎなかった[31]。また公務員でも，その平均年収は，1901年2515マルク，1906年2531マルク，1913年3067マルクであった[32]。もちろんこれは平均値であり，上下に大きな幅があったであろうが，まず上記の数値をみて言えることは，労働者階級はもちろん，官吏もよほどの高級官吏でない限り，年収6500マルクには達していなかった。

表 6-6　ドイツ第二帝政期の所得分布と構成比

単位：1000人, (%)

		1896	1901	1906	1911	1912
合計		32,331.8	32,961.3	33,804.2	31,187.1	31,070.6
	小計	115.8 (0.36)	155.3 (0.47)	183.2 (0.54)	202.1 (0.65)	213.6 (0.69)
	年収 100,000M 以上	1.7	2.8	3.2	4.1	4.5
	30,000～100,000M	9.3	13.4	15.8	19.4	21
	9,500～30,000M	47.3	63.9	74.8	93.7	99
	6,500～9,500M	57.5	75.2	89.4	84.9	89.1
年収 3,000～6,500M		215 (0.7)	281 (0.9)	343 (1.0)	543 (1.7)	570 (1.8)
年収 900～3,000		2,321 (7.2)	3,211 (9.7)	4,146 (12.3)	5,806 (18.6)	6,123 (19.7)
年収 900M 以下＊		29,680 (91.8)	29,314 (88.9)	29,132 (86.2)	24,636 (79.0)	24,164 (77.8)

注＊：所得税免除者
出典：Gerhard Horras, Die Entwicklung des deutschen Automobilmarktes bis 1914, München 1982, S. 15. より著者作成。

　そこで私たちは、前述の所得「分配の歪み」を具体的に明らかにするためにも、全社会的な年収水準別の収入取得者の分布を調べるという方法をとろう。1908年のザクセン王国においては、年収950マルク以下の層が74.5％、年収950～3300マルクの層が19.8％、年収3300～6300マルクの層が3.1％、年収6300～9400マルクの層が1.2％、年収9400～3万マルクの層が0.9％、年収3万マルク以上の層が0.4％となっていた[33]。これによって、もし年収6300マルク以上の者を自動車購入可能者と仮定すれば、それはザクセン王国の全収入取得者の僅かに2.5％を占めるにすぎなかった。

　しかしザクセンは工業的に発達した地域であり、住民の所得も比較的に高いほうであったろう。全ドイツに視野を拡げると、もっとも凄まじい状態となる。表6-6がそれである。いま自動車購入可能な層の年収を、ここでは6500マルク以上と仮定すれば、その絶対数は1896年の11万5800人から、1912年の21万3600人へと漸増し、ほぼ倍加している。この層の増加こそ、ドイツにおける緩慢なモータリゼーション進展の社会的基盤であった。しかしこの層が、全収入取

得者のなかで占める割合は，1896年で 0.36%，1901年で 0.47%，1906年で 0.54%，1911年で 0.65%，1912年でも 0.69% にすぎなかった。すなわち第一次世界大戦前のドイツで，乗用車の潜在的購入者は，全収入取得者の 1% にも満たなかった。この国民の所得水準の低さこそが，ドイツにおけるモータリゼーションの発展を制約していた。

社会政策学会派のかの有名な財政学者ワグナー（Adolf Wagner）は，当時の所得分布にもとづいて，年収 2100 マルク以下を「下層階級」(Unterstand)，年収 2100～9600 マルクを「中間階級」(Mittelstand)，それ以上を「上層階級」(Oberstand) と区分しているが[34]，当時の乗用車の購入者は，基本的にこの極めて少数の「上層階級」に限られていて，せいぜい一部，「中間階級」の上層部分に達しているにすぎなかったといえよう。

(3) 自動車関連税

ドイツにおいて自動車の初期的普及に阻止的に作用した要因として，よく指摘されるのが，自動車関連諸税であり，それは自動車税そのものと，ガソリン税からなっている。

自動車税　モータリゼーションの先進国フランスは，すでに 1898 年から自動車税を導入しており，その課税額の範囲は，自動車の性能等に応じて，10～100 フランであったと言われている[35]。これがドイツと較べて高かったか低かったかについては，後にドイツの自動車税の内容を確認した上で明らかにしよう。

他方，ドイツで最初に自動車税をもうけたのはヘッセン邦国であり，そこでは 1899 年 10 月 10 日，「自動車印紙税」(Kraftfahrstempelabgabe) とし導入された。その額は車の購入価格，大きさ，性能に応じてて，5 マルクから 50 マルクであったと言われている[36]。

その後プロイセンにおいて，1904 年，道路の保守・改良を目的に「公道金」

表6-7 自動車関連税

単位：マルク

		自動車税（年額）			ガソリン税	合計
		基礎税額	1馬力当り追加税額	課税総額（例示）	推計年額（例示）	（例示）
オートバイ		10			68.42	78.42
自動車	6馬力以下	25	2	6馬力車 25+(2×6)=37	203	240
	6-10馬力	50	3	10馬力車 50+(3×10)=80	339	419
	10-25馬力	100	5	25馬力車 100+(5×25)=225	848	1,073
	25馬力以上	150	10	40馬力車 150+(10×40)=550	1,356	1,906

出典：Hans Fründt, Das Automobil und die Automobil-Industrie in Deutschland (Diss.), Neustrelitz 1911, S. 61f. より著者，一部修正のうえ作成。

(Chausseegeldabgabe) が徴集されるようになる。それは，車種，タイヤの種類（ゴム，非ゴム），積載，非積載状態にもとづいて，1回の使用につき，10～30プェニッヒにという内容のものであった[37]。本来ならば，この目的税の性格をもった自動車税こそが，現代的な自動車税でありながら，ドイツでは少なくとも1922年の自動車税の改正までは，その方向から離れて行くことになる[38]。

1903年頃には，ほぼ全ドイツ的に登録番号標と登録義務制が実施されるようになり，それによって自動車を課税対象として捕捉できる前提ができあがった。この頃から帝国政府は強力に推進する帝国主義政策にもとづき，急激に膨張する軍事費の支出によって，その均衡を破壊された財政収入を補うために発行された国債を償還するための新財源を求めていたが，その一環として自動車に目をつけ，その所有者を担税力をもつものとし，自動車税を「奢侈税」(Luxussteuer) として課す法案を準備しはじめた[39]。こうして1905年6月3日，帝国議会において，それは，「1900年6月14日成立の帝国印紙法の改正法」(Gesetz wegen Änderung des Reichsstempelgesetzes von 14. Juni 1900) として可決された[40]。

まずその適用範囲であるが，それが目的税ではなく奢侈税であったため，以下

の車輌は課税対象から除外された。(1)貨物輸送を行なうトラック,(2)「営業的に」(gewerblich) 人員輸送するタクシーやバス、ただし医師等が職業的に用いるものは除く,(3)帝国ならびに各邦国官庁等が使用する車輌（官用車,軍用車）、である。従って、それ以外の自動車が課税されるが、その税率の基礎は、次のような公式が定められたい。0.3×シリンダー数×シリンダー口径（cm²）×ピストン行程（m）[41]。以上の公式にもとづき、具体的には表6-7のような税率と税額で課税され、年1回まとめて徴収されることになった。

この自動車税が重税であったか、それともそうでなかったかについては、なにを基準に考えるかによって異なる。ラエツ（Karl Raetz）は、「1906年の帝国印紙法にもとづく税率は、比較的に低かった[42]……」と述べ、またカール・ベンツの伝記を書いたジーベルツ（Paul Siebertz）は、それが自動車購入費の15%にも及ぶ重税であったと指摘する[43]。

いま具体的に当時の車価をみて、その税額及び車価に対する税率をみてみよう。当時もっとも廉価な車、オーペル社が、1912〜14年に発売した「プップフェン」(5/14馬力）は、3600マルクであった。それに課税馬力数、10馬力車の税額80マルクを課すと、それは車価の約2.2%にすぎない。またアドラー社が1905〜12年に発売したドッペルフェートン（40/50馬力）は、2万5000マルクであった。それに課税馬力数、40馬力車の税額550マルクを課すと、これも車価の約2.2%であった。すなわち1905年の自動車税は、自動車の購入価格に対する比率に関する限り、それはジーベルツの言うように15%にも達するものではなく、ラエツの言うように「比較的に低」く、約2%程度のものであった。

しかしその絶対額をみるとき、それは決してそれほど軽いものではなかった。1906年、公務員の平均年給が2531マルクであった時、6馬力の車の税額37マルクは、その1.5%であったが、10馬力車の税額80マルクは、すでに3.2%を占めていたからである。それは車の購入時点では、それほど負担に感じられなかったとしても、その後は、後述するガソリン税とあいまって、高い維持費を構成する

要素となる。

　そしてここで, このドイツの自動車税をフランスのそれと比較しておこう。フランスの自動車税が, 最低10フラン, 最高100フランであったことはすでに述べたが, それをマルク換算すると, 12～120マルクとなる。もしフランスの最低税額 (10フラン＝約12マルク) が, オートバイのそれであったとすれば, この点ではドイツの (10マルク) 方が安いことになる。しかしもしそれが自動車の低馬力車のものであったとすれば, ドイツの6馬力以下の基礎税額 (25マルク) でさえ, フランスの2倍強高いことになる。またドイツの40馬力車の税額 (550マルク) を, フランスの最高税額 (100フラン＝約120マルク) と比較しても, ドイツの方が約4.6倍も高い。従って自動車税に関しては, ドイツの方がフランスよりはるかに重かったと推定されるのであり, これがドイツのモータリゼーションをフランスに較べて抑制した一要因であったと言って間違いなかろう。イギリスに関しても, 具体的数値は分からないが, 自動車税は, とくに高馬力車において, ドイツほど重くはなかったと, フリュントは指摘している[44]。

　この自動車税の性格やその政策的効果を判定するうえで, 当時の利益集団や政党の見解を紹介しておくことも, また重要と思われる。自動車税の導入にあたって, 自動車メーカーとそのユーザーからなる団体, 「中央ヨーロッパ自動車協会」 (der Mitteleuropäische Motorwagen-Verein, MMV) は, その法案に反対する声明を発表したし, また自動車メーカーの団体である「ドイツ自動車工業家連盟」 (der Verein Deutscher Motorfahrzeug-Industrieller, VDMI) もまた, 顧客の署名を集めてそれに反対した[45]。

　この法律が施行された後, その結果をめぐる帝国議会での議論の内容も興味深い[46]。1907財政年度の予定納税額は350万マルクであったが, 実際の税収は表6-8の通り, 約160万マルクにとどまった。それと関連して, 保守党は政府を擁護する立場から, この「奢侈税」を正当化した。国民自由党は, かのシュトレーゼマン (Gustav Stresemann) をたて, 購入費や維持費との対比を試みなが

表6-8 ドイツにおける自動車税
単位：マルク

財政年度	税収額
1907	1,599,000
1908	1,915,000
1909	2,388,000
1910	2,897,000
1911	3,557,000
1912	4,200,000
1913	4,812,000
1914	3,917,000

出典：Reichsverband der Automobil-Industrie E. V. (Hrsg.), Tatsachen und Zahlen aus der Kraftfahzeug-Industrie 1927, Berlin 1927, S. 68.

ら，その税負担は適正なものとして容認した。しかし社会民主党のゼーフェリング (Carl Severing) は，(1)税収が予定額より著しく下回っていること，(2)交通や商業に対して耐えがたい負担となっていること，(3) 1907年は自動車関連部門に約12万人の従業員がいるが，そのうち約2万人が解雇されたことをあげ，自動車税の廃止を要求した。彼は社会民主党右派の論客として，労働者の自動車購入を容易にするためではなく，彼らの雇用確保の観点から，この自動車税の廃止を主張したのであった[47]。

ガソリン税　実は自動車税以上に，年々の維持費の一部となって，自動車利用者の負担になっていたのは，ガソリン税のほうであった。当時のガソリン税は，ネットで100kg当り6マルク，容器の重量込みで100kg当り7.74マルクであった。これに基づいて，フリュント (Hans Fründt) は，エンジン出力1馬力・1時間当り，ガソリン消費量を0.4kgとして，各出力をもった自動車が1日平均3時間，1年を通じて使用されるものと仮定した，ガソリン税額を前掲表6-7のように推計している。もしこれがほぼ妥当であったとすれば，各クラスの自動車が1年に支払うガソリン税は，自動車税そのものよりはるかに高く，その2.5倍から5.5倍にも達していた。

従って，自動車税とガソリン税の合計――例えば6馬力以下の自動車関連税の場合，240マルク――は，自動車の維持費を著しく高いものにしていたのである。これと，1906年における金属労働者の平均賃銀の年1309マルク，また公務員の平均給与の年2531マルクとを比較すれば，当時の自動車の維持費に占める自動車関連税の税負担だけでも，いかに高かったかが分かるだろう。

(4) 自動車損害賠償責任法

　ドイツでは1910年から,「自動車損害賠償責任法」(Autohaftpflichtgesetz)の制定によって,それまで民間の保険会社によって初歩的に行なわれていた自動車損害賠償保険が,強制保険制度として自動車保有者に義務づけられた[48]。これは,ドイツにおける初期モータリゼーションに対して,どのような影響を及ぼしたであろうか。

　自動車事故は,どこの国においても,自動車の交通への導入とその初期的普及とともに始まっている。ドイツにおいてその事故件数は,**表6-9**のごとく,帝国統計局によって1906/07財政年度から把握されているが,1912/13財政年度にかけて,事故数において2.4倍,事故自動車数において2.5倍,物損額において3.1倍,負傷者数において2.6倍,死者数においては3.5倍に増大している。ここで事故件数より事故自動車数の方が多いのは,自動車同士の衝突事故が存在し,またそれが増えていたからである。事故のほとんどは衝突事故であるが,その内容の主なものをあげると次のようになっていた。1906/07年度には,自動車と馬や荷馬車とのそれ(27.5%)がもっとも多く,ついで歩行者とのそれ(21.2%)が続き,自転車とのそれ(11.2%)や自動車同士のそれ(4.0%)は,比較的すくなかった。それが1912/13年度には,歩行者との衝突(25.3%)がもっとも多く,馬や荷馬車とのそれ(18.2%)を上回るようになり,また自転車とのそれ(16.1%)や自動車同士のそれ(7.7%)もその比率を高めている[49]。この事故内容の構成変化のなかに,当時,道路交通のなかで自動車が占める比重が,徐々にではあるが高まっていることが反映されている。

　道路交通における自動車交通の活発化を背景に,当然,自動車保険問題が浮上してくる必然性があった。まず,1900年から1903年にかけての法律家の全国大会において,毎年,自動車保有者の損害賠償責任の必要性が提起され,討議された。それを受けて帝国政府は,1906年3月1日,第1次法案,「自動車運行の際に

表6-9 交通事故件数

年度 10月1日-9月30日	自動車関係 交通事故数	事故自 動車数	物損事故の損 害額概算（M）	負傷者数	死者数
1906/07	4,864	5,079	880,751	2,419	145
1907/08	5,069	5,312	811,663	2,630	141
1908/09	6,063	6,423	1,004,885	2,945	194
1909/10	6,774	7,158	1,220,950	3,651	278
1910/11	8,431	8,931	1,778,830	4,262	343
1911/12	10,105	10,084	2,281,283	5,542	442
1912/13	11,785	12,772	2,771,688	6,313	504

出典：Kaiserliches Statistisches Amt (Hrsg), Vierteljahrshefte zur Statistik des Deutschen Reichs. 23. Jahrg. 1914, 1. Heft, S. I. 260f.

生じた損害のための賠償責任法」を提出した[50]。しかしそれが，1871年の鉄道による損害賠償責任を援用したものにすぎなかったため，様々な異論がだされるなか，「皇帝自動車クラブ」を代表して，ベルリンの弁護士イザーク（Martin Isaac）が，体系的な反対提案を行なった[51]。帝国政府はイザークの主張の幾つかの点を取り入れ，1908年6月19日，第2次法案を提出，議会での議論の結果，ようやく1909年5月3日，「自動車損害賠償責任法」を通過させ，1910年4月1日から施行した。

その法律の核心的部分は，第7条「自動車の運行に際して，人が死亡させられたり，人の身体または健康が害されたり，または物が破損された場合には，自動車の保有者は，損害を受けた者に対して，それにより生じた損害を賠償する義務を負う[52]」とあるように，まず基本的に自動車の「保有者」（Halter）に損害賠償の義務を負わせたことである。「保有者」とは，自動車の「所有者」またはそれを借用したりして使用する権利を有している者，の総体を意味している。

ただし，「自動車が，ある他の者によって，自動車の保有者に無断で運行された場合には，その者が保有者に代わって損害賠償の責任を負う[53]」とあるよう

に，運転者が勝手に自動車を運行して事故を起こした場合には，彼もまた損害賠償責任を負わねばならなかった。保有者，運転者がその責任から免れるのは，自動車の構造と装置に欠陥がなく，運転に際して充分な注意を怠らず，その上で，被害者または第三者または動物等の突発の行動によって，事故が「不可避的」に生じた場合に限られていた[54]。

この内容は，今日のわが国の「自動車損害賠償保障法」の第2条，第3条の内容にもなっており，現代的な自動車損害賠償責任法の性格を示している[55]。そしてその点で，1910年ドイツの自賠責法は，歩行者をはじめ，自動車事故の被害者の権利を保護し，逆に無謀な自動車の保有者や運転者の行為を制約するものであり，その限りにおいて初期モータリゼーションを抑制する作用をもっていた。

このドイツの自賠責の性格をさらに明らかにしておくために，その内容にたち入っておこう。それを例外なく実現するために，それは保険組合が結成された強制加入の保険となった。被害者への賠償額は，それが単数であった場合，死亡と損害については保障額が5万マルクを限度とする，また年金形式をとる場合は3000マルクを限度とする支払いが規定された。また被害者が複数の場合は，保障額は15万マルクを限度に，年金の場合は9000マルクを限度として支払われた。物損事故の支払い限度額は1万マルクとされた[56]。その金額がどれほどのものであったかは，1909年の金属労働者の平均年間賃銀が1330マルク，公務員の平均年給が2682マルクであったことを思えば[57]，例えば死亡者の家族に満額，年金が支払われた場合，それはまずまず補償されたと言えよう。

この保険金または年金支払いを履行するためには，保険料はそれ相応に高くならねばならなかった。諸研究は残念ながらその保険料を具体的に明らかにしていないが，シュペールシュナイダーは，それが前述した自動車税の課税原理，エンジン出力に基づく段階別金額であったことを指摘している[58]。もしそうだとすれば自動車保険料は，エンジン出力に応じて累進的に高いものとなり，また総じて諸外国と比較して高かったことが推定される。

このようにドイツの初期モータリゼーションを抑制する性格をもっていたこの自賠責法に対しては，それが帝国議会で審議されていた1908年，「ドイツ自動車工業家連盟」は，「今日，劣悪な全般的景気と由々しい自動車恐慌に際し，賠償責任法は，その内容が適度なものであるとはいえ，ドイツ自動車工業の抹殺を意味している[59]」と抗議し，その導入を経済恐慌が克服された後に延期することを求めている。

しかしこの抗議の調子のなかにも感知されるように，自動車工業家連盟の自賠責法に対する態度は妥協的であった。なぜならば，自賠責法とそれに基づく高い保険金負担は，一時的にはモータリゼーションに対してかなり厳しく抑制的に作用するにせよ，それは自動車交通の無政府性を克服して，中・長期的にはその健全な発展の条件となるからである。

その点をとらえて，ホラスが，「賠償責任法」がメーカーの販売状態に否定的影響をもったとしても，それは法律の実際の内容によるよりも，関係者を法的不安定状態におとしめた，その長い立法過程にあった[60]と述べている。著者も，このホラスの見解にほぼ同意しつつ，1910年の自動車損害賠償責任法を，初期モータリゼーションを一時的・経過的に制約した要因ととらえておきたい。

(5) 鉄道網と自動車の普及

国民経済，国民生活の交通需要を充足させる交通体系として，後に鉄道と自動車の競合関係が明確に浮上してくるが，第一次世界大戦前の初期モータリゼーションの時期については，その関係はどのようなものであったか。まずそれに関する代表的見解を紹介しておこう。

奥村宏・星川順一・松井和夫著『自動車工業』は，アメリカにおける初期モータリゼーションの急速な発展の一因として，「……地方鉄道網の未発達，大農場経営の急速な発展等の事情が迅速な個別的輸送手段の必要をつよめており[61]……」と，「地方鉄道網の未発達」も自動車普及を促進する一要因であったと指摘

している。

　他方，ドイツにおける初期モータリゼーションの遅滞に関して，イギリス人のオーヴァリ（R. J. Overy）は，次のように述べている。「二つの要因が自動車の採用を制限する傾向をもっていた。その第一は，ドイツの鉄道網の素晴らしさと密度であった。……それは良き競争的地位を維持しており，とくにドイツの道路が自動車にそれほど適していなかった限り，そうであった。第二は需要問題であった[62]」と。

　この双方の見解は，鉄道と自動車とを基本的に代替的関係——後には競争的関係になる——と考えており，鉄道網が未発達であれば，自動車交通が発展せざるをえず，逆の場合にはその必要はないという点で一致しており，ドイツの場合は後者ということになる。

　その後これとは異なる見解，ホラスのそれが現われた。彼は，「能率の良い，分化した交通制度は，本来，民間鉄道によって構築され，最後にはドイツ経済の強力な盛況をもたらしたものであったが，鉄道網の稠密化によって，自動車の普及のさらなる前提を創出した[63]」と述べている。この見解による，自動車は鉄道の補完的存在であり，稠密な鉄道網は，それへの接続を求めて，自動車による人員や貨物輸送を促進するものとされている。私たちは，鉄道が自動車輸送を促進するという側面をもっていたことも，また否定できない。

　では，モータリゼーション初期において，鉄道，とくに稠密な鉄道網は，基本的にいってそれに抑制的に作用したのか，それとも促進的に作用したのかを検証してみよう。そのため私たちは，表6-10によって，アメリカとヨーロッパの主要国の鉄道総延長距離とその密度を示しておこう。

　まずアメリカは，発達した工業とともに，その広大な国土によって，桁違いに長い鉄道路線をもちながらも，その領土面積の大きさ故に，鉄道網の密度は低かった。そして，それとほぼ同様に高い工業力をもっていたヨーロッパ3国での鉄道網密度は，フランス，ドイツ，イギリス（アイルランドを含む）の順で高くなっ

第6章 ドイツの初期モータリゼーション——その阻止要因と促進要因   541

表6-10 主要国の鉄道総延長距離と密度

単位：km

	1890		1906		1913	
	総延長距離	($100km^2$当たり)	総延長距離	($100km^2$当たり)	総延長距離	($100km^2$当たり)
アメリカ合衆国	268,409	(3.0)	361,579	(3.9)	410,918	(4.4)
イギリス [1]	32,297	(10.3)	37,107	(11.8)	37,717	(12.0)
フランス	36,895	(7.0)	47,142	(8.8)	51,188	(9.5)
ドイツ	42,869	(7.9)	57,376	(10.6)	63,730	(11.8)
ヨーロッパ・ロシア	30,957	(0.6)	56,670	(1.1)	62,198	(1.2)
イタリア	12,907	(4.4)	16,420	(5.7)	17,634	(6.1)
ベルギー	5,263	(17.8)	7,495	(25.4)	8,814	(29.9)

注　：1）アイルランドを含む
出典：1890、1906年に関しては、Statistisches Jahrbuch für das Deutsche Reich 1908, Internationale Übersicht, S. 41*f. 1913年に関しては、Statistisches Jahrbuch für das Deutehe Reich 1915, Internationale Übersicht, S. 46f.

ている。これをすでに示した前掲表6-4の自動車の1912年または1914年普及率の順位アメリカ，イギリス，フランス，ドイツと対応させると，イギリスの順位に特異性が表われている。すなわちイギリスは，もっとも稠密な鉄道網をもっていたにも拘らず，自動車の普及率では最後にこず，第2位にあったことである。これはモータリゼーションの進展にとってより規定的な国民の所得水準において，イギリスが古くからの発展した資本主義国として，また発達した帝国主義国として高い水準にあったことに起因するものと思われる。

　従って，この段階では，発達した工業国で有力な自動車工業をもつ限りの国々において，より規定的な要因としての国民の所得水準を別にすれば，鉄道網の密度と自動車の普及率は，いちおう逆比例的な関係にあったと言えよう。ティリー（Richard Tilly）もまた，この点ドイツについて，「国家はおそらく1914年以前には……鉄道へのその投資によって，この新たな交通潜在力（自動車交通のこと——大島）の発展を妨げた[64]」と述べている。ドイツに関して，鉄道網の伸長はそれを補完するバス路線の発達を促進するとしたホラスも，実は鉄道敷設

が収益性をもちえないバイエルンやバーデンの例をあげており，自己の主張のもつ矛盾に気付くべきであった。ホラスは，鉄道を「促進的施策」(fördende Maßnahmen) の一つとしているが，それはむしろ基本的には抑制的条件の一つであって，ただし副次的に促進要因となるものとして位置づけるべきであった。

第3節　初期モータリゼションの促進要因

ドイツでは，上記のごとき多くの阻止的または抑制的条件の存在にも拘らず，あるいはそれ故に，他の諸国と比較してゆっくりとモータリゼーションが進展した。その中で，乗用車，トラック，オートバイを含めて広義の自動車保有台数はともかくも，1902年の4738台から，1914年の9万3072へと，約20倍近く増大しており，その過程でこのモータリゼーションを促進した要因も幾つか存在していた。ここではそうした促進要因として，(1)道路建設，(2)公共交通機関（タクシー，バス）の進展，(3)軍用トラック補助金制度，の三つをとりあげておこう。

(1)道路建設

道路交通に在来の馬車に加えて，自動車が導入されるにつれ，舗装道路の必要性が生じ，それが拡延されることによって，自動車の普及，ひいてはその生産も促進されることは言うまでもない。

ドイツで自動車が最初に普及し始めた頃の道路状態は，全道路網の一部を形成するにすぎない「公道」(Chaussee) とか「国道」(Staats-〔Lands-〕straße) と呼ばれた人工的道路でさえも，基本的には32cmの深さを，下から3層にわたって砕石を大きなものから小さなものへと敷きつめ，最上層を砕石と土とで突き固めた，いわば簡易舗装道路といったものにすぎなかった[65]。そのため，自動車が，天気の良い日に通ると砂塵がまき起こり，雨や雪が降ると恐ろしくぬかる

み，とくに重い車輌が通過すると，道路は容易に破壊された。このような道路事情は，自動車の購入をためらわせ，その普及を妨げていた。

　この程度の構造をもった道路の建設は，まずいち早く市民革命を成就したイギリスや，強力な中央集権国家を築きあげたフランスでも，17世紀後半頃から始まり，18世紀に引続き行なわれていた。とくにフランスでは，19世紀初頭ナポレオン1世のもとで，軍事的観点から道路網の拡充と改修が精力的にすすめられ，それが後に19世紀末，同国における初期モータリゼーションの展開に有利に作用したと言われている[66]。

　他方，分裂していたドイツにおいては，このナポレオン1世が1806年に「ライン連邦」を組織した時，それに編入されたバーデンやヴュルテンベルクにおいて，道路建設はフランスの軍事政策の一環として，遅ればせながら始められた。しかし19世紀中葉から後半にかけては，全般的に鉄道建設が優先され，道路建設は等閑視される傾向があった[67]。

　こうしてドイツにおいて，再び道路建設に努力が傾けられるのは，1871年のドイツ統一後，とくに自動車が普及しだした20世紀初頭，コンクリートやアスファルトによる新舗装技術が開発されてからであった。「キーゼリング方式」(Kieseling) と呼ばれるコンクリート舗装技術で，最初にベルリン，フランクフルト・アム・マイン，ハンブルクにおいてごく短距離，道路建設がなされたのが，1899年のことであった[68]。しかしコンクリート舗装はその後主流とはならず，タール，天然瀝青によるアスファルト舗装が圧倒的な比重を占めるようになる。それは，1903年プロイセンのライン州で400mが舗装されたのが始まりであるが，1909年にはヴュルテンベルクにおいて，邦費で34kmが，また同年ベルリンにおける2車線の「自動車運転道路」(Avus) 9.3kmが舗装された。後者は，1914年7月末には，約20kmに達している[69]。

　ドイツにおける第二帝政期の道路建設は，プロイセンでは上記のごとき技術的進歩をともないながら，次のように進捗した。その「人工道路」(Kunststraße)

の総延長距離は，1876年約6万5000kmであったが，1895年には約8万5000km，1913年には約14万kmとなり，とくに自動車が導入・普及され始めた1895年以降の伸びが顕著である[70]。

　その建設費用は巨額にのぼった。1913/14財政年度に限って，それを帝国全体でみると，約6億マルクであり，陸軍予算と対比して約76％，全軍事予算と較べても約56％に達していた[71]。また前述した自動車税──それは奢侈税であって，道路建設のための目的税ではなかったが──の1913年の収入が，約480万マルク（前掲表6-8参照）であったから，その頃の第二帝政は，自動車税収入の実に125倍の費用を，道路建設に投入していたことになる。この道路建設が，ドイツのこの時期のモータリゼーションの促進要因となったことは否定できない。

(2) 公共自動車交通の発展

　ドイツにおける初期モータリゼーションを促進したもう一つの要因は，前掲表6-3の人員輸送車の使用目的別内訳からも窺えるように，タクシー及びバスという形態での公共交通機関の普及である。

　第二帝政末期（19世紀末・20世紀初頭）における，重化学工業化をともなったドイツの独占資本主義への移行は，全国的鉄道網のいちおうの完成と，1890年から1910年にかけて人口20万以上の都市が8都市から23都市になるという大商工業都市の成立をもたらした[72]。1910年には，ベルリンの人口は207.1万人となり，それを先頭に人口50万人以上の都市は，ハンブルク，ミュンヘン，ライプチヒ，ドレースデン，ケルン，ブレスラウと6都市を数えた。そのことによって，大都市内，都市とその近郊，鉄道駅への連絡，といった近距離交通（Nahverkehr）需要をよび起こした。それはさしあたりは，辻馬車，乗合馬車，馬車鉄道，1881年以降は市内電車などによって充足されていった[73]。

タクシーの普及　このような近距離交通需要の増大は，自動車，乗用車の発明と製造とともに，一つはタクシーの導入をもたらした。

第6章　ドイツの初期モータリゼーション――その阻止要因と促進要因

大都会では辻馬車 (Pferdedroschke) が普及していた所では，それが「辻自動車」(Motordroschke, Kraftdroschke, Taxamater-Droschke) にとって代わられていくのは，自然のなり行きであった。

　ドイツにおけるタクシーの導入は，ダイムラー社が1896年，シュトゥットガルトに「ダイムラー自動車馬車業」(Daimler Motorwagen Kutscherei) を設立したのに始まる[74]。ベルリンにおいても1899年，自動車によるタクシー営業が認可され，その大部分はガソリン自動車であったが，ごく一部は電気自動車であった[75]。そのベルリンで，1906年，約1600台の自動車が運行しており，そのうち550台はオートバイであったが，すでに512台のタクシーが，従って四輪車の半数近くがタクシーであったことに注目すべきである。そのタクシーのうち385台がガソリン車で，127台が電気自動車であった[76]。こうして，1914年のドイツ全土において，人員輸送車の8.8%，7451台（表6-3参照）のタクシーが運行するようになっていた。

　バスの普及　　このような近距離の交通需要，後には相当長距離の交通需要として用いられるのが，バスである。その導入と普及は次のように段階を追って進行した。

　その導入の試みは，すでに本書第4章第1節で述べた通り，すでに1890年代から始まっていた。1895年12月設立の「ネットフェン・バス会社」による，ジーゲン＝ネットフェン＝ドイツ間のベンツ車による路線営業は，冬期運行の困難さのために，開業後8ヵ月で中止されている。またダイムラー社が，別会社として1898年春に設立した「キュンツェルスアウ＝メルゲントハイム自動車運行有限会社」も，坂道での運行困難のため，翌99年7月には休止している。さらに1899年，シュパイエルとその近郊で開業された4路線のバス運行も，数年後に放棄された[77]。このように，19世紀末に始められた先駆的試みは，バスの出力と性能不足のためにいずれも挫折し，結局バス運行が定着していくのは，20世紀を待たねばならなかった。

20世紀の幕開けとともに、1901年バイエルンの郵政官吏シェツェル（Georg Schätzel）——後に帝国郵政大臣になる——は、その覚え書のなかで、公共交通の一環としての自動車による郵便物輸送の必要性を主張し、1904年にも『自動車郵便の利用』という冊子を発表した[78]。

新世紀になって、本格的なバス運行の嚆矢となったのは、中部ドイツ・ブラウンシュヴァイクのトラック・メーカー、ビュッシング社が、1904年6月、ブラウンシュヴァイク＝ヴェンデブルク間15kmに、9停留所を設けてその間20分で行なった定期運行である[79]。それはその後、路線の拡大がなされ、領邦と帝国の両郵政省と提携して、人員だけでなく郵便物も運搬するようになる。そしてこのバス営業は、第一次世界大戦まで続いた[80]。

このような邦内バス運行は、ドイツではとくに鉄道網が希薄なバイエルンやチューリンゲンで盛んに行なわれるようになった。例えばバイエルンでは、郵政省によって1905年6月1日にテルツ＝ラングリース（Tölz = Langgries）間で運行が始まるが、1906年には3路線32km、1907年には32路線672km、1914年には124路線2693kmにも拡大し、その投入バス数も1913年には252台に及んでいる[81]。

このような邦国内バス運行は、やがて拡延していき、邦際間路線（Überlandlinien）にまで発展していった。まず1909年にバイエルンとヴュルテンベルク間で、次いで1912年にはバイエルンとチューリンゲン間で開かれた[82]。そして1914年にはその路線数が、全国で367、その延長距離は約6800kmにまで増大している。もちろんその延長距離は、鉄道の約7万2000kmに較べれば、その10％にも足りないものであったが、ドイツではすでに第一次世界大戦前に、長距離バス運行も、一定程度、定着していたことに注目すべきである。

ところで、この邦際間バス路線の経営主体を明らかにしておくことには意義がある。1914年の全ドイツにおいて、経営主体別路線数は、郵政省143、国鉄5、市町村22、個人企業・合名会社69、株式会社8、有限会社104、共同組合16となっ

第6章 ドイツの初期モータリゼーション——その阻止要因と促進要因　　547

ていた[83]。これは,経営主体のなかで,総路線数の約46%,路線距離の49.6%が郵政省,国鉄,自治体といった広義の国家機関によって運営されていたことを示しており,ドイツにおける初期モータリゼーションの時期に,鉄道の場合と同様,国家による「上から」の促進的施策が存在したことを物語るものである。

ところで,ここで非常に興味を抱かせるのは,この1914年の邦際バス路線に投入されていた車輛数とその製造企業名が判明していることである[84]。まず投入バス総数577台中,国内企業製が563台 (97.6%),外国製が14台 (2.4%) となっていた。そのうち国内製では,ダイムラー社・マリーエンフェルデ工場製250台 (43.3%),ベンツ社・ガッケナウ工場製105台 (18.2%),ザウラー社製51台 (8.8%),新自動車会社 (NAG) 製29台 (5.0%),エーアハルト社製23台 (4.0%),などが上位を占めていた。反面,わずかな外国製のなかには,フランスのベルリエ社製7台 (1.2%),プジョー社製3台 (0.5%) が目立つ程度で,他にはドゥ・ディオン-ブートン社,ドゥ・デートリッシュ社,ドゥラーエ社が各1台ずつと,アメリカのスチュードベーカー社がわずかに1台姿を現わしていたにすぎなかった。

すなわち,ドイツの邦際間バス路線でのバス供給に関する限り,ドイツのメーカーが完全にそれを支配しており,その市場の半ばはまた国家機関により創出されたものであった。ここに第二帝政下における特殊ドイツ的な資本主義の構造が,その片鱗をあらわしていると言えよう。

(3)軍用トラックの補助金制度

自動車の軍事的利用　　自動車を軍事的に用いることは,すでに蒸気自動車の時代から始まっていた。たとえば,馬匹を補うために,1851〜56年のクリミア戦争,1870〜71年の普仏戦争,1878〜79年の露土戦争,1899〜1901年の南アフリカ戦争などにおいて,大砲を牽引するために蒸気牽引車が使用された[85]。では,ガソリン車の軍事的利用はいつ頃から始まったので

あろうか。それは，1904〜05年の日露戦争からであったと言われている[86]。

　第一次世界大戦では，協商国，同盟国側の双方で，本格的に自動車が投入された。ドイツ軍は，1914年の開戦時に約4000台の車を動員した[87]。そのためドイツは，それまでにどのような準備をし，またそれが自動車工業にどの程度の作用をもたらしたであろうか。

　この軍隊の機動化においても，モータリゼーションの先進国フランスが先行していた。同国では，1896年から1898年にかけて，東部の鉄道連絡の劣悪な地方への，自動車による軍隊輸送の必要性について議論されている。それに対して，ドイツでは，少し遅れて1899年，プロイセン陸軍省が10万マルクの予算措置をとり，軍事的利用が可能か否かの実験をするため，7台のトラックを購入することを決定した[88]。早くも同年の皇帝観閲演習において，ダイムラー社製のトラックが登場していたことは，すでに第4章第1節で触れたところである。

　1902年にはプロイセンで，軍用車の技術的要件が決定され，同年秋の演習では，それを充たす自家用車をもつ者は，それを持参して参加すること，その代わりその者には演習期間を8週間から2週間に軽減する措置がとられた[89]。すなわちこれは，民間車の陸軍への動員体制の始まりである。1905年には義勇兵による皇帝自動車隊が，後には同様のオートバイ隊が編成された。

　このようにドイツでも，自動車の軍事的価値が次第に認められるようになったが，それはどのように論じられていたか。1906年の「ヴォッヘ」（Woche）誌では，乗用車は，司令官・高級将校の戦況把握のための戦線視察用，兵隊輸送用，軍医支援用として，またトラックは，輜重用として，そして特殊車は，パン焼車，薬局車，投光車，無線ステーション車，等として利用されると主張されている[90]。

軍用トラック補助金制度　こうして帝国議会では，所定の技術的要件を充足したトラックを民間業者が購入する場合の補助金が，1908財政年度については80万マルク，1909年財政年度については100万マルクが承認された[91]。その補助金の交付条件は，(1)トラックの馬力数が60馬力

またはそれ以上であること, (2)5年間, 軍隊利用に耐えられるよう良好な保守がなされること, (3)有事の際にはいつでも徴発されうること, (4)ガソリン不足に備えて, 燃料としてベンゾール——国内のコールタールから採取される——も使用可能, といったものであった[92]。

もしこれらの要件が充足されれば, 購入者または購入企業——例えば運送会社——には, 初年度, 購入費補助金として4000マルク, 2年度から5年度の4年間, 毎年維持費補助として1000マルクが支給されることになった[93]。そもそも現在の形態とは随分異なる, 平時は民間の所有と利用, 戦時には軍隊への徴発という制度が, 補助金という手段によって生まれた理由は, (1)これによって軍事予算を節約しながら, しかも相当数の軍用トラックの確保が可能になる, また(2)技術的進歩の早い自動車において, その道徳的 (＝経済的) 摩損をを避けることができるためであった[94]。

こうして多数のトラック・メーカーが名乗りをあげ, 陸軍主催の試走会にも参加し, その結果1908財政年度の第1次入札において, 次のように受注された。ダイムラー社59台, ビュッシング社44台, ベンツ社20台, NAG社25台, シャイプラー社6台, シューヴァー社4台の合計158台である。同財政年度中に引続き, デュルコップ, アイゼナッハ, ナッケ, 北ドイツ, ボーデウスの各社も受注し, 結局1908財政年度に受注したメーカーは11社, 合計180台となった。それは, 1909年(暦年)のトラック——バス, シャシーを含む——の生産台数636台の約28％に及んでいる[95]。

補助金制度の効果　　1909/10財政年度の補助金総額が100万マルクであったが, その実施内容は, 今のところ分かっていない。また, それ以後の補助金額, 受注メーカーやその台数も, 今のところ不明である。ただしホラスは, 補助金トラックの総数が, 1912年には810台に達していたという数字をあげている[96]。これは, 同年のトラック保有総数5392台の約15％に相当した。またクルークとリングナウは, 1914年, ドイツの補助トラックを約5000台

としている[97]。それは同年のトラック保有総数9639台の50％以上にあたる。この1912年と1914年比率は，かならずしも整合しているとは言えず，後者の比率が高すぎるように見える。しかしいずれにせよ，補助金トラックが，トラック総保有数のなかで，かなりの割合を占めていたことは間違いないであろう。

そのためこれまでの諸研究は，概ねこの軍用トラック補助金制度がドイツの当時のトラック生産，ひいては自動車工業の発展に寄与したものと評価してきた。例えばクラッパーは，「……その補助金は，ドイツ自動車工業にとって，トラック部門のさらなる発展への力強い刺激となることを意味している[98]」と述べている。

しかし近年になって，ホラスはそれに疑問を投げかけている。彼は，ダイムラー社における1913年の監査役会での1人の発言，補助金トラックの受注数が少ない割には，軍の技術的要求が厳しく，一般購入者は軍用型を好まない，との発言を引用して，「結局，トラックの補助金は，製造上の要請に合わせねばならないメーカーの負担となり，そのうえ市場に対する特別の刺激とはならず，1914年までの購入意欲の低さは，そのことを示している[99]」と，この制度の効果をきわめて限定的にみようとしている。

たしかに，もし当時のドイツにおける自動車の市場構造が，民需を中心に急成長するようなアメリカ型であったならば，限られた軍用トラックの発注では，ホラスの指摘も妥当する点がある。因みに1909年のトラック・バスの生産台数は，ドイツが636台，アメリカは3297台であった。しかし第二帝政下の特殊ドイツ的な経済構造のもと，1898年の艦隊法，1900年のその第1次改正法，1906年のその第2次改正法，1908年のその第3次改正法にわたる艦隊法等が象徴的に示すように[100]，民需の不足を軍需が代位せねばならない国内市場構造が存在する限り，この軍用トラック補助金制度は，ドイツのトラック生産に重要な役割を演じたと言わねばならない。1909年にはトラックの生産台数636台中，180台（約28％）もがそれによって占められていたのである。

第6章 ドイツの初期モータリゼーション——その阻止要因と促進要因

注

1) Vgl. Peter Kirchberg, Die Motorisierung des Straßenverkehrs in Deutschland von den Anfängen bis zum Zweiten Weltkrieg, in: Harry Niemann/Armin Hermann (Hrsg.), Die Entwicklung der Motorisierung im Deutschen Reich und den Nachfolgestaaten, Stuttgart 1995, S.11. ここでは,1911年の保有台数に関して,乗用車は3万2894台,トラックは4206台,オートバイは2万669台となっている。

2) Werner Oswald, Deutsche Autos, 1920-1945 Alle deutschen Personenwagen der damaligen Zeit (9. Aufl.), Stuttgart 1990, S. 68; Hans-Heinrich von Fersen, Autos in Deutschland 1885-1920, Eine Typen-Geschichte (4. Aufl.), Stuttgart 1982, S. 96; vgl. Peter Schneider, NSU 1873-1984 Von Hochrad zum Automobil (2. Aufl.), Stuttgart 1988, S. 21-27.

3) Vgl. Kraftfahzeuge im Deutschen Reich, in: Vierteljahrshefte zur Statistik des Deutschen Reichs (Hrsg. vom Kaiserlichen Statistischen Amte), 23. Jhrg. 1914, 1, Heft, I. 257.

4) Ebenda.

5) 拙稿,「両大戦間期のドイツ自動車工業(2)——とくにナチス期のモータリゼーションについて——」,愛知大学『経済論集』第127号(1991年12月),122-128ページ,参照。

6) Vgl. Kirchberg, a.a.O., S. 13f. 著者の「レジャー・スポーツ的」と「事業所的・営業的」の区分を,Kirchbergは,「消費的」,「生産的」と区分している。キルヒベルクの「生産的」という概念は,「事業所的・営業的」の内容を広義で反映しているが,「レジャー・スポーツ的」を「消費的」と称する場合,1920年代にアメリカで,第二次大戦後,ヨーロッパや日本で発生した「個人的・大衆的」との区別が曖昧になるので,著者はこの概念を採らなかった。

7) Ebenda, S. 17.

8) Vgl. Graf von Seherr-Thoss, Zwei Männer-Ein Stern, Gottlieb Daimler und Karl Benz in Bildern, Daten und Dokumenten, Teil II, Düsseldorf 1986, S. 138-140.

9) Ebenda, S. 110.

10) Gerhard Horras, Die Entwicklung des deutschen Automobilmarktes bis 1914, München 1932, S. 296

11) Martin Isaac, Das Reichsgesetz über den Verkehr mit Kraftfahrzeugen vom 3. Mai 1909, Berlin 1910, S. 1.

12) Horras, a.a.O., S. 300.

13) Isaac, a.a.O., S. 2f.
14) Horras, a.a.O., S. 297.
15) Hans Fründt, Das Automobil und die Automobil-Industrie in Deutschland (Diss.), Neustrelitz 1911, S. 67f.
16) Isaac, a.a.O., S. 5.
17) H. C. Graf von Seherr-Thoss, Die deutsche Automobilindustrie Eine Dokumentation von 1886 bis heute, Stuttgart 1974, S. 74.
18) 中村静治著,『現代自動車工業論―現代資本主義分析のひとこま』, 有斐閣1983年, 176ページ。
19) 奥村宏/星川順一/松井和夫著,『自動車工業』(第8刷), 東洋経済新報社1968年, 5-6ページ。
20) Vgl. Walter G. Hoffmann (Hrsg.), Das Wachstum der deutschen Wirtschaft seit der Mitte des 19. Jahrhunderts, Berlin/Heidelberg/New York 1965, S. 33.
21) Hans-Ulrich Wehler, Deutsche Gesellschaftsgeschichte 1849-1914, München 1995, S. 845f.
22) Ebenda, S. 846.
23) Ebenda. ハンス=ウルリヒ・ヴェーラー著, 大野英二/肥前榮一訳,『ドイツ帝国1871―1918年』, 未来社1983年, 218ページ, 参照。この「分配の不平等性」とその「固定性」は, プロイセン・ザクセン王国及び全ドイツに関する分位別分配率を用いた統計学的研究によっても裏づけられている (ペーター・フローラ編, 竹岡敬温監訳,『ヨーロッパ歴史統計 国家・経済・社会 1815-1975』下 (第2刷), 原書房1988年, 652-654ページ, 参照)。
24) Werner Oswald, Mercedes-Benz Personenwagen 1886-1986 (5 Aufl.), Stuttgart 1991, S. 127 u. 130.
25) Vgl., Ebenda, S. 35-57.
26) von Fersen, a.a.O., S. 298, 300 u. 305.
27) Ebenda, S. 17f., 19 u. 20.
28) Seherr-Thoss, Die deutsche Automobilindustrie……a.a.O., S. 49.
29) von Fersen, a.a.O., S. 385.
30) Horst Handke, Zur Rolle der Volkswagenpläne bei faschistischen Kriegsvorbereitung, in: Jahrbuch für Wirtschaftsgeschichte, 1962/I, S. 63. ; 前掲拙稿53ページ。
31) Hoffmann, a.a.O., S. 420f.

32) Ebenda, S. 286f.
33) Nicolae Tabacovici, Die Statistik der Einkommenverteilung mit besonderer Rücksicht auf das Königreich Sachsen, Leipzig 1913, S. 40f. Tabellen und graphische Darstellung Tabelle Ia Königreich にもとづいて, 著者計算。
34) Ebenda, S. 2.
35) Horras, a.a.O., S. 302.
36) Johannes A. Stölzle, Staat und Automobilindustrie in Deutschland (Diss.), o. O. 1959, S. 8.
37) Karl Raetz, Die Besteuerung der Kraftfahrzeuge in Deutschland und ihre Wirkungen (Diss.), Köln 1933, S. 1. 公道金, 1回の使用料, 乗用車, ゴム・タイヤ, 5席以上 20Pfg., 4席以下 10Pfg., 非ゴム・タイヤ, 5席以上 30Pfg., 4席以下 15Pfg.。トラック, ゴム・タイヤ, 積載状態 20Pfg., 空状態 10Pfg., 非ゴム・タイヤ積載状態 30Pfg., 空状態 15Pfg.。
38) Stölzle, a.a.O., S. 9; Raetz, a.a.O., S.2. ドイツでは, 1906年の帝国印紙税法による乗用車に対する自動車税が導入されて以後は, 第一次大戦中の1917年4月8日に, 「輸送税法」によってトラックにも課税されるようになるが, 乗用車に関しては, 1922年4月22日の「自動車に関する特別税」によって, 従来の「奢侈税」の要素にようやく道路改良のための目的税の性格が加わった。
39) ヴェラー前掲訳書, 209-215ページ, 参照。武田隆夫編, 『経済学大系4』, 帝国主義論 上, 東大出版会 1961年, 282ページ。当時, 大蔵大臣シュテンゲルは, 帝国財政の赤字補填, 海陸軍予算の増大のための必要経費を2.56億マルクと見積もり, 麦芽税, タバコ税の引き上げの他, 紙巻タバコ税, 鉄道切符税, 等, 一連の新税を設けようとしたが, その新税の一環としてこの自動車税を提案した。
40) Stölzle, a.a.O., S. 11.
41) Raetz, a.a.O., S. 3; Horras, a.a.O., S. 303. この公式には回転数が計算要素として算入されていなかったため, 自動車メーカーはその後, 回転数を引き上げることによって馬力向上をはかり, 課税額を抑えようとした。
42) Raetz, a.a.O., S. 3.
43) Paul Siebert, Karl Benz, Ein Pionier der Verkehrsmotorisierung, München/Berlin 1943, S. 264.
44) Fründt, a.a.O., S. 63.
45) Vgl. Horras, a.a.O., S. 245-246. MMV は1897年に設立, 自動車メーカー, 部品供給業者, ユーザーからなっていた。会員数は1906年1000人以上, 1907年1344人。

VDMIは1901年に設立, 自動車メーカーと販売業者の団体。自動車業界のプレッシャー・グループであり, その設立と発展は, ドイツ自動車工業の萌芽的成立に始まり, その本格的確立を表現している。

46) Vgl. ebenda, S. 303f.
47) 村瀬興雄著,『ドイツ現代史』(第10版), 東大出版会1982年, 334-335ページ, 参照。男子普通選挙制にもとづく当時の帝国議会では, 1907年の選挙の結果, 総数397議席中, 主な政党は, 次のような議席を占めていた。保守党60, 帝国党24, 国民自由党54, 中央党105, 社会民主党43。当時の保守党, 国民自由党, 等をまとめた「結集政策」に対抗する社会民主党の通商政策とその帝国議会議員団の主張に関しては, 保住敏彦著,『ドイツ社会主義の政治経済思想』, 法律文化社1993年, 第1章, とくに9-10ページ, 参照。
48) Wolfgang Speerschneider, Die Entwicklung der deutschen Automobilindustrie und ihre Beziehungen zur Automobilversicherung (Diss.), Tübingen 1937, S. 43-46.
49) Vgl. Die Kraftfahrzeug=Unfallstatistik, in: Vierteljahrshefte zur Statistik des Deutschen Reichs 1914, 1. Heft, a.a.O., S. I. 263.
50) Hellmuth Geyer, Die Haftpflicht des Kraftfahrzeughalters im deutschen Reichsrecht (Diss.), Merseburg 1914, S. 2.
51) Ebenda.
52) Isaac. a.a.O., S. 1f.
53) Ebenda, S. 7.
54) Geyer. a.a.O., S. 15f.; Speerschneider, a.a.O., S. 43f.
55) 自動車損害賠償保障法, 判例六法編修委員会編,『コンサイス六法』(昭和62年版), 三省堂516-530ページ, 参照。
56) Isaac, a.a.O., S. 35.
57) Hoffmann, a.a.O., S. 470 u. 486.
58) Speerschneider, a.a.O., S. 49f.
59) Horras, a.a.O., S. 307f.
60) Ebenda, S. 309.
61) 奥村宏/星川順一/松井和夫, 前掲書, 5ページ。
62) R. J. Overy, Cars, Roads, and Economic Recovery in Gemany, 1932-8, in: The Economic History Review, 28-3, 1975, S. 470.
63) Horras, a.a.O., S. 321.

64) Richard Tilly, Verkehrs-und Nachrichtenwesen, Handel, Geld-, Kredit-, und Versicherungswesen 1850-1914, in: Hermann Aubin/Wolfgang Zorn (Hrsg.), Handbuch der deutschen Wirtschafts-und Sozialgeschichte, Stuttgart 1976, S. 576.
65) Konrad von Kirchbach, Die Entwicklung des Straßenbaus und des Straßennetzes im Deutschen Reich und den Nachfolgestaaten, in: H. Niemann/A. Hermann (Hrsg.), a.a.O., S. 79.
66) Horras, a.a.O., S. 312f.
67) von Kirchbach, a.a.O., S. 77f.
68) Seherr-Thoss, Die deutsche Automobilindustrie……a.a.O., S. 31.
69) Ebenda, S. 31f. u. 75.
70) Horras, a.a.O., S. 313.
71) Ebenda.
72) A. Sartorius von Waltershausen, Deutsche Wirtschaftsgeschichte 1815-1914 (2. Aufl.), Jena 1923, S.599-601. フローラ前掲訳書, 『ヨーロッパ歴史統計　国家・経済・社会 1815-1975』, 263-264ページ, 参照。
73) Hans Pohl, Die Entwicklung des Omnibusverkehrs in Deutschland bis zum Ersten Weltkrieg, in: H. Niemann/A. Hermann (Hrsg.), Die Entwicklung der Motorisierung……a.a.O., S. 40. ドイツでの辻馬車普及は1820年代央から始まり, 乗合馬車は, 1840年代央より, ベルリン, ハンブルグ等の大都市で開始され, 1870年頃のベルリンでは, 36路線, 122台の乗合馬車が運行し, そのような営業は, ブレスラウ, ドレースデン, ハノーファーへと広がっていった。
74) Seherr-Thoss, Die deutsche Automobilindustrie……a.a.O., S. 30.
75) Ebenda, S. 39.
76) Ebenda, S. 71.
77) Pohl, a.a.O., S. 45.
78) Seherr-Thoss, Die deutsche Automobilindustrie……a.a.O., S. 31.
79) Automobilwerke H. Büssing A.-G. (Hrsg.), Heinrich Büssing und sein Werk, Braunschweig 1927, S. 6-8; Pohl, a.a.O., S. 45.
80) Ebenda.
81) Vgl. ebenda, S. 47, Der Kraftwagen-Personenverkehr der deutschen Reichspost, in: Wirtschaft und Statistik 3. Jhrg, Nr 1, 1923, S. 8.
82) Seherr-Thoss, Die deutsche Automobilindustrie……a.a.O., S. 73.

83) Vgl. Anzahl und Länge der Überlandlinien in Deutschland 1914, Pohl, a.a.O., S. 54f.
84) Ebenda, S. 56.
85) Fründt, a.a.O., S. 16f.
86) Ebenda, S. 17; 日本自動車工業会編, 『日本自動車産業史』, 日本自動車工業会 1985 年, 11 ページ。
87) Werner Oswald, Kraftfahrzeuge und Panzer der Reichswehr, Wehrmacht und Bundeswehr (14. Aufl.), Stuttgart 1992, S. 13.
88) Horras, a.a.O., S. 316.
89) Ebenda.
90) Fründt, a.a.O., S. 15f.
91) Edmund Klapper, Die Entwicklung der deutschen Automobil-Industrie (Diss.), Berlin 1910, S. 76f.
92) Ebenda, S. 77.
93) Horras, a. a. O., S. 319; Dr. Kreuzkam, Die internationale Automobilindustrie, Jahrbuch für Nationalökonomie und Statistik, III Folge, 39. Bd., Jena 1910, S. 805.
94) Horras, a.a.O., S. 318.
95) Reichsverband der Automobilindustrie (Hrsg.), Tatsachen und Zahlen aus Kraftfahzeug-Industrie 1927, S. 12. トラック (バス・特殊車を含む) の生産台数は 1908 年 415 台, 1909 年 636 台, 1910 年 790 台。
96) Horras, a. a. O., S. 318.
97) Max Kruk /Gerold Lingnau, 100 Jahre Daimler-Benz Das Unternehmen, Mainz 1986, S. 57.
98) Klapper, a. a. O., S. 78; vgl. Kreuzkam, a. a. O., S. 806.
99) Horras, a. a. O., S. 320.
100) ヴェーラー前掲訳書, 240-248 ページ, 参照。

終章——むすびに代えて

　本書は,これまで,1885/86年頃から第一次世界大戦前の1913/14年にいたるドイツ自動車工業の成立過程を,第1篇の序章,第1,第2,第3章においては,おもに技術史的に,後篇の第4,第5,第6章においては,おもに企業史ならびに産業史的に考察してきた。そして第2篇においては,ドイツ自動車工業の成立過程を,萌芽的成立期(1885/86〜1901/02年)と,本格的成立期(1901/02〜1913/14年)とに段階区分し,分析している。

　この終章において,私たちは,このいささか長くなった本研究において,新たに認識できたと思われる諸点について,——それらはしばしば章を超えて叙述されているため——最後にまとめ,むすびに代えたい。

　まず第1点は,1880年代,ドイツが英・米・仏に較べて,なお後進資本主義的性格を残していたにもかかわらず,なぜガソリン自動車発明の母国になりえたのかという問題である。それについて本書は「第2章　ドイツ自動車工業成立の歴史的背景」の「第1節　第二帝政期の経済・社会構造,経済発展・景気変動」,および「第3節　N・オットーによるガス・エンジンの開発」において,ならびに「第4章　自動車工業の萌芽的成立期」(1885/86〜1901/02年)の「第5節　ドイツ自動車工業の早期的成立の要因」において,各側面から立ち入っている。

まず,自動車の最重要機能ユニットとなる内燃機関は,一つは当時,特殊ドイツ的産業構造のなかで,「大不況」(1873～1894年) に苦しむ中小零細企業のための原動機として開発されたことを出発点としていた。特殊ドイツ的産業構造とは,農業における,東エルベにおいて「上から」資本主義化したユンカー的大経営と,西エルベにおいて,高額貨幣償却方式の形での有償廃止によって創出された小農・零細農経営を基底に,工業において,国家によって支援された鉄道建設を主導部門として,これまたいわば「上から」創出された石炭業・製鉄業の大企業のもと,機械工業,製材・木工業,繊維工業,食料品工業,醸造業,印刷業,等々の広汎な工業分野に,多数の中小零細企業が蝟集(いしゅう)している状態を指している。これらの中小零細企業は,自ら分解しつつ,その上層は,大型で高価であったが故に導入出来なかった蒸気機関に代わって,より小型で安価な原動機を求めており,それが最初はガス・エンジン,ついでガソリン・エンジンとなって実現されたのである。

その経過は,N・A・オットーによる1867年の大気圧ガス・エンジンの発明を前提とした,1876年の4サイクル大型ガス・エンジンとなってまず出現した。そしてそれを直接継承したのが,G・ダイムラーとW・マイバッハによる1883年の4サイクル小型ガソリン・エンジンの発明である。そしてそれとは別系列で,K・ベンツは,1879年2サイクル・ガス・エンジンを,さらに1884年には4サイクル小型ガスまたはガソリン・エンジンを開発したのである。

本研究は,特殊ドイツ的産業構造のもとで「大不況」に苦しむこの中小零細企業が生み出す新原動機需要が,小型,高速内燃機関発明の経済的背景となっていたことを強調しており,それは,とくに1895年のバーデン大公国の産業統計の分析を通じて,確認されたものと考えている。

そして自動車自身は,すでにイギリス,アメリカ,フランスにおいて蒸気自動車あるいは電気自動車としてある程度普及していたため,決して珍しい存在ではなかった。こうしてドイツにおいて,車輛に搭載可能な小型,軽量・高速回転

終章――むすびに代えて　559

のガソリン・エンジンが発明され，それが自転車や四輪の馬車に組み付けられれば，それがダイムラー，とくにマイバッハによる1885年のオートバイ，1886/87年の四輪の馬車自動車，ベンツによる1886年の三輪自動車といった形で，ガソリン自動車の誕生となったのである。

　また，ドイツにおける内燃機関の早期的発明のもう一つの要因として，当時の工学の高等教育機関，工業専門学校における研究と教育が指摘されねばならない。英・米・仏の各国と較べて，遅れて資本主義化したドイツでは，西ヨーロッパの技術水準にキャッチ・アップする目的をもって，19世紀の20年代から70年代にかけて，各地に9つの総合工業専門学校が創立された。そしてそこには，1850・60年代になって，熱効率の非常に悪い蒸気機関に代わる，次世代の熱機関，内燃機関の開発の必要性を説く優れた教授たちが教鞭をとっていた。

　ダイムラーは，そのような工専の一つ，シュトゥットガルト工業専門学校に1857年から59年にかけて2年間，特待生として機械工学を学んだ。しかし内燃機関に関する先駆的な研究をしていたのは，カールスルーエ工業専門学校であり，ベンツはそこで，1860年から64年にかけて，F・レッテンバッハーやF・グラスホーフといった教授から薫陶を受けた。ダイムラーもまた，カールスルーエ機械製造会社の工場長時代（1869～71年），同専門学校に出入りして，グラスホーフから助言を受けている。

　第2点として，本研究が明らかにできたと思う点は，ダイムラーとマイバッハの複雑な関係を総合的に解明できたことと，それとの関連で小型エンジンと自動車の発明者の栄誉は，ダイムラーよりもむしろマイバッハに与えられるべきだとしたことである。これらについて，本書は，「第3章　パイオニアたちの開発活動」の「第2節　G・ダイムラーとW・マイバッハ」のなかの「ダイムラーとマイバッハの関係」，および「第4章　自動車工業の萌芽的成立期（1885/86年～1901/02年）」の「第1節　ダイムラー，ベンツ両先発企業の成立過程」，「(1)ダイムラー企業の成立・分裂・統一・発展」のなかの「ダイムラーが特許権者

となる理由」で分析している。

　著者は従来の諸研究を批判的に検討し，またフリートリヒスハーフェンのMTU社にあるマイバッハ文書館で発掘した1872年, 1882年, 1895年のダイムラーとマイバッハの間に交わされた3通の任用契約書を翻訳し，分析し，さらに当時のドイツ特許法の性格を究明することによって，ダイムラーとマイバッハの関係を次のように整理するようになっている。

　すなわち，両者の間は，(1)ダイムラーが誇り高い傲慢ともいえる技師的企業家であった反面，マイバッハは天才的ではあったが，非常に控えめな性格の技術者であったこと，にもかかわらず，(2)両者の経歴から，ダイムラーが師，マイバッハが弟子という師弟関係が存在していたこと，そして，(3)ダイムラーとマイバッハの間には，1895年までは，つねに雇傭者＝被雇傭者の関係が，それも上司＝部下の関係があったこと，さらに，(4)当時のドイツが，西ヨーロッパ諸国に対する技術的な遅れを取り戻すため，その特許法を「発明者原理」ではなく，発明者の名前さえも記載する必要のない「出願者原理」にもとづいて構成しており，その結果，実際にはマイバッハの発明であっても，上記(1)(2)(3)のなかで，ダイムラーが特許権者となる関係にあったことである。

　そのためこれまで，最初の小型エンジンやオートバイの発明者に関して，わが国のみならずドイツにおいても，百科事典やP・ジーベルツに代表される研究は，それはダイムラーであって，マイバッハは協力者にすぎなかったという見解が通説となっていた。しかし本書では，F・ザスの極めて科学的な研究に導かれて，1883年の小型ガソリン・エンジンの開発に際して，ダイムラーが寄与したのはその吸・排気バルブを作動させる「変形円盤カム装置」にすぎず，その考案に困難を極めた点火装置，「熱管点火」を含めて，エンジン機構全体は，基本的にマイバッハが製作したものであり，また1885年のオートバイの製作も彼の創作によって完成したものであるとの考えを主張している。

　かつて，1897年にディーゼル・エンジンを発明したかのルードルフ・ディーゼ

ルは,発明にあたってアイディアは重要であるが,それだけでは完成しないと述べたことがある。また特許法に関するわが国の研究者,中山信弘氏も,「また,発明者とは,当該発明の創作行為に現実に加担した者だけを指し,単なる補助者,助言者,資金の提供者,あるいは命令を下した者は,発明者とはならない。」(『工業所有権法』上,弘文堂,1994年,67ページ)と述べている。

確かにダイムラーは,エンジンに関する深い工学的知識を有し,またなによりも,多くの交通手段をモータリゼーションできるという鋭い洞察力をもっていた。その視点から彼は,マイバッハにアイデアや助言を与え,開発資金を用意し,設備を整え,命令を下し,特許権者となった。しかし,そのことによって,彼を最初の小型エンジンとオートバイの真の発明者とするのは不正確であり,その真の栄誉はやはりマイバッハにこそ与えられねばならない。

第3点として,本書が明らかにしたのは,最初のガソリン自動車の発明者は,いったい誰であったかという興味ある問題である。これについて著者は,「第3章 パイオニアたちの開発活動」の「第4節 ダイムラー/マイバッハとベンツとの比較」のなかの「最初のガソリン自動車の発明者はだれか」において触れている。

通説によれば,最初のガソリン自動車の発明者は,マイバッハの援助をうけて,1885年にオートバイを,1886/87年に四輪の馬車自動車を発明したダイムラーか,または1886年に三輪自動車を発明したベンツか,ということにされている。

しかし前述の通り,オートバイの真の発明者はマイバッハであったから,まず最初の自動車の発明者からダイムラーの名前を除かねばならない。そうすれば,マイバッハとベンツは,どちらが先であったかという問題になる。自動車の概念規定によれば,原動機を内蔵し,レールや架線によらず自走する車は,すべて自動車の範疇に入るのであって,二輪車はオートバイで自動車ではなく,三輪車をもって初めて自動車とする,という主張はなりたたないからである。

マイバッハの二輪車は，1885年6月頃には，設計を終え，同年8月29日に特許が取得され，その年の11月10日には成功裏に公開試走を完了している。他方ベンツの三輪車は，1885年の春から組み立てが始まり，1886年1月29日に特許が取得され，同年7月3日に公開試走を完了している。もし発明時点を製作開始に求めるならば，それはベンツ車の方があるいは早かった可能性もある。それを特許取得に求めるならば，マイバッハの方が先行していた。しかし発明の完了は，やはりすべての実験過程が終了したことを示す，成功した公開試走に求められるべきである。そうすれば，マイバッハの方が，ベンツのより約8ヵ月早かったといえる。

　両者の開発過程は，これほどまでに重なり合って進行していた。したがって，どちらがより早く発明したかは，もはやたいした問題ではないが，あえて最初の発明者を求めるとすれば，その栄冠はマイバッハに授けねばならない。本研究は，ダイムラーかベンツかという通説とは異なり，それをマイバッハとする新説を提起している。

　第4点として，本書である程度明らかにできたと思うのは，ガソリン自動車を初めて発明したドイツの技術が，他の国々にどのような形で移転され，その国の自動車工業の成立に寄与したのか，また逆にドイツの自動車工業の成立にあたって外国からの技術移転があったのかどうかという問題である。それについては，「第4章　自動車工業の萌芽的成立期（1885/86～1901/02年）」の「第6節　ドイツ自動車工業の対外的側面」，「(1)技術移転関係」で扱っている。

　フランスでは，ガソリン自動車が製造される以前に，すでに小型蒸気自動車や電気自動車を製造する技術的・産業的条件が蓄積されていた。しかしそれらが，ガソリン自動車の製作条件に転換していく上で，ドイツのエンジン技術のライセンス生産が決定的な役割を演じた。すなわちそれは，1889/90年にルイーズ・サラザン夫人がダイムラーと結んだ契約にもとづくものであり，そのことによって，パナール・エ・ルヴァッソール社は，自社とプジョー社の自動車のために，

V型2気筒エンジンを製造・供給し,フランスにおけるガソリン自動車工業成立の礎石をすえたのである。

「赤旗法」のためにその成立が遅れていたイギリスにおいても,ドイツ技術のライセンス生産が,自動車工業成立の最初期に決定的な役割を果たしている。まずウォルター・アーノルドが,1896〜98年の間に,少数のベンツ車のライセンス生産をしている。しかし,より重要なのは,1896年に設立されたイギリス・ダイムラー社であり,その翌年からドイツ・ダイムラー社の特許実施権にもとづいて生産を開始し,少なくとも20世紀初頭まで,イギリス自動車工業のトップ・メーカーの地位を維持した。

それに反して,アメリカではダイムラー特許の実施・販売を目指し,1888年,シュタインウェイ・ダイムラー・モーター社が設立されるが,それは定置エンジンやモーターボート・エンジンを一定量生産したものの,自動車の製造については,1895年ウィリアム・シュタインウェイが急逝したため,ついに実現しなかった。

しかし,ガソリン自動車発明以前に,すでに蒸気自動車や電気自動車を製造する多数の企業が存在していたアメリカでは,ほぼ自力でガソリン車を開発する力量が蓄積されていた。例えば,1892年に同国で最初にそれを発明したデュリア兄弟も,ヨーロッパ諸特許の調査,ドイツの自動車の構造を詳細に紹介した科学誌の分析,展示場におけるダイムラー車やベンツ車の視察といった,主体的な研究を通じて,その発明を完成させた。すなわちドイツからアメリカへの技術移転は,ライセンス生産という直接的な形態ではなく,上記のごとく,間接的になされたのである。

他方,これまでドイツ技術の諸外国への移転については若干知られていたが,逆に諸外国の技術がドイツ自動車工業の成立に寄与したことは,ほとんど知られていなかった。例えば,ドイツより急速に自動車工業を形成し,「自動車の母国」ではなく,「自動車工業の母国」となったフランスから,ドイツの後発メー

カーに対する技術移転は広汎にみられた。

そのライセンス生産権付与の代表例として、パナール・エ・ルヴァッソール社による、1894年のビーレフェルト機械工場への、1901年のアールグス社へのそれがあり、またドゥ・ディオン-ブートン社による、1897年、1899年のクーデル社への、1899/1900年のアドラー社へのそれがあり、さらにダラック社による、1901年のオーペル社への、それがあげられる。このようなドイツ企業は一般に後発メーカーであったが、やがてフランス技術から自立するだけでなく、そのなかにはアドラー、オーペルなど後に有力企業になっていくものが含まれているだけに、このフランスからの技術移転については、ここで改めて指摘しておきたい。

第5点として、本書が明らかにしたのは、なお不完全な点を含む当時の統計資料ながら、それらをできるだけ収集して、自動車の生産台数にもとづき、ドイツ、フランス、アメリカ、イギリス4ヵ国の自動車工業の発展過程と、その国際比較、とくに世紀転換期(1901年)と、第一次世界大戦前(1913年)での順位や力関係を確定しようとしたことである。

それらは、「第4章　自動車工業の萌芽的成立期(1885/86～1901/02年)」における「第6節　ドイツ自動車工業の対外的側面」の「(2)世紀転換期の国際比較」、ならびに「第5章　自動車工業の本格的成立期(1901/02～1913/14年)」における「第4節　ドイツ自動車工業の対外的側面」の「(1)本格的成立期における自動車工業の国際比較」において、立ち入っている。

1885/86年、ドイツのダイムラー、ベンツ両企業はガスまたはガソリン・エンジンの製造を基盤にして、世界で最初に自動車を開発し、自動車生産を萌芽的に開始した。しかし、フランスに対して、1889/90年にダイムラー特許にもとづくライセンス生産権が与えられたのを契機に、フランスの先発2企業、パナール・エ・ルヴァッソールとプジョー2社の生産台数が、早くも1894年にドイツの前記2社の生産台数を凌駕した可能性が強い。従って、この1885～1893年の時期は、

「自動車工業のドイツの時代」と名付けてよいだろう。

こうして,フランスの自動車工業が勃興し,その生産も高まるが,しかしその生産台数も,アメリカにおいて 1900 年にオールズ・モーター・ワークス社, 1903 年にはかのフォード社が創立されて,大量生産が開始されるに及んで, 1904 年にはアメリカのそれによって追い抜かれた。従って,その間の 1894〜1903 年の時期を,「自動車工業のフランスの時代」と称することができよう。

ところで,この間の生産台数にもとづく上記 4ヵ国の自動車工業の順位は次のように変化した。世紀転換期の 1901 年には, 1 位フランス (7600 台), 2 位アメリカ (7000 台), 3 位イギリス (4112 台——ただしこの数値はかならずしも確実ではない——), 4 位ドイツ (884 台)。そして第一次世界大戦前の 1913 年には, 1 位アメリカ (48 万 5000 台), 2 位フランス (4 万 5000 台), 3 位イギリス (3 万 4000 台), 4 位ドイツ (2 万 1921 台) であった。

ドイツは,ガソリン自動車発明の母国であったにもかかわらず,その自動車工業はすでに世紀転換期頃には,後発のイギリスのそれに凌駕され,第 4 位に落ちていた可能性が高く,第一次世界大戦前にはアメリカに圧倒的に引き離され,フランス,イギリスにも追いつけず,やはり 4 位に甘んじなければならなかった。

第 6 点として,本研究は, H・J・ブラウンの説を採用・補完しながら,第一次世界大戦前のドイツ自動車工業に内在する生産方式を確定し,同時に各国のそれに現われた方式を確認しようとした。

これについて本書は,「第 5 章 自動車工業の本格的成立期 (1901/02〜1913/14 年)」における「第 3 節 本格的成立期における自動車工業全体の状態」のなかの「生産方式」と「生産方式発展のアメリカとの比較」において,また同章「第 4 節 ドイツ自動車工業の対外的側面」の「(1)本格的成立期における自動車工業の国際比較」において分析している。

最近のドイツの研究者ブラウンは,世界自動車工業の初期段階に現われ,継起的に高度化していった生産方式を段階区分して,「作業場生産」→「グループ生

産」→「流れ生産」とシェーマ化している。

　「作業場生産」とは, 鋳造・鍛造部門, それに車体部門のためには, 分工場が設けられているにせよ, 自動車製造の中心部門, エンジン, トランスミッション, シャシー等の生産工程は, 一つの機械加工工場に統一されている。そこで多数の汎用工作機が集中され, 各部品は幾度もその工作機械群によって加工され, 仕上げられ, 同じく同工場でエンジン付きシャシーが, 定置的に組み立てられる, そのような方式であった。これは汎用機械を節約できる反面, 材料・半製品置場を広くとり, その移動は手押し車等で頻繁になされねばならなかった。したがって労働者構成も, その圧倒的多数は熟練労働者からなっていた。

　第一次世界大戦前, ドイツで先端工場とみられるダイムラー社のウンターテュルクハイム工場やオーペル工場の生産方式も, なお基本的にこの「作業場生産」の方式をとっていた。確かに, 当時, その機械加工工場の内部には, それぞれの工作機械を充分にもたないまま, エンジン製作部門, 動力伝達装置製作部門, 車台製作部門, シャシー組立部門といった形での初歩的分業関係はすでに存在していた。そのためそれは, 次にそれらが別の作業場となり, 分工場に分離されれば, それは次の段階の「グループ生産」に転化する。当時のドイツ自動車工業の生産方式は, より高次な生産方式への転化の契機を多分に含んでおり, その意味で成熟した「作業場生産」であったと規定できよう。

　因みにこの生産方式は, 第一次世界大戦前には, たんにドイツにとどまらず, なおフランスやイギリスにおいても基本的に支配的であったとみられる。

　次の「グループ生産」と呼ばれる方式は, より広い自動車市場に恵まれた国で, 生産過程における分業が上記の「作業場生産」より進展し, 各コンポーネントを生産する作業場が, より独立するか, または分工場になり, それらが主工場に集められて, なお定置組立方式の形態をとりながら, 組み立てられる方式である。そこでは, 各作業場あるいは工場において, それぞれ別の生産設備としばしば専用工作機を含む工作機群が設置され, 労働力構成においても半熟練・不熟練労働

力の比重がより増大してくる。

　この「グループ生産」は，アメリカにおいては，フォード社の第2番目の工場，ピケット・アヴィニュー工場において，1905年に実現しており，またフランスにおいては，1905年頃には，ベルリエ，ロレーヌ・ディートリシュの工場でその出現が確認されている。これが，1900年代後半，まだ「流れ生産」が出現する以前において，ドイツと比較してアメリカとフランスの生産台数がはるかに高かった理由であったとも考えられる。

　この「グループ生産」において，自動車の完成部品（コンポーネント）が，完全に独立した生産過程に分解されることによって，次のより高次な生産方式，「流れ生産」成立の前提条件が形成される。そこでは，労働対象である各機能部品は，ベルト・コンベヤー上を移動させられながら，製造順序に従って組み立てられ，組み立てられた各機能部品は最終組立ラインに集められ，そこにおいて自動車が完成される。ここでみられるのは，各ラインごとに配置された専用工作機械群と，労働力構成における圧倒的に多い不熟練労働者群である。

　このような自動車製造の「流れ生産」は，第一次世界大戦以前には自動車に対する大衆市場が存在していたアメリカでのみ出現した。その生産方式はフォード・システムと名付けられているように，フォード社の上記ピケット・アヴィニュー工場において，1907年頃から実験されたのち，1913/14年に建設された大規模なハインランド・パーク工場で実現された。第一次世界大戦前にここまで到達したのはアメリカだけであり，それがその桁違いに多い生産量の基礎となっていた。因みに同国の1913年の生産台数48万5000台の半数以上，24万8307台はフォード1社で製造されていたのである。

　ただこの生産方式を模倣したようなものがヨーロッパに全然存在しなかったわけではない。例えば，イギリスにおける生産方式は，一般的にはドイツ同様「作業場生産」でありながら，例外的にサンビーム社の工場のようなものがあった。1914年の同工場では，自動車を天井から吊るし，それを天井のレールで移動

させながら，組立作業が行なわれている。同国で，原初的な形態ながら，このような移動組立方式が採用されたことが，自動車生産の後発国であったにもかかわらず，第一次世界大戦前，ドイツの生産量を上回らせる要因となったのではなかろうか。

　第7点として，本書は，主要な自動車生産国，フランス，アメリカ，イギリス，ドイツの，1904，05，07，13年の自動車貿易の状態を，それらの自動車生産の水準と関連させつつ解明し，そのことによってドイツ自動車貿易の位置づけと性格を確認している。それらについ，本書は，「第4章　自動車工業の萌芽的成立期（1885/86～1901/02年）」における「第6節　ドイツ自動車工業の対外的側面」の「(3)20世紀初頭の自動車貿易」，ならびに「第5章　自動車工業の本格的成立期（1901/02～1913/14年）」における「第4節　ドイツ自動車工業の対外的側面」の「(2)1904～13年の主要国の自動車貿易」で立ち入っている。

　第一次世界大戦前，自動車はまだ今日のように大衆商品ではなく，なお少数の金持ちの遊び道具といった性格を色濃く残していたとはいえ，またその貿易額も全体のそれのなかでは低い比重しか占めていなかったとはいえ，すでに国際商品になりつつあった。

　当時，価額からみて，最大の自動車輸出国は，一貫してフランスであった。その状態は，フランスが最大の自動車生産国であった時期については頷けるとしても，1904年以降アメリカが最大の生産国になってからも，その地位を維持し続けたことにいささか驚かされる。反面フランスの自動車輸入額は，その輸出額に較べて極端に少なく，同国は自動車の大純輸出国であった。これは，フランスの重化学工業が全体として相対的に弱かったにもかかわらず，その自動車工業は，貿易関係のなかで，比較優位産業であったことを如実に物語っている。

　他方，アメリカの自動車貿易は，1905年頃までは輸出入額とも少なく，しかも輸入超過であり，同国では，自動車に対する広い国内市場が存在したことを示している。その後，自動車工業の嵐のごとき発展を背景に，アメリカの自動車貿易

は, 1907年頃になって輸出額が輸入額を上回るようになり, その後は輸出を急激に伸長させて, フランスのそれに迫る勢いを示すようになった。

イギリスの場合は, フランスとは逆に一貫して自動車の大輸入国であり, つねに輸入額が輸出額を大幅に超過していた。その最大の輸入先は, 最初は自動車の大輸出国フランスであり, 次いで1911年頃からは, フォード社のノックン・ダウン工場が建設されたことにより, アメリカが第1位の地位を占めるようになった。しかしそのイギリスでさえも, 自国の自動車工業を急速に発展させ, 1913年にはドイツを超える輸出額を達成し, やがて第一次世界大戦後には, 自動車の純輸出国に転成する展望を示し始めていた。

このような諸国のなかで, ドイツは20世紀初頭の1904, 05年段階では, フランスと比較すれば大きく差をつけられながらも, 第2の自動車輸出国であり, またすでに輸出超過を示していた。その後1907年の恐慌時には, 一時, 輸入額が輸出額を上回るが, その後は輸出が急伸し, ドイツも1913年には乗用車, トラック, オートバイを含めて第4位ながら自動車の大純輸出国の地位を築き上げた。その生産台数が第4位にとどまったていにもかかわらず, である。

その仕向国の主なものをあげれば, 乗用車ではロシア, オーストリア・ハンガリー, そしてイギリスであり, トラックでは, ロシア, ブラジル, オーストリア・ハンガリー, 等であった。

第8点として, 本書は最後に, ドイツが最初のガソリン自動車の発明国であり, 従って最初に自動車工業を構築しながらも, その発展を抑制した諸要因と, それにもかかわらず, そのなかでそれを促進した諸要因を分析している。それについては, 「第6章　ドイツの初期モータリゼーション——その阻止要因と促進要因——」がまとめて果たしている。

まず, 自動車工業とモータリゼーションの抑制要因としては, (1)最初期における非常に規制的な行政府の態度と, その後の統一的な自動車交通法規制定の遅れ, (2)国民の所得水準の相対的低位, (3)重い自動車関連税（自動車税, ガソリン

税),(4)自動車損害賠償責任法の一時的な否定的作用, (5)自動車交通に代位する比較的稠密な鉄道網, があげられる。

(1)に関しては, 1880年代後半から90年代, 各邦国において, 自動車交通に対する内務省・警察の行政措置は, 非常に厳しく規制的であった。またその後, 全ドイツ的に統一された「自動車交通法」が施行されるのは, モータリゼーションに開明的なフランスに遅れること10年の1909年を待たねばならなかった。

(2)は, 自動車の普及率と密接な関係があるとされる国民の所得水準についてである。フランスについては, 残念ながら使用可能な統計を見いだせなかったが, 本研究では幸いにも, ドイツ, アメリカ, イギリスに関して1人当たりのGDPまたはGNPを算出することができた。それによると, 1913年の年間平均が, ドイツで862マルクであったのに対して, アメリカではその2倍近くの1709マルク, イギリスでもドイツより23%高い1060マルクという興味深い数値になっている。

さらにこの平均的数値でさえも, 実際には第二帝政下の経済・社会構造に規定された「首細の洋梨型」(H.-U. ヴェーラー) と呼ばれる, 所得分析の極めて不平等な構造によって歪められていた。そのため, 自動車の購入がかろうじて可能な年収をかりに6500マルク以上とすると, その層は1912年に全ドイツ人口の1%にも満たない, 僅かに0.69%しか存在しなかったのである。

(3)の重い自動車関連税とは, 自動車税そのものとガソリン税からなっていた。1905年に制定され翌年から施行された自動車税は, 後に次第にそのようになる道路改修のための目的税としてではなく, 政府の軍国主義政策のもと著増する軍事費調達の財源の一つとして,「奢侈税」として課税されたものである。それは, トラックやバス, それにタクシーや官用・軍用車を除く, 全オートバイと乗用車に対して, 排気量を一つの基準とした馬力数にもとづき累進的に課税された。

その税額は, 年, オートバイの10マルクから, 6馬力車37マルク, 10馬力車80マルク, 25馬力車225マルク, 40馬力車550マルクといった具合である。それは,

当時のフランスの自動車税,最低10フラン(12マルク),最高100フラン(120マルク)と比較して,総体的にはるかに重く,また高馬力車の領域ではイギリスのそれより高かったと言われている。この自動車税の高負担が,ドイツにおけるモータリゼーションを抑制したことは,これまでの研究も一般的に認めている。

そのうえ,燃料として不可欠なガソリン100kg(ネット)に対しても,6マルクのガソリン税が課せられていた。もし自動車を1日平均3時間使用した場合,その税負担は年間,6馬力車で203マルク,10馬力車で339マルク,25馬力車で848マルク,40馬力車で1356マルクにもなり,むしろ自動車税より高負担となった。これも自動車の普及を抑制する要因となった。

(4)の自動車賠償責任保険は,長期的には自動車交通を安定的に発展させてゆく条件となる。しかし1910年施行の「自動車損害賠償責任法」は,やはり自動車税同様に馬力数にもとづく累進的に重い保険料を課したことと,帝国議会において1906年に始まり,1910年に完了する長引いた審議過程が,自動車購入希望者に心理的動揺をもたらしたことが,ドイツにおけるモータリゼーションを中期的には抑制させたと言われている。

(5)は,鉄道とモータリゼーションの関係である。自動車交通は,確かに一面では,馬車交通の代替として,貨物・人員の鉄道駅への接続機能をもち,鉄道の発展とともにそれを補完して発展するという性格をもっていた。しかし自動車交通は,反面,鉄道の代替手段として,基本的には鉄道網の未発達な国ではそれに代位し,また後にはその発展とともに鉄道を圧迫するようになる。

本研究は,その観点から,鉄道の密度(路線距離/100km^2)と自動車の普及率(人口数/自動車保有台数)の相関関係を調べたところ,アメリカ,フランス,ドイツの順序で,鉄道網の密度が低い順で,自動車の普及率が高いことを実証することができた。ただイギリスだけは例外で,鉄道網はいちばん稠密であったにもかかわらず,自動車の普及率はアメリカに次いで高かった。それはおそらく,国民の所得水準といった自動車の普及にとってより規定的な要因が,より高位

にあったためであろう。

　それでもドイツにおいて, このように多くの阻止要因が存在したにもかかわらず, 自動車工業とモータリゼーションは, 次第に発展したわけだから, 私たちはそこに一定の促進要因を認めないわけにはいかない。そうしたものとして, 本書は, (1)道路建設, (2)公共交通機関の発達, (3)軍用トラック補助金制度, を指摘している。

　(1)の高規格の道路 (舗装公道) の建設は, 1871年のドイツ統一以降, 急速に進められ, 公道の延長距離は, 全ドイツで1873年時の約11万5000kmから, 1913年時には3倍近くの約30万kmになった。その建設費は帝国と邦国とによって支弁され, 1913/14財政年度には総額6億マルクに達し, 全軍事費と比較してその約56％に及んだのである。このような道路建設が, なお大部分, 簡易舗装であったとしても, 自動車交通に促進的作用をしたことは言うまでもない。

　(2)の公共交通機関の発達について, ここではタクシーとバス運行の増加を意味している。民営会社によるタクシー営業は, シュトゥットガルトでは1896年, ベルリンでは1899年に始まるが, その総台数は, 1914年には全ドイツにおいて7451台になった。それは同年の乗用車の総保有台数6万876台の約12％に及んでいる。

　また, バスの本格的運行は1904年にブラウシュヴァイクで, トラック・メーカー, ビュッシング社によって開始されるが, その総台数は全ドイツにおいて, 1914年には927台に増加していった。最初は近距離交通手段として始められたバス運行も, その後は次第に邦際間の遠距離交通へと拡大していった。その邦際間運行は, 1914年には367路線となり, そこには490台が投入されている。そして注目されるのは, その経営形態である。経営の46％, 路線距離の約50％が, 郵政省, 国鉄, 自治体といった広義の国家機関によって担われていたのである。そして, それらを含む邦際間運行で運行していたバス全体の97.6％までがドイツ製であったことは, 注目に値する。

(3)は，1908財政年度から発足した軍用トラック補助金制度である。これは第二帝政軍部が，軍隊のモータリゼーションを促進する目的をもって，しかしその費用を節約し，また車輌の経済的摩損を避けるために設けられた制度である。有事には軍隊に徴発されることを条件に，民間といっても主に業者がトラックを購入した場合に，初年度は購入補助金として4000マルク，2年度から5年度にかけて毎年，維持費補助として1000マルクが支給された。

同制度の発足初年度の1908財政年度には，ダイムラー社，ベンツ社等から，合計180台が購入された。こうして補助金トラックの台数は，1912年には810台に達し，それは同年のトラックの総保有台数5392台の約15％に達している。アメリカなどのような民需中心のトラック普及とは異なり，ドイツでは国家による軍事目的に条件づけられたトラックの普及が，相当の規模で進行していたといえよう。

このようにみたとき，ドイツ自動車工業の成立期における同工業とモータリゼーションの発展は，第二帝政下の経済・社会構造に規定された多くの阻止要因に妨げられながら，同時に同じくその時期，経済・社会機構の頂点に立つ国家の政策——「上から」の統一，軍事化，等——の枠内で，限られた促進要因を享受できたといえよう。

あとがき

　著者が,ドイツ経済史をあちこち渉猟しながら,ようやくライフ・ワークと言えるものを決めたのは,やっと10年ぐらい前のことであった。いま,ようやくこの一書を公にするに及んで,実に多くの人々から学恩を,また多数の諸機関からさまざまな援助を受けてきたかを痛感している。

　京都大学文学部西洋史学科の学生の頃から,史料批判の重要性や経済史の面白さに開眼させていただいたのは,ローマ史の故井上智勇,フランス史の前川貞次郎,イギリス史の越智武臣の諸先生であり,ドイツ史に関しては先輩瀬原義生氏であった。また畏友,服部春彦氏からは,その頃から,そして最近ではとくに1996年度に京都大学へ国内留学した時にも,いろいろと親切な配慮と助言を受けてきた。

　また大学院時代から所属していた,京都大学人文科学研究所のブルショワ革命や産業革命の研究会においては,故河野健二,飯沼二郎,角山榮の各先生や当時,京都大学経済学部の中村哲教授から,後々に残る学問的教えを受けた。

　また同大学経済学部関係では,広島大学教授加藤房雄氏からはたえず御鞭撻をいただいたし,また京都大学経済学部の西牟田祐二教授からは,ドイツ自動車工業の専門家として,上記国内留学の期間中,幾度か厳しくも適切なご助言を受けている。

　ちょうど本書の校正中に,待望されていた西牟田教授の『ナチズムとドイツ自動車工業』(有斐閣)が出版された。これまでドイツ自動車工業の経済史的研究には,論文は存在したが,本格的な著書がなかっただけに,このワイマル期からナチス期にかけてのそれを見事に分析した業績の出現を心より喜びたい。

また，著者が現在勤務している愛知大学関係では文献蒐集，訳語，理論の各方面で，法学部の故浜田稔教授，杉浦市郎教授，国際コミュニケーション学部の河野眞教授，経営学部の伊藤清己教授，経済学部の保住敏彦教授，国崎稔助教授から御援助を受け，また愛知大学図書館司書，成瀬さよ子さんには検索の面でたいへんお世話になった。

　著者はまた，多くのドイツの関係者に対しても感謝せねばならない。史料・文献蒐集の面で多大な援助をして下さった元フンボルト大学教授ローター・バール (Lothar Baar) 博士，ベンツ博物館館長ハリー・ニーマン (Harry Niemann) 博士，同職員シュターン・ペッシェル (Stan Peschel) 氏，MTU社のマイバッハ文書館のアルブレヒト・バムラー (Albrecht Bamler) 博士，等々をあげねばならない。またドイツ文字で手書きの契約書の判読を手伝って下さったのは，ハンス・ラングリーガー (Hans Langrieger) 氏であり，またドイツ特許法に関する文献をミュンヘンからわざわざ送っていただいたのは，弁理士のクラウス・バロネツキー (Klaus M. Baronetzky) 氏であった。

　さらに著者は，幾多の諸機関から支援を受けた。文献蒐集と技術用語に関してはトヨタ博物館，研究費に関しては愛知大学研究助成（個人研究）や愛知大学同友会から助成を受けた。とくに毎年夏になると史料・文献蒐集に行くこと許可していただいた愛知大学経済学部と，著者の諸論文を発表していただいた同経済学会にたいして，そしてなによりも，今回その叢書として本書を出版していただいた愛知大学国際問題研究所にたいしては深甚の謝意を表したい。

　ドイツでは，史料・文献調査の面でゲッチンゲン大学社会経済学部図書館，ハイデルベルク大学図書館，ドイツ博物館付属図書館，フォルクスワーゲン自動車博物館付図書室，ドイツ自動車工業会 (VDA) には，多大のお世話になった。

2000年1月　　　　　　　　　　　　　　　　　　　　　　　　大島隆雄

参考文献

文書館史料

Zwischen der Gasmotorenfabrik Deutz und Herrn Wilh. Maybach von Reutlingen ist heute nachstehender Vertrag abgeschlossen (6. 12. 1872.), (MTU社, Maybach-Archiv所蔵).

Zwischen Herrn Gottlieb Daimler von Schorndorf in Württemberg einerseits und Herrn Wilhelm Maybach von Löwenstein in Württemberg andererseits wurde heute folgender Vertrag abgeschlossen (18. 4. 1882.), (MTU社, Maybach-Archiv所蔵).

Dienstanstellungsvertrag Zwischen Daimlermotoren-Gesellschaft in Cannstatt einerseits und dem Ingenieur W. Maybach in Cannstatt andererseits ist heute nachfolgender Vertrag abgeschlossen worden (8. 11. 1895.), (MTU社, Maybach-Archiv所蔵).

Motorfahrzeug-und Motorenfabrik Berlin A.-G. Marienfelde——Von der Gründung bis zur Fusion mit der DMG ——, (Mercedes-Benz-Archiv所蔵).

Dokumentation AGM-Stegert Daimler Motoren-Gesellschaft Die Interessen in England, (Mercedes-Benz-Archiv所蔵).

Dokumentation AGM-Stegert Daimler Motoren-Gesellschaft Die Interessen in den USA, (Mercedes-Benz-Archiv所蔵).

Die Entwicklung des Aktienkapitals der Benz & Cie AG, (Mercedes-Benz-Archiv 所蔵).

Die wirtschaftliche Entwicklung der Benz & Cie AG, (Mercedes-Benz-Archiv 所蔵).

Die Fusion mit der Süddeutsche Automobilfabrik, Gaggenau (Mercedes-Benz-Archiv 所蔵).

Geschäftsberichte der Daimler Motoren-Gesellschaft von ihrer Gründung an, Cannstatt-Untertürkheim 1904.

Daimler=Motoren=Gesellschaft Cannstatt. Geschäfts-Bericht für die Zeit vom 1. April 1902 bis 31. März 1903.

Daimler=Motoren=Gesellschaft Cannstatt. Bericht über das 14. Geschäftsjahr (1. April 1903 bis 31. März 1904).

Daimler=Motoren=Gesellschaft Untertürkheim. Bericht über das 15. Geschäftsjahr (1. April 1904 bis 31. März 1905).

Daimler=Motoren=Gesellschaft Untertürkheim. Bericht über das 16. Geschäftsjahr (1. April 1905 bis 31. März 1906).

Daimler=Motoren=Gesellschaft Untertürkheim. Bericht über das 17. Geschäftsjahr (1. April 1906 bis 31. März 1907).

Daimler=Motoren=Gesellschaft Stuttgart=Untertürkheim. Bericht über das 18. Geschäftsjahr (1. April 1907 bis 31. März 1908).

Daimler=Motoren=Gesellschaft Stuttgart=Untertürkheim. Bericht über das 19. Geschäftsjahr (1. April 1908 bis 31. Dezember 1908).

Daimler=Motoren=Gesellschaft Stuttgart=Untertürkheim. Bericht über das 20. Geschäftsjahr (1. Januar 1909 bis 31. Dezember 1909).

Daimler=Motoren=Gesellschaft Stuttgart=Untertürkheim. Bericht über das 21. Geschäftsjahr (1. Januar 1910 bis 31. Dezember 1910).

Daimler=Motoren=Gesellschaft Stuttgart=Untertürkheim. Bericht über das 22. Geschäftsjahr (1. Januar 1911 bis 31. Dezember 1911).

Daimler=Motoren=Gesellschaft Stuttgart=Untertürkheim. Bericht über das 23. Geschäftsjahr (1. Januar 1912 bis 31. Dezember 1912).

Daimler=Motoren=Gesellschaft Stuttgart=Untertürkheim. Bericht über das 24. Geschäftsjahr (1. Januar 1913 bis 31. Dezember 1913).

Daimler=Motoren=Gesellschaft Stuttgart=Untertürkheim. Bericht über das 25. Geschäftsjahr (1. Januar 1914 bis 31. Dezember 1914).

Geschäfts-Bericht von BENZ & CIE. Rheinische Gastmotoren-Fabrik AG Mannheim über das Geschäftsjahr 1. Mai 1909 bis 30. April 1910 für die 11. ordentliche General-Versammlung am Dienstag den 16. Aug. 1910.

Geschäfts-Bericht von BENZ & CIE. Rheinische Gastmotoren-Fabrik AG Mannheim über das Geschäftsjahr 1. Mai 1910 bis 30. April 1911 für die 12. ordentliche Generalversammlung am Montag den 22. Aug. 1911.

Geschäfts-Bericht von BENZ & CIE. Rheinische Automobil-und Motoren-Fabrik AG Mannheim über das Geschäftsjahr 1. Mai 1911 bis 30. April 1912 für die 13. ordentliche Generalversammlung am Montag den 12. Aug. 1912.

Die Benz-Gesellschaft im Geschäftsjahr 1911/12, (Mercedes-Benz-Archiv 所蔵).

Schwerpunkt: 100 Jahre Automobil-Hersteller, in: Handelsblatt (22. 1. 1986) (Volkswagen-museum 所蔵).

統計

Kaiserliches Statistisches Amt (Hrsg.), Statistisches Jahrbuch für das Deutsche Reich 1907, Berlin 1907.

Kaiserliches Statistisches Amt (Hrsg.), Statistisches Jahrbuch für das Deutsche Reich 1908, Berlin 1908.

Kaiserliches Statistisches Amt (Hrsg.), Statistisches Jahrbuch für das Deutsche Reich 1913, Berlin 1913.

Kaiserliches Statistisches Amt (Hrsg.), Statistisches Jahrbuch für das Deutsche Reich 1914, Berlin 1914.

Kaiserliches Statistisches Amt (Hrsg.), Statistisches Jahrbuch für das Deutsche Reich 1915, Berlin 1915.

Kaiserliches Statistisches Amt (Hrsg.), Vierteljahrshefte zur Statistik des Deutschen Reichs 1913, 23. Jhrg. 1914, 1. Hft.

Kaiserliches Statistisches Amt (Hrsg.), Vierteljahrshefte zur Statistik des Deutschen Reichs 1913, 23. Jhrg. 1914, 2. Hft.

Kaiserliches Statistisches Amt (Hrsg.), Vierteljahrshefte zur Statistik des Deutschen Reichs 1913, 23. Jhrg. 1914, 3. Hft.

Statistisches Reichsamt (Hrsg.), Der Kraftwagen-Personenverkehr der deutschen Reichspost, in: Wirtschaft und Statistik 3. Jhrg. Nr. 1. 1923.

Statistisches Landesamt (Hrsg.), Die Gewerbezählung im Großherzogtum Baden vom 14. Juli 1895, Karlsruhe.

Reichsverband der Automobil-Industrie E. V. (Hrsg.), Tatsachen und Zahlen aus der Kraftfahrzeug-Industrie, Berlin 1927.

Reichsverband der Automobil-Industrie E. V. (Hrsg.), Tatsachen und Zahlen aus der Kraftfahrzeug-Industrie 1928, Berlin-Charlottenburg 1928.

Reichsverband der Automobil-Industrie E. V. (Hrsg.), Tatsachen und Zahlen aus der Kraftfahrzeug-Industrie 1929, Berlin-Charlottenburg 1929.

B. R. Mitchell; European Historical Statistics, London/Basingstoke 1975.

U. S. Bureau of the Census (ed.), The Statistical History of the United States From Colonial Times to the Present, New York 1976.

ミッチェル, B. R., 斉藤眞監訳,『マクミラン世界歴史統計』III 南北アメリカ・大洋州篇, 原書房 1982年
ミッチェル, B. R., 中村宏監訳,『マクミラン世界歴史統計』I ヨーロッパ篇, 1750-1975, 原書房 1984年
フローラ, ペーター編,『ヨーロッパ歴史統計 国家・経済・社会 1815-1975』下 (第2刷), 原書房 1988年
合衆国商務省編, 斉藤眞/鳥居泰彦監訳,『アメリカ歴史統計』第1巻 (第2刷), 原書房 1988年

総記

Brockhaus Enzyklopädie 4, Wiesbaden 1968.
Brockhaus Enzyklopädie 12, Wiesbaden 1971.
Meyers Grosses Universal Lexikon 3, Mannheim/Wien/Zürich 1981.
Meyers Grosses Universal Lexikon 9, Mannheim/Wien/Zürich 1983.
Neue Deutsche Biographie, 4. Bd., Berlin 1955.
Neue Deutsche Biographie, 6. Bd., Berlin 1971.
Neue Deutsche Biographie, 16. Bd., Berlin 1990.
Allgemeine Deutsche Biographie, 35. Bd., Berlin 1971.
Biographiesches Wörterbuch zur Deutschen Geschichte, 1. Bd., München.
Biographiesches Wörterbuch zur Deutschen Geschichte, 2. Bd., München 1974.
『ブリタニカ国際百科事典』8, TBS ブリタニカ 1973年.
『日本大百科全書』11巻, 小学館 1986年.
北郷薫他著,『機械の事典』, 朝倉書房 1980年.

法規

Patentgesetz vom 5. Mai 1936, in: Reichsgesetzbuch II.
Gesetz über Arbeitnehmererfindung 1950.
法務大臣官房編,「道路運送車両法」,『現行日本法規』63 陸運 2.
「道路交通法」,『岩波基本六法』昭和 50 (1975) 年度版.
「特許法」,『岩波大六法』平成 5 (1993) 年版.
「自動車損害賠償保障法」, 凡例六法編修委員会編,『コンサイス六法』, 三省堂 昭和 62 (1987) 年版.

引用および参照欧語文献

Addicks, Almut; Die deutsche Kraftfahrzeugindustrie in der Nachkriegszeit (seit 1924)(Diss.), Würzburg 1934.

Adelt, Richard; Die Krise in der Deutschen Personenautomobilindustrie (unveröffentliche Diplomarbeit), München 1930.

Adler-Werke vorm. Heinrich Kleyer (Hrsg.); 75 Jahre Adler 90 Jahre Tradition, o. Ö. o. J..

Arnold, Gerhard; Bilder aus der Geschichte der Kraftmaschinen, München 1968.

Aubin, Hermann/Zorn, Wolfgang(Hrsg.); Handbuch der Deutschen Wirtschafts-und Sozialgeschichte, Bd. 2., Stuttgart 1976.

Baar, Lothar; Die Berliner Industrie in der industriellen Revoltion, Berlin 1966.

Bach, Frieder/Lange, Woldemer/Rauch, Siegfried; DKW-MZ Motorräder aus Zschopau und Ingolstadt, Stuttgart 1992.

Barth, Ernst; Entwicklungslinien der deutschen Maschinenbauindustrie von 1870 bis 1914, Berlin 1973.

Bauer, Ph.; Die Aktienunternehmungen in Baden Ein Beitrag zur Kenntnis der großindustriellen und Verkehrs-Entwicklung des Landes, Karlsruhe 1903.

Becker, Achim; Absatzprobleme der deutschen PKW-Industrie 1925-1932 (Diss.), Regensburg 1979.

Beier, Friedrich-Karl; Wettbewerbsfreiheit und Patentschutz, Zur geschichtlichen Entwicklung des deutschen Patentrechts, in: Gewerblicher Rechtsschutz und Urheberrecht, 80. Jahrg. Hft. 3., 1978.

Bellon, Bernard P.; Mercedes in Peace and War, German Automobile Workers, 1909-1945, New York 1990.

Benz, Carl; Lebensfahrt eines deutschen Erfinders Erinnerungen eines Achtzigjährigen, Leipzig 1925.

Beyer, Klaus (Hrsg.); Zeit der Postkutschen Drei Jahrhunderte Reisen 1600-1900, Karlsruhe 1992.

BMW-A. G. (Hrsg.); Bayerische Motoren Werke AG, München 1966.

Borscheid, Peter; LKW contra Bahn Die Modernisierung des Transports durch Lastkraftwagen in Deutschland, in: Niemann, Harry/Hermann, Armin (Hrsg.), Die Entwicklung der Motorisierung im Deutschen Reich und den Nachfolgestaaten, Stuttgart 1995.

Bosch, Robert GMBH (Hrsg.); 75 Jahre Bosch 1886-1961 Ein geschichtlicher Rückblick, Stuttgart 1961.

Braun, Hans-Joachim; Automobilfertigung in Deutschland von den Anfängen bis zu den vierziger Jahren, in: Niemann, Harry/Hermann, Armin (Hrsg.), Die Entwicklung der Motorisierung im Deutschen Reich und den Nachfolgestaaten, Stuttgart 1995.

Bücher, Fritz; Hundert Jahre Geschichte der Maschinenfabrik Augsburg-Nürnberg o. O. 1940.

Büssing, H. Automobilwerke A.-G. (Hrsg.); Heinrich Büssing und Sein Werk, Braunschweig 1920.

Burkhard/Kraßer; Lehrbuch des Patentrechts (4. Aufl.), 1986.

Busch, Klaus B.; Strukturwandlung der westdeutschen Automobilindustrie, Berlin 1966.

Buschmann, Arno (Hrsg.); Das Auto——mein Leben von August Horch bis heute, Seewald-Verlag.

Church, Roy; The Rise and Decline of the British Motor Industry, London 1994.

Diesel, Eugen; Rudolf Diesel, in: Diesel, Eugen/Goldbeck, Gustav/Schildberger, Friedrich; Vom Motor zum Auto, Stuttgart 1968.

Diesel, Rudolf; Die Entstehung des Dieselmotors, Berlin 1913.

Dülfer, Jost; Arbert Speer-Management für Kultur und Wirtschaft, in: Smeler, R./Zitelmann R. (Hrsg.), Die braue Elite (2. Aufl.), Darmstadt 1990.

Dungs, Wilhelm; Die Entwicklung der amerikanischen und der führenden europäischen Automobilindustrien und ihre volks-und weltwirtschaftliche Bedeutung (Diss.), Köln 1925.

Eckermann, Erik/Beck, C. H.; Technikgeschichte im Deutschen Museum Automobile, München 1989.

Edelmann, Heidrun; Vom Luxusgut zum Gebrauchsgegenstand Die Geschichte der Verbreitung von Personenkraftwagen in Deutschland, VDA Frankfurt am Main 1989.

Epstein, Ralph C.; The Rise and Fall of Firms in the Automobile Industry, in: Harvard Business Review, Vol. V No. 2, 1927.

Fersen, Hans-Heinrich von; Autos in Deutschland 1885-1920 Eine Typengeschichte (4. Aufl.), Stuttgart 1982.

Fersen, Olaf Baron (übersetzt von Karl Ludwigsen); Opel Räder für die Welt 75 Jahre Automobilbau, o. O. o. J.

Foremann-Peck, James/Bowden, Sue/Mckinlay, Alan; The British Motor Industry, Manchester 1995.

Fridenson, Patrick; Histoire des Usines Renault 1. Naissance de la grande entreprise 1898-1939 (2 ᵉéd.), Paris 1998.

Fründt, Hans; Das Automobil und die Automobile-Industrie (Diss.), Neustrelitz 1911.

Gall, Lothar/Feldmann, Gerhard D./James, Harold/Holtreich, Carl-Ludwig/Büschgen, Hans E.; Die Deutsche Bank 1870-1995, München 1995.

Gareis, Carl; Das Deutsche Patentgesetz vom 25. Mai, Berlin 1877.

Gebhardt, Wolfgang H.; Taschenbuch Deutscher LKW-Bau 1896-1918, Stuttgart 1989.

Geyer, Hellmuth; Die Haftpflicht des Kraftfahrzeughalters im deutschen Reichsrecht (Diss.), Merseburg 1914.

Goldbeck, Gustav; Siegfried Marcus Ein Erfinderleben, Düsseldorf 1961.

Goldbeck, Gustav; Kraft für die Welt 1864-1964 Klöckner-Humbold-Deutz AG, Düsseldorf/Wien 1964.

Haegele, Kurt; Die deutsche Automobile-Jndustrie auf dem Weltmarkt (unveröffentliche Diss.), Tübingen 1924.

Hänig, A.; Die Entwicklung der rumänischen Petroleumindustrie und ihre wirtschaftliche Bedeutung für Deutschland, Jahrbücher für Nationalökonomie und Statistik, Bd. 92-1, 1909.

Handke, Horst; Zur Volkswagenpläne bei faschistischen Kriegsvorbereitung, in: Jahrbuch für Wirtschaftsgeschichte, Berlin 1961/I.

Hanf, Reinhardt; Im Spannungsfeld zwischen Technik und Markt-Zielkonflikte bei der Daimler-Motoren-Gesellschaft im ersten Dezennium ihres Bestehens, Wiesbaden 1980.

Haubner, Barbara; Nervenkitzel und Freizeitvergnügen Automobilismus in Deutschland 1886-1914, Göttingen 1998.

Hauser, Heinrich; Opel Ein deutsches Tor zur Welt, Frankfurt am Main 1937.

Heimes, Dr. Anton; Vom Saumpfeld zur Transportindustrie Weg und Bedeutung des Straßengüterverkehrs in der Geschichte, Bonn-Bad Godesberg 1978.

Heggen, Alfred; Erfindungsschutz und Industrialisierung in Preußen 1793-1877, Göttingen 1975.

Henschel-Werke GMBH (Hrsg.); Henschel heute Produktionsstätten und Erzeugnisse in Bildberichten, Kassel o. J..

Herdt, Hans Konradin; Bosch 1886-1986 Porträt eines Unternehmens, Stuttgart 1986.

Hoffmann, Rudolf; Daimler-Benz Aktiengesellschaft Stuttgart=Untertürkheim, Berlin 1930.

Hoffmann, Walter G.; Das Wachstum der deutschen Wirtschaft seit der Mitte des 19. Jahrhunderts, Berlin /Heidelberg /New York 1965.

Horras, Gerhard; Die Entwicklung des deutschen Automarktes bis 1914, München 1982.

Isaac, Martin; Das Reichsgesetz über den Verkehr mit Kraftfahrzeugen vom 3. Mai 1909, Berlin 1910.

Jacobi, Willi; Die Maßnahmen zur Förderung des Automobilabsatzes in Deutschland und die bilanzmäßige Auswirkung der Absatzsteigerung (Diss.), o. O. 1936.

Kennedy, E. D.; The Automobil Industry, the Coming of Age of Capitalism's Favorite Child, (1. ed. 1941, Clifton 1972.)

Kirchbach, Konrad von; Die Entwicklung des Straßennetzes im Deutschen Reich und den Nachfolgestaaten, in: Niemann, Harry /Hermann, Armin (Hrsg.), Die Entwicklung der Motorisierung im Deutschen Reich und den Nachfolgestaaten, Stuttgart 1995.

Kirchberg, Peter; Entwicklungstendenzen der deutschen Kraftfahrzeugindustrie 1929-1939, gezeigt am Beispiel der Auto-Union Ag, (unveröffentliche Diss.), Dresden 1964.

Kirchberg, Peter /Wächtler, Eberhard; Carl Benz Gottlieb Daimler Wilhelm Maybach, Leipzig 1981.

Kirchberg, Peter; Die Motorisierung des Straßenverkehrs in Deutschland von den Anfängen bis zum Zweiten Weltkrieg, in:Niemann, Harry /Hermann, Armin (Hrsg.), Die Entwicklung der Motorisierung im Deutschen Reich und den Nachfolgestaaten, Stuttgart 1995.

Klapper, Edmund; Die Entwicklung der deutschen Automobil-Industrie Eine wirtschaftliche Monographie unter Berücksichtigung des Einflusses der Technik (Diss.), Berlin 1910.

Klemm, Friedrich; Die Hauptprobleme der Entwicklung der deutschen Automobilindustrie in der Nachkriegszeit und der Wettbewerb dieser Industrie mit Ausland, insbesondere mit den Vereinigten Staaten von Nordamerika (Diss.), Marburg a. /h. 1929.

Kreuzkam, Dr.;Die internationale Automobilindustrie (Miszellen), in: Jahrbuch für Nationalökonomie und Statistik, III Folge, 39. Bd., Jena 1910.

Kroth, Karl August; Das Werk Opel, Köln 1928.

Kruk, Max /Lingnau, Gerold; 100 Jahre Daimler-Benz Das Unternehmen, Mainz 1986.

Kuczynski, Jürgen; Die Geschichte der Lage der Arbeiter unter dem Kapitalismus, Bd. 3. Darstellung der Lage der Arbeiter in Deutschland von 1871 bis 1900, Berlin 1962.

Kugler, Anita; Arbeitsorganisation und Produktionstechnologie der Adam Opel Werke (von

1900 bis 1929), Berlin 1985.

Lärmer, Karl /Beyer, Peter; Produktivkräfte in Deutschland 1800 bis 1870, Berlin 1990.

Langen, Arnold; Nicolaus August Otto Der Schöpfer des Verbrennungsmotors, Stuttgart 1949.

Laux, James M.; In First Gear, The French automobile industry to 1914, Livepool 1976.

Laux, James M.; Rochet-Schneider and the French Motor Industry to 1914, in: Business History, Vol. VIII, Nr. 1 /2.(1966).

Lehmann Karl; Kommentar zum Bürgerlichen Gesetzbuch und seinen Nebengesetzen Das Handelsgesetzbuch für das Deutsche Reich, 2. Bd., Berlin 1913.

Loubet, Jean-Louis; Renault Cent Ans d'Histoire, Boulogne 1998.

May, George S. (ed.); Encyclopedia of American Business History and Biography, The Automobile Industry, 1896-1920, New York /Oxford /Sydney 1990.

Matschoß, Conrad; Geschichte der Gasmotoren=Fabrik Deutz, Berlin 1921.

Matschoß, Conrad; Große Ingenieure Lebensbeschreibung aus der Geschichte der Technik, München /Berlin 1937.

Meibes, Otto; Die deutsche Automobilindustrie, Berlin-Friedenau 1928.

Mieck, Ilia; Preussische Gewerbepolitik in Berlin 1806-1844, Berlin 1965.

Mottek, Hans; Einleitende Bemerkungen-Zum Verlauf und einigen Hauptproblemen der industriellen Revolution in Deutschland, in: Mottek, H./Blumberg, H./Wutzmer, H./Becker, W., Studien zur Geschichte der industriellen Revolution in Deutschland, Berlin 1960.

Mottek, Hans; Wirtschaftsgeschichte Deutschlands. Ein Grundriß, Bd.II, (2. Aufl.), Berlin 1969.

Mottek, Hans /Becker, Walter /Schröter, Alfred; Wirtschaftsgeschichte Deutschlands Ein Grundriss, Bd.III, Berlin 1975.

Musée Automobil de la Sarthe (édité par); Circuit des 24 Heures du Mans, 1991.

Neuburger, Albert; Der Kraftwagen sein Wesen und Werden, Leipzig 1913, (reprint 1988).

Niemann, Harry; Wilhelm Maybach König der Konstrukteure, Mercedes-Benz Museum, Stuttgart 1995.

Nixon, St. John C.; Daimler A Record of Fifty Years of The Daimler Company, London o. J.

Oswald, Werner; Alle Horch Automobile 1900-1945, Geschichte und Typologie einer deutschen Luxusmarke vergangener Jahrzehnte, Stuttgart 1979.

Oswald, Werner; Alle Audi Automobile 1910-1980, Typologie der Marke Audi einst und heute, Stuttgart 1980.

Oswald, Werner; Adler Automobile 1900-1945, Geschichte und Typologie einer großen deutschen Automarke vergangener Jahrzehnte, Stuttgart 1981.

Oswald, Werner; Mercedes-Benz, Lastwagen und Omnibusse 1886-1896 (2. Aufl.), Stuttgart 1987.

Oswald, Werner; Deutsche Autos 1920-1945, Alle deutschen Personenwagen der damaligen Zeit (9. Aufl.), Stuttgart 1990.

Oswald, Werner; Alle BMW Automobile 1928-1978 (6. Aufl.), Stuttgart 1991.

Oswald, Werner; Mercedes-Benz, Personenwagen 1886-1986 (5. Aufl.), Stuttgart 1991.

Oswald, Werner; Kraftfahrzeuge und Panzer der Reichswehr, Wehrmacht und Bundeswehr (14. Aufl.), Stuttgart 1992.

Overy, R. J.; Cars, Roads, and Economic Recovery in Germany, 1932-8, in: The Economic History Review, 28-3, 1975.

Pirath, Carl; Der Kraftfahrzeugbedarf der deutschen Wirtschaft, in: Zeitschrift für Verkehrswissenschaft, 1. Heft, 20. Jahrg.

Pohl, Hans; Die Entwicklung des Omnibusverkehrs in Deutschland bis zum Ersten Weltkrieg, in: Niemann, Harry /Hermann, Armin (Hrsg.), Die Entwicklung der Motorisierung im Deutschen Reich und Nachfolgestaaten, Stuttgart 1995.

Prachtl, Guido; Von der Reihenfertigung zur Fliessarbeit insbesondere im deutschen Automobilbau, Berlin 1926.

Raetz, Karl; Die Besteuerung der Kraftfahrzeuge in Deutschland und ihre Wirkungen (Diss.), Köln 1933.

Rathke, Kurt; Wilhelm Maybach Anbruch eines neuen Zeitalters, Friedrichshafen 1953.

Ritter, Ulrich Peter; Die Rolle des Staates in den Frühstadien der Industrialisierung, Berlin 1961.

Sass, Friedrich; Geschichte des deutschen Verbrennungsmotorenbaues von 1860 bis 1918, Berlin /Göttingen /Heidelberg 1962.

Saul, S. B.; The Motor Industry in Britain to 1914, in: Business History Vol. No. 1., 1962.

Schäfer, Hermann; Wirtschaftsgeschichte der deutschsprachigen Länder, Würzburg 1989.

Schildberger, Friedrich; Gottlieb Daimler, in: Diesel, Eugen /Goldbeck, Gustav /Schildberger, Friedrich, vom Motor zum Auto (3. Aufl.), Stuttgart 1968.

Schildberger, Friedrich; Gottlieb Daimler und Karl Benz, Sonderdruck aus Buch "Vom Motor zum Auto", Daimler-Benz AG., Stuttgart o. J..

Schildberger, Friedrich; Die Entstehung des industriellen Automobilbaues in den Vereinigten Staaten bis zur Jahrhundertwende und der deutsche Einfluß, in: Automobil-Industrie, 1/69.

Schildberger, Friedrich; Anfänge der französischen Automobilindustrie und die Impulse von Daimler und Benz, in Automobil-Industrie, 2/69.

Schildberger, Friedrich; Die Entwicklung der englischen Automobilindustrie bis zur Jahrhundertwende, in: Automobil-Industrie, 1/70.

Schildberger, Friedrich; Die Entstehung der Automobilindustrie in internationaler Sicht, in: Automonil-Industrie, 2/70.

Schildberger, Friedrich; Gottlieb Daimler, Wilhelm Maybach, and Karl Benz, published by Daimler-Benz AG, o. J..

Schildberger, Friedrich; Entwicklungsrichtungen der Daimler-und Benz-Arbeit bis um die Jahrhundertwende, (Einzeldarstellung aus dem Museum und Archiv der Daimler-Benz AG), o. J..

Schildberger, Friedrich; Gottlieb Daimler und Karl Benz Pioniere der Automobilindustrie, Göttingen 1976.

Schmarbeck, W./Fischer, B.; Alle Opel Automobile seit 1899, Stuttgart 1994.

Schmid, Elmar D./Hager, Luisa; Marstallmuseum Schloß Nymphenburg in München, München 1992.

Schmidt, Georg; Borgward Carl F. W. Borgward und seine Autos (4. Aufl.), Stuttgart 1986.

Schneider, Hans-Jürgen; 125 Jahre Opel Autos und Technik, Köln 1986.

Schneider, Peter; NSU 1873-1984 Vom Hochrad zum Automobile (2. Aufl.), Stuttgart 1988.

Schrader, Halwart; Grosse Automobile Marken · Geschichte · Technik, Augsburg 1991.

Schrader, Halwart; BMW Automobile (5. erweiterte Aufl.), Gerlingen 1994.

Schröter, Alfred/Becker, Walter; Die deutsche Maschinenbauindustrie in der industriellen Revoltion, Berlin 1962.

Schumann, Fritz; Die Arbeiter der Daimler-Motoren-Gesellschaft, Leipzig 1911.

Schumpeter, Joseph A.; Business Cycles A Theoretical, Historical, and Statistical Analysis of Capitalist Process Vol. I, New York/London 1939.

Seherr-Thoss, H. C. von; Die deutsche Automobilindustrie Eine Dokumentation von 1886 bis heute, Stuttgart 1974.

Seherr-Thoss, H. C. von; Zwei Männer-Ein Stern, Gottlieb Daimler und Karl Benz in Bildern,

Daten und Dokumenten, Düsseldorf 1986.

Siebetz, Paul; Gottlieb Daimler Ein Revolutionär der Technik (1., 2., 3. u. 4. Aufl.), Berlin/ München 1940, 1941, 1942 u. Stuttgart 1950.

Siebetz, Paul; Karl Benz Ein Pionier der Verkehrsmotorisierung, München/Berlin 1943.

Siebetz, Paul; Ferdinand von Steinbeis Ein Wegbereiter der Wirtschaft, Stuttgart 1952.

Sievers, Immo; Auto Cars Die Beziehungen zwischen der englischen und der deutschen Automobilindustrie vor dem Ersten Weltkrieg, Frankfurt am Main/Berin 1995.

Speerschneider, Wolfgang; Die Entwicklung der deutschen Automobilindustrie und ihre Beziehungen zur Automobilversicherung (Diss.), Tübingen 1937.

Spiethoff, Arthur; Die Wirtschaftlichen Wechsellagen, Tübingen/Zürich 1955.

Stölzle, Johannes A.; Staat und Automobil in Deutschland (Diss.), o. O., 1959.

Tabacovici, Nicolae; Die Statistik der Einkommenverteilung mit besonderer Rücksicht auf das Königreich Sachsen, Leipzig 1913.

Tilly, Richard; Verkehrs-und Nachrichtenwesen, 1850-1914, Geld-, Kredit-und Versicherungswesen 1850-1914, in: Aubin, Hermann/Zorn, Wolfgang (Hrsg.), Handbuch der deutschen Wirtschafts-und Sozialgeschichte, Bd. 2, Stuttgart 1976.

Treue, Wilhelm/Zima, Stefan; Hochleistungsmotoren Karl Maybach und sein Werk, Düsseldorf 1992.

Treue, Wilhelm; Die Technik in Wirtschaft und Gesellschaft 1800-1970, in: Hermann, Aubin/ Zorn, Wolfgang (Hrsg.), Handbuch der Deutschen Wirtschafts-und Sozialgeschichte, Bd. 2., Stuttgart 1976.

Vanderblue, Homer B.; Pricing Policies in the Automobile Industry, Havard Business Review, Vol. XIIV No. 4, 1936.

Waltershausen, A. Sartorius; Deutsche Wirtschaftsgeschichte 1815-1914 (2. Aufl.), Jena 1923.

Wehler, Hans-Ulrich; Deutsche Gesellschaftsgeschichte 1849-1914, München 1995.

Wiß, Wilhelm J.; Mein Vater Georg Wiß, in: Michael Wessel (Hrsg.), Geschichte aus unserem Benzwerk, Ettingen 1991.

Wolff, Theo; Vom Ochsenwagen zum Automobil Geschichte der Wagenfahrzeuge und Fahrwesen von ältester bis zu neuester Zeit, Leipzig 1909.

Ziegler, Dr. Othmar; Schiene oder Strasse? Das moderne Verkehrsproblem in Deutschland, den wichtigsten europäischen Staaten und den USA, Prag 1934.

Zimmermann, Friedrich; Die Lage der deutschen Automobilindustrie und der Kampf um den

Automobilzoll (Diss.), o. O. 1926.

Zunkel, Friedrich; Der rheinisch-westfälische Unternehmer 1834-1879, Köln/Opladen 1962.

Zunkel, Friedrich; Das rheinisch-westfälische Unternehmertum 1834-1879, in: Böhme, Helmut (Hrsg.) Probleme der Reichsgründung 1848-1879, Köln/Berlin 1968.

O. V.; Adam Opel und Sein Haus Fünfzig Jahre der Entwicklung 1862-1919, o. O. o. J..

翻訳

アンブロジウス, G./ハバード, W. H.著, 肥前栄一/金子邦子/馬場哲訳, 『20世紀ヨーロッパ社会経済史』, 名古屋大学出版会 1991年.

ヴァイマー, ヴォルフガング著, 和泉雅人訳, 『ドイツ企業のパイオニア』, 大修館書店 1996.

ヴァルガ, エー著, 永任道雄訳, 『世界経済恐慌史』, 慶応書房 1937年.

ウィルキンス, マイラ/ヒル, E. フランク著, 岩崎玄訳, 『フォードの海外戦略』上, 小川出版 1969年.

ヴェーラー, ハンス・ウルリッヒ著, 大野英二/肥前栄一訳, 『ドイツ帝国 1871-1918年』, 未来社 1983年.

エルスナー, フレート著, 恐慌論研究会訳, 『経済恐慌』(第5刷), 大月書店 1968年.

クレム, フォルカー編, 大藪輝雄/村田武訳, 『ドイツ農業史』, 大月書店 1980年.

コンドラチェフ, N. D. 著, 「景気変動の長波」, 中村丈夫編, 『コンドラチェフ景気変動論』所収, 亜紀書房 1987年.

シュトルパー, グスタフ他著, 坂井栄八郎訳, 『現代ドイツ経済史』, 竹内書店 1969年.

シュピートホフ, アルトゥール著, 望月敬之訳, 『景気理論』, 三省堂 1936年.

スローン, A. P. 著, 田中融二/狩野貞子/石川博友訳, 『GMとともに』(28版), ダイヤモンド社 1990年.

ディーゼル, ルードルフ著, 山岡茂樹訳・解説, 『ディーゼルエンジンはいかにして生み出されたか』, 山海堂 1993年.

ヒルファーディング, ルドルフ著, 林要訳, 『金融資本論』(2), 国民文庫(第1刷), 大月書店 1981年.

ベック, ルードヴィヒ著, 中沢護人訳, 『鉄の歴史』IV (3), たたら書房 1970年.

ベック, ルードヴィヒ著, 中沢護人訳, 『鉄の歴史』V (1), たたら書房 1970年.

ヘンニング, フリードリヒ・ヴィルヘルム著, 林達/柴田英樹訳, 『ドイツの工業化』, 学文社 1997年.

メンデリソン, エリ・ア著, 飯田貫一/平舘利雄/山本正美/平田重明訳, 『恐慌の理論と歴史』第3分冊, 青木書店 1960 年.

メンデリソン, エリ・ア著, 飯田貫一/平舘利雄/山本正美/平田重明訳, 『恐慌の理論と歴史』第4分冊, 青木書店 1961 年.

メンデリソン, エリ・ア著, 飯田貫一/池田穎昭訳, 『続　恐慌の理論と歴史』(第2版), 青木書店 1970 年.

モテック, ハンス著, 大島隆雄訳, 『ドイツ産業革命』, 未来社 1968 年.

モテック, ハンス著, 大島隆雄訳, 『ドイツ経済史 1789-1871年』(第3刷), 大月書店 1985 年.

モテック, ハンス/ベッカー, ヴァルター/シュレーター, アルフレート著, 大島隆雄/加藤房雄/田村栄子訳, 『ドイツ経済史 ビスマルク時代からナチス期まで (1871-1945年)』, 大月書店 1985 年.

ヤイデルス, オットー著, 長坂聰訳, 『ドイツ大銀行の産業支配』(第1版第2刷), 勁草書房 1985 年.

リッター, G. A.著, 木谷勤/北住炯一/後藤俊明/竹中亨/若尾祐司訳, 『社会国家その成立と発展』, 晃洋書房 1993 年.

レイ, ジョン・B著, 岩崎玄/奥村雄二郎訳, 『アメリカの自動車 その歴史的展望』, 小川出版 1969 年.

レーニン, V. I.著, 「資本主義の最高の段階としての帝国主義」, 『レーニン全集』(第6刷) 22巻, 大月書店 1962 年.

引用および参照邦語文献

赤川元章, 『ドイツ金融資本と世界市場』, 慶應通信 1994 年.

石崎昭彦, 『アメリカ金融資本の成立』(第2版), 東京大学出版会 1965 年.

市川泰次郎, 『世界景気の長期波動』, 亜紀書房 1984 年.

伊藤清己, 『ドイツ資金計算書論』, 同文館 1985 年.

井上昭一, 『GMの研究──アメリカ自動車経営史──』, ミネルヴァ書房 1982 年.

井上昭一, 『アメリカ自動車工業の生成と発展』, 関西大学経済・政治研究所 1991 年.

岩越忠恕, 『自動車工業論』, 東京大学出版会 1963 年.

岩見徹, 『ドイツ恐慌史論 第二帝政期の成長と循環』, 有斐閣 1985 年.

宇沢弘文, 『自動車の社会的費用』(第18刷改版), 岩波新書 1991 年.

宇野博二, 「アメリカにおける自動車工業の発達──会社金融を中心としてみた──」,

学習院大学・政経学部『研究年報』5, 1957年.
岡本友孝,「新興産業としてのアメリカ自動車工業」上, 福島大学『商学論集』第35巻第2号 (1966年6月).
奥村宏/星川順/松井和夫,『自動車工業』(第8刷), 東洋経済新報社1968年.
大島隆雄,「ドイツにおける資本主義の勃興」, 越智武臣/柴田三千雄編,『岩波講座, 世界歴史』近代19, 岩波書店1973年.
大島隆雄,「両大戦間期のドイツ自動車工業 (1) ——とくにナチス期のモータリゼーションについて——」, 愛知大学『経済論集』第126号 (1991年7月).
大島隆雄,「両大戦間期のドイツ自動車工業 (2) ——とくにナチス期のモータリゼーションについて——」, 愛知大学『経済論集』第127号 (1991年12月).
大島隆雄,「両大戦間期のドイツ自動車工業 (3,完)——とくにナチス期のモータリゼーションについて——」, 愛知大学『経済論集』第128号 (1992年2月).
大島隆雄,「第二次世界大戦中のドイツ自動車工業 (1) ——とくに戦争経済との関連において——」, 愛知大学『経済論集』第132号 (1993年7月).
大島隆雄,「第二次世界大戦中のドイツ自動車工業 (2,完) ——とくに戦争経済との関連において——」, 愛知大学『経済論集』第133号 (1993年11月).
大島隆雄,「ドイツ自動車工業の成立過程 (1) ——その前史を中心に——」, 愛知大学『経済論集』第136号 (1994年11月).
大島隆雄,「ドイツ自動車工業の成立過程 (2) ——パイオニアたちの開発活動——」, 愛知大学『経済論集』第138号 (1995年8月).
大島隆雄,「ドイツ自動車工業の成立過程 (3) ——パイオニアたちの開発活動——」, 愛知大学『経済論集』第139号 (1995年12月).
大島隆雄,「ドイツ自動車工業の成立過程 (4) ——萌芽的成立期 (1885/86~1901/02年) ——」, 愛知大学『経済論集』第141号 (1996年7月).
大島隆雄,「ドイツ自動車工業の成立過程 (5) ——萌芽的成立期 (1885/86~1901/02年) ——」, 愛知大学『経済論集』第142号 (1996年12月).
大島隆雄,「ドイツ自動車工業の成立過程 (6) ——本格的成立期 (1901/02~1913/14年) ——」, 愛知大学『経済論集』第144-145合併号 (1997年12月).
大島隆雄,「史料紹介 ドイツ自動車工業のパイオニア W. マイバッハに関する第1次史料の紹介」, 愛知大学『経済論集』第140号 (1996年2月).
大島隆雄, 東日評論,「ドイツ自動車発明秘話」, 上, 中, 下, 東海日日新聞1996年5月20日, 6月24日; 7月29日号.

大隅健一郎, 『新版 株式会社法変遷論』(新版第1刷), 有斐閣1987年.
大月誠,「世紀末大不況とドイツ農業——西ドイツ・バーデンを中心に——」, 永田啓恭/谷口明丈/土屋慶之助/大月誠, 『「大不況期」における国際比較』, 龍谷大学社会科学研究叢書所収, 1985年.
大野英二, 『ドイツ金融資本成立史論』(第4刷), 有斐閣1966年.
大野英二, 『ドイツ資本主義論』, 未来社1965年.
大野英二, 『現代ドイツ社会史研究』, 岩波書店1982年.
折口透, 『自動車の世紀』, 岩波新書1997年.
加藤博雄, 『日本自動車産業論』, 法律文化社1985年.
加藤房雄, 『ドイツ世襲財産と帝国主義』, 勁草書房1990年.
鎌田正, 森晃, 中村通義, (宇野弘蔵監修)『講座 帝国主義の研究3 アメリカ資本主義』, 青木書店1973年.
川口博也, 『特許法講義』, 勁草書房1995年.
河野健二/飯沼二郎編, 『世界資本主義の形成』, 岩波書店1967年.
河野健二/飯沼二郎編, 『世界資本主義の歴史構造』, 岩波書店1970年.
川本和良, 『ドイツ産業資本成立史論』, 未来社1971年.
川本和良/箸方幹逸/高橋哲雄/大月誠/肥前栄一編, 『比較社会史の諸問題』, 未来社1984年.
木谷勤, 『ドイツ第二帝政史研究』, 青木書店1977年.
熊谷一男, 『ドイツ帝国主義論』, 未来社1973年.
毛馬内勇士,「長期波動と現代経済学」, 市川泰次郎編, 『世界景気の長期波動』所収, 亜紀書房1984年.
幸田亮一,「第1次大戦前 ドイツ重機工業における工場制度の変容——M. A. N. 社の事例研究（2）——」, 佐賀大学『経済論集』3-3号, 1986年.
幸田亮一, 『ドイツ工作機械工業成立史』, 多賀出版1994年.
斉藤晴造, 『ドイツ銀行史の研究』, 法政大学出版局1977年.
末川清,「近代ドイツの形成——「特有の道」の起点——」, 晃洋書房1996年.
鈴木圭介編, 『アメリカ経済史 II 1860年代-1920年代』, 東京大学出版会1982年.
下川浩一, 『第三メーカーの成立と経営政策 クライスラー』, 東洋経済新報社1974年.
侘美光彦,「自動車産業」, 玉野井芳郎編著, 『大恐慌の研究』(復刊 第2刷) 所収, 東京大学出版会1982年.
種田明,「技術と創造性の伝統——R. ディーゼルの生涯——」, 寺尾誠編, 『温故知新——

——歴史・思想・社会論集』所収, 慶應通信1990年.
戸原四郎, 『ドイツ金融資本の成立過程』, 東京大学出版会1960年.
中村靜治, 『現代自動車工業論——現代資本主義分析のひとこま——』, 有斐閣1983年.
中村靜治, 「技術革命とコンドラチェフ波」, 市川泰治郎編, 『世界景気の長期波動』所収, 亜紀書房1984年.
中山信弘, 『工業所有権法』上, 弘文堂1994年.
日本自動車工業会編, 『日本自動車産業史』, 1988年.
西牟田祐二, 「両大戦間期のドイツ資本主義と自動車工業の位置」, 『史林』第68巻第5号 (1985年9月).
西牟田祐二, 「ダイムラー゠ベンツA.G.の成立——ダイムラー゠ベンツ社の成立と展開 (一) ——」, 『社会科学研究』第38巻第6号 (1987年1月).
西牟田祐二, 「ダイムラー゠ベンツ社の経営戦略 1920年代——ダイムラー゠ベンツ社の成立と展開 (二) ——」, 『社会科学研究』第39巻第1号 (1987年8月).
西牟田祐二, 「ダイムラー゠ベンツ社の経営戦略 1930年代——ダイムラー゠ベンツ社の成立と展開 (三) ——」, 『社会科学研究』第39巻第3号 (1987年10月).
西牟田祐二, 「軍需企業としてのダイムラー゠ベンツ社——ダイムラー゠ベンツ社の成立と展開 (四) ——」, 『社会科学研究』第40巻第6号 (1989年3月).
西牟田祐二, 『ナチズムとドイツ自動車工業』, 有斐閣1999年.
服部春彦, 『フランス産業革命論』, 未来社1968年.
原輝史, 『フランス経営史』, 有斐閣1980年.
肥前栄一, 『ドイツ経済政策史序説 プロイセン的進化の史的構造』, 未来社1973年.
藤瀬浩司, 『近代ドイツ農業の形成——いわゆる「プロシャ型」進化の歴史的検証——』, 御茶の水書房1967年.
古川澄明, 「フォルクスワーゲンヴェルクの成立過程」(1) (2・完), 『六甲台論集』第26巻第2号 (1979年7月) 第27巻第4号 (1981年1月).
古川澄明, 「フォルクスワーゲンヴェルクの生成の史的前提への接近——その1 ドイツ自動車産業の発展の主要特徴——」, 『鹿児島経大論集』第22巻第4号 (1982年1月).
古川澄明, 「ナチレジーム初期におけるヒトラーの『ドイツ国民車』構想へのナチ政府の取組姿勢」, 『鹿児島経大論集』第25巻第3号 (1984年10月).
古川澄明, 「ナチの『ドイツ国民車』事業に関する西ドイツ連邦文書館所蔵文書の検討——ベルリン商工会議所からヒトラーへの『国民車』事業の組織化原則の提案—

—」,『鹿児島経大論集』第25巻第4号 (1985年1月).
古川澄明,「ドイツ自動車産業界の『国民車プロジェクト』の発足——フォルクスワーゲン社の成立史研究における予備的考察 (1) ——」,『鹿児島経大論集』第26巻第1号 (1985年4月).
古川澄明,「ドイツ自動車産業界の『国民車プロジェクト』の展開 I ——フォルクスワーゲン社の成立史研究における予備的考察 (2) ——」,『鹿児島経大論集』第26巻第2号 (1985年7月).
古川澄明,「ドイツ自動車産業界の『国民車プロジェクト』の展開 II ——フォルクスワーゲン社の成立史研究における予備的考察 (3) ——」,『鹿児島経大論集』第26巻第3号 (1985年10月).
古川澄明,「ドイツ自動車産業界の『国民車プロジェクト』の展開 III ——フォルクスワーゲン社の成立史研究における予備的考察 (4) ——」,『鹿児島経大論集』第26巻第4号 (1986年1月).
古川澄明,「ドイツ自動車産業界の『国民車プロジェクト』の展開IV・完了——フォルクスワーゲン社の成立史研究における予備的考察 (5) ——」,『鹿児島経大論集』第27巻第1号 (1986年4月).
古川澄明,「ドイツ自動車産業界の『国民車プロジェクト』の挫折 I ——フォルクスワーゲン社の成立史研究における予備的考察 (6) ——」,『鹿児島経大論集』第27巻第2号 (1986年7月).
古川澄明,「ドイツ自動車産業界の『国民車プロジェクト』の挫折—— II フォルクスワーゲン社の成立史研究における予備的考察 (7・完了)——」,『鹿児島経大論集』第27巻第3号 (1986年10月).
保住敏彦,『ドイツ社会主義の政治 経済 思想』,法律文化社1993年.
北条功,「ドイツ産業革命と鉄道建設」,高橋幸八郎編,『産業革命の研究』所収,岩波書店1965年.
前川恭一/山崎敏夫,『ドイツ合理化運動の研究』,森山書店1995年.
松浦保/伊沢久昭/上原一男/竹内啓/林亮,『イタリア経済』,東洋経済新報社1968年.
松田智雄,『新編「近代」の史的構造論——近代社会と近代精神,近代資本主義の「プロシャ型」——』,ぺりかん社1968年.
松田智雄,『ドイツ資本主義の基礎研究』,岩波書店1967年.
三輪芳郎編,『現代日本の産業構造』,青木書店1991年.
村上悦子編,『ワールド・カー・ガイド10 プジョー』,ネコ・パブリッシング1993年

村瀬興雄,『ドイツ現代史』(第10版),東京大学出版会1982年.
森恒雄,(宇野弘蔵監修),『講座帝国主義の研究4,イギリス資本主義』,青木書店1975年.
楊井克己編,『世界経済論』(第11刷),東京大学出版会1981年.
柳沢治,『ドイツ中小ブルジョワジーの史的分析』,岩波書店1898年.
山本尚一,『イギリス産業構造論』,ミネルヴァ書房1974年.
渡辺尚,『ラインの産業革命——原経済圏の形成過程——』,東洋経済新報社1987年.

人名索引

【ア行】

アッカーマン，ルードルフ（Ackermann, Rudolf） 138, 146
アーノルド，ウォルター（Arnold, Walter） 327, 563
アパーソン兄弟（Apperson, Edgar; Elmer） 471
アンドレアエ，ヘルマン（Andreae, Hermmann） 263
イェニケ，リヒャルト・ロルフ，（Jeanicke, Richard Rolf） 422
イェリネック，エミール（Jellinek, Emil） 113, 116, 235, 240, 375, 376
イェリネック，メルセデス（Jellinek, Mercedes） 113
イザーク，マルティン（Isaac, Martin） 537
ヴィス，ゲオルク（Wiß, Georg） 269, 393
ヴィノ，ルシアン（Vinot, Lucien） 330, 458
ヴィルヘルム2世（Wilhelm II） 217, 240, 527, 528
ヴィンクルホーファー，ヨハン・バプティスト（Winklhofer, Johann Baptist） 422
ウィントン，アリグザンダー（Winton, Alexander） 258, 323, 324
ヴェイヤン，ジョセフィーヌ（Vaillant, Josephine） 131
ヴェルナー，ヴィルヘルム（Werner, Wilhelm） 117
ヴェルナー，グスタフ（Werner, Gustav） 59
ヴェルフェルト，カール（Wölfert, Karl） 92
ヴォルフ，エルンスト（Wolff, Ernst） 415
ウルテル，ルードルフ（Urtel, Rudolf） 415
ウーレン，ヴィルヘルム（Uren, Wilhelm） 276
エーアハルト，ハインリヒ（Ehrhardt, Heinrich） 243, 270, 287, 292, 364, 370, 371
エヴァンズ，オリヴァー（Evans, Oliver） 25
エコノモ，ヘクトール（Ecomono, Hektor） 49
エスリンガー，フリードリヒ・ヴィルヘルム（Eßlinger, Friedrich Wilhelm） 135, 145, 250, 251, 252,

254, 292, 297,
オースチン, ハーバート（Austin, Herbert）　259, 289, 327, 479
オズモン（Osmont）　25
オットー, ニコラオス・アウグスト（Otto, Nikolaus August）　10, 35, 41, 42, 50〜54, 60〜64, 77〜79, 121, 133, 134, 136, 169, 210, 248, 251, 300, 311, 316, 558
オーデンハイマー, レオポルト（Odenheimer, Leopold）　249, 250
オーベル, アダム（Opel, Adam）　176, 177, 269, 271, 272, 398, 430
オーベル, ヴィルヘルム（Opel, Wilhelm）　176, 179, 272, 400, 404
オーベル, カール（Opel, Carl）　179, 272, 400
オーベル, ゾフィー（Opel, Sophie）　177, 272, 399, 400
オーベル, ハインリヒ（Opel, Heinrich）　272, 400
オーベル, フリッツ（Opel, Friedrich od. Fritz）　176, 179, 272, 400, 404
オーベル, ルードヴィヒ（Opel, Ludwig）　272, 400
オールズ, ランスン（Olds, Ranson E.）　288, 330, 333, 466

【カ行】

カウーラ, アルフレート・フォン（Kaula, Alfred von）　375, 376
ガーニイ, ゴールズワージー（Gurney, Goldworthy）　23
カペロ, ゼバスティアン（Capello, Sebastian）　250
ガンス, ジャン（Gans, Jean）　262
ガンス, ユリウス（Gans, Julius）　145, 253, 254, 262, 263, 267, 298, 392
キャピテーヌ, エミール（Capitaine, Emil）　102
キュニョ, ニコラス・ジョセノ（Cugnot, Nicolas Joseph）　29
キュールシュタイン, エドアルト（Kuhlstein, Eduard）　28, 175, 271, 370
クーデル, マックス（Cudell, Max）　183, 270, 286, 319, 371, 411, 412, 564
クライヤー, ハインリヒ（Kleyer, Heinrich）　174, 182, 250, 270, 406
クラーク, デューガルド（Clerk, Dugald）　133
グラスホーフ, フランツ（Grashof, Franz）　58, 132, 248, 315, 316, 559
クラモン, アドルフ（Clémont, Adolphe）　267, 458
クリエジエ, ルイ・アントワーヌ（Kriéger, Louis Antoine）　28
クリンゲンベルク, ゲオルク（Klingenberg, Georg）　273, 414
グレイ, ジョン（Gray, John S.）　464
クレッツェヴァー, ジークムント（Kleczewer, Siegmund）　415
グロス, アードルフ（Groß, Adolf）　87, 221, 236
ケテラー, カール（Ketterer, Karl）　392
ゴッシー, カール（Gossi, Carl）　415

【サ行】

ザイデル, アルノルト（Seidel, Arnold）　419

サイミングトン, ウィリアム（Symington, William）　22

サラザン, エドアール（Sarazin, Edouard）　62, 96, 218, 317

サラザン, ルイーズ（Sarazin, Louise）　95, 96, 218, 317, 318, 562

サラザン=ルヴァッソール, ルイーズ（Sarazin-Levassor, Louise）　241, 245

シェッツエル, ゲオルク（Schätzel, Georg）　547

シェーレ, ハインリッヒ（Scheele, Heinrich）　28

シボレー, ルイ（Chevrolet, Louis）　470

シムズ, フレデリック（Simms, Frederick R.）　106, 230, 231, 233, 243, 325, 326

ジーメンス, ヴェルナー（Siemens, Werner）　214

シャイブラー兄弟（Scheibler, Fritz u. Kurt）　372

シュヴァルツ, カール（Schwarz, Carl）　417

シュヴァーネマイヤー, カール（Schwanemeyer, Carl）　410

シュタイナー, キリアン・フォン（Steiner, Kilian von）　219, 221, 295, 375

シュタイナー, ヘルマン（Steiner, Hermann）　375

シュタインウェイ, ウィリアム（Steinway, William）　321, 322, 563

シュタインウェイ, ハインリヒ（Steinway, Heinrich）　321

シュタインバイス, フェルディナント（Steinbeis, Ferdinand）　57, 307, 310, 311, 313

シュタルクロフ, フランツ（Starkloph, Franz）　270, 406

シュテーヴァー兄弟（Stoewer, Emil u. Bernhard jun.）　174, 182, 271, 412

シュテーヴァー, ベルンハルト（Stoewer, Bernhard）　182, 271, 412

シュテルンベルク, アルフレート（Sternberg, Alfred）　276

ジュート, マックス（Syth, Max）　315

シュトランスキー（Stransky）　149

シュトル, ハインリヒ（Stoll, Heinrich）　416

シュトレーゼマン, グスタフ（Stresemann, Gustav）　534

シュネック, カール（Schneck, Karl）　132

シュネデール, テオドール（Schneider, Theodor）　460

シュピートホフ, アルトゥア（Spithoff, Arthur）　40

シュピール兄弟（Spiel, Carl u. Adolf）　101, 226, 295

シュペーア, アルベルト（Speer, Arbert）　393

シューマン, フリッツ（Schumann, Fritz）　381, 383, 384

シュミット, カール（Schmidt, Carl）　416, 417

シュミット, クリスティアン（Schmidt, Christian）　416

シュミット=ポーレックス, カール (Schmidt-Polex, Carl)　293, 406
シュムック, オットー (Schmuck, Otto)　135, 248, 291, 297
シュレッター, マックス (Schroedter, Max)　98, 100, 101, 106, 221, 223, 230
ショイアー, マックス (Scheuer, Max)　249, 250, 292
ステーヴィン, シーモン (Stevin, Simon)　21
スミス, サミュエル (Smith, Samuel)　466
ゼーフェリング, カール (Severing, Carl)　535
ゼック, ヴィリー (Seck, Willy)　274
ゼムラー (Semler)　243
セルデン, ジョージ (Selden, George)　321, 322
セルポレ, レオン (Serpollet, Léon)　25, 318, 454
ソレンセン, チャールズ (Sorensen, Charles)　447, 465

【タ行】

ダ・ヴィンチ, レオナルド (da Vinci, Leonardo)　21
ダイムラー, アードルフ (Daimler, Adolf)　240, 245, 376
ダイムラー, ゴットリープ (Daimler, Gottlieb)　11, 35, 57〜59, 61, 63, 64, 73, 74, 77, 78, 82, 87, 91, 92, 94, 102, 120, 123, 124, 127, 159, 205, 212, 244, 245, 298
ダイムラー, パオル (Daimler, Paul)　87, 240, 245, 295, 376, 377
ダッジ兄弟 (Dodge, John Francis; Horace Elgin)　471, 472
ダラック, アレクサンドル (Darracq, Alexandre)　183, 287, 456
ツォンス, ミヒエル・ヨーゼフ (Zons, Michel Joseph)　51
デヴィッドソン (Davidson, M.)　27
ディーゼル, ルードルフ (Diesel, Rudolf)　35, 101, 309, 313, 560
ディーツ, シャルル (Dietz, Charles)　25
ディール, ゲオルク (Diehl, Georg)　267, 392
デュラント, ウィリアム (Durant, William C.)　288, 468, 469, 470
デッティンガー, ヨーゼフ (Dettinger, Joseph)　252
デュリア, チャールズ (Duryea, Charles)　258, 288, 323, 464, 563
デュリア, フランク (Duryea, Frank)　288, 323, 464, 563
デュルコップ, フェルディナント・ロバート・ニコラオス (Durkopp, Ferdinand Robert Nikolaus)　174, 181, 183, 269, 292, 430, 549
テンニェス, カール (Tonjes, Carl)　439
ドゥアンガン, エミール (Deguingand, Emile)　458
ドゥ・ディオン, アルベール (de Dion, Albert)　251, 455
ドゥッテンホーファー, マックス・ヴィルヘルム (Duttenhofer, Max Wilhelm)　98, 101, 219, 221〜

223, 225, 227, 230～233, 236, 242, 243～245, 273, 290, 291, 294, 295～297, 374～376
ドゥラージュ, ルイ（Delage, Louis） 458
ドゥラマール=ドゥヴットヴィル, エドアール（Delamare-Devoutteville, Edouard） 76
ドイラー, ヴィルヘルム（Deurer, Wilhelm） 231
ドート, ジョサイア・ダラス（Dort, Josiah Dallas） 469
トラウマン, ラファエル（Traumann, Raphael） 247
トレヴィシック, リチャード（Trevithick, Richard） 22, 26

【ナ行】

ナウエン, ハインリヒ（Nauen, Heinrich） 249
ナッケ, エミール・ヘルマン（Nacke, Emil Hermann） 276, 372, 549
ナッシュ, チャールズ（Nash, Charles W.） 288, 473
ナリンガー, フリードリヒ（Nallinger, Friedrich） 376, 392
ニーベル, ハンス（Niebel, Hans） 392

【ハ行】

ネベニウス, カール・フリードリヒ（Nebenius, Karl Friedrich） 307, 309
バウアー, ヴィルヘルム（Bauer, Wilhelm） 114
パウルマン, ゲオルク（Paulmann, Georg） 419
ハオチュ, ジャン（Hautzsch, Jean） 21
パオル, バァン（Paul, Ban） 247
ハース, イシドール（Haas, Isidor） 262
バトラー, エドワード（Butler, Edward） 324
ハルト, ヨーゼフ（Hart, Josef） 315
バルツホーフ, ゴットロープ（Barzhof, Gottlob） 416
ハルトゲンシス, ジーモン（Hartgensis, Simon） 262
ハルトマン, ハインリヒ（Hartmann, Heinrich） 249, 250
バルバルー, マリウス（Barbarous, Marius） 267
ハンメスファール, フリッツ（Hammesfahr, Fritz） 392
ビスマルク, オットー・フォン（Bismarck, Otto von） 216, 291
ビュイック, デーヴィド・ダンバー（Buick, David Dunbar） 330, 361, 468, 472～474
ヒューストン, ヘンリー（Hewston, Henry） 327
ビュッシング, ハインリヒ（Büssing, Heinrich） 174, 182, 184, 276, 286, 292, 363, 374, 424
ビューラー, エミール（Bühler, Emil） 135, 248, 249, 250, 291, 297
ビューラー, カール・クリスティアン（Bühler, Karl Christian） 250
ビューラー, ルードルフ（Bühler, Rudolf） 249
ビーレンツ, ヨハネス（Bierenz, Johannes） 92

ファルケ, アルベルト (Falke, Albert)　273, 364, 372, 411, 413
フォード, ヘンリー (Ford, Henry)　258, 288, 321, 323, 331, 333, 464, 466, 470, 472
フィーツ, カスパール (Vietz, Kaspar)　315
フィッシャー, グスタフ (Vischer, Gustav)　114, 223, 230, 376
フィッシャー, フリードリヒ・フォン (Fischer, Friedrich von)　145, 155, 253, 254, 262, 298
フィンケンチャー兄弟 (Finkentscher, Paul u. Franz)　421
フェーリング, ヘルマン (Fehring, Hermann)　312
フォルマー, ヨーゼフ (Vollmer, Joseph)　174, 175, 183, 269, 271, 414
ブーケ, ヴェンデリン (Bouquet, Wendelin)　249, 250
プジョー, アルマン (Peugeot, Armand)　318, 454
ブートン, ジョルジュ (Bouton, George)　25, 455
プファイファー, ヴァレンティン (Pfeifer, Valentin)　56
プファイファー, エミール (Pfeifer, Emil)　56
プファーラー, ヤーコプ (Pfaler, Jakob)　144
ブリスコー兄弟 (Briscoe, Benjamin; Frank)　471
ブルンターラー, ハインリヒ (Brunthaler, Heinrich)　276
ブレイトン, ジョージ・ベイリイ (Brayton, George Baily)　321
ブレヒト, ヨーゼフ (Brecht, Joseph)　150, 263, 392
ブロージエン, リヒャルト (Brosien, Richard)　262, 392
ヘインズ, エルウッド (Haynes, Elwood)　323, 471
ベッカー, ヤーコプ (Becker, Jakob)　249
ベックマン, オットー (Beckmann, Otto)　275, 286
ベーコン, ロジャー (Bacon, Roger)　21
ペリー (Pery, P.L.)　479
ベルクマン, テオドール (Bergmann, Theodor)　174, 269, 270, 393
ベルゲ, エルンスト (Berge, Ernst)　377
ヘルテル, ヴィリバート (Hertel, Wilibart)　421
ベルリエ, マリウス (Berliet, Marius)　457, 458, 461
ペロー (Perreau)　84
ペロン, ハインリヒ (Perron, Heinrich)　262
ベンツ, オイゲーン (Benz, Eugen)　143, 254, 263
ベンツ, カール (Benz, Carl od. Karl)　11, 35, 42, 64, 73, 75, 90, 123, 128, 131, 136, 138, 139, 141, 144, 159, 161, 165, 169, 173, 246, 249, 251, 254, 256, 262, 267
ベンツ, ベルタ (Benz, Bertha)　132, 133, 143
ベンツ, ヨハン・ゲオルク (Benz, Johann Georg)　131

ベンツ, リヒャルト (Benz, Richard)　143
ヘンコック, ウォルター (Hancock, Walter)　23
ボイト, ペーター・クリスティアン (Beuth, Peter Christian)　307〜309
ボッシュ, ロバート (Bosch, Robert)　110, 111, 162〜164
ボヌヴィル (Bonnevill)　324
ホルツマン, カール・ハインリヒ (Holzmann, Carl Heinrich)　57, 311
ホルヒ, アウグスト (Horch, August)　174, 180, 183, 274, 285, 287, 292, 418, 419, 421
ボレ, アメデ (Bollée, Amédée)　25, 27, 164

【マ行】

マイバッハ, ヴィルヘルム (Maybach, Wilhelm)　11, 42, 57, 58, 61, 63, 73, 77, 79, 80, 83〜86, 88, 94, 99, 100, 103, 104, 120, 124, 127, 128, 130, 159, 168, 206, 207, 227, 232, 283, 299, 377
マイバッハ, カール (Maybach, Karl)　377
マキシム, ハイラム・パーシー (Marim, Hiram Percy)　323
マックスウェル, ジョナサン・ディクスン (Maxwell, Johnathan Dixon)　471
マードック, ウィリアム (Murdock, William)　22
マルカムソン, アリグザンダー (Malcomson, Alexander Y.)　464
マルクス, ジークフリート (Marcus, Siegfried)　76, 169
ミショー, エルネスト (Michaux, Ernest)　75
ミショー, ピエール (Michaux, Piere)　75
ミヒェルマン, エミール (Michelmann, Emil)　392
ミュラー, クリスティアン (Müller, Christian)　311, 312
ムゼット (Mousette)　28
メーヤン, ポール (Mayan, Paul)　117
モリス, リチャード (Morris, Richard)　288, 480, 483, 484

【ヤ行】

ヤール, カール (Jahr, Karl)　392
ユーゴン (Hugon)　54

【ラ行】

ライス, カール (Reis, Karl)　262
ライテル, ヘルマン (Reitel, Hermann)　57, 283
ライトマン, クリスティアン (Reitmann, Christian)　60, 71
ライヒシュタイン, カール (Reichstein jun., Karl)　410
ライヒシュタイン兄弟 (Reichstein, Carl u. Adolf)　410
ラヴァル, ピエール (Raval, Pierre)　75
ラーテナウ, エミール (Rathenau, Emil)　243, 273, 414

ラファール (Raffard) 27
ランゲン, オイゲーン (Langen, Eugen) 35, 53, 56, 58, 59, 60, 63, 216, 309, 316
ランゲン, グスタフ (Langen, Gustav) 52, 216
ランゲン, ヤーコプ (Langen, Jakob) 56
ランケンシュペルガー, ゲオルク (Lankensperger, Georg) 138, 146
ランチェスター, フレデリック・ウィリアム (Lancester, Frederick William) 289, 327, 479
リシャール, ジョルジュ (Richard, George) 330, 458
リスト, フリードリヒ (List, Friedrich) 310
リッター, アウグスト (Ritter, August) 133, 246
リーデマン (Riedemann, W.A.) 48
リード, ネイサン (Leed, Nathan) 22
リービッヒ, テオドール・フライヘル・フォン (Liebig, Theodor Freiherr von) 148, 149, 256
リーランド, ヘンリー (Leland, Henry M.) 467, 475
リンガー, カール・フリードリヒ (Ringer, Karl Friedrich) 132
リンガー, ベルタ (Ringer, Bertha) 132, 247
リンク, カール (Linck, Karl) 98, 216, 221
リングス, フランツ (Rings, Franz) 60, 61
ルヴァッソール, エミール (Levassor, Emile) 96, 317
ルッツマン, フリードリヒ (Lutzmann, Friedrich) 174～178, 179, 268, 272, 284, 286, 292, 399, 430
ルノー, フェルナン (Renault, Fernand) 456
ルノー, マンセル (Renault, Mancel) 456
ルノー, ルイ (Renault, Louis) 456
ルノワール, ジョゼフ・エチエンヌ (Lenoir, Joseph Étienne) 51, 52, 57, 59, 75, 76, 80, 248, 311
ルロー, フランツ (Reuleaux, Franz) 59
ルンプラー, エドムント (Rumpler, Edmund) 406, 408
レーヴェ, イシドール (Lowe, Isidor) 44, 243, 273, 375
レッテンバッハー, フェルディナント (Redtenbacher, Ferdinand) 132, 248, 284, 313, 314, 316, 559
レープリング, アルトゥーア (Rebling, Arthur) 271
ロウツキー, ボリス (Loutzky, Boris) 414
ロシェ, エドアール (Rochet, Edouard) 46
ロジェ, エミール (Roger, Emile) 287, 319, 322, 324, 458
ローゼ, マックス・カスパール (Rose, Max Caspar) 135, 145, 250, 251, 252, 254, 262, 392
ローゼン=ルンゲ (Roosen=Runge, L.A.) 56
ローソン, ヘンリー・ジョン (Lowson, Herry John) 231～233, 325, 326, 478
ロッチェ (Lotzsche) 25

ローレンツ, ヴィルヘルム (Lorenz, Wilhelm)　98, 101, 219, 221〜223, 225, 226, 231〜233, 242, 273, 290, 291, 294, 297, 374〜377

【ワ行】

ワイス, ジョージ (Weis, George)　473
ワット, ジェームズ (Watt, James)　22

主要企業名索引

【ア行】

アイゼナッハ自動車工場株式会社（Fahrzeugfabrik Eisenach AG）　270, 292, 320, 364, 370, 549
アウストロ・ダイムラー社［墺］（Austro Daimler-Werke AG Wiener Neustadt）　377
アウディ自動車工場有限会社（Audi-Automobilwerke GmbH Zwickau）　181, 364, 371, 419～421
アウト・ウニオーン株式会社（Auto Union AG Chemnitz）　181, 275, 421, 422, 424
アー・エー・ゲー社（Allgemeine Elektritität Gesellschaft）　28, 175, 273, 274, 406, 414～416
アーガイル社［英］（Argyll）　289, 477, 481
アステ社［仏］（Aster）　411
アドラー自転車工場株式会社（1895: Adler-Fahrradwerke vorm. Heinrich Kleyer Frankfurt/M.）　182, 270, 286, 370, 405～409
アドラー工場株式会社（1899: Adler Werke AG Frankfurt/M.）　365, 370, 405
アーノルド・モーター馬車会社［英］（Arnold Motor Carriage Co.）　327
アーヘン鉄鋼所（Aachener Stahlwarenfabrik vorm. Carl Schwanemeyer）　410, 411
アームストロング・ウィットワース社［英］（Armstrong-Whiteworth）　289, 481
アールグス社（Argus-Apparate GmbH Berlin-Charlottenburg）　277, 287, 319, 370, 564
アルテンエッセン機械製造株式会社（Maschinenbau-Anstalt Altenessen AG）　431
アルトマン自動車工場有限会社（Fahrzeugfabrik Altmann & Cie GmbH）　243
アルビオン社［英］（Albion）　289, 477, 481
アロール・ジョンストン社［英］（Arrol-Johnston）　477, 481
アングロ・フレンチ自動車株式会社［英］（Anglo-French Motor Carriage Co.）　458
アンハルト自動車工場（Anhaltische Motorwagenfabrik Friedrich Lutzmann）　176, 269, 430
イギリス・フォード社［英］（Ford Motor Co. Ltd. in England）　478, 479, 481
イゾッタ・フラスキーニ社［伊］（Isotta Fraschini）　496
一般自動車有限会社（Allgemeine Motorwagengesellschaft mbH）　243, 273, 414, 415
ヴァンデラー工場株式会社（Wanderer-Werke vorm. Winkelhofer & Jeanicke AG）　181, 275, 371,

主要企業名索引　605

420, 423
ヴィッカース社［英］（Vickers Son and Maxim）　289
ヴィノ・エ・ドゥグァンガン社［仏］（Vino et Deguingand）　330, 458, 459
ヴィーマン・カロセリー工場（Karosseriefabrik Wiemann & Co. Magdeburg）　430
ヴィンプフ社（W. Wimpff & Sohn）　87
ウーターメーレ有限会社（Untermöhle GmbH Köln）　181, 275
ヴュルテンベルク連合銀行（Württembergische Vereinbank）　98, 218, 226, 290, 375, 376
ウルズリー社［英］（Wolseley）　289, 327, 331, 477, 479, 481
エヴァリット・メッヂャー・フランダース社［米］（Everitt Metzger- Franders Co.）　473
エスリンゲン機械工場（Maschinenfabrik Eßlingen）　87, 168, 212, 221
エディソン照明会社［米］（Edison Illuminating Co.）　288
エヌ・アー・ゲー社（NAG: Neue bzw. Nationale Automobil-Gesellschaft AG Berlin-Oberschöneweide）
　　365, 370, 414
エンジン工場株式会社（Motorenwerke AG, Berlin-Tempelhof bzw. Reinickendorf）　431
エンジン・タービン連合有限会社（MTU: Motoren- und Turbinen Union GmbH Friedrichshafen）　167
エンジン・トラック株式会社（Mulag: Motoren und Lastwagen- AG）　372, 431, 432
オー・エス・アウトメーター工場（OS Autometer-Werke）　439
オークランド自動車会社［米］（Oakland Motor Car Co.）　469
オースチン社［英］（Austin Motor Co.）　259, 289, 478, 479, 481, 482
オットー合資会社（Otto, N.A. & Cie Deutz b. Köln）　53, 55
オットー・ベックマン第一シュレージエン自転車・自動車工場（Erste Schlesische Velociped- und
　　Automobil-Fabrik Otto Beckmann & Cie, Breslau）　275, 286
オチキス社［仏］（Hotchkiss）　458
オハイオ自動車会社［米］（Ohio Automobile Co.）　473
オーペル合資会社（Adam Opel KG Rüsselsheim）　176, 179, 183, 271, 320, 370, 398, 399, 430, 444,
　　564
オーペル・バイシュラーク商会［墺］（Firma Opel & Beyschlag）　400
オリックス社（Oryx: Oryx-Motorenwerke vorm. Berliner Motorwagen- Fabrik GmbH Berlin-
　　Reinickendorf）　365, 431
オールズ・モーター・ワークス社［米］（Olds Motor Works）　288, 443, 447, 466, 565

【カ行】
カールスルーエ機械製造会社（Maschinenbau-Gesellschaft Karlsruhe）　57, 58, 77, 132, 208, 284, 316
北ドイツ機械・計器工場有限会社（Norddeutsche Maschinen- und Armaturenfabrik GmbH, Bremen）
　　431
北ドイツ自動車・エンジン株式会社（Norddeutsche Automobil- und Motoren- AG, Bremen-Hastedt）

431

キャディラック自動車会社［米］（1902: Cadillac Automobile Co. 1904: Cadillac Motor Car Co.）
288, 467

キュールシュタイン馬車製造合名会社（Ernst Kühlstein Wagenbau OHG Berlin- Charlottenburg）
175, 271, 430

キュンツェルスアウ＝メルゲントハイム自動車運行有限会社（Motorwagenbetrieb Künzelsau=Mer-
gentheim GmbH） 108, 239, 545

グスタフ・オットー航空機工場有限会社（Flugmaschinenfabrik Gustav Otto GmbH） 373

クーデル・エンジン有限会社（Max Cudell Motor Comp. GmbH） 183, 270, 286, 319, 371, 564

クライスラー社［米］（Chrysler Corporation） 470

グラーフェンシュターデン機械工場［仏］（Usine de Grafenstaden, F. Rollé & Schwilgué） 57, 283,
311

クルツ吊鐘鋳造・消火器工場（Glockengießerei und Feuerspritzenfabrik von Heinrich Kurtz） 81

クラモン社［仏］（Clément, A. et Cie） 458

クラモン・バイヤール社［仏］（Clément-Bayard） 458, 459

クロースリ社［英］（Crossley） 62, 63, 289, 478, 481

グローブ社（J.M. Grob Leipzig-Eutritsch） 102, 240

ケムニッツ自転車車庫（Chemnitzer Velociped-Depot） 422

ケルン・ウーレン・コットハウス自動車工場（Motorfahrzeugfabrik Köln, Uren, Kotthaus & Co.
Köln-Sulz） 276

ケルン自動車工場有限会社（Kölner Motorwagenfabrik GmbH） 276, 292

合同ケルン・ロットヴァイラー火薬工場株式会社（Vereinigte Köln- Rottweiler Pulverfabriken AG）
98, 219, 291

国民自動車会社（NAG: Nationale Automobil-Gesellschaft） 415

コスヴィッヒ機械工場（Maschinenfabrik, Coswig i. Sa.） 272, 276, 372

コンティネンタル社（Continental Caoutchouc- u. Guttapercka- Companie bzw. Gummiwerke AG
Hannover） 424, 438

【サ行】

サンビーム社［英］（Sunbeam） 288, 477, 481, 483

シェナール・エ・ヴァルケー社［仏］（Chenard et Walcker） 458, 459, 462

ジェネラル・エレクトリック［米］（GE: General Electric Co.） 322

ジェネラル・モーターズ社［米］（GM: General Motors Co.） 463, 467〜469

シェーベラ・カロセリー有限会社（Carosserie Schebera GmbH） 407, 439

自動車・エンジン工場株式会社（MMB: Motor- Fahrzeug- und Motoren- Fabrik Berlin-Marienfelde）
243, 273, 286, 370, 374, 430

シボレー自動車会社［米］（Chevrolet Motor Car Co.） 470

シムズ・コンサルティング・エンジニア社［英］（Simms and Company, Consulting Engineers） 231, 325

シャイブラー自動車工業有限会社（Scheibler Automobilindustrie GmbH Aachen） 274, 286, 375, 431, 549

シュタインウェイ・ダイムラー・モーター会社［米］（Daimler-Motor- Company Steinway） 321, 324, 326, 563

シュタインウェイと息子社［米］（Steinway & Sons New York） 321

シュトゥットガルト馬車鉄道会社（Stuttgarter Pferde-Eisenbahn- Gesellschaft） 92

シュテーヴァー兄弟社（1899;Gebr. Stoewer Fabrik für Motorfarzeuge: 1916; Stoewer Werke AG vorm. Gebr. Stoewer, Stettin） 182, 184, 370, 412, 529, 549

シュテーヴァー、ベルンハルト・ミシン自転車工場株式会社（Nähmaschinen- und Fahrräder Fabrik Bernhard Stoewer AG） 182, 271, 412

シュテッティン鉄工所（Stettiner Eisenwerke） 271, 413

ショイアー＝ヒルシュ＝シュロス銀行・手形商（Bank=Wechselgeschäft Scheuer, Hirsch & Schloß） 249, 292

消火器・機械工場株式会社（Feuerlöschgeräte- und Maschinenfabrik vorm, Justus Christian Braun AG, Nürnberg） 431

商工業銀行（Bank für Handel und Industrie） 293, 406

シンガー社［英］（Singer） 288, 478, 481

新自動車有限会社（NAG: Neue Automobil-Gesellschaft mbH） 274, 287, 292, 414, 430

スター社［英］（Star） 288, 477, 481

スチュアート車体会社［米］（W.T. Stewart Co.） 469

スチュードベーカー社［米］（1868: Studebaker Brothers Manufacturing Co. 1908: Studebaker Corporation） 288, 473, 547

ストレイカー・スクワイヤー社［英］（Straker & Sqwire Ltd. London） 424

【夕行】

大馬なし馬車株式会社［英］（Great Horseless Carriage Co. Ltd.） 326

ダイムラー・エンジン株式会社（1890-1926 DMG: Daimler-Motoren-Gesellschaft） 97, 98, 99, 105, 106, 124, 126, 218, 219, 294, 374, 430, 549

ダイムラー自動車馬車業（Daimler Motorwagen Kutscherei） 545

ダイムラー＝ベンツ社（Daimler=Benz AG） 370

ダイムラー・モーター・シンジケート株式会社［英］（Daimler Motor Syndicate Ldt.） 106, 231, 232, 289, 325

ダイムラー・モーター株式会社［英］（Daimler-Motor Comp. Ltd.） 258, 325, 326, 477, 478, 481, 563

ダッジ・ブラザーズ社［米］（Dodge Brothers Co.）　446, 464, 470, 471, 472, 475
ダラック合資会社［仏］（A. Darracq et Cie）　180, 183, 259, 260, 287, 320, 456, 564
ダンロップ・ゴムタイヤ有限会社（Dunlop Pneumatic Tyre Comp. GmbH, Hanau）　438
ツィンマーマン社（Chemnitzer Werkzeugmaschinenfabrik vorm. Joh. Zimmermann）　44
蓄電池工場株式会社（Accumulatoren-Fabrik AG）　175, 440
ディスコントゲセルシャフト（Diskontogesellschaft）　49
デー・カー・ヴェー社（DKW: Zschopauer Motorenwerke J.S. Rasmussen）　275, 420
デトロイト・オートモビル社［米］（Detroit Automobil Company）　288
テームズ製鉄所［英］（Thames Ironwork）　289
デュラント・ドート馬車製造会社［米］（Durant-Dort Carriage Co.）　288, 468, 469
デュルコップ社（Dürkopp Werke GmbH u. AG Bielefeld u. Berlin）　183, 431
デルメンホルスター馬車工場（Delmenhorster Wagenfabrik）　439
ドイタ工場（Deuta-Werke）　439
ドイチェ・バンク（Deutsche Bank）　49, 50, 98, 217, 291, 376
ドイツ・アメリカ石油（Deutsch-Amerikanische Petroleumgesellschaft）　48
ドイツ・ガス・エンジン工場株式会社（Gasmotoren-Fabrik Deutz AG）　56, 58, 61〜63, 77〜80, 84, 205, 210, 284, 309
ドイツ金属有限会社（Deutsche Métallurgique GmbH, Köln）　431
ドイツ石油（Deutsche Erdöl AG）　50
ドイツ・タコメーター工場有限会社（Deutsche Tachometerwerke GmbH）　439
ドイツ武器・爆薬工場株式会社（Deutsche Waffen-Munitionsfabrik AG）　375
ドゥコヴィル・エネ自動車会社［仏］（Société des Voiture Automobiles Établissement des Decauville Ainé）　320, 458
ドゥ・ディオン–ブートン社［仏］（De Dion-Bouton）　97, 179, 183, 259, 260, 270, 273, 275, 278, 287, 319, 371, 412, 447, 455, 547, 564
ドゥラージュ社［仏］（Delage）　458, 459
ドラウツ・カロセリー工場（Drauz Karosseriewerke）　407, 439
トラック・バス・エンジン特殊工場合名会社（Spez. Fabrik f. Motorlastwagen, Omnibusse u. Motoren OHG）　182, 276, 292, 424
ドレスデン銀行（Dresdner Bank）　49

【ナ行】

ナショナル機械会社〔米〕（National Machine Co.）　322
ナッケ自動車・機械工場（Automobil- u. Maschinenfabrik E. Nacke, Coswig i. Sa.）　549
ナッシュ・モーターズ社〔米〕（Nash Motors Co.）　288
ネッカーズルム編物機工場株式会社（1884: Neckarsulmer Stickmaschinenfabrik AG）　94, 416

ネッカーズルム自転車工場株式会社（1892: Neckarsulmer Fahrradwerke AG）　286, 416, 417
ネッカーズルム乗物株式会社（1913: Neckarsulmer Fahrzeugwerke AG）　418
ネットフェン・バス会社（Netphener Omnibus-Gesellschaft）　148, 261, 545
ネーピア社［英］（Napier）　481

【ハ行】

パッカード自動車会社［米］（Packard Motor Car Co.）　473, 474
パナール・エ・ルヴァッソール社［仏］（Panhard et Levassor）　95, 96, 98, 109, 119, 179, 181, 183, 210, 230, 278, 287, 317, 319, 324, 329, 453, 562, 564
バーミンガム銃器会社［英］（Birmingham Small Arms. Co.）　478
ハルトマン社（Sächsische Maschinenfabrik vorm. Rich. Hartmann A.G.）　44
ハンザ自動車工場株式会社（Hansa-Automobilwerke AG, Varel i. O. u. Bielefeld）　432
ハンザ＝ロイド工場株式会社（Hansa-Lloyd Werk AG, Bremen）　432
ハンバー社（Humber）［米］　288, 477, 481
ビアンチ社［伊］（Bianci）　496
ヒーニー・ランプ社［米］（Heany Lamp Co.）　469
ビュイック社［米］（Buick Manufacturing Co.; Buick Motor Car Co.）　467～469, 470
ヒューストン自動車会社［英］（Heweston's Motor Car Co.）　327
ヒュッティス＝ハルデベック自動車工場（Automobilfabrik Hüttis & Hardebeck, Aachen）　431
ヒルマン社［英］（Hillman）　289, 478, 481
ビーレフェルト機械工場株式会社（Bielefelder Maschinenfabrik AG vorm. Dürkopp & Co.）　181, 269, 319, 564
ファルケ社（Falke & Co. Motorfahrzeuge u. Automobilfabrik, Mönchengladbach）　273, 411
フィアット社［伊］（Fiat: Fabbrica Italiana Automobile Torino）　496
フォード・マニファクチャリング社［米］（Ford Manufacturing Co.）　464
フォード・モーター社［米］（Ford Motor Co.）　333, 379, 388, 443, 444, 446～448, 463, 464, 467, 474, 475, 487, 565, 567, 569
フォルクスワーゲン・グループ（Volkswagen-Gruppe）　371, 442
ブシェ社［仏］（Buchet）　275, 278
プジョー兄弟の息子たち社［仏］（Les Files de Peugeot Frères）　96, 119, 230, 259, 318, 329, 455
プジョー自動車株式会社［仏］（1896:SA des Automobiles Peugeot）　111, 179, 454, 459
プジョー自動車・自転車株式会社［仏］（1910:Automobile et Cycles Peugeot）　455
ブラウン＆シャープ社［米］（Brown & Shape）　44
ブリティッシュ・モーター・シンジケート株式会社［英］（British Motor Syndicate Ldt.）　231, 232, 326
フリント・ロード・カート会社［米］（Flint Road Cart Co.）　469

ブルーノ・ヴァイトマン自動車工場（Automobilfabrik Bruno Weidmann & Co. Zürich）　430
ブレナボール社（Brennabor-Werke Brandenburg a.d. Havel）　409, 411
ブロイヤー・エンジン工場（Motorenfabrik Breuer）　372
ベー・エム・ヴェー社（BMW: Bayerische Motorenwerke München GmbH）　373
ベックマン社（Otto Beckmann & Cie Breslau）　275
ベルクマン工業有限会社（Bergmann-Industrie Werke GmbH）　174, 269, 393
ベルクマン金属自動車販売有限会社（Bergmann-Metallurgique Automobil-Verkaufs-GmbH, Berlin-Halensee）　431
ベルクマン電気工場株式会社（Bergmann Electrizitäts-Werke AG, Reinickendorf-Rosenthal bei Berlin）　28, 431
ヘルデ連合（Hörder Verein）　46
ベルリエ社［仏］（Berliet Co.）　457, 461, 547
ベルリン自動車工場有限会社（Berliner Motorwagenfabrik GmbH, Oryx Motorenwerke）　431
ベンキーザー製鉄・機械工場兄弟会社（Eisenwerke und Maschinenfabrik Gebrüder Benckiser）　132, 246
ベンツ，カール＝リッター，アウグスト機械工作所（1871; Carl Benz und August Ritter Mechanische Werkstätte）　132, 133, 246
ベンツ，カール鉄鋳造・機械工作所（1872: Carl Benz Eisengießerei und mechanische Werkstatt）　131, 246
［ベンツ］マンハイム・ガス・エンジン工場株式会社（1882; [Benz] Gasmotoren-Fabrik AG in Mannheim）　135, 249
ベンツ・ライン・ガス・エンジン工場合名会社（1883; Benz & Co. Rheinische Gasmotorenfabrik: 1890; Benz & Cie. Rheinische Gasmotorenfabrik Mannheim）　135, 141, 144, 145, 250, 251, 272
ベンツ＝ライン・ガス・エンジン工場株式会社（1899; Benz & Cie. Rheinische Gasmotorenfabrik AG Mannheim）　155, 261, 262, 391
ベンツ＝ライン自動車・エンジン工場株式会社（1911; Benz & Cie. Rheinische Automobil-und Motorenfabrik AG Mannheim）　39
ベンツ・ガゲナウ工場有限会社（Benz-Werke Gaggenau GmbH vorm. Süddeutsche Automobilfablik）　393, 547
ベンツの息子たち社（Benz Söhne Ladenburg）　364, 371
ボグゾール社［英］（Vauxhaul）　289, 478, 481
ボッシュ有限会社（Robert Bosch GmbH Stuttgart）　111, 386, 440
ホルスト・シュトイデル社（Horst Steudel Automobil- u. Motoren-Fabrik）　411
ホルヒ自動車工場合名会社（1899: August Horch & Cie Motorwagenwerke OHG Köln-Ehrenfeld）　180, 274, 275, 370, 418

ホルヒ自動車工場株式会社（1904: Automobilwerke A. Horch & Cie AG Zwickau i. Sa. 1904-1932），275, 419

【マ行】

マイバッハ自動車工場合名会社（Motorfahrzeugfabrik Maybach & Comp.）　99, 102, 181, 227, 229, 291, 294, 370

マウラー・ウニオーン社（Maurer Union; Nürnberger Motorfahrzeug-Fabrik Union GmbH）　365

マウラー，ルードヴィヒ・ニュールンベルク自動車工場（Nürnberger Automobilfabrik Ludwig Maurer）　431

マックスウェル自動車会社［米］（Maxwell Motor Car Co.）　471

マックスウェル=ブリスコー・モーター会社［米］（Maxwell-Briscoe Motor Co.）　470, 471

マンネスマン兄弟株式会社（Gebr. Mannesmann AG, Remscheid）　431

マンネスマン自動車有限会社（Mannesmann Auto Co. mbH.）　372

マンネスマン=ムーラク株式会社（Mannesmann-Mulag AG Remscheid）　372

南ドイツ銀行（Bank für Süddeutschland）　293, 406

南ドイツ土地信用銀行（Süddeutsche Bodenkreditbank）　293, 406

南ドイツ自動車工場有限会社（SAF: Süddeutsche Automobilfabrik GmbH）　269, 391, 393, 394, 397, 431

モーズリー社［英］（Maudsley）　473, 481

モリス社［英］（Morris: W.R.M. Motors Ltd.）　288, 478, 480, 481

【ヤ行】

ユーデル，マックス合資会社（Max Judel & Co. Braunschweig）　182, 276, 424

ユナイテッド・ステイツ・モーター会社［米］（United States Motor Co.）　471

ユニック社［仏］（Unic）　458, 459

ヨーロッパ石油（Europäische Petroleum Union Gesellschaft m.b.H. Bremen）　50

【ラ行】

ライネッカー社（J.E. Reinecker）　44

ライリ社［英］（Riley）　288, 477, 481

ライン信用銀行（Rheinische Creditbank）　155, 254, 292, 293, 392

ライン製鉄（Rheinisches Stahlwerk）　46

ライン抵当銀行（Rheinische Hypothekenbank）　247, 299

ラップ・エンジン工場有限会社（Rapp-Motorenwerke GmbH）　373

ランゲン=オットー=ローゼン商会（Langen, Otto & Roosen）　56

ランチェスター・エンジン会社［英］（1899: Lancester Engine Co. Ltd.）　258, 289, 327, 331, 479

ランチェスター自動車会社［英］（1904: Lancester Motor Co.）　479, 481

リーランド・アンド・フォルコーナー社［米］（Leland & Faulcouner Manufacturing Co.）　288, 467,

475
ルノー自動車兄弟社［仏］（Société d' Automobile Renault Frères） 259, 287, 456, 457, 459
レーヴェ社（Ludwig Loewe & Co. AG Berlin） 44, 248, 346, 375
レックス＝ジンプレックス社（Rex-Simplex: Deutsche Automobil-Industrie Hering & Richard, Ronneburg/S.-A.） 370, 411
レンゲラー＝ライヒ・ラジエーター工場（Kühlerfabrik Längerer & Reich） 439
ロイス社［英］（Royce） 289, 478
ローヴァー社［英］（Rover） 288, 478, 481
ロシェ＝シュネデール社［仏］（Rochet-Schneider） 330, 460
ロールズ社［英］（Rolls） 478, 481
ロレーヌ・ディートリシュ社［仏］（Lorraine-Dietrich） 259, 287, 460, 461
ローレンツ・ドイツ金属薬莢工場（Deutsche Metallpatronenfabrik Lorenz） 98, 100, 219, 226, 233
ロンドン＝パディントン蒸気馬車会社［英］（London and Paddinton Steam-Carriage Co.） 23

大島　隆雄
おお　しま　たか　お

愛知大学経済学部教授。1935年生まれ。1957年京都大学文学部史学科（西洋史学専攻）卒業。1962年京都大学大学院文学研究科西洋史学科博士課程修了。

主な論文・訳書　「ドイツ機械工業の形成過程」、河野健二・飯沼二郎編『世界資本主義の形成』（1967年）岩波書店。「ドイツにおける資本主義の勃興」、越智武臣・柴田三千雄編　講座『世界歴史』19巻（1971年）岩波書店。モテック『ドイツ経済史（1789〜1871年）』（1980年）大月書店。モテック他（共訳）『ドイツ経済史（1871〜1945年）』（1989年）大月書店

●

愛知大学国研叢書第3期第2冊
ドイツ自動車工業成立史

2000年6月25日　第1版第1刷

著者

大島隆雄

発行人

井田一衛

発行所　株式会社　創土社

〒359-1142　埼玉県所沢市上新井1158-21
東京事務所　電話03 (3970) 2669・fax (3825) 8714
装丁　神田昇和
印刷　新栄堂
ISBN4-7893-0009-9　C3033
定価はカバーに印刷してあります。

愛知大学国研叢書第二期

●

緒形康著　本体3500円

危機のディスクール
中国革命1926〜1929

龔祥瑞編　浅井敦・間田穆・吉村剛訳　本体4200円

法治の理想と現実
中国行政訴訟法の運営実態

大林文敏著　本体2900円

アメリカ
連邦最高裁の新しい役割

佐藤元彦・平川均著　本体2500円

第四世代工業化の政治経済学

夏目文雄著　本体4900円

アフリカ諸国建国期の刑事政策

新評論

愛知大学国研叢書第三期

●

黄　英哲・著　本体2500円

台湾文化再構築 1945〜1947 の光と影
魯迅思想受容の行方

寄川条路・著　本体2600円

体系への道
初期ヘーゲル研究

森　久男・編著　本体3800円

徳王の研究

創土社